Bernd von Eitzen/Martin Zimmermann

Bilanzierung nach HGB und IFRS
2. Auflage

2013
HDS-Verlag
Weil im Schönbuch

Bibliografische Information der Deutschen Nationalbibliothek
Die Deutsche Nationalbibliothek verzeichnet diese Publikation
in der Deutschen Nationalbibliografie; detaillierte bibliografische Daten
sind im Internet über http://dnb.de abrufbar

Gedruckt auf säure- und chlorfreiem, alterungsbeständigem Papier

ISBN 978-3-941480-74-2

© 2013 HDS-Verlag
Harald Dauber
www.hds-verlag.de
info@hds-verlag.de

Layout und Einbandgestaltung: Peter Marwitz – etherial.de
Druck und Bindung: STANDARTU SPAUSTUVE Druckerei

Printed in Lithuania
2013

HDS-Verlag Weil im Schönbuch

Die Autoren

Prof. Dr. rer. pol. Bernd von Eitzen, Wirtschaftsprüfer/Steuerberater lehrt an der Hochschule Niederrhein auf dem Gebiet der Betriebswirtschaftslehre, insbesondere Wirtschaftsprüfung und Steuerrecht.

Prof. Dr. rer. pol. Martin Zimmermann, **Dipl.Ing.**, lehrt an der Hochschule Niederrhein auf dem Gebiet der Allgemeinen Betriebswirtschaftslehre sowie des Rechnungswesens. Vor seiner Lehrtätigkeit war er Geschäftsführer eines mittelständischen Unternehmens des Anlagenbaus.

Bearbeiterübersicht

Themenbereich	Verfasser
IFRS-Rechnungslegung	von Eitzen
Bilanzierung nach HGB	Zimmermann

Vorwort zur 2. Auflage

Die positive Resonanz auf die 1. Auflage hat das didaktische Konzept bestätigt. Die Neuauflage wurde um weitere Beispiele und Fallstudien ergänzt.

Das vorliegende Lehrbuch stellt die nationalen (HGB) und internationalen Rechnungslegungsgrundsätze (IFRS) in einem Werk dar. Es ist darauf ausgerichtet, nach der Erläuterung, beispielsweise der Bilanzierung einer Bilanzposition, sich u.a. mithilfe von Beispielen, Abbildungen und Fallstudien einen schnellen und fundierten Überblick über das HGB und die IFRS zu verschaffen. Das Buch eignet sich in besonderer Weise für:

*   Studierende an Universitäten, Fachhochschulen und Akademien,
*   Fortzubildende an öffentlichen und privaten Bildungseinrichtungen,
*   Fach- und Führungskräfte in Unternehmen und sonstigen Organisationen.

Dieses Lehrbuch ist insbesondere gekennzeichnet durch:

*   Kompakte, verständliche und praxisbezogene Darstellung,
*   Beispiele und Abbildungen,
*   Fallstudien.

Zu den Inhalten

Teil I: Bilanzierung nach HGB

Einleitend werden die Elemente des Abschlusses, die Grundbegriffe sowie die Ziele und Funktionen der Bilanzierung vor dem Hintergrund der Grundsätze ordnungsmäßiger Bilanzierung erläutert. Daran anschließend werden die Ansatz-, Bewertungs- und Ausweisvorschriften und somit das normenorientierte Fundament der handelsrechtlichen Bilanzierung verständlich dargestellt. Auf dieser Grundlage wird in Kapitel vier die Bilanzierung der Vermögensgegenstände und der Schulden anhand von Beispielen, Abbildungen und Fallstudien erläutert, welches den Schwerpunkt des Teils I bildet. Abschließend werden in Kapitel fünf und sechs die weiteren Bestandteile des handelsrechtlichen Jahresabschlusses, die Gewinn- und Verlustrechnung, der Anhang und der Lagebericht kompakt dargestellt

Teil II: Bilanzierung nach den IFRS

Gegenstand sind die International Financial Reporting Standards, die die EU übernommen hat. Nach einer kurzen Darstellung der rechtlichen Rahmenbedingungen der IFRS-Rechnungslegung, der Zielsetzung des International Financial Accounting Standards (IFRS) sowie der Organisationsstruktur des International Accounting Standards Board (IASB), werden im dritten Kapitel die allgemeinen Rechnungslegungsgrundsätze kompakt dargestellt.

Im Fokus des vierten Kapitels stehen, neben den Rechnungslegungsgrundsätzen, insbesondere die Wertmaßstäbe und Wertkonzeptionen (Bewertungsmaßstäbe) der IFRS-Rechnungslegung im Vordergrund, da diese das Fundament der Zugangs- und Folgebewertung von Bilanzpositionen darstellen, die ausführlich im fünften Kapitel mithilfe von Beispielen, Abbildungen und Fallstudien erläutert werden.

Abschließend erhält der Leser einen kompakten Überblick über die weiteren Abschlussbestandteile, wie der Gewinn- und Verlustrechnung bzw. der Gesamtergebnisrechnung, der Kapitalfluss- und Eigenkapitalveränderungsrechnung sowie der Segmentberichterstattung.

Unser Dank geht an unsere Ehefrauen Frau Dr. med. Patrizia von Eitzen und Frau Diplom-Kaufmann Hilga Zimmermann für ihre Unterstützung beim Schreiben dieses Buches.

Hamburg/Eschweiler, im Februar 2013 **von Eitzen/Zimmermann**

Inhaltsverzeichnis

Abkürzungsverzeichnis

Abb.	Abbildung
a.F.	alte(r) Fassung
AfA	Absetzung für Abnutzung
AG	Aktiengesellschaft
AK	Anschaffungskosten
AktG	Aktiengesetz
AO	Abgabenordnung
ARAP	Aktiver Rechnungsabgrenzungsposten
ARC	Accounting Regulators Committee
AV	Anlagevermögen
BFH	Bundesfinanzhof
BGB	Bürgerliches Gesetzbuch
BGBl	Bundesgesetzblatt
BilMoG	Bilanzrechtsmodernisierungsgesetz
BMF	Bundesfinanzministerium
BR-Drucksache	Bundesrats-Drucksache
BStBl	Bundessteuerblatt
BT-Drucksache	Bundestags-Drucksache
bzw.	beziehungsweise
CAPM	Capital Asset Pricing Model
CGU	Cash Generating Unit
d.h.	das heißt
DRS	Deutsche Rechnungslegungsstandards
DRSC	Deutsches Rechnungslegungs Standards Committee e.V.
DSOP	Statement of Principles
ED	Exposure draft
EFRAG	European Financial Reporting Advisory Group
EG	Europäische Gemeinschaft
EGHGB	Einführungsgesetz HGB
EK	Eigenkapital
EStDV	Einkommensteuerdurchführungsverordnung
EStG	Einkommensteuergesetz
EU	Europäische Union
EuGH	Europäischer Gerichtshof
evtl.	eventuell
F	Framework
FASB	Financial Accounting Standard Board
f.	folgend
ff.	fort folgende
F & E	Forschung und Entwicklung
FK	Fremdkapital

gem.	gemäß
ggf.	gegebenenfalls
GewStG	Gewerbesteuergesetz
GK	Gemeinkosten/Gesamtkosten
GmbH	Gesellschaft mit beschränkter Haftung
GmbHG	GmbH-Gesetz
GoB	Grundsatz ordnungsmäßiger Buchführung
GoF	Geschäfts- oder Firmenwert
GrS	Großer Senat
GuV	Gewinn- und Verlustrechnung
h.M.	herrschende Meinung
HAÜ	Haupt-Abschlussübersicht
HB	Handelsbilanz
HGB	Handelsgesetzbuch
HK	Herstellungskosten
HS	Halbsatz
IAS	International Accounting Standards
IASB	International Accounting Standards Board
IASC	International Accounting Standards Committee
IDW	Institut der Wirtschaftsprüfer
i.d.R.	in der Regel
IGC	Implementation Guidance Committee
i.e.S.	im engeren Sinne
IFRIC	International Financial Reporting Interpretations Committee
IFRS	International Financial Reporting Standards
i.R.d.	im Rahmen der/des
i.S.d.	im Sinne des
i.V.m.	in Verbindung mit
i.w.S.	im weiteren Sinne
i.H.v.	in Höhe von
IAS	International Accounting Standards
IFRS	International Financial Reporting Standards
KG	Kommanditgesellschaft
KStG	Körperschaftsteuergesetz
lt.	laut
LuL	Lieferungen und Leistungen
ME	Mengeneinheit
Mio.	Million
MwSt.	Mehrwertsteuer
n.F.	neuer Fassung
Nr.	Nummer

OHG	Offene Handelsgesellschaft
OTC	Over-the-Counter
p.a.	per anno
PRAP	Passiver Rechnungsabgrenzungsposten
POC	Percentage of completion (Anteil der Fertigstellung)
PublG	Publizitätsgesetz
PWB	Pauschalwertberichtigung
RAP	Rechnungsabgrenzungsposten
RBW	Restbuchwert
RFH	Reichsfinanzhof
RIC	Rechnungslegungs Interpretations Committee
RND	Restnutzungsdauer
RStBl	Reichssteuerblatt
S.	Satz/Seite
s.	siehe
SAC	Standards Advisory Council
SARG	Standards Advice Group
SEC	Securities and Exchange Commission
SIC	Standing Interpretations Committee
SOP	Statement of Principles
s.u.	siehe unten
s.o.	siehe oben
SGB	Sozialgesetzbuch
sog.	sogenannt(e)
StB	Steuerbilanz
u.ä.	und ähnlich(e)
u.a.	unter anderem
u.U.	unter Umständen
US-GAAP	United States Generally Accepted Accounting Principles
usw.	und so weiter
UV	Umlaufvermögen
VG	Vermögensgegenstand
vgl.	vergleiche
WACC	weighted average cost of capital
WG	Wirtschaftsgut
Wj.	Wirtschaftsjahr
z.B.	zum Beispiel
z.T.	zum Teil
Ziff.	Ziffer

Abbildungsverzeichnis

Teil I: Bilanzierung nach HGB

1. Einleitung

Kaufleute befassen sich seit mindestens fünf Jahrhunderten mit Buchführung und Bilanzierung, daher kann diese Beschäftigung als eine Kernaufgabe des kaufmännischen Wirkens bezeichnet werden. Vielleicht ist es zulässig zu behaupten, dass das System der doppelten Buchführung, unter Einbeziehung des periodischen Abschlusses, eine der wenigen beständigen Kulturleistungen der Ökonomie darstellt. Kaufleute handeln seit Generationen an und mit diesem Instrument „Buchhaltung und Abschluss", das in betrieblicher Praxis, Wirtschaftswissenschaft und Politik immer weiter entwickelt und erforscht wird. Dieser Prozess in Politik, Wissenschaft und Praxis ist bis heute nicht zu einem Abschluss gekommen und wird diesen wohl auch nicht erreichen, solange die Wirtschaft und mit ihr die Kaufleute sich verändern und entwickeln.

Kaufleute sollten sich auch aus zwei anderen Gründen mit **Buchhaltung und Abschluss** befassen:

- Von Kaufleuten wird erwartet, dass sie anhand verlässlicher und verständlicher Daten Rechenschaft über ihr kaufmännisches Wirken ablegen.
- Von Kaufleuten wird weiter erwartet, dass sie in der Lage sind, die Rechnungslegung anderer interpretierend verstehen zu können.

Kaufleute i.S.d. Handelsrechts haben grundsätzlich die **Verpflichtung, Bücher zu führen** (§ 238 HGB: Diesem Buch liegt das Handelsgesetzbuch in der im Bundesgesetzblatt Teil III, Gliederungsnummer 4100-1, veröffentlichten bereinigten Fassung zugrunde, das zuletzt durch Artikel 2 Absatz 39 des Gesetzes vom 22.12.2011 (BGBl I 2011, 3044) geändert worden ist) und Abschlüsse zu erstellen (§ 242 HGB). Sowohl die **Buchführungspflicht** als auch die **Abschlusserstellungspflicht** werden in Deutschland im HGB geregelt. Auch andere Rechnungslegungsvorschriften verlangen, unabhängig von der handelsrechtlichen Kaufmannseigenschaft, das Führen von Büchern und das Erstellen von Abschlüssen. An erster Stelle seien hier die Abgabenordnung (§ 141 AO) und die Regelungen der IAS/IFRS genannt. Auch i.R.d. europäischen Rechts werden anhand von Richtlinien Anforderungen an Abschlüsse formuliert, die zum Teil Eingang in das HGB gefunden haben. Das vorliegende Buch befasst sich im ersten Teil aber nur mit den Vorschriften des HGB.

Im dritten Buch des HGB finden sich die meisten Regelungen bezüglich der vom Gesetzgeber geforderten Standards der externen Rechnungslegung in Deutschland.

Es sind die Vorschriften des Ansatzes, der Bewertung und des Ausweises zu unterscheiden. Die Anforderungen dieser Vorschriften an den rechnungslegenden Kaufmann können dem folgend in drei Kategorien eingeteilt werden, die bei jedem Bilanzierungsvorgang zu beachten sind:

1. **Ansatzvorschriften**, die festlegen, ob bestimmte Sachverhalte im Abschluss ausgewiesen werden,
2. **Bewertungsvorschriften**, die Wertmaßstäbe festlegen und
3. **Ausweisvorschriften**, die Abschlusspositionen ordnen und gliedern.

Aus diesen Kategorien von Vorschriften resultieren drei grundsätzliche Fragen an den Kaufmann, deren Beantwortung er in der Regel nicht isoliert vornehmen kann. Diese Tatsache stellt, neben der Kenntnis der Gesetzesregelungen selbst, die besondere Schwierigkeit jeder Bilanzierung dar.

Eine Entscheidung in Bezug auf eine der drei Fragen determiniert oft die beiden anderen Fragen. Die Bedeutung daraus resultierender ökonomischer Folgen unterstreicht die komplexe Anforderung an den Bilanzierenden. Die im HGB gegebene Vielzahl möglicher Lösungswege konkreter Bilanzierungsaufgaben und deren Abhängigkeit voneinander verschärfen das Problem.

Auch die Tatsache, dass weitere Abhängigkeiten bestehen, die an die konkrete Situation des Abschlusserstellers anknüpfen (Rechtsform, Unternehmensgröße, Unternehmensgegenstand), trägt zur Komplexität der Fragestellungen bei.

Von hoher Bedeutung für den Abschlussersteller ist das Vorhandensein wichtiger Prinzipien der Abschlusserstellung, die bei aller konkret vorhandenen Durchbrechung derselben doch hilfreich zur Problemlösung beitragen können. Weiter ist die Betrachtung der Adressaten des Abschlusses, deren Ansprüche und die vom Gesetzgeber verlangten Funktionen, die der Abschluss zu erfüllen hat, bei den Problemen der Abschlusserstellung heranzuziehen.

Aus diesen wenigen Bemerkungen lässt sich erkennen, dass ein Lehrbuch, das als Begleitung für Studierende gedacht ist, zur Reduktion dieser Komplexität gezwungen ist.

Aber folgende Themen, nämlich:

* die **drei grundsätzlichen Fragen der Bilanzierung** (Ansatz, Bewertung, Ausweis),
* die **Darstellung der Bilanzierungsprinzipien** (Hierarchie, Struktur) und
* die **Unterscheidung nach der Rechtsform** („alle Kaufleute", Kapitalgesellschaften)

stellen die interdependenten Elemente auf dem Weg der Abschlusserstellung dar, die auch unter dem Gebot der Komplexitätsreduktion nicht weiter vereinfacht werden können.

Die theoretischen Grundlagen des Rechnungswesens sind ein wesentlicher Bestandteil der Betriebswirtschaftslehre und damit der Geisteswissenschaften. Daher muss man sich darüber im Klaren sein, dass nicht die Kategorien wahr oder unwahr im Sinne naturwissenschaftlicher Untersuchung, sondern zweckmäßig und unzweckmäßig oder richtig und falsch, gemessen am Zweck und an den theoretischen Grundlagen des Rechnungswesens, für dieses Fachgebiet entscheidend sind. Insbesondere die starke Bindung des externen Rechnungswesens an gesetzliche Grundlagen fordert die Beachtung der Kategorien falsch oder richtig.

Aus der Einordnung des Themas in die Geisteswissenschaften, gerade auch unter starkem Einfluss der Rechtswissenschaften, ergibt sich die Bedeutung der Sprache.

Das Erfordernis einer unerlässlichen Genauigkeit in der An- und Verwendung der Begriffe zieht sich wie ein roter Faden durch dieses Wissensgebiet.

Auch die Tatsache, dass das Untersuchungsobjekt „Abschluss" oder „Bilanz" nur interdisziplinär, nämlich als Bilanzkunde innerhalb der Wirtschaftswissenschaften und als Bilanzrecht innerhalb der Rechtswissenschaften, betrachtet werden kann, erschwert jedem, der nicht in beiden Gebieten Kenntnisse aufweist, das Verständnis und das Lernen. Speziell für den Anfänger im Bereich des externen Rechnungswesens besteht zusätzlich die besondere Schwierigkeit, dass identische Begriffe innerhalb der verschiedenen Teildisziplinen der Betriebswirtschaftslehre mit unterschiedlichen Begriffsinhalten verwendet werden. Dieses Problem führt zu einer gewissen „Sprachverwirrung", die innerhalb der einzelnen Disziplinen festzustellen ist. Das gilt für das externe Rechnungswesen in besonderem Maße.

Als Beispiel können die Begriffe „Bilanz", „Bilanzierung" und „Abschluss" dienen. Im allgemeinen Sprachgebrauch werden diese Begriffe in unterschiedlicher Bedeutung verwendet.

„Bilanz" wird als Synonym für den Abschluss eines Unternehmens und gleichzeitig als Bezeichnung eines Elementes desselben verwendet: „Unternehmer X hat seine Bilanz erstellt". Damit ist gemeint, dass der Unternehmer X seinen Abschluss erstellt hat. Gleiches gilt für den Begriff der „Bilanzierung", unter dem, je nach Bedeutungszusammenhang, die Tätigkeit der Abschlusserstellung insgesamt oder die Tätigkeit der Erstellung der Bilanz im engeren Sinne, als wichtigem Bestandteil z.B. des handelsrechtlichen Jahresabschlusses, mit der Beantwortung der Grundfragen der Bilanzierung verstanden wird.

Ein Grund für diese verkürzende **Gleichsetzung der Begriffe „Abschluss" und „Bilanz"** ist vielleicht in dem Umstand zu suchen, dass in Gesetzgebung, Literatur und Lehre den Bedingungen der Bilanz mehr Bedeutung zugemessen wird als dem anderen Element des Abschlusses für alle Kaufleute, nämlich der **Gewinn- und Verlustrechnung** (im Weiteren abgekürzt: GuV; dies ist ein Begriff, der im allgemeinen Sprachgebrauch gar nicht mehr als Abkürzung empfunden wird). Auch der Begriff **„Bilanzrechtsmodernisierungsgesetz"** (BilMoG) kann hier angeführt werden, ein Gesetz, das tatsächlich hauptsächlich die Bilanz zum Gegenstand hat, aber doch letztlich den Abschluss regelt. In diesem Sinne wird auch im vorliegenden Buch weiter unten von einem „Bilanzierungssystem" gesprochen, obwohl der Abschluss insgesamt Gegenstand der Betrachtung ist.

Als weiteres Beispiel für diese Sprachungenauigkeit kann der Begriff der **„Grundsätze ordnungsmäßiger Buchführung"** gelten, der einmal in engerer Bedeutung tatsächlich auf die Buchführung bezogen und andererseits in weiterer Bedeutung im Zusammenhang mit der gesamten Jahresabschlusserstellung verwendet wird.

Eine weitere sprachliche Besonderheit soll hier einleitend betrachtet werden: Der Gesetzgeber unterscheidet im HGB zwischen „Vorschriften für alle Kaufleute" (vgl. Drittes Buch, Erster Abschnitt HGB) und „ergänzenden Vorschriften für Kapitalgesellschaften sowie bestimmte Personengesellschaften" (vgl. Drittes Buch, Zweiter Abschnitt HGB).

Aus diesen Überschriften der Abschnitte ergibt sich, dass der erste Abschnitt des dritten Buches (die „Handelsbücher" regelnd) des HGB **grundlegende Vorschriften für „alle Kaufleute"** (also u.a. auch für die Kapitalgesellschaften) enthält, während der zweite Abschnitt bestimmte **„ergänzende Vorschriften für Kapitalgesellschaften sowie bestimmte Personengesellschaften"** normiert, die für diese Gruppe von Bilanzierenden bei Vorliegen bestimmter im Gesetz geregelter Bedingungen den allgemeinen Vorschriften des ersten Abschnittes vorgehen.

Im Weiteren soll nicht mehr zwischen Kapitalgesellschaften und diesen „bestimmten Personengesellschaften" i.S.d. § 264a HGB, bei denen es sich um Personengesellschaften handelt, in denen keine natürliche Person unbeschränkt haftet (vgl. § 264a Abs. 1 HGB), begrifflich unterschieden werden, da die Rechnungslegungsvorschriften im Rahmen dieses einführenden Lehrbuches nicht zu unterscheiden sind. Wenn also im Folgenden von Regelungen für Kapitalgesellschaften die Rede ist, sind diese „bestimmten Personengesellschaften" immer mit einbezogen.

1.1   Elemente des Abschlusses

Der **Jahresabschluss** besteht aus verschiedenen Elementen, die sich in ihrer Funktion ergänzen und voneinander abhängen. Während Bilanz und GuV Rechnungscharakter haben, stellen **Anhang und Lagebericht** ergänzende, oft weitergehende verbale Erläuterungen der Rechnungen, aber auch rechnerische Aufgliederungen und Prognosen zur Verfügung. Der Inhalt des Abschlusses wird insbesondere beeinflusst durch die **Rechtsform des Kaufmanns**.

- Für **„alle Kaufleute"** bestimmt § 242 Abs. 3 HGB, dass der Abschluss aus den beiden Elementen Bilanz und GuV besteht.
- Für **Kapitalgesellschaften** bestimmt § 264 Abs. 1 HGB, dass der Abschluss aus der Bilanz, der GuV und dem Anhang besteht. Dieser Abschluss der Kapital- und bestimmter Personengesellschaften ist um einen Lagebericht zu ergänzen.
- Für **kapitalmarktorientierte Kapitalgesellschaften** (§ 264d HGB) ist der Jahresabschluss um eine Kapitalflussrechnung und einen Eigenkapitalspiegel zu erweitern. Diese letztgenannten Gesellschaften können dem noch eine **Segmentberichterstattung** hinzufügen.

Jahresabschluss „aller" Kaufleute (§ 242 Abs. 3 HGB)		
Bilanz (§ 242 Abs. 1 HGB)	**GuV** (§ 242 Abs. 2 HGB)	**Anhang** (§ 284 ff. HGB)

Anhang (§ 284 ff. HGB)	Lagebericht (§ 289 HGB)

Rechnungslegung von Kapitalgesellschaften und „bestimmten" Personengesellschaften gem. § 264a HGB (§ 264 Abs. 1 HGB)

Jahresabschluss einer kapitalmarktorientierten Kapitalgesellschaft gem. § 264d HGB (§ 264 Abs. 1 HGB)					
Bilanz	GuV	Anhang	Kapitalfluss-rechnung	Eigenkapital-spiegel	Optional: Segmentbericht

Abb. 1: Elemente des Jahresabschlusses

Die **Bilanz** gibt Auskunft über das Vermögen, die Schulden und das Eigenkapital (als Saldo aus Vermögen und Schulden) zu einem bestimmten Stichtag, dem Tag, zu dem der Abschluss erstellt wird (Stichtagsprinzip gem. § 242 Abs. 1 S. 1 HGB). Man kann die Bilanz (neben der GuV) als zusammenfassendes Abschlusskonto der Buchführung bestimmter Konten bezeichnen.

Die Bilanz wird üblicherweise in **Kontoform** aufgestellt. Die linke Seite dieses Kontos bezeichnet man als Aktiv-, die rechte Seite als Passivseite. Die **Aktivseite** stellt die Struktur des Vermögens (Mittelverwendung des Unternehmens) und die **Passivseite** die Struktur des Kapitals mit Eigenkapital und Schulden dar (Mittelherkunft des Unternehmens). Veränderungen von Bilanzpositionen, die zu betrieblich bedingten Eigenkapitalveränderungen führen, finden als Aufwand und Ertrag eine Gegenbuchung in der GuV.

Die GuV enthält die Gegenüberstellung von Aufwendungen und Erträgen (§ 242 Abs. 2 HGB). Diese Gegenüberstellung enthält damit die erfolgswirksamen Geschäftsvorfälle des Geschäftsjahres, also einer Periode und nicht eines Stichtages. Die GuV wird üblicherweise in Staffelform aufgestellt. Diese Form ist für Kapitalgesellschaften (§ 275 Abs. 1 HGB) vorgeschrieben, während „alle Kaufleute" auch die Kontoform anwenden können.

Die Bilanz ist also eine **stichtagsbezogene Darstellung von Vermögen und Schulden**, während die GuV eine **periodenbezogene Gegenüberstellung der Aufwendungen und Erträge enthält**.

Es ergibt sich schon aus dieser Betrachtung, dass die Abbildung von Geschäftsvorfällen in der Bilanz mit erfolgswirksamen und erfolgsunwirksamen Buchungen einen wesentlich größeren und komplexeren Regelungsaufwand in Bezug auf Ansatz, Bewertung und Ausweis einzelner Positionen verlangt als die Beschränkung auf die Auflistung von Aufwand und Ertrag in der GuV. Abschlusserstellungsprobleme sind i.d.R. eher Probleme der Bilanz als solche der GuV. Daraus resultiert auch die Tatsache, dass in Gesetzgebung, Rechtsprechung und Literatur oft der Begriff „Bilanz" als Synonym für den korrekteren Begriff „Abschluss" verwendet wird.

1.2   Abgrenzung Internes und Externes Rechnungswesen

Eine scharfe Abgrenzung des externen vom internen Rechnungswesen ist nicht möglich. In der Literatur wird eine Vielzahl von Kriterien aufgeführt, die auf den ersten Blick eine Systematisierung erlauben, bei näherem Hinsehen jedoch nur in der Gewichtung des einzelnen Kriteriums zu Ordnungen führen. Als Beispiel sei hier die Orientierung an den Adressaten der jeweiligen Rechnungen genannt. Unternehmensexterne (Fremd- und Eigenkapitalgeber, Fiskus) werden als Adressaten des externen Rechnungswesens, Unternehmensinterne (Geschäftsleitung, Controller, Entscheidungsträger) als Adressaten des internen Rechnungswesens genannt.

Aus den (u.U. schutzwürdigen) Interessen der Adressaten werden Prinzipien und Verpflichtungen abgeleitet, die das System des jeweiligen Rechnungswesens mitbestimmen. Die Brüchigkeit einer solchen hierarchischen Systematisierung zeigt sich schon bei der Betrachtung des konkreten Interesses, welches Unternehmensexterne dem internen und Unternehmensinterne dem externen Rechnungswesen entgegenbringen. Dabei ist diese Unterscheidung wiederum schwierig, denn wonach soll diese Einteilung ausgerichtet werden? Darüber hinaus ist eine vielfältige formale und inhaltliche gegenseitige Durchdringung beider Rechnungswesen festzustellen.

Aus Gründen der Komplexitätsreduktion ist es allerdings zweckmäßig, eine Differenzierung zwischen externem und internem Rechnungswesen vorzunehmen. Im vorliegenden Buch soll der Abschluss des Rechnungswesens in Form des „ordentlichen" handelsrechtlichen Jahresabschlusses Gegenstand der Betrachtung sein. Dieser Abschluss ist in der allgemeinen Form in Bilanz und GuV zu differenzieren (vgl. § 242 HGB).

Wiederum dem Ziel der Komplexitätsreduktion folgend soll die Bilanz im Mittelpunkt der Untersuchung stehen. Der Einsteiger in die Thematik hat in aller Regel ein diffuses Bild von diesem Begriff „Bilanz". Gleichzeitig ist aber dieser Begriff ein Synonym für ein komplexes System von Elementen und Beziehungen, sodass es sinnvoll erscheint, sich in einem ersten Schritt mithilfe einer Systembetrachtung diesem Phänomen „Bilanz" erklärend zu nähern.

Das interne Rechnungswesen wird oft in die Elemente Kosten- und Leistungsrechnung, Investitionsrechnung, Liquiditätsplanung, Finanzplanung, Statistik und Vergleichsrechnung gegliedert.

Überlegungen der Zweckmäßigkeit beeinflussen die **Ausgestaltung des internen Rechnungswesens**. Der Gesetzgeber überlässt es dem Unternehmer, wie dieser, gemessen an den tatsächlichen Gegebenheiten seines Unternehmens, das interne Rechnungswesen organisiert und welche Ziele er damit verfolgt.

Im Gegensatz dazu wird das **externe Rechnungswesen** besonders durch gesetzliche Vorschriften bestimmt, soweit diese auf den Einzelfall anzuwenden sind. Die Grundsätze ordnungsmäßiger Buchführung, die zum Teil Bestandteil der Gesetzesvorschriften sind, beeinflussen die Ausgestaltung des externen Rechnungswesens.

Insofern hat der Unternehmer den gesetzlichen Vorschriften zu folgen und Zweckmäßigkeitsüberlegungen bestenfalls in der Organisation des externen Rechnungswesens anzustellen. Von der Funktion her betrachtet ist die **Finanz- und Geschäftsbuchhaltung** dem externen Rechnungswesen bereits zuzuordnen. Die Bilanz und die GuV sind Bestandteile des Jahresabschlusses für alle Kaufleute (§ 242 Abs. 3 HGB) und damit die elementaren Bestandteile des externen Rechnungswesens.

1.3 Grundbegriffe und Zusammenhang von Bilanz und GuV

Dem internen Rechnungswesen sind Maßgrößen wie z.B. **Kosten und Leistungen** (Kosten- und Leistungsrechnung) und **Einzahlungen und Auszahlungen** (Investitionsrechnung) zuzuordnen.

Dem externen Rechnungswesen sind die Maßgrößen **Ausgaben und Einnahmen** und **Aufwendungen und Erträge** zuzuordnen.

> **Einzahlungen/Auszahlungen:** Veränderungen der liquiden Bestände.
> **Einnahmen/Ausgaben:** Veränderungen der Zahlungsmittelbestände unter Einbeziehung von Forderungen und Verbindlichkeiten.
> **Ertrag/Aufwand:** Betrieblich verursachte Veränderungen des Eigenkapitals.

Auf Einzahlungen und Auszahlungen kommt es im externen Rechnungswesen grundsätzlich nicht an, weil Aufwendungen und Erträge unabhängig vom Zahlungszeitpunkt entstehen (vgl. § 252 Abs. 1 Nr. 5 HGB). **Aufwendungen und Erträge** sind aber die Maßgrößen, die in der GuV den Erfolg bestimmen, weil sich aus der Differenz zwischen diesen Maßgrößen der Erfolg des Unternehmens (Gewinn oder Verlust) innerhalb der GuV bestimmt (vgl. § 242 Abs. 2 HGB).

Auch der Begriffsinhalt der wichtigen Bewertungsmaßstäbe **„Anschaffungs- und Herstellungskosten"** ist i.R.d. handelsrechtlichen Rechnungslegung durch den Begriff der Aufwendungen festgelegt (vgl. § 255 Abs. 1, 2 HGB).

Die Bilanz ist eine **Vermögensrechnung**. Dem Vermögen werden die Schulden gegenübergestellt. Der Erfolg des Kaufmanns aus dem bilanzierenden Unternehmen bemisst sich nach der Differenz des ihm gehörenden Vermögens (also des Eigenkapitals) am Ende der betrachteten Periode zu dem Vermögen am Ende der vorangegangenen Periode, soweit diese Differenz aus betrieblichen Vorgängen entstanden ist.

Hier taucht schon ein gedankliches und begriffliches Problem auf, weil bereits das gesamte Vermögen, das auf der Aktivseite aufgelistet ist, „sein" Vermögen ist. Wäre es anders (zivilrechtlich oder wirtschaftlich), dürfte es insoweit gar nicht aktiviert werden. Der hier verwandte Begriff „ihm gehörendes Vermögen" meint das Vermögen, welches nach Abzug der Schulden beim Kaufmann verbleibt, auf ihn entfällt. Man könnte vereinfachend vom Netto-Vermögen sprechen oder aber auch vom Eigenkapital.

Ist die Differenz des Eigenkapitals, soweit sie sich aus betrieblichen Vorgängen ergeben hat, positiv, hat sich also das Eigenkapital erhöht, spricht man von einem **Gewinn**. Im umgekehrten Falle, wenn sich also das Eigenkapital vermindert hat, also die Differenz negativ ist, spricht man von **Verlust** (immer unter der Voraussetzung, dass die Veränderungen des Eigenkapitals aus betrieblichen Vorgängen resultieren, zu

Veränderungen des Eigenkapitals aus nicht betrieblichen Vorgängen, Einlagen, Entnahmen s. weiter unten in diesem Kapitel).

Die Bilanz ist auch der Abschluss der Finanzbuchhaltung unter Beachtung der handelsrechtlichen Ansatz-, Bewertungs- und Ausweisvorschriften. Sie dient u.a. dazu, das Vermögen und die Schulden des Kaufmanns darzustellen (§ 242 Abs. 1 HGB).

Die **Aktivseite der Bilanz** umfasst das gesamte (betriebliche) Vermögen des Kaufmannes, die **Passivseite** gibt die Herkunft desselben Vermögens (Eigenkapital und Fremdkapital) an. Da beide Seiten (**Mittelverwendung und Mittelherkunf**t) logischerweise betragsmäßig gleich groß sein müssen, gilt:

$$V = EK + S$$

Mit:
V = Vermögen,
S = Schulden und
EK = Eigenkapital

Damit ergibt sich aus der Bilanz (Bilanzgleichung) das **Eigenkapital** aus der Differenz von Vermögen und Schulden.

$$V ./. S = EK$$

Das **Vermögen** umfasst die Vermögensgegenstände und besonderen Posten der Aktivseite (z.B. Aktive Rechnungsabgrenzungsposten und Aktive latente Steuern). Die Schulden werden i.d.R. durch die Verpflichtungen gegenüber Unternehmensfremden beschrieben.

Das **Eigenkapital** kann stark vereinfachend als das dem Unternehmen von seinem Eigentümer ohne zeitliche Begrenzung überlassene Kapital bezeichnet werden.

Den **Gewinn des Kaufmanns** bestimmt man mithilfe der Veränderung des Eigenkapitals in einer festgelegten Periode, soweit diese Veränderung betrieblich bedingt ist.

$$G = \triangle EK_b$$

Mit:
G = Gewinn, der in einer Periode erzielt wurde
$\triangle EK_b$ = Differenz des Eigenkapitals innerhalb einer Periode (d.h. zwischen zwei Stichtagen)

Es gibt aber auch Eigenkapitalveränderungen, die nicht betrieblich veranlasst sind. Es handelt sich dabei z.B. um **Eigenkapitalveränderungen, die von der Privatsphäre des Unternehmers veranlasst sind.** Diese Veränderungen bezeichnet man als **Entnahmen** bzw. **Einlagen**.

Wenn man die Differenz (Einlagen ./. Entnahmen) als $\triangle E_p$ bezeichnet, ergibt sich die **Gesamteigenkapitalveränderung** mit:

$$\triangle EK = \triangle EK_b + \triangle E_p$$
$$\triangle EK_b = \triangle EK ./. \triangle E_p$$

Also gilt: **Gewinn = $\triangle EK$ + Entnahmen ./. Einlagen**

Ebenso gibt es Veränderungen des Vermögens, die sich nicht auf die Eigenkapitaldifferenz auswirken (Bilanzverkürzung oder Bilanzverlängerung) und daher keinen Gewinn zur Folge haben, nämlich wenn die Veränderung sich in gleicher Höhe auf das Fremdkapital auswirkt (Bilanzverlängerung/Bilanzverkürzung). So haben z.B. **Minderungen oder Erhöhungen der Schulden** keine Gewinnauswirkung, wenn sie sich in gleicher Höhe auf das Vermögen auswirken; Rückzahlungen von Verbindlichkeiten mindern das Vermögen und die Schulden in gleicher Höhe. Die **Auszahlung eines Bankkredits** auf das Konto des Kaufmanns, das in der Bilanz geführt wird, erhöht das Vermögen und die Schulden in gleicher Höhe.

Reine Umschichtungen innerhalb des Vermögens (**Aktivtausch**) und der Schulden (**Passivtausch**) haben ebenfalls keine Auswirkungen auf den Gewinn.

Nur Aufwand und Ertrag führen also zu **betrieblich bedingten Eigenkapitalveränderungen**.

Im HGB ist der Gewinn nicht definiert. Eine **Gewinndefinition** ist aber im Einkommensteuergesetz (§ 4 Abs. 1 EStG) zu finden.

Die GuV stellt den Aufwendungen einer Ermittlungsperiode die Erträge des gleichen Zeitraumes gegenüber (§ 242 Abs. 2 HGB) und ermöglicht so die Beurteilung des Erfolges der Periode, der im Falle des Gewinns das Eigenkapital erhöht und im Falle des Verlustes das Eigenkapital vermindert.

$$G = E ./. A$$

Mit:

G = Gewinn

E = Ertrag

A = Aufwand

Da die Bilanz zum Ende der Berichtsperiode aufgestellt wird und die Größen der GuV bereits entstanden sind, beinhaltet das Eigenkapital der Bilanz zum Abschlussstichtag sowohl den Gewinn oder Verlust, der in der betrachteten Periode entstanden ist, als auch das Eigenkapital, das am Ende der vorangegangenen Periode vorhanden war.

In der Bilanz ergibt sich der Gewinn dann als Differenz des Eigenkapitals am Ende der Periode und dem Eigenkapital am Ende der vorangegangenen Periode unter Beachtung der Korrektur durch Einlagen und Entnahmen. Soll also auch in der Bilanz der Gewinn der Periode dargestellt werden, muss das um die Entnahmen und Einlagen veränderte Eigenkapital am Ende der vorangegangenen Periode in der Bilanz ausgewiesen werden.

Bei einer solchen Darstellung des Eigenkapitals in der (Abschluss-) Bilanz des betrachteten Geschäftsjahres im Umfang des Eigenkapitals zum Ende des vorhergehenden Geschäftsjahres ergibt sich der **Gewinn bzw. Verlust der Berichtsperiode** als Differenz der Summe des Eigenkapitals am Ende des Geschäftsjahres und der Summe des Eigenkapitals am Ende der vorangegangenen Periode. Das Eigenkapital zum (Abschluss-) Stichtag einer Periode zeigt sich aus der dann festgestellten Differenz aus Vermögen und Schulden.

$$V ./. S = EK$$

Unter der Voraussetzung, dass weder Einlagen noch Entnahmen und ein Gewinn vorliegen gilt:

$$G = \triangle EK$$
$$\triangle EK = EK_n - EK_{n-1}$$
$$G = EK_n - EK_{n-1}$$
$$EK_n = EK_{n-1} + G$$

Mit:

EK_n = Eigenkapital am Ende der Berichtsperiode

EK_{n-1} = Eigenkapital am Ende der vorangegangenen Berichtsperiode (= i.d.R. Eigenkapital am Anfang der Berichtsperiode)

G = Gewinn der Berichtsperiode

Beispiel: Kaufmann K bestimmt zum 31.12.13 sein Vermögen (Summe der Aktivseite) mit 100.000 € und seine Schulden mit 45.000 €. Im Laufe des Jahres 14 wurden weder Einlagen noch Entnahmen getätigt. Kaufmann K bestimmt zum 31.12.14 sein Vermögen (Summe der Aktivseite) mit 130.000 € und seine Schulden mit 60.000 €.

Lösung: Daraus ergibt sich zunächst nur, dass sein Eigenkapital am 31.12.13 55.000 € und zum 31.12.14 70.000 € beträgt. Erst die Differenz zwischen den Eigenkapitalbeträgen (70.000 € ./. 55.000 €) ergibt einen Gewinn von 15.000 €.

Wenn man dieses Ergebnis unmittelbar aus dem Abschluss zum 31.12.14 ablesen will, muss man die Bilanz mit dem Eigenkapital der vorangegangen Periode (55.000 €) aufstellen. Dann ergibt sich:

Aktivseite		Passivseite	
Vermögen	130.000 €	Eigenkapital	55.000 €
		Gewinn	15.000 €
		Schulden	60.000 €
Summe	**130.000 €**	**Summe**	**130.000 €**

Das Eigenkapital zum 31.12.14 beträgt natürlich 70.000 €. Der Gewinn des Jahres 14 ist am 31.12.14 Bestandteil des Eigenkapitals.

Daraus ergibt sich weiter, dass die Erfolgsgrößen in Bilanz und GuV übereinstimmen müssen, wenn nur solche Vorgänge als Aufwendungen und Erträge in die GuV einfließen, die die Differenz zwischen Vermögen und Schulden aus betrieblichen Vorgängen und damit den Gewinn beeinflussen.

In dieser Betrachtung sind die Vermögens- und Eigenkapitalveränderungen durch Einnahmen und Ausgaben auf der Unternehmerebene, die das Vermögen und damit das Eigenkapital zwar verändern, aber in die Erfolgsbetrachtung als unternehmensfremde Vorgänge nicht einzubeziehen sind, durch **Hinzurechnung des Betrages der Entnahmen** bzw. **Minderung durch den Betrag der Einlagen** zu ergänzen (vgl. dazu auch die Gewinndefinition des § 4 Abs. 1 EStG).

In den vorangegangenen Betrachtungen wurde immer ein Gewinn, also ein positiver Erfolg innerhalb der Periode vorausgesetzt. Wenn man den Verlust als negativen Gewinn definiert, sind obige Formeln ohne Veränderung anwendbar.

Es ist wichtig zu beachten, dass das Eigenkapital eine Restgröße ist. Sowohl das Vermögen als auch die Schulden sind durch inventurartige Feststellungen zu bestimmen. Dies gilt nicht für das Eigenkapital. Das Eigenkapital insgesamt ergibt sich immer aus der Differenz aus Vermögen und Schulden. Daran ändert auch die Tatsache nichts, dass Teile des Eigenkapitals (z.B. bei Kapitalgesellschaften das gezeichnete Kapital oder die Rücklagen) festgelegt sind. Folgendes einfache Beispiel erläutert den Zusammenhang.

Beispiel: Der Existenzgründer A kauft Ende 2012 ein Grundstück mit Anschaffungskosten in Höhe von 750.000 €. Er verwendet für den Kauf Eigenmittel in Höhe von 300.000 € und Fremdmittel in Höhe von 450.000 €. Über andere Vermögens- und Schuldenpositionen verfügt er am 31.12.12 nicht. In der Bilanz zum 31.12.12 ergibt sich folgendes Bild:

Aktivseite		Passivseite	
Grundstück	750.000 €	Eigenkapital	300.000 €
		Schulden	450.000 €
Bilanzsumme	**750.000 €**	**Bilanzsumme**	**750.000 €**

Im folgenden Jahr sinkt der Wert des Grundstückes voraussichtlich dauerhaft auf einen Wert von 680.000 €. A war während des Jahres 2013 nicht aktiv, und es sind keine weiteren Bilanzpositionen entstanden. Die Bilanz zum 31.12.13 weist dann folgende Werte auf:

Aktivseite		Passivseite	
Grundstück	680.000 €	Eigenkapital	230.000 €
		Schulden	450.000 €
Bilanzsumme	**680.000 €**	**Bilanzsumme**	**680.000 €**

Die Bewertung des Grundstücks ergibt sich aus dem Inventar unter Beachtung des § 253 Abs. 3 S. 3 HGB. Die Schulden sind durch die Vertragsbedingungen mit dem Fremdkapitalgeber festgelegt. Daraus folgt, dass die Wertänderung des Grundstückes voll zulasten des Eigenkapitals geht.

1.4 Verpflichtung zur Rechnungslegung

Jeder Kaufmann ist verpflichtet, Bücher zu führen und Abschlüsse zu erstellen (§§ 238, 242 HGB). Eine Ausnahme von diesem Grundsatz bestimmt § 241a HGB.

1.4.1 Kaufmannseigenschaft

Folgende Sachverhalte führen zur **Zuordnung der Kaufmannseigenschaft**:
- Das **Betreiben eines Handelsgewerbes**, d.h. eines Gewerbebetriebs (vgl. § 15 Abs. 2 EStG), der einen in kaufmännischer Weise eingerichteten Geschäftsbetrieb erfordert (§ 1 HGB). Der Erwerb dieser Kaufmannseigenschaft entsteht unabhängig von einer aktiven Handlung des Unternehmers, auch ohne Handelsregistereintragung.
- Die **Eintragung eines Gewerbetreibenden, der kein Handelsgewerbe betreibt, in das Handelsregister** (§ 2 HGB).
- Die **Eintragung eines Land- oder Forstwirtes unter den Bedingungen des § 3 HGB in das Handelsregister.**
- Der **im Handelsregister eingetragene Unternehmer** (§ 5 HGB) und der **zur Erlangung seiner Rechtspersönlichkeit einzutragende Unternehmer** (§ 6 HGB) sind ebenfalls mit den Rechten und Pflichten des Kaufmannes ausgestattet.

Grundsätzlich alle Kaufleute i.S.d. §§ 1–6 HGB haben die sich aus den §§ 238 und 242 HGB ergebenden Pflichten zu beachten.

Lediglich bestimmte Kaufleute, deren Unternehmen im § 241a HGB gegebene Grenzen nicht überschreitet, sind von diesen Verpflichtungen befreit.

1.4.2 Befreiungsvorschriften

Logischerweise können nur Kaufleute die **Befreiungen des § 241a HGB zur Buchführungs-, Inventarerstellungs- und Abschlusserstellungspflicht** der §§ 238–241 und 242 HGB in Anspruch nehmen. Angehörige freier Berufe z.B. sind nicht zur Beachtung der §§ 238 ff. HGB verpflichtet und können daher § 241a HGB nicht anwenden. § 241a HGB wendet sich nur an Einzelkaufleute. Kaufleute aller Rechtsformen, die sich auf eine Gesellschaft beziehen, können die Befreiung des § 241a HGB nicht in Anspruch nehmen.

Einzelkaufleute, die an den Abschlussstichtagen von zwei aufeinanderfolgenden Geschäftsjahren Umsatzerlöse von höchstens 500.000 € und höchstens einen Jahresüberschuss von 50.000 € aufweisen, müssen keine Bücher führen und kein Inventar aufzustellen (§ 241a HGB). Sie brauchen auch keine Abschlüsse nach § 242 HGB zu erstellen (§ 242 Abs. 4 HGB). Die beiden Grenzen des § 241a HGB dürfen jede für sich nicht überschritten werden. Ist eine der Grenzen überschritten, auch unterschiedliche an zwei aufeinanderfolgenden Abschlussstichtagen, so entfällt die Befreiungsmöglichkeit. § 241a HGB stellt eine Befreiungsvorschrift dar mit der grundsätzlichen Verpflichtung des Kaufmannes zur Buchführungs- und Abschlusserstellung. Das Wahlrecht entsteht erst, wenn an zwei aufeinander folgenden Abschlussstichtagen die im § 241a HGB genannten Grenzen nicht überschritten werden. Bereits ein einmaliges Überschreiten eine der beiden Grenzen führt zum Wegfall des Wahlrechtes und damit zur Buchführungs- und Abschlusserstellungspflicht nach den §§ 238 und 242 HGB.

Ob im **Geschäftsjahr der Unternehmensgründung** die Befreiung sofort eintritt, wenn die Grenzen voraussichtlich nicht überschritten werden, ist umstritten; dies würde sich nur im Rahmen einer Schätzung der Maßgrößen feststellen lassen. Die Befreiung kann aber nach dem Gesetzeswortlaut immer nur für das folgende Geschäftsjahr in Anspruch genommen werden, und eine rückwirkende Anwendung der Vorschrift wird in der Literatur abgelehnt. Andererseits ist gerade bei Neugründungen der Wille des Gesetzgebers zur Deregulierung von Rechnungslegungsvorschriften sinnvoll. Welche Praxis sich in der Zukunft durchsetzt wird sich zeigen.

Es soll aber an dieser Stelle auch betont werden, dass diese Befreiungsvorschrift ein Wahlrecht darstellt, das keineswegs eine Art von Empfehlung oder Verbot der Buchführung oder Abschlusserstellung für die unter diese Regelung fallenden Einzelkaufleute ist. In vielen Einzelfällen wird es trotz Unterschreiten der Schwellenwerte sinnvoll sein, Bücher zu führen und Abschlüsse zu erstellen (näheres dazu s. Kapitel 2.1.3.3.1).

2. Bilanzierungssystem

Unter einem System versteht man allgemein eine Summe aus Elementen, die durch Beziehungen miteinander verbunden und die von einer Hülle umgeben sind. Systeme werden geschaffen, um komplexe Zusammenhänge im System verstehbar, Einflüsse der Umwelt auf das System und Wirkungen des Systems auf die Umwelt zu erklären.

Die Systembetrachtung bietet sowohl deskriptive wie analytische Ergebnisse. Interessant ist die Untersuchung der Elemente, der Beziehungen der Elemente untereinander und der die Systemhülle überschreitenden Beziehungen in die Systemumwelt. Es gibt geschlossene und offene Systeme.

Der **Begriff Bilanzierungssystem** soll für ein System stehen, das alle Elemente der Abschlusserstellung enthält. Dabei sind diese Elemente sowohl innerhalb des Betriebes gestaltbar als auch von den Institutionen des Rechtssystems gestaltet und aus der Sicht des Abschlusserstellers als gegeben, außerhalb der betrieblichen Einflusssphäre liegend, zu betrachten.

Das System wird vom Abschlussersteller i.R.d. **Grundsätze ordnungsmäßiger Buchführung** gestaltet, um in der interessierten Umwelt Wirkungen zu erzielen. Diese Umwelt selbst wirkt in dieses System hinein, sowohl mit Reaktionen (z.B. Bereitstellung von Kapital) als auch Gestaltungsvorgaben (z.B. Rechnungslegungsvorschriften) und setzt insofern einerseits der Gestaltbarkeit durch den Abschlussersteller Grenzen und veranlasst andererseits den Abschlussersteller zu einer den Erwartungen der Umwelt entsprechenden Abschlussgestaltung innerhalb dieser Grenzen.

Die Interdependenzen zwischen betrieblich zu beeinflussendem Bereich und gestaltender und reagierender Umwelt lassen eine inner- oder außersystemische Zuordnung der Elemente willkürlich erscheinen, weil je nach der Betrachtung von Einflussmöglichkeit einerseits und Wirkungsort andererseits (oder auch anderer Systematisierungskriterien) Elemente immer gleichzeitig als inner- als auch außersystemisch bezeichnet werden könnten.

Deshalb soll das hier beschriebene Bilanzierungssystem sowohl die Elemente umfassen, die innerhalb des Unternehmens gestaltet werden als auch diejenigen, die von der Umwelt gestaltet werden und auf das Rechnungswesen einwirken.

Man kann dieses so gedachte Bilanzierungssystem aus zwei Subsystemen bestehend ansehen:

- ein Subsystem, das in erster Linie vom Bilanzierenden gestaltbar ist und hier als innerbetrieblich angesehen wird und
- ein zweites, das in erster Linie von Politik, Markt und Gesetzgebung gestaltet wird, also als außerbetrieblich bezeichnet werden kann.

Die Gesamtheit beider Subsysteme, die auf das Engste miteinander verzahnt sind, soll als das Bilanzierungssystem bezeichnet werden.

Die Wechselwirkungen zwischen betrieblichem Rechnungswesen, das in Eigenverantwortung des Unternehmers gestaltet wird und entsprechende Gestaltungsmöglichkeiten voraussetzt, und der Umwelt, die ebenfalls gestaltend auf das Rechnungswesen einwirkt, sei es durch Normen oder durch Erwartungen, die der Unternehmer in Verfolgung seiner Ziele erfüllen will, zwingen zu dieser Gesamtbetrachtung.

Der Abschluss ist auf der Grenze zwischen den beiden Subsystemen zu sehen. Die Einbeziehung dieser beiden Elementgruppen in eine Systemhülle gestattet eine abgeschlossene Betrachtung des Systems.

Über diese Systemhülle gehen Wechselwirkungen, die dem Bereich der Politik zuzuordnen sind und nicht Gegenstand dieses Lehrbuches sein können.

Die **Bilanzpolitik** ist das Element, das die Wechselwirkungen zwischen den Elementen und den Subsystemen analysiert und unter der Beachtung der Unternehmensziele den konkreten Abschluss gestaltet. Dabei bestimmen die Rahmenbedingungen der Unternehmenssituation die Gestaltung der Rechnungslegung, und es können die vom Gesetzgeber auferlegten Rechtsfolgen bestimmter Gestaltungen auf die Unternehmenspolitik und deren Wirkungen auf die Gestaltung der Rahmenbedingungen zurückwirken.

Dieses **Bilanzsystem** soll innerhalb der beiden Subsysteme die folgenden Elemente beschreiben:

Elemente des Bilanzierungssystems		
Interne Elemente	**Externe Elemente**	**Beziehungen zwischen internen und externen Elementen**
• Bilanzarten • Bilanzfunktionen • Bilanzpolitik	• Bilanzadressaten • Bilanzierungsgrundlagen • Grundsätze ordnungsmäßiger Buchführung (GoB)	

2.1 Interne Elemente (Elemente im Subsystem Betrieb)

Unter diesen Elementen sollen diejenigen verstanden werden, die überwiegend, wenn auch unter bestimmten Voraussetzungen nur im Rahmen gesetzlicher Vorgaben, dem Gestaltungswillen des Kaufmannes unterworfen sind.

2.1.1 Bilanzarten

Es gibt eine Vielzahl von **Bilanzarten**, die nach unterschiedlichen Kriterien geordnet werden können. Solche Ordnungskriterien sind z.B. zu unterscheiden nach dem Bilanzadressaten, dem Berichtszeitraum, der zugrunde liegenden Rechtsnorm, dem Anlass der Erstellung oder der Anzahl der einbezogenen Unternehmen. Der in diesem Lehrbuch behandelte handelsrechtliche Abschluss stellt eine Besonderheit dar, weil er sich z.B. auf der gesetzlich geregelten Grundlage des HGB an Bilanzadressaten richtet, die sowohl außer- wie innerhalb des Unternehmens zu finden sind. Er bezieht nur ein Unternehmen ein. Der **Berichtszeitraum** umfasst im Wesentlichen, abgesehen von Gründung und Beendigung des Unternehmens, einen Zeitraum von höchstens 12 Monaten. Er wird zum Ende des Geschäftsjahres für das lebende, fortzuführende Unternehmen aufgestellt.

Seine Hauptelemente (Bilanz und GuV bei allen Kaufleuten gem. § 242 Abs. 3 HGB; Bilanz, GuV und Anhang bei Kapitalgesellschaften gem. § 264 Abs. 1 HGB), seine äußere Form und Gliederung, die Offenlegung und Prüfung werden ebenso genau festgelegt wie die Fragen des Ausweises, des Ansatzes und der Bewertung.

Bilanzen und Abschlüsse können auch auf anderen Normen (EStG, IFRS) basieren oder unter Verzicht auf Normen nur nach Gesichtspunkten der Zweckmäßigkeit (Kostenrechnung) aufgestellt werden. Dann spielen Ansatz-, Bewertungs- und Ausweisfragen eine ganz andere Rolle. Es können unterjährige (Monats- oder Quartalsbilanzen) oder mehrjährige Bilanzen (projektbezogene Bilanzen, totalperiodische Bilanzen) aufgestellt werden. Anstelle von Einzelbilanzen können Konzernbilanzen oder anstelle von Abschlüssen zum Ende des Geschäftsjahres können aus anderem Anlass (z.B. Insolvenz-, Liquidations-, Auseinandersetzungs- oder Fusions-) Bilanzen erstellt werden; ebenso kann der Kreis der Adressaten beschränkt oder der Gegenstand der Bilanzierung (Sozialbilanz, Umweltbilanz) nach anderen als nach den Vermögens-, Finanz- oder Ertragskriterien ausgewählt werden.

Je nachdem wie das Verhältnis des Bilanzadressaten zum Unternehmen zu beurteilen ist, sind externe und interne Bilanzen zu unterscheiden.

Interne Bilanzen werden zu Zwecken der Selbstinformation und Unternehmenssteuerung aufgestellt. Sie sind durch ein Höchstmaß an Freiheit in Bezug auf Methode und Form gekennzeichnet. Ihr einziger Beurteilungsmaßstab in Bezug auf die Methode und Form ist die an den Zielen des Bilanzierenden orientierte Zweckmäßigkeit. Ganz anders sind die Bedingungen der **externen Bilanzen**. Diese dienen nicht nur den Zielen des Bilanzierenden, sondern auch zur Information und Bemessung von Zahlungsansprüchen von unternehmensfremden Bilanzlesern. Wegen der Informationsasymmetrien zwischen Bilanzierenden und Bilanzadressaten und des schutzwürdigen Interesses der Bilanzadressaten auf zutreffende, wahre Informationen müssen hier die Ziele der Bilanzadressaten berücksichtigt werden. Vor dem Hintergrund der Bedeutung der Bilanzfunktionen für die externen Bilanzadressaten und damit auch für die Volkswirtschaft sieht es der Staat als Aufgabe an, diesen Prozess zu gestalten. Der deutsche Staat hat die Lösung dieser Aufgabe in Bezug auf die Teilnehmer am wirtschaftlichen Verkehr im Wesentlichen in den Regelungen des Handelsgesetzbuches unternommen. Diese Regelungen sind nicht nur durch den Willen des deutschen Gesetzgebers, sondern auch durch europäische Richtlinien und internationale Rechnungslegungsvorschriften beeinflusst. Die auf der Grundlage dieser Rechtsvorschriften erstellten Bilanzen werden **Handelsbilanzen** (HB) genannt. In Bezug auf die eigenen Informationsansprüche des Staates als Grundlage für die Bemessung von Steuern hat der Staat im Rahmen der Steuergesetze Regelungen zur Gewinnermittlung erlassen, deren Anwendung durch harte Sanktionen durchgesetzt werden sollen. Die auf der Grundlage dieser Rechtsvorschriften erstellten Bilanzen werden **Steuerbilanzen** (StB) genannt.

Haupt-Untersuchungsgegenstand dieses Buches sind nur **Handelsbilanzen auf der Grundlage des HGB**, die als Elemente des Einzelabschlusses für „alle Kaufleute" und Kapitalgesellschaften für das lebende Unternehmen periodisch (nach dem Geschäftsjahr) zu erstellen sind.

2.1.2 Bilanzfunktionen und Zwecke

Dem **handelsrechtlichen (Einzel-)Abschluss** werden vom Gesetzgeber zwei wesentliche Funktionen zugewiesen:

1. die Informationsfunktion und
2. die Zahlungsbemessungsfunktion.

Zu 1: Mit der **Informationsfunktion** soll der Abschluss den Zweck erreichen, die Abschlussadressaten über die wirtschaftlichen Verhältnisse des Kaufmanns zu informieren. Damit dies in objektiver und zuverlässiger Weise geschehen kann, hat der Gesetzgeber sowohl mit gesetzlichen Vorschriften als auch mit dem Verweis auf die allgemeinen Grundsätze ordnungsmäßiger Buchführung die Aufgabe übernommen, diesen Informationsprozess zu gestalten. Konkret angesprochen wird dieser Anspruch für und an die Kapitalgesellschaften im § 264 Abs. 2 HGB, in dem verlangt wird, dass der **Abschluss ein tatsächliches Bild der Vermögens-, Finanz- und Ertragslage der Kapitalgesellschaft** zu vermitteln habe.

Der dem Kaufmann aufgegebene gesetzliche **Zwang zur Dokumentation seiner Geschäftsvorfälle und der Rechenschaftslegung über die Verwendung des Vermögens** verfolgt den Zweck der Information aller am Abschluss und damit am Unternehmen Interessierten. Nicht zuletzt der Kaufmann selbst soll durch den Zwang zur Abschlusserstellung in die Lage versetzt werden, sich ein Bild über seine wirtschaftliche Situation zu verschaffen. Dieser **Zwang zur Selbstinformation** kann als wesentliches Element der Zukunftssicherung kleinerer Unternehmen angesehen werden. Die gesetzliche Pflicht zum Führen der Bücher (§ 238 HGB) und zur Abschlusserstellung (§ 242 HGB) wird ergänzt durch **Vorschriften zu Erstellungsfristen**, um zeitnahe Informationen zu erzielen und Vorschriften zur Offenlegung, um die Informationsversorgung zu gewährleisten.

Insofern stellt der zeitnah erstellte und dem Abschlussadressaten offengelegte Abschluss ein wichtiges Instrument zur Entscheidungsfindung dar. Der sachverständige Leser des Abschlusses soll in die Lage versetzt werden, seine Entscheidungen in Bezug auf das Unternehmen des Kaufmanns rational auf der Grundlage der gegebenen Informationen zu treffen.

Zu 2: Die **Zahlungsbemessungsfunktion der Bilanz** folgt dem kaufmännischen Anspruch der am Unternehmen Interessierten an Zahlungen aus dem Unternehmen. Mit der Betonung dieses Unternehmensaspektes sollen andere Erwartungen nicht in ihrer Bedeutung gemindert werden, aber zunächst werden Unternehmen organisiert, um Zahlungsströme zu generieren. Eigenkapitalgeber erwarten Gewinne, die entnommen werden können, Fremdkapitalgeber erwarten neben der Rückzahlung des überlassenen Kapitals eine Verzinsung und Arbeitnehmer, die am Erfolg des Unternehmens beteiligt sind, erwarten ihre Tantiemenzahlungen. Auch die öffentliche Hand knüpft ihre erwarteten Steuereinnahmen, soweit Ertragsteuern betroffen sind, an steuerliche Gewinnermittlungen (§§ 4 Abs. 1 und 5 EStG), die im Falle buchführender Gewerbetreibender über die Maßgeblichkeit eng mit der handelsrechtlichen Erfolgsermittlung verbunden sind. Der Gesetzgeber hat in vielen Einzelgesetzen (AktG, GmbHG und dem HGB) diese Zahlungsströme geregelt; sei es um Minderheitsgesellschafter in ihren Dividendenansprüchen oder z.B. Fremdkapitalgeber durch Vorschriften zur Ausschüttungsbegrenzung bei Bildung bestimmter Bilanzposten oder Erschwerung der Ausschüttung von gezeichnetem Kapital zu schützen.

Insbesondere bei haftungsbegrenzten Rechtsformen ist das Schutzbedürfnis von Unternehmensfremden vor der Realisierung übermäßiger Ansprüche Unternehmensinterner an Zahlungsströmen aus dem Unternehmen groß, weil auf diese Weise das zur Verfügung stehende Kapital gemindert wird, ohne dass eine Rückgriffsmöglichkeit auf die Eigenkapitalgeber bestünde. Im Zusammenhang mit Kapitalgesellschaften ist der **Bildung und Erhaltung von (Haftungs-)Kapital** eine große Bedeutung zuzumessen. Über die Maßgeblichkeit hat der handelsrechtliche Abschluss auch eine große Bedeutung für die Ermittlung von Steuerbemessungsgrundlagen bei buchführenden Gewerbetreibenden (vgl. § 5 Abs. 1 EStG).

Bilanzfunktionen	
• Informationsfunktion • Dokumentationszweck • Rechenschaftszweck • Selbstinformation • Fremdinformation	• Zahlungsbemessungsfunktion • Ausschüttungsbegrenzung • Mindestausschüttung • steuerliche Leistungsfähigkeit

2.1.3 Bilanzpolitik als Gestaltung des Bilanzsystems

„Unter einer Politik versteht man in der Betriebswirtschaftslehre ein zielbewusstes Handeln und Gestalten unter Anwendung der in der Theorie oder durch praktische Erfahrungen gewonnenen Erkenntnisse." (Wöhe, G.; Die Handels- und Steuerbilanz, München, 2005, 267). Besonders zu beachten ist die Zielgerichtetheit einer solchen Politik. Bevor man eine Politik verfolgen kann, muss man sich über die anzustrebenden Ziele im Klaren sein.

Die **Bilanzpolitik** ist in ein Gesamtzielsystem eines Unternehmens einzubinden. Bilanzpolitik muss dem Unternehmen dienen und ist insofern ähnlich wie die Finanzpolitik, die Personalpolitik, die Marketingpolitik oder die Modellpolitik in die Gesamtheit der Unternehmenspolitik einzuordnen.

2.1.3.1 Bilanzpolitik als Element der Unternehmenspolitik

Unter **Bilanzpolitik** wird „in einem weiten Sinn die zielgerichtete Gestaltung der externen Rechnungslegung durch das Management" verstanden, „im Rahmen der Möglichkeiten, die unter Einhaltung der Regeln des jeweils zur Anwendung kommenden Normensystems bestehen mit dem Ziel, das Urteil des Informationsempfängers bzw. Rechtsfolgen zu beeinflussen." (s. Coenenberg/Haller/Schultze; Jahresabschluss und Jahresabschlussanalyse, 21. Aufl., 997).

Bilanzpolitik muss also ebenso definierten Zielen folgen, die sich aus den Unternehmenszielen ableiten wie jeder andere Teilbereich der Unternehmenspolitik. Die Formulierung dieser Ziele obliegt dem Management. Die **Durchführung der Bilanzpolitik**, d.h. die konkrete Gestaltung des Jahresabschlusses, obliegt den Bilanzierenden.

Bilanzpolitik setzt neben bekannten und erreichbaren Zielen voraus, dass überhaupt Politik betrieben werden kann; d.h. das Normensystem muss zunächst eine Bilanzpolitik erlauben. Ein Normensystem, das z.B. keine Wahlrechte zulässt, lässt auch keine Bilanzpolitik zu. Der Bilanzierende muss unter Alternativen wählen können, um den Abschluss wirklich gestalten zu können. Dabei setzt auf der anderen Seite das Normensystem der Bilanzpolitik Grenzen, bei deren Überschreitung man von **Bilanzmanipulation** oder sogar **Bilanzfälschung** sprechen muss. Das Normensystem kann konkrete Wahlrechte einräumen, die sich auf den Ansatz, die Bewertung oder den Ausweis beziehen oder aber die Existenz nicht normierter Wahlrechte akzeptieren, indem das Normensystem auf die Regelung von Sachverhalten verzichtet oder aus Gründen der Komplexität verzichten muss.

Die **Ziele der Bilanzpolitik** können z.B. finanz- oder publizitätspolitischer Art sein. Die Beeinflussung des:

- Bereichs der Finanzierung mit Eigenkapital kann durch entsprechende Gewinn darstellende Instrumente oder
- Bereichs der Finanzierung mit Fremdkapital kann durch Beeinflussung von (Bilanz-)Kennzahlen oder Ratinganalysen erfolgen.
- Bereichs der steuerpolitischen Zielverwirklichung, z.B. durch eine steueroptimale Ergebnisgestaltung, kann ein Anliegen der Bilanzpolitik sein.

Zusammenfassung

Bilanzpolitik wird beeinflusst durch:
- das Zielsystem des Unternehmens,
- das Normensystem (z.B. HGB, GoB),
- die konkrete Verfassung des Unternehmens (z.B. Rechtsform, Größe).

Bilanzpolitik beeinflusst:
- die Elemente des Jahresabschlusses (z. B. Bilanz, GuV, Anhang),
- die Wirkung der Funktionen des Jahresabschlusses (Information, Zahlungsbemessung),
- die Reaktionen der Bilanzadressaten (z.B. Finanzierung, Publizität, Unternehmenswert).

Bilanzpolitik bedient sich der:
- Wahlrechte (Ansatz, Bewertung, Ausweis),
- Instrumente (Sachverhaltsgestaltung und Sachverhaltsabbildung).

2.1.3.2 Instrumente der Bilanzpolitik

Der Bilanzierende muss sich konkreter Instrumente bedienen, um Bilanzpolitik zielgerichtet innerhalb der vom Normensystem vorgegebenen Grenzen zu realisieren. Aus der Vielzahl denkbarer Systematisierungen soll hier nur die Unterscheidung nach dem Zeitpunkt der Anwendung des Instrumentes betrachtet werden:

Bilanzpolitik kann grundsätzlich durch Sachverhaltsgestaltung und Sachverhaltsabbildung geschehen.

Bei der **Sachverhaltsgestaltung** wählt man entweder die Realisation abschlussrelevanter Sachverhalte oder verhindert die Realisation, um die o.a. Subjekte von Bilanzpolitik zu gestalten. So kann durch die Aufnahme abnutzbarer Vermögensgegenstände in das Anlagevermögen durch Herstellung oder Anschaffung sowohl die Liquidität (Abgang liquider Mittel durch kurzfristige Zahlung der entstehenden Verbindlichkeit) als auch der Erfolg des Unternehmens (Gewinnwirkung der Abschreibung des Vermögensgegenstandes) beeinflusst werden. Gegenteilige Wirkungen sind durch eine verzögerte Anschaffung oder Herstellung desselben Vermögensgegenstandes zu erreichen. Auch beim Verkauf von Vermögensgegenständen entscheidet der Zeitpunkt der Veräußerung über den Zeitpunkt des Gewinnsprungs; d.h. die Erfolgswirkung tritt erst ein, wenn der Vermögensgegenstand aus dem Bilanzvermögen ausscheidet. Wegen des **Stichtagsprinzips** müssen solche Entscheidungen vor Ablauf des Bilanzstichtages realisiert werden.

Anders verhält es sich bei der **Sachverhaltsabbildung**. Die Entscheidungen bezüglich der Sachverhaltsabbildung werden naturgemäß bei der Abschlusserstellung, also nach dem Bilanzstichtag getroffen. Diese Entscheidungen setzen ein entsprechendes **Wahlrecht zur Abbildung eines vor dem Stichtag realisierten Sachverhaltes** voraus. Solche Wahlrechte können sich auf den materiellen Gehalt der Bilanz oder die Form beziehen. Insofern sind auch materielle und formelle Instrumente der Bilanzpolitik zu differenzieren):

- Als **materielle Instrumente** sind z.B. Ansatzwahlrechte (Disagio, selbst erstellte immaterielle Vermögensgegenstände des Anlagevermögens) oder Bewertungswahlrechte (Abschreibungsmethoden, Bewertungsvereinfachungen, § 240 Abs. 3, 4 HGB oder Verbrauchsfolgeverfahren, § 256 HGB) zu nennen.

- **Formelle Instrumente** können z.B. in den Wahlrechten zur Bilanzgliederung (§ 266 Abs. 1 S. 3 HGB) oder in der Darstellung des Ergebnisses nach der Ergebnisverwendung (§ 268 Abs. 1 HGB) gesehen werden.

Zeitliche Anwendung von Instrumenten der Bilanzpolitik	
Sachverhaltsgestaltung nur möglich vor dem Abschlussstichtag	**Sachverhaltsabbildung nach Abschlussstichtag durch**
	• Ansatzwahlrechte • Bewertungswahlrechte • Ausweiswahlrechte

2.1.3.3 Exkurs: Wechselwirkungen zwischen unternehmensgestaltenden Entscheidungen und daraus resultierenden Rechtsfolgen für das externe Rechnungswesen

Stellvertretend für Wechselwirkungen zwischen unternehmensgestaltenden Entscheidungen und der sich daraus ergebenden Gestaltung des externen Rechnungswesens sollen die Bereiche:

a) Rechtsformwahl,

b) Unternehmensgegenstand und

c) Unternehmensgröße

stehen.

Die Entscheidung für eine bestimmte Rechtsform des Unternehmens hat insofern Konsequenzen auf die Rechnungslegung, als der Gesetzgeber aus dieser Konstellation Folgerungen für das externe Rechnungswesen bestimmt.

Der Bilanzierende kann umgekehrt aus den gesetzlichen Konsequenzen Gestaltungsalternativen für seine unternehmerischen Entscheidungen ziehen. Dabei sollte aber immer bedacht werden, dass übergeordnete Unternehmensziele nicht durch Rechnungslegungsziele bestimmt werden, sondern umgekehrt die Rechnungslegungsziele den Unternehmenszielen zu dienen haben, weil sie aus diesen abgeleitet werden.

Zu a): Die **Wahl der Rechtsform eines Unternehmens** hat insofern tiefgreifende Folgen für das externe Rechnungswesen als diese Wahl darüber entscheidet, ob nur die Vorschriften des ersten Abschnittes des dritten Buches des HGB (Vorschriften für alle Kaufleute) oder auch die speziellen ergänzenden Vorschriften des zweiten Abschnittes für Kapitalgesellschaften sowie bestimmte Personenhandelsgesellschaften oder des dritten Abschnittes für eingetragene Genossenschaften zu beachten sind.

Folgende Beispiele mögen genügen, die Auswirkungen der Wahl der Rechtsform zwischen Einzelkaufleuten und Personengesellschaften einerseits und Kapitalgesellschaften und „bestimmten Personenhandelsgesellschaften" andererseits einleitend zu beschreiben:

- Im Bereich der **Elemente des Abschlusses** bestimmt § 242 Abs. 3 HGB, dass der Abschluss aus der Bilanz und der GuV besteht. Demgegenüber bestimmt § 264 Abs. 1 HGB, dass der Abschluss der Kapitalgesellschaft mit dem Anhang ein weiteres Pflichtelement beinhalten muss. Darüber hinaus hat ein Lagebericht den Abschluss der Kapitalgesellschaft zu ergänzen.
- Im Bereich der Gliederung der Elemente steht der **Grobgliederung der Bilanz** (§ 247 Abs. 1 HGB) und der GuV (§ 242 Abs. 2 HGB) für alle Kaufleute die sehr tief gehende Gliederung der Bilanz (§ 266 HGB) und der GuV (§ 275 HGB) für die Kapitalgesellschaften gegenüber. Die formalen Vorschriften der §§ 266 und 275 HGB gehen so weit, dass Nummerierungen, Bezeichnungen und Reihenfolgen der Inhaltspositionen des jeweiligen Elementes genau vorgeschrieben werden. Solche Festlegungen fehlen für „alle Kaufleute" völlig.

Zu b): Die **Wahl des Unternehmensgegenstandes** hat ebenfalls Einfluss auf den Abschluss. Der vierte Abschnitt des dritten Buches des HGB widmet sich ergänzenden Vorschriften für Unternehmen bestimmter Geschäftszweige. Es handelt sich hier um Vorschriften für Kreditinstitute und Finanzdienstleistungsinstitute. Auch in anderen Gesetzen finden sich weitergehende Rechnungslegungsvorschriften, die an den Unternehmensgegenstand anknüpfen (z.B. im Bereich der Verkehrsbetriebe und der Wohnungswirtschaft).

Zu c): Die **Unternehmensgröße** hat ebenfalls Einfluss auf die konkrete Gestalt des Abschlusses. Die Frage:
- ob ein Einzelkaufmann überhaupt Bücher führen oder ein Inventar erstellen muss (§ 241a HGB),
- ob bestimmte Rechtsfolgen in Bezug auf Gliederung, Prüfung, Veröffentlichung und Erstellung von Abschlüssen eintreten (vgl. § 267 HGB) oder
- wie die Gestaltung, Prüfung und Veröffentlichung der Abschlüsse großer Einzelunternehmer oder Personenhandelsgesellschaften zu erfolgen haben (§ 1 PublG)

knüpft der Gesetzgeber an die „Unternehmensgröße".

Dabei wird der qualitative Begriff „Unternehmensgröße" i.R.d. § 241a HGB durch die quantifizierbaren Begriffe **Umsatzerlöse und Jahresüberschuss** erläutert, in den Fällen des § 267 HGB und des § 1 PublG durch die Umsatzerlöse, die Bilanzsumme und die Zahl der Arbeitnehmer.

Wegen der hohen praktischen Bedeutung dieser Fragen, insbesondere i.R.d. §§ 241a und 267 HGB und der typischen Funktionsweise der rechtlichen Regelungen sollen diese Vorschriften genauer untersucht werden.

Vorauszuschicken ist, dass bei diesen Vorschriften immer strikt unterschieden werden muss, dass in den Paragrafen Voraussetzungen und daraus sich ergebende Klassifizierungen formuliert werden, deren Erfüllung dann bestimmte Rechtsfolgen auslösen, die entweder in der jeweiligen Vorschrift oder an anderer Stelle des Gesetzes formuliert werden.

2.1.3.3.1 Regelungen des § 241a HGB

§ 241a HGB wurde im Rahmen des BilMoG (Gesetz zur Modernisierung des Bilanzrechts (BilMoG) „Bilanzrechtsmodernisierungsgesetz" vom 29.05.2009, BGBl I 2009, 1102) neu in das HGB eingeführt und bringt für (im wirtschaftlichen Sinn) „kleine" Einzelkaufleute eine **Befreiung von der grundsätzlichen Verpflichtung des Kaufmannes, Bücher zu führen (§ 238 HGB) und Abschlüsse zu erstellen** (§ 242 HGB).

§ 241a HGB formuliert bestimmte Rechtsfolgen, wenn die Voraussetzungen des § 241a HGB erfüllt sind. Diese Rechtsfolgen bestehen in der Befreiung von der Pflicht „aller Kaufleute", die §§ 238 bis 241 HGB anzuwenden. Eine weitere Rechtsfolge hat der Gesetzgeber in § 242 Abs. 4 HGB formuliert.

Der Wortlaut des § 241a HGB bezieht sich auf die Befreiung von der Pflicht zur Buchführung und zur Erstellung eines Inventars. Aus der **Befreiung von der Inventarerstellungspflicht** ergibt sich, da das Inventar eine Voraussetzung zur Erstellung der Bilanz darstellt, bereits die Befreiung von der Abschlusserstellungspflicht. Der Gesetzgeber hat dies aber auch ausdrücklich im § 242 Abs. 4 HGB kodifiziert. Diese Rechtsfolge ist die Gewährung eines Wahlrechtes. Der **Einzelkaufmann** kann von der Inanspruchnahme der Befreiung absehen und trotz der Erfüllung der Voraussetzungen des § 241a HGB Bücher führen und

Abschlüsse erstellen. Liegen die Voraussetzungen des § 241a HGB nicht vor, dann besteht auch das Wahlrecht nicht und der Kaufmann hat die allgemeinen Vorschriften zur Buchführung und Abschlusserstellung zu beachten.

Die Voraussetzungen des § 241a HGB lauten im Einzelnen:

§ 241a HGB richtet sich nur an Einzelkaufleute.

Weitere **Voraussetzung für das Eintreten der Rechtsfolge der Befreiung v**on den angesprochenen Pflichten ist, dass an zwei Abschlussstichtagen aufeinander folgender Geschäftsjahre ein Umsatz von 500.000 € und ein Jahresüberschuss von 50.000 € nicht überschritten wird. Mit Abschlussstichtagen ist jeweils das Ende eines Geschäftsjahres gemeint. Umsatzerlöse und Jahresüberschuss dürfen kumulativ nicht überschritten werden. Das einmalige Überschreiten eines der Werte lässt die Rechtsfolge nicht entstehen. Die Rechtsfolgen treten für das auf den zweiten Abschlussstichtag folgende Geschäftsjahr ein, wenn auch an diesem zweiten Abschlussstichtag nicht die Grenzen überschritten sind. Eine rückwirkende Ausübung des Wahlrechtes ist damit ausgeschlossen.

Im Falle der **Neugründung eines Unternehmens** entsteht die Rechtsfolge, wenn am ersten Abschlussstichtag die Grenzen des § 241a HGB nicht überschritten werden. Das führt zu der paradoxen Situation, dass das Wahlrecht nach dem Gesetzeswortlaut nicht im Jahr der Neugründung des Unternehmens angewandt werden darf. Eine Rückwirkung wird in der Literatur ebenfalls abgelehnt.

Beispiel:

a) Die Bäcker A und B gründen die A + B OHG. Sie erwarten 350.000 € Umsatz und 70.000 € Gewinn.

b) Konditor C macht sich selbständig. Er erwartet einen Umsatz in Höhe von 500.000 € und einen Jahresüberschuss (Gewinn) in Höhe von 50.000 € im ersten Jahr.

c) Am Ende des ersten Jahres stellt C fest, dass der Umsatz 545.000 € und der Gewinn 1 € betrug.

d) Der Steuerberater S macht sich selbständig. Er erwartet 600.000 € Umsatz und 100.000 € Gewinn.

e) Der seit Jahren buchführende und abschlusserstellende Kaufmann K hat im Jahre 10 einen Umsatz von 500.000 € und einen Gewinn von 51.000 €.

In den Folgejahren weist er folgende Zahlen aus:

Jahr	Umsatz	Jahresüberschuss
11	480.000 €	30.000 €
12	500.000 €	10.000 €
13	510.000 €	30.000 €
14	490.000 €	51.000 €

Welche Schlussfolgerungen ergeben sich in Bezug auf die Buchhaltungs- und Abschlusserstellungspflicht vorstehender Sachverhalte?

Lösung:

Für die Beantwortung der Aufgabenstellung ist § 241a HGB heranzuziehen.

a) Es gibt kein Wahlrecht für die OHG, das die Buchführungs- und Abschlusserstellungspflicht einschränkt. § 241a HGB gilt nur für Einzelkaufleute.

b) Die Grenzen des § 241a HGB sind nicht überschritten. C kann die Wahlrechte des § 241a HGB in Anspruch nehmen.

c) Wenn C nicht vorsätzlich gehandelt hat, muss er zwar für die Zukunft auf die Wahlrechte des § 241a HGB verzichten, braucht das Gründungsjahr aber nicht zu ändern.

d) S ist kein Kaufmann. Für ihn gilt das HGB mit seinen Rechten und Pflichten nicht.

e) K hat folgende Rechte aus § 241a HGB:

10: Keine Wahlrechte aus § 241a HGB.

11: Keine Wahlrechte aus § 241a HGB.

> **12:** K kann die Wahlrechte aus § 241a HGB in Anspruch nehmen für das Folgejahr 13, aber nicht für 12.
>
> **13:** K kann die Wahlrechte aus § 241a HGB für 13 in Anspruch nehmen, nicht aber für das Folgejahr 14.
>
> **14:** K kann die Wahlrechte aus § 241a HGB weder für 14 in Anspruch nehmen noch für das Folgejahr 15.

Zusammenfassung
Bedingungen des § 241a HGB

Voraussetzungen:
- Regelungen gelten nur für Einzelkaufleute.
- Die Anwendung des § 241a HGB setzt die Kaufmannseigenschaft voraus.
- Die Rechtsfolgen des § 241a HGB treten ein, wenn in zwei aufeinanderfolgenden Geschäftsjahren zum Abschlussstichtag folgende Grenzen jeweils nicht überschritten werden:
  - Umsatzerlöse von 500.000 € und Jahresüberschuss von 50.000 €.

Rechtsfolgen:
- Die Rechtsfolgen treten immer nur für das folgende Geschäftsjahr ein.
- Eine rückwirkende Befreiung ist nicht möglich.
- Die Rechtsfolgen bestehen im:
  - Wahlrecht, die §§ 238–241 HGB insgesamt oder einzeln nicht zu beachten.
  - Wahlrecht, keinen Abschluss zu erstellen (§ 242 Abs. 4 HGB).
  - Bei Inanspruchnahme der Befreiung ist die Gewinnermittlung auf der Grundlage des Vermögensvergleichs nicht mehr vorgeschrieben.
- Werden die Grenzen einmalig insgesamt oder einzeln überschritten, bestehen die Wahlrechte nicht.

2.1.3.3.2 Regelungen des § 267 HGB

In Abweichung zum § 241a HGB misst der § 267 HGB die Unternehmensgröße durch die Bilanzsumme, die Umsatzerlöse und die Zahl der beschäftigten Arbeitnehmer. Aus der Stellung der Rechtsvorschrift ergibt sich, dass diese Vorschrift nur auf Kapitalgesellschaften anwendbar ist. Das unmittelbare Ergebnis des § 267 HGB liegt in der **Zuordnung einer Kapitalgesellschaft in die Gruppe der kleinen, mittleren und großen Kapitalgesellschaften**. Aus dieser Einteilung resultieren Rechtsfolgen, die an anderen Stellen des HGB beschrieben werden.

Z.B. können hier folgende Rechtsfolgen benannt werden, die am Status einer kleinen, mittleren oder großen Kapitalgesellschaft anknüpfen:

Einige Rechtsfolgen der Klassifizierungen nach § 267 HGB

- **§ 264 Abs. 1 HGB:** größenabhängige Aufstellungsfristen für den Jahresabschluss
- **§ 266 Abs. 1 HGB:** größenabhängige Gliederungsvorschriften für die Bilanz, Verzichtsmöglichkeit auf Erstellung des Lageberichtes
- **§ 274a HGB:** größenabhängige Erleichterungen für
  - Vorschriften des § 268 HGB
  - Vorschriften des § 274 HGB (Latente Steuern)
- **§ 276 HGB:** größenabhängige Erleichterungen für die Gliederung der GuV

§ 267 HGB nennt folgende quantitativen Merkmale als Voraussetzungen für die **Einteilung in Größenklassen für Kapitalgesellschaften**:

Einteilungskriterien des § 267 HGB ab 2010			
Kriterien	Bilanzsumme in Mio. €	Umsatzerlöse in Mio. €	Zahl der Arbeitnehmer
Kleine Kapitalgesellschaft	≤ 4,840	≤ 9,680	≤ 50
Mittlere Kapitalgesellschaft	> 4,840 bis ≤ 19,250	> 9,680 bis ≤ 38,500	> 50 bis ≤ 250
Große Kapitalgesellschaft	> 19,250	> 38,500	> 250

Das **Größenmerkmal Bilanzsumme** ergibt sich aus der Bilanz, die **Umsatzerlöse** ergeben sich aus der GuV und die **Zahl der im Jahresdurchschnitt beschäftigten Arbeitnehmer** wird bestimmt als Durchschnitt der jeweils zum Kalenderjahrquartalsende beschäftigten Arbeitnehmer ohne Auszubildende (§ 267 Abs. 5 HGB).

Anhand dieser quantitativen Kriterien werden alle Kapitalgesellschaften in drei Größenklassen eingeordnet, je nachdem ob jeweils mindestens zwei der drei Merkmale über- oder unterschritten werden.

Es gibt kleine, mittelgroße und große Kapitalgesellschaften. Die Rechtsfolgen, die an diese Einteilung anknüpfen, treten, wenn überhaupt, mit einer zeitlichen Verzögerung ein, d.h. ein Wechsel vom Status einer kleinen zu einer mittelgroßen Kapitalgesellschaft führt nicht sofort dazu, dass die Gesellschaft die Rechtsfolgen dieses Wechsels zu beachten hätte.

Es kann also sein, dass beim **erstmaligen Wechsel der Größenklasse** eine mittelgroße Kapitalgesellschaft wie eine kleine Kapitalgesellschaft weiter behandelt werden kann. Die Rechtsfolgen einer Zuordnung zu einer bestimmten Größenklasse treten nur im Falle der Umwandlung oder Neugründung (§ 267 Abs. 4 S. 2 HGB) und im Falle einer kapitalmarktorientierten Kapitalgesellschaft i.S.d. § 264d HGB sofort mit dem ersten Abschlussstichtag ein.

In allen anderen Fällen treten die **Rechtsfolgen einer bestimmten Größenklassenzuordnung** erst ein, wenn sie an den Abschlussstichtagen von zwei aufeinanderfolgenden Geschäftsjahren festzustellen ist.

Beispiel: Die U GmbH wird am Beginn des Jahres 01 gegründet. Sie weist am 31.12.01 eine Bilanzsumme von 4 Mio. € aus und hat im Jahr 01 Umsatzerlöse von 9 Mio. € erzielt. Die GmbH beschäftigt durchschnittlich 51 Mitarbeiter i.S.d. § 267 Abs. 5 HGB. Die U GmbH ist am 31.12.01 als kleine Kapitalgesellschaft zu bezeichnen (§ 267 Abs. 1 HGB i.V.m. § 267 Abs. 4 S. 2 HGB).

Das Jahr 02 weist am 31.12.02 folgende Merkmale auf: Bilanzsumme 4,5 Mio. €, Umsatzerlöse 10 Mio. € und durchschnittlich 55 Arbeitnehmer. Die U GmbH ist jetzt als mittelgroße Kapitalgesellschaft zu bezeichnen (§ 267 Abs. 2 HGB). Für die U GmbH gelten die Rechtsfolgen der kleinen GmbH aber unabhängig von dieser Klassifizierung weiter (§ 267 Abs. 4 S. 1 HGB).

Das Jahr 03 weist am 31.12.03 folgende Merkmale auf: Bilanzsumme 5 Mio. €, Umsatzerlöse 10,5 Mio. € und durchschnittlich 49 Arbeitnehmer. Die U GmbH ist auch am 31.12.03 als mittelgroße Kapitalgesellschaft zu bezeichnen. Sie hat jetzt auch die Rechtsfolgen zu beachten, die an diese Klassifikation anknüpfen, weil nun an zwei Abschlussstichtagen zweier aufeinander folgender Geschäftsjahre die Größenmerkmale einer mittelgroßen Kapitalgesellschaft vorgelegen haben (§ 267 Abs. 4 S. 1 HGB).

Aufgabe: Der Vorstand der A-AG, ehemals A-GmbH, bittet Sie um Auskunft, ob er nun Vorstand einer kleinen, mittelgroßen oder großen Kapitalgesellschaft sei. Es geht um den Bilanzstichtag 31.12.06. Er teilt Ihnen mit, dass das Unternehmen zum 01.01.04 mit 60 Arbeitnehmern als GmbH gegründet wurde. Der Umsatz 04 betrug 5.100.000 €, die Bilanzsumme zum 31.12.04 betrug 3.428.000 €. Bis zum Jahresende blieb der Beschäftigtenbestand konstant.

Für das Jahr 05 erfahren Sie folgende Daten: Beschäftigte jeweils am Quartalsende = 75, 255, 240, 385; Umsatz 39.566.000 €; Bilanzsumme 23.668.000 €.

Zu Beginn des Jahres 06 wurde die GmbH in eine AG umgewandelt. Sie erhalten folgende Daten für 06: Beschäftigte jeweils am Quartalsende: 410, 310, 240, 190; Umsatz 20.966.000 €; Bilanzsumme 12.568.000 €.

Bitte geben Sie für die Jahre 04, 05 und 06 jeweils getrennt die Größenklasse der Kapitalgesellschaft und die sich daraus ergebende Rechtsfolgenkategorie an.

Lösung:

Jahr	Bilanzsumme in Mio. €	Umsatzerlöse in Mio. €	Arbeitnehmer	Klasse	Rechtsfolge
04	3,428	5,100	60	klein	klein
05	23,668	39,566	238,75	groß	klein
06	12,568	20,966	287,5	mittelgroß	mittelgroß

Begründung:

04: Das Unternehmen wurde in 04 gegründet. Zwei Merkmale der Grenzen des § 267 Abs. 1 HGB sind nicht überschritten. Es handelt sich daher um eine kleine Kapitalgesellschaft (§ 267 Abs. 2 HGB). Wegen der Neugründung tritt die Rechtsfolge dieser Klassifizierung sofort ein (§ 267 Abs. 4 S. 2 HGB).

05: Zwei Merkmale der Grenzen des § 267 Abs. 2 HGB sind überschritten. Es handelt sich nun um eine große Kapitalgesellschaft (§ 267 Abs. 3 HGB). Eine Änderung der Rechtsfolge tritt nicht ein, da nicht an den Abschlussstichtagen zweier aufeinander folgender Geschäftsjahre diese Veränderung der Klassifizierung eingetreten ist. Es sind also weiter die Rechtsfolgen der Klassifizierung „klein" zu ziehen.

06: Zwei Merkmale der Grenzen des § 267 Abs. 1 HGB sind überschritten, es sind nicht zwei Merkmale des § 267 Abs. 2 HGB überschritten. Es handelt sich daher um eine mittelgroße Kapitalgesellschaft (§ 267 Abs. 2 HGB). Bei der AG handelt es sich nicht um eine Gesellschaft i.S.d. § 264d HGB. Eine AG ist nicht automatisch kapitalmarktorientiert; auch der Rechtsformwechsel stellt weder eine Neugründung noch eine Umwandlung dar. § 267 Abs. 4 S. 2 HGB ist nicht anwendbar. Es bleibt bei den Rechtsfolgen der mittelgroßen Kapitalgesellschaft, weil nur die Grenzen der kleinen Kapitalgesellschaft (§ 267 Abs. 1 HGB) zweimal überschritten wurden (05, 06), die Grenzen der großen Kapitalgesellschaft (§ 267 Abs. 3 HGB) aber nur einmal (in 05).

Das Gesetzgebungsverfahren zum neuen § 267a HGB ist zum Zeitpunkt der Drucklegung noch nicht abgeschlossen. Trotzdem soll auf der Grundlage des Gesetzentwurfes der Bundesregierung (vgl. BT-Drucksache 17/11292) der Regelungsgehalt kurz skizziert werden. Der Gesetzentwurf soll die Richtlinie 2012/6/EU des Europäischen Parlaments und des Rates vom 14.03.2012 zur Änderung der Richtlinie 78/660/EWG des Rates über den Jahresabschluss von Gesellschaften bestimmter Rechtsformen hinsichtlich Kleinstbetrieben (ABl. der EU L 81/3 vom 21.03.2012) umsetzen. Grundsätzliches Ziel der Regelung ist, sog. Kleinst- oder Micro-Kapitalgesellschaften Erleichterungen in Bezug auf die Rechnungslegung (Gliederung, Ansatz und Bewertung) und die Veröffentlichungspflichten zu gewähren. Die Rechtsfolgen, die sich aus der Qualifizierung einer Kapitalgesellschaft als kleiner Kapitalgesellschaft ergeben, gelten dann auch für die Kleinstgesellschaften. Der Gesetzentwurf formuliert noch weitergehende Erleichterungen im Detail.

Als Kleinstkapitalgesellschaften wären solche Gesellschaften zu qualifizieren, die mindestens zwei der drei folgenden Merkmale nicht überschreiten:

Bilanzsumme	Umsatzerlöse	Zahl der Arbeitnehmer
350.000 €	700.000 €	10

2.1.3.3.3 Regelungen des § 1 PublG

Unabhängig von der Regelung des § 267 HGB gibt es eine **rechtsformneutrale größenabhängige Regelung im § 1 Publizitätsgesetz**. Die **Anwendung der Größenkriterien** ist durchaus derjenigen im Rahmen des § 267 HGB vergleichbar. Die Rechtsfolgen, die hier nicht besprochen werden sollen, weichen allerdings ab. § 1 PublG geht dem § 267 HGB vor; d.h. Unternehmen, die unter § 267 HGB fallen, müssen, wenn sie die Grenzen des § 1 PublG überschreiten, die Rechtsfolgen des Publizitätsgesetzes beachten.

Größenmerkmale nach § 1 PublG	
Bilanzsumme	> 65 Millionen €
Umsatzerlöse	> 130 Millionen €
Arbeitnehmerzahl	> 5.000 Beschäftigte

2.1.3.3.4 Gestaltungsmöglichkeiten

Der Bilanzierende kann an den Größenmerkmalen der §§ 241a HGB, 267 HGB und 1 PublG anknüpfen, wenn er bestimmte Rechtsfolgen, die sich aus den konkreten Klassifizierungen der Normen ergeben, erzielen will:

- So können **Entscheidungen über das Ausüben von Bilanzierungswahlrechten, Leasingentscheidungen oder die Bildung von Tochterunternehmen** die Bilanzsumme beeinflussen.
- **Entscheidungen der Personalpolitik**, z.B. in Bezug auf Einstellungen, Entlassungen oder Einsatz von Leiharbeitnehmern, auch unter Beachtung der terminlichen Voraussetzungen des § 267 Abs. 5 HGB, beeinflussen die Zahl der durchschnittlich beschäftigten Arbeitnehmer.
- Die **Umsatzerlöse** können z.B. durch Beeinflussung der Entstehung von Umsatzerlösen, etwa durch verzögerte Fertigstellung, im Einzelfall beeinflusst werden. Durch die Wahl der Rechtsform (Einzelkaufmann, Personenhandelsgesellschaft) kann die Anwendung des § 267 HGB verhindert werden.

Gerade an dieser Schnittstelle zwischen Unternehmens- und Abschlussgestaltung werden die Interdependenzen zwischen diesen Elementen sehr deutlich. Konkrete Entscheidungen werden sich immer am Zielsystem des Unternehmens ausrichten müssen und dürfen nicht isoliert nur in Bezug eines Elementes getroffen werden.

2.2 Externe Elemente (Elemente im Subsystem Umwelt)

Hier werden jene Elemente betrachtet, deren Gestaltung im Wesentlichen dem Kaufmann vorgegeben werden, die er aber auch durch Beachtung von Rechtsfolgen unternehmerischer Entscheidungen in vorbestimmten Grenzen bestimmen kann.

Die Gestaltung des **externen Rechnungswesens** ist in besonderer Weise abhängig von Einwirkungen, die von den Abschlussinteressenten in der Umwelt des Unternehmens gesetzt werden, und den Auswirkungen dieser Gestaltung, mit der der Abschlussersteller auf die Umwelt in seinem Interesse gestaltend eingreifen will. Es ist also für den Abschlussersteller erforderlich zu erkennen, wie der Abschluss auf Bilanzinteressenten (Eigenkapitalgeber, Fremdkapitalgeber usw.) wirken kann und die jeweils normensetzende Institution als Organisator der Rahmenbedingungen, z.B. durch Gesetze, auf die externe Rechnungslegung einwirkt.

Auch die durch die Maßgeblichkeit (§ 5 Abs. 1 EStG) gegebene **Verzahnung zwischen Handelsbilanz und Steuerbilanz** ist eine Bedingung für den Zwang zur Gestaltung des Bilanzierungssystems.

2.2.1 Bilanzadressaten

Das externe Rechnungswesen ist einerseits dazu verpflichtet, Informationen an **Bilanzadressaten** zu übermitteln, andererseits kann es diese Informationsübermittlung gestaltend zur Zielverwirklichung des Unternehmens nutzen.

Als **Adressaten der handelsrechtlichen Rechnungslegung** sind sowohl Unternehmensexterne als auch Unternehmensinterne zu nennen.

Als **Unternehmensexterne** sind z.B. zu nennen:

- Fremdkapitalgeber (Gläubiger, Banken),
- Eigenkapitalgeber (Gesellschafter, Aktionäre ohne Einfluss auf das operative Geschäft),
- die interessierte Öffentlichkeit (Gebietskörperschaften mit entsprechenden Beziehungen zum Unternehmen) und auch
- der Fiskus (unter dem Aspekt der Bedeutung der handelsrechtlichen Gewinnermittlung für die steuerliche Gewinnermittlung im Rahmen der Maßgeblichkeit).

Die vielfältigen Beiträge, Einflussmöglichkeiten und Erwartungen der Genannten können hier nicht erwogen werden.

Aber auch **Unternehmensinterne** wie z.B.:

- Eigenkapitalgeber (Einzelunternehmer, Gesellschafter und Aktionäre mit maßgeblichem Einfluss auf die Geschäftspolitik),
- Geschäftsleiter (die den Abschluss zur Selbstinformation nutzen können) und
- Arbeitnehmer (mit unterschiedlichen Formen der Erfolgsbeteiligung)

können als Bilanzadressaten benannt werden.

Die Beeinflussung der Bilanzadressaten ist ein wesentliches Anliegen eines zielgerichteten Gestaltens des Abschlusses. Die Bilanzadressaten stehen in einem Austausch von Leistung und Gegenleistung zum Unternehmen und entnehmen einen wichtigen Teil ihrer Entscheidungsgrundlagen dem Abschluss.

2.2.2 Bilanzierungsgrundlagen

2.2.2.1 Bilanztheorien

Die Auseinandersetzung mit Bilanztheorien (auch Bilanzauffassungen genannt) ist sinnvoll, um zu erkennen, wie sich das Rechnungslegungssystem in Anpassung an den Entwicklungsprozess der Wirtschaft weiter entwickeln kann oder soll. Aus dieser Betrachtung lassen sich sowohl Argumente für die Gestaltung von GoB als auch für die Begründung konkret gewählter Bilanzierungsentscheidungen, z.B. in rechtlichen Auseinandersetzungen, gewinnen.

Die Aufgaben der Bilanztheorien werden in der Beschreibung und Analyse existierender Rechnungslegungssysteme und der Weiterentwicklung zukünftiger Rechnungslegungssysteme gesehen. Maßstab ist jeweils der vom Rechnungslegungssystem verfolgte Zweck, sowohl aufseiten des Gesetzgebers wie aufseiten des Bilanzierenden.

Als **Grundprobleme der Bilanzierung** können die Ermittlung des „richtigen" Gewinns, also die Erfolgsermittlung, die Darstellung der wahren „Vermögensverhältnisse" und die Beurteilung der Entwicklung des Unternehmens genannt werden.

Dabei ist schon ein Grundproblem darin zu sehen zu entscheiden, ob und inwieweit Erfolgsermittlung mit Vermögensentwicklung korrelieren. Ein weiteres, letztlich nicht in eindeutiger Weise lösbares Problem für die Bilanzierung besteht darin, den Beitrag einer betrachteten Periode am Totalerfolg des Unternehmens abzubilden.

Ein Unternehmen, das zehn Jahre erfolgreich war, aber durch ein schwerwiegendes Ereignis im elften Jahr seines Bestehens unter Vernichtung aller bis dahin erzielten Erfolge getroffen wird, kann kaum als erfolgreich bezeichnet werden.

Die Problematik, dass einerseits eine Rechnungslegung wegen ihrer Informationsfunktion zeitnah zu den Geschäftsereignissen erstellt werden muss und im Allgemeinen ein Berichtszeitraum von maximal 12

Monaten als angemessen und zulässig erachtet wird (vgl. § 240 Abs. 2 HGB) und andererseits die Betrachtung des Erfolgs der Totalperiode in Form der „Lebensdauer" eines Unternehmens alleine ein abschließendes Urteil erlaubt, stellt ein Grundproblem der Aussagekraft jeder Bilanzierung dar.

In der Literatur werden Bilanztheorien beschrieben, die insbesondere die Ermittlung des „richtigen" Gewinnes (**Gewinnorientierte Bilanztheorien**) oder aber die Entwicklung des Unternehmens (**Bewegungsorientierte Bilanztheorien**) betrachten.

Es gibt eine nicht mehr überschaubare Fülle von Bilanztheorien. Wenn im Folgenden von speziellen Bilanztheorien gesprochen wird, sind damit immer ganze Gattungen von Theorien angesprochen, die unter einem prägenden Begriff zusammengefasst werden. Auch dies ist wieder ein Versuch einer Systematisierung, der mit vielen Verkürzungen behaftet und mit allen Einschränkungen zu lesen ist:

a) **Gewinnorientierte Bilanztheorien**

Gewinnorientierte Bilanztheorien versuchen, aus der Veränderung des Eigenkapitals, natürlich unter Ausschluss der Vermögenswirkungen auf der Gesellschafterebene (Gewinnverwendung, Einlagen und Entnahmen) auf den Erfolg des Unternehmens zu schließen. Die Theorie von der nominellen Kapitalerhaltung geht davon aus, dass ein Zuwachs an Eigenkapital aus betrieblichen Vorgängen einen Gewinn voraussetzt. Der Problematik, dass diese Betrachtungsweise Kaufkraftverluste des Eigenkapitals durch allgemeine Inflation oder Veränderungen der den Umfang des Unternehmens bestimmenden Einkaufspreise unbeachtet lässt, versuchen die Theorien der realen Kapitalerhaltung und der Substanzerhaltung zu begegnen.

Die **Theorie von der realen Kapitalerhaltung** vergleicht das durch Inflation veränderte Eigenkapital am Ende der Berichtsperiode mit demjenigen am Ende der vorhergehenden Berichtsperiode. Dabei wird ein Gewinn erst dann unterstellt, wenn das Eigenkapital am Ende der Berichtsperiode, um die Inflationsrate gekürzt, das der Vorperiode übersteigt.

Die **Theorie von der Substanzerhaltung** unterstellt, dass das Eigenkapital zur Herstellung der Leistungsbereitschaft des Unternehmens dient. Ein Gewinn soll erst dann erreicht sein, wenn die Verwendung des Eigenkapitals am Ende der Berichtsperiode zum Erwerb der das Leistungsspektrum des Unternehmens dienenden Ressourcen einen größeren Umfang der Unternehmenstätigkeit erlaubt als am Ende der Vorperiode.

b) **Bewegungsorientierte Bilanztheorien**

Bei den bewegungsorientierten Bilanztheorien sind die statische und die dynamische Bilanzauffassung zu unterscheiden. Während die **statische Bilanztheorie** aus dem betrieblich erzielten Reinvermögenszuwachs einen Gewinn ableitet, sieht die **dynamische Bilanztheorie** dort keinen festen Zusammenhang. Aus der Frage, wie denn der „richtige" Vermögenszuwachs berechnet wird, ergeben sich die oben benannten gewinnorientierten Bilanzauffassungen. Sie können also auch als Elemente der statischen Bilanztheorie angesehen werden.

Innerhalb de**r statischen Bilanztheorie** wird in der Ermittlung, Darstellung und Veränderung des (Rein-)Vermögens die Hauptaufgabe der Bilanzierung gesehen. Die statische Bilanztheorie ist vermögensorientiert. Die Bilanz ist zunächst eine Vermögensrechnung. Vom Abschluss her betrachtet ist die Bilanz das wichtige Rechenwerk, während der GuV im Wesentlichen die Funktion des Gegenkontos zukommt. Für die statische Bilanzauffassung sind der Begriff des Vermögensgegenstandes und Fragen der Aktivierung und Passivierung von entscheidender Wichtigkeit. Das **Realisationsprinzip** hat hier große Bedeutung. Die Periodisierung, die Bildung von Rechnungsabgrenzungsposten und Rückstellungen, ist mit der statischen Bilanzauffassung nur schwer vereinbar.

Im Gegensatz zur statischen ist die **dynamische Bilanzauffassung** erfolgsorientiert. Der Abschluss dient in erster Linie der Erfolgsermittlung. Vom Abschluss her betrachtet ist die GuV das wichtige Rechenwerk, während der Bilanz im Wesentlichen die Funktion des Gegenkontos zukommt. Das **Periodisierungsprinzip**, die periodengerechte Erfolgsermittlung, steht im Mittelpunkt der dynamischen

Bilanzauffassung. Rechnungsabgrenzungsposten, Rückstellungen, Geschäfts- oder Firmenwert sind typische Bilanzposten, die aus der dynamischen Bilanztheorie entstanden sind.

Es soll hier noch der Sonderfall der sogenannten **„Organischen Bilanzauffassung"** erwähnt werden. Diese Theorie stellt insbesondere die substanzielle Kapitalerhaltung und Erhaltung der Leistungsfähigkeit des Unternehmens im Verhältnis zur Gesamtentwicklung der Volkswirtschaft in den Vordergrund. Das Rechnungslegungssystem der Handelsbilanz nach HGB folgt keiner der Bilanzauffassungen in reiner Form. Aus allen Theorien finden sich Elemente im konkreten Rechnungslegungssystem. Wenn auch das wichtige Ziel des Gläubigerschutzes im Verein mit der Bedeutung des Vorsichtsprinzips, insbesondere im „richtigen" Vermögensausweis, realisiert wird, haben sich trotzdem viele Elemente der dynamischen Theorie im HGB verankert (z.B. Rückstellungen, insbesondere Aufwandsrückstellungen gem. § 249 HGB, Aktivierungswahlrecht bestimmter immaterieller Vermögensgegenstände gem. § 248 Abs. 2 HGB, Rechnungsabgrenzungsposten gem. § 250 HGB, latente Steuern gem. § 274 HGB).

In Bezug auf die Gewinnorientierung hat sich das HGB an der **nominellen Kapitalerhaltung** orientiert. Die Bewertungseinheit „Euro" steht in einem festen Verhältnis zur Bewertungseinheit „DM (1948)" und führt im Zusammenhang mit dem Anschaffungskosten- und Realisationsprinzip zur Verwirklichung des Nominalwertprinzips (§ 244 HGB). Damit ist natürlich der Trend zur Bildung stiller Reserven und die damit einhergehende Einschränkung der Informationsfunktion im Zusammenhang mit nicht abnutzbaren, langfristig mit inflationären Entwicklungen im Wert steigenden Vermögensgegenständen verbunden. Nur in der steuerlichen Gewinnermittlung sind in der Vergangenheit in Zeiten hoher Inflation Erleichterungen von diesem Grundsatz durch die Möglichkeit zur Bildung steuerfreier Rücklagen eingeführt worden.

Der zunehmende Einfluss internationaler Rechnungslegungssysteme, die insbesondere in der Erfolgsermittlung einen wesentlichen Beitrag zur angemessenen Informationsvermittlung über das bilanzierende Unternehmen sehen, führt zu einer wachsenden Bedeutung dynamischer Elemente in der Rechnungslegung nach HGB. Der Wunsch, das HGB in dieser Richtung weiterzuentwickeln, war ein Leitgedanke bei der Einführung des BilMoG (vgl. BT-Drucksache 16/10067, 1).

Aufgabe: Die B AG handelt mit einem Schmierstoff. Am 31.12.01 hat sie keine Lagerbestände, sondern nur einen Kassenbestand i.H.v. 1 Mio. €. Das Eigenkapital der AG beträgt ebenfalls 1 Mio. €.
Am 31.12.02 ist ebenfalls nur ein Kassenbestand vorhanden. Wert 1.200.000 €. Inflationsquote 4 %.
Der Preis des Schmierstoffs betrug am 31.12.01 100 € pro Tonne; am 31.12.02 130 € pro Tonne.
Fragen: Wie viel Gewinn erzielt die B AG zum 31.12.02 nach der:
a) Gewinntheorie von der nominalen Kapitalerhaltung,
b) Theorie von der realen Kapitalerhaltung,
c) Theorie von der Substanzerhaltung.

Lösung:
a) Der Gewinn beträgt 200.000 €: (1.200.000 ./. 1.000.000).
b) Der Gewinn beträgt 152.000 €: (1.200.000 ./. 4 %) ./. 1.000.000.
   oder: 1200.000 ./. 1.040.000 = 160.000 €.
c) 31.12.01 Substanz: 10.000 t Schmierstoff
   31.12.02 Substanz: 9.231 t Schmierstoff
   Differenz: 769 t
   Verlust: 769 t x 130 €/t = 99.970 €
   Der Verlust beträgt 99.970 €.

2.2.2.2 Normative Grundlagen

Das deutsche externe Rechnungswesen ist in hohem Maße durch rechtliche Vorschriften bestimmt. Hier sind zu nennen:

a) Internationale Rechnungslegungssysteme (IAS/IFRS, US-GAAP),
b) Europäische Bilanzrichtlinien,
c) Gesellschaftsrechtliche Gewinnermittlungsvorschriften (HGB, AktG, GmbHG),
d) Steuergesetze (EStG, KStG, GewStG),
e) Das HGB und Nebengesetze (EGHGB, PublG).

Zu a): Als wichtige **Internationale Rechnungslegungssysteme** sind die IFRS (International Financial Reporting Standards) und die US-GAAPs (United States – Generally Accepted Accounting Standards) zu nennen. Während die US-GAAPs nur indirekt und in schwachem Maße Einfluss auf die Entwicklung von GoB nehmen können, ist die Bedeutung der IFRS recht hoch. Grundsätzlich können sie wie die US-GAAP als Quelle für die Entwicklung von GoB betrachtet werden. Das HGB in der Fassung des BilMoG soll sich „... zu einer vollwertigen, aber kostengünstigeren und einfacheren Alternative zu den in Deutschland vom Mittelstand abgelehnten IFRS" (BT-Drucksache 16/10067, 1) weiterentwickeln. Insofern haben Zielsetzungen und Lösungen der IFRS Einfluss auf die Entwicklung des HGB genommen.

Die IFRS haben aber auch über die IAS-Verordnung der EG (Verordnung (EG) Nr. 1606/2002 des Europäischen Parlaments und des Rates betreffend die Anwendung internationaler Rechnungslegungsstandards vom 19.07.2002, ABl EG L 243 vom 11.09.2002) unmittelbare Bedeutung für das HGB erlangt (vgl. § 315a HGB).

Zu b): Von sehr großem Einfluss auf die Rechnungslegungsvorschriften des HGB sind die **Europäischen Richtlinien**, die sich mit der Harmonisierung der Rechnungslegung im europäischen Raum befassen. (Die folgenden gewählten Bezeichnungen sind in der Literatur üblich, aber nicht amtlich. Man könnte jedem Richtlinien-Begriff ein „sogenannte" voranstellen.) Hier sind zu nennen:
*   Bilanz- oder Jahresabschluss-Richtlinie 78/660/EWG vom 25.07.1978, ABl. EG Nr. L 222 vom 14.08.1978, 11;
*   Konzernbilanz-Richtlinie 83/349/EWG vom 13.06.1983, ABl. EG Nr. L 193 vom 18.07.1983, 1 ff.;
*   Mittelstands-Richtlinie 90/604/EWG vom 08.11.1990, ABl. EG Nr. L 317 vom 16.11.1990, 57 ff.;
*   GmbH & Co-Richtlinie 90/605/EWG vom 08.11.1990, ABl. EG Nr. L 317 vom 16.11.1990, 60 ff.;
*   Bankbilanz-Richtlinie 86/635/EWG vom 08.12.1986, ABl. EG Nr. L 372 vom 31.12.1986, 1 ff.;
*   Versicherungsbilanz-Richtlinie 91/674/EWG vom 19.12.1991, ABl. EG Nr. L 374 vom 31.12.1991, 7 ff.;
*   Abänderungsrichtlinie 2006/46/EG vom 14.06.2006, ABl. Nr. L 224 vom 16.08.2006, 1 ff.;
*   Abschlussprüferrichtlinie 2006/43/EG vom 17.05.2006, ABl. Nr. L 157 vom 09.06.2006, 87 ff.

Wenn auch diese Richtlinien nur Kapitalgesellschaften oder Bilanzierende bestimmter Branchen betreffen, so hat der deutsche Gesetzgeber sie im Rahmen des Bilanzrichtliniengesetzes 1985 und jüngst des BilMoG weitgehend auch für „alle Kaufleute" im HGB verbindlich gemacht. Auch in der Zukunft besteht ein Einfluss europäischer Institutionen auf das Bilanzrecht in Form des Europäischen Gerichtshofes, der weiter für die richtlinienkonforme Auslegung des angeglichenen Rechtes zuständig ist.

Zu c): Der Gesetzgeber hat auch außerhalb des dritten Buches des HGB **Gewinnermittlungsvorschriften speziell für bestimmte Rechtsformen** normiert, z.B.:
*   §§ 120–122 HGB für die OHG,
*   §§ 161 Abs. 2, 167–169 HGB für die KG,
*   §§ 57–62, 170–174 AktG für die AG,
*   §§ 29, 42a, 46 Nr. 1 GmbHG für die GmbH.

Zu d): Durch die **Maßgeblichkeit** ist für bilanzierende Gewerbetreibende der handelsrechtliche Abschluss Grundlage auch für die Ermittlung der ertragsteuerlichen Bemessungsgrundlagen. Die §§ 4–7k EStG bestimmen zwar Abweichungen der steuerlichen Gewinnermittlung, die noch durch Bestimmungen des Körperschaftsteuergesetzes und des Gewerbesteuergesetzes ergänzt werden, aber das Betriebsvermögen, das nach den handelsrechtlichen GoB bestimmt wurde, ist für buchführende Gewerbetreibende Grundlage der Gewinnermittlung (vgl. § 5 Abs. 1 EStG). Will der handelsrechtlich Bilanzierende also steuerliche Ziele verfolgen, wirken die steuerrechtlichen Normierungen auf die Handelsbilanz zurück und müssen beachtet werden.

Zu e): Kerngebiet für dieses einführende Buch zur externen Rechnungslegung ist aber das dritte Buch des HGB, die „Handelsbücher" betreffend. Der Gesetzgeber räumt dem Schutzbedürfnis der Bilanzadressaten vor falschen Informationen und daraus resultierenden Fehlentscheidungen zum eigenen Nachteil einen hohen Stellenwert ein. Die deutsche Rechtstradition stellt insbesondere den Gläubigerschutz in den Vordergrund, der in erster Linie durch das Vorsichtsprinzip realisiert werden soll.

Um diesen Schutz zu erreichen, organisiert das HGB die **Informationsgewinnung und -vermittlung**. Diesem Buch liegt das HGB in der Form des **BilMoG** zugrunde, das den Versuch unternimmt, das bisher bestehende Handelsrecht in Bezug auf die Rechnungslegung der Kaufleute zu modernisieren und damit die Rechnungslegung des Kaufmanns an die Regelungen der internationalen Rechnungslegung heranzuführen, ohne den hohen Aufwand der Rechnungslegung, z.B. nach IFRS, zu verursachen (vgl. BT-Drucksache 16/10067, 1).

Das **dritte Buch des HGB** ist wie folgt **gegliedert**:

1. Abschnitt	§§ 238–263 HGB	Vorschriften für alle Kaufleute
2. Abschnitt	§§ 264–335b HGB	Ergänzende Vorschriften für Kapitalgesellschaften sowie bestimmte Personenhandelsgesellschaften
3. Abschnitt	§§ 336–339 HGB	Ergänzende Vorschriften für eingetragene Genossenschaften
4. Abschnitt	§§ 340–341p HGB	Ergänzende Vorschriften für Unternehmen bestimmter Geschäftszweige
5. Abschnitt	§§ 342–342a HGB	Privates Rechnungslegungsgremium; Rechnungslegungsbeirat
6. Abschnitt	§§ 342b–342e HGB	Prüfstelle für Rechnungslegung

Für das konkrete externe Rechnungswesen sind insbesondere die ersten beiden Abschnitte von Bedeutung.

Der **erste Abschnitt des dritten Buches des HGB** ist in folgende Unterabschnitte gegliedert:

1. Unterabschnitt	§§ 238–241a HGB	Buchführung, Inventar
2. Unterabschnitt	§§ 242–256a HGB	Eröffnungsbilanz, Jahresabschluss
3. Unterabschnitt	§§ 257–261 HGB	Aufbewahrung und Vorlage
4. Unterabschnitt	§§ 262–263 HGB	Landesrecht

Der **zweite Abschnitt des dritten Buches des HGB** ist in folgende Unterabschnitte gegliedert:

1. Unterabschnitt	§§ 264–289a HGB	Jahresabschluss der Kapitalgesellschaft und Lagebericht
2. Unterabschnitt	§§ 290–315a HGB	Konzernabschluss und Konzernlagebericht
3. Unterabschnitt	§§ 316–324a HGB	Prüfung
4. Unterabschnitt	§§ 325–329 HGB	Offenlegung, Prüfung durch den Betreiber des elektronischen Bundesanzeigers
5. Unterabschnitt	§ 330 HGB	Verordnungsermächtigung für Formblätter und andere Vorschriften
6. Unterabschnitt	§§ 331–335b HGB	Straf- und Bußgeldvorschriften, Zwangsgelder

Im **dritten Buch des HGB** „Handelsbücher" behandelt der erste Abschnitt die Vorschriften für alle Kaufleute und der zweite Abschnitt ergänzende Vorschriften für Kapitalgesellschaften und bestimmte Personengesellschaften. Kapitalgesellschaften haben die Spezialvorschriften des zweiten Abschnittes als „lex specialis" zu beachten, wenn ein entsprechender Tatbestand gegeben ist; ansonsten gelten für diese Kaufleute auch die Vorschriften des ersten Abschnittes als „lex generalis". „Alle Kaufleute", also auch Nicht-Kapitalgesellschaften, sind berechtigt, aber nicht verpflichtet, die über die Vorschriften des ersten Abschnittes hinausgehenden Vorschriften des zweiten Abschnittes, z.B. in Bezug auf die Gliederung von Bilanz (§ 266 HGB) und GuV (§ 275 HGB), zu befolgen. Nicht unter den Regelungsgehalt des zweiten Abschnittes fallende Kaufleute können über den Umweg des PublG verpflichtet werden, den zweiten Abschnitt zu befolgen.

Für dieses einführende Lehrbuch wird das Gewicht auf die beiden ersten Abschnitte gelegt und vom zweiten Abschnitt nur der erste Unterabschnitt „Jahresabschluss der Kapitalgesellschaft und Lagebericht" eingehender bearbeitet.

2.2.3 Grundsätze ordnungsmäßiger Buchführung (GoB)

Das HGB versucht, durch abstrakte Regelungen wirtschaftliche Realitäten in der externen Rechnungslegung abbildbar zu machen. Es beruft sich dabei oft (z.B. §§ 243 Abs. 1, 264 Abs. 1 HGB) auf die **„Grundsätze ordnungsmäßiger Buchführung"** (GoB). Diese stellen ein nur zum Teil kodifiziertes System von Grundsätzen dar, die den Rahmen der Rechnungslegung bestimmen. Der Begriff „Grundsätze ordnungsmäßiger Buchführung" als Einheit stellt einen unbestimmten Rechtsbegriff dar. Der Gesetzgeber greift an verschiedenen Stellen auf dieses Instrument zurück (z.B. beim Begriff der „verdeckten Gewinnausschüttung" im Rahmen des Körperschaftsteuerrechts), um eine flexible Anpassung des Rechts an neue wirtschaftliche Verhältnisse zu ermöglichen.

Wichtige **Quellen der GoB** stellen neben den Gesetzen und Gesetzesmaterialien (Auslegung durch die Methode der Hermeneutik) insbesondere die Rechtsprechung, die wissenschaftliche Literatur, gesicherte kaufmännische Bräuche (Induktion), die Analyse der Bilanzzwecke (Deduktion) und auch internationale Rechnungslegungsgrundsätze dar. Auf die Hierarchie der Quellen in Bezug auf die Verbindlichkeit ihrer Aussagen kann hier nicht eingegangen werden. Die relative Nähe zum geschriebenen Gesetz kann in erster Näherung für eine Hierarchie der GoB angenommen werden.

Der Gesetzgeber hat den Begriff der GoB unbestimmt gelassen, z.B. nicht in Form einer Tabelle oder Richtliniensammlung eingeengt. Dies geschieht mit dem Ziel, sowohl die Lösung neuer Bilanzierungsprobleme und Überbrückung von Regelungslücken des Gesetzes als auch Interpretationen des Willens des Gesetzgebers in Bezug auf die Verwirklichung der Ziele der Handelsbilanz schnell, flexibel und zielgerichtet zu ermöglichen. Auf diese Weise wird das Regelungssystem in Bezug auf die Handelsbilanz flexibler gestaltet als dies durch abstrakte Gesetze alleine und durch kausale Beschreibungen in Richtlinien möglich ist. Das System der GoB stellt eine sinnvolle Ergänzung des relativ starren, nur umständlich und langwierig änderbaren abstrakten Gesetzessystems mitteleuropäischer Rechtstradition dar.

2.2.3.1 Allgemeine Grundsätze der Bilanzierung

Es ist bisher nicht gelungen, eine allgemein anerkannte Systematisierung und hierarchische Ordnung von Bilanzierungsgrundsätzen aufzustellen. Dies ist wohl auch wegen dem sich dauernd in einem Veränderungsprozess befindlichen Wirtschaftssystem und dem diesen Veränderungen folgenden Bilanzierungssystem unmöglich. Deshalb kann man von einem ständiger Veränderung unterworfenen System von Bilanzierungsprinzipien oder -grundsätzen sprechen.

Trotzdem gibt es in der Fachliteratur umfangreiche und beachtliche Bemühungen, ein solches System von Prinzipien aufzustellen. Diese Systematisierungsversuche nachzuvollziehen und zu analysieren kann sehr hilfreich sein, im Gesetz nicht konkret geregelte Sachverhalte, die im Bilanzrecht ohnehin die Ausnahme darstellen, rechtlich einwandfrei lösen zu können.

Diese Prinzipien ergeben sich zum Teil aus gesetzlichen Vorgaben, aber auch aus einer Analyse der vom Gesetzgeber verfolgten und erklärten Ziele und Zwecke der Bilanz. Die wissenschaftliche Analyse der

Gesamtheit aller Normen eines Rechnungslegungssystems kann zu einer Herausarbeitung jener Prinzipien führen, von denen sich der Normengeber, im Falle des HGB des Gesetzgebers, leiten ließ, auch ohne dass der Normengeber diese Prinzipien konkret formuliert hätte. Kein einem Ziel folgenden Rechnungslegungssystem kommt ohne solche Prinzipien aus (vgl. z.B. die Prinzipien, die im Framework der IAS benannt sind).

In der Fachliteratur hat der frühe Versuch von Leffson (Leffson, U.; Die Grundsätze ordnungsmäßiger Buchführung 7. Aufl., 157 ff.), ein System von Grundprinzipien der Bilanzierung zu geben, immer wieder zu findende Spuren hinterlassen. Dieser vorgedachten Struktur folgen auch die hierzu wiedergegebenen Gedanken.

Zwei oberste Prinzipien können benannt werden:
1. **Wahrheit in der Bilanzierung** und
2. **Vorsicht in der Bilanzierung**.

Es wird hier der Versuch unternommen, die im HGB oder als ungeschriebene GoB bestehenden Prinzipien diesen beiden tragenden Säulen der Bilanznormierung zuzuordnen. Der Gesetzgeber hat keine **Hierarchie der Bilanzierungsgrundsätze im HGB** gegeben. Wenn auch in der Literatur immer wieder die Bedeutung des Vorsichtsprinzips als überragend und grundlegend bezeichnet wird, so ist doch das Prinzip der Wahrheit diesem gleichzustellen. Letztlich wird die Befolgung des Wahrheitsprinzips, oft unausgesprochen, als selbstverständlich vorausgesetzt, weil alle Versuche, Abschlüsse normengerecht aufzustellen, bei unwahren Bilanzen ad absurdum geführt werden.

2.2.3.2 Wahrheitsprinzip

Das **Wahrheitsprinzip** ist ein Fundamentalprinzip, dessen Nichtbeachtung oder Verletzung aus einer Bilanz eine Waffe im Rahmen der Kriminalität zu machen vermag. Der Bilanzadressat muss darauf vertrauen können, dass die ihm in der Bilanz gegebenen Informationen „wahr" sind.

In der Literatur wird versucht, den philosophisch grundlegenden und durchaus umstrittenen Begriff zu klären und konkret anwendbar zu machen, indem er durch die Begriffe „Willkürfreiheit" und „Richtigkeit" auslegend ergänzt wird:
- **Willkürfreie Bilanzierung** ist eine Bilanzierung, die auch die Interessen des Bilanzadressaten berücksichtigt.
- Die **Richtigkeit der Bilanzierung** ist an den der Bilanzierung zugrunde liegenden Normen zu messen.

Beide Begriffe sind aber nicht in der Lage, den Begriff der Wahrheit vollständig zu erklären. Ein Verstoß gegen die Normenrichtigkeit, d.h. eine unrichtige Bilanz, kann trotzdem eine „wahre" Darstellung zur Folge haben. Der deutsche Gesetzgeber trägt dieser Tatsache mit der Regelung des § 264 Abs. 2 S. 2 HGB Rechnung, indem er anordnet, dass Abweichungen der normengerechten Darstellung von der konkreten Wahrheit im Anhang erläutert werden müssen, ohne konkret den Begriff der Wahrheit zu nennen.

In diesem Zusammenhang ist der Begriff des **„true and fair view"** zu nennen. Dieser Begriff, in der internationalen Rechnungslegung entstanden, hat über die EG Bilanz-Richtlinie (Art. 2 III) Eingang in das HGB gefunden (§§ 264 Abs. 2, 297 Abs. 2 S. 2 und 3 HGB). Hier wird konkret vom Jahresabschluss der Kapitalgesellschaft verlangt, dass dieser, unter Beachtung der GoB, **ein den tatsächlichen Verhältnissen entsprechendes Bild der Vermögens-, Finanz- und Ertragslage der Kapitalgesellschaft** zu vermitteln habe. Der EuGH misst der Erreichung des „true and fair view" sogar den Rang der Hauptzielsetzung der Rechnungslegung von Kapitalgesellschaften zu (EuGH vom 27.06.1996, WM 1996, 1263, 1264, Tz. 17). Man kann diese Anordnung durchaus mit einem Bezug zum Prinzip der Wahrheit der Bilanz lesen. Als ungeschriebener GoB hat diese Norm auch Bedeutung für die Nicht-Kapitalgesellschaften. Dies wiederum unterstreicht die übergeordnete Bedeutung des Wahrheitsprinzips.

Viele andere im HGB konkret benannten Prinzipien können als der Wahrheit dienend interpretiert werden. Hier sind z.B. das **Prinzip der Klarheit**, das **Saldierungsverbot** und die **Stetigkeit** zu nennen.

Folgende Übersicht soll die Ausprägungen des Wahrheitsprinzips im HGB durch entsprechende, die Wahrheit unterstützende Prinzipien belegen. Ob man den „true and fair view" in eine Ebene mit der Wahrheit setzen kann oder ob er eine Ausprägung des Wahrheitsprinzips darstellt, kann hier nicht vertieft werden. Seine herausragende Rolle in der internationalen Rechnungslegung und der Rechtsprechung des EuGH hebt ihn in seiner Bedeutung aber über die anderen angegebenen Prinzipien hinaus.

Der Bilanzwahrheit dienende Grundsätze	
• „true and fair view"	§ 264 Abs. 2 HGB
• Richtigkeit	ohne ausdrückliche Rechtsgrundlage im HGB
• Willkürfreiheit	ohne ausdrückliche Rechtsgrundlage im HGB
• Übersichtlichkeit, Klarheit	§ 243 Abs. 2 HGB
• Saldierungsverbot	§ 246 Abs. 2 HGB
• Bewertungsstetigkeit	§ 252 Abs. 1 Nr. 6 HGB
• Darstellungsstetigkeit	§ 265 Abs. HGB

• Vollständigkeit
   – in der Buchführung
   – im Abschluss
	
	§ 239 Abs. 2 HGB
	§ 246 Abs. 1 HGB

• Wesentlichkeit	ohne ausdrückliche Rechtsgrundlage im HGB

Auch der **Grundsatz der Wesentlichkeit** spielt insbesondere in der internationalen Rechnungslegung eine ausdrücklich formulierte Rolle, die sich aus der dort stärkeren Betonung der Informationsfunktion ergibt. Nur jene, aber auch alle für seine Entscheidungen wichtigen (wesentlichen) Informationen sollen dem Bilanzadressaten mitgeteilt werden. Weder darf die Vermittlung unwesentlicher Informationen noch die Vorenthaltung wesentlicher Informationen die Entscheidungsqualität beim Bilanzadressaten beeinträchtigen.

2.2.3.3 Vorsichtsprinzip

Das **Vorsichtsprinzip** wird als Bewertungsprinzip konkret im § 252 Abs. 1 Nr. 4 HGB benannt. Die Vielzahl der im HGB konkret genannten Prinzipien, die als dem Vorsichtsprinzip dienend oder unterstützend interpretiert werden können, und die besondere Bedeutung dieser Grundsätze für die Bilanzierung unterstreichen die herausragende Bedeutung des Vorsichtsprinzips für die Bilanzierung nach dem HGB.

Gerade die strikte Befolgung und Betonung des Vorsichtsprinzips wird in der Literatur und auch in der Praxis immer wieder kritisiert. Man behauptet, dass durch das Vorsichtsprinzip und dem ihm dienenden Prinzipiensystem die Gläubigerschutzfunktion zulasten der Informationsfunktion überbetont werde. Diese Diskussion kann hier nur erwähnt, aber nicht wiedergegeben oder gewürdigt werden.

Das Vorsichtsprinzip ist unbestritten zurzeit ein bedeutendes Prinzip der handelsrechtlichen Rechnungslegung. Es ist dem **Schutz der Bilanzadressaten** verpflichtet. Das Vorsichtsprinzip betont die Interessen der Fremdkapitalgeber im weiteren Sinne und auch der Eigenkapitalgeber ohne Einfluss auf das operative Geschäft. Der Kaufmann darf sich nicht reicher machen, als er nach objektiven Maßstäben ist. Er soll zunächst in der Lage sein, Schulden zurückzuzahlen, bevor er für seine Interessen Geld entnehmen kann. Dass bei dieser Betrachtungsweise Informationen in Bezug auf Chancen und erwartete, aber bisher nicht realisierte Gewinne und Vermögensmehrungen nicht oder nicht in angemessener Form vermittelt werden, liegt auf der Hand. Ebenso wenig kann man die Bedeutung solcher Informationen für Investoren bestreiten. Jedenfalls hat der deutsche Gesetzgeber das grundsätzliche Festhalten am Vorsichtsprinzip auch im Gesetzgebungsverfahren zum BilMoG in neuester Zeit betont (vgl. BT-Drucksache 16/10067, 35). Die **Interpretation der dem Vorsichtsprinzip dienenden Bilanzierungsgrundsätze** zeigt, dass unter dem Begriff einer vorsichtigen Bilanzierung eine solche zu verstehen ist, die den Ausweis:

- unrealisierter Gewinne vermeidet,
- erwarteter Verluste verlangt,
- im Zweifel die Positionen der Aktivseite niedrig bewertet und
- im Zweifel die Positionen der Passivseite unter Ausnahme des Eigenkapitals höher bewertet.

Die **Anwendung des Vorsichtsprinzips** bedeutet nicht die allein pessimistische Bilanzierung in Bezug auf Ansatz und Bewertung; dies würde einen Verstoß gegen das Prinzip der Wahrheit mit sich bringen.

Folgende Prinzipien sind als **Ausprägungen oder unterstützende Grundsätze des Vorsichtsprinzips** zu betrachten:

a) **Realisationsprinzip (Verbot der Gewinnantizipation)** § 252 Abs. 1 Nr. 4 HGB,

b) **Imparitätsprinzip (Gebot der Verlustantizipation)** § 252 Abs. 1 Nr. 4 HGB,

c) **Vorsicht im engeren Sinne** (Schätzregel bei mehrwertigen Erwartungen), ungeschriebener GoB.

Zu a): Realisationsprinzip

Das Realisationsprinzip (§ 252 Abs. 1 Nr. 4 HGB) verlangt, dass nur realisierte Gewinne als solche gezeigt werden dürfen. Ein Gewinn ist z.B. bei Geschäften, die zu Umsatzerlösen i.S.d. § 277 Abs. 1 HGB führen, realisiert, wenn der zivilrechtliche Übergang des Eigentums an dem Objekt des Umsatzgeschäftes (Übergabe, Abnahme, Zeitpunkt der Lieferung, Übergang von Chancen und Risiken) erfolgt ist. Erst zu diesem Zeitpunkt ist der Gewinn realisiert, denn das angeschaffte oder hergestellte Objekt des Umsatzgeschäftes hat das Vermögen verlassen, und dafür ist eine Forderung gegenüber dem Vertragspartner entstanden. Der **Anspruch des Bilanzierenden auf Gegenleistung des Vertragspartners** muss vorhanden sein. Die Höhe der Forderung entspricht dem Anspruch auf Gegenleistung und ergibt sich zunächst aus dem Vertrag. Der Wert des Abgangs ist höchstens mit den bisher angefallenen Aufwendungen zu bewerten, da vor dem Zeitpunkt des Umsatzes kein Gewinn ausgewiesen werden darf. Aus der Differenz zwischen diesem Abgangswert und dem Wert des vereinbarten Veräußerungspreises ergibt sich je nachdem der Gewinn oder Verlust aus dem Geschäft. Dieser Vorgang wird in der Literatur **„Gewinnsprung"** genannt. Das Realisationsprinzip legt fest, wann der Gewinnsprung eintritt (zeitliche Komponente) und in welcher Höhe (quantitative Komponente).

Aus diesen Überlegungen ergibt sich, dass mit noch nicht veräußerten Vermögensgegenständen, seien diese teilfertig oder fertig, angeschafft oder hergestellt, kein bilanzieller Gewinn verbunden sein darf. Ein unter Umständen tatsächlich vorhandener Wertzuwachs in Verbindung mit einem Vermögensgegenstand oder einer anderen Wertposition darf nicht ausgewiesen werden, solange dieser Wertzuwachs nicht durch ein Geschäft mit einem fremden Dritten bewiesen wurde. Dieser Beweis setzt das Ausscheiden eines solchen Vermögensgegenstandes aus dem Vermögen voraus. Solange ein solcher Vermögensgegenstand zum Vermögen gehört, darf er höchstens mit den Aufwendungen bewertet werden, die mit seiner Anschaffung oder Herstellung verbunden sind. Anschaffungs- oder Herstellungsvorgänge von Vermögensgegenständen, die noch zum Bilanzvermögen gehören, dürfen keinen Gewinn zur Folge haben (Eventuelle Verluste durch Abschreibungen auf den beizulegenden Wert (vgl. § 253 HGB) müssen ausgewiesen werden).

Diese Überlegungen aus dem Vorsichtsprinzip führen unmittelbar zum **Anschaffungskostenprinzip** des § 253 Abs. 1 S. 1 HGB: „Vermögensgegenstände sind höchstens mit den Anschaffungs- oder Herstellungskosten, vermindert um die Abschreibungen... anzusetzen".

Daraus ergeben sich vier Schlussfolgerungen:

1. Die **Obergrenze der Bewertung von Vermögensgegenständen** wird festgelegt, nämlich höchstens die Anschaffungs- oder Herstellungskosten.

2. Der **Zeitpunkt, wann ein Gewinn im Zusammenhang mit der Veräußerung des Vermögensgegenstandes entsteht**, wird festgelegt, nämlich dann, wenn der Vermögensgegenstand aus dem Bilanzvermögen ausscheidet.

3. Der **Umfang der Anschaffungs- und Herstellungskosten** wird festgelegt, nämlich die mit dem Anschaffungs- oder Herstellungsvorgang zusammenhängenden Aufwendungen (vgl. § 255 HGB).

4. Der **Anschaffungs- oder Herstellungsvorgang ist immer gewinnneutral**. Er kann im Einzelfall nur verlustträchtig sein.

Mit dem Realisations- und Anschaffungskostenprinzip sind zwei Probleme verbunden, die in der Literatur kontrovers diskutiert werden:

- Das Realisationsprinzip verhindert den Ausweis tatsächlich vorhandener Wertsteigerungen und führt so zum Problem der **stillen Reserven**. Dieser Umstand beeinträchtigt zweifellos die Informationsfunktion der Bilanz und verhindert die Vermittlung eines den tatsächlichen Verhältnissen entsprechenden Bildes. Der Gesetzgeber hat hier dem Vorsichtsprinzip einen Vorrang gegenüber dem „true and fair view" gegeben.

- Mit dem BilMoG hat der Gesetzgeber **Ausnahmen vom Realisations- und Anschaffungskostenprinzip** zugelassen bei:
  - den Finanzinstrumenten des Handelsbestandes bei Kreditinstituten (§ 340e Abs. 3, 4 HGB),
  - dem Planvermögen (§ 253 Abs. 1 S. 4 HGB i.V.m. § 246 Abs. 2 S. 2 HGB),
  - der Währungsumrechnung bei kurzfristigen Währungspositionen (§ 256a S. 2 HGB) und
  - den Fällen des § 254 HGB (Bewertungseinheiten).

Der Gesetzgeber hat die **Folgen dieser Durchbrechungen des Realisationsprinzips** für die Einhaltung des Vorsichtsprinzips mit Ausschüttungssperren dieser nicht realisierten Gewinne zu mindern versucht.

Das Realisationsprinzip wird von zwei weiteren Prinzipien flankiert, dem **Periodisierungsprinzip des § 252 Abs. 1 Nr. 5 HGB** und dem **Grundsatz der Vermögensorientierung** als ungeschriebenem GoB. Aufwendungen und Erträge sind unabhängig von den Zahlungszeitpunkten den Perioden ihrer wirtschaftlichen Verursachung zuzuordnen:

- **Sachliche Abgrenzung:** Aufwand ist der Leistungserstellung (Ertrag) zuzuordnen.
- **Zeitliche Abgrenzung:** Aufwand oder Ertrag, der zeitraumbezogen anfällt, ist zeitanteilig (pro rata temporis) aufzuteilen.

Beispiel zur „sachlichen Abgrenzung":

Grundsatz: Aufwand wird (erfolgs-) wirksam, wenn Ertrag entsteht.

Der Maschinenhersteller U fertigt im Auftrag von A eine Maschine im Laufe des Jahres 12, die im Januar des Jahres 13 geliefert wird. Zur Herstellung der Maschine wurden folgende Aufwendungen getätigt:

Lohnaufwand: 120.000 €

Materialaufwand: 150.000 €

Fremdleistungen: 70.000 €.

Der Verkaufspreis beträgt 360.000 €

Zum 31.12. 12 steht die Maschine fertig am Lager.

Bitte erläutern Sie anhand von Buchungssätzen die Auswirkungen dieses Geschäftsvorfalles auf Bilanz und Gewinn und Verlustrechnung (keine Berücksichtigung der Umsatzsteuer).

Lösung:

Auswirkungen im Jahre 12

- **Herstellung:**
  Lohnaufwand 120 T€
  Materialaufwand 150 T€
  Fremdleistung 70 T€   an Bank 340 T€

- **Abschluss 31.12.12**
  Zugang Fertigerzeugnisse 340 T€   an Bestandserhöhung 340 T€

- **Wirkung Bilanz**
  Zugang Fertigerzeugnisse 340 T€   an Bank 340 T€
  Gewinnauswirkung: 0 €

- **Wirkung GuV:**
  Lohnaufwand 120 T€
  Materialaufwand 150 T€
  Fremdleistung 70 T€   an   Bestandserhöhung 340 T€
  Gewinnauswirkung: 0 €

Auswirkungen im Jahre 13:
- **Wirkung Bilanz:**
  Bank 360 T€   an   Abgang Fertigerzeugnisse 340 T€
                                           Gewinn 20 T€

  Gewinnauswirkung: 20 T€
- **Wirkung GuV:**
  Bestandsverminderung 340 T€
  Gewinn 20 T€   an   Umsatzerlöse 360 T€
  Gewinnauswirkung: 20 T€

Beispiel zur zeitlichen Abgrenzung:

Grundsatz: Aufwand und Ertrag werden dann (erfolgs-) wirksam, wenn Aufwand und Ertrag wirtschaftlich verursacht sind.

Der Maschinenhersteller U mietet von A eine Lagerhalle. Die Miete für ein Jahr beträgt 18.000 € und ist für ein Jahr im Voraus zu entrichten. Die vertraglich vereinbarte Zahlung erfolgt am 1.10.12.

Bitte erläutern Sie anhand von Buchungssätzen die Auswirkungen dieses Geschäftsvorfalles auf Bilanz und Gewinn und Verlustrechnung (keine Berücksichtigung der Umsatzsteuer).

Auswirkungen in 12:
- Buchung bei Zahlung:
  Mietaufwand 18 T€   an Bank 18 T€
- Buchung bei Abschlusserstellung:
  Aktiver RAP 13,5 T€   an Mietaufwand 13,5 T€

Auswirkung 12: Nur der auf 12 entfallende Mietaufwand von 4,5 T€ wird erfolgswirksam.

Auswirkungen in 13:
- Auflösung des aktiven RAP:
  Mietaufwand 13,5 T€ an aktiver RAP 13,5 T€

Auswirkung 13: Der auf 13 entfallende Mietaufwand von 13,5 T€ wird erfolgswirksam.

Der **Grundsatz der Vermögensorientierung** legt Kriterien fest, mit denen gesichert werden soll, dass nur solche Werte als Vermögensgegenstände ausgewiesen werden, die auch verwertbares Vermögen darstellen. Dies weist hin zum Problem der Aktivierungsfähigkeit von Werten, das in Kapitel 3.1.1 besprochen wird.

Zu b): Imparitätsprinzip

Das **Imparitätsprinzip** verlangt, dass alle vorhersehbaren Risiken und Verluste, die bis zum Abschlussstichtag entstanden sind, zu berücksichtigen sind (§ 252 Abs. 1 Nr. 4 HGB). Erwartete, **nicht realisierte Verluste** müssen ausgewiesen werden, **nicht realisierte Gewinne** dürfen nicht ausgewiesen werden (s.o. a): Realisationsprinzip). Diese ungleichgewichtige Berücksichtigung unsicherer Verluste und Gewinne entspricht einer vorsichtigen Bilanzierung. Sie führt zum **Niederstwertprinzip der Bewertung auf der Aktivseite** und dem **Höchstwertprinzip der Bewertung auf der Passivseite**. Auch die Verpflichtung zur Bildung von Rückstellungen (Passivierung unsicherer Verbindlichkeiten und drohender Verluste aus schwebenden Geschäften) könnte auf die Vorschrift auch ohne § 249 HGB zurückgeführt werden.

§ 252 Abs. 1 Nr. 4 HGB enthält mit der Regelung, dass bis zum Abschlussstichtag entstandene, erwartete Verluste auszuweisen sind, auch wenn sie erst später bekannt werden, eine Verdeutlichung des Stichtagsprinzips des § 242 Abs. 2 HGB und § 252 Abs. 1 Nr. 3 HGB. Bei der Regelung des § 252 Abs. 1 Nr. 4 HGB handelt es sich um sog. **werterhellende Tatsachen. Wertbegründende Tatsachen**, also solche, die erst nach dem Abschlussstichtag entstehen, dürfen grundsätzlich nicht im Abschluss berücksichtigt werden.

Zu c): Vorsicht im engeren Sinne

In der Literatur wird unter dem **Vorsichtsprinzip im engeren Sinne** eine **Schätzregel** verstanden. Sie besagt, dass bei mehrwertigen gleich wahrscheinlichen Bewertungsmöglichkeiten eher der niedrigere Wert der Aktivseite bzw. der höhere Wert der Passivseite anzusetzen ist. Die Anwendung dieser Regel darf natürlich nicht gegen das Prinzip der Wahrheit verstoßen. Der Wahrscheinlichkeit einzelner Werte ist große Bedeutung beizumessen.

2.2.3.4 Ergänzende Bilanzierungsgrundsätze

In diesem Abschnitt sollen **Bilanzierungsprinzipien** vorgestellt werden, die unterschiedliche, die Bilanzfunktionen unterstützende Ziele verfolgen. Im Einzelnen:

- **Nominalwertprinzip** und seine bilanziellen Ausprägungen (§ 244 HGB)
- **Einzelbewertungsgrundsatz** i.w.S.
  - Einzelbilanzierung (§ 240 Abs. 1 HGB),
  - Einzelbewertung im engeren Sinne (§ 252 Abs. 1 Nr. 3 HGB),
  - Einzelausweis (§ 246 Abs. 2 HGB) (Saldierungsverbot).
- Stichtagsprinzip (z.B. § 242 Abs. 1 HGB , § 252 Abs. 1 Nr. 3 HGB)
- Going-Concern-Prinzip (Grundsatz der Unternehmensfortführung, § 252 Abs. 1 Nr. 2 HGB).
- Stetigkeitsprinzip (als Teil der Bilanzkontinuität)
  - Ansatzstetigkeit (§ 246 Abs. 3 HGB),
  - Bewertungsstetigkeit (§ 252 Abs. 1 Nr. 6 HGB),
  - Ausweisstetigkeit (wird unterstützt durch § 265 Abs. 2 HGB).
- Grundsatz des Bilanzenzusammenhangs (§ 252 Abs. 1 Nr. 1 HGB) als Teil der Bilanzkontinuität.

Einzelbewertungsgrundsatz und Stichtagsprinzip haben beide eine objektivierende Zielsetzung. Der **Grundsatz von der Annahme der Unternehmensfortführung** und das **Prinzip des Bilanzenzusammenhangs** stellen weitere Grundsätze dar, die unter diesem Punkt subsumiert werden können. Auf die Vergleichbarkeit aufeinander folgender Abschlüsse eines Unternehmens zielt der Stetigkeitsgrundsatz.

Das **Nominalwertprinzip** ist Ausdruck des Einflusses der Theorie von der nominellen Kapitalerhaltung auf die externe Rechnungslegung. § 244 HGB legt fest, dass der Jahresabschluss in Euro aufzustellen ist. Die Berücksichtigung inflatorischer oder deflatorischer Ereignisse ist in den Bewertungsvorschriften des HGB nicht vorgesehen. Der Wertmaßstab der Deutschen Mark des Jahres 1948 beträgt das 1/1,95583-fache des Euro im Jahre 2010. Die Veränderungen der Wertverhältnisse finden keinen Eingang in das System des HGB.

Der **Einzelbewertungsgrundsatz i.w.S.** wird für den Ansatz durch den Einzelbilanzierungsgrundsatz des § 240 Abs. 1 HGB und für die Bewertung durch den § 252 Abs. 1 Nr. 3 HGB normiert und durch das Verbot der Saldierung (§ 246 Abs. 2 HGB) ergänzt.

Der **Einzelbilanzierungsgrundsatz** verlangt vom Kaufmann, dass er in der Bilanz den „...Wert der einzelnen Vermögensgegenstände und Schulden .." angibt. Diese Vorschrift ist aus der Sicht des Bilanzierenden zu interpretieren. Für die Frage, ob ein aus mehreren Komponenten zusammengesetzter Vermögensgegenstand als Einheit zu sehen ist, kommt es auf den sog. einheitlichen Nutzen- und Funktionszusammenhang an.

> **Beispiel:** Für einen Reifenhändler sind die Reifen für ein Fahrzeug einzelne Vermögensgegenstände; das Gleiche gilt für einen Unternehmer, der mit Motoren handelt. Auch für einen Motorenhändler ist der ein-

> zelne Motor ein Vermögensgegenstand. Anders ist dies bei einem Händler für Automobile zu beurteilen. Für den Automobilhändler ist das Fahrzeug der Vermögensgegenstand, der zu bilanzieren ist und nicht die Komponenten Reifen, Motor usw.
>
> Auch die zivilrechtliche Einheit „Bebautes Grundstück" wird wegen der unterschiedlichen Nutzungs- und Funktionszusammenhänge im Anlagevermögen in zwei Vermögensgegenstände aufgeteilt:
> 1. den nicht abnutzbaren Vermögensgegenstand „Grundstück" und
> 2. den abnutzbaren Vermögensgegenstand „Gebäude".

Die Vorschrift des § 252 Abs. 1 Nr. 3 HGB verlangt, dass die **Vermögensgegenstände und die Schulden zum Abschlussstichtag einzeln bewertet werden**.

Dieser Grundsatz verhindert, dass innerhalb einer Gruppe von Vermögensgegenständen Wertsteigerungen mit Wertminderungen verrechnet werden und so das Realisations- und das Imparitätsprinzip verletzt werden können. Das Saldierungsverbot berührt in besonderer Weise den Wahrheitsgrundsatz durch das Verbot der Saldierung von Aufwendungen und Erträgen oder der Verrechnung von Posten der Aktivseite mit Posten der Passivseite und wurde deshalb auch bereits dort erwähnt.

Beispiel: Der Unternehmer U hat zu Beginn des Geschäftsjahres 2001 folgende Grundstücke gekauft (Geschäftsjahr = Kalenderjahr):

Grundstück	Anschaffungskosten	Dauerhafter Wert zum 31.12.2001	Bilanzansatz 31.12.2001
A	270.000 €	320.000 €	270.000 €
B	150.000 €	110.000 €	110.000 €
Summen	**420.000 €**	**430.000 €**	**380.000 €**

Der Einzelbewertungsgrundsatz verbietet die Verrechnung von Wertsteigerungen mit Wertverlusten. Jedes Grundstück muss für sich bewertet werden. Wenn man das Beispiel fortführt, ergibt sich z.B. im nächsten Jahr:

Grundstück	Anschaffungskosten	Dauerhafter Wert zum 31.12.2002	Bilanzansatz 31.12.2001
A	270.000 €	265.000 €	265.000 €
B	150.000 €	160.000 €	150.000 €
Summen	**420.000 €**	**425.000 €**	**415.000 €**

Vom **Einzelbewertungsgrundsatz**, der sich entgegen des Wortlautes nicht nur auf die Bewertung, sondern auch auf den Ansatz bezieht, gibt es viele **Ausnahmen**. Der Abschluss ist eine kaufmännische Rechnung, und es muss wirtschaftlich abgewogen werden, ob der Aufwand der Informationsvermittlung mithilfe der einzelnen Bewertung von Vermögensgegenständen noch in einem wirtschaftlich sinnvollen Verhältnis zum damit gewonnenen Informationsnutzen steht. Gerade im Bereich des Vorratsvermögens gibt es oft Situationen, in denen der Aufwand der Bewertung eines einzelnen Vermögensgegenstandes nicht mehr in einem wirtschaftlichen Verhältnis zum Wert des einzelnen Vermögensgegenstandes steht. Oft wird es auch physikalisch nicht möglich sein, eine Einzelbewertung im engen Sinne durchzuführen, z.B. bei gemischten Flüssigkeiten oder Schüttgütern. Auch der Gesetzgeber trägt dieser Tatsache durch eine Reihe von **Bewertungsvereinfachungen** Rechnung, die eine Ausnahme vom Einzelbewertungsgrundsatz darstellen (vgl. das Festwertverfahren gem. § 240 Abs. 3 HGB, die Gruppenbewertung gem. § 240 Abs. 4 HGB oder die Verbrauchsfolgeverfahren gem. § 256 HGB). Mit dem BilMoG wurde eine weitere Ausnahme vom Einzelbewertungsgrundsatz eingeführt: Das **Wahlrecht zur Bildung von Bewertungseinheiten im Zusammenhang mit Sicherungsbeziehungen** (z.B. verschiedene Formen des Hedging) im § 254 HGB.

Weitere Ausnahmen vom Einzelbewertungsgrundsatz finden sich z.B. bei den gesetzlichen Vorschriften zu den Absetzungen erhaltener Anzahlungen auf Vorräte und teilfertige Arbeiten (§ 268 Abs. 5 S. 2 HGB) und zu den latenten Steuern (§ 274 HGB). Außerhalb des HGB können die Vorschriften zur Aufrechnung von Forderungen und Verbindlichkeiten (§§ 387 ff. BGB) genannt werden.

Auch das bereits mehrfach erwähnte **Stichtagsprinzip** objektiviert den Abschluss. Es wird mehrfach im HGB angesprochen und z.B. in den §§ 242 Abs. 1 und 252 Abs. 1 Nr. 3 HGB normiert. Genau genommen ist das Stichtagsprinzip eine Momentaufnahme des Vermögens und der Schulden zu der logischen Sekunde am Ende des letzten Tages, der zur Berichtsperiode gehört. Es hat Bedeutung für den **Ausweis und die Bewertung von Schulden und Vermögensgegenständen**:

- Alle Tatsachen, die sich vor dem Abschlussstichtag ereignet haben und zu diesem auch schon bekannt waren, müssen im Abschluss beachtet werden. Problematisch können Sachverhalte sein, die zum Abschlussstichtag noch nicht bekannt sind.
- **Wertbegründende Tatsachen**, die erst nach dem Abschlussstichtag verursacht sind und daher auch erst danach bekannt werden können, dürfen grundsätzlich nicht im Abschluss berücksichtigt werden.
- **Werterhellende Tatsachen**, die bereits vor dem Abschlussstichtag verursacht sind, aber erst nach dem Abschlussstichtag und vor Bilanzaufstellung bekannt werden, müssen berücksichtigt werden.
- Tatsachen, die nicht bekannt sind, können naturgemäß nicht berücksichtigt werden. In diesem Zusammenhang ist das **Wahrheitsprinzip** besonders bedeutsam.

Beispiel:

a) Am Abschlussstichtag befindet sich der Schuldner S in hoffnungslosen finanziellen Verhältnissen. Er ist nicht bereit und in der Lage, die offenstehende Forderung des Unternehmers U zu zahlen. Die Forderung ist am Abschlussstichtag (31.12.) objektiv wertlos. U entnimmt der Zeitung, dass S Ende Januar im Lotto gewonnen hat. S zahlt eine Woche später. U stellt die Bilanz Ende Februar auf.

b) Der Schuldner S, den U zum Abschlussstichtag als zahlungsunfähig und -unwillig einschätzt, bezahlt die Forderung vor Bilanzaufstellung.

c) Der Buchhalter B, der einen Anspruch auf betriebliche Altersversorgung hat, stirbt im Februar des dem Abschlussstichtag folgenden Geschäftsjahres vor der Bilanzaufstellung.

Lösung:

a) Die Forderung ist zum Abschlussstichtag mit 0 zu bewerten. Der Lottogewinn ist ein wertbegründendes Ereignis.

b) Die Forderung ist in der Bilanz als werthaltig anzusehen; die Einschätzung durch U war falsch. Die Zahlung stellt ein werterhellendes Ereignis dar.

c) Die Pensionsrückstellung ist werthaltig in der Bilanz zu passivieren und im Folgejahr erfolgswirksam aufzulösen. Der Tod des Anspruchsberechtigten stellt ein wertbegründendes Ereignis dar.

Auch das **Stichtagsprinzip** kennt eine Reihe von **Ausnahmen**, insbesondere bei der Bewertung von Rückstellungen. Wenn im § 253 Abs. 1 S. 2 HGB gefordert wird, dass Rückstellungen zum nach vernünftiger kaufmännischer Beurteilung bemessenen Erfüllungsbetrag bewertet werden müssen, fließen zukünftige Wertänderungen des Erfüllungsbetrages nach dem Abschlussstichtag in die Bewertung ein.

Als weiteres ergänzendes Prinzip kann der **Grundsatz von der Annahme der Unternehmensfortführung** (auch **Going-concern-Prinzip** genannt) angeführt werden. Dieser Grundsatz wird im § 252 Abs. 1 Nr. 2 HGB kodifiziert. Er besagt, dass bei der Bewertung von „... der Fortführung der Unternehmenstätigkeit auszugehen ist, sofern dem nicht tatsächliche oder rechtliche Gegebenheiten entgegenstehen" (§ 252 Abs. 1 Nr. 2 HGB). Das führt dazu, dass nicht etwa Liquidationswerte die Bilanz bestimmen, sondern Werte berücksichtigt werden müssen, die dem Nutzen der Bilanzposition für den Unternehmer entsprechen.

Beispiel: Eine auf die Bedürfnisse des Unternehmers zugeschnittene Produktionsanlage wird bei Einstellung des Betriebes oft nur noch Schrottwert besitzen. Für den fortzuführenden Betrieb hat sie einen

> erwarteten Nutzen, der mit den fortgeführten Anschaffungs- oder Herstellungskosten beschrieben werden kann.

Das **Going-concern Prinzip** findet dort seine Grenze, wo z.B. durch Insolvenz oder Ablauf einer Betriebsgenehmigung nicht mehr von der Fortführung der Unternehmenstätigkeit ausgegangen werden kann.

Der **Grundsatz der Stetigkeit** soll Kontinuität in der Ausübung von Ansatz- und Bewertungsentscheidungen herbeiführen und so dazu beitragen, dass aufeinanderfolgende Abschlüsse eines Bilanzierenden besser vergleichbar sind (§ 252 Abs. 1 Nr. 6 HGB).

Der **Grundsatz der Stetigkeit** wird in Bezug auf die Vergleichbarkeit aufeinander folgender Bilanzen durch die Stetigkeit des Ansatzes, der Bewertung und des Ausweises realisiert. Von diesen Grundsätzen darf nur in begründeten Ausnahmefällen abgewichen werden (vgl. §§ 246 Abs. 3 und 252 Abs. 2 HGB). Die Forderung nach Stetigkeit hat nur dort Sinn, wo der Gesetzgeber Entscheidungen, d.h. Wahlrechte in Bezug auf Ansatz, Bewertung und Ausweis, zulässt oder keine bindenden Vorschriften kodifiziert. In diesem Zusammenhang ist auch das Wahrheitsprinzip mit der Willkürfreiheit der Bilanzierung angesprochen. Wahlrechtsausübung oder -unterlassung sollen in aufeinanderfolgenden Abschlüssen nicht willkürlich, sondern stetig und gleichmäßig ausgeübt werden.

Die **Ansatzstetigkeit** (§ 246 Abs. 3 HGB) verlangt, dass die Ansatzmethoden beibehalten werden.

> **Beispiel:** Kaufmann U macht im Jahre 2001 für einen neuen Kredit vom Ansatzwahlrecht des Disagio nach § 250 Abs. 3 HGB Gebrauch. Im Jahre 2002 muss er sich weiter so verhalten, falls er erneut vor einer Ausübung dieses Wahlrechtes steht. Nimmt er im Jahre 2001 zwei Kredite mit Disagio auf, kann er das Wahlrecht nur einheitlich ausüben oder unterlassen.

Die **Bewertungsstetigkeit**, besser **Bewertungsmethodenstetigkeit**, verlangt die Beibehaltung der Bewertungsmethoden in aufeinanderfolgenden Abschlüssen. Unter Bewertungsmethoden versteht man die Verfahren der Wertbestimmung von Positionen des Vermögens und der Schulden. Als Methoden können hier z.B. die Abschreibungsmethoden, Verbrauchsfolgeverfahren, Herstellungskostenermittlung, Gruppenbewertung und die Festbewertung genannt werden. Bei allen diesen Verfahren sind Wahlrechte möglich; sei es in der Entscheidung der Anwendung der Methode als Abweichung vom Einzelbewertungsgrundsatz oder als Entscheidung zwischen mehreren möglichen Abschreibungsmethoden.

> **Beispiel:** Kaufmann U schreibt den LKW A linear ab. LKW B, der vergleichbar eingesetzt wird, kann dann nicht nach Maßgabe der Leistung oder degressiv abgeschrieben werden.

Die **Ausweisstetigkeit** verlangt, dass die Form der Bilanz beibehalten wird, um Vergleichbarkeit herzustellen. Man kann die Gliederungsvorschriften der §§ 266 und 275 HGB als unterstützende Vorschriften ansehen, weil dort für Kapitalgesellschaften ein festes Gliederungsschema vorgegeben ist. So wird nicht nur eine interne Vergleichbarkeit aufeinander folgender Abschlüsse eines Kaufmanns angestrebt, sondern auch eine externe Vergleichbarkeit der Abschlüsse fremder Kaufleute. Die Vorschrift des § 265 Abs. 2 HGB verlangt, dass zu jedem Posten der Bilanz und GuV die Vorjahreswerte angegeben werden. Beeinträchtigungen der Vergleichbarkeit sind im Anhang anzugeben. Dies setzt voraus, dass der Posteninhalt, d.h. die Zusammensetzung der Posten, unverändert bleibt.

Der **Grundsatz des Bilanzenzusammenhangs** (§ 252 Abs. 1 Nr. 1 HGB) verlangt, dass Wertansätze in der Schlussbilanz eines Geschäftsjahres mit denen der Eröffnungsbilanz des folgenden Geschäftsjahres übereinstimmen. Dabei ist hier unter „**Eröffnungsbilanz**" nicht eine formelle Bilanz gemeint, denn die Verpflichtung, eine solche nach Erstellen einer Abschlussbilanz aufzustellen, existiert nicht im HGB, sondern das System der Saldenvorträge auf die neue Rechnung des folgenden Geschäftsjahres. Der Bilanz darf in der logischen Sekunde zwischen dem 31.12.2001 24 Uhr und dem 01.01.2002 0 Uhr weder etwas hinzugefügt noch etwas genommen werden. Dieses bedeutet, bezogen auf die einzelne Bilanzposition, nicht, dass buchstäblich jede einzelne Position der Bilanz unverändert übernommen würde. Es werden vielmehr einige Positionen verrechnet, „auf null" gestellt und zu anderen Positionen zusammengefasst (z.B. innerhalb der Positionen des Eigenkapitals). Mit dieser Regelung soll der **Abbildung des Totalgewinns** entsprochen werden. Die Summe der Erfolge aller Geschäftsjahre kann nicht dem Totalerfolg entsprechen, wenn am Ende einer Periode der Bilanz etwas hinzugefügt oder genommen wird. Dieser Grundsatz bezieht sich auf den materiellen Gehalt der Bilanz im Ganzen.

> **Beispiel:** Das Konto Jahresüberschuss/Jahresfehlbetrag (§ 266 Abs. 3 A. V HGB) weist zu Beginn des folgenden Geschäftsjahres einen Wert von null aus. Der Jahresüberschuss/-fehlbetrag des Vorjahres ist entsprechend der Gewinnverteilungsbeschlüsse ausgeschüttet und/oder auf Rücklagenkonten verteilt worden.
>
> **Lösung:** Dies ist kein Verstoß gegen den Grundsatz des Bilanzenzusammenhangs.

> **Beispiel:** Der Bestand an fertigen Erzeugnissen und Waren (§ 266 Abs. 2 B. Abs. 1. Nr. 3 HGB) weist einen Betrag von 45.000 € aus.
>
> **Lösung:** Dieser Betrag muss unverändert in die neue Rechnung als Saldovortrag aufgenommen werden. Jede Veränderung dieses Betrages stellt einen Verstoß gegen den Grundsatz des Bilanzenzusammenhangs dar.

Die **Grundsätze der Stetigkeit und des Bilanzenzusammenhangs** streben eine Kontinuität der Bilanzierung in formeller Hinsicht (äußere Darstellung des Abschlusses) und materieller Hinsicht (Ansatz und Bewertung einzelner Positionen mit entsprechenden Auswirkungen auf die GuV und den Abschluss folgender Geschäftsjahre) an.

Man könnte hier auch zusammenfassend von einem übergeordneten **Grundsatz der Bilanzkontinuität** sprechen. Ein Verstoß gegen dieses Prinzip hat eine Beeinträchtigung der Informationsfunktion durch Erschwerung der Vergleichbarkeit aufeinander folgender Abschlüsse und eine Beeinträchtigung der Zahlungsbemessungsfunktion durch materielle Veränderungen der Positionen des Abschlusses zur Folge. Man kann hier den engen Bezug des Grundsatzes zum Wahrheitsprinzip deutlich erkennen.

2.3 Beziehungen zwischen betrieblichem System und Umwelt

2.3.1 Systemgrenze zwischen den Subsystemen Betrieb und Umwelt

Die Systemgrenze ist keine genau zu bestimmende Grenze zwischen den Elementen Rechnungswesen und Umwelt. Auch an dieser Stelle müssen Zweckmäßigkeitsüberlegungen im Vordergrund stehen. Aus der Sicht des Bilanzierenden könnte die Systemgrenze dort gegeben sein, wo er den Abschluss den Bilanzadressaten übergibt und insofern die Gestaltungsmöglichkeit aus den Händen gegeben hat. Umgekehrt ist sie als die Grenze zu sehen, an der die Umwelt auf die Gestaltung von Rechnungslegung Einfluss nimmt und daraus folgend den Unternehmer veranlassen kann, die Rahmenbedingungen seines Unternehmens zu gestalten.

Von der Hauptabschlussübersicht zur veröffentlichten Handelsbilanz:

Probebilanz/HAÜ		
Ausübung von Wahlrechten	Beachtung von Aufstellungsfristen	§§ 243 Abs. 2, 264 Abs. 1 HGB

Aufgestellte Handelsbilanz			
Prüfung durch:	Abschlussprüfer	Aufsichtsorgane	§§ 316 ff. HGB

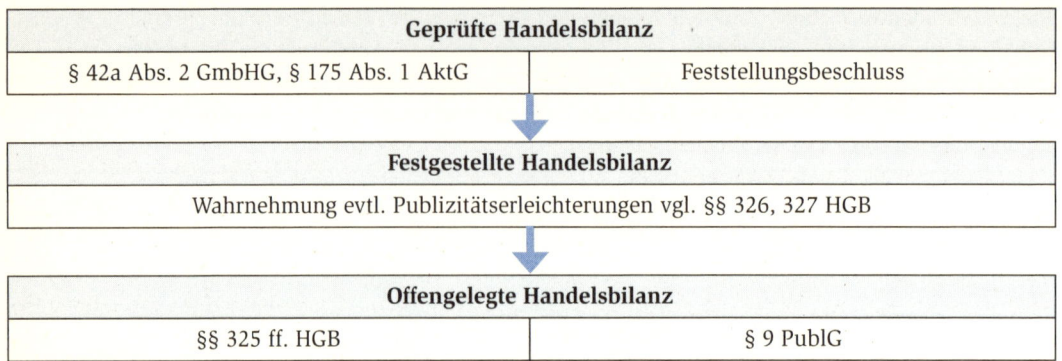

Geprüfte Handelsbilanz	
§ 42a Abs. 2 GmbHG, § 175 Abs. 1 AktG	Feststellungsbeschluss

Festgestellte Handelsbilanz
Wahrnehmung evtl. Publizitätserleichterungen vgl. §§ 326, 327 HGB

Offengelegte Handelsbilanz	
§§ 325 ff. HGB	§ 9 PublG

Abb. 2: Entwicklungsstufen der Handelsbilanz (angelehnt an Federmann, Bilanzierung, 2000, 55)

Wichtiger als die ohnehin unscharfe Beschreibung der Hülle des offenen betrieblichen Bilanzierungssystems ist die Beschreibung und Analyse der Interdependenzen zwischen Umwelt und externem Rechnungswesen.

2.3.2 Schutzanforderungen

Aus der **Dokumentations- und Informationsfunktion** einerseits und der **Zahlungsbemessungsfunktion des Abschlusses** andererseits ergeben sich für die Abschlussadressaten schutzwürdige Interessen in Bezug auf diese Funktionen des Abschlusses. Die **Abschlussadressaten** haben ein Anrecht darauf:
- vor falschen Informationen geschützt zu werden,
- durch falsche Dokumentation der Tätigkeiten der handelnden Personen und
- durch falsche Bemessung der Zahlungsansprüche in ihren Interessen verletzt zu werden.

Durch zahlreiche gesetzliche Vorschriften hat es der deutsche Gesetzgeber unternommen, diesen schutzwürdigen Interessen der Abschlussadressaten zu entsprechen:
- An erster Stelle sind hier die Gläubiger des Unternehmens zu nennen. Ihnen dient insbesondere das **Vorsichtsprinzip**. Der Unternehmer soll sich zur Sicherung der Ansprüche nicht reicher oder erfolgreicher machen als er ist. Auch die Vorschriften zur Sicherung des gezeichneten Kapitals, die vorsichtige Bewertung, Vorschriften zur Ausschüttungsbegrenzung durch Zwang zur Bildung von Rücklagen und allgemein die Forderung, dass der Abschluss ein den tatsächlichen Verhältnissen entsprechendes Bild vermitteln soll (**true and fair view**) sind hier zu nennen.
- Auch Gesellschafter eines Unternehmens, die insbesondere bei großen Publikumsgesellschaften sowohl auf korrekte Informationen zur eigenen Entscheidungsfindung (**Zurverfügungstellung von Eigenkapital durch Beteiligungen**) als auch auf korrekte Ermittlung der Bemessungsgrundlagen für Zahlungen (z.B. Dividenden, partiarische Darlehen) angewiesen sind, werden durch diese gesetzlichen Vorschriften geschützt.
- Die Gruppe der vertraglich am Erfolg des Unternehmens beteiligten Arbeitnehmer (Gewinnbeteiligte, leitende Mitarbeiter mit Ansprüchen auf Tantiemen und Boni usw.) hat ebenfalls schutzwürdige Interessen, wobei an dieser Stelle auf die **Principal-Agent Problematik** nur hingewiesen werden kann.
- Insbesondere ist hier noch der **Fiskus** zu nennen, der seine Steueransprüche durch den Maßgeblichkeitsgrundsatz (§ 5 EStG) und die Abgabenordnung (vgl. z.B. § 140 AO und § 141 AO) an das handelsrechtliche Ergebnis und an handelsrechtliche Gewinnermittlungsvorschriften koppelt. Der Unternehmer soll sich nicht für handelsrechtliche Abschlussadressaten reich und für den Fiskus arm machen können.
- Da Unternehmen auch für die Öffentlichkeit allgemein von großer Bedeutung sind (z.B. Infrastruktur, Zurverfügungstellen von Arbeitsplätzen, Steueraufkommen) fordert der Gesetzgeber auch die Erfüllung bestimmter Offenlegungspflichten.

Diese Reihe könnte umfangreich weiter geführt werden, da alle am Unternehmen Interessierten, insbesondere durch den Abschluss, Informationen:

- zur eigenen Disposition und
- zum Erkennen eigener Ansprüche gegen das Unternehmen

durch Ermittlung festgelegter, bekannter Rahmenbedingungen gewinnen können. Oft ist der **Abschluss** das einzige Instrument, das zur Verfügung steht.

Als letzter Punkt soll noch der **Selbstschutz des Unternehmens** genannt werden, das durch den Zwang zur periodischen Rechnungslegung zur Wahrnehmung der eigenen Verhältnisse gezwungen werden soll.

Zusammenfassend ist zu erkennen, dass die **Interessen der Gläubiger**, wohl historisch bedingt, die weitestgehenden sind. Wenn den Interessen der Gläubiger gedient ist, wird wohl auch den Interessen der anderen am Abschluss Interessierten gedient werden. Aus dieser Tatsache erklärt sich wohl die große Bedeutung des **Vorsichtsprinzips** in der deutschen handelsrechtlichen Rechnungslegung. Im Gegensatz dazu sei die Orientierung der IFRS an den Interessen der Investoren genannt. Auch dort geht das Framework davon aus, dass den Abschlussinteressenten am ehesten gedient ist, wenn den Interessen einer Gruppe von Abschlussadressaten, konkret der Investoren, Rechnung getragen wird.

In der Literatur wird oft behauptet, dass die frühe Ausbildung des Bankensystems in Europa und die eher investorenbezogene Entwicklung in den angelsächsischen Ländern zu dieser unterschiedlichen Gewichtung geführt hat.

Folgt man dieser (unbewiesenen) Hypothese und stellt den Gläubigerschutz in den Mittelpunkt stellt, ist Folgendes festzustellen:

- Der Zwang des Gesetzgebers zur **Dokumentation aller Geschäftsvorfälle und deren Zusammenfassung im Abschluss**, der **Zwang zur periodischen Selbstinformation durch die Buchhaltungs- und Abschlusserstellungspflicht** (§ 238 HGB und § 242 HGB) dient nicht nur den Gläubigern.
- Gesetzliche Vorschriften der Bewertung, das Anschaffungskostenprinzip, das Realisationsprinzip, das Imparitätsprinzip und der Vermerk von Zugriffsrechten schützen vor überhöhten Entnahmen des Unternehmers und vor Vermittlung eines zu optimistischen Bildes. Informationen über Ausschüttungen und das z.T. in anderen Gesetzen formulierte Verbot der Ausschüttung von Eigenkapital (AktG, GmbHG) gehen in die gleiche Richtung. Auch die Informationen des Anhangs und des Lageberichtes sind hier zu nennen.

2.3.3 Informationsanforderungen

Der Abschluss ist zunächst als **Informationsinstrument** zu sehen. Er informiert über den Wert und die Struktur von Vermögen, Schulden, Rechnungsabgrenzungsposten, Aufwendungen und Erträgen. Das **Eigenkapital** ist eine Residualposition, die auch dem Abschluss entnommen werden kann. Der Abschluss enthält sowohl primär verbale (Anhang, Lagebericht) als auch primär numerische (Bilanz, GuV) Informationen. Anknüpfend an das oben Gesagte, kann man den Wert der Informationen am Grad der Erfüllung der **Schutzfunktion** für die:

- Gläubiger,
- Anteilseigner und
- Unternehmung,

um nur die Wichtigsten zu nennen, messen.

Die **Zahlungsbemessungsfunktion des Abschlusses** ist eher eine sekundäre Funktion, weil sich erst aus den Informationen des Abschlusses Zahlungsansprüche ableiten lassen. Insbesondere andere Gesetze (EStG, KStG, GewStG, GmbHG, AktG und auch andere Bücher des HGB) ermitteln Zahlungsansprüche aus den Informationen des handelsrechtlichen Abschlusses. Die Zahlungsbemessungsfunktion kommt innerhalb der handelsrechtlichen Rechnungslegung nur dem Einzelabschluss zu.

Die **Informationsfunktion** erfüllt der Abschluss insbesondere durch die:

- Dokumentation und Zusammenfassung aller Geschäftsvorfälle und deren Folgen,

- Rechenschaft der handelnden Personen des Unternehmens, wie sie mit dem ihnen anvertrauten Vermögen umgegangen sind,
- Selbstinformation des Unternehmers und
- Fremdinformation der Unternehmensexternen durch Veröffentlichungs- und Prüfungspflichten.

Die **Zahlungsbemessungsfunktion des Abschlusses** ist in zwei Richtungen zu interpretieren:
- Das Unternehmen darf nicht durch Ausschüttung von für das Bestehen des Unternehmens notwendigen Ressourcen geschädigt werden. Die Interessen der Gläubiger dürfen nicht durch Ressourcenverbrauch geschädigt werden. Dies wird erreicht durch Vorschriften zur Begrenzung von Unternehmensleistungen.
- Die am Unternehmen Interessierten, d.h. diejenigen, die in irgendeiner Form Beiträge zum Unternehmen geleistet und damit Leistungsansprüche an das Unternehmen erworben haben, sollen diese Leistungen verwirklichen können. Dies wird erreicht durch Vorschriften zur Erfolgsermittlung, zur Ermittlung von Mindestausschüttungen und, in Bezug auf den Fiskus, durch den Maßgeblichkeitsgrundsatz.

Die ordnungsgemäße Erfüllung der Zahlungsbemessungsfunktion soll sowohl sicherstellen, dass die Leistungen des Unternehmens an die Eigentümer und andere Unternehmensinterne nicht die Ansprüche der Unternehmensexternen beschädigt als auch, dass die Ansprüche der Unternehmensexternen (z.B. Anspruch von in geringem Umfang beteiligter Gesellschafter großer Gesellschaften auf Dividenden, Anspruch des Fiskus auf Steuerzahlungen) auf Leistungen des Unternehmens erfüllt werden.

2.3.4 Die Maßgeblichkeit der Handelsbilanz für die Steuerbilanz
Eine wichtige Schnittstelle der Rechnungslegung nach HGB ist im Verhältnis zur (ertrag-) steuerlichen Gewinnermittlung gegeben. In Deutschland werden drei **Ertragsteuern** erhoben:
1. die Einkommensteuer,
2. die Körperschaftsteuer und
3. die Gewerbesteuer.

Die **Gewinnermittlung** als Bestandteil der Einkommensermittlung findet im Rahmen der §§ 4, 5 ff. EStG statt. Auch die Körperschaftsteuer und die Gewerbesteuer greifen für die Gewinnermittlung auf die Regelungen der Einkommensteuer zurück (vgl. § 8 KStG und § 7 GewStG). Grundlage der Einkommensermittlung für die sog. Gewinneinkünfte (Einkünfte aus Gewerbebetrieb, selbstständiger Arbeit und Land- und Forstwirtschaft) ist der § 4 EStG, der im § 4 Abs. 1 EStG den Betriebsvermögensvergleich als allgemeine Methode der Gewinnermittlung definiert, ohne aber eine Pflicht zur Aufstellung einer Steuerbilanz zu normieren.

Im Regelfall ist der **Kaufmann ein Gewerbetreibender**. Der unter § 2 HGB fallende Kaufmann betreibt ein Handelsgewerbe. **Handelsgewerbe** ist ein Gewerbebetrieb, der einen in kaufmännischer Weise eingerichteten Geschäftsbetrieb erfordert. Kapitalgesellschaften haben grundsätzlich **Einkünfte aus Gewerbebetrieb** (vgl. § 8 KStG) und auch Personenhandelsgesellschaften betreiben i.d.R. ein Handelsgewerbe (vgl. §§ 105, 161 HGB). Die Einzelkaufleute und Kapitalgesellschaften erzielen Einkünfte aus Gewerbebetrieb. Diese Einkünfte sind nach § 15 EStG zu ermitteln; die Methoden ergeben sich aus den §§ 4, 5 EStG. Im Gegensatz zu den Einzelkaufleuten und den Kapitalgesellschaften, die einkommensteuer- oder körperschaftsteuerpflichtig sein können, sind die Personenhandelsgesellschaften nicht einkommensteuerpflichtig. Die im Rahmen einer solchen Gesellschaft erzielten Einkünfte aus Gewerbebetrieb werden über die **einheitliche und gesonderte Feststellung** einkommensteuerlich direkt den Gesellschaftern (Mitunternehmern) zugerechnet. Diese haben dann den Erfolg der Gesellschaft anteilig in ihrer Person zu versteuern. **Personengesellschaften** können allerdings bei Vorliegen der Voraussetzungen des § 2 GewStG wie auch die Einzelkaufleute und die Kapitalgesellschaften **gewerbesteuerpflichtig** sein.

Jeder Kaufmann, der nicht unter eine Befreiungsvorschrift fällt, muss einen **handelsrechtlichen Abschluss** erstellen (§ 242 HGB). Eine eigenständige **Verpflichtung zur Erstellung eines steuerrecht-**

lichen Abschlusses und damit einer **Steuerbilanz** existiert in den Steuergesetzen nicht. Es wird lediglich im § 60 EStDV verlangt, dass der Steuererklärung eine Abschrift der (handelsrechtlichen) Bilanz zugefügt wird. Bei von den steuerlichen Vorschriften abweichenden Ansätzen und Werten müssen diese durch „Zusätze oder Anmerkungen" den steuerlichen Vorschriften angepasst werden (vgl. § 60 Abs. 2 EStDV). Dem steht auch nicht § 140 AO entgegen, der lediglich anordnet, dass die aufgrund anderer gesetzlicher Anordnungen geführten Bücher und Abschlüsse auch zu steuerlichen Zwecken herangezogen werden können. Letztlich wird damit nur eine **steuerliche Überleitungsrechnung vom handelsrechtlichen zum steuerrechtlichen Ergebnis** verlangt.

Trotzdem wird in der Praxis in aller Regel eine **Steuerbilanz** aufgestellt. Dies ist schon aus rein praktischen Erwägungen verständlich:

• weil eine zunehmende Loslösung der steuerlichen Gewinnermittlung von der handelsrechtlichen Gewinnermittlung festzustellen ist und

• weil eine Überleitungsrechnung, die auf der Handelsbilanz aufsetzt, in der Regel so umfangreich und komplex wird, dass die Aufstellung einer Steuerbilanz einfacher und wirtschaftlicher erscheint.

Bei kleineren und nicht den Veröffentlichungspflichten unterliegenden Kaufleuten treten oft sogar die Steuerbilanzen an die Stelle der Handelsbilanzen; es werden dann nur Steuerbilanzen erstellt, die handelsrechtliche Informations- und Zahlungsbemessungsfunktionen auch gegenüber anderen Bilanzadressaten als dem Fiskus übernehmen.

§ 5 Abs. 1 EStG verlangt, dass buchführende Gewerbetreibende bei der Gewinnermittlung nach der Methode des § 4 Abs. 1 EStG (**Bestandsvermögensvergleich**) für den Schluss des Wirtschaftsjahres (handelsrechtlich: Geschäftsjahres) das Betriebsvermögen ansetzen (d.h. ansetzen und bewerten), das „nach den **handelsrechtlichen** Grundsätzen ordnungsmäßiger Buchführung auszuweisen ist..." (§ 5 Abs. 1 S. 1 EStG). Mit anderen Worten: Der handelsrechtliche Abschluss ist für die Besteuerung der unter § 5 EStG fallenden Steuerpflichtigen (bücherführende Gewerbetreibende) maßgeblich.

Diese Maßgeblichkeit bezieht sich auf **handelsrechtliche Gebote und Verbote**. Diese müssen auch in der Steuerbilanz beachtet werden. Der Große Senat des BFH hat bereits im Jahre 1969 weiter festgelegt, dass handelsrechtliche Aktivierungswahlrechte in der Steuerbilanz zu Aktivierungsgeboten und handelsrechtliche Passivierungswahlrechte in der Steuerbilanz zu Passivierungsverboten führen. Dieser Grundsatz gilt nur soweit, als keine steuerlichen Vorschriften von diesem abweichen bzw. diesen durchbrechen.

„Der **Grundsatz der Maßgeblichkeit** wird durch die steuerlichen Ansatz- und Bewertungsvorbehalte durchbrochen (§ 5 Abs. 1a bis 4b, Abs. 6; §§ 6, 6a und 7 EStG)" (BMF-Schreiben vom 12.03.2010, BStBl I 2010, 239 Ziffer 2). Der steuerliche Bewertungsvorbehalt des § 5 Abs. 5 EStG legt fest, dass steuerliche Regelungen für die steuerliche Gewinnermittlung den handelsrechtlichen Vorschriften vorgehen. Eine Vielzahl solcher steuerlichen, vom Handelsrecht abweichenden Regelungen zur Gewinnermittlung führt zu **Durchbrechungen des Maßgeblichkeitsprinzips**. Der mit dem BilMoG neu eingeführte § 5 Abs. 1 S. 1, 2. HS EStG legt fest, dass unter Beachtung bestimmter Formvorschriften steuerliche Wahlrechte losgelöst von den handelsrechtlichen Vorschriften ausgeübt werden können. „Voraussetzung für die Ausübung steuerlicher Wahlrechte ist nach § 5 Abs. 1 Satz 2 EStG die Aufnahme der Wirtschaftsgüter, die nicht mit dem handelsrechtlich maßgeblichen Wert in der steuerlichen Gewinnermittlung ausgewiesen werden, in besondere, laufend zu führende Verzeichnisse." (BMF-Schreiben vom 12.03.2010, BStBl I 2010, 239 Ziffer 19).

Die Unabhängigkeit der Wahlrechtsausübung gilt auch für den Fall, dass handelsrechtliche Wahlrechte steuerlichen Wahlrechten gegenüberstehen.

Damit wurde die bis zum BilMoG geltende sog. **„umgekehrte Maßgeblichkeit"** abgeschafft und ein weiterer Schritt zur Eigenständigkeit der steuerlichen Gewinnermittlung getan.

In allen Bilanzentscheidungen, die offen für die Maßgeblichkeit der Handelsbilanz für die steuerliche Gewinnermittlung sind, wird der Bilanzierende die steuerlichen Auswirkungen seiner Entscheidungen beachten müssen.

3. Ansatz-, Bewertungs- und Ausweisgrundsätze nach HGB

Jeder Bilanzierende hat mit der Bilanzierung ein komplexes Problem zu lösen. Ein betrieblicher Sachverhalt, der am Abschlussstichtag vorliegt, muss daraufhin untersucht werden, ob er Auswirkungen hat:

- die in die Bilanz aufgenommen werden müssen,
- die in die Bilanz aufgenommen werden können oder
- ob es verboten ist, ihn in der Bilanz abzubilden.

Wenn der Sachverhalt, seine Auswirkung oder seine Existenz, in der Bilanz abgebildet wird, muss entschieden werden, mit welchem Wert dies geschehen soll. Da die Bilanz eine Rechnung ist, kann es keine Bilanzposition ohne Wert geben.

Weiter muss entschieden werden, welcher Bilanzposition dieser Sachverhalt zugeordnet wird; ob er z.B. dem Anlage- oder Umlaufvermögen oder den Rückstellungen oder Verbindlichkeiten zuzuordnen ist. Keine dieser Entscheidungen kann isoliert betrachtet werden, da z.B. die Frage, ob ein Vermögensgegenstand zum Anlage- oder Umlaufvermögen gehört, Auswirkungen auf seine Bewertung hat.

Die drei grundlegenden Fragen der Bilanzierung:

1. **Die Frage nach dem Bilanzinhalt**
   - Bilanzierung dem Grunde nach ⇒ Ansatz.
2. **Die Frage nach den Wertmaßstäben**
   - Bilanzierung der Höhe nach ⇒ Bewertung.
3. **Die Frage nach der Gliederung**
   - Bilanzierung dem Ausweis nach ⇒ Ausweisposition

muss jeder Bilanzierende beantworten und dabei die Interdependenzen beachten, die seine jeweilige Entscheidung auslöst. Zur Komplexitätsreduktion sollen aber zunächst diese drei Fragen separat erläutert werden.

3.1 Bilanzierung dem Grunde nach

Die Antwort auf die Frage nach der **Bilanzierung dem Grunde nach** oder – anders ausgedrückt – die Frage nach dem Ansatz entscheidet über den materiellen Inhalt der Bilanz. Es muss entschieden werden, ob Werte, für die Aufwendungen getätigt wurden, als Vermögensgegenstände bezeichnet werden können. Neben der Frage nach den Vermögensgegenständen gibt es weitere Positionen wie Rechnungsabgrenzungsposten, latente Steuern usw., die Eingang in die Bilanz finden. Diese Frage nach der Bilanzierung dem Grunde nach hat drei Unterfragen:

1. Welche Werte müssen in die Bilanz aufgenommen werden? Besteht ein **Bilanzierungsgebot**?
2. Darf auf den Ansatz eines Wertes verzichtet werden? Besteht ein **Bilanzierungswahlrecht**?
3. Darf ein Wert nicht angesetzt werden? Besteht ein **Bilanzierungsverbot**?

Im Folgenden wird den Posten der Aktivseite mehr Umfang eingeräumt als denjenigen der Passivseite. Daraus darf nicht auf einen entsprechenden Bedeutungsunterschied geschlossen werden. Aus dem Vorsichtsprinzip und dem Imparitätsprinzip ergibt sich, dass an den Begriff des Vermögensgegenstandes genauere und höhere Anforderungen gestellt werden als an den Begriff der Schulden. In der Tendenz ist der Begriff des Vermögensgegenstandes enger gefasst als der Begriff der Schulden.

Aus diesem Grund ist der Umfang der kodifizierten und nicht kodifizierten Grundsätze ordnungsmäßiger Buchführung in Bezug auf die Posten der Aktivseite viel größer als derjenige der Posten der Passivseite.

Allgemein gilt:
- **Die Hürde der Aktivierung liegt höher als die Hürde der Passivierung.**
- **Auf der Aktivseite gilt das Niederstwertprinzip.**
- **Auf der Passivseite gilt das Höchstwertprinzip.**

Viele Grundsätze in Ansatz und Bewertung gelten analog auch für die Passivseite; deswegen kann in vielen Fällen in Bezug auf Posten der Passivseite eine verkürzte Darstellung ausreichen. Als Beispiel können hier die Ansatzwahlrechte genannt werden. Bis auf wenige sehr spezielle Ausnahmen existieren Passivierungswahlrechte in der handelsrechtlichen Rechnungslegung im Gegensatz zu den Aktivierungswahlrechten nicht. Auch konkrete Passivierungsverbote kennt das HGB nicht. Dagegen nehmen Fragen der Vermögensgegenstandseigenschaft eines Sachverhaltes und konkrete Aktivierungsverbote (vgl. z.B. § 248 HGB) einen breiten Raum ein.

3.1.1 Aktivierungs- und Passivierungsfähigkeit

„Der Jahresabschluss hat sämtliche Vermögensgegenstände, Schulden, Rechnungsabgrenzungsposten sowie Aufwendungen und Erträge zu enthalten, soweit gesetzlich nichts anderes bestimmt ist" (§ 246 Abs. 1 S. 1 HGB). Im Gesetz ist dann „etwas anderes bestimmt", wenn ein konkret formuliertes gesetzliches Wahlrecht oder Verbot sich auf den Inhalt des Abschlusses bezieht.

Die Bilanz betreffen die im § 246 HGB benannten Vermögensgegenstände, Schulden und Rechnungsabgrenzungsposten (passive wie aktive RAP). Die Bilanz kennt aber auch noch weitere Positionen, die an anderer Stelle definiert sind, so z.B. die latenten Steuern (vgl. § 266 Abs. 2 D HGB und § 266 Abs. 3 E HGB i.V.m. § 274 HGB) und den aktivierten Unterschiedsbetrag aus der Vermögensverrechnung (vgl. § 266 Abs. 2 E HGB i.V.m. § 253 Abs. 1 S. 2 HGB i.V.m. § 246 Abs. 2 S. 2 HGB). Auch die Rechnungsabgrenzungsposten werden in § 250 HGB definiert und ihr Ansatz und die Bewertung festgelegt. Im Gegensatz dazu werden die zentralen Begriffe „Vermögensgegenstand" und „Schulden" nicht definiert. Sie sind als unbestimmte Rechtsbegriffe (vgl. die Ausführungen zu den GoB) zu interpretieren und insofern unsicher und problematisch bezüglich ihres Begriffsinhaltes. Unter dem Begriff der Schulden sind die Begriffe Verbindlichkeiten und Rückstellungen zusammengefasst.

Die Bewertung ist dann wieder genauer in den Bewertungsvorschriften gefasst.

Die Literatur hat versucht, die Bestimmung der Bilanzierungsfähigkeit von Sachverhalten in Form der Aktivierungs- und Passivierungsfähigkeit zu vereinfachen, indem zwischen einer abstrakten und konkreten Bilanzierungsfähigkeit unterschieden wird:

- Die **abstrakte Bilanzierungsfähigkeit** entscheidet über die Fähigkeit eines Sachverhaltes überhaupt in irgendeiner Bilanz aufgenommen werden zu können, unabhängig z.B. von den Eigentumsverhältnissen. Man kann die abstrakte Bilanzierungsfähigkeit mit einer stofflichen Eigenschaft eines Sachverhaltes vergleichen.
- Die **konkrete Bilanzierungsfähigkeit** entscheidet darüber, ob dieser abstrakt bilanzierungsfähige Sachverhalt in der konkreten Bilanz eines Kaufmannes aufgenommen wird.

> **Beispiel:** Ein funktionierender, betriebsbereiter Computer als Sache ist ein Vermögensgegenstand. Er ist abstrakt aktivierungsfähig. Ob er in der Bilanz des Unternehmers U aufgenommen wird, richtet sich nach der konkreten Aktivierungsfähigkeit. Diese wäre hier nach der Frage der Zugehörigkeit zum (betrieblichen) Vermögen des U zu beantworten.

> **Zusammenfassung**
> - Bilanzierungsfähigkeit ist die Eigenschaft, Aktiv- oder Passivposten sein zu können.
> - Bilanzierungsfähigkeit wird durch den Begriff des (steuerlichen) Wirtschaftsgutes (WG)/(handelsrechtlichen) Vermögensgegenstandes (VG) geklärt.
> - Liegt ein VG vor, besteht Aktivierungspflicht (§ 246 Abs. 1 HGB), es sei denn, dass eine konkrete gesetzliche Vorschrift von dieser Pflicht befreit (Aktivierungsverbot oder Wahlrecht).
> - Liegt eine Schuld vor, besteht Passivierungspflicht (§ 246 Abs. 1 HGB), es sei denn, eine konkrete gesetzliche Vorschrift befreit von dieser Pflicht (Passivierungsverbot oder Wahlrecht).

3.1.1.1 Abstrakte Aktivierungsfähigkeit

Die (steuerliche) Rechtsprechung ist der Auffassung, dass der **Begriff des Vermögensgegenstandes** inhaltlich mit dem des Wirtschaftsguts übereinstimmt. Auch der (steuerliche) Begriff **„Wirtschaftsgut"** ist ein unbestimmter Rechtsbegriff, der von der Rechtsprechung des Reichsfinanzhofs (RFH) entwickelt wurde (vgl. RFH-Urteil vom 27.03.1928, A 470/27, RStBl 1928, 260). Er wurde im Jahre 1934 in das EStG übernommen. Dieser (steuerliche) Begriff des Wirtschaftsguts ist oft und bis in die jüngste Vergangenheit Gegenstand höchstrichterlicher Entscheidungen gewesen. Man kann auf diese Rechtsprechung zum Begriffsinhalt des „Wirtschaftsguts" zurückgreifen, um den Begriffsinhalt „Vermögensgegenstand" zu erläutern. Die beiden Begriffe werden durch die Grundsätze ordnungsmäßiger Buchführung (Bilanzierung) in gleicher Weise geprägt. Dies gilt insbesondere für die Anwendung des Grundsatzes der Einzelbewertung, des Realisationsgrundsatzes, des Stichtagsprinzips und des Vorsichtsprinzips (BFH, Beschluss vom 07.08.2000, GrS 2/99, BStBl II 2000, 632). Die Begriffe „Wirtschaftsgut" und „Vermögensgegenstand" umfassen nicht nur Sachen und Rechte i.S.d. Bürgerlichen Gesetzbuches (BGB), sondern auch tatsächliche Zustände und konkrete Möglichkeiten, d.h. sämtliche Vorteile für den Betrieb, deren Erlangung sich der Kaufmann etwas kosten lässt. Sie sind auf der Grundlage einer wirtschaftlichen Betrachtungsweise auszulegen. Die Werte müssen selbstständig bewertbar und greifbar sein. Seine Greifbarkeit macht erst das Wirtschaftsgut (Vermögensgegenstand) aus. Der Wert muss als Einzelheit ins Gewicht fallen. Es muss sich um eine objektiv werthaltige Position handeln (Grundsätze entnommen aus: BFH, Beschluss vom 07.08.2000, GrS 2/99, BStBl II 2000, 632).

Im BilMoG ist ebenfalls auf eine Definition des Begriffs „Vermögensgegenstand" verzichtet worden. Die Gesetzesbegründung spricht „vom Vorliegen eines Vermögensgegenstandes", „wenn das ... Gut nach der Verkehrsauffassung einzeln verwertbar ist." (BT-Drucksache 16/10067, 50).

Auch aus den neuen Ansatzverboten des § 248 Abs. 2 Nr. 2 HGB für Marken, Kundenlisten u.ä. nicht entgeltlich erworbenen immateriellen Vermögensgegenstand des Anlagevermögens lässt sich schließen, dass ein Vermögensgegenstand außerdem eine selbstständige Bewertbarkeit (in der Form einer Abgrenzbarkeit vom Geschäfts- oder Firmenwert) erfordert. Unter Einbeziehung des BilMoG lässt sich sagen, dass ein Vermögensgegenstand dann vorliegt, wenn die Position selbstständig verwertbar, d.h. getrennt vom Unternehmen verwertbar und selbstständig bewertbar ist.

Die Zuordnung der Eigenschaft, Vermögensgegenstand sein zu können, ist unproblematisch bei Sachen (Grundstücken, Maschinen, Vorräten) und Rechten (Lizenzen, Patenten, Forderungen) i.S.d. BGB (vgl. o.g. BFH-Urteil). Problematisch sind die Fälle, in denen es um Positionen, typischerweise immaterielle Werte, geht, die obige Forderungen nicht erfüllen. Hier kann es sich z.B. um Aufwendungen handeln, die aus einer Verbesserung der Marktposition (Weiterbildung, Reklame, Wettbewerbsverbote) resultieren und eben nicht losgelöst vom konkreten Unternehmen be- oder verwertbar sind.

Solche Positionen, die zweifellos Werte darstellen können, wären im Geschäfts- oder Firmenwert zu erfassen, für den allerdings, wenn er nicht entgeltlich erworben wurde, ein Aktivierungsverbot besteht.

Zusammenfassung

Abstrakte Aktivierungsfähigkeit

- Bilanzielle Greifbarkeit
    - Wert muss als Einzelheit ins Gewicht fallen
    - Abgrenzung zum Goodwill
- Selbstständige Bewertbarkeit und Verwertbarkeit
    - Wert gegenüber Dritten
    - Schuldendeckungsfähigkeit
    - Existenz eines Bewertungsmaßstabs
- Existenz als wirtschaftlicher Wert (objektiv werthaltig)

3.1.1.2 Konkrete Aktivierungsfähigkeit

Die **konkrete Aktivierungsfähigkeit** ist entscheidend für die Frage, ob ein Sachverhalt in einer Bilanz eines bestimmten Kaufmannes abgebildet wird. Hier geht es um die objektive und subjektive Zurechenbarkeit. Weiter darf, um die Aktivierungsfähigkeit zu bejahen, kein Aktivierungsverbot vorliegen.

* **Objektive Zurechenbarkeit**
  Bei der objektiven Zurechenbarkeit geht es um das Problem, dass nur betrieblich bedingte Vermögensveränderungen Erfolgswirkungen haben dürfen. Es geht also um die Zugehörigkeit zum betrieblichen Vermögen.
* **Subjektive Zugehörigkeit**
  Bei der subjektiven Zugehörigkeit geht es um das Problem der Zugehörigkeit zum Vermögen des Bilanzierenden, d.h. um die Unterscheidung zwischen privatem und betrieblichem Vermögen.

Die **objektive Zugehörigkeit von Werten zum Bilanzvermögen** wird im HGB nicht geklärt. Lediglich im § 264c HGB wird die Einbeziehung von privatem Vermögen in die Bilanz und von privaten Aufwendungen und Erträgen in die GuV verboten. Dieses Verbot gilt wohl als GoB auch für „alle Kaufleute" (vgl. auch § 5 Abs. 4 PublG). Wegen der hohen Bedeutung für steuerliche Fragen ist allerdings eine umfangreiche Behandlung dieser Abgrenzungsproblematik in der steuerlichen Rechtsprechung und daraus folgend in den einschlägigen Steuererlassen und der Literatur zu finden.

Bei **Personen- und Kapitalgesellschaften** ist die Zuordnung unproblematisch, weil Gesellschaften keine private Sphäre haben. Alle Tätigkeiten dieser Bilanzierenden sind betrieblich, und daher ist auch das diesen Tätigkeiten dienende Vermögen ein betriebliches. Es muss auch zwischen bilanzierender Gesellschaft und Gesellschaftern unterschieden werden.

(Steuerlich auszuweisendes) Sonderbetriebsvermögen von Gesellschaftern kann wegen fehlender subjektiver Zurechenbarkeit nicht angesetzt werden.

Problematisch ist die Zuordnung bei Einzelkaufleuten, weil bei diesen durch die persönliche Haftung auch Gegenstände des Privatvermögens betrieblichen Zwecken dienen können. Man muss also hier von einem gewissen Spielraum des Einzelkaufmannes ausgehen. Die steuerliche Rechtsprechung knüpft in dieser Frage an der Nutzung zu betrieblichen und privaten Zwecken an. Sie kommt so zu Zuordnungen zu **notwendigem Betriebsvermögen** (betriebliche Nutzung mindestens 90 %), notwendigem Privatvermögen (betriebliche Nutzung weniger als 10 %) und einem doch breiten Bereich von sog. **gewillkürtem Vermögen** (betriebliche Nutzung wenigstens 10 % und weniger als 90 %), in dem der Bilanzierende über die Zuordnung selbst entscheiden kann (vgl. R 4.2 EStR). Diese sehr wichtige und komplexe steuerliche Beurteilung kann hier nur erwähnt werden. Die steuerliche Lösung ist auch nicht zwingend (z.B. als GoB) auf die Handelsbilanz übertragbar.

Die Problematik der subjektiven Zuordnung hängt zusammen mit der Frage, wem der zu bilanzierende Wert gehört. In der Bilanz muss der Kaufmann „sein" Vermögen und seine Schulden ausweisen (§ 242 Abs. 1 HGB). Daraus ergibt sich grundsätzlich, dass der Bilanzierende sein Eigentum (bei Sachen) und seine Inhaberschaft (bei Rechten und Forderungen) als Maßstab dafür ansetzt, was zu „seinem" Vermögen gehört.

Zunächst richtet sich also die bilanzrechtliche Zugehörigkeit nach den zivilrechtlichen Regelungen. Seit Langem trägt aber die Rechtsprechung der Tatsache Rechnung, dass der Abschluss eine kaufmännische Rechnung darstellt, in der die wirtschaftlichen Verhältnisse des Bilanzierenden untersucht und gezeigt werden sollen. Diese wirtschaftliche Betrachtungsweise führte zum **Begriff des „wirtschaftlichen Eigentums"**, das seit Längerem in der Abgabenordnung (§ 39 AO) definiert ist und als GoB auch für die Handelsbilanz galt. Seit Einführung des BilMoG gibt es im § 246 Abs. 1 S. 2, 2. HS HGB eine entsprechende gesetzliche Regelung.

Wirtschaftliches Eigentum bedeutet: Die dauerhafte Ausübung der tatsächlichen Herrschaft über einen Vermögensgegenstand unter wirtschaftlicher Verfügung über Substanz und Ertrag, sodass dem Herausgabeanspruch des zivilrechtlichen Eigentümers keine nennenswerte Bedeutung mehr zukommt. Die Begründung des BilMoG betont insbesondere die Verteilung von Chancen und Risiken als Kriterium für die Zuweisung des wirtschaftlichen Eigentums (BT-Drucksache 16/10067, 47). Derjenige, der die Chancen und Risiken bezüglich einer abstrakt aktivierungsfähigen Position innehat bzw. diese trägt, ist als wirtschaftlicher Eigentümer anzusehen; dabei kommt es auf das Gesamtbild der Verhältnisse an.

Beispiel:

a) Errichtet ein Pächter auf dem ihm nicht gehörenden Grundstück ein Betriebsgebäude und erlaubt der Pachtvertrag die Nutzung des Gebäudes über seine erwartete Nutzungsdauer hinaus, so ist der Pächter wirtschaftlicher Eigentümer des Gebäudes und muss die Aufwendungen (Herstellungskosten) für das Gebäude aktivieren.

b) Ein Unternehmer erwirbt einen Computer unter Eigentumsvorbehalt des Verkäufers und zahlt die Rechnung erst nach dem Abschlussstichtag. Am Abschlussstichtag ist der Verkäufer noch zivilrechtlicher Eigentümer des Computers. Der Unternehmer kann den Computer aber nutzen und er trägt das Risiko, dass der Computer z.B. gestohlen oder zerstört wird. Wenn Letzteres geschieht, muss der Unternehmer doch den Kaufpreis noch an den Verkäufer zahlen. Das bedeutet, dass der Unternehmer die Chancen und Risiken des Computers trägt. Er ist also wirtschaftlicher Eigentümer und muss den Computer aktivieren.

Aus dem **Vollständigkeitsgebot des § 246 Abs. 1 S. 1 HGB** ergibt sich, dass alle Positionen, die abstrakt und konkret aktivierungsfähig sind, auch aktiviert werden müssen, „soweit gesetzlich nichts anderes bestimmt ist". Das bedeutet, dass aus der Aktivierungsfähigkeit ein allgemeines Aktivierungsgebot wird, es sei denn, das Gesetz sieht im Einzelfall ein Aktivierungswahlrecht oder Aktivierungsverbot vor.

Aus der Tatsache, dass der Kaufmann „sein" Vermögen zu bilanzieren hat, ergibt sich auch die wichtige Schlussfolgerung, dass niemand sonst dieses Vermögen bzw. Teile dieses Vermögens bilanzieren kann. Es darf also niemand Vermögensgegenstände in seiner Bilanz ausweisen, die ihm weder zivilrechtlich gehören, noch ihm als wirtschaftlichem Eigentümer zuzurechnen sind.

Damit ist ein drittes Kriterium zur konkreten Aktivierungsfähigkeit angesprochen, nämlich die Tatsache, dass kein Bilanzierungsverbot vorliegen darf. Für Vermögensgegenstände, die dem Bilanzierenden nicht gehören bzw. ihm nicht zuzurechnen sind, existiert ein solches Aktivierungsverbot als Ableitung aus § 246 Abs. 1 HGB. **Weitere Aktivierungsverbote nennt § 248 HGB**: Gründungsaufwendungen, Eigenkapitalbeschaffungsaufwendungen und Aufwendungen für den Abschluss von Versicherungsverträgen dürfen nicht aktiviert werden (§ 248 Abs.1 HGB). **Selbst geschaffene Marken, Drucktitel, Verlagsrechte oder vergleichbare immaterielle Vermögensgegenstände des Anlagevermögens** dürfen ebenfalls nicht in die Bilanz aufgenommen werden (§ 248 Abs. 2 HGB).

Liegt aber die **abstrakte und konkrete Aktivierungsfähigkeit** vor und ist kein explizites Aktivierungswahlrecht im HGB gegeben, dann muss auch aktiviert werden. Dies ergibt sich aus dem Vollständigkeitsgebot des § 246 Abs. 1 S. 1 HGB.

Zusammenfassung

Konkrete Aktivierungsfähigkeit

- Zugehörigkeit zum betrieblichen Vermögen
  - Abgrenzung zum Privatvermögen bei Einzelkaufleuten oft fraglich
  - keine gesetzliche Definition des betrieblichen Vermögens im HGB
- Subjektive Zurechenbarkeit
  - Der Kaufmann hat „sein" Vermögen zu bilanzieren.
  - Problem „wirtschaftliches Eigentum" (§ 246 Abs. 1 S. 2 HGB)
- kein Aktivierungsverbot

3.1.1.3 Exkurs Leasing

Mit der Frage des wirtschaftlichen Eigentums ist die Frage eng verbunden, wer in einem Leasingverhältnis den geleasten Vermögensgegenstand zu bilanzieren hat. Zivilrechtlicher Eigentümer ist in aller Regel der **Leasinggeber**. Wenn aber dem Leasingnehmer der Status eines wirtschaftlichen Eigentümers zuzuschreiben ist, dann muss der **Leasingnehmer** den geleasten Vermögensgegenstand bilanzieren.

Trotz der großen Bedeutung, die **Leasinggeschäfte** in der konkreten wirtschaftlichen Situation haben, hat der Gesetzgeber das Leasing im Handelsrecht nicht geregelt. Lediglich in einigen ergänzenden Verordnungen (z.B. für Wohnungsbauunternehmen) taucht der Begriff auf, ohne aber definiert oder erläutert zu werden. Im Gegensatz zur handelsrechtlichen „Nichtbeachtung" des Begriffs steht die intensive Behandlung des Themas im Steuerrecht. Man kann im weitesten Sinne die steuerliche Behandlung als Anhaltspunkt für die handelsrechtliche Behandlung anerkennen. In diesem Buch sollen nur die wichtigsten Begriffe erläutert werden; für das vertiefende Studium sei auf die Steuerrechtsliteratur und auch auf die sog. Leasingerlasse in Form der BMF-Schreiben aus den Jahren 1971, 1972, 1992 und 1996 verwiesen.

Die Frage des wirtschaftlichen Eigentums steht im Mittelpunkt der Zuordnungsfrage **„Bilanzierung beim Leasinggeber oder Leasingnehmer"**.

Liegt einem Leasingverhältnis ein echter Miet- oder Pachtvertrag zugrunde, d.h. ist die Nutzungsüberlassung im Mittelpunkt des Geschäftes, so hat der Vermieter oder Verpächter, sei er zivilrechtlicher oder wirtschaftlicher Eigentümer, den Leasinggegenstand zu bilanzieren. Man spricht in solchen Fällen von **„Operating-Leasing"**.

Steht der Finanzierungsaspekt im Mittelpunkt des Interesses des Leasingvertrages, d.h. kann der Vertrag auch als Miet- oder Ratenkaufvertrag unter Eigentumsvorbehalt interpretiert werden, dann ist der Leasinggegenstand beim Leasingnehmer zu bilanzieren. Man spricht in solchen Fällen von **„Finanzierungsleasing"**.

Die **steuerliche Zuordnung von geleasten Wirtschaftsgütern** unterscheidet sog.:

- **Vollamortisationsverträge**, d.h. Leasingverträge, bei denen während der unkündbaren Grundmietzeit die Herstellungs- und Anschaffungskosten sowie alle weiteren Kosten des Leasinggebers im Zusammenhang mit dem geleasten Gegenstand durch die zu zahlenden Leasingraten gedeckt sind von
- **Teilamortisationsverträge**, d.h. Leasingverträgen, bei denen die Leasingraten die vorgenannten Aufwendungen des Leasinggebers während der Grundmietzeit nicht decken.

Besonders bei Teilamortisationsverträgen kommt es auf die Zuordnung des wirtschaftlichen Eigentums an. Besondere Bedeutung hat dabei die Frage, wer am Ende der Grundmietzeit die wirtschaftlichen Chancen des Leasinggegenstands nutzen kann.

Vollamortisationsverträge stellen den Hauptanteil von Leasingverträgen dar. Ausgehend von der Annahme, die auch in der höchstrichterlichen Rechtsprechung eine Rolle spielt, dass ein Kaufmann Aufwendungen nur bei Erwartung einer ausgewogenen Gegenleistung trägt, kann man bei Vollamortisationsverträgen grundsätzlich davon ausgehen, dass der Leasingnehmer die volle Amortisation trägt, weil er wie ein Eigentümer handelt. Dieser Annahme folgend kann man grundsätzlich das wirtschaftliche Eigentum beim Leasingnehmer vermuten. Dies gilt insbesondere für das **Spezial-Leasing**: Der Leasinggegenstand wird auf die Belange des Leasingnehmers zugeschnitten. Eine anderweitige Nutzung ist wirtschaftlich nicht sinnvoll. In diesem Fall ist der Leasinggegenstand stets dem Leasingnehmer zuzurechnen.

In der steuerrechtlichen Behandlung sind folgende Ausnahmen von diesem Grundsatz formuliert worden. Der Leasinggegenstand ist danach dem Leasinggeber zuzuordnen bei:

- **Leasingverträgen ohne Kauf- oder Mietverlängerungsoption**
  - Leasinggegenstand Grund und Boden,
  - Leasinggegenstand Gebäude und Mobilien, Grundmietzeit mehr als 40 % und weniger als 90 % der betriebsgewöhnlichen Nutzungsdauer,
- **Leasingverträgen mit Kaufoption**

- Leasinggegenstand Grund und Boden, Gebäude: Optionspreis liegt über den Buchwerten oder beizulegenden Werten der Leasinggegenstände am Ende der Grundmietzeit,
- Leasinggegenstand Mobilien: Grundmietzeit mehr als 40 % und weniger als 90 % der betriebsgewöhnlichen Nutzungsdauer, Optionspreis nicht weniger als Buchwert oder beizulegender Wert am
  Ende der Grundmietzeit,

- **Leasingverträgen mit Mietverlängerungsoption**
  - Leasinggegenstand Grund und Boden,
  - Leasinggegenstand Gebäude: Miete nach Ablauf der Grundmietzeit größer als 75 % der ortsüb-
    lichen Miete,
  - Leasinggegenstand Mobilien: Grundmietzeit mehr als 40 % und weniger als 90 % der betriebsge-
    wöhnlichen Nutzungsdauer und die Miete nach Ablauf der Grundmietzeit deckt den Wertverzehr
    für die Leasinggegenstände.

3.1.1.4 Abstrakte Passivierungsfähigkeit

Von den Positionen der Passivseite sind die **Schulden**, d.h. die Leistungsverpflichtungen des Unternehmens
auf ihre Passivierungsfähigkeit zu untersuchen. Unter **Schulden eines Unternehmens** versteht man die
Summe der Verbindlichkeiten und der Rückstellungen. Unter **Verbindlichkeiten** versteht man die Verpflichtungen eines Unternehmens zur Erbringung einer Leistung, wobei die Verpflichtungen dem Grunde
nach und der Höhe nach sicher feststehen. **Rückstellungen** sind Verpflichtungen eines Unternehmens,
die sich dem Grunde nach und/oder der Höhe nach (noch) nicht sicher bestimmen lassen. Beiden ist
gemeinsam, dass es sich bei der vom Unternehmen zu erbringenden Leistung um eine Geld-, Dienst-
oder Sachleistung handeln kann. In Bezug auf die Rückstellungen enthält das HGB genaue Ansatzgebote
(vgl. § 249 HGB). Auch der Ansatz jener Positionen der Passivseite, die man nicht im engeren Sinne als
Schulden bezeichnen würde (passive Rechnungsabgrenzungsposten, passive latente Steuern) ist im HGB
geregelt. Das **Eigenkapital** ergibt sich als Residualgröße. Ansatzprobleme entstehen am ehesten bei den
Verbindlichkeiten.

Aus dem Vorsichts- und dem Imparitätsprinzip ergibt sich, dass die Schwelle zur Ansatzpflicht auf der
Passivseite niedriger ist als auf der Aktivseite. Aus diesem Grund ist es wesentlich einfacher, die Passivierungsfähigkeit zu beurteilen als die Aktivierungsfähigkeit. Man kann sogar die Passivierungsfähigkeit
mit einem Passivierungsgebot gleichsetzen, da es in der Handelsbilanz keine Passivierungsverbote oder
-wahlrechte gibt. Trotzdem ist nicht jede zukünftige mögliche Belastung des Unternehmens zu passivieren.
Folgende **Voraussetzungen für den Ansatz einer Schuld** (Verbindlichkeit oder Rückstellung) werden in
der Literatur genannt:

- Es muss eine rechtliche Verpflichtung (zivil- oder öffentlich-rechtliche Verpflichtung) bestehen oder im
  Falle einer Rückstellung zumindest eine solche Verpflichtung, der sich der Unternehmer aus wirtschaftlichen Gründen nicht entziehen kann.
- Es muss eine zukünftige wirtschaftliche Belastung bestehen, die sich in einer künftigen Verminderung
  des Vermögens ausdrücken wird.
- Auch bei der Schuld wird eine bilanzielle Greifbarkeit verlangt. Diese ergibt sich allerdings bereits aus
  der Verpflichtung.
- Ebenfalls wird eine selbstständige Bewertbarkeit verlangt, d.h. die Höhe des zukünftigen Minderungsbetrages des Vermögens ist bekannt.

3.1.1.5 Konkrete Passivierungsfähigkeit

Die **konkrete Passivierungsfähigkeit** ergibt sich aus der Frage, wer Schuldner der ungewissen (Rückstellung) oder sicheren (Verbindlichkeit) Schuld ist. Aus der Existenz der rechtlichen oder dringenden
wirtschaftlichen Verpflichtung ergibt sich der Schuldner. Schulden sind immer demjenigen zuzuordnen, in
dessen Namen sie begründet wurden.

Ohne identifizierbaren Schuldner kann es keine Verbindlichkeit oder Rückstellung geben, selbst wenn im Falle der Rückstellung noch unsicher ist, ob die Leistungsverpflichtung wirklich entsteht. Insofern ist bei Vorliegen der abstrakten Passivierungsfähigkeit auch der Schuldner bekannt. Das Gesetz ist hier eindeutig: „Schulden sind in die Bilanz des Schuldners aufzunehmen" (§ 246 Abs. 1 S. 3 HGB).

3.1.2 Begriff und Systematik des Vermögensgegenstandes

3.1.2.1 Der Begriff des Vermögensgegenstandes

Einen Wert, der die Kriterien der konkreten Aktivierungsfähigkeit erfüllt, nennen wir Vermögensgegenstand. Wenn ein solcher Vermögensgegenstand dem Bilanzierenden zuzuordnen ist, im Sinne des zivilrechtlichen oder wirtschaftlichen Eigentums, und kein Aktivierungsverbot besteht, muss der Eigentümer dieses Vermögensgegenstandes diesen aktivieren, es sei denn, es bestehe ein konkretes Aktivierungswahlrecht. Es gilt als GoB, dass Vermögensgegenstände mit einer Nutzungsdauer unter einem Jahr nicht aktiviert werden, sondern im Jahre ihres Zugangs zum Vermögen als Aufwand verbucht werden.

Von diesen Ausnahmen abgesehen, muss jeder Vermögensgegenstand, der konkret aktivierungsfähig ist, auch aktiviert werden. Dies ergibt sich aus dem **Vollständigkeitsgebot des § 246 Abs. 1 S. 1 HGB**.

Die Identifikation eines Vermögensgegenstandes, der aus mehreren Komponenten besteht, kann im Einzelfall schwierig sein. Das Problem wurde bereits beim Einzelbilanzierungsgrundsatz (vgl. Kapitel 2.2.3.4) angesprochen. Diese Frage ist nach dem einheitlichen Nutzen- und Funktionszusammenhang zu beantworten, den der Vermögensgegenstand für den Bilanzierenden hat.

3.1.2.2 Die Systematik des Vermögensgegenstandes

§ 266 Abs. 2 HGB gibt eine Struktur von Vermögensgegenständen vor, die auch für alle Kaufleute in Bezug auf die **Systematisierung von Vermögensgegenständen** genutzt werden kann. Neben den immateriellen Vermögensgegenständen und Sachanlagen unterscheidet der Gesetzgeber die Finanzanlagen. Unabhängig von der Gliederung des § 266 Abs. 2 A HGB ist es sinnvoll, die **Vermögensgegenstände des Anlagevermögens** nach den Kriterien

a) materiell und immateriell,

b) abnutzbar und nicht abnutzbar und

c) beweglich und nicht beweglich

einzuteilen.

Zu a:) **Materielle Vermögensgegenstände** sind dadurch gekennzeichnet, dass sie als körperlich zu bezeichnen sind. Der Gesetzgeber verwendet den Begriff Sachanlagen für die Gruppe der materiellen Vermögensgegenstände. Es handelt sich im Wesentlichen um Grundstücke und Sachen. Materielle Vermögensgegenstände können abnutzbar und nicht abnutzbar und beweglich und unbeweglich sein. **Beispiele für materielle Vermögensgegenstände** sind Maschinen, Gebäude und Grundstücke.

Zu den **immateriellen Vermögensgegenständen** gehören die unkörperlichen Vermögensgegenstände wie Rechte und Werte, die aber die allgemeinen Voraussetzungen der abstrakten und konkreten Aktivierungsfähigkeit besitzen müssen. Als unkörperliche Gegenstände können immaterielle Vermögensgegenstände nicht als beweglich oder unbeweglich bezeichnet werden. **Beispiele für immaterielle Vermögensgegenstände** sind Patente, Software, Gebrauchsmuster, Nutzungsrechte und Konzessionen.

Es ist manchmal schwierig, immaterielle Vermögensgegenstände von materiellen zu unterscheiden, z.B. bei Datenträgern und Software oder bei Grundstück und Bodenschatz.

Zu b): Die **abnutzbaren Vermögensgegenstände** sind dadurch gekennzeichnet, dass sie ihren Nutzen für das Unternehmen nur zeitlich begrenzt abgeben können. Nur wenige Vermögensgegenstände des Sachanlagevermögens gelten als nicht abnutzbar, wie z.B. Grundstücke und grundstücksgleiche Rechte. Immaterielle Vermögensgegenstände gelten in der Regel als abnutzbar, weil die Rechte ohnehin zeitlich begrenzt (z.B. Patente) oder im Nutzen für das Unternehmen zeitlich begrenzt sind (z.B. veraltende Software). Nur wenige immaterielle Vermögensgegenstände können als nicht abnutzbar angesehen werden, nämlich solche, deren Nutzungsmöglichkeit, obwohl grundsätzlich befristet, in der Regel ohne weitere Anschaffungs- oder Herstellungskosten verlängerbar sind. Als Beispiele können hier Konzessionen aus dem Bereich Verkehr (Taxi und Güterverkehr) und Transport genannt werden. Nicht abnutzbare immaterielle Vermögensgegenstände stellen aber eine Ausnahme dar. Das Finanzanlagevermögen gilt als nicht abnutzbar.

Die **Nutzungsdauer von Vermögensgegenständen** wird durch verschiedene Faktoren begrenzt. Es sind folgende Nutzungsdauern zu unterscheiden:

Abnutzung durch Ablauf der

- wirtschaftlichen,
- technischen und
- rechtlichen

Lebensdauer.

Die **wirtschaftliche Nutzungsdauer** endet, wenn die Nutzung eines Vermögensgegenstandes unwirtschaftlich wird, z.B. wenn technischer Fortschritt zu einer Minderung von Energie- oder Wartungskosten führt, der zu einem Ersatz des Vermögensgegenstandes durch einen moderneren zwingt (z.B. wartungsintensive relaisgesteuerte Telefonanlage – digitale wartungsarme Telefonzentrale oder energieintensive Produktionsanlagen, die durch Anlagen höherer Wirkungsgrade ersetzt werden können).

Die **technische Nutzungsdauer** endet, wenn durch Verschleiß geforderte Normen oder vorgegebene Toleranzen nicht mehr eingehalten werden können (z.B. Toleranzüberschreitung bei spanabhebenden Werkzeugmaschinen, Fräsen und Drehbänken).

Die **rechtliche Nutzungsdauer** endet, wenn der Nutzen des Vermögensgegenstandes an eine rechtliche Genehmigung gebunden ist (z.B. Ablauf oder Widerruf einer behördlichen Betriebsgenehmigung, Laufzeitenbeschränkung von Kernkraftwerken).

Je nachdem, welche der Begrenzungen der Nutzungsdauer zeitlich zuerst eintritt, wird die Nutzungsdauer des Vermögensgegenstandes bestimmt. Die kürzeste Nutzungsdauer legt den Abschreibungszeitraum fest.

Die **Unterscheidung in abnutzbar und nicht abnutzbar** ist für die Vornahme planmäßiger Abschreibungen von Bedeutung. Abnutzbare Vermögensgegenstände des Anlagevermögens müssen planmäßig abgeschrieben werden, indem die Anschaffungs- oder Herstellungskosten planmäßig, d.h. einem bestimmten Plan entsprechend, auf die Jahre der voraussichtlichen Nutzungsdauer verteilt werden.

Zu c): **Bewegliche und unbewegliche Vermögensgegenstände** sind nur im Sachanlagevermögen zu unterscheiden. Als unbewegliche Vermögensgegenstände sind z.B. Gebäude, Grundstücke und bestimmte Mietereinbauten zu nennen. Beispiele für bewegliche Vermögensgegenstände sind Kraftfahrzeuge und nicht fest mit dem Boden verbundene Maschinen. Finanzanlagen und immaterielle Vermögensgegenstände sind weder beweglich noch unbeweglich.

Die **Unterscheidung nach der Beweglichkeit** ist für die Anwendung der Bewertungsmethoden von Bedeutung (vgl. z.B. die Gruppenbewertung § 240 Abs. 4 HGB).

Einteilung des Anlagevermögens

- **Nicht abnutzbares Anlagevermögen**
  - Finanzanlagen,
  - Grund und Boden,
  - einige wenige immaterielle Vermögensgegenstände,
- **Nicht bewegliches, abnutzbares Anlagevermögen**
  - immaterielle Vermögensgegenstände des Anlagevermögens, die nicht beweglich sind (Rechte, Patente, Bodenschätze),
  - Gebäude und bestimmte Gebäudeteile und -einbauten,
- **Bewegliches, abnutzbares Anlagevermögen**
  - Sachen,

> - technische Anlagen und Maschinen,
> - Betriebs- und Geschäftsausstattung.

3.1.3 Bilanzierungsverbote

Bilanzierungsverbote setzen voraus, dass überhaupt Vermögensgegenstände gegeben und zu beurteilen sind. Der Ansatz nicht bilanzierungsfähiger Posten braucht nicht verboten zu werden. Neben explizit im Gesetz benannten Bilanzierungsverboten gibt es auch nicht gesetzlich festgelegte GoB, die Ansatzverbote beschreiben. Hier ist z.B. der Grundsatz zu nennen, dass Auswirkungen, sowohl Rechte als auch Pflichten, aus schwebenden Geschäften grundsätzlich nicht bilanziert werden.

Die wichtigsten Bilanzierungsverbote sind in § 248 HGB zusammengefasst. Aus Objektivierungs- und Vorsichtsüberlegungen verbietet dieser Paragraf die Aktivierung von Vermögensgegenständen, die hinsichtlich Ansatz und Bewertung besonders unsicher und schwer überprüfbar sind. Nach **§ 248 Abs. 1 HGB ist es verboten, folgende Aufwendungen als Aktivposten in die Bilanz aufzunehmen:**

- **Aufwendungen für die Gründung eines Unternehmens,**
- **Aufwendungen für die Beschaffung des Eigenkapitals und**
- **Aufwendungen für den Abschluss von Versicherungsverträgen.**

Es ist hierbei wichtig zu bedenken, dass diese Aufwendungen ohnehin nur dann aktiviert werden könnten, wenn sie zu einem Wert geführt hätten, der den Kriterien der Aktivierungsfähigkeit entsprechen würde. Mit anderen Worten: Aus den Aufwendungen müsste ein Vermögensgegenstand entstanden sein. Erst wenn eine solche Position, z.B. ein Recht, entstanden wäre, greift das Bilanzierungsverbot des § 248 Abs. 1 HGB.

Im Gegensatz dazu setzt § 248 Abs. 2 HGB auch im Wortlaut bereits die Existenz von Vermögensgegenständen voraus, denn er **verbietet die Aktivierung von bestimmten immateriellen „Vermögensgegenständen" des Anlagevermögens:**

- **selbst geschaffene Marken,**
- **selbst geschaffene Drucktitel,**
- **selbst geschaffene Verlagsrechte,**
- **selbst geschaffene Kundenlisten und**
- **den vorstehenden Vermögensgegenständen ähnliche Vermögensgegenstände.**

Diesen Verboten ist gemeinsam, dass es sich um immaterielle Vermögensgegenstände des Anlagevermögens handeln muss, die nicht entgeltlich erworben, sondern selbst geschaffen wurden.

Das Bilanzierungsverbot bezieht sich also im Falle der oben beschriebenen Vermögensgegenstände des § 248 Abs. 2 HGB nicht auf solche des Umlaufvermögens oder solche, die entgeltlich erworben wurden.

Allgemein gilt für **selbst geschaffene immaterielle Vermögensgegenstände des Anlagevermögens ein Ansatzwahlrecht**, auf das in Kapitel 3.1.4 eingegangen wird.

Unter dem Begriff „Bilanzierungsverbot" ist letztlich ein Aktivierungsverbot zu verstehen. Mit den Aufwendungen des § 248 Abs. 1 HGB und den bestimmten Vermögensgegenständen des § 248 Abs. 2 HGB zusammenhängende Verbindlichkeiten oder Rückstellungen müssen passiviert werden.

Beispiel: Der mit Verlagsrechten handelnde Kaufmann U erwirbt für 1.000 € ein weiteres Verlagsrecht aus einem Nachlass. Er bietet das Recht verschiedenen Verlagen an.

Lösung: U muss das Verlagsrecht im Umlaufvermögen aktivieren.

Beispiel: Der Unternehmensgründer X wendet 20.000 € für die Akquisition neuer Kunden auf. Ein anderer Unternehmer bietet 25.000 € für die daraus entstandene Liste neuer Kunden.

Lösung: Die Kundenliste gehört zum Anlagevermögen. Die Aufwendungen von 20.000 € dürfen nicht aktiviert werden. Die 25.000 € von X stellen keinen Aufwand dar und können ohnehin nicht aktiviert werden.

> **Beispiel:** U schuldet aus der Akquisition der Kundenliste einem selbständigen Vertreter noch 5.000 € Honorar.
>
> **Lösung:** U muss die Schuld in Höhe von 5.000 € passivieren.

> **Beispiel:** U hat nach der Gründung des Unternehmens einen Reklamefeldzug gestartet und 12.000 € aufgewendet.
>
> **Lösung:** Es ist kein Vermögensgegenstand entstanden. Es handelt sich nicht um einen Fall des § 248 Abs. 1 HGB.

Abschließend ist darauf hinzuweisen, dass aus den Aktivierungsverboten des § 248 HGB nicht geschlossen werden darf, dass im Zusammenhang mit Aufwendungen, die nicht aktiviert werden dürfen, noch bestehende Verbindlichkeiten nicht ausgewiesen werden dürften. Es besteht selbstverständlich für solche Verbindlichkeiten ein Passivierungsgebot.

3.1.4 Bilanzierungswahlrechte

Aktivierungswahlrechte führen zu einer Einschränkung des Vollständigkeitsgrundsatzes, der nur gilt, „... soweit gesetzlich nichts anderes bestimmt ist" (§ 246 Abs. 1 HGB). Auch **ungeschriebene GoB**, die ja über § 243 Abs. 1 HGB gesetzlich verbindlich sind, enthalten solche Wahlrechte. Ein Ziel der Modernisierung des Bilanzrechtes durch das BilMoG war ausdrücklich, die Anzahl der Wahlrechte zu beschränken, um einen oft geäußerten Vorwurf zu entkräften, das HGB räume zu viele Bilanzierungswahlrechte ein. Dass auch die Rechnungslegung nach IFRS kaum weniger Wahlrechte kennt als der HGB-Abschluss, wenn es auch oft nur faktische und nicht explizite Wahlrechte sind, soll hier nur erwähnt werden.

Das Ausüben von Wahlrechten stellt ein wichtiges Instrument der Bilanzpolitik dar.

Folgende **Ansatzwahlrechte** nennt das HGB auch nach Einführung des BilMoG:

- § 248 Abs. 2 i.V.m. § 255 Abs. 2a HGB: **Aktivierung von selbst geschaffenen immateriellen Vermögensgegenständen des Anlagevermögens** (mit Ausschüttungssperre, § 268 Abs. 8 HGB),
- § 250 Abs. 3 HGB: **Wahlrecht zum Ansatz eines Disagios bei Inanspruchnahme von Krediten**,
- § 274 Abs. 1 S. 2 HGB: **Ausweiswahlrecht für aktive latente Steuern bzw. einen aktivischen Saldo bei latenten Steuern** (mit Ausschüttungssperre, § 268 Abs. 8 HGB),
- § 340g HGB: **Sonderposten für allgemeine Bankrisiken bei Kreditinstituten** und
- Art. 28 Abs. 1 EGHGB: **Passivierung von Pensionsrückstellungen für laufende Pensionen oder Anwartschaften aufgrund unmittelbarer oder mittelbarer Zusagen.**

§ 340g HGB und Art. 28 Abs. 1 EGHGB werden wegen der geringeren Praxisrelevanz hier nur erwähnt, aber nicht weiter dargestellt.

3.1.4.1 Selbst geschaffene immaterielle Vermögensgegenstände des Anlagevermögens

Durch das BilMoG wurde das bestehende **Aktivierungsverbot (§ 248 Abs. 2 HGB a.F.) für selbst geschaffene, unentgeltlich erworbene immaterielle Vermögensgegenstände des Anlagevermögens** teilweise aufgehoben und nur für bestimmte Vermögensgegenstände (s. Kapitel 3.1.3 unter Aktivierungsverbote) weitergeführt. Allgemein gilt jetzt ein **Aktivierungswahlrecht für selbst geschaffene immaterielle Vermögensgegenstände des Anlagevermögens.** (**Hinweis:** Für selbst geschaffene immaterielle Vermögensgegenstände des Umlaufvermögens und entgeltlich erworbene immaterielle Vermögensgegenstände des Anlagevermögens besteht ein sich aus dem Vollständigkeitsgebot (§ 246 Abs. 1 S. 1 HGB) ergebendes Ansatzgebot).

Es stellt sich hier das besondere Problem der Bewertung eines solchen Vermögensgegenstandes, der unter Ausübung des Aktivierungswahlrechts des § 248 Abs. 2 HGB in die Bilanz aufgenommen werden soll. Die Bewertung ist nach dem ebenfalls durch das BilMoG neu gefassten § 255 Abs. 2a HGB durchzuführen.

Danach sind die bei der Entwicklung anfallenden Aufwendungen des immateriellen Vermögensgegenstandes als Herstellungskosten zu betrachten und damit der Zugangsbewertung zugrunde zu legen. Wichtig ist hier wieder die Beachtung des Begriffes „**Aufwendungen**". Dies bedeutet, dass nur aufwandsgleiche Kosten der Entwicklung, d.h. beispielsweise keine kalkulatorischen Kosten oder Wiederbeschaffungskosten einzubeziehen sind. Verboten ist auch die Einbeziehung von **Forschungsaufwendungen** in die Bewertung. Aus diesem Grunde definiert § 255 Abs. 2a HGB die beiden Begriffe „Entwicklung" und „Forschung":

- „**Entwicklung**" ist die Anwendung von Forschungsergebnissen oder von anderem Wissen für die Neuentwicklung von Gütern oder Verfahren mittels wesentlicher Änderungen." Der Begriff „Gut" ist in diesem Zusammenhang in einem weiten Sinn zu verstehen. Darunter können Materialien, Produkte, geschützte Rechte oder auch ungeschütztes Know-how oder Dienstleistungen fallen. Unter den Begriff „Verfahren", der ebenfalls in einem weiten Sinn zu verstehen ist, können neben den typischen Produktions- und Herstellungsverfahren auch entwickelte Systeme fallen (BR-Drucksache 344/08, 130).

- „**Forschung**" ist die eigenständige und planmäßige Suche nach neuen wissenschaftlichen oder technischen Erkenntnissen oder Erfahrungen allgemeiner Art, über deren technische Verwertbarkeit und wirtschaftliche Erfolgsaussichten grundsätzlich keine Aussagen gemacht werden können" (§ 255 Abs. 2a S. 2, 3 HGB).

Wenn **Forschungs- und Entwicklungsaufwendungen** nicht verlässlich unterschieden werden können, ist eine Aktivierung von Aufwendungen insoweit verboten (§ 255 Abs. 2a S. 4 HGB).

Damit setzt die **Aktivierung eines selbst geschaffenen Vermögensgegenstandes des Anlagevermögens voraus**, dass:

- zum Aktivierungszeitpunkt von der Entstehung eines Vermögensgegenstandes mit hinreichender Sicherheit ausgegangen werden kann und
- die den Herstellungskosten zuordenbaren Aufwendungen eindeutig Entwicklungsaufwendungen sind (vgl. BR-Drucksache 344/08, 132).

Das HGB normierte vor Einführung des BilMoG ein Aktivierungsverbot für die selbst geschaffenen immateriellen Vermögensgegenstände des Anlagevermögens. Dieses Verbot (vgl. § 248 Abs. 2 HGB) besteht weiter fort für:

- selbst geschaffene Marken,
- Drucktitel,
- Verlagsrechte,
- Kundenlisten und
- vergleichbare selbst geschaffene immaterielle Vermögensgegenstände des Anlagevermögens (z.B. Geschmacks- und Gebrauchsmuster, Titel von Werken der Musik oder Literatur).

3.1.4.2 Aktive latente Steuern

Latente Steuern entstehen dort, wo handelsrechtliche Bilanzierung von steuerlicher Bilanzierung temporär abweicht, die Maßgeblichkeit also durchbrochen wird (Näheres zur Bildung und Bewertung latenter Steuern siehe weiter unten).

§ 274 Abs. 1 HGB geht von einer Differenzbetrachtung insgesamt aus. Es werden zwar die einzelnen Abweichungen zwischen Handelsbilanz und Steuerbilanz betrachtet, aber dann in ihrer Gesamtheit in ihrer Wirkung als Steuerbelastung oder Steuerentlastung beurteilt. Ergibt sich dabei insgesamt eine Steuerentlastung, so darf diese als aktive latente Steuer ausgewiesen werden. Insoweit räumt der Gesetzgeber für aktive latente Steuern ein Aktivierungswahlrecht ein. Dieses Aktivierungswahlrecht bezieht sich auf den Betrag insgesamt. Es darf also nicht nur ein Zwischenwert angesetzt werden.

Es ist auch möglich, **aktive und passive latente Steuern unverrechnet anzugeben** (§ 274 Abs. 1 S. 3 HGB). Dann besteht allerdings kein Recht, auf den Ansatz der sich ergebenden aktiven latenten Steuern zu verzichten. Das Aktivierungswahlrecht bezieht sich dann wiederum nur auf die den Betrag der passiven latenten Steuern übersteigende aktivische Differenz.

3.1.4.3 Ausschüttungsbegrenzung nach § 268 Abs. 8 HGB

Das HGB vor dem BilMoG verbot die Aktivierung von selbst geschaffenen immateriellen Vermögensgegenständen des Anlagevermögens, weil solche Werte unsicher in Bezug auf ihre Existenz und ihren Wert sein können und so Bilanzadressaten getäuscht werden konnten. Der Gesetzgeber war der Ansicht, dass gerade die zunehmende Bedeutung solcher Vermögensgegenstände im Rahmen der Informationstechnologie und für neu entstehende Unternehmen, die auf diesem Gebiet tätig werden, ein Aktivierungswahlrecht erlaube. Dem Vorsichtsgedanken wird durch eine neu eingeführte sog. **Ausschüttungssperre** oder **Ausschüttungsbegrenzung** Rechnung getragen. Eine Ausschüttungsbegrenzung ist wegen der haftungsbeschränkenden Wirkung der Rechtsform nur bei Kapitalgesellschaften denkbar. Einem **unbeschränkt haftenden Einzelkaufmann** oder einer natürlichen Person als Komplementär einer Personengesellschaft kann man nicht vorschreiben, was er dem betrieblichen Vermögen entnimmt und dem Privatvermögen zuführt, denn auch mit diesem Privatvermögen haftet er für die Schulden des Betriebes. Anders ist der Fall bei einer Kapitalgesellschaft zu beurteilen. Ausgeschüttete Mittel stehen den Gläubigern der Gesellschaft nicht mehr zur Verfügung, weil Gesellschafter von Kapitalgesellschaften, soweit sie ihrer Einlagepflicht entsprochen haben, nicht verpflichtet sind, Ausschüttungen zurückzuzahlen. Die **Aktivierung unsicherer Werte** wie selbst geschaffener immaterieller Vermögensgegenstände des Anlagevermögens könnte in Ansatz und Bewertung zu einer Schädigung von Gläubigern führen, denn durch die Aktivierung solcher Werte werden die damit entstandenen Aufwendungen neutralisiert und so in GuV und Bilanz die gleiche Erfolgswirkung erzielt. Es wird Gewinn generiert, der ausgeschüttet werden kann, dem aber im Missbrauchsfall kein konkreter Wert gegenübersteht.

Die **Ausschüttungsbegrenzung** wird im § 268 Abs. 8 HGB kodifiziert. Diese Regelung besagt, dass Gewinne im Falle der Aktivierung selbst geschaffener immaterieller Vermögensgegenstände nur ausgeschüttet werden dürfen, wenn die im Unternehmen nach der Ausschüttung verbleibenden frei verfügbaren, das heißt ausschüttungsfähigen, Rücklagen unter Berücksichtigung bestehender Ergebnisvorträge mindestens dem angesetzten Betrag (Wert) dieser Vermögensgegenstände entspricht. Da die Aktivierung solcher Wirtschaftsgüter in der Steuerbilanz verboten ist (vgl. § 5 Abs. 2 EStG), entstehen **passivierungspflichtige latente Steuern** (§ 274 Abs. 1 HGB), deren Bildung den ausschüttungsfähigen Betrag ohnehin noch mindert. Um eine Doppelbelastung des Ausschüttungspotenzials zu verhindern, verringert der Betrag der passiven latenten Steuer, die aus diesem Vorgang entstanden ist, die **Ausschüttungssperre**.

Beispiel: Der Bilanzwert eines aktivierten, selbst geschaffenen immateriellen Vermögensgegenstandes beträgt 1.000 €. Die sich daraus ergebende passivierungspflichtige latente Steuer beträgt 300 €.

Lösung: Das ohne Ausübung des Aktivierungswahlrechts sich ergebende Ausschüttungspotenzial beträgt 8.000 €. Wenn nun aktiviert wird, erhöht diese Aktivierung das Ausschüttungspotenzial um 1.000 € und mindert die erforderliche Bildung passiver Steuern dasselbe um 300 €. Das Ausschüttungspotenzial beträgt dann also 8.700 €. Will man das durch die Ausübung des Aktivierungswahlrechts entstandene Ausschüttungspotenzial sperren, so muss die Sperrung 700 € (1.000 € Vermögensgegenstand ./. 300 € passive latente Steuer) betragen.

Die **Ausschüttungssperre des § 268 Abs. 8 HGB** betrifft auch die Erhöhung des Ausschüttungspotenzials, das insoweit entsteht, als der Betrag der aktiven latenten Steuern denjenigen der passiven übersteigt, wenn der Bilanzierende vom Ansatzwahlrecht aktiver latenter Steuern oder vom Ansatzwahlrecht des Überhangs des Gesamtbetrages der aktiven latenten Steuern über den Gesamtbetrag der passiven latenten Steuern (§ 274 Abs. 1 HGB) Gebrauch macht (§ 268 Abs. 8 S. 2 HGB).

Ein dritter Anwendungsfall der **Ausschüttungsbegrenzung** ist in der besonderen Bewertung von Vermögensgegenständen gegeben, die, dem Zugriff aller Gläubiger entzogen, der Absicherung von Pensionsverpflichtungen dienen. Diese Vermögensgegenstände sind mit dem Zeitwert zu bewerten und dann mit den Pensionsverpflichtungen zu verrechnen (Näheres s.u. zum „aktiven Unterschiedsbetrag aus der Vermögensverrechnung"). Ein sich eventuell ergebender aktivischer Überschuss ist zu aktivieren (§ 246

Abs. 2 S. 2, 3 HGB). Hier ist das **Anschaffungskosten- und Realisationsprinzip** außer Kraft gesetzt, und es kann durch Wertsteigerungen aufseiten der sichernden Vermögensgegenstände auch über die Anschaffungskosten hinaus zur Bildung von Ausschüttungspotenzial kommen, da der aktive Unterschiedsbetrag aus der Vermögensverrechnung aktiviert werden muss (§ 246 Abs. 2 S. 2 HGB, Ausweis: § 266 Abs. 2 E HGB). Auch hier entstehen wieder **passive latente Steuern**, die gleichermaßen die Erhöhung des Ausschüttungspotenzials und konsequenterweise dann auch den Betrag der Ausschüttungssperre mindern (§ 268 Abs. 8 S. 3 HGB).

3.1.4.4 Disagio beim Kreditschuldner

Darlehen werden oft nicht im vollen Kreditbetrag ausgezahlt, sondern nur zu einem bestimmten Prozentsatz. Der nicht ausbezahlte Betrag kann als Vorabverzinsung betrachtet werden.

Beispiel: Der Unternehmer U erhält am 02.01.01 einen endfälligen Kredit in Höhe von 100.000 €. Das Disagio beträgt 4 %, die Laufzeit des Kredites beträgt 8 Jahre und der Zinssatz 5 %.

Lösung: Das Disagio beträgt 4.000 € und 96.000 € werden ausbezahlt. Die Zinsen werden vom Nominalbetrag berechnet und betragen 5.000 € p.a. Der Rückzahlbetrag am Ende der Laufzeit beträgt 100.000 €. Diese Vorgehensweise führt dazu, dass die Effektivverzinsung mehr als 5 % beträgt. Das Disagio ist eine Vorabverzinsung und kann zu einer Feineinstellung des Effektivzinses genutzt werden.

---

§ 250 Abs. 3 HGB eröffnet die Möglichkeit, das **Disagio** tatsächlich im Jahre der Entstehung als Zinsaufwand zu buchen oder diesen Zinsaufwand als **aktiven Rechnungsabgrenzungsposten** zu aktivieren. Wenn der Bilanzierende sich für die **Aktivierung des Disagios** entschließt, muss er dieses über die Laufzeit des Kredites verteilen.

Bei einem **endfälligen Darlehen** bietet sich eine **lineare Verteilung**, bei einem **Tilgungsdarlehen** bietet sich eine Verteilung z.B. nach der **Zinsstaffelmethode** oder nach der **arithmetisch degressiven (digitalen) Methode** an (zur digitalen Methode s.u. die digitale Abschreibung bei den Methoden der planmäßigen Abschreibung).

Beim **Kreditgeber** ist der Vorgang anders zu behandeln. Das einbehaltene Disagio stellt zwar einen vorab erzielten Zinsertrag dar, der aber als nicht realisierter Gewinn, das Kreditgeschäft ist noch nicht abgewickelt, und aufgrund der Vorschrift des § 250 Abs. 2 HGB nicht in voller Höhe erfolgswirksam werden darf. Vielmehr ist ein **passiver Rechnungsabgrenzungsposten** zu bilden, der über die Laufzeit des Kredites erfolgswirksam aufzulösen ist.

Beispiel: In Fortführung des Beispiels wird beim Zahlungseingang gebucht:

Beim Kreditgeber

am 02.01.01	Forderungen	100.000 €	an	Bank	96.000 €
				PRAP (Disagio)	4.000 €
zum 31.12.01	Forderungen	5.000 €	an	Zinsertrag	5.500 €
	PRAP	500 €			

Die lineare Auflösung des Disagios über die Laufzeit von 8 Jahren ergibt einen Betrag von 500 €.

Der gleiche Vorgang beim Kreditnehmer

am 02.01.01	Bank	96.000 €	an	Verbindlichkeiten 100.000 €
a)	ARAP (Disagio)	4.000 €	oder	
b)	Zinsaufwand	4.000 €		

Dabei bedeutet Fall a) die Ausübung des Ansatzwahlrechtes des § 250 Abs. 3 HGB und Fall b) der Verzicht auf Ausübung zum 31.12.01

a)	Zinsaufwand 5.500 €	an	Verbindlichkeiten 5.000 €
			ARAP 500 €
b)	Zinsaufwand 5.000 €	an	Verbindlichkeiten 5.000 €

Man sieht die Gewinnauswirkung im Fall a) (Ausübung des Wahlrechts) im Zinsaufwand von insgesamt 5.500 € und im Fall b) (Verzicht auf Ausübung) mit 9.000 €.

In den Folgejahren beträgt der Zinsaufwand im Fall a) jeweils 5.500 € und im Fall b) 5.000 €. Natürlich gleicht sich die Erfolgswirkung der Entscheidung über die Laufzeit des Kredites wieder aus. Es ist zu erkennen, welche Erfolgswirkungen die Entscheidung über die Ausübung eines Wahlrechtes kurz- und langfristig auslöst.

Der **Rechnungsabgrenzungsposten für das Disagio** ist kein Vermögensgegenstand, darf also nicht etwa außerplanmäßig abgeschrieben werden. Er wird gebildet, um Aufwendungen, die als Ausgabe bereits zum Zeitpunkt der Kreditaufnahme entstanden sind, den Perioden der wirtschaftlichen Verursachung (der Laufzeit des Kredites) zuzuordnen.

3.1.4.5 Passivierungswahlrechte

Im Gegensatz zu den durchaus noch vorhandenen Aktivierungswahlrechten (s. Kapitel 3.1.4) spielen Passivierungswahlrechte außer im sehr speziellen Bereich von (Alt-) Pensionszusagen und künftigen Ausgleichsverpflichtungen gegenüber Handelsvertretern gem. § 89b HGB keine Rolle mehr.

3.1.5 Wirkungen von Aktivierung und Ausübung von Aktivierungswahlrechten

Vermögensgegenstände gelangen in das Vermögen des Bilanzierenden durch:

- Anschaffung,
- Herstellung,
- Einlage.

Unter **Anschaffung** versteht man den Erwerb eines Vermögensgegenstandes von einem fremden Dritten und die Herstellung der Betriebsbereitschaft.

Unter **Herstellung** versteht man die Schaffung eines neuen Vermögensgegenstandes im eigenen Unternehmen (Für weitere Herstellungsfälle im Zusammenhang mit bereits bestehenden Vermögensgegenständen siehe weiter unten).

Gegenstand einer Einlage können grundsätzlich nur Vermögensgegenstände sein. Die im laufenden Betrieb üblichen Vorgänge, die zu einem Zugang eines Vermögensgegenstandes zum Vermögen des Bilanzierenden führen, sind die Anschaffung und Herstellung. Diese Vermögensgegenstände sind für die Zugangsbewertung zunächst mit den Anschaffungs- oder Herstellungskosten zu bewerten. Beide Wertmaßstäbe basieren auf Aufwendungen.

Die Aktivierung eines (Herstellungs-) Aufwands, der zu einem Zugang eines Vermögensgegenstandes zum Bilanzvermögen geführt hat, wird während der Herstellung durch die Buchung

Lohnaufwand,
Materialaufwand   an   Bank

jeweils erfolgsmindernd in GuV und Bilanz erfasst.

Das Entstehen des Vermögensgegenstands und die Einbuchung in das Anlagevermögen löst folgenden Buchungssatz aus:

Vermögensgegenstand des Anlagevermögens (Bilanz)   an   Andere aktivierte Eigenleistung (GuV).

So wird in der GuV der Aufwand durch den Ertrag „Andere aktivierte Eigenleistung" neutralisiert und in der Bilanz der Wert des Vermögensgegenstands angesetzt, mit dem die Verminderung der Aktivseite ebenfalls wieder ausgeglichen ist.

Der **Herstellungsvorgang** ist also, unbeschadet einer außerplanmäßigen Abschreibung infolge eines Wertverlustes, grundsätzlich erfolgsneutral. Gleiches gilt für den **Anschaffungsvorgang**.

Grundsätzlich bedeutet die **Aktivierung von Aufwendungen** das Aufheben der Erfolgswirkung im Jahr der Entstehung des Aufwands.

Wenn durch die Herstellung oder Anschaffung Vermögensgegenstände des abnutzbaren Anlagevermögens entstehen, wird die Erfolgswirkung durch die Abschreibungen bis zur Vollabschreibung der ursprünglichen Aufwendungen (Herstellungskosten) wieder rückgängig gemacht.

Entstehen Vermögensgegenstände des nicht abnutzbaren Anlagevermögens oder des Umlaufvermögens wird die Erfolgswirkung erst wieder durch das (erfolgsmindernde) Ausscheiden des Vermögensgegenstandes rückgängig gemacht.

Zusammenfassend bedeutet dies, dass die Aktivierung eine Erfolgserhöhung in der Periode des Aufwands auslöst. In Folgeperioden kehrt sich dieser Effekt durch planmäßige und außerplanmäßige Abschreibungen oder Ausscheiden des mit den Aufwendungen bewerteten Vermögensgegenstandes aus dem Bilanzvermögen wieder um. In Fällen des grundsätzlichen Aktivierungsgebotes (**Vollständigkeitsprinzip**) oder des Aktivierungsverbotes (es entsteht gar kein Vermögensgegenstand oder Fall des § 248 HGB) tritt dieser Effekt automatisch ein. Aber in Fällen eines gegebenen Aktivierungswahlrechtes kann der Bilanzierende so kurzfristige und langfristige Auswirkungen auf den Gewinn des Unternehmens gestalten, also Bilanzpolitik betreiben.

3.2 Bilanzierung der Höhe nach

Bei der Frage nach der **Bilanzierung der Höhe nach** geht es, anders ausgedrückt, um die Frage der Bewertung. Wenn die Frage nach dem Ansatz positiv beantwortet wurde, muss die entsprechende Position mit einem Wert versehen werden, der in die Rechnung der Bilanz aufgenommen werden kann. Die Bilanz ist ein Rechenwerk, das in Euro aufgestellt wird (§ 244 HGB). Das Ergebnis des Bewertungsprozesses ist also ein Euro-Betrag, der einer bestimmten Bilanzposition bzw. einzelnen Elementen einer Bilanzposition zugeordnet wird. Auch diese Frage nach dem Bilanzansatz der Höhe nach kann in zwei Unterfragen gegliedert werden:

- Muss ein Wert nach einer eindeutigen Methode bestimmt werden? Gibt es ein Bewertungsgebot?
- Darf der Bilanzierende unter mehreren zulässigen Werten auswählen? Gibt es ein Bilanzierungswahlrecht?

Bewertungsverbote kämen wegen des Charakters der Bilanz als Rechenwerk in Euro einem Ansatzverbot gleich und brauchen deshalb hier nicht betrachtet zu werden.

3.2.1 Der Bewertungsprozess

Der Prozess der Bewertung ist komplex und in vielfältiger Weise durch das HGB eindeutig bestimmt.

Folgende Übersicht gibt die wesentlichen gesetzlichen Bestimmungen bezüglich der Bewertung wieder:

Bewertungsgrundsätze gem. § 252 HGB
- Grundsatz der Bilanzidentität (§ 252 Abs. 1 Nr. 1 HGB)
- Going concern Prinzip (§ 252 Abs. 1 Nr. 2 HGB)
- Einzelbewertungsprinzip, Stichtagsprinzip (§ 252 Abs. 1 Nr. 3 HGB)
- Grundsatz der Vorsicht mit Imparitäts-, Realisations- und Vorsichtsprinzip i.e.S. (§ 252 Abs. 1 Nr. 4 HGB)
- Periodisierungsprinzip (§ 252 Abs. 1 Nr. 5 HGB)
- Grundsatz der Bewertungsmethodenstetigkeit (§ 252 Abs. 1 Nr. 6 HGB)
- Grundsatz der Durchbrechung der Grundsätze des § 252 Abs. 1 HGB nur in begründeten Ausnahmefällen (§ 252 Abs. 2 HGB)

Bewertungsgrundsätze gem. § 253 HGB
- Anschaffungs- oder Herstellungskostenprinzip (§ 253 Abs. 1 S. 1 HGB)
- Prinzip planmäßiger Abschreibung abnutzbarer Vermögensgegenstände des Anlagevermögens (§ 253 Abs. 3 S. 1 und 2 HGB)
- Niederstwertprinzip für das Anlagevermögen (§ 253 Abs. 3 S. 3 HGB)

- Strenges Niederstwertprinzip für das Umlaufvermögen (§ 253 Abs. 4 S. 1 und 2 HGB)
- Wertaufholungs- oder Zuschreibungsgebot (§ 253 Abs. 5 HGB)
- Sonstige Bewertungsgrundsätze gem. GoB

Bewertungsmaßstäbe (§§ 253, 255 HGB)
- Anschaffungskosten (§ 255 Abs. 1 HGB)
- Herstellungskosten (§ 255 Abs. 2 HGB)
- Beizulegender Wert, sich aus einem Börsen- oder Marktpreis ergebender Wert (§ 253 Abs. 4 HGB)
- Beizulegender Zeitwert (§ 255 Abs. 5 HGB)
- Erfüllungsbetrag (§ 253 Abs. 1 S. 2 HGB)

Konkret ist zunächst der Anlass der Bewertung zu erkennen. Dieser Anlass (Anschaffung, Herstellung oder Einlage – Zugangsbewertung oder Folgebewertung) bestimmt die Art des Wertmaßstabes (Anschaffungskosten, Herstellungskosten, beizulegender Wert, Wert der sich aus einem Börsen- oder Marktpreis ergibt, beizulegender Zeitwert).

Besondere Bedeutung hat die Unterscheidung zwischen Zugangsbewertung und Folgebewertung. Mit dem Begriff Zugangsbewertung sind die Bewertungsumstände umschrieben, die den Wert eines neu in das Vermögen aufzunehmenden Vermögensgegenstandes oder einer Schuld festlegen. Wenn wir uns hier zunächst auf die Zugangsbewertung eines Vermögensgegenstandes beschränken, bestimmt die Art dieses Zugangs den Wertmaßstab:
- Anschaffung → Anschaffungskosten,
- Herstellung → Herstellungskosten,
- Einlage → beizulegender Wert.

Bei Schulden (Verbindlichkeiten und Rückstellungen) stellt der Erfüllungsbetrag im Zeitpunkt des Zugangs den Zugangswert dar.

Diese Ergebnisse der Zugangsbewertung behalten ihre Bedeutung für die Folgebewertungen als Höchst- oder Mindestgrenzen der Bewertung oder z.B. als Bemessungsgrundlagen für die planmäßigen Abschreibungen. Die Ergebnisse der Zugangsbewertung werden durch zukünftige Wertänderungen nicht beeinflusst.

Beispiele: Der bilanzierende Kaufmann K kauft am 1.7.2013 ein Grundstück gegen Leibrente von Herrn A, der im Übrigen sämtliche Kosten des Verkaufes trägt. Die Leibrente hat einen Barwert von 450.000 €. Damit betragen die Anschaffungskosten für das Grundstück 450.000 €. Am 15.7.2013 stirbt Herr A überraschend. Der Barwert der Leibrente beträgt nun 0 €. Die Anschaffungskosten für das Grundstück betragen weiter 450.000 €. Dieser Wert stellt die Ausgangsgröße für alle Folgebewertungen dar und ist als Höchstwert der Folgebewertungen zu beachten.
Der bilanzierende Kaufmann K erkennt am 1.10.2013 eine Verbindlichkeit in Höhe von 20.000 € (Erfüllungsbetrag) an. Bei den Folgebewertungen aus Anlass der kommenden Abschlüsse ist dieser Zugangswert in Höhe von 20.000 € als Mindestwert der Bewertung zu beachten.

Da nur im Ausnahmefall damit zu rechnen ist, dass Vermögensgegenstände und Schulden zum Abschlussstichtag in das Vermögen kommen, ist grundsätzlich davon auszugehen, dass jede Bewertung im Rahmen der Abschlusserstellung eine Folgebewertung ist. Bei jeder Folgebewertung ist die einzelne Bilanzposition nach den Wertumständen des Abschlussstichtages unter Beachtung der GOB zu bewerten. Dabei kommen den „historischen" Werten aus der Zugangsbewertung besondere Funktionen zu. Als Beispiele sind hier für diese Funktion der Zugangswerte für die Folgebewertung zu nennen:
- Anschaffungs- und Herstellungskosten als Höchstwerte der Bewertung beim nicht abnutzbaren Anlagevermögen,

- Fortgeführte, d.h. um planmäßige Abschreibungen geminderte, Anschaffungs- und Herstellungskosten als Höchstwerte der Bewertung beim abnutzbaren Anlagevermögen,
- Erfüllungsbetrag als Mindestwert der Bewertung von Schulden,
- (fortgeführte) Anschaffungskosten als Höchstwert der Wertaufholung nach planmäßiger Abschreibung.

Im eigentlichen (Folge-)Bewertungsvorgang wird der Wert eines Bilanzpostens durch das Produkt aus der Menge der Vermögensgegenstände (Ergebnis z.B. einer Inventur) und des sich aus der Folgebewertung ergebenden Wertmaßstabes bestimmt. Unter Umständen ist dieser Bewertungsvorgang durch Bewertungsgebote oder -wahlrechte bestimmt. Der Ausgangswert ist auf erforderliche **Wertänderungen** (z.B. Niederstwertprinzip) zu überprüfen.

Bei Folgebewertungen sind bei abnutzbaren Vermögensgegenständen des Anlagevermögens die Voraussetzungen des Gebotes zur planmäßigen Abschreibung (§ 253 Abs. 3 HGB) und bei allen Vermögensgegenständen des Gebotes zur außerplanmäßigen Abschreibung auf den beizulegenden Zeitwert (§ 253 Abs. 3, 4 HGB) zu überprüfen. Ebenso ist nach **Wegfall der Gründe für eine außerplanmäßige Abschreibung** das Erfordernis der Wertaufholung (§ 253 Abs. 5 HGB) zu prüfen.

Zu beachten sind weiter die **Interdependenzen zwischen Ansatz, Bewertung und Ausweis für die Frage des Bewertungsvorganges**.

Je nachdem, ob z.B. ein Vermögensgegenstand dem Anlagevermögen oder Umlaufvermögen zugeordnet wird, ergeben sich völlig andere Folgen für die Bewertung in Bezug auf planmäßige Abschreibungen.

3.2.2 Wertmaßstäbe

Das HGB definiert folgende wichtige **Wertmaßstäbe**:
- Anschaffungskosten (§ 255 Abs. 1 HGB),
- Herstellungskosten (§ 255 Abs. 2, 2a HGB),
- beizulegender Wert, Wert, der sich aus einem Börsen- oder Marktpreis ergibt (§ 253 Abs. 4 HGB),
- beizulegender Zeitwert (§ 255 Abs. 5 HGB),
- Erfüllungsbetrag (§ 253 Abs. 1 S. 2 HGB).

Mit Inkrafttreten des BilMoG wurde der Begriffsinhalt der **Herstellungskosten** dem steuerlichen Herstellungskostenbegriff angenähert und der Begriff des **„beizulegenden Zeitwertes"** neu eingeführt. Die Begriffe der Anschaffungskosten und des „beizulegenden Wertes" weisen ohnehin schon starke Ähnlichkeiten mit den entsprechenden steuerlichen Begriffen (für den „beizulegenden Wert" steht der steuerliche Begriff „Teilwert") auf.

Bereits an dieser Stelle ist anzumerken, dass die Begriffe Anschaffungs- und Herstellungskosten trotz der Verwendung des Teilbegriffes „Kosten" nichts mit den entsprechenden Begriffen der Kostenrechnung zu tun haben. Bei beiden Wertmaßstäben handelt es sich immer nur um Aufwand, der tatsächlich im Zusammenhang mit einer Anschaffung oder Herstellung entstanden ist.

Es sei an die **Definition von Aufwand** erinnert, der betrieblich bedingte Verminderungen von Eigenkapital auslöst. Damit fallen alle kalkulatorischen Elemente wie:
- **Kalkulatorische Eigenkapitalverzinsung,**
- **Kalkulatorischer Unternehmerlohn,**
- **Kalkulatorische Wiederbeschaffungskosten,**
- **Kalkulatorische Abschreibungen und**
- **Gewinnbestandteile**

von vornherein aus der Ermittlung der Anschaffungs- oder Herstellungskosten heraus.

3.2.2.1 Anschaffungskosten

§ 255 Abs. 1 HGB definiert nicht nur den **Wertmaßstab der Anschaffungskosten** in Bezug auf den:
- zeitlichen Umfang des Anschaffungsprozesses, nämlich, den „Vermögensgegenstand zu erwerben, und ihn in einen betriebsbereiten Zustand zu versetzen", sondern auch den

- materiellen Umfang als Aufwendungen, „soweit sie dem Vermögensgegenstand einzeln zugeordnet werden können".

3.2.2.1.1 Zeitlicher Umfang und Charakter des Anschaffungsprozesses

Der „Anschaffung" eines Vermögensgegenstandes liegt ein Erwerbsvorgang von einem Unternehmensfremden zugrunde, der diesen Vorgang vom Herstellungsvorgang im eigenen Unternehmen unterscheidet. Bei der Anschaffung wechselt also das Eigentum an einem Vermögensgegenstand durch ein entgeltliches Geschäft.

Der **Anschaffungsprozess** beginnt bereits bei den Vorbereitungen der Anschaffung und endet mit der Herstellung des betriebsbereiten Zustandes des Vermögensgegenstandes. Dabei bestimmen die betrieblichen Verhältnisse, was unter einem betriebsbereiten Zustand zu verstehen ist. Vorbereitungshandlungen einer Anschaffung können technische Analysen und Planungen, Ausschreibungen und Verhandlungen sein. Zur **Herstellung der Betriebsbereitschaft** dienen u.U. behördliche Genehmigungen, Abnahmen, erforderliche Nebenleistungen, wie Energieversorgung, Fundamente, Vorkehrungen zur Erfüllung von Auflagen zur Bürgerbeteiligung, Immissionsschutz usw. Der **Anschaffungsvorgang** ist abgeschlossen, wenn der Vermögensgegenstand zu dem Zweck und in dem Umfang betriebsbereit ist, der der Entscheidung zur Anschaffung des konkreten Vermögensgegenstandes zugrunde gelegen hat.

Nachträgliche, d.h. nach dem Zeitpunkt der Inbetriebnahme des Vermögensgegenstandes entstehende Aufwendungen zur Leistungssteigerung eines gelieferten Vermögensgegenstandes, die lediglich dazu dienen, die ursprünglichen Erwartungen an den Vermögensgegenstand zu erfüllen, stellen sog. **nachträgliche Anschaffungskosten** dar. Sie sind zwar nach der vermeintlichen Herstellung der Betriebsbereitschaft angefallen, wurden aber z.B. im konkreten Betrieb erst als erforderlich erkannt, um die ursprünglich vom Vermögensgegenstand erwarteten Eigenschaften zu erreichen.

Beispiel: Für eine Lagerhalle wird eine Kühlanlage angeschafft, die eine bestimmte Temperatur in der Halle garantieren soll. Im laufenden Betrieb stellt sich heraus, dass aufgrund mangelnder Informationen seitens des Käufers die Kältemaschine nachgerüstet und in der Leistung gesteigert werden muss.

Lösung: Der mit dieser Nachrüstung in Zusammenhang stehende Aufwand stellt nachträgliche Herstellungskosten dar.

Charakter nachträglicher Anschaffungskosten
- Es gelten die allgemeinen Randbedingungen für die Anschaffungskosten.
- Es kommen nur solche Aufwendungen als nachträgliche Anschaffungskosten in Betracht, die bereits bei der Anschaffung des Vermögensgegenstands angefallen wären, wenn zu diesem Zeitpunkt bereits die gewünschte Anforderungssituation bestanden hätte.
- Es geht immer um die erstmalige Herstellung der Betriebsbereitschaft des gewünschten Vermögensgegenstands.

Im Einzelfall kann es schwierig sein, zwischen nachträglichen Anschaffungskosten und Herstellungskosten an einem bestehenden Vermögensgegenstand zu unterscheiden. Wenn durch die Aufwendungen der bestehende Vermögensgegenstand erweitert oder über seinen ursprünglichen Zustand hinausgehend wesentlich verbessert wird, liegen **Herstellungskosten** und keine nachträglichen Anschaffungskosten vor.

Aufwendungen, die weder den nachträglichen Anschaffungskosten zuzurechnen sind noch den vorhandenen Vermögensgegenstand erweitern oder über seinen ursprünglichen Zustand hinaus wesentlich verbessern, also nicht die Voraussetzungen des Herstellungskostenbegriffes erfüllen, stellen **Erhaltungsaufwand** dar, der im Jahr seines Entstehens erfolgswirksam wird.

Liegen Anschaffungs- oder Herstellungskosten vor, ist der damit verbundene Aufwand bei dem Vermögensgegenstand hinzuzuaktivieren. Der Aufwand wird dann nur im Falle der Abschreibung über die geplante Nutzungsdauer und/oder des Ausscheidens des Vermögensgegenstandes aus dem bilanzierten Vermögen erfolgswirksam.

In Bezug auf die Qualifizierung eines Aufwands als nachträgliche Anschaffungskosten ist nicht der konkrete Zustand des angeschafften Vermögensgegenstandes zu betrachten, sondern der vom Erwerber ursprünglich erwartete Zustand. Nachträgliche Anschaffungskosten dienen dazu, den ursprünglich vom Erwerber angestrebten und erwarteten Zustand zu erreichen.

Folgende Aufzählung enthält einige **typische Fälle von nachträglichen Anschaffungskosten**.

Als nachträgliche Anschaffungskosten kommen insbesondere in Betracht:

- **nachträgliche Erhöhung der vertraglichen Leistungen des Veräußerers** (z.B. Einbau eines Zusatzgeräts),
- **nachträglich erhobene Zölle und Verbrauchsteuern**,
- **nachträglich festgesetzte Grunderwerbsteuer**, weil z.B. ursprünglich von einer Steuerbefreiung ausgegangen wurde,
- **Grundbuchgebühren** (diese fallen regelmäßig erst nach dem Anschaffungszeitpunkt an),
- **Vermessungskosten für Grundstücke** und
- **Straßenanliegerbeiträge und Erschließungsbeiträge nach dem Baugesetzbuch** für Anschaffungskosten des Grund und Bodens.

Der **zeitliche Umfang des Anschaffungsprozesses** ist also weit gesteckt, und eine Vielzahl von Aufwendungen ist daraufhin zu prüfen, ob diese in die Anschaffungskosten einbezogen werden müssen.

In diesem Zusammenhang ist aber eine wesentliche Einschränkung zu beachten: Nur die Aufwendungen sind einzubeziehen, die ausschließlich deswegen angefallen sind, weil der Vermögensgegenstand angeschafft wurde. Man kann vom **„Einzelkostencharakter" der Aufwendungen** sprechen, die in die Anschaffungskosten einbezogen werden.

> **Beispiel:** Der Aufwand, der in einer Einkaufsabteilung entsteht, um die Einkaufsentscheidung vorzubereiten, gehört grundsätzlich nicht zu den Anschaffungskosten, weil der Aufwand (Miete für die Büroräume, Gehälter der Angestellten, allgemeine Bürokosten) auch angefallen wäre, wenn der konkrete Vermögensgegenstand nicht angeschafft worden wäre.

Die **Reisekosten des Einkäufers zur Verhandlung mit einem Anbieter** (Flugticket, Übernachtungskosten) können jedoch zu den Anschaffungskosten gehören, wenn und soweit sie der konkreten Anschaffung zugerechnet werden können. Es ist wichtig zu bedenken, dass § 255 Abs. 1 HGB kein Wahlrecht zur Ermittlung der Anschaffungskosten formuliert.

3.2.2.1.2 Materieller Umfang der Anschaffungskosten

Nicht nur der Veräußerungspreis macht die Anschaffungskosten aus, sondern alle Aufwendungen, die erforderlich sind, um den Vermögensgegenstand in betriebsbereiten Zustand zu versetzen. Auch die Nebenkosten und die nachträglichen Anschaffungskosten sind den Anschaffungskosten zuzuordnen.

Typische Nebenkosten sind z.B.

- **im Zusammenhang mit der Anschaffung von Grundstücken**:
    - Maklergebühren,
    - Gutachtergebühren,
    - Vermessungsgebühren,
    - Notariats- und Grundbuchgebühren für einen Grundstückserwerb (nicht für die Aufnahme und Eintragung einer Hypotheken- oder Grundschuld ins Grundbuch; diese Kosten gehören zu den Finanzierungskosten),
    - Grunderwerbsteuer.
- **Im Zusammenhang mit der Anschaffung von Wertpapieren und Anteilen:**
    - Maklergebühren,

- – Bankprovisionen,
- – Beurkundungskosten.
- • **Im Zusammenhang mit der Anschaffung anderer Vermögensgegenstände:**
  - – Verpackungskosten,
  - – Fracht- und Transportkosten,
  - – Versicherungskosten,
  - – Zölle und Verbrauchsteuern.

Anschaffungspreisminderungen (z.B. Rabatte, Skonti, Boni) mindern die Anschaffungskosten. **Rabatte** sind Preisminderungen, die beim Abschluss des Kaufvertrages entstehen und nicht vom Eintritt weiterer Ereignisse abhängig sind; sie mindern die Anschaffungskosten unmittelbar. **Skonti** (Singular Skonto) und **Boni** (Singular Bonus) mindern ebenfalls die Anschaffungskosten, aber nicht unmittelbar, sondern erst, wenn diese zu Recht in Anspruch genommen werden.

Ein **Skonto** setzt i.d.R. voraus, dass innerhalb einer vereinbarten Frist gezahlt wird. Die **Gewährung eines Bonus** setzt das Erreichen festgelegter Umsatz- oder Stückzahlenziele voraus. In beiden Fällen handelt es sich aus der Sicht des Erwerbers so lange um nicht realisierte Gewinne, bis die Bedingungen der Skonto- oder Bonusgewährung erfüllt sind und die entsprechende Minderung, z.B. eines Kaufpreises, rechtlich entstanden ist.

Aus dem **Realisationsprinzip** folgt, dass die Minderung der Anschaffungskosten erst in dem Jahr berücksichtigt werden darf, in dem sie realisiert wird. Liegt also in dieser Frist zwischen Entstehung der Verbindlichkeit aus der Anschaffung und der Erfüllung der Bedingung, die zu der Minderung durch Skonto oder Bonus führt, ein Abschlussstichtag, darf bei der Ermittlung der Anschaffungskosten zur Feststellung des Bilanzwertes diese **Anschaffungskostenminderung** nicht berücksichtigt werden.

Diese Minderung wird erst erfasst, wenn sie rechtlich entstanden ist. Wenn es sich bei dem angeschafften Vermögensgegenstand um einen abnutzbaren Vermögensgegenstand des Anlagevermögens handelt, wird der neue Wert der Anschaffungskosten den Abschreibungen in Bezug auf die Restnutzungsdauer zugrunde gelegt. Bereits entstandene Abschreibungsbeträge werden nicht rückwirkend korrigiert.

Weitere **Anschaffungspreisminderungen** entstehen z.B. durch Nachlässe aufgrund von Mängelrügen.

> **Beispiel:** Ein Unternehmer kauft eine Maschine, die nach Inbetriebnahme nicht die zugesagten Mengen produzieren kann. Anstelle einer Nachbesserung der Maschine oder einer Neulieferung bietet der Hersteller der mangelhaften Maschine einen nachträglichen Preisnachlass an.
>
> **Lösung:** Wenn der Bilanzierende auf dieses Angebot eingeht, werden die Anschaffungskosten entsprechend gemindert.

Auch die **abziehbare Vorsteuer** gehört als sog. durchlaufender Posten nicht zu den Anschaffungskosten. Ebenso lösen (echte) Kapitalzuschüsse durch Dritte ein Wahlrecht zur Kürzung von Anschaffungskosten aus (GoB).

Voraussetzung für die Berücksichtigung von Anschaffungspreisminderungen ist immer, dass diese wirklich eingetreten (realisiert) sind. Die bloße Erwartung einer Kaufpreisminderung oder einer Minderung von Anschaffungsnebenkosten reicht nicht aus. Es muss vielmehr der tatsächliche Rechtsanspruch auf eine Minderung der vertraglichen Gegenleistung entstanden sein.

> **Beispiel:** Eine Maschine wird am 28.12.01 gekauft. Der Kaufpreis beträgt inklusive aller Nebenkosten 1.000 €. Der Rechnungsbetrag ist innerhalb von 14 Tagen mit 3 % Skonto oder innerhalb von 30 Tagen netto zu zahlen. Das Wirtschaftsjahr entspricht dem Kalenderjahr. Es sind ausreichend liquide Mittel vorhanden, und es besteht der feste Wille, innerhalb der Skontofrist zu zahlen.

> **Lösung:** Die Anschaffungskosten betragen 1.000 €. Der Skontobetrag in Höhe von 30 € mindert erst im Jahre 02 die Anschaffungskosten (und damit die Bemessungsgrundlage für die verbleibende Abschreibung bei abnutzbaren Vermögensgegenständen des Anlagevermögens).

Nur (geleisteter) Aufwand kann zu Anschaffungskosten führen und dieser auch nur soweit, als er dem Vermögensgegenstand einzeln zugeordnet werden kann. Es sind also weder alle Ausgaben noch alle Aufwendungen im Zusammenhang mit dem Anschaffungsvorgang eines Vermögensgegenstandes automatisch Anschaffungskosten. Den Aufwendungen muss, um einen an sich dem HGB fremden Begriff aus der Kostenrechnung zu verwenden, der Charakter von Einzelkosten zugemessen werden können. Den Anschaffungskosten sind nur solche Aufwendungen zuzuordnen, die nicht angefallen wären, wenn der betreffende Vermögensgegenstand nicht angeschafft worden wäre.

Folgende **Besonderheiten sind bei Fremdwährungsvorgängen im Zusammenhang mit Anschaffungen** zu beachten:

- Aufwendungen in Fremdwährungen, die zu den Aufwendungen von Anschaffungskosten zu zählen sind, müssen in Euro umgerechnet werden.
- Stichtag für die Kursermittlung ist der Tag, an dem die Verpflichtung zur Gegenleistung entstanden ist (beim Kauf von Vermögensgegenständen der Tag, an dem die Verbindlichkeit entstanden ist).

Fremdkapitalaufwendungen gehören nicht zu den Anschaffungskosten, es sei denn, die damit zusammenhängende (Vor-) Finanzierung der Anschaffung hätte zu einer Minderung des Anschaffungspreises geführt (z.B. bei länger dauernder Herstellung durch den Lieferanten, Vorauszahlung als Ersatz für Eigenkapital des Lieferanten).

Einmal entstandene Anschaffungskosten werden durch spätere Änderungen der Wertverhältnisse nicht beeinflusst (z.B. durch Kursschwankungen, Veränderung des Wertes von mit der Anschaffung zusammenhängenden Verbindlichkeiten usw.).

> **Beispiel:** Der Unternehmer U hat ein Grundstück von A gekauft. U hat A eine Leibrente im Wert von 300.000 € notariell als einzige Kaufpreisleistung zugesagt. A hat alle Aufwendungen im Zusammenhang mit dem Vermögensübergang getragen. Unmittelbar nach der erfolgten Vermögensübertragung stirbt A und die Leibrente ist gegenstandslos.
>
> **Lösung:** Die Anschaffungskosten des Grundstückes betragen 300.000 €. Der Wegfall der Leibrente wirkt nicht auf die Anschaffung zurück.

Anschaffungskosten bei Tauschgeschäften werden durch die Gegenleistung des Anschaffenden bestimmt. Alle Aufwendungen, auch die Hingabe von Vermögensgegenständen oder die Übernahme fremder Verbindlichkeiten, die der Erwerber tätigt, um den Vermögensgegenstand zu erwerben und in betriebsbereiten Zustand zu versetzen, sind in die Anschaffungskosten einzubeziehen, soweit diese Aufwendungen „Einzelkostencharakter" haben. Grundsätzlich sind die hingegebenen Vermögensgegenstände mit ihrem gemeinen Wert (Verkehrswert, beizulegendem Wert) zu bewerten. Bei zu tauschenden Vermögensgegenständen, deren Werte stille Reserven enthalten, ist es nach den handelsrechtlichen GoB auch möglich, die mit einem eingetauschten Vermögensgegenstand verbundenen stillen Reserven auf den angeschafften Vermögensgegenstand zu übertragen. In diesem Fall käme es beim Ausscheiden des Vermögensgegenstandes nicht zu einer Aufdeckung der stillen Reserven. Dieses Wahlrecht fußt auf der Überlegung, dass durch ein Tauschgeschäft keine ausschüttungsfähigen Beträge entstehen. Je nachdem, ob der Bilanzierende eher den Austausch eines Vermögensgegenstandes oder das Umsatzgeschäft betont, wird er den Wert des hingegebenen Vermögensgegenstandes mit dem Buchwert oder dem beizulegenden Wert (oft dem gemeinen Wert) bewerten.

> **Beispiel:** Kaufmann K kauft vom Automobilhändler A einen Wagen. A stellt eine Rechnung aus mit folgendem Inhalt:
> Neuwagen   22.000 €

Eintausch	10.000 €
Zuzahlung	12.000 €
Umsatzsteuer 19 % von 12.000 € =	2.280 €
Zu zahlen	**14.280 €**

Der Buchwert des Wagens betrug bei Eintausch 4.000 €, der Verkehrswert (laut Gutachten eines Sachverständigen) 8.000 €.

Wie hoch sind die Anschaffungskosten?

Lösung: K hat ein Wahlrecht (GoB), die stillen Reserven im Zusammenhang mit dem eingetauschten Fahrzeug aufzudecken.

a) Aufdeckung der stillen Reserven
   Anschaffungskosten = 12.000 € + 8.000 € = 20.000 €.

b) Übertragung der stillen Reserven auf das Neufahrzeug
   Anschaffungskosten = 12.000 € + 4.000 € = 16.000 €.

Zusammenfassung

Grundsätzliches zu Anschaffungskosten

- **Grundsatz:** Nur geleistete Aufwendungen führen zu Anschaffungskosten.
- Anschaffungskosten sind Aufwendungen für die entgeltliche Beschaffung von Vermögensgegenständen.
- Umfang: alle Aufwendungen bis zur Herstellung der ursprünglich geplanten Betriebsbereitschaft.
- Nur Aufwendungen mit „Einzelkostencharakter" werden einbezogen.
- Anschaffungskosten fallen nur bis zur Herstellung der Betriebsbereitschaft an (Problematik der nachträglichen Anschaffungskosten).
- Anschaffungskosten unterliegen keinen Wertänderungen in der Zukunft.
- Rechtsgrundlage: § 255 Abs. 1 HGB.

3.2.2.2   Herstellungskosten

Im Rahmen des BilMoG hat die Thematik der Herstellungskosten im Gegensatz zu derjenigen der Anschaffungskosten große Veränderungen erfahren.

§ 255 Abs. 2–3 HGB klärt jetzt Folgendes:

- den Begriff der Herstellungskosten,
- die Sachverhalte, die zu Herstellungskosten führen (Herstellungsprozesse),
- den Umfang der allgemeinen Herstellungskosten (Gebote, Einbeziehungswahlrechte und Einbeziehungsverbote),
- den Umfang der speziellen Herstellungskosten von selbst geschaffenen immateriellen Vermögensgegenständen des Anlagevermögens (für die ein Aktivierungswahlrecht gem. § 248 Abs. 2 HGB besteht) und
- die Definition und Abgrenzung der Begriffe „Forschung" und „Entwicklung".

Im Rahmen der Überarbeitung der Thematik „Herstellungskosten" wurde der handelsrechtliche Begriff dem steuerlichen Begriffsinhalt angenähert. Die Anzahl der Einbeziehungswahlrechte wurde eingeschränkt. Die Definitionen und Ermittlungsmethoden im Zusammenhang mit den selbst geschaffenen immateriellen Vermögensgegenständen des Anlagevermögens wurden durch die Einführung des Aktivierungswahlrechtes des § 248 Abs. 2 HGB erforderlich.

3.2.2.2.1 Herstellungssachverhalte

Im Gegensatz zu den Anschaffungskosten, denen immer nur der Sachverhalt einer Anschaffung zugrunde liegt, nennt das Gesetz (vgl. § 255 Abs. 2 HGB) drei Sachverhalte, die Herstellungskosten entstehen lassen. Man kann diese drei Sachverhalte unter dem Begriff der Herstellung zusammenfassen:

1. **Herstellung eines neuen Vermögensgegenstandes,**
2. **Erweiterung eines vorhandenen Vermögensgegenstandes und**
3. **wesentliche, über seinen ursprünglichen Zustand hinausgehende Verbesserung eines vorhandenen Vermögensgegenstandes.**

Voraussetzung für die Qualifizierung von Aufwendungen als Herstellungskosten ist, dass die Aufwendungen dazu führen, dass ein Vermögensgegenstand im handelsrechtlichen Sinne neu entsteht bzw. die Aufwendungen im Zusammenhang mit einem solchen entstehen, der bereits vorhanden ist.

Ein **neuer Vermögensgegenstand** wird hergestellt, indem er im Unternehmen des Bilanzierenden selbst durch den Verbrauch von Gütern (z.B. Material) und Inanspruchnahme von Diensten (z.B. Personal oder Fremdleistungen) entsteht. Auch die **Herstellung eines Vermögensgegenstandes durch Fremdfirmen**, die an die Weisungen des Bilanzierenden gebunden sind, können noch unter den Begriff der Herstellung subsumiert werden. Es kommt in der Hauptsache nicht zu einem Wechsel der Vermögenszugehörigkeit wie bei einem Erwerbsvorgang, sondern zu einem Neuentstehen aus dem Unternehmen bzw. in der Verantwortung des Unternehmens selbst. Daran ändert auch der Bezug von Zulieferteilen oder Fremdleistungen nichts, solange der neu entstehende Vermögensgegenstand durch das bilanzierende Unternehmen geprägt ist. Es entsteht ein neuer (materieller) Vermögensgegenstand entweder aus Rohstoffen und Zulieferteilen oder aus fertigen Komponenten, die sowohl selbst gefertigt oder fremd bezogen sein können.

Es kann auch ein **(immaterieller) Vermögensgegenstand hergestellt** werden, der aus der Entwicklungs- und Forschungsleistung des Unternehmens entsteht. Ebenso ist die Umformung eines vorhandenen Vermögensgegenstandes in einen neuen Vermögensgegenstand, der in einem neuen Nutzungs- und Funktionszusammenhang mit dem bilanzierenden Unternehmen steht, unter diesen Herstellungsbegriff zu subsumieren.

> **Beispiel:** Ein Bankgebäude in einer Großstadt wird in ein Hotel umgebaut. In dem ehemaligen Tresorraum wird ein Schwimmbad für die Gäste eingerichtet.
>
> **Lösung:** Durch den damit verbundenen Aufwand entsteht ein neuer Vermögensgegenstand, der zwar immer noch als Gebäude zu bezeichnen ist, aber dennoch in einem anderen Funktionszusammenhang zu sehen ist. Ein neuer Vermögensgegenstand ist entstanden.

Im Gegensatz zu diesem Neu-Entstehen eines (in dieser neuen Form) vorher nicht vorhandenen Vermögensgegenstandes beziehen sich die beiden anderen Herstellungsvorgänge auf bereits vorhandene Vermögensgegenstände, die auch nach dem Herstellungsaufwand in einem zwar erweiterten oder in bestimmter Art verbesserten, aber prinzipiell ähnlichem Nutzungs- und Funktionszusammenhang zum bilanzierenden Unternehmen stehen. Man kann insoweit auch von „nachträglichen Herstellungskosten" sprechen.

Ein Vermögensgegenstand wird erweitert, indem seine Substanz vermehrt oder seine Nutzungsfähigkeit erweitert wird.

> **Beispiel:** Ein Dachgeschoss eines Verwaltungsgebäudes (Anschaffungskosten 700.000 € im Jahr 01) wird im Jahre 10 mit einem Aufwand von 100.000 € ausgebaut. Damit wird die Nutzfläche des Gebäudes von 400 m² auf 500 m² erhöht.
>
> **Lösung:** Der Wert des Gebäudes und die Bemessungsgrundlage für die Abschreibung erhöht sich um 100.000 €.

Ein Vermögensgegenstand wird über seinen ursprünglichen Zustand hinaus wesentlich verbessert, wenn der geleistete Aufwand das Nutzenpotenzial des Vermögensgegenstandes insgesamt wesentlich erhöht. Insbesondere bei Vermögensgegenständen mit langer Nutzungsdauer (z.B. Gebäuden) spielt dieser Herstellungsvorgang eine große Rolle. Die Rechtsprechung und der Erlassgeber (vgl. z.B. das BMF-Schreiben vom 18.07.2003, IV C 3 – S 2211 – 94/03, BStBl I 2003, 386) haben insbesondere für die Einkommensteuer sehr komplexe Regelungen entwickelt, die auch für die handelsrechtliche Rechnungslegung als GoB herangezogen werden können. Allgemein gilt, dass Anpassungen an den technischen Fortschritt zwar durchaus Wertsteigerungen mit sich bringen, aber nicht zu Herstellungskosten führen.

Auch an dieser Stelle sei darauf hingewiesen, dass nur die Erfüllung eines der im Gesetz beschriebenen Herstellungstatbestände zur **Aktivierung von Herstellungskosten** im Zusammenhang mit der Bilanzierung von Vermögensgegenständen führt. Aufwendungen, die diese Kriterien nicht erfüllen, stellen sofort erfolgswirksamen Erhaltungsaufwand dar. Insofern besteht kein irgendwie geartetes Wahlrecht.

3.2.2.2.2 Zeitlicher Umfang und Charakter des Herstellungsprozesses

Der **Herstellungsprozess** beginnt mit den ersten Planungen und endet mit dem Erreichen des Zustandes der Betriebsbereitschaft des hergestellten Vermögensgegenstandes. Alle während dieser Zeitspanne angefallenen Aufwendungen, die den materiellen Voraussetzungen der Einbeziehung in die Herstellungskosten gem. § 253 Abs. 2 ff. HGB entsprechen, müssen bzw. können in die Herstellungskosten einbezogen werden, je nachdem, ob ein Einbeziehungsgebot, ein Einbeziehungswahlrecht oder Einbeziehungsverbot für die konkrete Aufwendung existiert. Auch Aufwendungen für fehlgeschlagene bzw. verworfene Planungen oder solche, die infolge entsprechender Planungen entstanden sind, gehören zu den Herstellungskosten: es sei denn, der realisierte Vermögensgegenstand hat nichts mit dem ursprünglich geplanten Vermögensgegenstand zu tun.

Beispiel: Kaufmann K plant eine vollautomatische Werkzeugmaschine und im Konstruktionsbüro fallen 20.000 € an Planungsaufwendungen an.

a) Im Zuge der Planung stellt sich heraus, dass es sinnvoller ist, einen Halbautomaten herzustellen. Weitere Planungsaufwendungen in Höhe von 45.000 € fallen an.

b) Im Zuge der Planung stellt sich heraus, dass es sinnvoll ist, die Realisation der Werkzeugmaschine nicht durchzuführen.

c) Die Werkzeugmaschine wird hergestellt. Weitere Planungsaufwendungen in Höhe von 35.000 € fallen an.

Lösung:

a) Die Planungsaufwendungen von 65.000 € gehören zu den Herstellungskosten.

b) Die Planungsaufwendungen in Höhe von 20.000 € sind sofort erfolgswirksamer Aufwand.

c) Die Planungsaufwendungen von 55.000 € gehören zu den Herstellungskosten.

Bemerkung: Liegt ein Bilanzstichtag nach dem Abschluss des ersten Planungsabschnittes und bevor die Entscheidung nach b) gefallen ist, so ist die Werkzeugmaschine bereits als teilfertige Leistung mit einem Wert in Höhe von 20.000 € zu aktivieren. Im Falle der Nichtrealisierung b) ist dieser Wert im Folgejahr außerplanmäßig abzuschreiben.

Für die beiden Herstellungsvorgänge **„Erweiterung"** und **„über den ursprünglichen Zustand hinausgehende wesentliche Verbesserung"** ist es typisch, dass die Herstellungsaufwendungen nach der ersten Betriebsbereitschaft anfallen. Man spricht deswegen in diesen Fällen auch von „nachträglichen Herstellungskosten" in Analogie zu den nachträglichen Anschaffungskosten.

3.2.2.2.3 Materieller Umfang der Herstellungskosten

Der materielle Umfang der Herstellungskosten wird in § 255 Abs. 2, 2a, 3 HGB festgelegt. Es bestehen sowohl Einbeziehungsgebote als auch -wahlrechte und -verbote.

Vorauszuschicken ist in Analogie zu den Anschaffungskosten: Nur Aufwendungen gehören zu den Herstellungskosten. Dies führt zu einem Einbeziehungsverbot aller kalkulatorischen Kostenelemente.

Einbeziehungsgebote bestehen für:

- die **Einzelkosten der Fertigung** (direkt mit der Herstellung verbundener Lohn- und Materialaufwand, der durch die Herstellung verursacht ist bzw. der in einen Vermögensgegenstand eingeht, aus dem ein neuer Vermögensgegenstand gebildet wird),
- die **Sondereinzelkosten der Fertigung** (z.B. Werkzeuge und Formen, die unmittelbar für den Prozess der Herstellung geschaffen werden oder sich in der Herstellung verbrauchen),
- **angemessene Teile der Material- und Fertigungsgemeinkosten** (z.B. Lagerung, Versicherung, Abnahme, Bewachung der Vermögensgegenstände, Kosten für Werkzeuge und Werkstatt, Löhne für Meister, Pflege- und Instandhaltungskosten) und
- den **Werteverzehr des Anlagevermögens** (Abschreibung), soweit dieser durch die Herstellung veranlasst ist.

Einbeziehungswahlrechte bestehen für (angemessene):
- **Aufwendungen der allgemeinen Verwaltung** (z.B. Aufwendungen für Geschäftsleitung, Personalbüro, Betriebsrat, Rechnungswesen, Abschreibungen für Verwaltungsgebäude),
- **soziale Einrichtungen des Betriebes** (z.B. Sportstätten, Betriebskindergarten),
- **freiwillige soziale Leistungen** (z.B. Beihilfen im Krankheitsfalle) und
- die **betriebliche Altersversorgung**, soweit diese Aufwendungen auf den Zeitraum der Herstellung entfallen.

Einbeziehungsverbote bestehen ausdrücklich für **Forschungs- und Vertriebskosten**. Darüber hinaus lassen sich aber auch indirekte Einbeziehungsverbote nennen, die sich aus den einschränkenden Voraussetzungen des § 255 Abs. 2, 2a und 3 HGB ergeben. Neben den Kosten, die nicht Aufwandscharakter besitzen, sind hier z.B. unangemessene Gemeinkosten, Abschreibungen, die nicht mit der Herstellung in Zusammenhang stehen oder nicht auf den Zeitraum der Herstellung entfallende Aufwendungen für die betriebliche Altersversorgung zu nennen.

Beispiel: Kaufmann K hat am 31.12.12 zehn selbst gefertigte Werkzeugmaschinen am Lager. Die Maschinen sind im Auftrag von A gefertigt worden. Es wurden Frachtkosten in Höhe von 80.000 € und ein Gewinn in Höhe von 200.000 € kalkuliert. Die Lieferung erfolgt am 15.01.13.

K legt Ihnen folgende Aufstellung der auf die Herstellung und auf den Herstellungszeitraum insgesamt entfallenden Kosten vor:

1. Personalaufwand 450.000 €,
2. Planungs- und Konstruktionsaufwand 500.000 €,
3. Fremdleistungen für Software 150.000 €,
4. Materialaufwand 700.000 €,
5. in der Zeit der Herstellung angefallene Kosten der Einkaufs- und Beschaffungsabteilung 25.000 €,
6. Kosten des Betriebskindergartens in der Zeit der Herstellung 45.000 €,
7. Gemeinkosten der allgemeinen Verwaltung während der Zeit der Herstellung 550.000 €,
8. Lizenzgebühren an Schweizer Lizenzgeber 40.000 CHF, Fälligkeit der Lizenzgebühr: 01.12.12, Kurs 01.12.12 1,35 CHF/€; Kurs 31.12.12: 0,88 €/CHF,
9. direkte Werbung beim Abnehmer 140.000 € im Jahr 11.

Welche Auswirkungen hat dieser Herstellungsvorgang auf den Abschluss zum 31.12.12?

K informiert Sie, dass er gerne einen möglichst hohen Gewinn ausweisen möchte.

Lösung:

Ziffer	Aufwandsart	Betrag	Einbeziehung
1	Fertigungskosten	450.000 €	Pflicht
2	Sonderkosten	500.000 €	Pflicht
3	Sonderkosten	150.000 €	Pflicht

Ziffer	Aufwandsart	Betrag	Einbeziehung
4	Materialkosten	700.000 €	Pflicht
5	Materialgemeinkosten	25.000 €	Pflicht
6	Gemeinkosten für soziale Einrichtungen	45.000 €	Wahlrecht (wegen Bilanz-politik hier Einbezug)
7	Gemeinkosten für allgemeine Verwaltung	550.000 €	Wahlrecht (wegen Bilanz-politik hier Einbezug)
8	Sonderkosten	29.629,63 €*	Pflicht
	Summe	**2.449.629,63 €**	

* aus: 40.000 CHF : 1,35 CHF/€ = 29.629,63 €

Auswirkungen auf den Abschluss:
Bilanzierung der Fertigprodukte im Umlaufvermögen, Wert: 2.449.629,63 €.
Keine Auswirkung auf GuV, da die nicht einbeziehungsfähigen Positionen Frachtkosten und Gewinnzuschlag sich erst im Folgejahr bzw. überhaupt nicht auswirken und die Vertriebskosten (Werbung) bereits im Jahr 11 angefallen sind.

Für die speziellen Vermögensgegenstände des § 248 Abs. 2 HGB, **die selbst geschaffenen immateriellen Vermögensgegenstände des Anlagevermögens**, enthält § 255 Abs. 2a HGB eine spezielle Bewertungsvorschrift in Bezug auf die Herstellungskosten. Diese Vorschrift beschränkt die Aufwendungen nach § 255 Abs. 2 HGB auf die Herstellung eines solchen Vermögensgegenstandes, soweit die Aufwendungen auf die Entwicklung des Vermögensgegenstandes entfallen. Für die Forschungsaufwendungen besteht ein Einbeziehungsverbot. Falls Entwicklung von Forschung nicht verlässlich unterschieden werden kann, besteht ein Einbeziehungsverbot für beide Aufwandsarten. Diese Abgrenzungen setzen **Definitionen der Bereiche Entwicklung und Forschung** voraus, die in § 255 Abs. 2a HGB gegeben werden:

- **Forschung** wird definiert als eigenständige planmäßige Suche nach neuen wissenschaftlichen oder technischen Erkenntnissen oder Erfahrungen allgemeiner Art, über deren technische oder wirtschaftliche Verwertbarkeit oder Erfolgsaussichten keine Aussage getroffen werden kann (§ 255 Abs. 3 S. 3 HGB).
- **Entwicklung** wird definiert als „die Anwendung von Forschungsergebnissen oder von anderem Wissen für die Neuentwicklung von Gütern oder Verfahren oder die Weiterentwicklung von Gütern oder Verfahren mittels wesentlicher Änderungen" (§ 255 Abs. 3 S. 2 HGB).

Es ist wichtig zu beachten, dass nur Aufwendungen im Sinne des § 255 Abs. 2 HGB auch Aufwendungen des § 255 Abs. 2a HGB sein können. Insoweit gelten die Einbeziehungsgebote, -wahlrechte und -verbote des § 255 Abs. HGB auch für die Entwicklungskosten des § 255 Abs. 2a HGB. **Selbst geschaffene immaterielle Vermögensgegenstände des Anlagevermögens**, die nach dem Wahlrecht des § 248 Abs. 2 HGB aktiviert werden, sind ebenso wie alle anderen selbst hergestellten Vermögensgegenstände zu Herstellungskosten zu aktivieren, wobei diese Herstellungskosten auf den Entwicklungsvorgang beschränkt sind.

3.2.2.3 Beizulegender Wert
Der **beizulegende Wert** ist ein Korrekturwert, der zwei Funktionen hat:
- Der **„niedrigere beizulegende Wert"** ist der Wert, auf den bei Vorliegen der anderen Voraussetzungen des § 253 Abs. 3, 4 HGB außerplanmäßig abzuschreiben ist bzw. abgeschrieben werden kann.
- Der **beizulegende Wert** ist der Wert, auf den im Falle der Wertaufholung (§ 253 Abs. 5 HGB) unter Beachtung des Anschaffungskostenprinzips (vgl. § 253 Abs. 1 S. 1 HGB) zuzuschreiben ist.

Der **Begriff „beizulegender Wert"** wird sowohl für das Anlagevermögen als auch, bei nicht möglicher Bestimmung eines Börsen- oder Marktpreises, für das Umlaufvermögen als Korrekturwert für die (fortgeführten) Anschaffungs- oder Herstellungskosten von Vermögensgegenständen verwendet.

Der Begriffsinhalt des beizulegenden Wertes ist im HGB nicht definiert. In der Literatur und Kommentierung (vgl. z.B. Beck`scher Bilanzkommentar, § 253 Ziff. 307 ff. und Ziff. 515 ff.) wird auf die Verwandtschaft dieses Begriffes mit dem steuerlichen Teilwert (§ 6 Abs. 1 Nr. 1 und 2 EStG) hingewiesen. Dieser bedeutungsvolle steuerliche Begriff und seine Anwendung wird sowohl im Einkommensteuergesetz definiert (§ 6 Abs. 1 Nr. 1 S. 3 EStG) als auch im BMF-Schreiben vom 25.02.2000, BStBl I 2000, 372) und auch in einer Vielzahl von Urteilen erläutert (s. dazu R 6.7 und 6.8 EStR).

Eine Wiedergabe dieser Darstellungen würde den Umfang dieses Lehrbuches bei Weitem sprengen. Deswegen können hier nur folgende grobe Hinweise zur Bestimmung des beizulegenden Wertes gegeben werden.

Es ist sinnvoll, zwischen dem beizulegenden Wert in Bezug auf Vermögensgegenstände des Anlage- und Umlaufvermögen zu unterscheiden:

- Beim **Anlagevermögen wird der beizulegende Wert** in der Regel vom Beschaffungsmarkt her bestimmt (in Einzelfällen kann aber auch der Absatzmarkt den Wert bestimmen). Es ist wichtig, dass zur Bestimmung des Wertes alle Aufwendungen betrachtet und in den beizulegenden Wert einbezogen werden, die bis zur Herstellung der Betriebsbereitschaft anfallen würden, wenn das Angebot des Beschaffungsmarktes zu einem Anschaffungsvorgang führen würde. Analog bestimmt sich der beizulegende Wert von hergestellten Vermögensgegenständen aus den aktuellen Herstellungskosten zum Zeitpunkt der Bestimmung des beizulegenden Wertes.

- Beim **Umlaufvermögen wird der beizulegende Wert** in der Regel vom Absatzmarkt her bestimmt (In Einzelfällen kann aber auch der Beschaffungsmarkt den Wert festlegen). Auch in diesem Fall müssen alle Aufwendungen, die erforderlich sind, um den betreffenden Vermögensgegenstand an einen gedachten Käufer zu übergeben (**retrograde Bewertung**), berücksichtigt werden. Dies gilt auch, wenn das Gesetz als Basis für die Bestimmung des Wertes den Börsen- oder Marktpreis vorgibt bzw. den beizulegenden Wert als Ersatzwert bei fehlendem **Börsen- oder Marktpreis** festlegt (§ 253 Abs. 4 S. 2 HGB). Es wird also nicht etwa auf den Börsen- oder Marktpreis abgeschrieben, sondern auf den Wert, der sich aus einem solchen ergibt. Diese beiden Werte (Wert, der dem Vermögensgegenstand beizulegen ist und Börsen- oder Marktpreis) unterscheiden sich z.B. durch noch zu berücksichtigende Aufwendungen, um den zu bewertenden Vermögensgegenstand in betriebsbereiten Zustand zu versetzen oder erwerben zu können (Anschaffungsnebenkosten beim Anlagevermögen, Provisionen und andere Nebenkosten beim Erwerb von Wertpapieren).

Beispiel: Eine Fertigungsanlage (Buchwert 450.000 €) könnte durch neuartige Herstellungsmethoden zu einem Preis von 300.000 € (beizulegender Wert) in gleichwertiger Beschaffenheit hergestellt werden.

Lösung: Die Bewertung erfolgt vom Beschaffungsmarkt her mit 300.000 €.

Beispiel: Ein Gebäude (Buchwert 800.000 €) in einer Fußgängerzone verliert wegen übermäßiger Leerstände in der Nachbarschaft 20 % seines Wertes.

Lösung: Die Bewertung erfolgt vom Absatzmarkt her in Höhe des beizulegenden Werts von 640.000 €.

Beispiel: Ein Posten Gartenmöbel (Verkaufspreis insgesamt 40.000 €, Buchwert 25.000 €) kann Ende Dezember nur mit einem Nachlass von 20.000 € an einen Restposten-Aufkäufer veräußert werden.

Lösung: Die Bewertung erfolgt vom Absatzmarkt her i.H.d. beizulegenden Werts von 20.000 €.

> **Beispiel:** Ein Posten Maschinenöl (Buchwert 40.000 €) hat am 31.12.10 einen Marktpreis von 30.000 €. Für die Beschaffung frei Lager sind Fracht- und Verpackungskosten in Höhe von 10 % anzusetzen.
>
> **Lösung:** Der beizulegende Wert beträgt dann 33.000 € (Bewertung vom Beschaffungsmarkt her).

Abgrenzung „beizulegender Wert"/„Teilwert"

- Der Begriff „beizulegender Wert" tritt im Handelsrecht nur als Korrekturwert („niedrigerer beizulegender Wert") für außerplanmäßige Abschreibungen und als Zwischenwert für Wertaufholungen auf (§ 253 Abs. 3 HGB).
- Der Begriff „Teilwert" hat vielfältige Funktionen im Steuerrecht. Er ist durch die Rechtsprechung und das Gesetz präzisiert worden.
- In erster Näherung können die Begriffe, obwohl unterschiedlichen Rechtsgebieten zugeordnet, gleichgesetzt werden.
- Die Erläuterungen und Festlegungen des Steuerrechts werden zur Klärung des Begriffes „beizulegender Wert" herangezogen.

Beschaffungsmarktorientierte Wertbestimmung

Aus dem **Going-concern-Prinzip** ergibt sich der Normalfall der Betrachtung des Beschaffungsmarktes.

Berechnungsmethode:

    Wiederbeschaffungspreis bzw. Reproduktionswert
 + Anschaffungsnebenkosten
./. Anschaffungspreisminderungen
 = **beizulegender Wert** (vom Beschaffungsmarkt her bestimmt)

Absatzmarktorientierte Wertbestimmung

In Sonderfällen (z.B. zum Verkauf bestimmte Vermögensgegenstände des Umlaufvermögens) ist auch die Betrachtung des Absatzmarktes sinnvoll.

Methode:

    Vorsichtig geschätzter Verkaufspreis (Einzelveräußerungspreis, Schrottwert)
./. zu erwartende Erlösschmälerungen (z.B. Preisnachlässe)
./. noch anfallende Vertriebskosten
./. zukünftige Verwaltungskosten
./. entstehende Fremdkapitalzinsen
./. bei unfertigen Erzeugnissen: bis Fertigstellung noch entstehende Produktionskosten
 = **beizulegender Wert** (vom Absatzmarkt her bestimmt)

3.2.2.4 Beizulegender Zeitwert

Der **beizulegende Zeitwert** ist ein Wert, der nur bei der **Bewertung von Altersversorgungsverpflichtungen** nach § 246 Abs. 2 S. 2 HGB und für die Bewertung von damit in Zusammenhang stehenden Rückstellungen nach § 253 Abs. 1 S. 3 HGB eine Rolle spielt.

Der beizulegende Zeitwert bezieht sich auf einer bestimmten Funktion dienende Wertpapiere. Er entspricht dem Marktpreis (§ 255 Abs. 4 S. 1 HGB). Voraussetzung für die Bestimmung eines solchen Marktpreises ist die Existenz eines aktiven Marktes. Der Begriff des aktiven Marktes entstammt den IFRS.

Ein **aktiver Markt** ist dadurch gekennzeichnet, dass:
- der Marktpreis leicht und regelmäßig feststellbar ist,
- die gehandelten Produkte homogen sind,
- ausreichend geschäftswillige Marktteilnehmer vorhanden sind und

- ausreichende und regelmäßige Markttransaktionen zwischen unabhängigen Dritten vorhanden und feststellbar sind.

Börsen erfüllen in der Regel diese Merkmale. Der **Marktpreis** muss leicht und verlässlich feststellbar sein.

Falls kein aktiver Markt vorhanden ist, der einen Marktpreis leicht und verlässlich bestimmen lässt, muss sich der beizulegende Zeitwert anhand allgemein anerkannter Bewertungsmethoden bestimmen lassen (§ 255 Abs. 4 S. 2 HGB).

Wenn beide Quellen für die Bestimmung des beizulegenden Zeitwertes nicht vorhanden sind, wendet man die allgemeine Regel des § 254 Abs. 4 HGB an, der die Anschaffungskosten und das strenge Niederstwertprinzip zugrunde liegen.

Beizulegender Zeitwert

- **Rechtsquelle**: § 255 Abs. 4 HGB
- **Anwendung**: Bewertung der Vermögensgegenständen des § 246 Abs. 2 S. 2 HGB und des § 253 Abs. 1 HGB (Rückstellungsbewertung)
- **Bestimmung**:
    - Marktpreis, falls nicht möglich:
    - geeignete Bewertungsmethoden, falls nicht möglich:
    - Anschaffungskosten oder letzter bestimmter beizulegender Zeitwert
- **Besonderheit**: Durchbrechung des Anschaffungskostenprinzips.

Im Zusammenhang mit dem beizulegenden Zeitwert und seiner Anwendung bestehen die Erläuterungspflichten nach § 285 Nr. 20, Nr. 25 HGB.

3.2.2.5 Erfüllungsbetrag

Der **Erfüllungsbetrag** ist der Maßstab zur Bewertung von Verbindlichkeiten und Rückstellungen. Der Begriff wurde mit dem BilMoG neu in das HGB eingeführt und ersetzt im Wesentlichen den Begriff „Rückzahlungsbetrag". Der Rückzahlungsbetrag war zu sehr auf Zahlungsvorgänge, also Geldleistungen zur Erfüllung von Verbindlichkeiten und Rückstellungen ausgerichtet. Mit Einführung des Begriffes „Erfüllungsbetrag" wird deutlich gemacht, dass nicht nur Geldleistungen, sondern auch Sachleistungen in Form von Lieferungen oder Dienstleistungen Gegenstand von Verbindlichkeiten oder Rückstellungen sein können.

Der Erfüllungsbetrag weist auf den Zeitpunkt der Auflösung der Passivposten hin. Als Bewertungsmaßstab in Euro (§ 244 HGB) muss er den Betrag enthalten, der im Zeitpunkt der Erfüllung der rechtlichen Verpflichtung vom Bilanzierenden zur Erledigung der Verbindlichkeit oder Rückstellung aufzuwenden ist. Insofern muss dieser Betrag auch alle Kosten- und Preissteigerungen enthalten, die in der Zukunft bis zur Erfüllung der Verbindlichkeit oder Rückstellung zu erwarten sind. Man kann dies als Durchbrechung des Stichtagsprinzips interpretieren.

Bei **Geldleistungsverpflichtungen** ist der Nennwert der Verbindlichkeit dem Erfüllungsbetrag gleichzusetzen.

Bei **Sach- und Dienstleistungen** entspricht der Erfüllungsbetrag den Aufwendungen, die erforderlich sind, um die Verpflichtung (Bewirkung) zu erbringen. Dies führt zu einem Ansatz zu „Vollkosten", d.h. zu einem Ansatz von Einzelkosten und Gemeinkosten.

Sachleistungsverpflichtungen ergeben sich bei Tauschgeschäften, wenn der Vertragspartner seinen Teil des Tauschgeschäftes erbracht hat. Die eigene Sachleistungsverpflichtung ist dann ebenfalls mit dem Erfüllungsbetrag zu bewerten. Dieser entspricht bei Dienstleistungsverpflichtungen allen Aufwendungen, die der Dienstleistung zuzuordnen sind (Einzel- und Gemeinkosten) und bei Sachleistungsverpflichtungen dem beizulegenden Wert des hinzugebenden Vermögensgegenstandes.

> **Beispiel:** Kaufmann K kann die Befreiung des § 241a HGB nicht in Anspruch nehmen. Für die Erstellung des Abschlusses hat der Steuerberater S im Berichtsjahr (13) 2.000 € für den Abschluss zum 31.12.12

verlangt. Wegen der Erhöhung der Bemessungsgrundlagen für die Gebühren rechnet K mit einer Erhöhung dieses Betrages auf 3.000 € (für den Abschluss zum 31.12.13).

Lösung: K muss in seine Bilanz zum 31.12.13 eine Rückstellung in Höhe von 3.000 € (Erfüllungsbetrag) einbuchen, weil noch nicht sicher ist, ob die Kosten für den Steuerberater tatsächlich 3.000 € betragen werden.

Abwandlung: Kaufmann K hat die Rechnung des S für den Abschluss zum 31.12.12 noch nicht bezahlt. Er will die Bezahlung im Februar 14 erledigen.

Lösung: K muss in seiner Bilanz zum 31.12.13 eine Verbindlichkeit in Höhe von 2.000 € ausweisen. Dies ist der Erfüllungsbetrag der Geldleistung.

Abwandlung: K entscheidet sich, den Abschluss von seinem Buchhalter B ausführen zu lassen. An Personalkosten erwartet er inklusive aller Gemeinkosten einen Betrag in Höhe von 1.800 €. An Bürobedarf erwartet K 250 €. S wird für die Überprüfung des B 500 € verlangen.

Lösung: K muss für die Verpflichtung einen Abschluss zu erstellen eine Rückstellung bilden, weil die nötigen Kosten für die Erstellung des Abschlusses noch nicht sicher sind. Diese Verpflichtung ist mit dem Erfüllungsbetrag zu bewerten, der nach vernünftiger kaufmännischer Beurteilung zu erwarten ist: 1.800 € + 250 € + 500 € = 2.550 €.

Ein spezielles Problem stellt die **Bewertung von Sachleistungsverpflichtungen** dar, wenn z.B. ein Vermögensgegenstand des Anlagevermögens gegen einen anderen eingetauscht wird. Hier enthält das HGB ein Wahlrecht (GoB), ob dieser Vorgang erfolgswirksam oder nicht erfolgswirksam zu behandeln ist (vgl. dazu Kapitel 3.2.2.1.2, dort: Tausch). Je nachdem, für welche Wirkung des Geschäftes sich der Bilanzierende entscheidet, wird er die Verpflichtung zur Lieferung des Vermögensgegenstandes mit dem Buchwert oder dem beizulegenden Wert bewerten.

Beispiel: Kaufmann K kauft vom Automobilhändler A am 01.12.13 einen Wagen. A stellt eine Rechnung aus mit folgendem Inhalt:

Neuwagen	22.000 €
Eintausch	10.000 €
Zuzahlung	12.000 €
MwSt. 19 % von 12.000 € =	2.280 €
Zu zahlen	**14.280 €**

Der Buchwert des Wagens betrug bei Eintausch 4.000 €. Der Verkehrswert (laut Gutachten eines Sachverständigen) betrug 8.000 €. Da K mit dem Wagen noch in Urlaub fahren will, wurde die Lieferung des einzutauschenden Wagens für den 15.01.14 vereinbart.

Lösung: Aus diesem Geschäft ist, unter Vernachlässigung der anderen Auswirkungen, eine Sachleistungsverpflichtung des K entstanden. Diese Verpflichtung ist in Bezug auf Bestand und Höhe sicher und daher als Verbindlichkeit auszuweisen.
Für die Bewertung mit dem Erfüllungsbetrag hat K ein Wahlrecht. Entschließt er sich zur Aufdeckung der stillen Reserven, muss er die Verbindlichkeit mit 8.000 € bewerten.
Entschließt er sich nicht zur Aufdeckung der stillen Reserven, muss er die Verbindlichkeit mit 4.000 € bewerten.

3.2.3 Zugangsbewertung und Folgebewertung

Vermögensgegenstände, die angeschafft werden, gehen mit den Anschaffungskosten zu. Vermögensgegenstände, die hergestellt werden, gehen mit den Herstellungskosten zu.

Vermögensgegenstände, die eingelegt werden, gehen mit dem gemeinen Wert bzw. dem beizulegenden Wert, je nachdem, welcher Wert niedriger ist, zu.

Schulden (Verbindlichkeiten und Rückstellungen) gehen mit dem Erfüllungsbetrag zu.

Bilanzpositionen, die in Finanzpositionen bestehen (Kasse, Bankkonten, Eigenkapital), gehen zum Nennwert in Euro zu.

Diese Zugänge erfolgen i.d.R. unterjährig; das bedeutet, dass die erste Aufnahme dieser Positionen in eine Bilanz bereits eine Folgebewertung darstellt. Der Zugang selbst spielt sich zunächst in der Buchhaltung und nicht in der Bilanz ab. Die Zugangsbewertung ist deswegen für die Bilanzierung insbesondere als Grundlage der Folgebewertung in den Bilanzen von Interesse. Wegen des **Realisationsprinzips haben die Zugangswerte** darüber hinaus auch Bedeutung als Wertgrenzen für Folgebewertungen. Für Positionen der Aktivseite stellen die Zugangswerte grundsätzlich Höchstwerte dar (**Anschaffungskostenprinzip**, Niederstwertprinzip). Für Positionen der Passivseite stellen die Zugangsgrößen grundsätzlich Mindestwerte dar (Realisationsprinzip, Höchstwertprinzip). Einmal realisierte Zugangswerte (in Form von „historischen" Anschaffungs- und Herstellungskosten bzw. Erfüllungsbeträgen) unterliegen keinen Veränderungen durch später entstehende Wertveränderungen. Im Weiteren werden deswegen insbesondere die Einflussgrößen auf die Folgebewertung betrachtet.

3.2.3.1 Planmäßige Abschreibungen

Vermögensgegenstände des Anlagevermögens, deren Nutzung zeitlich begrenzt ist (mit anderen Worten: die abnutzbar sind), müssen **planmäßig abgeschrieben** werden (§ 253 Abs. 2 S. 1 HGB). Daraus folgt bereits, dass nicht abnutzbare Vermögensgegenstände des Anlagevermögens (z.B. Grundstücke, Finanzanlagen) und Vermögensgegenstände des Umlaufvermögens nicht planmäßig abgeschrieben werden dürfen. Der Abschreibungsplan muss die Anschaffungs- oder Herstellungskosten auf die Geschäftsjahre der voraussichtlichen Nutzung verteilen (§ 253 Abs. 2 S. 2 HGB).

Mit den planmäßigen Abschreibungen werden verschiedene Ziele bzw. Funktionen verbunden:

Planmäßige Abschreibungen haben eine bilanzpolitische Funktion, weil das HGB keine festgeschriebenen Abschreibungsmethoden nennt und insofern ein gewisses Methodenwahlrecht besteht. Mit der Anwendung der planmäßigen Abschreibung wird ein periodengerechter Erfolgsausweis erreicht, weil der in den Anschaffungs- oder Herstellungskosten aktivierte Aufwand auf die Jahre der voraussichtlichen Nutzung des abzuschreibenden Vermögensgegenstandes verteilt wird; damit erreicht man einen zutreffenden Ausweis des Vermögens.

Weil Abschreibungen zwar Aufwand, aber keine Ausgaben darstellen, erreichen sie, dass der aus der Geschäftstätigkeit erzielte Zuwachs an Ressourcen im Unternehmen verbleibt und nicht ausgeschüttet wird. Die Abschreibungen entfalten so eine Kapitalerhaltungsfunktion. Damit wird es auch möglich, das nicht buchmäßige Eigenkapital zu stärken und damit eine Finanzierungsfunktion zu erreichen.

Das HGB bestimmt nicht die Bedingungen der planmäßigen Abschreibungen über das bisher Gesagte hinaus. Im Gegensatz dazu sind die **Bedingungen und Methoden planmäßiger Abschreibungen** im Steuerrecht wesentlich enger gefasst (vgl. § 7 EStG). Wenn auch nach Einführung des BilMoG steuerliche Wahlrechte unabhängig von der handelsrechtlichen Entscheidung durchgeführt werden können, stellen die steuerlichen Festlegungen eine Grundlage für die Ausgestaltung der handelsrechtlichen planmäßigen Abschreibungen dar. Insofern lehnen sich die folgenden Ausführungen stark an die sehr detaillierten Regelungen des Steuerrechts an.

Das **Abschreibungsvolumen** ergibt sich aus dem Gebot des § 253 Abs. 3 S. 2 HGB, dass der Abschreibungsplan die Anschaffungs- oder Herstellungskosten auf die Jahre der voraussichtlichen Nutzungsdauer verteilen soll. Daraus folgt, dass in der Regel die Anschaffungs- oder Herstellungskosten als Bemessungsgrundlage der Abschreibung dienen. Ein am Ende der Nutzungsdauer zu erwartender Schrott- oder Veräußerungswert mindert die Bemessungsgrundlage in der Regel nicht, da dies vom Gesetzgeber nicht vorgeschrieben ist und darüber hinaus einen (noch) nicht realisierten Gewinn in die Berechnung der Abschreibung einführt. Nur im Einzelfall, wenn z.B. der Veräußerungserlös durch feste vertragliche Vereinbarungen am Ende der Nutzungsdauer sicher feststeht, könnte man einer Minderung der Abschreibungs-Bemessungsgrundlage zustimmen.

Der Abschreibungsplan enthält dann jeweils die Buchwerte zu den Bilanzstichtagen und weist die Jahresraten der Abschreibung aus. Die **Buchwerte des Abschreibungsplanes** werden auch als fortgeführte Anschaffungs- oder Herstellungskosten bezeichnet.

Der **Abschreibungszeitraum** beginnt mit Herstellung des betriebsbereiten Zustandes für das bilanzierende Unternehmen. Es kommt nicht auf die konkrete Nutzung an.

> **Beispiel:** Kaufmann K erwirbt ein Fahrzeug und lässt es zum Straßenverkehr zu. Es bleibt aber auf dem Firmengelände stehen, weil K sich die Abschreibung für das laufende schlechte Wirtschaftsjahr ersparen möchte.
>
> **Lösung:** K muss trotzdem im Jahr der Anschaffung abschreiben, sobald das Fahrzeug betriebsbereit ist.

Die **Abschreibung wird bei Abschreibungsbeginn** ratierlich vorgenommen, indem angebrochene Monate voll gezählt werden bzw. volle Monate, in denen der Vermögensgegenstand noch nicht in betriebsbereitem Zustand war, nicht mitzählen.

> **Beispiel:** Eine Maschine (Anschaffungskosten: 100.000 €, Nutzungsdauer 5 Jahre, Abschreibung linear) wird am 29.12.10 in betriebsbereitem Zustand angeschafft.
>
> **Lösung:** Auf das Wirtschaftsjahr 10 entfällt ein Abschreibungsbetrag in Höhe von $\frac{1}{12}$ x 20.000 €.

Der Abschreibungszeitraum endet mit dem Ablauf der zu Beginn der Abschreibung festgelegten voraussichtlichen Nutzungsdauer. Diese Nutzungsdauer wird geschätzt, indem die zu erwartende Nutzungsfähigkeit des abzuschreibenden Vermögensgegenstandes betrachtet wird.

Die **Nutzungsfähigkeit** wird von drei Faktoren bestimmt:

1. der technischen Nutzungsdauer,
2. der wirtschaftlichen Nutzungsdauer und
3. der rechtlichen Nutzungsdauer.

Diese Überlegungen bestimmen die **Schätzung der voraussichtlichen Nutzungsdauer**. Ereignisse mit solchen, die Nutzungsdauer begrenzenden Folgen oder neue Erkenntnisse, die während der betrieblichen Nutzung auftreten, können zu einer Änderung des Planes führen.

Im Wirtschaftsjahr, in dem der Abschreibungsplan endet, muss handelsrechtlich keine Abschreibung mehr vorgenommen werden, da diese keine Erfolgswirkung hat. Der Bilanzierende kann eine solche aber durchführen.

> **Beispiel:** Eine Maschine (Anschaffungskosten: 100.000 €, Nutzungsdauer 5 Jahre, Abschreibung linear) wird am 29.12.10 in betriebsbereitem Zustand angeschafft. Am 15.02.15 wird die Maschine verkauft. Der Veräußerungserlös beträgt 20.000 €. Erfolgswirkung?
>
> **Lösung: Alternative ohne planmäßige Abschreibung im Jahre 15:**
> Der Buchwert der Maschine beträgt zum 31.12.14: 100.000 € ./. ($\frac{49}{60}$ x 100.000 €)
> $\qquad = \frac{11}{60}$ x 100.000 €.
> Der Veräußerungsgewinn im Jahre 15 beträgt
> $\qquad$ 20.000 € ./. ($\frac{11}{60}$ x 100.000 €) = 1.667 €.
> **Alternative mit planmäßiger Abschreibung im Jahre 15:**
> Der Buchwert der Maschine beträgt zum 31.12.14
> $\qquad$ 100.000 € ./. ($\frac{49}{60}$ x 100.000 €) = $\frac{11}{60}$ x 100.000 €.
> Die planmäßige Abschreibung des Jahres 15 bis zur Veräußerung beträgt $\frac{2}{60}$ der Anschaffungskosten
> $\qquad$ oder $\frac{2}{12}$ einer Jahresrate (= $\frac{1}{5}$ der Anschaffungskosten).

> Somit beträgt der Buchwert zum Zeitpunkt der Veräußerung
> $^9/_{60}$ x 100.000 €.
> Der Veräußerungsgewinn beträgt dann
> 20.000 € ./. ($^9/_{60}$ x 100.000 €) = 5.000 €.
> Die Gewinnwirkung im Zusammenhang mit der veräußerten Maschine beträgt für das Jahr 15 insgesamt: Veräußerungsgewinn ./. planmäßiger Abschreibung =
> 20.000 € ./. ($^9/_{60}$ x 100.000 €) ./. ($^2/_{60}$ x 100.000 €) = 20.000 € ./. ($^{11}/_{60}$ x 100.000 €).

Eine Abschreibung im Jahr des Abganges ist nur dann sinnvoll, wenn der Buchwert des ausscheidenden Vermögensgegenstandes für andere Sachverhalte von Bedeutung ist (so z.B. im Bilanzsteuerrecht zur **Bestimmung der steuerfreien Rücklage nach § 6b EStG** oder R 6.6 EStR).

Auch die Abschreibungsmethoden sind in der handelsrechtlichen Praxis weitgehend durch das Steuerrecht bestimmt, da deren konkrete Anwendung in der steuerlichen Gewinnermittlung die Ausübung eines steuerlichen Wahlrechtes voraussetzt. Vor Inkrafttreten des BilMoG führte dies bei zur Beachtung der Maßgeblichkeit verpflichteten Bilanzierenden zur verpflichtenden Anwendung der gleichen Methode im handelsrechtlichen Abschluss. Seit Inkrafttreten des BilMoG können steuerliche Wahlrechte unabhängig von der Handelsbilanz ausgeübt werden. Dies dürfte zukünftig zu einer Ausweitung der Wahrnehmung von Wahlrechtsmöglichkeiten in Bezug auf die Abschreibungsmethoden und -bedingungen in der Handelsbilanz führen.

Die **Lineare Abschreibung** verteilt die Anschaffungs- oder Herstellungskosten in gleichen Raten auf die voraussichtliche Nutzungsdauer. Nach Ablauf der Abschreibungsdauer wird ein Restwert von 0 € erreicht.

Die **Degressive Abschreibung** wendet fallende Abschreibungsraten an.

Man unterscheidet die (steuerlich zulässige) geometrisch degressive Abschreibung von der (steuerlich unzulässigen) arithmetisch degressiven oder digitalen Abschreibung. Die geometrisch degressive Abschreibung wendet gleichbleibende Abschreibungs-Prozentsätze auf die jeweiligen Buchwerte des Vorjahres bzw. im ersten Jahr der Anwendung auf die Anschaffungs- oder Herstellungskosten an. Deswegen wird diese Methode auch Buchwertmethode genannt. Die Methode führt nicht zu einem Restwert von 0 €.

Bei der **Digitalen Abschreibung** vermindert sich die Abschreibungsrate jedes Jahr um einen festen Betrag (dem Degressionsbetrag), der sich aus den aufaddierten Ziffern der Jahre der Nutzung ergibt. Die Bedeutung der digitalen Methode wird voraussichtlich im handelsrechtlichen Abschluss zunehmen, da es auf die steuerliche Zulässigkeit nach dem BilMoG nicht mehr ankommt und diese Methode auch ohne Methodenwechsel zu einem Restwert von 0 € führt.

Die (auch steuerlich zulässige) **Leistungsabschreibung** bestimmt die Abschreibungsraten als Quotienten aus der Leistungsabgabe des Vermögensgegenstandes im betrachteten Wirtschaftsjahr auf die Gesamtleistungsabgabe. Nach Erreichen der geschätzten Gesamtleistung wird ein Restwert von 0 € erreicht. Diese Methode setzt allerdings voraus, dass sowohl die Leistungsabgabe im Wirtschaftsjahr messbar ist als auch die Gesamtleistungsabgabe zuverlässig geschätzt werden kann.

Die **Absetzung für Substanzverringerung** ist eine der Leistungsabschreibung verwandte Methode zur Abschreibung von Bodenschätzen. Die Methode ist auch steuerlich zulässig. Die Jahresabschreibungsrate bestimmt sich aus dem Verhältnis der Ausbeute pro Wirtschaftsjahr zum Gesamtumfang des Bodenschatzes.

Die **Progressive Abschreibung** wird zwar in der Literatur beschrieben, hat aber nur geringe Bedeutung, da ein entsprechender Nutzungsverlauf nur in Einzelfällen denkbar ist (z.B. bei zunehmender Auslastung von Rechenzentren und Kraftwerken). Diese Methode ist steuerlich unzulässig, aber auch mit den GoB nur in Ausnahmefällen vereinbar.

Auch die **Kombination von Methoden** stellt eine Methode zur planmäßigen Abschreibung dar; z.B. die Kombination der geometrisch-degressiven mit der linearen Methode. Normalerweise geht man von der geometrisch degressiven Methode zur linearen Methode über, sobald die Abschreibungsrate der linearen Methode größer ist als diejenige der geometrisch degressiven Methode. Der Restbuchwert nach der geometrisch-degressiven Methode wird dann auf die Restnutzungsdauer verteilt.

Allgemein gilt, dass bei Veränderungen des Planes, sei es in Bezug auf die Bemessungsgrundlage der Abschreibung (z.B. durch nachträgliche Anschaffungskosten oder nachträgliche Anschaffungskostenminderungen) oder Veränderungen der Restnutzungsdauer (z.B. durch vorzeitigen Verschleiß oder unvorhergesehene intensivere Nutzung durch zusätzliche Nachtschichten), diese Änderungen berücksichtigt werden müssen. Dabei wird in der Regel die (neue) Bemessungsgrundlage auf die (neue) Restnutzungsdauer verteilt.

Aufgabe: Eine Maschine (Anschaffungskosten 100.000 €, Nutzungsdauer 5 Jahre) wird am 29.01.01 in betriebsbereitem Zustand angeschafft. Die Leistungsabgabe der Maschine wird mit 10.000.000 Maschineneinheiten eines Produktes während ihrer Lebensdauer geschätzt. Im ersten Jahr der Nutzung werden 1.800.000 Maschineneinheiten, im zweiten Jahr 2.200.000 Maschineneinheiten und in den Folgejahren je 2.500.000 Maschineneinheiten produziert.
Wie lauten die Abschreibungspläne der verschiedenen Abschreibungsmethoden?

Lösung: Lineare Methode

Wirtschaftsjahr	Abschreibung	Abschreibungsrate	Buchwert
31.12.01	20 %	20.000 €	80.000 €
31.12.02	20 %	20.000 €	60.000 €
31.12.03	20 %	20.000 €	40.000 €
31.12.04	20 %	20.000 €	20.000 €
31.12.05	20 %	20.000 €	0 €

Geometrisch-degressive Methode (Buchwertmethode)

Wirtschaftsjahr	Abschreibung	Abschreibungsrate	Buchwert
31.12.01	30 %	30.000 €	70.000 €
31.12.02	30 %	21.000 €	49.000 €
31.12.03	30 %	14.700 €	34.300 €
31.12.04	30 %	10.290 €	24.010 €
31.12.05	30 %	7.203 €	16.807 €

Arithmetisch degressive (digitale) Methode
Jahre der Nutzung: $1 + 2 + 3 + 4 + 5 = 15$ oder
mit n = Nutzungsdauer in Jahren: $(n + 1) \times \frac{n}{2} = 6 \times \frac{5}{2} = 15$
Degressionsbetrag $= \frac{1}{15} \times 100.000 \text{ €} = 6.666,67 \text{ €}$

Wirtschaftsjahr	Abschreibung	Abschreibungsrate	Buchwert
31.12.01	$\frac{5}{15}$ x Anschaffungskosten	33.333,33 €	66.666,67 €
31.12.02	$\frac{4}{15}$ x Anschaffungskosten	26.666,67 €	40.000,00 €
31.12.03	$\frac{3}{15}$ x Anschaffungskosten	20.000,00 €	20.000,00 €

| 31.12.04 | $^2/_{15}$ x Anschaffungs-kosten | 13.333,33 € | 6.666,67 € |
| 31.12.05 | $^1/_{15}$ x Anschaffungs-kosten | 6.666.67 € | 0 € |

Leistungsabschreibung

Jahr 01 Abschreibungsrate 1.800.000/10.000.000 = 18 %
Jahr 02 Abschreibungsrate 2.200.000/10.000.000 = 22 %
Jahr 03 Abschreibungsrate 2.500.000/10.000.000 = 25 %

Wirtschaftsjahr	Abschreibung	Abschreibungsrate	Buchwert
31.12.01	18 %	18.000 €	82.000 €
31.12.02	22 %	22.000 €	60.000 €
31.12.03	25 %	25.000 €	35.000 €
31.12.04	25 %	25.000 €	10.000 €
31.12.05	10 %	10.000 €	0 €

Kombination Buchwertmethode und lineare Methode

Es ist sinnvoll, ab dem Jahr 03 auf die lineare Abschreibung überzugehen, da dann die lineare Rate mit 16.333,33 € größer als die degressive Rate mit 14.700 € ist.

Wirtschaftsjahr	Abschreibung	Abschreibungsrate	Buchwert
31.12.01	30 %	30.000,00 €	70.000,00 €
31.12.02	30 %	21.000,00 €	49.000,00 €
31.12.03	33 $^1/_3$ % linear	16.333,33 €	32.666,67 €
31.12.04	33 $^1/_3$ % linear	16.333,33 €	16.333,33 €
31.12.05	33 $^1/_3$ % linear	16.333,33 €	0 €

Beispiel: Die Maschine aus obenstehender Aufgabe wird am Ende des dritten Jahres der Nutzung über den ursprünglichen Zustand hinaus wesentlich verbessert. Herstellungskosten aus dieser Maßnahme 15.000 €. Die Nutzungsdauer der Maschine wird aufgrund dieser Ertüchtigung um zwei Jahre bis zum Ende des Jahres 07 verlängert. Die Abschreibung wird linear vorgenommen.

Lösung: Ende des Jahres 03 steigt die Bemessungsgrundlage der Abschreibung von 40.000 € auf 55.000 €. Die Restnutzungsdauer steigt von 2 auf 4 Jahre.

Wirtschaftsjahr	Abschreibung	Abschreibungsrate	Buchwert
31.12.01	20 %	20.000 €	80.000 €
31.12.02	20 %	20.000 €	60.000 €
31.12.03	20 %	20.000 €	55.000 €
31.12.04	25 %	13.750 €	41.250 €
31.12.05	25 %	13.750 €	27.500 €
31.12.06	25 %	13.750 €	13.750 €
31.12.07	25 %	13.750 €	0 €

3.2.3.2 Außerplanmäßige Abschreibungen

Die Korrekturfunktion des beizulegenden Wertes (s. Kapitel 3.2.3.1) besteht zum Buchwert des betrachteten Vermögensgegenstandes zum Bilanzstichtag. Daraus folgt, dass, soweit gesetzlich vorgeschrieben (abnutzbare Vermögensgegenstände des Anlagevermögens, § 253 Abs. 3 S. 1 HGB), zunächst die planmäßige Abschreibung vorgenommen und dann der neue Buchwert mit dem beizulegenden Wert verglichen wird. Daraus folgt auch, dass der Vergleich des Buchwertes mit dem beizulegenden Wert nur am Abschlussstichtag vorgenommen wird und die planmäßige Bestimmung des Buchwertes voraussetzt. Damit ist sowohl die:

- **Reihenfolge der Abschreibungen** (zunächst planmäßige Abschreibung und andere Minderungen des Buchwertes, wie z.B. nachträgliche Anschaffungskosten/Herstellungskosten-Minderungen, und dann erst die außerplanmäßige Abschreibung) als auch
- der **Zeitpunkt zur Vornahme der außerplanmäßigen Abschreibung** festgelegt (Abschlussstichtag).

Der **Umfang der außerplanmäßigen Abschreibung** wird durch die Differenz Buchwert zu beizulegendem Wert bestimmt. Ist der beizulegende Wert des Vermögensgegenstandes aufgrund einer voraussichtlich dauernden Wertminderung niedriger als der Buchwert (nach planmäßiger Abschreibung und evtl. anderen Minderungen des Buchwertes) des betrachteten Vermögensgegenstandes, so muss bei Vermögensgegenständen des Anlagevermögens auf diesen niedrigeren beizulegenden Wert abgeschrieben werden (§ 253 Abs. 3 S. 3 HGB). Wegen der Voraussetzung „voraussichtlich dauernde Wertminderung" spricht man beim Anlagevermögen vom **„gemilderten Niederstwertprinzip"**. Bei Vermögensgegenständen des Finanzanlagevermögens kommt es auf das Kriterium der voraussichtlich dauernden Wertminderung nicht an. Wenn eine solche voraussichtliche Dauerhaftigkeit der Wertminderung bei den Finanzanlagen nicht vorliegt, so darf dennoch (Abschreibungswahlrecht, § 253 Abs. 3 S. 4 HGB) auf den niedrigeren beizulegenden Wert abgeschrieben werden.

Was unter einer **„voraussichtlich dauernden Wertminderung"** zu verstehen ist, wird im HGB nicht definiert. Hilfsweise kann auch hier wieder das Steuerrecht herangezogen werden. Eine dauernde Wertminderung wird dann angenommen, wenn der beizulegende Wert entweder für mehr als die Hälfte der Restnutzungsdauer (abnutzbare Vermögensgegenstände) oder mindestens fünf Jahre (nicht abnutzbare Vermögensgegenstände) unter den (fortgeführten) Anschaffungs- oder Herstellungskosten liegt (s. dazu auch BMF-Schreiben vom 25.02.2000, BStBl I 2000, 372, Rz. 6, 7, 23).

Bei **Vermögensgegenständen des Umlaufvermögens** ist auf einen niedrigeren Wert abzuschreiben, der sich aus einem Börsen- oder Marktpreis ergibt oder, falls ein solcher Preis nicht festgestellt werden kann, auf den niedrigeren beizulegenden Wert abzuschreiben (zur Bestimmung der Werte s.o.). Wegen der fehlenden Voraussetzung „voraussichtlich dauernde Wertminderung" zur außerplanmäßigen Abschreibung spricht man beim Umlaufvermögen vom „strengen Niederstwertprinzip".

3.2.3.3 Wertaufholung

Seit Einführung des BilMoG ist die **Wertaufholung** rechtsformunabhängig im § 253 Abs. 5 HGB geregelt.

Wenn die Gründe, die zu einer außerplanmäßigen Abschreibung, also zum Ansatz eines niedrigeren Wertes nach § 253 Abs. 3 S. 3 oder 4 HGB und § 253 Abs. 4 HGB, geführt haben, nicht mehr bestehen, so sind für die Bewertung des betreffenden Vermögensgegenstandes wieder die allgemeinen Bewertungsvorschriften des § 253 Abs. 1 S. 1 HGB anzuwenden; d.h. es ist bis zu den (fortgeführten) Anschaffungs- oder Herstellungskosten erfolgswirksam zuzuschreiben. Liegt aber ein **beizulegender Wert** für den Vermögensgegenstand vor, der zwar unter den (fortgeführten) Anschaffungs- oder Herstellungskosten, aber über dem (fortgeführten) niedrigeren beizulegenden Wert vor Wertaufholung liegt, so ist nur auf diesen Wert (also einen Zwischenwert) zuzuschreiben. Eine **Wertaufholung** (Zuschreibung) setzt also eine außerplanmäßige Abschreibung gemäß § 253 Abs. 3 S. 3 oder 4 HGB und § 253 Abs. 4 HGB voraus. Beibehaltungswahlrechte bestehen insofern nicht mehr.

Liegt der **beizulegende Wert höher als der Buchwert**, aber unter den (fortgeführten) Anschaffungs- oder Herstellungskosten, so ist höchstens auf diesen zuzuschreiben.

Beispiel: Kaufmann K erwirbt am 01.07.12 Wertpapiere, die dem Anlagevermögen zuzurechnen sind und deren Anschaffungskosten 10.000 € betragen. Am 31.12.12 sinkt der beizulegende Wert auf 8.000 €. Es wird von einer voraussichtlich dauernden Wertminderung ausgegangen.

Wider Erwarten erhöht sich der Kurswert der Wertpapiere am 31.12.13 auf:

*   8.800 € (Fall a)) bzw.
*   11.400 € (Fall b)).

Frage: Wie lautet der Bilanzansatz zum 31.12.12 und 31.12.13?

Lösung:

*   Am 31.12.12 muss K die Wertpapiere auf 8.000 € erfolgswirksam abwerten (§ 253 Abs. 3 S. 3 HGB). Zum Ende des Jahres 13 hat er (erfolgswirksam) eine Zuschreibung von 800 € (Fall a)) bzw. 2.000 € (Fall b)) vorzunehmen (§ 253 Abs. 5 HGB).
*   Der Bilanzwert der Wertpapiere erhöht sich zum 31.12.13 auf a) 8.800 € bzw. b) 10.000 €. Im Fall b) scheidet ein Wert in Höhe von 11.400 € aus, weil insoweit das Realisations- bzw. Anschaffungswertprinzip verletzt würde.

Beispiel: Die Z–AG erwirbt am 02.01.12 eine Maschine für das Anlagevermögen, Anschaffungskosten = 100.000 €, Nutzungsdauer = 5 Jahre, Schrottwert geschätzt 5.000 €, Abschreibung linear.

31.12.13: beizulegender Wert 48.000 €; voraussichtlich dauernde Wertminderung.

31.12.14:

*   Alternative a): Der beizulegende Wert beträgt 35.000 €.
*   Alternative b): Der beizulegende Wert beträgt 70.000 €.

Frage: Wie sind die Bilanzansätze der Jahre 12–16?

Lösung:

Zu Beginn der Nutzung auf-zustellender Abschreibungs-plan: Geschäftsjahr	Planmäßige Abschreibung	Restbuchwert = Bilanzansatz (fortgeführte Anschaffungskosten)
31.12.12	20.000 €	80.000 €
31.12.13	20.000 €	60.000 €
31.12.14	20.000 €	40.000 €
31.12.15	20.000 €	20.000 €
31.12.16	20.000 €	0 €

Verhältnisse nach Berücksichtigung der dauernden Wertminderung

Geschäftsjahr	Planmäßige Abschreibung	Außerplanmäßige Abschreibung	Bilanzansatz
31.12.13	20.000 €	12.000 €	48.000 €
31.12.14	16.000 €		32.000 €
31.12.15	16.000 €		16.000 €
31.12.16	16.000 €		0 €

Verhältnisse nach Berücksichtigung der Wertsteigerung Alternative a)

Geschäftsjahr	Planmäßige Abschreibung	Wertaufholung	Bilanzansatz
31.12.14	16.000 €	3.000 €	35.000 €
31.12.15	17.500 €		17.500 €
31.12.16	17.500 €		0 €

Verhältnisse nach Berücksichtigung der Wertsteigerung Alternative b)

Geschäftsjahr	Planmäßige Abschreibung	Wertaufholung	Bilanzansatz
31.12.14	16.000 €	8.000 €	40.000 €
31.12.15	20.000 €		20.000 €
31.12.16	20.000 €		0 €

Zusammenfassung
- Nach einer vorangegangen außerplanmäßigen Abschreibung auf den niedrigeren beizulegenden Wert ist eine Wertaufholung erforderlich, wenn der Grund für die vorgenommene außerplanmäßige Abschreibung nicht mehr (oder nicht mehr im gesamten Umfang) besteht (§ 253 Abs. 5 HGB).
- Die Wertaufholung ist
  - begrenzt auf den am Bilanzstichtag geltenden beizulegenden Wert oder
  - begrenzt auf die (fortgeführten) Anschaffungs- oder Herstellungskosten,
  je nachdem, welcher Wert niedriger ist.
- Keine Wertaufholung beim Geschäfts- oder Firmenwert, § 253 Abs. 5 HGB.

3.2.3.4 Bewertungsvereinfachungen

Aus dem bisher Dargelegten ergibt sich, dass die Bewertung eines Vermögensgegenstandes eine durchaus aufwendige Tätigkeit darstellen kann. Bei allen Vermögensgegenständen des Anlage- und Umlaufvermögens gilt grundsätzlich der **Einzelbewertungsgrundsatz**.

Da der handelsrechtliche Abschluss eine kaufmännische Rechnung ist, muss auch immer eine Abwägung erfolgen, ob der Aufwand einer Wertermittlung in einem ökonomisch sinnvollen Verhältnis zum Informationsnutzen der Wertermittlung steht. Die **Bewertung von Vermögensgegenständen mit den Anschaffungs- oder Herstellungskosten** als Bewertungsbasis setzt voraus, dass:
- die Vermögensgegenstände identifizierbar getrennt gelagert werden,
- eindeutige, getrennte Aufzeichnungen der Anschaffungs- oder Herstellungskosten existieren und
- eine verlässliche, eindeutige Zuordnung der Anschaffungs- oder Herstellungskosten zum zu bewertenden Vermögensgegenstand möglich ist.

Gerade bei Vermögensgegenständen, die in großen Lagern aufbewahrt werden (Laborausrüstung, Schalungsmaterial, Schrauben, Dichtungen usw.) ist diese eindeutige Zuordnung nur mit unangemessenem Aufwand möglich, bei einigen Typen von Vermögensgegenständen aus physikalischen Gründen sogar nicht möglich (z.B. Schüttgüter, Flüssigkeiten, die in Tank- oder Silo-Anlagen gelagert werden).

Für diese Fälle hat der Gesetzgeber **Ausnahmen vom Einzelbewertungsgrundsatz** zugelassen.

Die Abweichung vom Einzelbewertungsgrundsatz mithilfe einer Bewertungsvereinfachung muss aber immer den GoB entsprechen. Allgemein ist zu sagen, dass je niedriger die Werte von Vermögensgegenständen sind und je schwieriger die Bewertung ist, desto eher ist eine **Bewertungsvereinfachung** vertretbar.

Und umgekehrt gilt: Je hochwertiger der Vermögensgegenstand und je einfacher die Bewertung desto größer ist die Verpflichtung zur Einzelbewertung.

Das HGB bietet folgende wesentlichen **Bewertungsvereinfachungen** an:

- **Festwert gem. § 240 Abs. 3 HGB,**
- **Gruppenbewertung gem. § 240 Abs. 4 HGB,**
- **Verbrauchsfolgeverfahren gem. § 256 HGB.**

Die **Festbewertung**, d.h. der Ansatz einer Klasse von Vermögensgegenständen mit einem Festwert setzt folgende Umstände voraus:

- Anwendung nur bei Vermögensgegenständen des Sachanlagevermögens und Roh-, Hilfs- und Betriebsstoffen,
- regelmäßiger Ersatz der Vermögensgegenstände,
- nachrangiger Gesamtwert (< ca. 10 % Bilanzsumme),
- geringe Schwankungen der Menge, des Werts und der Zusammensetzung im Berichtszeitraum.

Wenn diese Voraussetzungen gegeben sind, kann der Gesamtbestand mit einem Festwert bewertet werden. Dieser Festwert soll alle drei Jahre mithilfe einer Inventur und einer Einzelbewertung der Vermögensgegenstände überprüft werden.

Die **erstmalige Festlegung eines Festwertes** bestimmter Vermögensgegenstände erfolgt durch Inventur und Einzelbewertung der Vermögensgegenstände, die obige Voraussetzungen erfüllen (z.B. Bettwäsche, Geschirr eines Hotels, Schalungsmaterial von Bauunternehmen oder Laborausrüstungen von Chemieunternehmen). Der Festwert entspricht der Summe aller (fortgeführten) Anschaffungs- oder Herstellungskosten oder niedrigeren beizulegenden Werte.

Laufende Zugänge in der Klasse der betreffenden Vermögensgegenstände werden sofort erfolgswirksam behandelt und nicht aktiviert. Abgänge durch Verbrauch, Verlust oder Beschädigung werden nicht erfasst. Verkäufe sind in vollem Umfang erfolgswirksam (keine Ermittlung eines Veräußerungsgewinns; Veräußerungserlös ist erfolgswirksam).

Alle drei Jahre soll der Festwert überprüft werden. Ist eine Erhöhung des Wertes erforderlich, so wird diese durch Aktivierungen von bis dahin erfolgswirksam erfassten Zugängen von Vermögensgegenständen erreicht, der Aufwand der Berichtsperiode also insoweit vermindert.

Diese Bewertungsvereinfachung ersetzt also für i.d.R. zwei Abschlussstichtage die Inventur und die Einzelbewertung.

Die anderen Bewertungsvereinfachungen geben einen **Ersatzwert für die Anschaffungs- oder Herstellungskosten** des einzelnen Vermögensgegenstandes an. Daraus folgt, dass eine Inventur erfolgen muss. Der Bilanzbestand der betreffenden Vermögensgegenstände ergibt sich also erst als Produkt aus Ersatzwert und Inventurmenge.

Dieser Ersatzwert ist auch noch einem **Niederstwerttest** zu unterziehen.

Die **Gruppenbewertung mit Durchschnittspreisverfahren gem**. § 240 Abs. 4 HGB ist an folgende Voraussetzungen gebunden:

- **gleichartige Vermögensgegenstände des Vorratsvermögens** und
- **gleichartige oder annähernd gleichwertige bewegliche Vermögensgegenstände und Schulde**n.

Vermögensgegenstände sind gleichartig, wenn sie eine gleiche Funktion für das Unternehmen aufweisen oder einer gleichen Warengattung angehören. **Vermögensgegenstände sind gleichwertig**, wenn die Wertunterschiede nicht zu groß sind. Z.B. sind Wertspannen von ca. 30 % unbeachtlich.

Wenn diese Voraussetzungen gegeben sind, ist es möglich, die betreffenden Vermögensgegenstände in Gruppen zusammenzufassen und innerhalb der Gruppen mit dem **gewogenen Durchschnitt der Anschaffungs- oder Herstellungskosten** zu bewerten.

$$P_d = \frac{\sum m_t * p_t}{\sum m_t}$$

Mit: P = Preis in €

d = Durchschnitt

m = Mengeneinheit

t = Zugang/Preis zum Zeitpunkt t

t = 0 erster Zugang

t = n letzter Zugang

Wichtig: Der erste Zugang (t = 0) ist der Endbestand des Vorjahres, falls vorhanden!

Beispiel: 50 Stück gleichartige Vermögensgegenstände des Umlaufvermögens (Absperrventile einer Dimension, Druckstufe und Werkstoff) befinden sich am 31.12.11 am Lager. Die Menge wurde durch eine Inventur bestimmt. Der Vorjahresbestand betrug 20 Stück mit einem Gesamtwert von 4.000 €. Folgende Zugänge sind bekannt:

- Lieferung am 15.02.11: 7 Ventile zu einem Einzelpreis (= Anschaffungskosten) von 195 €;
- Lieferung am 17.06.11: 25 Ventile zu einem Einzelpreis (= Anschaffungskosten) von 220 €;
- Lieferung am 15.11.11: 10 Ventile zu einem Einzelpreis (= Anschaffungskosten) von 190 €;
- Lieferung am 15.12.11: 14 Ventile zu einem Einzelpreis (= Anschaffungskosten) von 210 €.

Lösung:

Summe mt x pt = (4.000 € + 1.365 € + 5.500 € + 1.900 € + 2940 €) = 15.705 €.

Summe mt = (20 + 7 + 25 + 10 + 14) = 76.

Der gewogene Durchschnitt der Anschaffungskosten pro Ventil beträgt dann

15.705 €/76 Stück = 206,64 €/Stück.

Der Gesamtbestand der Ventile ist dann mit 50 x 206,64 € = 10.332 € zu bewerten.

Ist der beizulegende Wert am 31.12.11 auf 200 € gesunken, so ist der Bestand mit 50 x 200 € = 10.000 € zu bewerten.

Die Methoden der **Verbrauchsfolgeverfahren** (§ 256 HGB) unterstellen eine bestimmte Verbrauchsfolge (Verbrauch, Veräußerung) von Vermögensgegenständen des Vorratsvermögens. Aus dieser Verbrauchsannahme (letztlich einer Verbrauchsfiktion) ergeben sich (fiktive) Anschaffungskosten der Vermögensgegenstände des zu bewertenden Bestandes.

Es ist wichtig zu bedenken, dass das Verbrauchsfolgeverfahren einen Abgang von Vermögensgegenständen unterstellt, aber der noch vorhandene Bestand bewertet werden muss. Diese Annahme bringt aber eine einfachere Zuordnung von Anschaffungs- oder Herstellungskosten zu noch vorhanden Vermögensgegenständen mit sich.

Die **Anwendung der Verbrauchsfolgeverfahren** ist an folgende **Voraussetzungen** geknüpft:

- Die Methoden sind nur bei gleichartigen Vermögensgegenständen des Vorratsvermögens anwendbar.
- Das Verbrauchsfolgeverfahren ermittelt den durchschnittlichen Wert eines einzelnen Vermögensgegenstandes aufgrund einer Verbrauchsfiktion.
- Die Zugänge und der Endbestand der Vermögensgegenstände müssen mengenmäßig erfasst werden können (Eine Inventur ist erforderlich).

§ 256 HGB unterstellt (fingiert) eine bestimmte (zeitliche) Verbrauchsfolge von gleichartigen Vermögensgegenständen des Vorratsvermögens. Man unterscheidet zwei Methoden:

1. das **Lifo-Verfahren** (last in first out) und
2. das **Fifo-Verfahren** (first in first out).

Wichtig: Der Endbestand des Vorjahres ist der erste/älteste Zugang des Berichtsjahres.

Beim **Lifo-Verfahren** wird unterstellt, dass die zuletzt gelieferten Vermögensgegenstände zuerst verbraucht worden (abgegangen) sind. Das bedeutet, dass der zu bewertende Bestand aus den ältesten Zugängen besteht.

Beim **Fifo-Verfahren** wird unterstellt, dass die zuerst gelieferten Vermögensgegenstände zuerst verbraucht worden (abgegangen) sind. Das bedeutet, dass der zu bewertende Bestand aus den neuesten Zugängen besteht.

Die Auswahl eines Verbrauchsfolgeverfahrens muss den GoB entsprechen (z.B. Problem verderblicher Vermögensgegenstände (z.B. Lebensmittel) und Problem der Lagerart). Die Ergebnisse sind immer einem **Niederstwerttest** zu unterwerfen. Aber die Auswahl der Methode ist nicht Gegenstand des Niederstwertprinzips.

Beispiel: 50 Stück gleichartige Vermögensgegenstände des Umlaufvermögens (Absperrventile gleicher Dimension, Druckstufe und Werkstoff) befinden sich am 31.12.11 am Lager (Die Menge wurde durch eine Inventur bestimmt). Der Vorjahresbestand betrug 20 Stück mit einem Gesamtwert von 4.000 €. Folgende Zugänge sind bekannt:

Lieferung am 15.02.11: 7 Ventile zu einem Einzelpreis (= Anschaffungskosten) von 195 €;
Lieferung am 17.06.11: 25 Ventile zu einem Einzelpreis (= Anschaffungskosten) von 220 €;
Lieferung am 15.11.11: 10 Ventile zu einem Einzelpreis (= Anschaffungskosten) von 190 €;
Lieferung am 15.12.11: 14 Ventile zu einem Einzelpreis (= Anschaffungskosten) von 210 €.

Lösung:

Anwendung des Lifo-Verfahrens

Unter Annahme dieser Verbrauchsfolge muss sich der Endbestand von 50 Ventilen aus dem Endbestand des Vorjahres mit 20 Ventilen, dem ersten Zugang von 7 Ventilen und 23 Ventilen aus dem zweiten Zugang zusammensetzen.

4.000 € + 1.364 € + 23 x 220 € = 10.424 €.

Beträgt der beizulegende Wert der Ventile am 31.12.11 200 €, ist der Bestand mit 10.000 € zu bewerten.

Anwendung des Fifo-Verfahrens

Der Endbestand zum 31.12.11 muss sich dann zusammensetzen aus: 14 Ventile zu 210 € + 10 Ventile zu 190 € + 25 Ventile zu 220 € + 1 Ventil zu 195 € = 2940 € + 1.900 € + 5.500 € + 195 € = 10.535 €.

Beträgt der beizulegende Wert der Ventile am 31.12.11 200 €, ist der Bestand mit 10.000 € zu bewerten.

Das Lifo-Verfahren ist, weil steuerlich zulässig, auch im handelsrechtlichen Abschluss weit verbreitet (vgl. § 6 Abs. 1 Nr. 2a EStG). Die Entscheidung, wie in der Handelsbilanz bewertet wird, ist seit Einführung des BilMoG unabhängig von der Bewertungsentscheidung in der Steuerbilanz, soweit für die Steuerbilanz eigenständige Bewertungsverfahren zur Verfügung stehen. Vor Einführung des BilMoG legte die Entscheidung für das Lifo–Verfahren zur steuerlichen Gewinnermittlung bei zur Beachtung der Maßgeblichkeit Verpflichteten (§ 5 Abs. 1 EStG) dieses Verfahren auch für die handelsrechtliche Rechnungslegung fest. Daraus erklärt sich die hohe Bedeutung des Lifo-Verfahrens. Man kann aber damit rechnen, dass nach Einführung des BilMoG die Bedeutung des Fifo-Verfahrens zunehmen wird.

Es gibt folgende **Varianten des Lifo-Verfahrens**:
- **Permanentes Lifo-Verfahren**,
- **Perioden-Lifo-Verfahren:**
  - ohne Layerbildung,
  - mit Layerbildung.

Auf die Vorstellung des permanenten Lifo-Verfahrens, bei dem jeder Abgang Einfluss auf den Bestand hat und das als so aufwendig betrachtet werden muss, dass der Charakter einer Bewertungsvereinfachung bezweifelt werden kann, soll hier verzichtet werden.

Das Perioden-Lifo-Verfahren betrachtet als Zeitraum für die Verbrauchsfiktion die Periode des Wirtschaftsjahres (wie in obigem Beispiel angewandt).

Wenn man den Grundgedanken des Lifo-Verfahrens bei steigenden Lagerbeständen eines Vermögensgegenstandes konsequent anwendet, kommt man schnell zu den Vorzügen des Lifo-Verfahrens mit Layerbildung.

Beispiel: Verlauf der Bestände zum Bilanzstichtag mehrerer aufeinander folgender Jahre:
- Jahr 01: 200 Mengeneinheiten,
- Jahr 02: 250 Mengeneinheiten,
- Jahr 03: 300 Mengeneinheiten,
- Jahr 04: 400 Mengeneinheiten.

Dann beinhaltet der Bestand des Jahres 04 folgende Elemente bei konsequenter Anwendung des Lifo-Gedankens (die ältesten Bestände sind noch am Lager):
- 200 Mengeneinheiten aus dem Jahr 01,
- 50 Mengeneinheiten aus dem Jahr 02,
- 50 Mengeneinheiten aus dem Jahr 03,
- 100 Mengeneinheiten aus dem Jahr 04.

Jeden Mehrbestand eines Jahres bezeichnen wir als Layer (oder auch: Schicht); also hier: Layer I (200 Mengeneinheiten), Layer II (50 Mengeneinheiten), Layer III (50 Mengeneinheiten), Layer IV (100 Mengeneinheiten).

Bewertung eines neuen Layers
Anwendung des Lifo-Verfahrens auf die Bewertung des neuen Layers, z.B. Layer II
Annahme: Jahr 02
Lieferung 20 Mengeneinheiten zu 25 €,
Lieferung 100 Mengeneinheiten zu 30 €,
Lieferung 50 Mengeneinheiten zu 20 €.
Dann ist Layer II = 20 x 25 + 30 x 30 = 1.400 €.
Daraus ergibt sich ein Wert des einzelnen Vermögensgegenstandes im Layer von 28 €
(Steuerlich zulässig ist auch die Bewertung eines neuen Layers mit dem gewogenen Durchschnitt aller Zugänge des Wirtschaftsjahres. Wegen der unsystematischen Verquickung zweier unterschiedlicher Bewertungsmethoden soll dies hier nicht weiter verfolgt werden).

Es gelten folgende Grundsätze:
- Jeder Layer wird für sich fortgeführt.
- Jeder Layer wird wie ein Vermögensgegenstand behandelt.
- Für jeden Layer wird ein Durchschnittswert/Vermögensgegenstand bestimmt, der wie Anschaffungskosten/Herstellungskosten zu behandeln ist.
- Für jeden Layer ist der Niederstwerttest durchzuführen.
- Jeder Layer unterliegt dem Wertaufholungsgebot.
- Mehrbestände eines Wirtschaftsjahres führen zu einem neuen Layer.
- Minderbestände werden an den neuesten Layern gekürzt.

Erweiterung/Fortführung des Beispiels:
Annahme, dass sich der Endbestand 04 aus folgenden Layern zusammensetzt:
- Layer I 200 x 20 €   = 4.000 €,
- Layer II 50 x 28 €   = 1.400 €,
- Layer III 50 x 30 €   = 1.500 €,
- Layer IV 100 x 32 €   = 3.200 €.
Gesamtbestand 04: 400 Mengeneinheiten zu einem Wert von 10.100 €.

Folgebewertung 05:

Annahme: Inventurbestand 350 Mengeneinheiten, Marktpreis (= beizulegender Wert) 29 €.

Dann gilt unter Beachtung des Abschreibungsgebotes auf den niedrigeren beizulegenden Wert:

- Layer I 200 x 20 €,
- Layer II 50 x 28 €,
- Layer III 50 x 29 €,
- Layer IV 50 x 29 €,

Gesamtbestand: 8.300 €.

Folgebewertung 06:

Annahme: Inventurbestand 350 Mengeneinheiten, Marktpreis (= beizulegender Wert) 30 €.

Dann gilt unter Beachtung des Abschreibungsgebotes auf den niedrigeren beizulegenden Wert und bei Beachtung des Wertaufholungsgebotes:

- Layer I 200 x 20 €,
- Layer II 50 x 28 €,
- Layer III 50 x 30 €,
- Layer IV 50 x 30 €,

Gesamtbestand: 8.400 €.

Der Vorteil beim **Lifo-Verfahren mit Layerbildung** besteht darin, dass die Layer, die bereits in Vorjahren bestanden haben, nicht mehr von Grund auf neu zu bewerten sind, sondern lediglich noch ein Niederstwerttest und u.U. eine Wertaufholung gem. § 253 Abs. 5 HGB vorzunehmen sind.

Aufgabe: Die S AG handelt mit Nichteisen-Legierungen und wendet seit Jahren zur Bewertung der Vorräte die (Perioden-) Lifo-Methode mit Layerbildung an. Die Layer wurden, der zeitlichen Bildung entsprechend, aufsteigend nummeriert. Der Endbestand des Jahres 01 hatte folgende Zusammensetzung:

- Layer I: 1000 kg Wert von 80.000 €,
- Layer II: 600 kg Wert von 36.000 €.

Gesamtbestand am 31.12.01: 2.000 kg mit Gesamtwert der Bilanzposition 144.000 €.

Folgende Zukäufe werden im Jahr 02 getätigt:

- am 15.02.: 200 kg Wert von 20.000 €,
- am 23.06.: 500 kg Wert von 40.000 €,
- am 11.11.: 50 kg Wert von 5.000 €.

Der Endbestand des Jahres 02 beträgt am 31.12.02: 2300 kg.

Der Marktpreis für das Material beträgt am 31.12.02 dauerhaft 70 €/kg.

Wie ist der Gesamtbestand zum 31.12.02 in der Handelsbilanz zu bewerten?

Lösung:

31.12.01: Gesamtbestand	2.000 kg	144 T€
./. Layer I	1.000 kg	80 T€
./. Layer II	600 kg	36 T€
Mehrbestand	**400 kg**	**28 T€**
→ Layer III	**400 kg**	**28 T€**

Layer IV wird nach Lifo mit den Zugängen des Jahres aufgefüllt:

200 kg à 100 €		20 T€

100 kg à 80 €	8 T€
Layer IV: 300 kg	**28 T€**

Der Gesamtbestand setzt sich aus vier Layern zusammen:

	Menge	**Gesamtwert**	**Wert/kg**
Layer I	1.000 kg	80 T€	80,00 €/kg
Layer II	600 kg	36 T€	60,00 €/kg
Layer III	400 kg	28 T€	70,00 €/kg
Layer IV	300 kg	28 T€	93,33 €/kg

Niederstwertprinzip (§ 253 Abs. 4 HGB):
Layer I und IV müssen auf 70 €/kg abgewertet werden.

Gesamtbestand zum 31.12.02:

	Menge	**Wert/kg**	**Gesamtwert**
Layer I	1.000 kg	70,00 €/kg	70 T€
Layer II	600 kg	60,00 €/kg	36 T€
Layer III	400 kg	70,00 €/kg	28 T€
Layer IV	300 kg	70,00 €/kg	21 T€
Summe	**2.300 kg**		**155 T€**

Ergebnis: Wert des Bestandes zum 31.12.02: (Gesamtbestand: 2.300 kg), Gesamtwert: 155.000 €.

3.2.3.5 Währungsumrechnung

„Der Jahresabschluss ist in deutscher Sprache und in Euro aufzustellen" (§ 244 HGB). Diese Regelung zwingt dazu, Bilanzpositionen nur in Euro auszuweisen. Bilanzinhalte, die in fremder Währung entstanden sind, müssen also in Euro umgerechnet werden.

§ 256a HGB schreibt als Kurs für die Umrechnung den **Devisenkassamittelkurs** vor. Dieser ergibt sich als Durchschnittswert aus dem Brief- und Geldkurs am Abschlussstichtag. Diese Festlegung setzt voraus, dass für die Zugangsbewertung, die ja in der Regel nicht zum Abschlussstichtag, sondern zu einem anderen Tag im Jahresablauf erfolgt, die normalen Prinzipien der Bestimmung von Anschaffungs- und Herstellungskosten gelten.

Bei der Beschaffung von Vermögensgegenständen wird der Umrechnungskurs dem Geldkurs entsprechen, da zur Begleichung der damit entstandenen Verbindlichkeit Fremdwährung gekauft werden muss.

§ 256a HGB hat also nicht für die Zugangs-, sondern für die Folgebewertung am Abschlussstichtag Bedeutung.

Für auf fremde Währung lautende Vermögensgegenstände und Verbindlichkeiten mit einer Restlaufzeit von einem Jahr oder weniger als einem Jahr werden das Anschaffungskostenprinzip und das Realisationsprinzip außer Kraft gesetzt. Wenn sich also bei solchen Positionen mit geringer Restlaufzeit bis zur Fälligkeit aus der Währungsumrechnung Werte ergeben, die über den Anschaffungskosten der betreffenden Vermögensgegenstände oder unter den Zugangswerten der betreffenden Verbindlichkeiten liegen, so müssen diese Werte mit dem damit verbundenen Ausweis nicht realisierter Gewinne angesetzt werden.

Beispiel: Kaufmann K hat aus einem Geschäft eine Verbindlichkeit in Höhe von 100.000 CHF. Die Verbindlichkeit ist am 01.07.10 entstanden. Geldkurs am 01.07.10: 1,28 CHF/€.

Die Verbindlichkeit ist am 01.07.12 fällig.

Der Devisenkassamittelkurs am 31.12.10 (Abschlussstichtag) beträgt:

a) 1,40 CHF/€

b) 1,20 CHF/€.

Stellen Sie den Ansatz der Verbindlichkeit dar.

Lösung: Da die Restlaufzeit der Verbindlichkeit am 31.12.10 mehr als ein Jahr beträgt, liegt kein Fall des § 256a S. 2 HGB vor. Die Verbindlichkeit ist unter Beachtung des Höchstwert- und Anschaffungskostenprinzips zu bewerten.

Wert der Verbindlichkeit

Zugangswert: 100.000 CHF/1,28 CHF/€ = 78.125 €

Wert am 31.12.10

a) 100.000 CHF/1,40 CHF/€ = 71.428,57 €

b) 100.000 CHF/1,20 CHF/€ = 83.333,33 €

Bilanzansatz zum 31.12.10

a) 78.125 €; Begründung: Ein Ansatz zu 71.428,57 € würde einen nicht realisierten Gewinn ausweisen.

b) 83.333,33 €; Begründung: Das Imparitätsprinzip zwingt zum Ausweis eines drohenden Verlustes.

Alternative: Die Verbindlichkeit ist am 01.07.11 fällig.

Lösung: Nun liegt ein Fall des § 256a S. 2 HGB vor, da am 31.12.10 die Restlaufzeit der Verbindlichkeit ein Jahr oder weniger (genauer: 6 Monate) beträgt. Jetzt sind § 253 Abs. 1 S. 1 HGB und § 252 Abs. 1 Nr. 4 Halbsatz 2 HGB nicht anzuwenden.

Bilanzansatz zum 31.12.10

a) 71.428,57 €; Begründung: Der bisher nicht realisierte Gewinn wird jetzt ausgewiesen.

b) 83.333,33 €; Begründung: Das Imparitätsprinzip zwingt zum Ausweis eines drohenden Verlustes.

3.2.3.6 Bewertungseinheiten

Bereits vor Inkrafttreten des BilMoG galt es als **Grundsatz ordnungsmäßiger Buchführung**, dass es der Vermittlung eines den tatsächlichen Verhältnissen entsprechenden Bildes der Lage des Unternehmens dient, wenn bestimmte risikobehaftete Geschäfte mit den zur Risikominimierung abgeschlossenen Sicherungsgeschäften in einer Einheit bewertet würden. Damit wurde das Ziel verfolgt, soweit sich unrealisierte Gewinne und Verluste aus Grundgeschäft und Sicherungsgeschäft ergeben und gegenseitig aufheben, diese Wirkungen ungehindert von den üblichen Bilanzregeln entstehen zu lassen.

Beispiel: Kaufmann K hat eine Forderung gegen den schweizerischen Kaufmann S in Höhe von 100.000 CHF. Die Forderung ist am 01.07.10 entstanden. Die Forderung wird am 30.06.11 fällig. Um das Währungsrisiko auszuschalten, hat K zum gleichen Zeitpunkt ein Wertpapier über 100.000 CHF begeben, in dem er sich verpflichtet, am 30.06.11 die Verbindlichkeit einzulösen. Auf diese Weise hat K erreicht, dass er bereits zum Zeitpunkt des Entstehens der Forderung, ohne Währungsrisiko, wenn auch mit hier nicht weiter zu betrachtenden Kosten (Transaktionskosten, Zinsaufwand usw.), seine Forderung realisieren kann. Der Kurs des Schweizer Frankens am 01.07.10 beträgt 1,40 CHF/€.

Was geschieht in der Bilanz, wenn der Kurs des Schweizer Frankens am Abschlussstichtag (31.12.10) sich auf 1,20 CHF/€ verändert hat?

Lösung ohne Bildung einer Bewertungseinheit:

Zugangswert der Forderung am 01.07.10: 100.000 CHF/1,40 CHF/€ = 71.428,57 €.

Zugangswert der Verbindlichkeit am 01.07.10: 100.000 CHF/1,40 CHF/€ = 71.428,57 €.

Bilanzwert der Forderung am 31.12.10: 71.428,57 €.

Der Ausweis des „wahren" Wertes in Höhe von 100.000 CHF/1,20 CHF/€ = 83.333,33 € scheitert am Anschaffungskostenprinzip (§ 253 Abs. 1 S. 1 HGB) und am Realisationsprinzip (§ 252 Abs. 1 Nr. 3 HGB).

Bilanzwert der Verbindlichkeit am 31.12.10: 83.333,33 €.

Im Falle der Verbindlichkeit ist der Ausweis des nicht realisierten Verlustes wegen des Imparitätsprinzips (§ 252 Abs. 1 Nr. 4 HGB) erforderlich und zwingend vorgeschrieben.

Ergebnis: Das Imparitätsprinzip zwingt zum Ausweis des nicht realisierten Verlustes im Zusammenhang mit der Verbindlichkeit und das Realisationsprinzip verhindert den Ausweis des nicht realisierten Gewinnes im Zusammenhang mit der Forderung, obwohl beide Geschäfte unmittelbar zusammenhängen und sich alle Kursveränderungen gegenläufig ausgleichen.

Wenn für solche Fälle die „üblichen Ansatz- und Bewertungsregeln (den Einzelbewertungsgrundsatz, das Saldierungsverbot, das Realisationsprinzip, das Imparitätsprinzip und das Anschaffungskostenprinzip) nicht anzuwenden wäre, ergäbe sich folgendes Bild:

Lösung mit Bildung einer Bewertungseinheit:

Nun würden Forderung und Verbindlichkeit als Bewertungseinheit aufgefasst und, soweit nicht realisierte Verluste und nicht realisierte Gewinne sich ausgleichen, von den üblichen Bilanzierungsregeln Abstand genommen:

- **Bilanzwert der Forderung am 31.12.10: 83.333,33 €.**
- **Bilanzwert der Verbindlichkeit am 31.12.10: 83.333,33 €.**

Den Bereich, in dem sich die gegenläufigen Entwicklungen über die Zugangswerte hinaus ausgleichen, nennt man den effektiven Teil (der Bewertungseinheit). Es ist denkbar, dass sich Grundgeschäft und Sicherungsgeschäft nicht, wie in obigem sehr vereinfachendem Beispiel dargestellt, genau gleich entwickeln, sondern sich eine Differenz zwischen der Entwicklung nicht realisierter Gewinne und Verluste ergibt.

Für diesen Differenzbetrag (den sog. ineffektiven Teil der Bewertungseinheit) gelten wieder die allgemeinen (Bilanzierungs-) Regeln, d.h. ein nicht realisierter Gewinn darf nicht, ein nicht realisierter Verlust muss bilanziert werden.

Je nachdem, ob auf die Darstellung des effektiven Teils verzichtet und nur der ineffektive Teil dargestellt wird, spricht man von kompensatorischer Bewertung (auch Einfrier- oder Festbewertungsmethode), wird auch der effektive Teil der Bewertungseinheit dargestellt, spricht man von der Durchbuchungsmethode.

In der steuerlichen Gewinnermittlung sah § 5 Abs. 1a EStG auch schon vor Inkrafttreten des BilMoG die **Bildung von Bewertungseinheiten** vor.

Mit dem BilMoG wurde mit dem neu gefassten § 254 HGB eine gesetzliche Regelung geschaffen, die auch einige Unsicherheiten im Zusammenhang mit der alten GoB-Regelung verhindert (z.B. Bewertungseinheiten auch bei anderen Formen der Sicherung als nur bei sog. Micro-Hedges). Es ist umstritten, ob § 254 HGB ein Wahlrecht oder ein Gebot zur Bildung von Bewertungseinheiten normiert. Der Wortlaut des § 254 HGB setzt für die Anwendung das Vorhandensein einer Bewertungseinheit voraus. Durch die hohen Voraussetzungen, die § 254 HGB für die Anwendung verlangt, kann man durchaus von einem faktischen Wahlrecht sprechen, da die Anwendung der Vorschrift durch einfaches Gestalten der Geschäfte herbeigeführt oder verhindert werden kann.

Das Ziel des neuen § 254 HGB kann in einer Steigerung der Informationsqualität des Abschlusses durch die Zusammenfassung von Geschäftsrisiken gesehen werden.

Folgende Voraussetzungen sind für die Anwendung des § 254 HGB zu nennen:

Nur bestimmte Grundgeschäfte können zu einer **Bewertungseinheit** führen.

- Vermögensgegenstände,
- Schulden (Verbindlichkeiten, Rückstellungen, nicht: Rechnungsabgrenzungsposten),
- schwebende Geschäfte und
- Transaktionen mit hoher Wahrscheinlichkeit.

Ebenso dürfen nur (originäre und derivative) Finanzinstrumente als Sicherungsgeschäft dienen. Auch **Warentermingeschäfte** gelten als Finanzinstrumente. Der Begriff der **Finanzinstrumente** ist weit zu fassen.

Als weitere Voraussetzungen sind zu nennen (GoB):

- Die Zuordnung der Geschäfte darf nicht willkürlich sein. Es muss ein Effektivitätsnachweis über die Wirksamkeit der Bewertungseinheit möglich sein (Spanne ca. 80 % bis 125 % des Grundgeschäftes).
- Es sind spezielle Anhangangaben erforderlich (vgl. § 285 Nr. 23 HGB).

Das Absichern von Risiken im Zusammenhang mit den Grundgeschäften nennt sich Hedging. Je nachdem, in welchem Verhältnis Grundgeschäft zu Sicherungsgeschäft steht, können folgende Arten des Hedgings unterschieden werden:

- **Micro-Hedging:** Einem Grundgeschäft steht ein einzelnes Sicherungsinstrument unmittelbar gegenüber.
- **Portfolio-Hedging:** Mehrere gleichartige Grundgeschäfte werden durch ein oder mehrere Sicherungsgeschäfte gesichert.
- **Macro-Hedging:** Gruppen von Grundgeschäften werden betrachtet, und nur der Risikosaldo der Gruppe/Gruppen wird durch ein Sicherungsgeschäft gesichert.

Wenn diese Voraussetzungen des § 254 HGB gegeben, d.h. durch den Bilanzierenden gestaltet worden sind, treten die Rechtsfolgen ein.

In § 254 HGB werden als solche ausdrücklich genannt:

- die Nichtanwendung von § 249 Abs. 1 HGB (Rückstellungsgebot),
- die Nichtanwendung von § 252 Abs. 1 Nr. 3 und 4 HGB (Einzelbewertungsgrundsatz, Realisations- und Imparitätsprinzip),
- die Nichtanwendung von § 253 Abs. 1 S. 1 HGB (Anschaffungskostenprinzip) und
- die Nichtanwendung von § 256a HGB (Währungsumrechnung).

Dies gilt nur für den Umfang und den Zeitraum, in dem sich die gegenläufigen Wertentwicklungen oder Zahlungsströme ausgleichen (vgl. § 254 HGB), d.h. für den sog. effektiven Teil. Für den ineffektiven Teil, also soweit sich die gegenläufigen Entwicklungen nicht ausgleichen, gelten die allgemeinen Bilanzierungsregeln uneingeschränkt. D.h. ein negativer Saldo als nicht realisierter, drohender Verlust wird zwingend passiviert und ein positiver Saldo aus Grund- und Sicherungsgeschäft als nicht realisierter, zukünftig erwarteter Gewinn darf nicht aktiviert werden.

Beispiel:

Grundgeschäft: Unternehmer U hat am 01.11.11 eine Forderung gegenüber seinem schweizerischen Kunden V in Höhe von 200.000 CHF. Die Forderung hat eine Laufzeit von 12 Monaten, sodass sie am 01.11.12 fällig ist. Am 01.11.11 gilt: 1 CHF = 0,85 €. Am Bilanzstichtag gilt: 1 CHF = 0,7 €.

Ohne Absicherung wird die Forderung mit 170.000 € im Umlaufvermögen aktiviert und am 31.12.11 auf 140.000 € abgeschrieben (strenges Niederstwertprinzip).

Sicherungsgeschäft: U erwirbt am 01.11.11 zur Sicherung des Ausfall- und Währungsrisikos der Forderung des Grundgeschäftes ein Finanzinstrument (z.B. Terminkauf von 200.000 CHF), aus dem sich eine Verbindlichkeit von 200.000 CHF mit gleicher Fälligkeit wie das Grundgeschäft ergibt.

Lösung: Seit dem BilMoG müssen die Forderung (Grundgeschäft) und die Verbindlichkeit (Sicherungsgeschäft) zu einer Bewertungseinheit zusammengefasst werden, wenn die Voraussetzungen des § 254 HGB erfüllt sind. Dies ist hier der Fall. Es liegt ein sog. Micro-Hedge vor.

Am 01.11.11 werden die Forderung und Verbindlichkeit mit 170.000 € aktiviert bzw. passiviert. Zum 31.12.11 ergibt sich eine Wertminderung der Forderung auf 140.000 €, die aber durch die Wertminderung der Verbindlichkeit in Bezug auf die Erfolgswirkung ausgeglichen wird.

Zum vollständigen Risikoausgleich und der Anwendung des § 254 HGB müssen die Forderung und das Sicherungsgeschäft (Verbindlichkeit) hinsichtlich Betrag und Zeitdauer übereinstimmen. Weder die Wertänderung der Verbindlichkeit noch der Forderung werden ausgewiesen. Die Werte werden „eingefroren" (Einfriermethode). Bei der Durchbuchungsmethode würden sowohl die Forderung als auch die Verbindlichkeit mit je 140.000 € ausgewiesen.

Ein sich (hier nicht) ergebender Saldo wäre nach den allgemeinen Regeln zu bewerten. Ein solcher Saldo könnte sich z.B. aus veränderten Randbedingungen des Sicherungsgeschäftes ergeben, die neben den Währungsveränderungen gegeben sein können.

Variante 1: Würde z.B. bei unveränderten Zugangswerten am Abschlussstichtag der Wert des Finanzinstrumentes 170.000 € betragen, der Wert der Forderung aber 190.000 €, so stellt der aktive Saldo in Höhe von 20.000 € einen nicht aktivierungsfähigen, nicht realisierten Gewinn dar.

Lösung: Ansatz der Forderung mit 170.000 € und Ansatz der Verbindlichkeit ebenfalls mit 170.000 €.

Variante 2: Falls bei unveränderten Zugangswerten die Verbindlichkeit aus dem Finanzinstrument zum 31.12.11 einen Wert von 200.000 € und die Forderung einen Wert von 190.000 € erreicht, wäre ein Saldo von 10.000 € (je nach Art des Sicherungsgeschäftes Rückstellung oder Verbindlichkeit) zu passivieren.

Lösung: Der effektive Teil der Bewertungseinheit beträgt dann 20.000 €. Der ineffektive Teil beträgt 10.000 €. Ob der effektive Teil gezeigt wird (Durchbuchungsmethode) oder nicht gezeigt wird (Einfriermethode) liegt in der Wahl des Bilanzierenden. Der nicht realisierte Verlust in Form des ineffektiven Teils muss passiviert werden.

Folgende Bilanzwerte würden sich ergeben:

Durchbuchungsmethode
- Forderung 190.000 €,
- Verbindlichkeit 200.000 €.

In der GuV werden neben den ineffektiven, nicht ausgeglichenen Aufwendungen auch die effektiv ausgeglichenen Aufwendungen und Erträge gebucht.

Einfriermethode
- Forderung 170.000 €,
- Verbindlichkeit 170.000 €,
- Verbindlichkeit 10.000 € (ineffektiver Teil).

In der GuV werden die ineffektiven, nicht ausgeglichenen Aufwendungen gebucht, die effektiv ausgeglichenen Aufwendungen und Erträge aber nicht.

Alternative: Wenn einer Forderung von 100.000 CHF nur eine Verbindlichkeit aus dem Sicherungsgeschäft von 85.000 CHF gegenüberstehen würde, bliebe ein ungedeckter Betrag von 15.000 CHF. Am 01.11.11 hat dieser ungesicherte Teil der Forderung einen Wert von 12.750 €, am 31.12.11 einen Wert von 10.500 €. Der gesicherte Teil der Forderung hat einen Wert von 72.250 € (0,85 x 85.000 €).

Lösung: Diese Wertminderung ist zu beachten, sodass die Forderung insgesamt mit 82.750 € bewertet wird (72.250 € + 10.500 €).

3.2.4 Bewertung von Schulden

Aus der Tatsache, dass der Bewertung von Posten der Aktivseite in diesem Buch und auch in der anderen Literatur ungleich mehr Raum eingeräumt wird als der Bewertung von Passivposten, darf nicht auf eine entsprechend unterschiedliche Bedeutung geschlossen werden. Das Vorsichtsprinzip zwingt zu einer Bewertung, die die „Hürde" zur Aktivierung eines Sachverhaltes höher legt als eine entsprechende Passivierung.

Die allgemeinen Bewertungsgrundsätze wie Einzelbewertungsprinzip, Vollständigkeitsgebot, Realisationsprinzip gelten auch für die Passivposten. Das Vorsichtsprinzip zwingt aber zu einem Umdenken und analogem Anwenden der Prinzipien auf der Passivseite, vereinfacht ausgedrückt „mit umgekehrten Vorzeichen".

Auch einzelne oben aufgeführte Vorschriften, wie die Währungsumrechnung (§ 256a HGB) und die Gruppenbewertung (§ 240 Abs. 4 HGB) sind auf die Schulden anwendbar. Deswegen sollen an dieser Stelle nur **Grundzüge der Bewertung von Schulden** aufgezeigt werden; Genaueres findet sich bei den einzelnen Positionen der Rückstellungen (vgl. Kapitel 4.8) und Verbindlichkeiten (vgl. Kapitel 4.9).

Auch Schulden gehen mit einem Zugangswert in die Passivseite ein. Dies ist regelmäßig der „Erfüllungsbetrag" des § 253 Abs. 1 S. 2 HGB. Es handelt sich um den Betrag, der erforderlich ist, den bestehenden Anspruch eines Dritten (zivil- oder öffentlich rechtlicher Art) zu erfüllen. Aus dem Begriff „Erfüllung" ergibt sich, dass auch zukünftige Wert- und Preissteigerungen in die vom Kaufmann zu erbringende Geld- oder Sachleistung einzurechnen sind. Dieser Zugangswert einer Schuld hat eine ähnliche Funktion in der Systematik der Ab- und Zuschreibungen von Passivposten wie die Anschaffungs- oder Herstellungskosten. Dabei ist natürlich zu beachten, dass die Begriffe „Ab- und Zuschreibung" rein wertmäßig zu verstehen sind. Selbstverständlich gibt es keine planmäßige Abschreibung bei Schulden. Es gibt allerdings Wertänderungen, z.B. bei der Bewertung von Fremdwährungsverbindlichkeiten, die zu einer Zuschreibung der Verbindlichkeit führen können.

Außerplanmäßige Abschreibungen und Wertaufholungen bei Vermögensgegenständen finden ihre Entsprechung in analoger aber dem Imparitätsprinzip folgender Anwendung von Zuschreibung und Abschreibung (besser: Wertminderung) von Passivposten.

Aus dem Vorsichtsprinzip und insbesondere dem Imparitätsprinzip, das den Ausweis (die Passivierung) auch aller vorhersehbarer (noch nicht realisierter, aber wahrscheinlicher) Verluste verlangt, ergibt sich für die Bewertung das Höchstwertprinzip, das dem Niederstwertprinzip der Aktivseite entspricht.

Vorhersehbare Verluste zwingen zur Bildung eines neuen oder zur Erhöhung eines bestehenden Passivpostens (Zuschreibung). Die **Abschreibung eines Passivpostens** ist nur im Umfang einer solchen vorangegangenen Zuschreibung möglich. Eine Abschreibung eines Passivpostens unter den sog. Zugangswert ist nicht möglich (vorbehaltlich des § 256a HGB), weil es sich insoweit um einen nicht realisierten Gewinn handeln würde. Solche Gewinne im Zusammenhang mit Schulden sind durchaus denkbar, setzen aber (wiederum vorbehaltlich spezieller Einzelfallregelungen, z.B. § 256a HGB, § 254 HGB) eine Realisation, d.h. eine Auflösung, ein Ausscheiden des Passivpostens durch Wegfall des Ansatzgrundes oder der Erfüllung des Anspruches voraus.

3.3   Bilanzierung dem Ausweis nach

Die **Bilanzierung dem Ausweis nach** behandelt zunächst Fragen der Gliederung der Bilanz und damit Fragen der Klarheit und Übersichtlichkeit. Auch die Stetigkeit des Ausweises ist von Bedeutung, um sowohl Abschlüsse eines Unternehmens über mehrere Jahre als auch Abschlüsse verschiedener Unternehmen einer Periode möglichst einfach vergleichen zu können.

Der Gesetzgeber hat insbesondere den Kapitalgesellschaften relativ strenge Auflagen in Bezug auf die **Gliederung von Bilanz (§ 266 HGB) und GuV** (§ 275 HGB) gemacht, während die entsprechenden Vorschriften für „alle Kaufleute" sehr vage sind. Auch die **Verankerung einer Ausweiskontinuität** ist nur für Kapitalgesellschaften in das Gesetz aufgenommen worden (vgl. § 265 Abs. 1 HGB).

Die Frage in Bezug auf die Bilanzierung dem Ausweis nach versucht auch zu klären, an welcher Stelle der Bilanzgliederung der zu bilanzierende Posten ausgewiesen wird. Dabei steht weniger die Frage nach der Aktivierung oder Passivierung im Vordergrund als vielmehr die Positionierung innerhalb der Aktiv- oder Passivseite der Bilanz. Diese Entscheidung kann sowohl Auswirkung auf den Ansatz als auch auf die Bewertung haben.

> **Beispiel:**
> a) Bei selbst geschaffenen immateriellen Vermögensgegenständen des Anlagevermögens gibt es z.B. das Aktivierungswahlrecht des § 248 Abs. 2 HGB, während für die selbst geschaffenen immateriellen Vermögensgegenstände des Umlaufvermögens das Vollständigkeitsgebot eine Aktivierungspflicht nach sich zieht.
> b) Die Zuordnung eines abnutzbaren Vermögensgegenstandes zum Anlagevermögen hat eine Pflicht zur planmäßigen Abschreibung zur Folge, während eine Zuordnung zum Umlaufvermögen eine solche planmäßige Abschreibung ausschließt.

Es besteht also eine Interdependenz zwischen den drei grundlegenden Fragen der Bilanzierung. Keine der Fragen kann unabhängig von den beiden anderen Fragen beantwortet werden.

Zusammenfassend ist zu sagen, dass die drei grundlegenden Fragen auf jede Bilanzierungsentscheidung anzuwenden sind und eine Systematisierung der Entscheidung mit sich bringen.

> **Grundlegende Fragen der Bilanzierung**
> * Ansatz dem Grunde nach
>   – Bilanzierungsgebot
>   – Bilanzierungsverbot
>   – Bilanzierungswahlrecht
> * Ansatz der Höhe nach
>   – Bewertungsgebot
>   – Bewertungswahlrecht
> * Ansatz dem Ausweis nach

Neben diesen allgemeinen Ausweisfragen, die sich im Wesentlichen auf die vertikale Gliederung der Bilanz und die Aufgliederung der Bilanzpositionen bezieht, sieht das Gesetz weitere Vorschriften zum Ausweis vor, die weniger der Gliederung, sondern der Erläuterung dienen. Hier seien nur erwähnt:
* die Aufgliederung der Forderungen nach § 268 Abs. 4 HGB,
* die Aufgliederung der Verbindlichkeiten nach § 268 Abs. 5 HGB und
* die Entwicklung des Anlagevermögens nach § 268 Abs. 2 HGB.

Damit sind nur einige der Vorschriften des HGB erwähnt, die ebenfalls den Ansatz dem Ausweis nach darstellen. Außer der Entwicklung des Anlagevermögens (auch „Anlagespiegel" oder „horizontale Gliederung" genannt), der im Kapitel 3.3.2 kurz vorgestellt wird, soll im Weiteren nur die Gliederung in dem engeren Sinne einer Gliederung als Ordnungsprinzip, die vertikale Gliederung, betrachtet werden.

3.3.1 Gliederung von Bilanz und GuV
3.3.1.1 Vorschriften für alle Kaufleute
Der Abschluss aller Kaufleute besteht aus Bilanz und GuV (§ 242 Abs. 3 HGB). Der Abschluss hat klar und übersichtlich zu sein (§ 243 Abs. 2 HGB); damit ist bereits die Gliederung des Abschlusses angesprochen.

Bei der Bilanz fordert § 247 Abs. 1 HGB den gesonderten Ausweis von Anlage- und Umlaufvermögen, des Eigenkapitals, der Schulden und der Rechnungsabgrenzungsposten. Die einzelnen Posten sind „hinreichend aufzugliedern". Eine weitergehende Vorschrift zur Gliederung der Bilanz besteht nicht. Insbesondere ist eine Vorschrift zur Reihenfolge der Posten nicht gegeben.

Bei der GuV sind die Aufwendungen den Erträgen „gegenüberzustellen" (§ 242 Abs. 2 HGB). Eine Vorschrift über die weitere Gliederung oder Reihenfolge der Posten „Aufwendungen" und „Erträge" ist in Vorschriften für alle Kaufleute nicht gegeben.

Auf die **besonderen Vorschriften des Publizitätsgesetzes für publizitätspflichtige Einzelkaufleute und Personengesellschaften** (das sog. „Modifizierte Großformat") des § 5 Abs. 1 PublG sei hier nur verwiesen.

Weitere allgemeine Vorschriften wie das Saldierungsverbot (§ 246 Abs. 2 HGB) und das Vollständigkeitsgebot (§ 246 Abs. 1 HGB) können ebenfalls als Ausweisvorschriften interpretiert werden, stellen aber eher Vorschriften für den Ansatz einzelner Abschlussposten dar.

Die **Gliederungsvorschriften für alle Kaufleute** sind also gekennzeichnet durch eine große Freiheit der Bilanzierenden in Bezug auf den Ausweis von Abschlussposten. Diese Freiheit ist begrenzt durch allgemeine Bilanzierungsgrundsätze wie dem Wahrheits- und dem Wesentlichkeitsprinzip.

3.3.1.2　Vorschriften für Kapitalgesellschaften

Im Gegensatz zu den allgemein gehaltenen Vorschriften für alle Kaufleute sieht der Gesetzgeber für die **Gliederung des Abschlusses von Kapitalgesellschaften** detaillierte Vorschriften vor. Die wichtigsten Vorschriften in Bezug auf Gliederung von Bilanz und GuV beinhalten die §§ 266 und 275 HGB.

3.3.1.2.1　Gliederung der Bilanz

§ 266 HGB übernimmt die Posten des § 247 Abs.1 HGB und erweitert diese um Posten, die für Kapitalgesellschaften infrage kommen können. Die Grundstruktur des § 247 HGB mit Anlage- und Umlaufvermögen, Eigenkapital, Schulden und Rechnungsabgrenzungsposten wird im § 266 HGB unter gleicher Bezeichnung (Ausnahme: Schulden = Rückstellungen + Verbindlichkeiten) in die erste Ebene der Gliederung übernommen.

Aktivseite

A. Anlagevermögen

B. Umlaufvermögen

C. (Aktive) Rechnungsabgrenzungsposten

D. Aktive latente Steuern

E. Aktiver Unterschiedsbetrag aus der Vermögensberechnung

Passivseite

A. Eigenkapital

B. Rückstellungen

C. Verbindlichkeiten

D. Passive Rechnungsabgrenzungsposten

E. Passive latente Steuern

Über die Regelung des § 247 HGB hinausgehend legt § 266 HGB allerdings auch die Reihenfolge der Bilanzposten fest und gibt eine Aufgliederung der Posten der ersten Ebene unter Vorgabe der Bezeichnungen und Nummerierungen in bis zu zwei weiteren Ebenen vor. Die Aufgliederung in alle drei Postenebenen (in der Literatur Großformat genannt) wird für mittelgroße und große Kapitalgesellschaften verlangt, während kleine Kapitalgesellschaften (vgl. § 267 HGB) eine verkürzte Bilanz (in der Literatur „Kleinformat" genannt) aufstellen dürfen, die nur die ersten beiden Ebenen des Gliederungsschemas des § 267 HGB aufgliedert (vgl. § 266 Abs. 1 HGB).

Neben den Begriffen Klein- und Großformat ist für die Zwecke der Offenlegung noch der Begriff „Mittelformat" gebräuchlich, der das Kleinformat für Offenlegungszwecke der mittelgroßen Kapitalgesellschaften um die gesonderten Angaben des § 327 HGB erweitert.

3.3.1.2.2　Gliederung der GuV

§ 275 HGB gibt für Kapitalgesellschaften im Gegensatz zu den Vorschriften für alle Kaufleute detaillierte Vorgaben in Bezug auf die Gliederung der GuV. § 275 HGB verlangt die **Aufstellung der GuV in Staffelform** und gibt, in Abhängigkeit von zwei alternativ möglichen Methoden, dem Umsatz- und dem Gesamtkostenverfahren, eine genaue Bezeichnung, Reihenfolge und Nummerierung der Posten innerhalb der

Aufwendungen und Erträge vor. Für kleine Kapitalgesellschaften bestehen wieder Erleichterungen in der Aufgliederung bestimmter Aufwands- und Ertragsgruppen (§ 276 HGB).

3.3.2 Anlagespiegel

§ 268 Abs. 2 HGB verlangt eine **Darstellung der Entwicklung des Anlagevermögens**. Diese Darstellung wird in der Literatur als **Anlagegitter, Anlagespiegel oder horizontale Gliederung** bezeichnet.

AK /HK	Zugänge	Abgänge	Umbu- chungen	Zuschrei- bungen	Kumulierte Abschrei- bungen	RBW 31.12	RBW Vj.	Abschrei- bungen im Geschäftsjahr

Mit:

- **AK/HK:** (historische) Anschaffungs- und Herstellungskosten aller Vermögensgegenstände, die im Anlagespiegel erfasst sind.
- **Zugänge:** Zugänge von Vermögensgegenständen des Geschäftsjahres (+)
- **Abgänge:** Abgänge von Vermögensgegenständen des Geschäftsjahres (–)
- **Umbuchungen:** Umgliederungen bereits im Anlagenspiegel vorhandener Vermögensgegenstände innerhalb des Anlagespiegels, die im Geschäftsjahr erfolgten (z.B. Anlagen im Bau werden nach Fertigstellung in die Position Gebäude umgebucht).
- **Zuschreibungen:** Wertaufholung im Zusammenhang mit vorangegangenen außerplanmäßigen Abschreibungen
- **Kumulierte Abschreibungen:** Summe aller plan- und außerplanmäßigen Abschreibungen, die bei den im Anlagenspiegel vorhandenen Vermögensgegenständen bis zum Ende des Geschäftsjahres angefallen sind.
- **RBW:** Restbuchwert aller im Anlagespiegel aufgeführten Vermögensgegenstände zum Abschlussstichtag (hier Annahme: 31.12. NN).
- **RBW Vj.:** Restbuchwert aller im Anlagespiegel aufgeführten Vermögensgegenstände zum vorangegangen Abschlussstichtag (hier Annahme: 31.12.: NN-1)
- **Abschreibungen im Geschäftsjahr:** Kein zwingend erforderlicher Bestandteil des Anlagespiegels. Die Information kann auch an anderer Stelle im Anhang, entsprechend gegliedert, gegeben werden (§ 268 Abs. 2 S. 3 HGB).

Mit den aus dem **Anlagespiegel** ausscheidenden Vermögensgegenständen sind nicht nur Restbuchwerte, historische Anschaffungs- oder Herstellungskosten auszubuchen, sondern gegebenenfalls auch mit diesen Vermögensgegenständen verbundene kumulierte Abschreibungen und andere Bestandteile des Anlagespiegels, in denen der betreffende Vermögensgegenstand, Spuren hinterlassend, erfasst wurde.

Der Anlagespiegel ermöglicht eine Vielzahl von Informationen für den Leser des Abschlusses. Er hat eine wichtige **Informations- und Rechtfertigungsfunktion**:

- Anhand des Verhältnisses von Zugängen und historischen Anschaffungs- und Herstellungskosten ist eine Einschätzung des Investitionsverhaltens des Unternehmens zu machen.
- Das Verhältnis des Restbuchwertes zu den Anschaffungs- und Herstellungskosten lässt einen Rückschluss auf die Modernität der Vermögensgegenstände zu.
- Das Gesamtbild des Anlagespiegels gibt Hinweise auf das Maß des Interesses, das die handelnden Personen am Bestand des Unternehmens haben (Investitionsbereitschaft, Innovationsstreben oder „Ausschlachtung").
- Der Anlagespiegel dient auch den gesetzlichen Vertretern des Unternehmens zur Rechtfertigung ihres Umganges mit den ihnen anvertrauten Mitteln.

3.4   Weitere allgemeine Vorschriften für den Abschluss

3.4.1   Inventur und Inventar

Jeder Kaufmann ist verpflichtet, zu Beginn seines Handelsunternehmens und für den Schluss eines jeden Geschäftsjahres ein **Inventar** aufzustellen (§ 240 Abs. 1 und 2 HGB). Diese Tätigkeit zur Gewinnung und Aufstellung eines Inventars wird **Inventur** genannt.

Das Inventar soll folgende Aufgaben erfüllen:

*   Dokumentation des Vermögens und der Schulden,
*   Ergänzung der Buchführung,
*   Aufdeckung und Korrektur von Fehlern und
*   Grundlage für die Bestimmung der Endbestände in der Bilanz und bestimmter GuV-Positionen sein.

Mit der **Dokumentationsfunktion** soll erreicht werden, dass der Kaufmann sich nicht auf seine Bücher verlässt, sondern konkret Vermögensgegenstände, nicht nur des Vorratsvermögens, nach Menge und Wert bestimmt. Damit wird es möglich, Mengen- und Wertabweichungen in Bezug auf die Vermögensgegenstände, die sich aus Differenzen zwischen Buchbeständen und tatsächlichen Verhältnissen ergeben, aufzudecken und dann zu korrigieren.

Natürlich sind die tatsächlichen Verhältnisse maßgebend. Differenzen können sich z.B. aus Diebstählen und anderen Verlusten und Beschädigungen ergeben.

Bei den sog. gemischten Konten (z.B. dem Wareneingangskonto) ist es immer erforderlich, den Bilanzbestand (z.B. den Lagerbestand an fertigen Waren) mithilfe einer Inventur festzustellen, um damit den Wareneinsatz als Differenz zu bestimmen.

Für den Zeitpunkt einer Inventur ist es wichtig, dass es nicht auf die Verhältnisse zum Zeitpunkt der Durchführung einer Inventur ankommt, sondern auf die Tatsache, dass die Verhältnisse zum Abschlussstichtag festgestellt werden. Wird also eine Inventur einen Monat vor dem Abschlussstichtag durchgeführt, muss immer beobachtet werden, ob Veränderungen des Bestandes an Vermögensgegenständen zwischen Abschlussstichtag und Inventurzeitpunkt zu beobachten sind und insofern der Inventurbestand zu korrigieren ist.

Beispiel: Kaufmann K führt am 01.12.10 eine Inventur durch und zählt 250 Absperrventile der Klassifikation DN 250 PN 40. Am 15.12.10 wird noch eine Lieferung des Lieferanten L der gleichen Ventile durchgeführt. L liefert 40 Ventile. Am 20.12.10 werden 50 Ventile des Typs verkauft.

Lösung: In das Inventar wird nicht etwa der Inventurbestand von 250 Stück, sondern der korrekte Bestand in Höhe von 250 + 40 ./. 50 = 240 Stück übernommen.

Grundsätzlich wird eine Inventur durch Messen, Zählen und Wiegen von Vermögensgegenständen durchgeführt. Auch die Durchsicht von Offene-Posten-Listen kann als Inventur angesehen werden.

Der Gesetzgeber erlaubt eine **vorgelagerte** (maximal drei Monate vor dem Abschlussstichtag) oder **nachgelagerte** (maximal zwei Monate nach dem Abschlussstichtag) **Inventur** (§ 241 Abs. 3 HGB). Von der **körperlichen Inventur** darf abgewichen werden, wenn mithilfe entsprechender Verfahren, die den GoB entsprechen, die korrekte Ermittlung der Werte gesichert ist (§ 240 Abs. 2 HGB).

Eine **stichprobenartige Inventur** ist erlaubt, wenn anhand geeigneter mathematisch-statistischer Methoden gesichert ist, dass der Bestand und der Wert der betreffenden Vermögensgegenstände so sicher bestimmt werden kann, dass dies der Qualität einer körperlichen Bestandsaufnahme gleichkommt (§ 240 Abs. 1 HGB).

Es entspricht den GoB auch, beleg- und buchmäßige Bestandsaufnahmen durchzuführen, wenn dadurch nicht die Korrekturfunktion des Inventars gegenüber der Buchhaltung beschädigt wird.

Die verschiedenen Inventurzeitpunkte und Inventurverfahren können angepasst an die verschiedenen Arten von Vermögensgegenständen miteinander kombiniert oder parallel zueinander angewendet werden.

Es sei an dieser Stelle noch einmal darauf hingewiesen, dass es nur bei einer Bewertungsvereinfachung eine Abweichung vom Grundsatz der jährlichen Erstellung eines Inventars in Bezug auf bestimmte Vermögensgegenstände des Anlage- und Umlaufvermögens gibt: dem Festwertverfahren gem. § 240 Abs. 3 HGB.

Bei allen anderen Bewertungen, egal ob es sich um eine Einzelbewertung oder eine Bewertungsvereinfachung handelt, muss ein Inventurbestand ermittelt werden.

3.4.2 Bilanzänderung, Bilanzberichtigung

Die Begriffe „Bilanzänderung" oder „Bilanzberichtigung" sind in einem umfassenden Sinne zu verstehen. Es werden damit alle Änderungen und Berichtigungen des Abschlusses, also nicht nur der Bilanz, beschrieben.

Im allgemeinen (steuerlichen) Sprachgebrauch versteht man unter einer **Bilanzänderung** den Ersatz zulässiger Positionen und Werte durch andere gleichermaßen zulässige (z.B. eine andere Ausführung eines gegebenen Wahlrechts). Folge: Ein zulässiger Abschluss wird durch einen anderen, ebenfalls zulässigen, ersetzt.

Unter einer **Bilanzberichtigung** versteht man den Ersatz unzulässiger Positionen oder Werte durch zulässige. **Folge:** Es werden Fehler korrigiert.

Handelsrechtlich spricht man von einer **Änderung des Jahresabschlusses**. Mangels gesetzlicher Grundlagen im Handelsrecht und eingehender Behandlung der Bilanzänderung und Bilanzberichtigung in Steuergesetzgebung (vgl. § 4a EStG) und Rechtsprechung ist die Literatur stark steuerrechtlich geprägt.

Die **Änderung des Abschlusses** ist bis zu seiner Feststellung problemlos jederzeit möglich. Eine Änderung eines festgestellten bzw. rechtsverbindlich öffentlich gemachten Abschlusses ist allerdings problematisch. Hier wird es auf eine Nutzenabwägung zwischen dem Interesse des Bilanzlesers an Informationssicherheit und des Bilanzerstellers an einer Bilanzänderung ankommen. Wenn man die (steuerlichen) Begriffe der Bilanzänderung und -berichtigung betrachtet, wird das Interesse des Bilanzlesers, der auf Grund eines festgestellten bzw. veröffentlichten Abschlusses seine Entscheidungen trifft, schutzwürdiger sein als das **Interesse des Bilanzerstellers auf Bilanzänderung**. Auch im Falle der Bilanzberichtigung, d.h. bei der Richtigstellung eines fehlerhaften Abschlusses wird es auf eine Nutzenabwägung ankommen. Die Verletzung der Pflicht zur **Vermittlung eines den tatsächlichen Verhältnissen entsprechenden Bildes der Lage des bilanzierenden Unternehmens** (§ 264 Abs. 2 HGB) durch den fehlerhaften Abschluss und der damit einhergehenden Verletzung des Informationsinteresses des Bilanzlesers wird dem Aufwand der Richtigstellung entgegen zu stellen sein.

Eine Berichtigung wird unterbleiben können, wenn die Richtigstellung zeitnah im laufenden Jahresabschluss erfolgen kann.

Ist die Fehlerhaftigkeit des Abschlusses so weitgehend, dass von einer Nichtigkeit des Abschlusses gesprochen werden muss, so ist eine Änderung nicht möglich. Der nichtige Abschluss muss vielmehr in Form einer Rückwärtsberichtigung durch einen wirksamen, insoweit fehlerfreien Abschluss ersetzt werden.

3.4.3 Berichtszeitraum, Aufstellungsfrist

Kaufleute sind grundsätzlich verpflichtet, für jeden Schluss eines Geschäftsjahres einen Abschluss auf der Grundlage eines Vermögensvergleichs (Bilanz) zu erstellen (§ 242 Abs. 1 HGB) und für den Schluss des Geschäftsjahres eine Gegenüberstellung der Aufwendungen und Erträge des Geschäftsjahres (Gewinn- und Verlustrechnung) aufzustellen (§ 242 Abs. 2 HGB).

Die Bilanz und die Gewinn- und Verlustrechnung bilden den **Jahresabschluss** (§ 242 Abs. 3 HGB).

Die Bilanz wird für den Schluss des Geschäftsjahres (zeitpunktbezogen) und die GuV für die Periode des Geschäftsjahres (zeitraumbezogen) aufgestellt.

Das Geschäftsjahr darf einen Zeitraum von 12 Monaten nicht überschreiten (§ 240 Abs. 2 HGB).

Rumpfgeschäftsjahre (< 12 Monate) sind in Einzelfällen, z.B. bei Neugründungen oder Betriebseinstellungen, möglich. Das Geschäftsjahr kann vom Kalenderjahr abweichen, aber ein **willkürlicher oder beliebiger Wechsel eines einmal festgelegten Geschäftsjahreszeitraumes** ist unzulässig.

Der Abschlussersteller muss wegen der Bedeutung der Informationsfunktion des Jahresabschlusses diesen innerhalb bestimmter Fristen nach Ende des Geschäftsjahres erstellen. Gemäß § 240 Abs. 2 S. 3 HGB gilt für alle Kaufleute: „Aufstellung innerhalb der einem ordnungsmäßigen Geschäftsgang entsprechenden Zeit." Gemäß § 264 Abs. 2 S. 2 und 3 HGB gilt für Kapitalgesellschaften (und bestimmte Personenhandelsgesellschaften i.S.d. § 264a HGB):

- **Aufstellungsfrist:** 3 Monate für mittelgroße und große Kapitalgesellschaften.
- **Aufstellungsfrist:** innerhalb eines einem „ordnungsgemäßen Geschäftsgang" entsprechenden Zeitraumes, aber maximal 6 Monate für kleine Kapitalgesellschaften.

4. Ansatz und Bewertung einzelner Posten in der HGB-Bilanz

Um das Verständnis des folgenden Inhalts durch Anwendung einer festen Struktur zu erleichtern, wird im Weiteren anhand der Gliederungsvorschrift des § 266 HGB, der zwar nur für Kapitalgesellschaften verpflichtend ist, aber auch anderen Bilanzierenden zur Anwendung offen steht, vorgegangen. Die Gliederung des § 266 Abs. 2 und 3 HGB stellt damit den „roten Faden" der weiteren Ausführungen dar.

Die **Aktivseite der Bilanz** gliedert § 266 Abs. 2 HGB in einer ersten Ebene wie folgt:

A. Anlagevermögen

B. Umlaufvermögen

C. Rechnungsabgrenzungsposten

D. Aktive latente Steuern

E. Aktiver Unterschiedsbetrag aus der Vermögensverrechnung

Die **Passivseite der Bilanz** gliedert § 266 Abs. 3 HGB in einer ersten Ebene wie folgt:

A. Eigenkapital

B. Rückstellungen

C. Verbindlichkeiten

D. Rechnungsabgrenzungsposten

E. Passive latente Steuern

Eine erste Differenzierung des im Unternehmen vorhandenen Vermögens in der Bilanz betrifft die **Unterscheidung in Anlage- und Umlaufvermögen** (vgl. die Gliederungsvorschriften in § 247 Abs. 1 HGB und § 266 Abs. 2 A + B HGB). Nur das Anlagevermögen wird definiert, indem bestimmt wird, dass nur die Gegenstände auszuweisen sind, die dazu bestimmt sind, dem Betrieb auf Dauer zu dienen (§ 247 Abs. 2 HGB). Die Verwendung des Wortes „nur" hat eine ausschließende Konsequenz in Bezug auf die Vermögensgegenstände, die nicht dazu bestimmt sind, dem Betrieb auf Dauer zu dienen. Allerdings müssen alle Vermögensgegenstände, die diese Forderung erfüllen und für die weder ein Ansatzwahlrecht oder ein Ansatzverbot besteht, in das Anlagevermögen aufgenommen werden (Vollständigkeitsgrundsatz). Auf die Dauer der tatsächlichen Zeit des Dienens kommt es nicht an. Es kommt nur auf die Bestimmung des Vermögensgegenstandes zum dauernden Dienen an. Diese Bestimmung übt der Unternehmer aus.

> **Beispiel:** Ein Fahrzeug, das für den Einsatz im Außendienst eines Unternehmens angeschafft wurde, ist dem Anlagevermögen zuzuordnen, auch wenn es bei der ersten Fahrt einen Totalschaden erfährt.

Eine **Definition des Umlaufvermögens** wird nicht gegeben. Auch Vermögensgegenstände des Umlaufvermögens sind dazu bestimmt, dem Betrieb zu dienen, aber nicht auf Dauer, sondern in einem einzigen Zeitpunkt; nämlich im Zeitpunkt des Verkaufs oder der Verarbeitung.

> **Beispiel:** Ein Autohändler kauft von seinem Großhändler zehn Fahrzeuge. Er will ein Fahrzeug zu betrieblichen Zwecken nutzen und neun Fahrzeuge an Endkunden verkaufen.
>
> **Lösung:** Ein Fahrzeug ist dem Anlagevermögen, neun Fahrzeuge sind dem Umlaufvermögen zuzuordnen.

Die Zuordnung zu einer der Vermögensgruppen kann sowohl Auswirkungen haben auf die Frage:

- des Ansatzes (vgl. z.B. das Wahlrecht zum Ansatz selbst geschaffener immaterieller Vermögensgegenstände des Anlagevermögens im Gegensatz zum Ansatzgebot selbst geschaffener immaterieller Vermögensgegenstände des Umlaufvermögens) als auch
- der Bewertung (vgl. z.B. das Gebot zur planmäßigen Abschreibung abnutzbarer Vermögensgegenstände des Anlagevermögens im Gegensatz zum Verbot der planmäßigen Abschreibung abnutzbarer Vermögensgegenstände des Umlaufvermögens).

Vermögensgegenstände gelangen grundsätzlich durch Anschaffung, Herstellung und Einlage in das Anlagevermögen. Diese unterschiedlichen Sachverhalte führen zu unterschiedlichen Bewertungen des Zugangswertes von Vermögensgegenständen.

Auf der Passivseite der Bilanz ist insbesondere die **Differenzierung zwischen Eigen- und Fremdkapital** (Schulden) und innerhalb der Schulden die **Differenzierung von Rückstellungen und Verbindlichkeiten** von Bedeutung. **Eigenkapital** ist das dem Unternehmen von den Eigentümern zeitlich unbegrenzt zur Verfügung gestellte Kapital, mit dem das Unternehmen wirtschaften kann und aus dessen Zurverfügungstellung dem Eigentümer (Gesellschafter) verschiedene Rechte (z.B. das Recht auf Gewinnbeteiligung, Geschäftsführung) zugemessen werden. Bei bestimmten Rechtsformen (insbesondere der Kapitalgesellschaften) hat dieses Eigenkapital auch die Eigenschaft, das Vermögen der juristischen Person darzustellen. Die Differenzierung zwischen Eigen- und Fremdkapital wird bei Rechtsformen ohne eigene Rechtspersönlichkeit schwierig, wenn Eigentümer (Gesellschafter) nur befristet Kapital (z.B. verzinsliche oder unverzinsliche) Darlehen zur Verfügung stellen. Eigentümer können also sowohl Eigen- wie Fremdkapital zur Verfügung stellen. Neben dem Eigenkapital bilden die **Schulden** das zweite wichtige Element der Passivseite. Die Schulden sind in Rückstellungen und Verbindlichkeiten zu differenzieren.

Unter **Verbindlichkeiten** versteht man die Summe der Verpflichtungen eines Unternehmens zur Erbringung einer Leistung, wobei die Verpflichtungen dem Grunde nach und der Höhe nach sicher feststehen. Rückstellungen sind in erster Näherung Verpflichtungen eines Unternehmens, die sich dem Grunde nach und/oder der Höhe nach (noch) nicht sicher bestimmen lassen. Darüber hinaus können **Rückstellungen** auch für bestimmte Aufwendungen gebildet werden, die der Berichtsperiode zuzuordnen sind. Beiden Gruppen von Schulden ist gemeinsam, dass es sich bei der vom Unternehmen zu erbringenden Leistung um eine Geld-, Dienst- oder Sachleistung handeln kann.

Rechnungsabgrenzungsposten sind weitere wichtige Elemente sowohl der Aktiv- wie auch der Passivseite. Sie sind aber reine Verrechnungsposten, die bestimmten Funktionen (z.B. der periodengerechten Zuordnung von Aufwand und Ertrag) dienen und stellen weder Vermögensgegenstände noch Schulden dar.

4.1 Anlagevermögen

§ 266 Abs. 2 HGB unterscheidet beim **Anlagevermögen** folgende Gruppen:

I. Immaterielle Vermögensgegenstände,
II. Sachanlagen,
III. Finanzanlagen.

Grundsätzlich gelten beim Anlagevermögen die allgemeinen Bestimmungen für den Ansatz und die Bewertung von Vermögensgegenständen. Als Besonderheiten können genannt werden:

- das **gemilderte Niederstwertprinzip** des § 253 Abs. 3 S. 3 HGB, das eine Abschreibung auf den niedrigeren beizulegenden Wert nur bei voraussichtlich dauernder Wertminderung vorsieht (Ausnahme: Abschreibungswahlrecht des § 253 Abs. 3 S. 4 HGB bei Finanzanlagen, bei denen zwar ein niedriger beizulegender Wert festzustellen, die Wertminderung aber nicht voraussichtlich dauernd ist).
- der **Zwang zur Vornahme planmäßiger Abschreibungen bei Vermögensgegenständen, deren Nutzung zeitlich begrenzt ist** (abnutzbare Vermögensgegenstände des Anlagevermögens), gemäß § 253 Abs. 3 S. 2 und 3 HGB.

4.1.1 Immaterielle Vermögensgegenstände

§ 266 Abs. 2 A. I. HGB gliedert die **immateriellen Vermögensgegenstände** in folgende Gruppen:

1. selbst geschaffene gewerbliche Schutzrechte und ähnliche Rechte und Werte,
2. entgeltlich erworbene Konzessionen, gewerbliche Schutzrechte und ähnliche Rechte und Werte sowie Lizenzen an solchen Rechten und Werten,
3. Geschäfts- oder Firmenwert,
4. geleistete Anzahlungen.

Die unter Punkt 4. genannten Anzahlungen sind Vorauszahlungen für den entgeltlichen Erwerb der in dieser Gruppe genannten immateriellen Vermögensgegenstände, bevor der Eigentumsübergang stattgefunden hat. Bei Kapitalgesellschaften sind diese geleisteten Anzahlungen separat an dieser Stelle auszuweisen.

4.1.1.1 Selbst geschaffene gewerbliche Schutzrechte und ähnliche Rechte und Werte

Bei diesen Vermögensgegenständen handelt es sich um jene Rechte und Werte, für die das BilMoG in § 248 Abs. 2 HGB ein Aktivierungswahlrecht eingeführt hat. Die Grundlagen sind bereits bei der Vorstellung der Aktivierungswahlrechte besprochen worden (vgl. Kapitel 3.1.4.1).

Kapitalgesellschaften, die dieses Wahlrecht ausüben und die die mit der Herstellung eines solchen Vermögensgegenstandes verbundenen Herstellungskosten im Sinne des § 255 Abs. 2 und 2a HGB aktivieren, müssen diese Vermögensgegenstände unter dem Gliederungspunkt A I 1. ausweisen.

Folgendes Beispiel soll die Problematik verdeutlichen:

Beispiel: Die K-GmbH betreibt eine Werkzeugmaschinenfabrik. Die Entwicklungsabteilung entwickelt eine neue Software für die Steuerung der Werkzeugmaschinen, die in einer neuen Serie hergestellt werden sollen, aber auch für die Verwendung bereits ausgelieferter Maschinen geeignet ist. Insgesamt werden 20 Software-Pakete hergestellt. Die Entwicklung ist am 30.12.10 abgeschlossen; alle 20 Pakete befinden sich fertig am Lager. Eines dieser Pakete wird für die Ausrüstung des eigenen Werkzeugzentrums benötigt. Die Entwicklungskosten für die Software betrugen 120.000 €; an Forschungskosten sind 10.000 € entstanden. Für den Druck der Handbücher und Datenträger wurden 1.800 € aufgewendet.

Lösung: Die Forschungskosten dürfen nicht in die Herstellungskosten einbezogen werden (§ 255 Abs. 2 S. 4 HGB). Sie stellen in der Periode der Entstehung Aufwand dar.

An Herstellungskosten sind angefallen:
- die Entwicklungskosten gem. § 255 Abs. 2a HGB in Höhe von 120.000 €,
- die Herstellungskosten (Druckkosten) gem. § 255 Abs. 2 HGB in Höhe von 1.800 €.

Die Gesamtherstellungskosten für 20 Softwarepakete betragen 121.800 €. Auf jedes Softwarepaket entfallen also Herstellungskosten in Höhe von 6.090 €.

19 Softwarepakete sind zum Verkauf bestimmt und daher im Umlaufvermögen mit den Herstellungskosten in Höhe von 115.710 € auszuweisen, weil das Wahlrecht des § 248 Abs. 2 HGB nicht für das Umlaufvermögen gilt und sich aus dem Vollständigkeitsgebot des § 246 Abs. 1 S.1 HGB die Verpflichtung zum Ansatz ergibt.

1 Softwarepaket ist dazu bestimmt, dem Betrieb auf Dauer zu dienen und stellt daher einen selbst geschaffenen immateriellen Vermögensgegenstand des Anlagevermögens dar. Für einen solchen Vermögensgegenstand sieht § 248 Abs. 2 HGB ein Aktivierungswahlrecht vor.

Ob dieses Wahlrecht ausgeübt wird, ergibt sich aus der Bilanzpolitik. Wird in der betreffenden Periode ein möglichst hoher Gewinn angestrebt, wird das Aktivierungswahlrecht ausgeübt und das Softwarepaket mit den Herstellungskosten von 6.090 € als Zugangsbewertung aktiviert.

Weitere Beispiele:

Beispiel 1: A entwickelt ein Softwarepaket, das im Dezember 12 fertiggestellt ist. Mit der Erstellung des Softwarepakets sind folgende Aufwendungen und Gewinnzuschläge verbunden:

- Entwicklungskosten 450.000 €,
- Forschungskosten 300.000 €,
- kalkulierter Gewinn 50.000 €.

Das Eigentum an der Software soll laut Kaufvertrag vom 15.12.12 am 5.1.13 an B übergehen. Der zwischen A und B vereinbarte Kaufpreis beträgt 800 T€.

Mit welchen Werten erfolgt die Bilanzierung bei A am 31.12.12 und die Zugangsbewertung bei B am 05.01.13?

Lösung:

31.12.12 Bilanzierung bei A:

Umlaufvermögen/Fertige Erzeugnisse, (Ansatzgebot, § 246 Abs. 1 HGB), Bilanzwert 450.000 €
(Bewertung mit den Entwicklungskosten, § 255 II a HGB).

05.01.13 Zugangswert bei B: 800.000 € (Bewertung mit den Anschaffungskosten; § 255 Abs. 1 HGB).

Beispiel 2: A entwickelt ein Softwarepaket, das im Dezember 12 fertiggestellt ist.

- Entwicklungskosten 450.000 €,
- Forschungskosten 300.000 €,
- Kalkulierter Gewinn 50 T€.

A will die Software im eigenen Unternehmen nutzen.

Wie lautet die Bilanzierung bzw. Zugangsbewertung bei A am 31.12.12?

Lösung:

31.12.12 Bilanzierung bei A: Bilanzposition: Selbst erstellte VG des Anlagevermögens.

Das Ansatzwahlrecht (§ 248 Abs. 2 HGB) wird entsprechend der Bilanzpolitik des A ausgeübt bzw. nicht ausgeübt. Falls ein Ansatz gewählt wird, muss noch anteilig für das Jahr 12 abgeschrieben werden. Bilanzwert falls Ansatz: 450.000 €.

Wirkung in GuV:

Forschungsaufwendungen 300.000 €

Entwicklungsaufwendungen 450.000 €   an andere aktivierte Eigenleistungen 450.000 €

→ in der GuV verbleibender Aufwand 300.000 €, der entsprechend erfolgswirksam für diese Periode bleibt.

4.1.1.2 Entgeltlich erworbene Konzessionen, gewerbliche Schutzrechte und ähnliche Rechte und Werte, sowie Lizenzen an solchen Rechten und Werten

Die zu dieser Gruppe gehörenden Vermögensgegenstände sind in der Regel abnutzbar und durch ein Anschaffungsgeschäft (entgeltlich erworben) in das Vermögen aufgenommen worden. Das Anschaffungskostenprinzip, die Vorschriften zur plan- und außerplanmäßigen Abschreibung und die Vorschriften zur Wertaufholung bestimmen die Zugangs- und Folgebewertung dieser Vermögensgegenstände ohne weitere Besonderheiten.

4.1.1.3 Geschäfts- oder Firmenwert

Das BilMoG hat das **Wahlrecht zur Aktivierung eines Geschäfts- oder Firmenwertes** (GoF) im § 255 Abs. 4 HGB a.F. durch das Ansatzgebot des § 246 Abs. 1 S. 4 HGB ersetzt.

Der Geschäfts- oder Firmenwert ist ein positiver Überschuss der (Erwerbs-) Gegenleistung über den (Zeit-) Wert des übernommenen Vermögens, der sich aus dem Erwerb eines anderen Unternehmens ergibt (derivativer GoF).

Der **Geschäfts- oder Firmenwert** darf nicht mit dem Unternehmenswert verwechselt werden.

Der positive Unterschiedsbetrag, der sich aus dem Veräußerungsgeschäft ergibt, wird per Gesetz zum Vermögensgegenstand erklärt. Der Geschäfts- oder Firmenwert entspricht nicht den üblichen Kriterien der abstrakten Aktivierungsfähigkeit, weil er z.B. nicht bilanziell greifbar, nicht einzelbewertbar und nicht einzelveräußerungsfähig ist. Er wird aber per Gesetz zum Vermögensgegenstand erklärt (vgl. § 246 Abs. 1 S. 4 HGB und § 266 Abs. 2 A. I. Nr. 3 HGB).

Die Berechnung des Unterschiedsbetrages ergibt sich aus folgendem Schema:

Summe der Übernahmegegenleistungen
./. (Zeitwert der einzelnen übernommenen Vermögensgegenstände ./. Zeitwert der übernommenen Schulden)
= Summe der Übernahmegegenleistungen ./. übernommenes Nettovermögen
= **Geschäfts- oder Firmenwert**

Die Definition des § 246 Abs. 1 S. 4 HGB setzt voraus, dass die übernommenen Vermögensgegenstände des gekauften Unternehmens in die Bilanz des kaufenden Unternehmens aufgenommen werden (**asset-deal**).

Die Vermögensgegenstände werden in der aufnehmenden Bilanz mit den Anschaffungskosten bewertet. Dabei ergibt sich ein spezielles Problem der Bewertung:

Es muss entschieden werden, wie die Gesamtgegenleistung für den Erwerb des Unternehmens auf die neu in die Bilanz aufzunehmenden Vermögensgegenstände verteilt wird. Ein Weg kann darin gesehen werden, alle mit dem neuen Unternehmen erworbenen Vermögensgegenstände zu bewerten, indem die Gesamtgegenleistung im Verhältnis der beizulegenden Werte auf diese Vermögensgegenstände verteilt wird. **Niedrigere beizulegende Werte** (i.d.R. die Zeitwerte) dürfen dabei nicht überschritten werden (Beachtung des Niederstwertprinzips).

Bisher nicht aktivierte Vermögensgegenstände, die nicht entgeltlich erworben und im übernommenen Unternehmen zulässigerweise nicht angesetzt waren, müssen jetzt aktiviert werden.

Bei dieser Vorgehensweise wird sich oft ein positiver Restbetrag ergeben, der wegen des Niederstwertprinzips nicht mehr auf Vermögensgegenstände verteilt werden kann. Das hat einen Grund darin, dass der kaufende Unternehmer bereit ist, für ein Unternehmen mehr zu zahlen, als es der Summe der Zeitwerte aller aktivierungsfähigen Vermögensgegenstände, abzüglich der übernommen Schulden, entspricht.

Als Gründe für ein solches Käuferverhalten kann der Erwerb besonderer, nicht aktivierungsfähiger Chancen und Erwartungen genannt werden wie z.B.:

- das Vorhandensein eines gut ausgebildeten Mitarbeiterstammes,
- gute bestehende Kunden- oder Lieferantenbeziehungen,
- eine gute Stellung im Markt,
- allgemeine Vorteile, die nicht aktivierungsfähig sind.

Wenn der Käufer eher negative Erwartungen hegt, wird er diese in einem Abschlag der Kaufsumme berücksichtigen und insoweit erwartete Verluste oder negative Abweichungen von seinen Gewinnerwartungen antizipieren. Sich daraus ergebende negative Unterschiedsbeträge (**negativer Geschäfts- oder Firmenwert**) dürfen im Einzelabschluss nicht passiviert werden. Für die Bewertung der Vermögensgegenstände in der aufnehmenden Bilanz wird dies aber bedeuten, dass diese mit Werten unter den beizulegenden Werten angesetzt werden müssen.

Ebenso wenig wie ein negativer GoF darf ein sich ergebender GoF, der im Unternehmen selbst entstanden ist und bisher nicht durch ein Veräußerungsgeschäft bestätigt wurde (**originärer Geschäfts- oder Firmenwert**) aktiviert werden.

Der Geschäfts- oder Firmenwert gilt als abnutzbarer Vermögensgegenstand des Anlagevermögens und unterliegt deshalb sowohl der planmäßigen wie der außerplanmäßigen Abschreibung.

Die **Nutzungsdauer des Geschäfts- oder Firmenwertes** muss also bei Zugang geschätzt werden. Kriterium für diese Schätzung wird sein, in welcher Zeit sich der erwartete Vorteil durch den Unternehmenskauf verflüchtigt haben wird.

Nach einer **außerplanmäßigen Abschreibung des Geschäfts- oder Firmenwertes** ist eine Wertaufholung nicht zulässig (§ 253 Abs. 5 S. 2 HGB), da die Wertaufholung nicht mehr dem Unternehmenskauf zugerechnet wird, sondern im laufenden Unternehmen entstanden ist. Insoweit ist die Wertaufholung dem nicht aktivierungsfähigen originären Geschäfts- oder Firmenwert zuzuordnen.

Beispiel: Kaufmann K hat für den Erwerb des Unternehmens U am 01.12.12 einen GoF in Höhe von 100.000 € gezahlt, weil er den guten Kunden X des Unternehmens U übernehmen wollte. Kurz nach Ausführung des Geschäftes (am 15.12.12) geht X jedoch unerwartet in Insolvenz. Der Insolvenzverwalter baut auf die Lieferantenbeziehung mit K, und das Unternehmen X wird nach Übernahme durch eine Investorengruppe (01.07.13) erfolgreich weitergeführt. Die Erwartungen von K werden übertroffen.

Lösung: K muss den GoF zum 31.12.12 außerplanmäßig auf 0 € abschreiben, weil eine voraussichtlich dauernde Wertminderung auf 0 € vorliegt (§ 253 Abs. 3 S. 3 HGB).
Zum 31.12.13 darf und muss K den GoF nicht zuschreiben (keine Wertaufholung). Die Wertzunahme des GoF ist im originären GoF des K entstanden.

Zusammenfassend können folgende **Merkmale des Geschäfts- oder Firmenwertes** genannt werden:
- Ein negativer GoF darf (im Einzelabschluss) nicht passiviert werden.
- Ein durch ein durchgeführtes Erwerbsgeschäft entstandener (derivativer) GoF muss aktiviert werden.
- Der GoF gilt als zeitlich begrenzt nutzbarer Vermögensgegenstand des Anlagevermögens gem. § 246 Abs. 1 S. 4 HGB.
- Ein selbstgeschaffener (originärer) GoF darf nicht aktiviert werden.
- Die Abschreibung des GoF erfolgt gem. § 253 Abs. 3 HGB.
- Die außerplanmäßige Abschreibung des GoF erfolgt nach den allgemeinen Vorschriften (vgl. § 253 Abs. 3 HGB).
- Es findet keine Wertaufholung nach Wegfall der Gründe für eine außerplanmäßige Abschreibung gem. § 253 Abs. 5 S. 2 HGB statt.

Beispiel 1: Alle Geschäftsanteile des Konkurrenten A GmbH werden gekauft (Kaufpreis 500.000 €), und die A GmbH wird in Zukunft von der A-AG kontrolliert.

Zahlen A-GmbH:
Buchwert des Vermögens 400.000 €, Zeitwert des Vermögens 550.000 €, übernommene, in der Bilanz der A GmbH weiter ausgewiesene Schulden 150.000 €.

Lösung:

Abschlussposition	Wert	Rechtsquelle
Beteiligung	500.000 €	§ 246 Abs. 1 HGB

Beispiel 2: Der Konkurrent A OHG wird gekauft und in die A-AG integriert. Buchwert des Vermögens 800.000 €, Zeitwert des Vermögens 1.550.000 €, durch die A OHG übernommene und zukünftig in der Bilanz der A OHG ausgewiesene Schulden 150.000 €, Kaufpreis 1.500.000 €.

Lösung:

Abschlussposition	Wert	Rechtsquelle
GoF	100.000 €	§ 246 Abs. 1 HGB

Beispiel 3: Der Konkurrent A OHG wird gekauft und in die A-AG integriert. Buchwert des Vermögens 800.000 €, Zeitwert des Vermögens 1.700.000 €, durch die A OHG übernommene und zukünftig in der Bilanz der A OHG ausgewiesene Schulden 150.000 €, Kaufpreis 1.500.000 €.

Lösung:

Abschlussposition	Wert	Rechtsquelle
keine	–	§ 246 Abs. 1 HGB

Bemerkung:

Zu Beispiel 2: Aus didaktischen Gründen gilt die Annahme, dass der Kauf zum Abschlussstichtag erfolgt und es sich so um eine Zugangsbewertung des GoF handelt. Ansonsten wäre die planmäßige Abschreibung zu beachten (§ 246 Abs. 1 S. 4 i.V.m. § 253 Abs. 3 HGB).

Zu Beispiel 3: Im Einzelabschluss gibt es keinen negativen GoF.

Zu Beispiel 1–3: keine abschließende Aufzählung der Rechtsquellen.

4.1.2 Sachanlagen

§ 266 Abs. 2 A. II. HGB gliedert die **Vermögensgegenstände des Sachanlagevermögens** in folgende Gruppen:

1. Grundstücke, grundstücksgleiche Rechte und Bauten, einschließlich der Bauten auf fremden Grundstücken;
2. technische Anlagen und Maschinen;
3. andere Anlagen, Betriebs- und Geschäftsausstattung;
4. geleistete Anzahlungen und Anlagen im Bau.

Bei den **Sachanlagen** handelt es sich in der Regel um körperliche Vermögensgegenstände, die im Wesentlichen den allgemeinen Ansatz- und Bewertungsvorschriften folgen. Auch hier sind unter **Anzahlungen** die geleisteten Vorauszahlungen des Bilanzierenden auf den Erwerb von Vermögensgegenständen dieser Gruppe zu verstehen.

4.1.2.1 Grundstücke, grundstücksgleiche Rechte und Bauten, einschließlich der Bauten auf fremden Grundstücken

Grundstücke sind immer unbewegliche, nicht abnutzbare Vermögensgegenstände. Unter diesem Begriff sind sowohl bebaute wie auch unbebaute Grundstücke zu verstehen. Die **grundstücksgleichen Rechte** sind zwar grundsätzlich als immaterielle Vermögensgegenstände anzusehen, werden aber dem Sachanlagevermögen zugeordnet. Unter diesen Rechten sind insbesondere Erbbau-, und Dauernutzungsrechte an Grundstücken zu verstehen.

Zu den **Bauten** zählen sowohl Gebäude, die Wohn- oder Fabrikations- als auch Verwaltungszwecken dienen. Gebäude stellen unbewegliche abnutzbare Vermögensgegenstände dar. Im Zusammenhang mit Grundstücken und Gebäuden bestehen oft komplexe Probleme der Zugehörigkeit von Aufwendungen zu Erhaltungsaufwendungen einerseits und Herstellungs- oder nachträglichen Anschaffungskosten andererseits. Auch Fragen des Eigentums an Vermögensgegenständen, die mit Grundstücken verbunden und in Gebäude eingebracht werden, die in fremdem Eigentum stehen, sind anhand zivilrechtlicher (z.B. Scheinbestandteile § 95 BGB) und wirtschaftlicher Betrachtung (z.B. Gebäudebestandteile, Betriebsvorrichtungen, Mieter-Ein- und -Umbauten) zu entscheiden. Diese Fragen sind insbesondere in der steuerlichen Gesetzgebung und Rechtsprechung Gegenstand umfangreicher Erörterung. Der BFH stützt sich dabei u.a. auf die Ausweisvorschrift des § 266 Abs. 2 A. II. Nr. 1 HGB: **„Bauten auf fremden Grundstücken".**

4.1.2.2 Technische Anlagen und Maschinen

Unter **technischen Anlagen und Maschinen** ist der Fond an Vermögensgegenständen zu verstehen, mit dem die unmittelbaren Leistungen des Unternehmens erbracht werden (z.B. Werkzeugmaschinen, Krananlagen, Energieumwandlungsanlagen für die Produktion, Förderanlagen usw.).

Es handelt sich bei diesen Vermögensgegenständen in der Regel um bewegliche, abnutzbare Vermögensgegenstände.

4.1.2.3 Andere Anlagen, Betriebs- und Geschäftsausstattung

Der Posten **„Andere Anlagen"** ist ein Sammelposten für alle Vermögensgegenstände, die nicht unter anderen Posten des Sachanlagevermögens auszuweisen sind. Er enthält deshalb sehr unterschiedliche Vermögensgegenstände (z.B. Werkzeuge, Material- und Bürocontainer). Die **Abgrenzung zur Betriebs- und Geschäftsausstattung** (z.B. Computer, Ladenausstattung) ist oft schwierig, aber auch nicht von großer Bedeutung, da die Vermögensgegenstände dieser Gruppe einheitlich beweglich und abnutzbar sind und sich deswegen keine Folgen in Bezug auf Ansatz und Bewertung aus dieser Differenzierung ergeben.

4.1.2.4 Anlagen im Bau

Unter **„Anlagen im Bau"** sind alle Herstellungskosten (Eigen- und Fremdleistungen) für sich im Erstellungsprozess befindliche, noch nicht fertiggestellte, aber nach Fertigstellung zu aktivierende Vermögensgegenstände zu verstehen. Es kann sich sowohl um Gebäude als auch um andere maschinelle oder der Produktion dienende Anlagen handeln. Auch Planungs- oder Konstruktionsaufwendungen, die noch nicht zu körperlichen Ergebnissen geführt haben, sind hier auszuweisen. Der Posten stellt keinen Vermögensgegenstand dar. Die sich in diesem Posten befindenden Aufwendungen werden deswegen nicht planmäßig abgeschrieben.

Beispiel: Ein Neubau des Anlagevermögens wird durch eigene Mitarbeiter errichtet. Baubeginn 01.02.13, geplante Fertigstellung 01.11.14. Bis zum 31.12.13 sind an Herstellungskosten 220.000 € entstanden. Im Jahr 14 entstehen an Herstellungskosten weitere 170.000 €. Die voraussichtliche Nutzungsdauer beträgt 20 Jahre.

Am 31.12.14 hat das Gebäude einen dauerhaften beizulegenden Wert von 350.000 €; am 31.12.15 einen solchen von 390.000 €.

Welche Auswirkungen ergeben sich für die Bilanzen der Jahre 13, 14 und 15?

Lösung:

Jahr 13:

Buchungssatz:

Anlagen im Bau 220.000 €   an andere aktivierte Eigenleistungen 220.000 €

Ausweis unter der Bilanzposition A. II. Nr. 4

Jahr 14:

Im Jahr 14 entstehen an Herstellungskosten weitere 170.000 €.

Buchung 01.11.14 (Fertigstellung des Gebäudes):

Gebäude 390.000 €   an   andere aktivierte Eigenleistungen 170.000 €

                                          Anlagen im Bau 220.000 €

Planmäßige Abschreibung 14: $\frac{2}{12}$ von 5 % von 390.000 € = 3.250 € (§ 253 Abs. 3 S. 1 HGB)

Der Wert des Gebäudes nach planmäßiger Abschreibung beträgt am 31.12.14: 386.750 €.

Notwendige außerplanmäßige Abschreibung um 36.750 € auf 350.000 € (§ 253 Abs. 3 S. 3 HGB)

Ausweis unter A. II. Nr. 1.

Auswirkungen auf GuV:

Die Buchung „andere aktivierte Eigenleistungen 170.000 €" hebt die die Gewinnwirkung der zu Herstellungskosten führenden Aufwendungen des Jahres 14 auf. Es verbleiben die Abschreibungen als gewinnmindernder Aufwand: 3.250 € + 36.750 € = 40.000 €.

Also Gewinnauswirkung 14: ./. 40.000 €.

Jahr 15:

Planmäßige Abschreibung 15: Methode RBW/RND

Abschreibungssatz = 12 Monate/248 Monate = 4,84 % Restbuchwert: 350.000 €

4,84 % von 350.000 € = 16.940 € (§ 253 Abs. 3 S. 1 HGB)

Der Wert des Gebäudes nach planmäßiger Abschreibung beträgt am 31.12.14: 333.060 €.

Der beizulegende Wert ist auf 390.000 € gestiegen. Eine Wertaufholung hat stattzufinden (§ 253 V HGB). Zuschreibung maximal bis zu den fortgeführten Herstellungskosten oder dem niedrigeren beizulegenden Wert.

Ermittlung der fortgeführten Herstellungskosten:

   390.000 €

./. 3.250 € (Abschreibung 2014)

./. 5 % von 390.000 € (Abschreibung 2015)

= 367.250 € (Wert der Bilanzposition nach planmäßiger Abschreibung)

Der Wert der fortgeführten Herstellungskosten ist mit 367.250 € niedriger als der beizulegende Wert am 31.12.15 (390.000 €) und wird daher angesetzt.

Auswirkungen auf GuV:

Planmäßige Abschreibung	./. 16.940 €
Wertaufholung	+ 34.190 €
Also Gewinnauswirkung 15	+ 17.250 €

Anmerkung zur Lösung:

Es wäre auch zulässig (GOB), die Abschreibung des Jahres 15 in Anlehnung an die Vorschrift des § 11c Abs. 2 EStDV durchzuführen. Dies würde bedeuten, dass die Abschreibung des Jahres 15 5 % von (390.000 € ./. 36.750 €) = 17.662,50 € betragen würde.

4.1.3 Finanzanlagen

§ 266 Abs. 2 A. III. HGB gliedert die **Vermögensgegenstände des Finanzanlagenvermögens** in folgende Gruppen:

1. Anteile an verbundenen Unternehmen;
2. Ausleihungen an verbundene Unternehmen;
3. Beteiligungen;
4. Ausleihungen an Unternehmen, mit denen ein Beteiligungsverhältnis besteht;
5. Wertpapiere des Anlagevermögens;
6. sonstige Ausleihungen.

Die **Finanzanlagen** stellen weder bewegliche noch unbewegliche Vermögensgegenstände dar. Sie sind deshalb nicht planmäßig abzuschreiben. Wegen der oft hohen Wertschwankungen bei den hier auszuweisenden Wertpapieren sind aber die Vorschriften zur außerplanmäßigen Abschreibung und zur Wertaufholung von besonderer Bedeutung. Auch auf das **Wahlrecht zur Vornahme einer außerplanmäßigen Abschreibung auf den niedrigeren beizulegenden Wert bei nicht voraussichtlich dauernder Wertminderung** (vgl. § 253 Abs. 3 S. 4 HGB) nur bei dieser Gruppe von Vermögensgegenständen ist besonders hinzuweisen.

Bei erforderlicher Bilanzierung von Anteilen an verbundenen Unternehmen und Beteiligungen ist die Vorschrift des § 272 Abs. 4 HGB seit Einführung des BilMoG zu beachten. Diese Vorschrift verlangt, dass für Anteile an einem herrschenden oder mit Mehrheit beteiligten Unternehmen eine **Rücklage gebildet** wird. Auf diese Weise führt man in Höhe des Wertes der betreffenden Anteile eine Ausschüttungssperre ein.

Die Posten dieser Gruppe erklären sich weitgehend von selbst. Nur die Begriffe „Ausleihungen", „Beteiligung", „verbundene Unternehmen" bedürfen einer kurzen Erläuterung:

a) **Ausleihungen** entstehen durch die Hingabe von Kapital. Dieser Begriff wird vom allgemeinen Begriff der Forderung abgegrenzt. Forderungen entstehen durch Lieferungen und Leistungen.

   Partiarische Darlehen (Darlehen, für deren Hingabe ein Anteil am Erfolg des Darlehensgebers anstelle eines festen Zinssatzes vereinbart wurde) und stille Beteiligungen sind auch unter den Ausleihungen auszuweisen.

b) **Anteile an anderen Unternehmen, die dazu bestimmt sind, dem eigenen Unternehmen durch Herstellung einer dauerhaften Verbindung zu jenem Unternehmen zu dienen** (vgl. Definition Anlagevermögen § 247 Abs. 2 HGB), werden als **Beteiligung** bezeichnet (§ 271 Abs. 1 HGB). Es besteht eine widerlegbare Vermutung, dass eine Beteiligung besteht, wenn der Anteil am fremden Unternehmen mehr als 20 % des Nennkapitals beträgt.

c) **Verbundene Unternehmen** sind solche, die zu einem Konzernverbund gehören. Es handelt sich also um Beteiligungen, die an Schwester-, Tochter- oder Mutterunternehmen bestehen (271 Abs. 2 HGB).

4.1.4 Zusammenfassende Aufgabe zum Anlagevermögen

Der Geschäftsführer der A-AG, der einen möglichst hohen Gewinn in der Handelsbilanz anstrebt, legt Ihnen folgenden **Sachverhalt** zur Beurteilung vor:

Die A-AG hat in 2012 10 Werkzeugmaschinen gebaut. 2 Maschinen werden für eigene Zwecke genutzt. Der Rest soll in 2013 ausgeliefert werden. Die Kaufverträge sind am 31.12.12 alle unterschrieben. Verkaufspreis pro Stück 75.000 €, inklusive 1.000 € Fracht, zuzüglich MwSt.

Alle folgenden Kostenangaben beziehen sich auf das Gesamtlos von 10 Maschinen:

Am 11.07.12 wurden die Antriebsmotoren in den USA gekauft. Die Motoren haben insgesamt einen Kaufpreis von 220.000 $. Die Zahlungsbedingungen lauten bei Zahlung bis zum 15.01.13 abzüglich 3 % Skonto; sonst Fälligkeit am 30.01.13 rein netto. Zum Bilanzstichtag sind ausreichend liquide Mittel vorhanden, um zum ersten Fälligkeitstag unter Skontoabzug zu zahlen.

Die Maschinen werden in Deutschland mit der erforderlichen Software ausgerüstet. Dafür entstehen Kosten in Höhe von 26.680 €, inklusive MwSt. An Abnahmekosten (Betriebserlaubnis) sind netto 11.700 € entstanden. Der Aufwand der Einkaufsabteilung zur Vorbereitung der Einkaufsentscheidungen wird mit 2.000 € pauschal geschätzt. An Lohnkosten sind insgesamt 120.000 € entstanden, Lohngemeinkosten 40.000 €. An Materialkosten sind 100.000 € entstanden, Materialgemeinkosten 35.000 €, Finanzierungskosten der Produktion bis zur Fertigstellung 7.500 €, Aufwand für den Betriebskindergarten anteilig 5.000 €.

Die Fertigstellung aller Maschinen erfolgt am 28.12.12. Alle Rechnungen, außer der im Jahr 13 fälligen, wurden sofort bezahlt.

Die Maschinen haben einen erwarteten Schrottwert von 2.000 €. Die Nutzungsdauer wird mit 5 Jahren geschätzt. Die Abschreibung soll linear erfolgen. Der Kurs des US-Dollars beträgt am 11.07.12 0,96 €/$ am 28.12.12 1,22 $/€ und am 31.12.12 0,88 $/€.

Welche Positionen sind mit welchem Wert am 31.12.12 aus diesem Vorgang im Handelsabschluss zu berücksichtigen und welche Gewinnauswirkung ergibt sich aus dem Sachverhalt insgesamt?

Lösung: **Bestimmung des Zugangswertes der verschiedenen Bilanzpositionen:**

Herstellungskosten der Maschinen:

Rechtsquelle: § 255 Abs. 3 HGB.

Wegen der vorgegebenen Bilanzpolitik werden alle Einbeziehungswahlrechte ausgeübt.

Antriebsmotoren 220.000 $ x 0,96 €/$ =	211.200,00 €
Software	22.420,16 €
Abnahme	11.700,00 €
Lohnaufwand (inklusive Lohn-Gemeinkosten)	160.000,00 €
Materialaufwand (inklusive Material-Gemeinkosten)	135.000,00 €
Finanzierungskosten	7.500,00 €
Aufwand Einkaufsabteilung	2.000,00 €
Aufwand Betriebskindergarten	5.000,00 €
Summe der Herstellungskosten	**554.820,16 €**
Herstellungskosten je Maschine	55.482,02 €

(Keine Berücksichtigung des Skontoabzuges beim Bezug der Antriebsmotoren. Erst wenn dieser wirksam entstanden ist, Berücksichtigung als nachträgliche Anschaffungspreisminderung.)

Zugangswert der Verbindlichkeit	211.200,00 €

Folgebewertung:

8 Maschinen sind dem Umlaufvermögen, 2 Maschinen dem Anlagevermögen zuzuordnen. Daraus folgt, dass die Maschinen des Anlagevermögens abzuschreiben sind. Der Schrottwert wird bei der Abschreibung nicht berücksichtigt.

Abschreibungsrate p.a.: 55.482,02/5 =	11.096,40 €.
Auf 2012 entfällt ein Teilbetrag für einen Monat =	924,70 €.

Die 2 Maschinen des Anlagevermögens sind mit 2 x (55.482,02 € ./. 924,70 €) =

54.557,32 € x 2 =	109.114,64 €

auszuweisen.

Bilanzposition Technische Anlagen und Maschinen (§ 266 Abs. 2 A. II. 2. HGB)

Die 8 Maschinen des Umlaufvermögens sind mit 8 x 55.482,02 € = 443.856,16 € auszuweisen.

Bilanzposition Fertige Erzeugnisse und Waren (§ 266 Abs. 2 B. I. 3. HGB)

Wert der Verbindlichkeit am 31.12.12:

220.000 $/0,88 $/€ = 250.000 €

Bilanzposition Verbindlichkeiten aus Lieferungen und Leistungen (§ 266 Abs. 3 C. 4. HGB)

Aufgrund des Höchstwertprinzips der Passivseite (abgeleitet aus dem Imparitätsprinzip) muss bei der Verbindlichkeit eine Zuschreibung in Höhe von 38.800 € erfolgen.

Wertansatz der Verbindlichkeit: 250.000 €.

Die Erfolgswirkung für das Jahr 2012 beträgt:

Abschreibungen	1.849,40 €
Zuschreibung Verbindlichkeit	38.800,00 €
Erfolgsminderung	**40.649,40 €**

Alternative: Gleicher Sachverhalt wie vorstehend.

Unterschied: Die zehn Maschinen werden beim Lieferanten der Antriebsmotoren fertig gekauft: Preis 490.000 $. Die Lohn- und Fertigungskosten fallen nicht an. Die Finanzierungskosten entstehen im Zusammenhang mit der Anschaffung. Alle anderen Aufwendungen in Bezug auf Abnahmen, Software und Einkaufsabteilung bleiben unverändert; gleiches gilt für Zahlungen, Zahlungsbedingungen. Wechselkurse und Datumsangaben.

Lösung: Es handelt sich jetzt nicht um eine Herstellung, sondern eine Anschaffung. Die Maschinen sind mit den Anschaffungskosten gem. § 255 Abs. 1 HGB zu bewerten. Die einzubeziehenden Aufwendungen müssen sich durch einen Einzelkostencharakter auszeichnen. Daraus folgt, dass weder die Aufwendungen für den Betriebskindergarten, für die Einkaufsabteilung noch für die Finanzierung einbezogen werden dürfen. Die Finanzierungskosten dürfen nicht einbezogen werden, da sie nicht auf den Anschaffungsprozess entfallen, sondern der Finanzierung der Maschinen zuzuordnen sind.

Die Zuordnungen der Maschinen zum Anlage- bzw. Umlaufvermögen bleiben unverändert. Gleiches gilt für die Behandlung der Kurse und des Skontoabzugs. Auch die Behandlung der Verbindlichkeit bleibt unverändert.

In die Anschaffungskosten sind einzubeziehen:

Antriebsmotoren 490.000 $ x 0,96 €/$ =	470.400,00 €
Software	22.420, 16 €
Abnahme	11.700,00 €
Summe der Anschaffungskosten	**504.520,16 €**
Anschaffungskosten je Maschine	50.452,02 €

Abschreibung der 2 Maschinen des Anlagevermögens

Abschreibungsrate p.a.: 50.452,02 €/5 = 10.090,40 €

Auf 2012 entfällt ein Teilbetrag für einen Monat = 840,87 €.

Die 2 Maschinen des Anlagevermögens sind mit 2 x (50.452,02 € ./. 840,87 €) =

2 x 49.611,15 € = 99.222,30 € auszuweisen.

Bilanzposition: Technische Anlagen und Maschinen (§ 266 Abs. 2 A. II. 2. HGB).

Die 8 Maschinen des Umlaufvermögens sind mit 8 x 50.452,02 € = 403.616,16 € auszuweisen.
Bilanzposition: Fertige Erzeugnisse und Waren (§ 266 Abs. 2 B. I. 3. HGB).

Wert der Verbindlichkeit am 31.12.12: 490.000 $/0,88 $/€ = 556.818,18 €.
Bilanzposition: Verbindlichkeiten aus Lieferungen und Leistungen (§ 266 Abs. 3 C. 4. HGB).
Aufgrund des Höchstwertprinzips der Passivseite (abgeleitet aus dem Imparitätsprinzip) muss bei der Verbindlichkeit eine Zuschreibung in Höhe von 86.418,18 € erfolgen.
Wertansatz der Verbindlichkeit: 556.818,18 €.

Erfolgswirksamer Aufwand

Finanzierungskosten	7.500,00 €
Aufwand Einkaufsabteilung	2.000,00 €
Aufwand Betriebskindergarten	5.000,00 €
Abschreibungen	1.681,74 €
Zuschreibung Verbindlichkeit	86.418,18 €
Erfolgsminderung	**102.599,92 €**

4.2 Umlaufvermögen

§ 266 Abs. 2 HGB unterscheidet beim **Umlaufvermögen** folgende Gruppen:

I. Vorräte,
II. Forderungen und sonstige Vermögensgegenstände,
III. Wertpapiere,
IV. Kassenbestand, Bundesbankguthaben, Guthaben bei Kreditinstituten und Schecks.

Grundsätzlich gelten beim Umlaufvermögen die allgemeinen Bestimmungen für den Ansatz und die Bewertung von Vermögensgegenständen. Als allgemeine Besonderheiten können genannt werden:

- Vermögensgegenstände des Umlaufvermögens dürfen nicht planmäßig abgeschrieben werden.
- Es gilt das **strenge Niederstwertprinzip** des § 253 Abs. 4 HGB.

Im Gegensatz zum Anlagevermögen (vgl. § 247 Abs. 2 HGB) wird das Umlaufvermögen nicht gesetzlich definiert. Allgemein ist zu sagen, dass alle Vermögensgegenstände, die nicht dem Anlagevermögen zuzuordnen sind, im Umlaufvermögen zu aktivieren sind. In Anlehnung zur Definition des Anlagevermögens ist zu definieren, dass zum Umlaufvermögen die Vermögensgegenstände gehören, die nicht dazu bestimmt sind, dem Betrieb auf Dauer zu dienen. Da die Eigenschaft des Dienens, des Nutzens für den Betrieb bereits im Begriff Vermögensgegenstand eingeschlossen ist, muss der Nutzen für den Betrieb in einem Zeitpunkt abgegeben werden. Bei Waren ist dies z.B. der Zeitpunkt des Verkaufs, in dem auch der sog. **Gewinnsprung** entsteht, bei Roh-, Hilfs- und Betriebsstoffen der Zeitpunkt ihrer Verarbeitung und bei Forderungen der Zeitpunkt des Eingangs der Zahlung oder der Verrechnung mit eigenen Verbindlichkeiten.

Sowohl immaterielle als auch körperliche, bewegliche und unbewegliche Vermögensgegenstände können zum Umlaufvermögen gehören. Auf die Abnutzbarkeit kommt es nicht an, weil für das Umlaufvermögen keine planmäßige Abschreibung vorgesehen ist. Die **Unterscheidung in beweglich oder unbeweglich** als Eigenschaft eines Vermögensgegenstandes kann für die Anwendung von Bewertungsvereinfachungen (vgl. z.B. § 240 Abs. 4 HGB) von Bedeutung sein. Es sei daran erinnert, dass immaterielle Vermögensgegenstände keine beweglichen Gegenstände sind.

Vermögensgegenstände des Umlaufvermögens sind oft, insbesondere im Vorratsvermögen, vergleichsweise geringwertig in Bezug auf den Wert des einzelnen Vermögensgegenstandes. Häufig ist es auch wegen der Art der Vermögensgegenstände (z.B. Flüssigkeiten oder Schüttgüter in Tanks oder Silos) nur schwer oder sogar unmöglich, einzelne Vermögensgegenstände zu identifizieren. Für diese Fälle, in denen:

- eine **Diskrepanz zwischen Bewertungsaufwand und gewonnenem Informationsnutzen** vorliegt,
- bzw. aus physikalischen Gründen eine Einzelbewertung, d.h. eine Zuordnung bestimmter einzeln identifizierbarer Vermögensgegenstände zu ihren Anschaffungs- oder Herstellungskosten, nicht möglich ist,

hat der Gesetzgeber eine Reihe von **Bewertungsvereinfachungen** vorgesehen, die immer eine **Ausnahme vom Einzelbewertungsgrundsatz** darstellen. Deswegen sind aber die Vorschriften zur außerplanmäßigen Abschreibung, der Wertaufholung und des Anschaffungs- und Herstellungskostenprinzips nicht aufgehoben.

4.2.1 Vorräte

§ 266 Abs. 2 B. I. gliedert die **Vorräte** in:

1. Roh-, Hilfs- und Betriebsstoffe;
2. unfertige Erzeugnisse, unfertige Leistungen;
3. fertige Erzeugnisse und Waren;
4. geleistete Anzahlungen.

Für die **Bewertung der Vorräte** gilt das zum Umlaufvermögen in Bezug auf die Bewertung Gesagte in besonderer Weise. Die Verbrauchsfolgeverfahren (§ 256 HGB, Lifo- und Fifo-Verfahren) sind nur beim Vorratsvermögen anwendbar.

Roh-, Hilfs- und Betriebsstoffe sind Vermögensgegenstände, die im Unternehmen weiterverarbeitet werden, d.h. in die Produktion einfließen oder zum Betrieb der Anlagen verbraucht werden. Als **Beispiele** sind hier zu nennen: Grundstoffe, Rohlinge, Halbzeuge und Öle, Fette und Betriebsstoffe. Roh-, Hilfs- und Betriebsstoffe, die im Unternehmen selbst hergestellt wurden, um verkauft zu werden, müssen unter Nr. 3 fertige Erzeugnisse und Waren ausgewiesen werden.

Bei den **unfertigen Erzeugnissen** und **unfertigen Leistungen** werden die noch nicht fertigen, zum Verkauf oder der Übergabe bereiten Vermögensgegenstände ausgewiesen, die im Unternehmen hergestellt wurden. Hier sind z.B. auch Bauten auszuweisen, die von Bauunternehmen für die Bauherren errichtet wurden. Die Bewertung erfolgt nach den üblichen Kriterien der Anschaffungs- und Herstellungskosten.

Besondere Probleme können sich hier ergeben, wenn:

- Vermögensgegenstände über mehrere Perioden unfertig im Fertigungs- oder Produktionsprozess verbleiben, z.B. bei **Großbauten wie Flughäfen und Kraftwerken und großer Schiffe wie Tankern und Kreuzfahrtschiffen**. Bei diesen sog. **Langfristfertigungen** besteht das Problem der Zusammenballung von Gewinnen am Ende der Fertigungszeit wegen des Realisationsprinzips oder

- sich während der Fertigung herausstellt, dass die **Gegenleistung des Kunden nicht zur Deckung der eigenen Aufwendungen ausreicht**.
  - Hier kann unter Umständen ein Verlust aus einem schwebenden Geschäft drohen, der zu einer entsprechenden Rückstellung zwingt (vgl. § 249 Abs. 1 HGB) oder aber
  - eine Abschreibung auf einen niedrigeren beizulegenden Wert erforderlich wird.

Bei den fertigen Erzeugnissen und Waren werden die Vermögensgegenstände ausgewiesen, die noch nicht verkauft oder zwar verkauft, aber noch nicht übergeben sind. **Fertige Erzeugnisse** sind in der Regel die selbst erstellten Fertigprodukte und Leistungen, während man unter Waren angeschaffte Produkte versteht, die ohne größere Bearbeitung weiterverkauft (gehandelt) werden. Dabei ist bei den Leistungen zu unterscheiden, ob sie abgenommen sind oder nicht. Sind diese abgenommen, d.h. vom Kunden ausdrücklich als in Ordnung befunden, aber noch nicht abgerechnet, so werden sie i.d.R. unter Forderungen ausgewiesen. Sind die Leistungen zwar fertig, aber noch nicht abgenommen, werden sie unter diesem Punkt unter den Vorräten ausgewiesen.

Als **Beispiele für fertige Erzeugnisse und Waren** können hier die Warenbestände des Einzelhandels, der Neuwagenbestand eines Automobilherstellers oder die Ölvorräte eines Ölhändlers genannt werden.

Es ist wichtig zu beachten, dass erst die **Vollendung des Verkaufsgeschäftes**, d.h. das Ausscheiden des Vermögensgegenstandes aus dem Vermögen des Bilanzierenden und der daraus entstehende Anspruch auf Gegenleistung den Gewinnsprung auslöst. So lange Vermögensgegenstände im Vermögen des Bilanzierenden ausgewiesen werden, dürfen diese nur mit den Anschaffungs- oder Herstellungskosten bewertet werden. Insofern sind auch Differenzen der Anschaffungs- oder Herstellungskosten zu vertraglich fest vereinbarten Veräußerungspreisen nicht realisierte Gewinne.

Abschreibungen auf niedrigere Börsen- oder Marktpreise oder den niedrigeren beizulegenden Wert sind zu beachten.

Unter dem Posten **Anzahlungen** sind die vom Bilanzierenden geleisteten Anzahlungen auf Vermögensgegenstände des Vorratsvermögens auszuweisen.

Im Zusammenhang mit den Vorräten ist auf die Besonderheit des § 268 Abs. 5 S. 2 HGB hinzuweisen:

Dem Wortlaut dieser Vorschrift ist im Umkehrschluss zu entnehmen, dass es zulässig ist, **erhaltene Anzahlungen**, die ja grundsätzlich Posten der Passivseite darstellen, von den mit ihnen zusammenhängenden Positionen des Vorratsvermögens offen abzusetzen.

Beispiel: Das Bauunternehmen B-AG weist unter unfertigen Erzeugnissen teilfertige Arbeiten (unfertige Bauwerke) in Höhe von 2.300.000 € aus. Die Bauherren haben auf diese Leistungen Vorauszahlungen aufgrund von Vorauszahlungsrechnungen (auch „Akonto"- oder „Zwischenrechnungen" genannt) in Höhe von 2.000.000 € gezahlt. In der Hauptspalte § 266 Abs. 2 B. I. 2. HGB „unfertige Erzeugnisse, unfertige Leistungen" werden nur 300.000 € ausgewiesen.

Lösung: Diese Verfahrensweise, die als Ausweiswahlrecht zu verstehen ist, führt zu einer Verkürzung der Bilanzsumme. Dies ist unter dem Aspekt der Größeneinteilung von Kapitalgesellschaften (vgl. § 267 HGB) und den sich daraus ergebenden Rechtsfolgen von Bedeutung und deshalb Gegenstand der Bilanzpolitik.

4.2.2 Forderungen und sonstige Vermögensgegenstände

§ 266 Abs. 2 B. II. HGB gliedert die **Forderungen und sonstigen Vermögensgegenstände** in:

1. Forderungen aus Lieferungen und Leistungen;
2. Forderungen gegen verbundene Unternehmen;
3. Forderungen gegen Unternehmen, mit denen ein Beteiligungsverhältnis besteht;
4. sonstige Vermögensgegenstände.

Ansatz dem Grunde nach

Forderungen stellen Vermögensgegenstände des Umlaufvermögens dar, die nach den allgemeinen Kriterien zu bewerten sind.

Der **Bestand der Forderungen** wird mithilfe einer **Inventur** bestimmt:

- Saldenlisten aus Debitorenkontokorrent,
- Offene-Posten-Listen,
- Saldenbestätigungen der Schuldner.

Da die Forderung mit dem Anspruch auf Gegenleistung bewertet wird, löst die Einbuchung der Forderung, bei gleichzeitigem Abgang des veräußerten Vermögensgegenstandes, den sog. **Gewinnsprung** aus. Der Gewinn, der sich aus dem einzelnen Veräußerungsgeschäft ergibt, ist die Differenz zwischen Herstellungs- oder Anschaffungskosten und Forderung. Dieser Gewinn ist ein Bruttogewinn, der noch um andere Aufwendungen, die nicht mit und in den Anschaffungs- oder Herstellungskosten erfasst wurden, gemindert wird. Die Erfolgswirkung als solche tritt aber mit der Entstehung der Forderung ein. Auf die Zahlung kommt es zunächst nicht an. Wenn die Forderung nicht oder nicht ganz bezahlt wird, wirkt dies auf die Werthaltigkeit der Forderung, aber nicht auf die des Veräußerungsgeschäftes.

Ansatz der Höhe nach

- Der Anspruch auf Gegenleistung, der aus einem Veräußerungsgeschäft entstanden ist, wird als Anschaffungskosten der Forderung bezeichnet. Zu diesem Anspruch auf Gegenleistung gehört auch die Umsatzsteuer, daher enthält dieser Posten auch die Umsatzsteuer insgesamt.
- Die einzelne Forderung ist als ein Vermögensgegenstand zu betrachten, der einzeln zu bewerten ist. Forderungen werden mit dem Nennwert, inklusive Umsatzsteuer, bewertet.
- Der **beizulegende Wert einer Forderung** wird mit der Wahrscheinlichkeit des Eingangs bewertet.
- Bei **Währungsforderungen** ist der Nennwert mit dem Kurs zum Zeitpunkt der Begründung der Forderung umzurechnen.

Beispiel: Kaufmann K hat in die Schweiz eine Maschine zum Preis von 100.000 CHF verkauft. Das Geschäft wird in Schweizer Franken (CHF) abgewickelt. Die Restlaufzeit der Forderung beträgt am 31.12 mehr als ein Jahr. Kurs zum Zeitpunkt der Übergabe: 1,45 CHF/€. Am 31.12. des Geschäftsjahres ist der Kurs auf 1,35 CHF/€ gesunken.

Lösung: Die Bilanz ist in deutscher Sprache und Euro aufzustellen (§ 244 HGB). Deswegen muss die Forderung in Euro umgerechnet werden.
Zugangswert der Forderung 100.000 CHF/1,45 CHF/€ = 68.965,52 €.
Am 31.12 (Abschlussstichtag) hat die Forderung einen Wert von:
100.000 CHF/1,35 CHF/€ = 74.074,07 €.
Wegen des Anschaffungskostenprinzips wird die Forderung mit 68.965,52 € bewertet und ausgewiesen.

Alternative 1: Am 31.12. beträgt die Restlaufzeit der Forderung gegen den schweizerischen Kunden weniger als ein Jahr. Der Devisenmittelkurs am 31.12. beträgt 1,35 CHF/€.

Lösung: Hier liegt nun ein Fall des § 256a S. 2 HGB vor. Das Anschaffungskostenprinzip ist für solche kurzfristigen Forderungen (und auch für solche Verbindlichkeiten) außer Kraft gesetzt. Die Forderung ist mit 74.074,07 € auszuweisen.

> Damit verbunden ist eine erfolgswirksame Zuschreibung der Forderung um 5.108,55 €.
>
> **Alternative 2:** Der Kurs ist auf 1,55 CHF/€ am 31.12. gestiegen:
>
> Wert der Forderung: 100.000 CHF/1,55 CHF/€ = 64.516,13 €.
>
> **Lösung:** Die Forderung gegen den Schweizer Kunden muss erfolgswirksam um 4.449,39 € auf 64.516,13 € abgeschrieben werden.

Folgende Einzelheiten sind bei der **Forderungsbewertung** zu beachten:
- Forderungen werden mit der **Wahrscheinlichkeit des Eingangs der Zahlung** bewertet; bei einem sich ergebenden Wert, der unter dem Nennwert liegt, einzelwertberichtigt. Diesen Vorgang nennt man Einzelwertberichtigung.
- Neben dem konkreten Risiko des unvollständigen Eingangs einer Forderung besteht ein **allgemeines Risiko auf Zahlungsausfall**, das im Rahmen der Pauschalwertberichtigung berücksichtigt wird.
- **Unverzinsliche Forderungen** werden abgezinst, weil der beizulegende Wert einer Forderung dem Barwert entspricht. Diese Abzinsung wird aber nur bei mehrjährigen unverzinslichen bzw. niedrig verzinslichen Forderungen infrage kommen.
- Es gilt das **strenge Niederstwertprinzip** und die **Verpflichtung zur Wertaufholung**.
- Die **Summe aller Wertminderungen von Forderungen** (Einzelwertberichtigung, Pauschalwertberichtigung, sonstige Ausfälle, z.B. durch Inanspruchnahme von Skontobeträgen des Schuldners) nennt man **Delkredere**.

Unter dem Posten „**Forderungen aus Lieferungen und Leistungen**" werden jene Forderungen ausgewiesen, die aus der Haupttätigkeit des Unternehmens, also im Rahmen der gewöhnlichen Geschäftstätigkeit (vgl. § 277 Abs. 1 HGB), letztlich im Zusammenhang mit Umsatzerlösen, entstanden sind.

Forderungen gegen verbundene Unternehmen (Konzernunternehmen gem. § 271 Abs.2 HGB) und Unternehmen, mit denen ein Beteiligungsverhältnis besteht (§ 271 Abs. 1 HGB) und die nicht unter Ausleihungen (Kapitalforderungen) im Sachanlagevermögen auszuweisen sind, werden unter den Nummern 2 und 3 des § 266 Abs. 2 B. II. HGB ausgewiesen.

Forderungen aus anderen Rechtsgeschäften sind unter Nummer 4 sonstige Vermögensgegenstände auszuweisen. Es handelt sich hierbei insbesondere um folgende Forderungen:
- Forderungen an Arbeitnehmer
  - Lohn- und Gehaltsvorschüsse,
  - Arbeitnehmerdarlehen,
- Erstattungsforderungen aus Steuern
  - Umsatzsteuer,
  - Gewerbesteuer,
- Schadensersatzansprüche,
- Kautionen.

Es besteht darüber hinaus eine besondere Ausweispflicht nach § 268 Abs. 4 HGB in Bezug auf die **Aufgliederung der Forderungen nach Laufzeiten**.

Zur Methodik der Forderungsbewertung

Erfahrungsgemäß bereitet die **Bewertung von Forderungen aus Lieferungen und Leistungen** einige Probleme, die sich aus dem Nebeneinander und der Vielfalt der Minderungstatbestände von Forderungen ergeben. Aus dieser Tatsache resultiert auch die Vielzahl von Methodenvorschlägen in der Literatur. Diese alle vorzustellen, würde den Rahmen dieses Buches bei Weitem sprengen.

Ein einfacher, Fehler vermeidender, Weg kann wie folgt skizziert werden:

Man errechnet ein Gesamtdelkredere, das vom Gesamtforderungsbestand vor Wertberichtigung abgezogen wird. Der um das Delkredere geminderte Gesamtforderungsbestand enthält dann auch die unkorrigierte Umsatzsteuer, die als Forderung gegenüber dem Finanzamt als sicher einzustufen ist, allerdings noch in § 266 Abs. 2 B. II. Nr. 4 HGB umgebucht werden muss.

Zunächst wird vom Bruttobestand der Forderungen (inklusive Umsatzsteuer) der Bestand an „sicheren" Forderungen (brutto) abgezogen. Bei solchen „sicheren" Forderungen handelt es sich um (unbestrittene, nicht skontobelastete) Forderungen gegenüber der öffentlichen Hand (Gebietskörperschaften, Anstalten des öffentlichen Rechts, Bundeswehr usw.).

Anschließend wird der Nettobestand der verbleibenden Forderungen ohne Umsatzsteuer ermittelt.

Das **Gesamtdelkredere** wird von diesem Nettobestand der Forderungen ohne Umsatzsteuer errechnet.

Zunächst wird jede Forderung nach der Wahrscheinlichkeit des Zahlungseingangs bewertet. Vergleichsquoten von z.B. 15 % führen zu einem Forderungsausfall von 85 %. Eine Wahrscheinlichkeit des Zahlungseingangs von 70 % führt zu einem Zahlungsausfall von 30 %. Forderungen gegenüber Schuldnern in Insolvenz werden ohne weitere Informationen mit 0 % bewertet. Dies bringt einen 100 %igen Zahlungsausfall mit sich.

Alle voraussichtlichen Zahlungsausfälle werden als Zwischenergebnis in einem **Delkredere aus Einzelwertberichtigung** zusammengefasst.

Anschließend wird eine **Pauschalwertberichtigung** durchgeführt. Sie ist in einem Prozentsatz vom Forderungsbestand vorzunehmen. Je nachdem wie dieser Prozentsatz ermittelt wurde, wird die Bewertung durchgeführt.

Wurde der Prozentsatz ermittelt, indem die unerwarteten Zahlungsausfälle als Prozentsatz der nicht einzelwertberichtigten Forderungen ausgedrückt wurden, so ist der Prozentsatz auch auf die nicht einzelwertberichtigten Forderungen anzuwenden.

Zulässig ist aber auch die Methode, den Prozentsatz aus den um das Delkredere aus der Einzelwertberichtigung geminderten Forderungsbestand zu berechnen. Letzter Vorgehensweise liegt die Überlegung zugrunde, dass auch einzelwertberichtigte Forderungen nicht zu 100 % eingehen können. Wird diese Methode angewandt, so ist der **Prozentsatz der Pauschalwertberichtigung** (PWB) auf den um das Delkredere aus Einzelwertberichtigung geminderten Forderungsbestand anzuwenden.

Alle Wertminderungen werden zum Gesamtdelkredere zusammengefasst. Der Gesamtforderungsbestand (brutto, inklusive Umsatzsteuer) wird um dieses Gesamtdelkredere (errechnet aus Nettowerten, d.h. ohne Umsatzsteuer) vermindert. So ist in dem verbleibenden Betrag, dem **Gesamtforderungsbestand nach Wertberichtigung**, die Umsatzsteuerforderung gegenüber dem Finanzamt enthalten, die in § 266 Abs. 2 B. II. Nr. 4 HGB umgebucht werden muss (dabei handelt es sich um eine Ausweisfrage, die keinen Einfluss auf das Ergebnis hat, da die Erstattung der Umsatzsteuer durch den Fiskus als sicher gilt).

Beispiel: Kaufmann K hat einen Gesamtforderungsbestand von 1.190.000 €. Darunter befindet sich eine Forderung gegenüber dem Kunden I in Höhe von 238.000 €, die voraussichtlich nur zu 60 % eingehen wird. Aus den Unterlagen vergangener Geschäftsjahre ergibt sich, dass die nicht einzelwertberichtigten Forderungen zu 98 % eingegangen sind. Deswegen wird der Prozentsatz der Pauschalwertberichtigung mit 2 % angenommen.

Lösung:

Gesamtforderungsbestand brutto	1.190.000 €
Gesamtforderungsbestand netto	1.000.000 €
Ausfallende Forderung gegen I	238.000 € brutto
	200.000 € netto
Ausfall 40 % =	80.000 €
Einzelwertberichtigte Forderung vor Berichtigung	200.000 €
Verbleibt für die Pauschalwertberichtigung	800.000 €
davon 2 % =	16.000 €
Gesamtdelkredere: 80.000 € + 16.000 € =	96.000 €
Gesamtforderungsbestand vor Bewertung	1.190.000 €
abzüglich Gesamtdelkredere	./. 96.000 €
Gesamtforderungsbestand nach Wertberichtigung =	**1.094.000 €**

In diesem Betrag ist die Umsatzsteuerforderung gegenüber dem Finanzamt enthalten, die in § 266 Abs. 2 B. II. Nr. 4 HGB umgebucht werden muss. Dabei handelt es sich um eine Ausweisfrage, die keinen Einfluss auf das Ergebnis hat, da die Erstattung der Umsatzsteuer durch den Fiskus als sicher gilt.

Alternative: Sachverhalt wie zuvor, nur wurde der Prozentsatz der Pauschalwertberichtigung für die vergangenen Geschäftsjahre auf der Grundlage aller Forderungen nach Einzelwertberichtigung bezogen. Wegen der höheren Bemessungsgrundlage beträgt der Prozentsatz 1,8 %.

Lösung:

Gesamtforderungsbestand brutto	1.190.000 €
Gesamtforderungsbestand netto	1.000.000 €
Ausfallende Forderung gegen I	238.000 € brutto
	200.000 € netto
Ausfall 40 % = 80.000 € einzelwertberichtigte Forderung	./. 120.000 €
Verbleibt für die Pauschalwertberichtigung	920.000 €
davon 1,8 % =	16.560 €
Gesamtdelkredere 80.000 € + 16.560 € =	96.560 €
Gesamtforderungsbestand vor Bewertung	1.190.000 €
Abzüglich Gesamtdelkredere	./. 96.560 €
Gesamtforderungsbestand nach Wertberichtigung =	**1.093.440 €**

In diesem Betrag ist die Umsatzsteuerforderung gegenüber dem Finanzamt enthalten, die in § 266 Abs. 2 B. II. Nr. 4 HGB umgebucht werden muss. Dabei handelt es sich um eine Ausweisfrage, die keinen Einfluss auf das Ergebnis hat, da die Erstattung der Umsatzsteuer durch den Fiskus als sicher gilt.

Aufgabe: Der Geschäftsführer der B GmbH legt Ihnen am 02.01.13 folgende Offene-Postenliste zum 31.12.12 vor, die einige Einzelforderungen auflistet und erläutert. Er bittet Sie, den Gesamtbestand der Forderungen für die Bilanzerstellung zum 31.12.12 zu bewerten. Der unbearbeitete, von Ihnen zu bewertende Forderungsbestand hat einen Buchwert von 3.316.440 €. Der Geschäftsführer weist darauf hin, dass in der Regel mit einem pauschalen Ausfall an nicht einzelwertberichtigten Forderungen in Höhe von 2,5 % zu rechnen ist. Dieser Prozentsatz wurde errechnet, indem die unerwarteten Zahlungsausfälle der letzten Jahre jeweils auf den Forderungsbestand bezogen wurden, der um alle einzeln zu berichtigenden Forderungen gemindert wurde.

Kunde	Betrag brutto in €	fällig	Vereinbartes Skonto in % bei Zahlung zur Fälligkeit	Wahrscheinlichkeit des Eingangs in %
A-AG	311.285	15.10.10	2	50
B-OHG	115.600	02.02.11	2	100
Herr C	17.880	15.09.10	2	100
Frau D	785	13.01.11	2	0
Land NRW	58.000	22.12.10	0	100
E GbR	133.600	31.12.10	2	100

Lösung:

Gesamtforderungsbestand vor Einzelbewertung und Pauschalwertberichtigung	3.316.440,00 €
Netto	2.786.924,30 €

Forderung gegenüber öffentlicher Hand	48.739,50 €
=	**2.738.184,80 €**
Einzelwertberichtigungen:	
A-AG Nettoforderung	261.584,03 €
Skontofrist abgelaufen	
Ausfallrisiko 50 %	130.792,01 €
B-OHG Nettoforderung	97.142,86 €
Skontorisiko	1.942,86 €
Ausfallrisiko 0 %	
Herr C Nettoforderung	15.025,21 €
Skontofrist abgelaufen	
Ausfallrisiko 0 %	
Frau D Nettoforderung	659,66 €
Skonto unerheblich, da Totalausfall	659,66 €
Land NRW: Keine Korrektur	
E GbR Nettoforderung: 1	12.268,90 €
Skontofrist abgelaufen	
Ausfallrisiko 0 %	
Delkredere aus Einzelbewertung: 130.792,01€ + 659,66 € + 1.942,86 € =	133.394,53 €
Summe der einzelwertberichtigten Forderungen:	
261.584,03 € + 97.142,86 € + 15.025,21 € + 659,66 € + 112.268,90 € =	486.680,66 €
Pauschalwertberichtigung: Gesamtbestand ohne öffentliche Hand	2.738.184,80 €
Einzelwertberichtigte Forderungen	./. 486.680,66 €
verbleiben	2.251.504,14 €
Pauschalwertberichtigung = 2,5 % x 2.251.504,14 € =	56.287,61 €
Gesamtdelkredere = 133.394,53 € + 56.287,61 € =	189.682,13 €
Gesamtforderungsbestand, inklusive der Forderung gegenüber dem Finanzamt aus der Korrektur der Umsatzsteuer:	
Gesamtforderungsbestand vor Bewertung	3.316.440,00 €
Delkredere	./. 189.682,13 €
Gesamtforderungsbestand nach Bewertung	**3.126.757,87 €**

4.2.3 Wertpapiere

§ 266 Abs. 2 B. III. HGB gliedert die **Wertpapiere** in:

1. Anteile an verbundenen Unternehmen;
2. sonstige Wertpapiere.

Unter dieser Gruppe werden die Wertpapiere ausgewiesen, die nicht dazu bestimmt sind, dem Unternehmen auf Dauer zu dienen. Es werden hier im Wesentlichen Wertpapiere zu bilanzieren sein, die z.B. zu **Spekulations- oder Kurspflegezwecken** gehalten werden.

Eigene Anteile des bilanzierenden Unternehmens sind nach Einführung des BilMoG nicht mehr an dieser Stelle auszuweisen, sondern offen vom gezeichneten Kapital abzusetzen (§ 272 Abs. 1a HGB).

Auch für **Anteile an einem Mutterunternehmen** oder einem mit Mehrheit beteiligten Unternehmen, die an dieser Stelle im Umlaufvermögen bilanziert werden, ist eine Rücklage mit der Folge einer Ausschüttungssperre gem. § 272 Abs. 4 HGB zu bilden.

Für die **Wertpapiere des Umlaufvermögens** gilt das **strenge Niederstwertprinzip** des § 253 Abs. 4 HGB und das Wertaufholungsgebot des § 253 Abs. 5 HGB. Auch der Einzelbewertungsgrundsatz muss eingehalten werden. Bei der **Bemessung des beizulegenden Wertes** ist zu beachten, dass § 253 Abs. 4 HGB von einem niedrigeren Wert spricht, der sich aus einem Börsen- oder Marktpreis ergibt. Das bedeutet, dass dieser niedrigere Wert nicht mit einem Börsen- oder Marktpreis gleich zu setzen ist. Vielmehr sind auf der Grundlage des **Börsen- oder Marktpreises** noch alle Anschaffungsnebenkosten zu berücksichtigen, die sich aus einer Anschaffung ergeben würden.

4.2.4 Kassenbestand, Bundesbankguthaben, Guthaben bei Kreditinstituten und Schecks

Die unter diesen Posten zusammengefassten „**flüssigen Mittel**" werden zum Nominalwert angesetzt und sind damit einer eigentlichen Bewertung entzogen. Auch Festgelder, die bei Banken bestehen, sind hier auszuweisen, selbst wenn über diese nur gegen Vorfälligkeitszinsen verfügt werden kann.

4.2.5 Zusammenfassende Aufgabe zum Umlaufvermögen

Die X AG handelt seit 07 u.a. mit Wein, den sie als Handelsmarke „Prestige Super" ohne Jahrgang vertreibt. Die X AG bezieht den Wein in Tankwagen von verschiedenen Lieferanten und lagert die Ware in ihrem Tanklager in Dortmund. Der Gesamtbestand an Wein zum 31.12.07 beträgt 520 hl (Hektoliter = 100 l) mit Anschaffungskosten von 57.200 €. In den Jahren 08–10 werden folgende Lieferungen registriert.

Termin	Gelieferte Menge in hl	Preis
15.01. 08	400	54.000 €
28.02.08	220	20.240 €
16.07.08	310	32.550 €
15.11.08	250	24.750 €
Bestand 31.12.: 1.100 hl		
16.01.09	250	48.000 €
16.07.09	380	65.000 €
25.12.09	300	30.000 €
Bestand 31.12.: 1.200hl		
02.02.10	400	41.400 €
24.03.10	275	31.000 €
16.08.10	320	28.000 €
11.11.10	480	55.000 €
Bestand 31.12.: 1.350 hl		

Der Inventurbestand der Jahre 07–10 beträgt jeweils am 31.12.:
07: 520 hl; 08: 1.100 hl; 09: 1.200 hl; 10: 1.350 hl.

a) Wie ist der Bestand an Wein jeweils am 31.12. der Jahre 08, 09, 10 nach dem Lifo-Verfahren zu bewerten?

b) Wie ist der Bestand an Wein jeweils am 31.12. der Jahre 08, 09, 10 nach dem Fifo-Verfahren zu bewerten?

c) Der Marktpreis des Weines beträgt je hl jeweils am Ende der Jahre 08–10:
08: 115 €; 09: 125 €; 10: 115 €.
Wie ist der Bestand an Wein im Falle der Anwendung des Fifo-Verfahrens jeweils am 31.12. der Jahre 08, 09, 10, zu bewerten?

Lösung a):

Bestand 08: 1.100 hl, setzt sich zusammen aus Anfangsbestand 08: 520 hl und Zugang 15.01.08: 400 hl und Zugang 28.02.08: 180 hl.

Wert des Bestandes zum 31.12.08: 57.200 € + 54.000 € + 180/220 x 20.240 € = 127.760 €.

Bestand 09: 1.200 hl, setzt sich zusammen aus Anfangsbestand 09: 1.100 hl und Zugang 16.01.09: 100 hl.

Wert des Bestandes am 31.12.09: 127.760 € + 100/250 x 48.000 € = 146.960 €.

Bestand 10: 1.350 hl, setzt sich zusammen aus Anfangsbestand 10: 1.200 hl und Zugang 02.02.10: 150 hl.

Wert des Bestandes am 31.12.10: 146.960 € + 150/400 x 41.400 € = 162.485 €.

Lösung b):

Bestand 08: 1.100 hl, setzt sich zusammen aus Zugang 15.11.08: 250 hl und Zugang 16.07.08: 310 hl und Zugang 28.02.08: 220 hl und Zugang 15.01.08: 320 hl.

Wert des Bestandes zum 31.12.08:

24.750 € + 32.550 € + 20.240 € + 320/400 x 54.000 € = 120.740 €.

Bestand 09: 1.200 hl, setzt sich zusammen aus Zugang 25.12.09: 300 hl und Zugang 16.07.09: 380 hl und Zugang 16.01.09: 250 hl und Anfangsbestand 270 hl.

Wert des Bestandes am 31.12.09:

30.000 € + 65.000 € + 48.000 € + 270/1100 x 120740 € = 172.636,18 €.

Bestand 10: 1.350 hl, setzt sich zusammen aus Zugang 11.11.10: 480 hl und Zugang 16.08.10: 320 hl und Zugang 24.03.10: 275 hl und Zugang 02.02.10: 275 hl.

Wert des Bestandes am 31.12.10:

55.000 € + 28.000 € + 31.000 € + 275/400 x 41.400 € = 142.462,50 €.

Lösung c):

Bestand 31.12.08: 1.100 hl, mit Gesamtwert von 120.740 €.

Dies entspricht einem Wert von 109,76 €/hl. Der Marktpreis beträgt laut Aufgabenstellung am 31.12.08: 115 €. Der Marktpreis liegt über dem Durchschnittswert der Bewertung. Eine außerplanmäßige Abschreibung darf nicht vorgenommen werden.

Bestand 31.12.09: 1.200 hl, mit Gesamtwert von 172.636,18 €.

Dies entspricht einem Wert von 143,86 €/hl. Der Marktpreis beträgt laut Aufgabenstellung am 31.12.09: 125 €. Der Marktpreis liegt unter dem Durchschnittswert der Bewertung. Eine außerplanmäßige Abschreibung auf den niedrigeren Marktpreis muss vorgenommen werden (§ 255 Abs. 4 HGB). Bilanzansatz: 1.200 x 125 € = 150.000 €.

Bestand 31.12.10: 1.350 hl, mit Gesamtwert von 142.462,50 €.

Dies entspricht einem Wert von 105,53 €/hl. Der Marktpreis beträgt laut Aufgabenstellung am 31.12.10: 115 €. Der Marktpreis liegt über dem Durchschnittswert der Bewertung. Eine außerplanmäßige Abschreibung darf nicht vorgenommen werden.

4.3 Rechnungsabgrenzungsposten (RAP)

4.3.1 Grundkonzeption

Rechnungsabgrenzungsposten (RAP) dienen der Zuordnung von Aufwendungen und Erträgen zu den Zeiträumen der wirtschaftlichen Verursachung. Sie sind Ausfluss des Grundsatzes der sachlichen und zeitlichen Abgrenzung (s.a. § 252 Abs. 1 Nr. 5 HGB) und zeigen den Einfluss der dynamischen Bilanztheorie auf die konkrete gesetzliche Ausgestaltung der Handelsbilanz.

Rechnungsabgrenzungsposten werden im **Vollständigkeitsgebot** (§ 246 Abs. 1 S. 1 HGB) ausdrücklich genannt. Sie sind weder Vermögensgegenstände noch Schulden. RAP werden weder plan- noch außerplanmäßig abgeschrieben und auch nicht zugeschrieben.

Je nachdem, ob der Zeitpunkt der Einnahme oder Ausgabe vor oder nach dem Abschlussstichtag liegt, unterscheidet man **transitorische und antizipative Rechnungsabgrenzungsposten**. Beiden ist gemeinsam, dass die wirtschaftliche Verursachung, d.h. der Aufwand oder der Ertrag, sich ganz oder teilweise auf eine andere Periode bezieht. Nur **transitorische Rechnungsabgrenzungsposten** werden in der Bilanz als Rechnungsabgrenzungsposten bezeichnet. **Antizipative Rechnungsabgrenzungsposten** werden unter sonstigen Forderungen bzw. Verbindlichkeiten ausgewiesen.

Typen von Rechnungsabgrenzungsposten	
Transitorische Rechnungsabgrenzungsposten	**Antizipative Rechnungsabgrenzungsposten**
<ul><li>Finanzierungsvorgang (Einnahme/Ausgabe) vor Bilanzstichtag</li><li>Ertrag/Aufwand (teilweise) nach Bilanzstichtag</li><li>Ausweis als aktiver oder passiver RAP</li></ul>	<ul><li>Finanzierungsvorgang (Einnahme/Ausgabe) nach Bilanzstichtag</li><li>Ertrag/Aufwand vor Bilanzstichtag</li><li>Ausweis als sonstige Forderung/Verbindlichkeit</li></ul>

Die **Ansatzvorschrift für Rechnungsabgrenzungsposten** enthält § 250 HGB. Danach sind Rechnungsabgrenzungsposten an das Vorliegen folgender Voraussetzungen gebunden:

- Vorleistungen des einen Vertragspartners aus einem gegenseitigen Vertrag für eine **zeitraumbezogene** Gegenleistung des anderen Vertragspartners oder Vorleistungen aufgrund gesetzlicher Bestimmungen,
- Ausgabe oder Einnahme vor dem Abschlussstichtag,
- (teilweise oder anteilige) Erfolgswirksamkeit (Aufwand oder Ertrag) nach dem Abschlusstag,
- Ausgabe oder Einnahme muss Aufwand oder Ertrag für eine **bestimmte Zeit** nach dem Abschlussstichtag darstellen.

Typische zeitraumbezogene Gegenleistungen sind z.B. in Miet- oder Pachtverträgen, Versicherungsverhältnissen und Lizenzüberlassungsverträgen gegeben. Bei der **Bildung von Rechnungsabgrenzungsposten** ist es wichtig zu beachten, dass es nicht auf die Zahlungszeitpunkte, sondern auf die Zeitpunkte des Entstehens von Einnahmen oder Ausgaben ankommt.

Die Wirkung von **Rechnungsabgrenzungsposten** wird deutlich, wenn man die Buchungssätze betrachtet, die bei Entstehung und Auflösung der **Rechnungsabgrenzungsposten** anzuwenden sind:

- **Bildung Aktive Rechnungsabgrenzungsposten (ARAP):**
  Aktive RAP   an   Aufwandskonto

- **Bildung Passive Rechnungsabgrenzungsposten (PRAP):**
  Ertragskonto   an   Passive RAP

- **Auflösung Aktive Rechnungsabgrenzungsposten:**
  Aufwandskonto   an   Aktive RAP

- **Auflösung Passive Rechnungsabgrenzungsposten:**
  Passive RAP   an   Ertragskonto

Rechnungsabgrenzungsposten können auf der Aktiv- und Passivseite entstehen. Wenn Sie auch weder Vermögensgegenstände noch Schulden sind, können sie doch als „forderungsähnlich" und „verbindlichkeitsähnlich" interpretiert werden. Aktive Rechnungsabgrenzungsposten im Zusammenhang mit einem Mietgeschäft lassen z.B. darauf schließen, dass der Bilanzierende einen Anspruch auf Nutzung der Mietsache hat. Passive Rechnungsabgrenzungsposten im Zusammenhang mit einem Mietgeschäft lassen z.B. darauf schließen, dass der Bilanzierende eine Verbindlichkeit auf Duldung der Nutzung der Mietsache hat.

Diese Bemerkungen sind aber nur als Interpretationsmöglichkeit zu verstehen und haben keinerlei Bedeutung für Ansatz, Bewertung und Ausweis von Rechnungsabgrenzungsposten.

4.3.2 Aktive Rechnungsabgrenzungsposten (ARAP)

§ 250 Abs. 1 HGB nennt folgende **Voraussetzungen zum Ansatzgebot eines aktiven Rechnungsabgrenzungspostens**:

- **Ausgaben vor dem Abschlussstichtag** (bare oder unbare Zahlung, Forderungsabgang oder Verbindlichkeitszugang),
- **soweit sie Aufwand für** (Ausgabe ist anderer Periode erfolgsmäßig zuzuordnen; bei gegenseitigen Geschäften ist Zeitpunkt der Erfolgswirksamkeit die durch die Ausgabe begründete Gegenleistung),
- **eine bestimmte Zeit nach dem Abschlussstichtag darstellen** (der Zeitbezug [der künftigen Gegenleistung] lässt sich von vornherein eindeutig festlegen).

4.3.3 Passive Rechnungsabgrenzungsposten

§ 250 Abs. 2 HGB nennt folgende **Voraussetzungen zum Ansatzgebot eines passiven Rechnungsabgrenzungspostens**:

- **Einnahmen vor dem Abschlussstichtag** (bare oder unbare Zahlung, Forderungszugang oder Verbindlichkeitsabgang),
- **soweit sie Ertrag einer bestimmten Zeit nach diesem Tag darstellen** (eindeutig festgelegter Zeitbezug).

Beispiel: Unternehmer U zahlt für seine gemieteten Fabrikationsräume am 01.07.07 20.000 € für 2 Jahre im Voraus an V.

Wie wird bei U und V gebucht?

Lösung:

Buchungen bei U:

Buchung am 01.07.07:

| Mietaufwand 20.000 € | an | Bank 20.000 € |

Buchung am 31.12.07:

| Aktiver RAP 15.000 € | an | Mietaufwand 15.000 € |

Buchung am 31.12.08:

| Mietaufwand 10.000 € | an | Aktive RAP 10.000 € |

Stand Aktive RAP am 31.12.08: 5.000 €

Buchungen bei V:

Buchung am 01.07.07:

| Bank 20.000 € | an | Mietertrag 20.000 € |

Buchung am 31.12.07:

| Mietertrag 15.000 € | an | Passive RAP 15.000 € |

Buchung am 31.12.08:

| Passive RAP 10.000 € | an | Mietertrag 10.000 € |

Stand Passive RAP am 31.12.08: 5.000 €

4.3.4 Disagio

Einen Sonderfall der (aktiven) Rechnungsabgrenzungsposten stellt die Behandlung des Disagios beim Schuldner einer Verbindlichkeit dar. Das **Disagio** ist unter dem Aspekt des Ansatzwahlrechtes bereits in Kapitel 3.1.4.4 unter dem Gliederungspunkt Ansatzwahlrechte behandelt worden.

Folgendes Beispiel soll die Anwendung der Vorschrift beim Schuldner und beim Gläubiger eines Darlehens verdeutlichen:

Beispiel: Die A-GmbH erhält von der B-Bank-AG ein endfälliges Darlehen über 100.000 €.

Auszahlung:	96 %
Laufzeit:	8 Jahre
Zins:	6 %
Auszahlung am:	02.01.12

Lösung: Buchungen bei A-GmbH (Schuldner):

Verzicht auf Ausübung des Wahlrechtes nach § 250 Abs. 3 HGB:

I.	02.01.12	Bank	96.000	Verbindlichkeiten	100.000
		Zinsaufwand	4.000		
	31.12.12	Zinsaufwand	6.000	Verbindlichkeiten	6.000
	31.12.13	wie 31.12.12 usw.			

oder Ausübung des Wahlrechtes nach § 250 Abs. 3 HGB:

II.	02.01.12	Bank	96.000	Verbindlichkeiten	100.000
		ARAP	4.000		
		(§ 250 Abs. 3 HGB)			
	31.12.12	Zinsaufwand	500	ARAP	500
		Zinsaufwand	6.000	Verbindlichkeiten	6.000
	31.12.13	wie 31.12.12 usw.			

Buchungen bei B-AG (Gläubiger):

	02.01.12	Forderungen	100.000	Bank	96.000
				Passiver RAP	4.000
	31.12.12	Forderungen	6.000	Zinsertrag	6.000
		Passiver RAP	500	Zinsertrag	500
	31.12.13	wie 31.12.12 usw.			

B hat kein Wahlrecht, das Disagio z.B. als sofortige Zinseinnahme zu behandeln, da hier ein Fall des § 250 Abs. 2 HGB vorliegt und der Ausweis des Zinsertrages einen nicht realisierten Gewinn ausweisen würde.

4.4   Latente Steuern

Latente Steuern entstehen durch Abweichungen zwischen handelsrechtlichen und steuerlichen Werten, insbesondere durch die Durchbrechungen der Maßgeblichkeit innerhalb des Steuerrechts. Das erfolgswirksame Einbuchen von latenten Steuern dient dazu, Abweichungen zwischen handels- und steuerrechtlicher Gewinnermittlung und daraus resultierender Erfolgsdifferenzen zu überbrücken. Damit wird erreicht, dass der Steueraufwand bzw. -ertrag in der Handelsbilanz auch dem handelsbilanziellen Ergebnis entspricht. Tatsächlich an den Fiskus zu entrichtender Steueraufwand richtet sich natürlich ausschließlich nach dem steuerrechtlichen Ergebnis als Bemessungsgrundlage für die Steuern. Deswegen ergeben sich latente Steuern auch nur im handelsrechtlichen Abschluss.

Beispiel: Die K AG hat im handelsrechtlichen Abschluss zum 31.12.11 einen Jahresfehlbetrag von 140.000 € ausgewiesen. Bei der Ermittlung dieses Ergebnisses hat sich die Einbuchung einer Rückstellung für drohende Verluste aus schwebenden Geschäften (§ 249 Abs. 1 S. 1 HGB) in Höhe von 200.000 € ausgewirkt.

In der (ebenfalls aufgestellten) Steuerbilanz ist der Ansatz dieser Rückstellung nicht zugelassen (vgl. § 5 Abs. 4a EStG). Unterstellt, dass es sonst keine Abweichungen zwischen Handels- und Steuerbilanz gibt, wird sich in der Steuerbilanz ein Jahresüberschuss in Höhe von 60.000 € ergeben. Weiter unterstellt, dass der Mischsteuersatz aus Körperschaftsteuer und Gewerbesteuer 30 % beträgt, ergibt sich für das Jahr 11 ein Steueraufwand in Höhe von 18.000 €. Die Folge daraus ist, dass im handelsrechtlichen Abschluss trotz des erlittenen Verlustes ein Steueraufwand in Höhe von 18.000 € auszuweisen ist.

Bei Eintritt des Verlustes aus dem schwebenden Geschäft im Jahre 12 kehrt sich der Effekt um. Wenn das handelsrechtliche Ergebnis trotz Verlustrealisation im Jahre 12 150.000 € beträgt, wird sich bei sonst identischen Verhältnissen in der Steuerbilanz ein Verlust von 50.000 € ergeben, weil die Erfolgswirkung dieses Verlustes in der Handelsbilanz bereits durch die Rückstellungsbildung erreicht wurde. Die Erfolgswirkung des realisierten Verlustes wird durch die erfolgswirksame Auflösung der Rückstellung kompensiert. Der realisierte Verlust im Jahre 12 wirkt sich also nur noch auf den Erfolg in der Steuerbilanz, nicht jedoch auf den Erfolg in der Handelsbilanz aus.

Nun steht einem Jahresüberschuss in der Handelsbilanz kein Steueraufwand, der sich ja aus dem steuerrechtlichen Ergebnis ergeben müsste, entgegen. Im Gegenteil wird sich aus diesem Vorgang ein Steuererstattungsanspruch in Höhe von 30 % x 50.000 € = 15.000 € ergeben (entsprechendes Steuererstattungspotenzial vorausgesetzt). In beiden Fällen (Jahr 11 und Jahr 12) passt der Steueraufwand nicht zum Ergebnis der Handelsbilanz. Gleiches lässt sich natürlich auch für Steuererstattungen zeigen.

Lösung des Problems: Es liegt hier ein Fall des § 274 HGB vor, denn die steuerliche Differenz in den Wertansätzen baut sich in den folgenden Geschäftsjahren, hier bereits im Folgejahr, ab. Es handelt sich um eine temporäre Differenz. Aus der Sicht des Abschlussstichtages des Jahres 11 ergibt sich eine Steuerentlastung in der Zukunft (Jahr 12), damit besteht ein Wahlrecht zur Aktivierung aktiver latenter Steuern. Wird von diesem Wahlrecht gebraucht gemacht, betragen die aktiven latenten Steuern im Jahre 11, 30 % von 200.000 € = 60.000 €.

Der entsprechende Buchungssatz lautet:

Aktive latente Steuern   an   Steueraufwand 60.000 €.

Die Gesamtsteuerbelastung im handelsrechtlichen Abschluss beträgt dann 18.000 € ./. 60.000 € = ./. 42.000 € (negative Zahl als Steuererstattungsanspruch zu interpretieren) und korrespondiert daher mit dem handelsrechtlichen Ergebnis (30 % von ./. 140.000 = ./. 42.000 €).

Im Jahr 12 ergibt sich folgendes Bild:

Die Wertdifferenz zwischen Handels- und Steuerbilanz hat sich erledigt, weil der Grund für die Rückstellungsbildung nach Realisation des Verlustes weggefallen ist; deswegen ist auch der Posten" aktive latente Steuern" in Höhe von 60.000 € aufzulösen.

Der entsprechende Buchungssatz lautet:

Steueraufwand   an   aktive latente Steuern 60.000 €

Die Gesamtsteuerbelastung im handelsrechtlichen Abschluss beträgt dann 60.000 € ./. 15.000 € = 45.000 € und korrespondiert daher mit dem handelsrechtlichen Ergebnis (30 % von 150.000 = 45.000 €).

Der Effekt wird noch deutlicher, wenn man eine Betrachtung über die Gesamtperiode 11 + 12 anstellt:

Gesamtsteueraufwand in der Handelsbilanz: ./. 42.000 € + 45.000 € = 3.000 €.

Gesamtsteueraufwand in der Steuerbilanz: 18.000 € ./. 15.000 € = 3.000 €.

Diese Steuerbelastung entspricht dem Erfolg der Gesamtperiode von

Handelsbilanz: ./. 140.000 € + 150.000 € = 10.000 €.

Steuerbilanz: 60.000 € ./. 50.000 € = 10.000 €.

4.4.1 Ansatz und Bewertung latenter Steuern

§ 274 n.F. HGB sieht in Bezug auf **latente Steuern ein Aktivierungswahlrecht und ein Passivierungsgebot** vor. Zum Zwecke der Ermittlung bzw. des Ansatzes von latenten Steuern sieht das Gesetz das

Temporary-Konzept, entsprechend den International Financial Reporting Standards (IFRS) bzw. der US-GAAP, vor. Kleine Kapitalgesellschaften (gem. § 267 HGB) brauchen § 274 HGB nicht anzuwenden (§ 274a Nr. 5 HGB). Gleiches gilt für Einzelunternehmer und Personengesellschaften, die nicht die Vorschriften des zweiten Abschnittes des dritten Buches des HGB zu beachten haben.

§ 274 Abs. 1 HGB enthält eine **Pflicht zur Bildung eines Passivpostens**.
Im Einzelnen:

- Befreiung von dieser Pflicht für kleine Kapitalgesellschaften nach § 274a Nr. 5 HGB,
- Ansatzgrund: Buchwert Vermögensgegenstand in der Handelsbilanz > Buchwert Vermögensgegenstand in der Steuerbilanz.
- Ansatzgrund: Buchwert Schuld in Handelsbilanz < Buchwert Schuld in Steuerbilanz.
- Ausweis gemäß § 266 Abs. 3 E. HGB.

§ 274 Abs. 1 HGB enthält weiter ein **Wahlrecht zum Ausweis eines Aktivpostens** und eine **Einbeziehungspflicht in die Berechnung des aktiven Überschusses über die passiven latenten Steuern**:

- Ansatzgrund: Buchwert Vermögensgegenstand in der Handelsbilanz < Buchwert Vermögensgegenstand in der Steuerbilanz,
- Ansatzgrund: Buchwert Schuld in der Handelsbilanz > Buchwert Schuld in der Steuerbilanz,
- Ausweis gem. § 266 Abs. 2 D. HGB.

Als **Beispiele für Sachverhalte, die zu aktiven latenten Steuern führen**, sind zu nennen:

- **Rückstellungen für drohende Verluste aus schwebenden Geschäften,**
- **Verzicht auf Ausübung des Wahlrechts zum Ansatz des Disagios (§ 250 Abs. 3 HGB),**
- **unterschiedliche Bewertung von Pensionsrückstellungen (Diskontierungszins),**
- **Abweichungen bei Nutzungsdauern** (z.B. wenn beim GoF handelsrechtliche Nutzungsdauer < steuerrechtliche betriebsgewöhnliche Nutzungsdauer 15 Jahre gem. § 7 Abs. 1 S. 3 EStG ist).

Als **Beispiele für Sachverhalte, die zu passiven latenten Steuern führen**, sind zu nennen:

- **Aktivierung von Entwicklungsaufwendungen in der Handelsbilanz,**
- **erhöhte Abschreibungen/Sonderabschreibungen in der Steuerbilanz**, die in der Handelsbilanz unzulässig sind,
- **Bildung steuerfreier Rücklagen nach § 6b EStG und R 6.6 EStR** in der Steuerbilanz,
- Abweichungen bei Nutzungsdauern (Nutzungsdauer lt. AfA-Tabellen kürzer als Nutzungsdauer in der Handelsbilanz),
- Aufdeckung stiller Reserven in der Handelsbilanz/Buchwertfortführung in der Steuerbilanz.

Die den **latenten Steuern zugrunde liegenden Wertdifferenzen des § 274 HGB** können in drei Typen unterschieden werden:

1. **Permanente Differenzen**
   Keine Auflösung der Differenz in der Zukunft, z.B. Investitionsabzugsbeträge bei nicht abnutzbaren Vermögensgegenständen.
2. **Quasi-permanente Differenzen**
   Auflösung der Differenz unabsehbar, aber sicher: Beispiel Unterschied Teilwert – beizulegender Wert.
3. **Zeitliche (temporäre) Differenzen**
   Auflösung der Differenz absehbar, Beispiel: Ansatz nach Abschreibungsdifferenzen, Ansatz von Drohverlustrückstellungen in der Handelsbilanz.

Nach dem der gesetzlichen Regelung, nach Einführung des BilMoG zugrunde liegenden **Temporary-Konzept** werden nur die permanenten Differenzen bei der Berechnung latenter Steuern nicht berücksichtigt.
Sie entstehen z.B. durch Aufwendungen und Erträge, die steuerrechtlich nicht berücksichtigungsfähig sind, aber in der Handelsbilanz bilanziert werden müssen und umgekehrt.

Hat die (zukünftige) Realisierung des Buchwertes eines Vermögenswertes keine Steuerwirkung, wird der Steuerwert als mit dem Buchwert übereinstimmend definiert. Folglich gibt es keine Differenz, die zu einer latenten Steuer führen könnte (permanente Differenz).

> **Beispiel für eine permanente Differenz:** Das Unternehmen T-AG hat beschlossen, eine Dividende auszuschütten. Auf die M-AG entfällt eine Dividende in Höhe von 10.000 €. Daraufhin hat die M-AG eine Forderung von 10.000 € in ihrer Handelsbilanz eingebucht. In der Steuerbilanz wurde die Forderung nicht berücksichtigt (keine phasengleiche Vereinnahmung).
>
> **Lösung:** Es erfolgt bei der Realisierung im Jahr der steuerlichen Erfassung der Dividende eine außerbilanzielle Kürzung gemäß § 8b KStG. Die permanente Ergebnisdifferenz führt dazu, dass der Steuerwert der Forderung als übereinstimmend mit dem Buchwert definiert wird, soweit die außerbilanzielle Zurechnung reicht (5 % der Differenz aus der Forderung sind als temporär anzusehen, da insoweit gemäß § 8b Abs. 3 KStG eine Steuerwirkung bei Realisierung des Buchwertes entsteht).

Quasi-permanente Differenzen hingegen lösen sich im Zeitverlauf auf, jedoch nicht zwangsläufig, sondern in der Regel erst bei der Liquidation des Unternehmens oder bei einem Verkauf der Vermögensgegenstände, der in nicht absehbarer Zukunft liegen kann. Regelmäßig bedarf es für die Umkehrung der Differenz einer unternehmerischen Disposition. Mithin ist im Entstehungsjahr der Differenz der Zeitpunkt der Umkehrung noch nicht bestimmbar. Wenn diese Disposition getroffen wird, sind diese Differenzen zeitlich beschränkt und dann als temporäre Differenzen zu klassifizieren.

Seit Einführung des BilMoG ist es erforderlich, die quasi-permanenten Differenzen zu berücksichtigen.

> **Beispiel für eine quasi-permanente Differenz:** Die T-AG bilanzierte vor Jahren ein für den Betrieb unverzichtbares Grundstück in Höhe der Anschaffungskosten von 1.000.000 €. Steuerlich wurden Wertberichtigungen vorgenommen, sodass der steuerliche Buchwert des Grundstückes am Abschlussstichtag 400.000 € beträgt. Handelsrechtlich wurden für das Grundstück zulässigerweise keine Abschreibungen bilanziert.
>
> **Lösung:** Da das Grundstück für den Betrieb unverzichtbar ist, wird die temporäre Differenz in Höhe von 600.000 € sich voraussichtlich niemals bzw. erst bei Verkauf des Grundstücks oder im Rahmen der Liquidation des Unternehmens umkehren (quasi-permanent). Bei einem unternehmensindividuellen Steuersatz von 30 % ist somit eine passive latente Steuer von 180.000 € zu bilanzieren. Der Zeitpunkt, wann die tatsächliche Steuer eintritt, ist hierbei nicht von Bedeutung. Das Nachsteuerergebnis wird durch die Berücksichtigung des zukünftigen Steueraufwands um 180.000 € belastet.

Zeitliche Differenzen kehren sich in absehbarer Zeit um.

Viele der Wertdifferenzen zwischen Handels- und Steuerbilanz sind temporärer Natur. Speziell die Aufgabe der umgekehrten Maßgeblichkeit durch Einführung des BilMoG führt zu einer Zunahme der temporären Differenzen. Die Tatsache, dass steuerrechtliche Wahlrechte in Zukunft unabhängig von der Entscheidung für den handelsrechtlichen Abschluss ausgeübt werden können, verstärkt noch diese Tendenz. Als Beispiele wären hier die unterschiedliche Anwendung von Bewertungsvereinfachungen und planmäßige Abschreibungen im steuerrechtlichen und handelsrechtlichen Abschluss zu nennen.

> **Beispiel für eine zeitliche Differenz:** Die T-AG hat aus einem Unternehmenskauf in der Handels- und Steuerbilanz einen Geschäfts- oder Firmenwert in Höhe von 75.000 € aktiviert.
>
> **Lösung:** In der Handelsbilanz wird der GoF entsprechend der Nutzungsdauererwartung der Geschäftsleitung in 5 Jahren abgeschrieben. Das Steuerrecht sieht eine feste Nutzungsdauer von 15 Jahren vor. Der Abschreibungsbetrag beträgt somit im Handelsabschluss 15.000 € p.a. und im steuerrechtlichen Abschluss 5.000 € p.a. Dementsprechend unterscheiden sich auch die Bilanzwerte. In den ersten fünf Jahren nach Einbuchung des GoF nehmen die Werte in der Handelsbilanz viel stärker ab als in der

> Steuerbilanz. Nach fünf Jahren, d.h. nach Vollabschreibung in der Handelsbilanz, mindert sich die Wertdifferenz durch weiterlaufende Abschreibungen im steuerrechtlichen Abschluss. Nach 15 Jahren sind aber alle Differenzen überwunden. Es handelt sich also um eine temporäre Differenz.

Die Wertdifferenzen müssen sich also in der Zukunft auflösen (können), um latente Steuern auszulösen. Sich aus den Differenzen ergebende Steuerbelastungen im Vergleich zum handelsrechtlichen Ergebnis müssen als „passive latente Steuern" ausgewiesen, erwartete Steuerentlastungen können als „aktive latente Steuern" ausgewiesen werden.

Zusammenfassung

- Wertabweichungen (Differenzen) zwischen Handels- und Steuerbilanz führen zu unverständlichem Ausweis von Steueraufwand/-ertrag in der Handelsbilanz.
- Der laufende Steueraufwand/-ertrag richtet sich zunächst nur nach dem Steuerergebnis.
- Die Abkopplung der Steuerbilanz von der Handelsbilanz führt zu zunehmender Bedeutung latenter Steuern.
- Die Aufgabe der umgekehrten Maßgeblichkeit durch das BilMoG verstärkt den Effekt der Abkopplung.

4.4.1.1 Temporary-Konzept

Das dem § 274 HGB zur Ermittlung latenter Steuern zugrunde liegende sog. **Temporary-Konzept zur Steuerabgrenzung** ist nicht GuV- sondern bilanzorientiert. Demnach sind alle temporären Differenzen im Bereich der latenten Steuern einzubeziehen, die sich als Unterschiedsbetrag aus dem unterschiedlichen Ansatz bzw. der unterschiedlichen Bewertung von Vermögensgegenständen oder Schulden in der Handelsbilanz und der Steuerbilanz ergeben (Bilanzpostenmethode).

Differenzen sind hierbei Unterschiedsbeträge zwischen dem Buchwert eines Vermögensgegenstandes oder einer Schuld in der Bilanz und dem entsprechenden Steuerwert.

Sie können einerseits zu versteuernde temporäre Differenzen sein, die zu steuerpflichtigen Beträgen bei der Ermittlung des zu versteuernden Einkommens zukünftiger Perioden führen (**passive latente Steuern**). Andererseits können sie abzugsfähige temporäre Differenzen sein, die zu Beträgen führen, die bei der Ermittlung des zu versteuernden Ergebnisses zukünftiger Perioden abzugsfähig sind (**aktive latente Steuern**).

Beim Temporary-Konzept werden nicht nur ergebniswirksame, sondern auch ergebnisneutrale (sich nur in der Bilanz auswirkende) Steuerlatenzen abgebildet. Somit können temporäre Differenzen sowohl durch ergebniswirksame als auch durch ergebnisneutrale Vorgänge entstehen. Allen Steuerlatenzen ist gemeinsam, dass sie sich in der Zukunft wieder ausgleichen und somit nur temporärer, d.h. vorübergehender, Natur sind.

Die praktische Konsequenz hieraus ist, dass die Bilanzierenden einen vollständigen Vergleich jeder Bilanzposition der HGB-Bilanz mit der Steuerbilanz vornehmen müssen.

4.4.1.2 Liability-Methode

Die Bewertung von latenten Steuern auf der Grundlage des § 274 HGB erfolgt nach der sog. Liability-Methode. Die **Liability-Methode** versucht Steuerlatenzen zeitrichtig darzustellen. Aus diesem Grund rechnet die Liability-Methode mit den im Zeitpunkt der Auflösung der Wertdifferenzen wirksamen Steuersätzen. Daraus folgt auch die Forderung nach einer Einzelaufstellung und Gegenüberstellung der Vermögensposten nach Handels- und Steuerrecht. Damit wird eine vollständige Gegenüberstellung von Vermögensgegenständen und Schulden erreicht.

Die Liability-Methode ist bilanzorientiert und entspricht daher dem Temporary-Konzept. Es stellt die richtige Darstellung der Vermögenslage des Unternehmens in den Vordergrund:

- **Aktive latente Steuern** werden als Vermögenswert, der auf einer Steuermehrzahlung beruht und eine zukünftige Steuerminderzahlung hervorruft, dementsprechend als Forderung gegenüber dem Fiskus angesehen.
- **Passive latente Steuern** sind als Verbindlichkeiten gegenüber dem Fiskus und demzufolge als zukünftig zu zahlende Steuern zu betrachten.

Durch das **grundsätzliche Ansatzwahlrecht für aktive latente Steuern** kann die Bildung stiller Reserven vermieden und die Vermögenslage realitätsnäher dargestellt werden.

Viele Abweichungen der handelsrechtlichen von der steuerrechtlichen Gewinnermittlung haben die Tendenz, dass Ergebnisse in der steuerrechtlichen Gewinnermittlung früher und höher anfallen als bei der handelsrechtlichen Gewinnermittlung. Daraus folgt, dass tendenziell aus dem gleichen Sachverhalt in der Zukunft mit Steuerentlastungen zu rechnen sein wird. Es ist also eher eine Tendenz zum Auftreten aktiver latenter Steuern zu erwarten. Konkret wird es in jedem Abschluss sowohl aktive wie passive latente Steuern geben müssen. Wie dieses Nebeneinander in der Bilanz abgebildet wird, soll weiter unten dargestellt werden.

Aufgrund des zukunftsorientierten Charakters der Vermögenswerte und Schulden werden die bei Umkehrung der temporären Differenzen geltenden Steuersätze für die Berechnung der latenten Steuern herangezogen, und bei Steuersatzänderungen sind die gebildeten latenten Steuern entsprechend anzupassen.

Gemäß § 274 Abs. 2 HGB sind die Beträge der sich ergebenden Steuerbe- und -entlastung mit den unternehmensindividuellen Steuersätzen im Zeitpunkt des Abbaus der Differenzen zu bewerten. Somit findet nach dem BilMoG ausschließlich die **Liability-Methode** Anwendung.

Nach § 274 HGB sind latente Steuern anhand der (erwarteten, zukünftigen) Steuersätze zu bemessen, die für die Periode, in der ein Vermögenswert realisiert oder eine Schuld erfüllt wird, erwartet werden. Dabei müssen die Steuersätze angewendet werden, die zum Bilanzstichtag gültig oder angekündigt sind. Das Inkrafttreten der Steuergesetze zum Bilanzstichtag muss mit hinreichender Sicherheit angenommen werden können. Dabei muss die Ankündigung der Regierung die materielle Wirkung der tatsächlichen Inkraftsetzung haben. In Deutschland gelten Steuergesetzänderungen in diesem Sinne als hinreichend konkretisiert, wenn der Deutsche Bundestag das Gesetz beschlossen, der Bundesrat, falls erforderlich zugestimmt hat. Dies bedeutet, dass für die **Bewertung der latenten Steuern** nicht nur die geltenden Steuergesetze, sondern auch die u.U. angekündigten Steuergesetze zu berücksichtigen sind.

Für die Ermittlung des anzuwendenden Steuersatzes bei Kapitalgesellschaften sind die Körperschaftsteuer, die Gewerbesteuer und der Solidaritätszuschlag zu berücksichtigen. Hieraus kann ein Mischsteuersatz ermittelt werden.

Für Personengesellschaften ist lediglich die Gewerbesteuer abzugrenzen, da die Personengesellschaft selbst nur für Zwecke der Gewerbesteuer Steuerrechtssubjekt ist.

Die Steuersätze betragen 2012 für die Körperschaftsteuer 15,825 % (einschließlich Solidaritätszuschlag) und für die Gewerbesteuer 14 %, bei einem Hebesatz von 400 %, (3,5 % × 400 %). Es errechnet sich ein kombinierter Steuersatz von 29,825 %.

4.4.2 Ausweis von latenten Steuern

§ 274 HGB geht von einer Gesamtdifferenzbetrachtung der latenten Steuern aus und definiert den Bilanzposten „latente Steuern". Der Posten soll den sich aus der Gesamtdifferenzbetrachtung aller aktiven und passiven Steuerlatenzen ergebenden Überhang wiedergeben.

Das Aktivierungswahlrecht bezieht sich auf den aktiven Saldo, das Passivierungsgebot bezieht sich auf einen passiven Saldo.

Die Vorschrift geht in den Sätzen 1 und 2 des § 274 HGB von einer Saldierung aus, lässt aber auch einen getrennten Ausweis aktiver und passiver latenter Steuern zu, da die sich ergebenden Steuerbelastungen und die sich ergebenden Steuerentlastungen auch unsaldiert angesetzt werden können (§ 247 S. 3 HGB).

Beispiel: Ein Unternehmen ermittelt passive latente Steuern in Höhe von 100.000 € und aktive latente Steuern in Höhe von 75.000 €.

Lösung: Wenn das Unternehmen von dem Aktivierungswahlrecht des § 274 HGB keinen Gebrauch machen möchte, kann es somit gemäß § 274 Abs. 1 HGB n.F. lediglich passive latente Steuern von 25.000 € passivieren oder aber unsaldiert 75.000 € aktive latente Steuern aktivieren und 100.000 € passive latente Steuern passivieren.

Beispiel: Ein Unternehmen ermittelt aktive latente Steuern in Höhe von 150.000 € und passive latente Steuern in Höhe von 100.000 €.

Lösung: Hier besteht ein Aktivüberhang in Höhe von 50.000 €. Somit kämen aufgrund des Aktivierungswahlrechtes entweder keine latenten Steuern zum Ansatz oder es können auch 50.000 € aktive latente Steuern aktiviert werden. Auch ein unsaldierter Ausweis von 150.000 € aktiven latenten Steuern und 100.000 € passiv latenten Steuern ist möglich.

Nach § 274 Abs. 1 HGB sind die **latenten Steuern unter gesonderten Posten in der Bilanz** auszuweisen:
- Die aktiven latenten Steuern sind unter dem Posten „Aktive latente Steuern" (§ 266 Abs. 2 D. HGB) und
- die passiven latenten Steuern unter dem Posten „Passive latente Steuern" (§ 266 Abs. 3 E. HGB)

auszuweisen.

§ 274 Abs. 2 Satz 4 HGB verpflichtet zum **gesonderten Ausweis der Erträge und Aufwendungen aus der Aktivierung bzw. Passivierung der latenten Steuern** innerhalb des Postens „Steuern vom Einkommen und vom Ertrag".

In § 268 Abs. 8 HGB wird eine **Ausschüttungssperre für ausgewiesene aktive latente Steuern** gefordert. Lediglich der sich aus der Gesamtdifferenzbetrachtung ergebende Saldo von aktiven latenten Steuern unterliegt der Ausschüttungssperre.

Nach § 285 Nr. 29 HGB haben **große Kapitalgesellschaften im Anhang** anzugeben, auf welchen Differenzen oder steuerlichen Verlustvorträgen die latenten Steuern beruhen und mit welchen Steuersätzen die Bewertung erfolgt ist.

Sonderfall: Aktive latente Steuern auf steuerliche Verlustvorträge

Bei der Berechnung von aktiven latenten Steuern sind steuerliche Verlustbeträge zu berücksichtigen, soweit diese innerhalb der nächsten fünf Jahre zu einer tatsächlichen Verlustverrechnung führen (§ 274 Abs. 1 S. 4 HGB).

Beispiel: Ein Unternehmen hat körperschaftsteuerliche Verlustvorträge in Höhe von 1.000.000 €. Der Körperschaftsteuersatz beträgt 15 %. Nach steuerrechtlichen Vorschriften ist der steuerliche Verlust lediglich sieben Jahre nutzbar. Gemäß steuerlicher Planungsrechnung ergibt sich, dass davon auszugehen ist, dass das Unternehmen in den nächsten fünf Jahren lediglich 800.000 € steuerlich nutzen kann, da es als Beteiligungsgesellschaft überwiegend Beteiligungserträge erwirtschaftet, die nach geltendem Steuerrecht steuerbefreit sind.

Lösung: Das Unternehmen hat aktive latente Steuern in Höhe von 120.000 € ertragswirksam zu aktivieren, nicht 150.000 € und in einem zweiten Schritt eine aufwandswirksame Wertberichtigung der aktiven latenten Steuern in Höhe von 30.000 € vorzunehmen. Wird in den folgenden Geschäftsjahren ersichtlich, dass Teile oder der ganze verbleibende nicht aktivierte steuerliche Verlustvortrag in Höhe von 200.000 € doch steuerlich nutzbar sind, hat eine Aktivierung der doch noch nutzbaren steuerlichen Verlustvorträge zu erfolgen. Unabhängig davon bleibt eine etwaige aufwandswirksame Ausbuchung von aktiven latenten Steuern von steuerlichen Verlustvorträgen, wenn diese in den folgenden Geschäftsjahren steuerlich zum Ansatz kommen.

Zur Schätzung des künftigen steuerlichen Einkommens wird das Instrument der **steuerlichen Planungsrechnung** eingesetzt.

Die praktische Konsequenz hieraus ist, dass der Ansatz aktiver latenter Steuern auf steuerliche Verlustvorträge unter Einbeziehung einer steuerlichen Planungsrechnung zu erfolgen hat, die darlegt, ob in der Zukunft hinreichend steuerlich positive Ergebnisse gegen die Verlustvorträge verrechnet werden können.

Der Bilanzierende sollte (entsprechend IAS 12) daher nur den Anteil der steuerlichen Verlustvorträge aktivieren, der mit einer Wahrscheinlichkeit von mehr als 50 % zu realisieren ist.

Andererseits ergibt sich bei einer **Nichtberücksichtigung von Verlustvorträgen bei der Berechnung aktiver latenter Steuern**, ohne hinreichende steuerrechtliche Gründe, die Frage nach der Zukunft des Unternehmens.

Bezüglich des **Ausweises latenter Steuern** lässt sich zusammenfassen:
- Es besteht ein **Passivierungsgebot**, wenn nur passive latente Steuern vorliegen.
- Es besteht ein **Aktivierungswahlrecht**, wenn nur aktive latente Steuern vorliegen.
- Es bestehen **Ausweiswahlrechte**, wenn sowohl aktive wie passive latente Steuern festzustellen sind (Normalfall):
  - getrennter Ausweis aktiver/passiver latenter Steuern: bei getrenntem Ausweis: Pflicht des Ausweises von aktiven latenten Steuern (Bruttoverfahren),
  - Ausweis eines Saldos aus aktiven/passiven latenten Steuern (Nettoverfahren) und
  - Verzicht auf Ansatz eines aktiven Saldos.

Wichtig! Aktive latente Steuern müssen immer in die Berechnung des Saldos einbezogen werden. Erläuterungspflicht im Anhang: § 285 Nr. 29 HGB.

4.5 Aktiver Unterschiedsbetrag aus der Vermögensverrechnung

Unter diesem Posten wird der (aktive) übersteigende Betrag aus der Ausnahme vom Saldierungsgebot im Zusammenhang mit der Regelung des § 246 Abs. 2 S. 2 HGB ausgewiesen.

Eine der wenigen Ausnahmen vom Saldierungsverbot wird in § 246 Abs. 2 S. 2 HGB normiert. Im Zusammenhang mit **Altersversorgungsverpflichtungen des Unternehmens gegenüber Mitarbeitern** werden die beizulegenden Zeitwerte (vgl. § 255 Abs. 4 HGB) der der Absicherung der Ansprüche der Mitarbeiter dienenden Vermögensgegenstände mit den Werten der Verpflichtungen (Rückstellungen) aus diesen Verhältnissen saldiert. Ein passiver Restbetrag ist unter den Rückstellungen auszuweisen, ein aktiver Restbetrag aus der Verrechnung ist unter dem Posten des § 266 Abs. 2 E. HGB auszuweisen. Es ist damit zu rechnen, dass aktive Restbeträge die Ausnahme darstellen werden.

Sinn dieser Regelung ist, nur den Restbetrag aus den Schulden auf der Grundlage der betrieblichen Altersversorgung von Mitarbeitern auszuweisen, durch den das Unternehmen tatsächlich belastet ist und insofern die Informationsfunktion des Abschlusses zu stärken.

Nur bestimmte Vermögensgegenstände werden in diese Saldierung aufgenommen:
- **Vermögensgegenstände, die dem Zugriff aller Gläubiger entzogen sind** (insolvenzgesichert, § 7e SGB IV, unbelastet, unverpfändet),
- **Vermögensgegenstände, die der Erfüllung von Schulden aus Altersversorgungsverpflichtungen,** oder
- **Vermögensgegenstände, die der Erfüllung von Schulden vergleichbarer langfristiger Verpflichtungen** dienen,
- **Vermögensgegenstände, die zur Deckung der Ansprüche uneingeschränkt zur Verfügung stehen** (keine betriebsnotwendigen Vermögensgegenstände).

Die Bewertung dieser Vermögensgegenstände erfolgt zwingend mit dem **beizulegenden Zeitwert** (§ 253 Abs. 1 S. 4 HGB, in erster Näherung: Marktpreis, Durchbrechung des Anschaffungskosten-Prinzips, „fair value"), der gem. § 255 Abs. 4 HGB bestimmt werden muss. Bei dieser Bewertung wird das **Anschaffungs-**

kostenprinzip außer Kraft gesetzt, d.h. in die Verrechnung fließen Werte ein, die über den Anschaffungskosten liegen können.

Wird der Saldierungsbetrag unter dem hier beschriebenen Posten auf der Aktivseite ausgewiesen, so ist dieser Betrag, abzüglich der auf ihn entfallenden passiven latenten Steuern, ausschüttungsgesperrt (§ 268 Abs. 8 S. 3 HGB).

Auf der Gegenseite werden auch nur **bestimmte Schulden** in die Verrechnung einbezogen, denen folgende Sachverhalte zugrunde liegen:
- Pensionsverpflichtungen,
- Altersteilzeitverpflichtungen,
- Verpflichtungen aus Lebensarbeitszeitverpflichtungen,
- andere vergleichbare langfristige Verpflichtungen gegenüber Mitarbeitern.

Schulden, die aus anderen Geschäften, auch gegenüber Mitarbeitern (z.B. aus Urlaubsansprüchen, Flexibilisierung der Arbeitszeit usw.) **bestehen**, dürfen nicht verrechnet werden. Der Posten stellt auch keinen Vermögensgegenstand dar, sondern ist nur das Ergebnis einer Verrechnung.

4.6   Weitere Posten der Aktivseite

Es gibt noch weitere Posten der Aktivseite, die an anderen Stellen des HGB erwähnt werden, z.B.:
- die ausstehenden Einlagen (§ 272 Abs. 1 HGB),
- bestimmte Forderungen an GmbH-Gesellschafter (§ 42 Abs. 2 GmbHG),
- der „nicht durch Eigenkapital gedeckte Fehlbetrag" (§ 268 Abs. 3 HGB),
- der „nicht durch Vermögenseinlagen gedeckte Verlustanteil" bei Gesellschaftern von „bestimmten Personengesellschaften" i.S.d. § 264a HGB.

Alle Posten sind nur im Zusammenhang mit Kapitalgesellschaften und den „bestimmten Gesellschaftern" i.S.d. § 264a HGB denkbar. Die ausstehenden Einlagen werden im Kapitel 4.7.2.1 behandelt. Von den anderen Posten, die nicht in der Abfolge des § 266 Abs. 2 und 3 HGB erwähnt werden, soll hier nur noch der **„Nicht durch Eigenkapital gedeckte Fehlbetrag"** kurz vorgestellt werden:

Wenn das Eigenkapital z.B. durch entsprechende Verluste aufgezehrt und vollständig vernichtet wurde, kann die Bilanz nur noch ausgeglichen werden, indem entweder ein negatives Eigenkapital ausgewiesen oder auf der Aktivseite ein Ausgleichsposten eingebucht wird.

Beispiel: Kaufmann K erstellt zum 31.12.13 seine Bilanz. Er stellt fest, dass das Anlagevermögen 200.000 € und das Umlaufvermögen 50.000 € umfasst. RAP sind nicht vorhanden. Die Schulden (Summe aus Verbindlichkeiten und Rückstellungen) betragen 310.000 €.

Aus der Bilanzgleichung (V ./. S = EK) ergibt sich:

200.000 € + 50.000 € ./. 310.000 € = ./. 60.000 €.

Lösung: K kann seine Bilanz wie folgt aufstellen:

Aktivseite			Passivseite
Anlagevermögen	200.000 €	Eigenkapital	./. 60.000 €
Umlaufvermögen	50.000 €	Schulden	310.000 €
Bilanzsumme	**250.000 €**	**Bilanzsumme**	**250.000 €**

Alternativ kann er seine Bilanz aufstellen:

Aktivseite			Passivseite
Anlagevermögen	200.000 €		
Umlaufvermögen	50.000 €	Schulden	310.000 €
Eigenkapital	60.000 €		
Bilanzsumme	**310.000 €**	**Bilanzsumme**	**310.000 €**

Die erste Version ist bei Kapitalgesellschaften nicht zulässig.

§ 268 Abs. 3 HGB fordert: „Ist das Eigenkapital durch Verluste aufgebraucht und ergibt sich ein Überschuss der Passivposten über die Aktivposten, so ist dieser Betrag am Schluss der Bilanz auf der Aktivseite gesondert unter der Bezeichnung ‚Nicht durch Eigenkapital gedeckter Fehlbetrag' auszuweisen."

Beispiel: Die K GmbH erstellt zum 31.12.13 ihre Bilanz. Sie stellt fest, dass das Anlagevermögen 200.000 € und das Umlaufvermögen 50.000 € umfasst. RAP sind nicht vorhanden. Die Schulden (Summe aus Verbindlichkeiten und Rückstellungen) betragen 310.000 €.

Aus der Bilanzgleichung (V ./. S = EK) ergibt sich:

200.000 € + 50.000 € ./. 310.000 € = ./. 60.000 €.

Lösung: Die K GmbH kann ihre Bilanz nur (§ 268 Abs. 3 HGB) wie folgt aufstellen:

Aktivseite			Passivseite
Anlagevermögen	200.000 €		
Umlaufvermögen	50.000 €	Schulden	310.000 €
Nicht durch Eigenkapital gedeckter Fehlbetrag	60.000 €		
Bilanzsumme	**310.000 €**	**Bilanzsumme**	**310.000 €**

Dieser Posten stellt, falls vorhanden, stets den letzten Posten der Aktivseite dar, denn § 268 Abs. 3 HGB verlangt den Ausweis am Schluss der Aktivseite.

Bei Personengesellschaften i.S.d. § 264a HGB sind anstelle des Postens „Gezeichnetes Kapital" die **Kapitalanteile der persönlich haftenden Gesellschafter** auszuweisen (§ 264c Abs. 2 S. 2 HGB).

Wenn **Verluste der Personengesellschaft die Kapitalanteile vernichtet haben**, ist der übersteigende, innerhalb der Bilanz nicht ausgleichsfähige Verlust mit der Bezeichnung „Einzahlungsverpflichtungen persönlich haftender Gesellschafter" unter den Forderungen gesondert auszuweisen (§ 264c Abs. 2 S. 4 HGB). Wenn keine Zahlungsverpflichtung besteht, ist der Betrag als „nicht durch Vermögenseinlagen gedeckter Verlustanteil persönlich haftender Gesellschafter" zu bezeichnen und gemäß § 268 Abs. 3 HGB (am Schluss der Aktivseite) auszuweisen (§ 264c Abs. 2 S. 5 HGB).

4.7 Eigenkapital

Das **Eigenkapital** umfasst die dem Unternehmen von seinen Eigentümern grundsätzlich ohne zeitliche Begrenzung zur Verfügung gestellten Mittel. Das können Geldmittel, Anlagevermögen oder auch Umlaufvermögen sein. Das Eigenkapital kann dem Unternehmen durch Einlagen oder Zuzahlungen der Gesellschafter von außen zufließen oder auch im Unternehmen selbst entstehen und durch Entnahmeverzicht der Gesellschafter im Unternehmen verbleiben.

Quellen des Eigenkapitals
Eigenkapital entsteht durch:

• (noch) nicht entnommenen Gewinn:
  – Jahresüberschuss
  – Ergebnisvortrag
  – Gewinnrücklagen

• Einlagen der Gesellschafter
  – gezeichnetes Kapital
  – Kapitalrücklagen

Folgende Tabelle gibt einen Eindruck von der Vielzahl wichtiger gesetzlicher **Normen (nicht abschließend), die das Eigenkapital** betreffen:

Rechtsquelle	Stichwort
§ 266 Abs. 3 HGB	Bilanzgliederung
§ 275 HGB	GuV-Gliederung
§ 268 Abs. 1 HGB	Ergebnisverwendung
§ 268 Abs. 3 HGB	Negatives Eigenkapital
§ 270 Abs. 1 HGB	Dotierung von Kapitalrücklagen
§ 270 Abs. 2 HGB	Dotierung von Gewinnrücklagen
§ 272 Abs. 1 HGB	Ausstehende Einlagen
§ 272 Abs. 2 HGB	Bildung der Kapitalrücklage
§ 272 Abs. 3 HGB	Bildung der Gewinnrücklage
§ 150 AktG	Gesetzliche Rücklage, Kapitalrücklage
§ 152 AktG und § 42 GmbHG	Grundkapital (AG) und Stammkapital (GmbH)

Bereits aus den Vorüberlegungen zur Bilanzgleichung hat sich ergeben, dass das Eigenkapital eine Restgröße ist.

Das **buchmäßige Eigenkapital**, d.h. das Eigenkapital, das sich aus der Bilanz ergibt, berechnet sich aus der Bilanzgleichung wie folgt:

	Summe der Aktiva
./.	Rückstellungen
./.	Verbindlichkeiten
./.	passive Rechnungsabgrenzung
=	**buchmäßiges Eigenkapital**

Dem **Eigenkapital** werden folgende **Funktionen** zugeordnet:
• Kontinuitätsfunktion,
• Haftungsfunktion,
• Verlustausgleichsfunktion,
• Gewinnbeteiligungsfunktion,
• Geschäftsführungsfunktion.

Die **Kontinuitätsfunktion** resultiert aus der Tatsache, dass das Eigenkapital grundsätzlich ohne zeitliche Begrenzung zur Verfügung gestellt wird. Das Unternehmen und auch die am Unternehmen Interessierten sollen darauf vertrauen können, dass die Eigentümer des Unternehmens nicht für den Betrieb existenznotwendige Mittel entnehmen. Diesem Anspruch dient sowohl die **Zahlungsbemessungsfunktion der Bilanz** als auch darüber hinaus, insbesondere im Recht der haftungsbeschränkten Rechtsformen, das grundsätzliche Verbot der Auszahlung von Kommanditkapital oder gezeichnetem Kapital. Die **Haftungsfunktion** zeigt sich insbesondere auch bei den Kapitalgesellschaften, da das gezeichnete Kapital den Gläubigern der Gesellschaft zur Verfügung steht. Die **Verlustausgleichsfunktion** ergibt sich aus der Bilanzgleichung. Eine Aufzehrung des Vermögens durch Verluste wirkt sich unmittelbar am Eigenkapital aus.

Diese, die Eigentümer belastenden Funktionen, werden kompensiert durch die **Gewinnbeteiligungsfunktion** und die **Geschäftsführungsfunktion**. Oft ist der Anteil am Eigenkapital gleichzeitig Maßstab für die Gewinnverteilung. Den Eigentümern steht es zu, die Geschäftsführung zu bestimmen, sei es durch eigene Tätigkeit oder Beauftragung Dritter.

4.7.1 Aspekte des Eigenkapitals

Die **Darstellung des Eigenkapitals in der Bilanz** und seine wirtschaftliche Analyse sind abhängig von der Rechtsform und den Informationen, die der Bilanzleser hat.

Aus der Eigenschaft des (buchmäßigen) Eigenkapitals, eine Restgröße zu sein, ergibt sich die Unterscheidung in die Typen „offenes" und „verdecktes" Eigenkapital. Das **offene Eigenkapital** ist aus der Bilanz ablesbar.

Da das Eigenkapital eine Restgröße ist, wird es durch die Ansatz- und Bewertungsvorschriften für Vermögen, Rechnungsabgrenzungsposten und Schulden in starkem Maße bestimmt. Neben dem offenen Eigenkapital gibt es ein Eigenkapital, das nicht aus der Bilanz abzulesen ist. Dieses Kapital wird auch als:

* „verdecktes Eigenkapital",
* „stille Reserven" oder auch,
* unter Betonung der Abgrenzung zum Festkapital, als **„stille Rücklagen"** bezeichnet.

Der **Gesamtwert des Eigenkapitals eines Unternehmens** setzt sich aus diesen beiden Größen zusammen. Die **Bildung von stillen Reserven** liegt z.T. in der Gestaltungsfreiheit des Bilanzierenden (durch Ausübung von Wahlrechten), z.T. aber auch an den sich aus dem Vorsichtsprinzip ergebenden Grundsätzen ordnungsmäßiger Buchführung. Hier sind insbesondere das Realisations- und Imparitätsprinzip, das Anschaffungskostenprinzip und die GoB zur Vermögensgegenstandseigenschaft zu nennen.

Nicht realisierte Gewinne, z.B. aus Wertsteigerungen des nicht abnutzbaren Sachanlagevermögens resultierend, sind zwar wirtschaftlich vorhanden, dürfen aber nicht bilanziert werden.

Stille Reserven stellen Ressourcen dar, die ein Unternehmen in Krisenzeiten stabilisieren können. Die Bildung von stillen Reserven bindet Werte im Unternehmen, die weder entnommen werden können noch versteuert werden müssen.

Diesem Vorteil für das Unternehmen steht der Nachteil der Beeinträchtigung der Informationsfunktion des Abschlusses entgegen. Das **Auflösen stiller Reserven** über mehrere Perioden kann den Abschlussadressaten über die wahre Situation des Unternehmens täuschen. Darin kommt eine Spannung zwischen Vorsichtsprinzip und dem „true and fair view" des § 264 Abs. 2 HGB zum Ausdruck. Es ist die Aufgabe des Gesetzgebers und letztlich eine politische Abwägung, ob dem Stabilitätsinteresse des Unternehmens oder dem Informationsanspruch des Abschlussadressaten das größere Gewicht einzuräumen ist.

Das Eigenkapital ist aber nicht nur eine rechnerische Größe, sondern auch eine rechtliche. Insbesondere bei haftungsbeschränkten Rechtsformen hat der Gesetzgeber genaue Vorschriften gegeben, wie das sog. **Festkapital** zu bilden und zu erhalten ist. Bei den Kapitalgesellschaften bezeichnet man das Festkapital als **gezeichnetes Kapital**. Das gezeichnete Kapital der GmbH ist das **Stammkapital**, dasjenige der AG das **Grundkapital**. Bei Personengesellschaften ist das **Kommanditkapital** als Festkapital zu bezeichnen. Bei den nicht haftungsbeschränkten Rechtsformen von Personenhandelsgesellschaften und bei Einzelkaufleuten kann man nicht von einem Festkapital sprechen, da der betroffene Personenkreis mit seinem ganzen, d.h. auch seinem nicht bilanzierten Kapital haften muss, das naturgemäß nicht fixiert ist. Bei dieser Personengruppe besteht darüber hinaus das Problem der **Abgrenzung zwischen Privatvermögen und betrieblichem Vermögen**, weil das Privatvermögen ebenfalls im Haftungsfalle heranzuziehen ist. Das HGB äußert sich im Gegensatz zum Steuerrecht (Begriff des Betriebsvermögens) nicht zu diesem Problem und gibt keine Abgrenzung vor.

Neben dem Festkapital gibt es noch das **variable Eigenkapital**. Man kann unter diesem Begriff bei Kapitalgesellschaften die Rücklagen und bei Nicht-Kapitalgesellschaften die variablen Gesellschafterkonten subsumieren. Diese Kapitalkonten sind, ebenso wie das gezeichnete Kapital und das Kommanditkapital, in der Bilanz ablesbar. Auf keinem dieser Konten sind die stillen Reserven zu erkennen.

Gerade bei den haftungsbeschränkten Rechtsformen ist das Interesse der Unternehmensgläubiger in Bezug auf die **Aussagekraft und Ordnungsmäßigkeit der Abschlussinformationen und die Konstanz der Haftungsverhältnisse** besonders hoch und gleichermaßen schutzwürdig. Die Gläubiger können eben bei diesen Rechtsformen nicht ohne weiteres auf das Privatvermögen der handelnden Personen oder Eigentümer zugreifen.

Deshalb hat der Gesetzgeber eine Vielzahl von Vorschriften erlassen, die sowohl eine Mindestausstattung an Kapital, eine Mindestpublizität über die Haftungsverhältnisse und auch hohe Hürden für die Verminderung des haftenden Kapitals in verschiedenen Gesetzen fordern und festlegen. Innerhalb der handelsrechtlichen Rechnungslegung kommt den **Gliederungs- und Ausweisvorschriften des § 266 Abs. 3 A. HGB** besondere Bedeutung für diese Zielsetzung zu.

4.7.2 Das Eigenkapital der Kapitalgesellschaften

§ 266 Abs. 3 A. HGB gliedert das **Eigenkapital von Kapitalgesellschaften** wie folgt:

I. Gezeichnetes Kapital (§ 272 Abs. 1 HGB, § 152 Abs. 1 AktG, § 42 Abs. 1 GmbHG)
II. Kapitalrücklage (§ 272 Abs. 2 HGB)
III. Gewinnrücklagen (§ 272 Abs. 3 HGB)
  1. Gesetzliche Rücklage (§ 150 AktG)
  2. Rücklage für eigene Anteile (§ 272 Abs. 4 HGB)
  3. Satzungsmäßige Rücklagen
  4. Andere Gewinnrücklagen (§ 272 Abs. 3 HGB)
IV. Gewinnvortrag/Verlustvortrag (§ 268 Abs. 1 HGB)
V. Jahresüberschuss/Jahresfehlbetrag (§ 268 Abs. 1 HGB)

Oder gem. § 268 Abs. 1 HGB anstelle IV + V: Bilanzgewinn/Bilanzverlust.

Es gibt also eine Trennung zwischen (Gewinn- oder) Erfolgsbestandteilen:
- Jahresergebnis,
- Ergebnisvortrag,
- Gewinnrücklagen
und Einlagen:
- gezeichnetes Kapital,
- Kapitalrücklage.

Das **Jahresergebnis** (Jahresüberschuss oder Jahresfehlbetrag) bezieht sich auf die Berichtsperiode. Ergebnisvortrag und Gewinnrücklagen sind aus Erfolgen vergangener Perioden entstanden.

Das gezeichnete Kapital und die Kapitalrücklage enthalten keine Erfolgsbestandteile.

4.7.2.1 Gezeichnetes Kapital

Das **gezeichnete Kapital** unterliegt in Bezug auf Werthaltigkeit, Veränderbarkeit und Ausweis starkem gesetzlichem Einfluss. Der Gesetzgeber hat Mindestgrößen des gezeichneten Kapitals, je nach Rechtsform der Kapitalgesellschaft, festgelegt.

Der Begriff Festkapital im Zusammenhang mit dem gezeichneten Kapital ist nicht wörtlich zu nehmen. Das gezeichnete Kapital kann durchaus verändert werden. Die **Herabsetzung des Kapitals** ist aber zum Schutz der Gläubiger an strikte formale Bedingungen geknüpft. Bei **Kapitalerhöhungen** besteht dieses Interesse der Gläubiger nicht im gleichen Umfang und deshalb sind Kapitalerhöhungen zwar ebenfalls gesetzlich geregelt, aber eher im Interesse der Gesellschafter als desjenigen der Gläubiger (Bezugsrechte).

Das Interesse der Gläubiger am gezeichneten Kapital ergibt sich auch aus der Tatsache, dass die Haftung der Gesellschafter für die Verbindlichkeiten der Kapitalgesellschaft gegenüber den Gläubigern auf das gezeichnete Kapital beschränkt ist (§ 272 Abs. 1 S. 1 HGB). Wenn die Gesellschafter ihre Einlagen (Anteile) am gezeichneten Kapital eingezahlt haben, haften sie nicht mehr. Sie können nur noch den Wert ihrer Beteiligung verlieren bzw. diese kann wertlos werden, aber Haftung besteht nur, soweit die übernommenen Anteile am gezeichneten Kapital noch nicht geleistet wurden. Das gezeichnete Kapital, das in der Bilanz zum Nennwert und nicht etwa zum Börsen- oder Marktwert ausgewiesen werden muss, bestimmt sich in der Regel nach der Eintragung im Handelsregister.

Wichtige **Rechtsquellen für das gezeichnete (Eigen-) Kapital von Kapitalgesellschaften** sind:
- **Aktiengesellschaften**
  - Mindestnennbetrag des Grundkapitals (§ 7 AktG),
  - Form und Mindestbeträge der Aktien (§ 8 AktG),
  - Leistung der Einlagen (§ 36a AktG).
- **Gesellschaften mit beschränkter Haftung**
  - Stammkapital, Stammeinlage (§ 5 GmbHG),
  - Anmeldung (Mindesteinlage) (§ 7 GmbHG).
- **Ausweis in Handelsbilanz**
  - Gliederung bei Kapitalgesellschaften (§ 266 Abs. 3 HGB),
  - Ansatz gem. § 283 HGB und § 272 Abs. 1 HGB.

Das **gezeichnete Kapital** ist, unabhängig vom Grad der Aufbringung durch die Gesellschafter, mit dem **Nennbetrag** anzusetzen (§ 272 Abs. 1 S. 2 HGB).

Sowohl das Aktiengesetz (vgl. § 36a AktG) als auch das GmbH-Gesetz (vgl. § 7 Abs. 2 S. 1 GmbHG) erlauben, dass die vom Gesellschafter zum Erwerb des Anteils übernommene Bareinlage den Nennbetrag nur zum Teil erreicht. Insoweit entsteht bei der Gesellschaft ein Anspruch auf Zahlung der Einlage. Dieser Betrag spiegelt den Umfang des Haftungsbetrages der Gesellschafter wieder, der in seiner Bonität natürlich nicht besser sein kann als die Bonität der Gesellschafter.

Die Gesellschaft ist nicht verpflichtet, die **ausstehende Einlage** einzufordern. Wenn sie diese aber einfordert, entsteht eine Forderung der Gesellschaft an die Gesellschafter. Aus dieser Tatsache und aus dem schutzwürdigen Interesse der Gläubiger der Gesellschaft ist der im BilMoG überarbeitete § 272 Abs. 1 S. 3 HGB zu sehen. Diese Vorschrift ist eine Ausweisvorschrift des Eigenkapitals, aus dem der Bilanzadressat ersehen kann, in welchem Umfang Beträge des gezeichneten Kapitals eingefordert und eingezahlt oder nicht eingezahlt bzw. noch nicht eingefordert wurden.

Beispiel: Die M-AG hat ein gezeichnetes Kapital in Höhe von 1.600.000 €. Darauf wurde nur der Mindestbetrag in Höhe von 400.000 € eingezahlt. Insgesamt wurde von den Gesellschaftern ein Betrag in Höhe von 550.000 € eingefordert (inklusive der Mindesteinlage).
Daraus folgt:
- eingefordert, aber nicht eingezahlt sind   150.000 €,
- die ausstehenden Einlagen betragen   1.200.000 €,
- das noch nicht eingeforderte Kapital beträgt   1.050.000 €.

Lösung: § 272 Abs. 1 S. 3 HGB fordert nun folgende Darstellung:

Aktivseite	(€)	Passivseite	(€)	(€)
Bezeichnung		Bezeichnung	Vorspalte	Hauptspalte
II. Forderungen und sonstige Vermögensgegenstände		gezeichnetes Kapital	1.600.000 €	
4. Eingefordertes Kapital	150.000 €	./. nicht eingeforderte, ausstehende Einlagen	1.050.000 €	
		Eingefordertes Kapital		**550.000 €**

Hat die Kapitalgesellschaft eigene Anteile im Vermögen, so ist dies im Ausweis des gezeichneten Kapitals ersichtlich zu machen.

Der Nennbetrag der eigenen Anteile, die sich im Vermögen befinden, ist vom gezeichneten Kapital in der Vorspalte der Bilanz offen abzusetzen. Die Differenz zwischen Nennbetrag und Anschaffungskosten der eigenen Anteile ist von den frei verfügbaren Rücklagen abzuziehen (§ 272 Abs. 1a HGB); dies führt zu einer **Ausschüttungssperre** dieses Betrages.

4.7.2.2 Rücklagen und weitere Bestandteile des Eigenkapitals

Folgende Struktur kann man mit dem **Begriff der Rücklagen** verbinden:

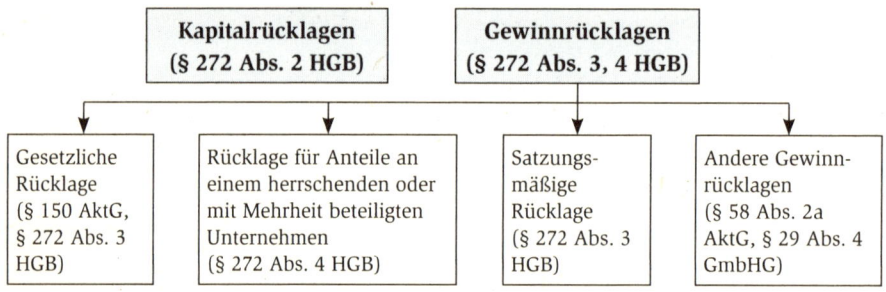

Abb. 3: Struktur der Rücklagen einer Kapitalgesellschaft

Die **Kapitalrücklage** ist ein Posten, auf dem Zuzahlungen der Gesellschafter verbucht werden, die diese im Zusammenhang mit dem Erwerb von Anteilsrechten, über den Nennbetrag hinaus, für Optionen, Vorzüge und ähnliche Gegenleistungen der Gesellschaft aufbringen (vgl. § 272 Abs. 2 HGB).

Solche Zuzahlungen müssen in die Kapitalrücklage eingebucht werden. Die Kapitalrücklage darf, unter bestimmten Voraussetzungen (vgl. § 150 Abs. 4 AktG), z.B. zum Verlustausgleich und zur Kapitalerhöhung verwendet werden. Für Ausschüttungen an die Gesellschafter steht dieser Posten grundsätzlich nicht zur Verfügung.

Beispiel: Die M-AG bietet über eine Bank 100.000 Aktien im Nennwert von 1.000.000 € an und verlangt für diese Aktien 2.200.000 €.

Lösung: Wenn alle Aktien zu diesem Preis platziert werden können, erhöht sich das gezeichnete Kapital um 1.000.000 € und die Kapitalrücklage um 1.200.000 €.

Im Gegensatz zu der Kapitalrücklage, die aus Leistungen der Gesellschafter an die Gesellschaft für ganz bestimmte Sachverhalte (vgl. dazu § 272 Abs. 2 Nr. 1–4 HGB) entsteht, fließen den **Gewinnrücklagen** die Mittel aus dem Unternehmen selbst zu, sind also im Unternehmen erwirtschaftet, aber (bisher) nicht ausgeschüttet worden (§ 272 Abs. 3 S. 1 HGB).

Die **gesetzliche Rücklage** (vgl. dazu § 150 AktG, § 272 Abs. 3 S. 2 HGB) gibt es nur bei der Rechtsform der Aktiengesellschaft, der KGaA und der Unternehmergesellschaft (haftungsbeschränkt).

Die „gesetzliche Rücklage" zwingt die Gesellschaft, aus erzielten Gewinnen Rücklagen zu bilden, die ähnlich den Mitteln der Kapitalrücklage grundsätzlich nicht ausgeschüttet werden dürfen, sondern zur Stärkung des Eigenkapitals (Kapitalerhöhung) und der Existenz des Unternehmens (Verlustausgleich) zur Verfügung stehen sollen.

Zu diesem Zweck sind in die gesetzliche Rücklage so lange 5 % des um einen aus dem Vorjahr stammenden Verlustvortrag gekürzten Jahresüberschusses einzustellen, bis die Summe aus gesetzlicher Rücklage und Kapitalrücklage zusammen den zehnten Teil des gezeichneten Kapitals ausmachen (§ 150 AktG).

Die **„Rücklage für Anteile an einem herrschenden oder mit Mehrheit beteiligten Unternehmen"** (§ 272 Abs. 4 HGB) ist nach Einführung des BilMoG neu entstanden. Sie korrespondiert mit den im Umlaufvermögen (§ 266 Abs. 2 B. III. 1. HGB „Anteile an verbundenen Unternehmen", s. Kapitel 4.2.3) auszuweisenden entsprechenden Anteilen. Mit der zwingenden Bildung dieser Rücklage in Abhängigkeit von dem Wert der im Umlaufvermögen auszuweisenden Anteile wird eine Ergebnisverwendung erzielt, die zu einer Ausschüttungsbegrenzung führt.

Die **„satzungsmäßige Rücklage"** (§ 272 Abs. 3 HGB) bindet ebenfalls Teile des Ergebnisses. In die satzungsmäßige Rücklage werden Beträge eingestellt, deren Zuordnung in diese Form der Gewinnrücklagen durch die Satzung fest vorgegeben ist. Die Dotierung dieser Rücklage und die Verwendung der Mittel sind der unmittelbaren Entscheidung der grundsätzlich zur Gewinnverwendung Befugten entzogen. Solche satzungsmäßigen Rücklagen werden oft zur Erreichung und Finanzierung größerer Vorhaben des Unternehmens gebildet und in der Satzung oder dem Gesellschaftsvertrag fest verankert. Die **Auflösung dieser Rücklage** wird i.d.R. ebenfalls in der Satzung festgelegt und insoweit der freien Entscheidung entzogen. Änderungen der Satzung führen zu einer Umbuchung der Beträge.

In die **„anderen Gewinnrücklagen"** (§ 58 Abs. 2a AktG, § 29 Abs. 4 GmbHG, § 272 Abs. 3 HGB) werden alle anderen Gewinnverwendungen der zur Entscheidung über die Gewinnverwendung Befugten eingestellt. Sie stehen in jedem neuen Geschäftsjahr zur Disposition der zu dieser Entscheidung Befugten.

§ 270 HGB legt fest, zu welchem **Zeitpunkt Rücklagen zu bilden** sind. Unabhängig von der Darstellung der Bilanz in Abhängigkeit von der Verwendung des Jahresergebnisses (dazu s. Kapitel 4.7.3) sind **Einstellungen in die Kapitalrücklage** und **Auflösungen der Kapitalrücklage** bereits bei der Aufstellung der Bilanz vorzunehmen (§ 270 Abs. 1 HGB). Wenn die Bilanz unter Berücksichtigung der vollständigen oder teilweisen Verwendung des Jahresergebnisses aufgestellt wird, sind Einstellungen oder Auflösungen von Gewinnrücklagen, die nach Gesetz, Gesellschaftsvertrag oder Satzung vorzunehmen sind, ebenfalls bereits bei Aufstellung der Bilanz zu berücksichtigen (§ 270 Abs. 2 HGB).

4.7.2.3 Gewinnvortrag, Verlustvortrag, Jahresüberschuss und Jahresfehlbetrag

Die Bilanzpositionen **Gewinnvortrag und Verlustvortrag** stellen Erfolgsbestandteile aus Vorperioden dar, die noch nicht den Rücklagen zugeschrieben bzw. die noch nicht mit Rücklagen verrechnet wurden. Sie stellen Eigenkapital (Verlustvortrag: Eigenkapitalminderungen) dar, das in der Berichtsperiode ausgeschüttet werden kann bzw. das Ausschüttungspotenzial (im Falle des Verlustvortrages) mindert.

Die Begriffe **Jahresüberschuss und Jahresfehlbetrag** sind die Erfolgsgrößen der Kapitalgesellschaft. Sie stellen den Erfolg oder Misserfolg der Berichtsperiode dar. Im Falle eines Jahresüberschusses wird das Ausschüttungspotenzial erhöht und im Falle des Jahresfehlbetrages vermindert. Beide Posten, Jahresüberschuss und Jahresfehlbetrag, sind Bestandteil des Eigenkapitals.

4.7.3 Darstellung der Passivseite in Abhängigkeit von der Gewinnverwendung

Alle **Kapitalgesellschaften haben ein Wahlrecht**, neben der im § 266 Abs. 3 HGB vorgegebenen Darstellung des Eigenkapitals vor Gewinnverwendung, **die Bilanz auch unter Berücksichtigung der vollständigen oder teilweisen Verwendung des Jahresergebnisses aufzustellen** (§ 268 Abs. 1 HGB).

Unter **Ergebnisverwendung** versteht man im Allgemeinen:

- die Ausschüttung des Gewinns an die Anteilseigner,
- die Einstellung in oder Auflösung von Gewinnrücklagen,
- die Auflösung der Kapitalrücklage,
- die Bildung eines Gewinnvortrages.

Keine Ergebnisverwendung ist die Abführung des Gewinns oder der Verlustausgleich aufgrund eines **Ergebnisabführungsvertrages**. Eine solche Abführung oder ein solcher Verlustausgleich stellen Aufwand oder Ertrag dar.

Wird vom Wahlrecht des § 268 Abs. 1 HGB Gebrauch gemacht oder zwingt Gesetz oder Satzung bereits bei Aufstellung des Jahresabschlusses zur (teilweisen) Gewinnverwendung (dies hebt faktisch das Wahlrecht zur Darstellung auf), so treten an die Stelle der Begriffe Jahresüberschuss/Jahresfehlbetrag und Gewinnvortrag/Verlustvortrag die Begriffe **Bilanzgewinn und Bilanzverlust**. Daraus ergibt sich, dass die Größe „Bilanzgewinn" nicht erlaubt, auf den Erfolg des Unternehmens in der Berichtsperiode zu schließen. Sie kann vielmehr Erfolgsbestandteile und Gewinnverwendung (Zuführung zu den Rücklagen oder Entnahmen aus den Rücklagen) miteinander vermischen. So ist es möglich, dass in der Bilanz ein **Bilanzgewinn** ausgewiesen wird, obwohl das Unternehmen in der Berichtsperiode einen Verlust erwirtschaftet hat.

Eine **vollständige Gewinnverwendung** liegt vor, wenn im Rahmen der Ergebnisverwendung weder ein Bilanzgewinn noch ein Bilanzverlust verbleibt.

Nach vollständiger Gewinnverwendung ist es auch möglich, dass unter bestimmten Voraussetzungen nur noch eine Verbindlichkeit aus der Gewinnverwendung in Bezug auf die Gesellschafter verbleibt.

Beispiel: Die A-GmbH weist zum 31.12.13 folgende Eigenkapitalbestandteile aus:

Gezeichnetes Kapital	Kapital-Rücklage	Gewinn-Rücklagen	Gewinnvortrag	Jahresüber-schuss
500.000 €	50.000 €	130.000 €	80.000 €	270.000 €

Diese Darstellung entspricht dem § 266 Abs. 3 HGB und gibt die Verhältnisse vor Ergebnisverwendung wieder.

Wenn nun das zur Entscheidung über die Gewinnverwendung befugte Organ (Geschäftsführung, Aufsichtsrat, Gesellschafterversammlung oder andere in der Satzung dazu Bestimmte) beschließt, aus dem Jahresüberschuss 100.000 € in die anderen Gewinnrücklagen einzustellen, ergibt sich folgende Darstellung nach teilweiser Gewinnverwendung gem. § 268 Abs. 1 HGB:

Gezeichnetes Kapital	Kapitalrücklage	Gewinnrücklagen	Bilanzgewinn
500.000 €	50.000 €	230.000 €	250.000 €

Hätte das Organ gleichzeitig beschlossen, z.B. im Rahmen einer Vorabausschüttung den Bilanzgewinn an die Gesellschafter auszuschütten, ergibt sich folgende Darstellung nach vollständiger Gewinnverwendung gem. § 268 Abs. 1 HGB:

Unter Verbindlichkeiten: 250.000 € ansonsten:

Gezeichnetes Kapital	Kapitalrücklage	Gewinnrücklagen
500.000 €	50.000 €	230.000 €

Die drei Möglichkeiten der Darstellung des Eigenkapitals in Abhängigkeit von der Gewinnverwendung stehen gleichberechtigt nebeneinander. Da der Bilanzgewinn grundsätzlich der Verfügung durch die Aktionäre unterliegt (vgl. § 58 Abs. 5 AktG) und die Gesellschafterversammlung über die Verwendung des Bilanzgewinns zu entscheiden hat (vgl. § 174 AktG), können sich im Verlauf des Entscheidungsprozesses von der Aufstellung des Abschlusses durch die gesetzlichen Vertreter der Kapitalgesellschaft (§ 264 Abs. 1

HGB) bis zur Entscheidung durch die Gesellschafterversammlung gem. § 174 AktG vielfältige Veränderungen in Bezug auf Dotierungen oder Auflösungen von Rücklagen, der Bildung eines Gewinnvortrages oder der Entscheidung über die Höhe einer Dividende ergeben. Diese Entscheidungen haben aber keinen Einfluss auf den materiellen Gehalt des Abschlusses. Deswegen sind die Entscheidungen in Bezug auf die Darstellung des Eigenkapitals in Abhängigkeit von der Gewinnverwendung reine Ausweisentscheidungen.

4.8 Rückstellungen

Rückstellungen haben als Bestandteil der Schulden eine große Bedeutung, die insbesondere aus der besonderen Stellung des Vorsichtsprinzips zu erklären ist. Die Bedeutung der Rückstellungen in der Rechnungslegung nach HGB lässt sich an der Vielzahl der gesetzlichen Bestimmungen in Bezug auf Ansatz, Bewertung und Ausweis im Zusammenhang mit Rückstellungen ablesen, die sich im HGB befinden. Hier sind z.B. insbesondere zu nennen:

- § 252 Abs. 1 Ziffer 4 HGB: Imparitätsprinzip,
- § 252 Abs. 1 Ziffer 5 HGB: periodengerechte Aufwandsverteilung,
- § 249 HGB: Bilanzierung der Rückstellungen,
- § 253 Abs. 1 S. 2 HGB: Bewertung der Rückstellungen,
- § 253 Abs. 2 HGB: Abzinsung von Rückstellungen,
- § 254 HGB: negativer Saldo aus der Bildung von Bewertungseinheiten,
- § 256a HGB: Währungsumrechnung,
- § 266 Abs. 3 HGB: Ausweis der Rückstellungen in der Bilanz,
- § 285 Ziffer 12 HGB: Angabepflicht im Anhang,
- § 274 Abs. 1 HGB: Rückstellung für latente Steuern (nach BilMoG nur noch für Sonderfälle; grundsätzlicher Ausweis passiver latenter Steuern nicht mehr unter „Rückstellungen", sondern nur noch unter § 266 Abs. 3 E. HGB).

Die **Wirkung der Bildung von Rückstellungen auf den Erfolg bestimmter Perioden** lässt sich anhand des folgenden Beispiels und einiger Buchungssätze verdeutlichen.

Beispiel: Kaufmann K produziert Werkzeugmaschinen. Der Grund für die Bildung einer Rückstellung nach § 249 Abs. 1 S. 1 HGB kann z.B. ein Gewährleistungsrisiko sein, das sich aus einer mängelbehafteten Werkzeugmaschine ergibt, die in der Berichtsperiode des Abschlusses zum 31.12.11 ausgeliefert wurde. Die Gewährleistungsfrist wurde mit 2 Jahren vereinbart. Der Kunde habe diesen Mangel noch nicht erkannt. Der Mangel (bzw. der Wert des Aufwandes zur Behebung des Mangels) soll mit 1.000 € bewertet werden. Der Lieferant K muss ernsthaft mit der Entdeckung des Mangels rechnen.

Rückstellungen für unsichere Verbindlichkeiten werden durch folgenden Buchungssatz am 31.12.11 gebildet:

Aufwand 1.000 € (GuV)   an   Rückstellungen 1.000 € (Bilanz)

Aus dieser Buchung ergibt sich, dass das Ergebnis des Jahres 11 mit 1.000 € belastet wird, obwohl der Schaden noch gar nicht reklamiert und auch nicht behoben wurde.

Wenn man weiter annimmt, dass im Jahre 12 der Kunde zwar nicht reklamiert, das Risiko der Inanspruchnahme durch den Kunden aber unverändert weiter existiert, bleibt die einmal gebildete Rückstellung in der Bilanz enthalten; eine Erfolgswirkung ergibt sich daraus nicht.

Im Jahre 13 können folgende Gründe zu einer Auflösung der Rückstellung zwingen:

a) Der Kunde reklamiert, und der Mangel muss im Rahmen der Gewährleistung behoben werden (angenommener Aufwand: 1050 €).

   Es wird gebucht:

   Rückstellungen 1.000 € (Bilanz)   an   Aufwand 1.000 € (GuV)

   oder: Ertrag 1.000 € (GuV)

   Die Auflösung der Rückstellung führt zu einem positiven Erfolgsbeitrag in Höhe von 1.000 €. Das Ergebnis des Jahres 13 ist aus diesem Vorfall nur mit 50 € belastet. Die wirtschaftliche Belastung aus der mangelhaften Lieferung wurde dem Jahr der Verursachung, nämlich dem Jahr der mängelbehafteten Auslieferung (11) zugeordnet. Der Aufwandsüberschuss in Höhe von 50 € ist der fehlerhaften Bemessung der Mängelbeseitigung zuzurechnen und fällt insoweit richtigerweise im Jahre 13 an. Die Totalperiode 11–13 ist korrekt mit insgesamt 1.050 € belastet.

b) Der Kunde reklamiert nicht. Der Anspruch auf Mängelbeseitigung entfalle durch Ablauf der vereinbarten zweijährigen Gewährleistungsfrist. Damit ist der Grund für die Bildung der Rückstellung entfallen und sie muss aufgelöst werden.

Der Buchungssatz lautet:

Rückstellungen 1.000 € (Bilanz)   an   Ertrag 1.000 € (GuV)
                                                    (sonstige betriebliche Erträge)

Die Rückstellungsauflösung erhöht das Ergebnis des Jahres 13 um 1.000 €. Auch diese Erfolgserhöhung ist korrekt im Jahre 13 angefallen, da sie auf die Nichtinanspruchnahme in diesem Jahr zurückzuführen ist. Die Totalperiode 11–13 ist insgesamt ausgeglichen, da dem positiven Erfolgsbeitrag des Jahres 13 durch die Auflösung der Rückstellung der negative Erfolgsbeitrag des Jahres 11 in gleicher Höhe gegenübersteht.

Man kann die Rückstellungen des § 249 Abs. 1 HGB in zwei Gruppen einteilen:

1. **Gruppe 1: dem Grunde oder der Höhe nach ungewisse Verpflichtungen aus Rechtsbeziehungen** (z.B. ungewisse Verbindlichkeiten aus zivil- oder öffentlich-rechtlichen Gründen, drohende Verluste aus schwebenden Geschäften, Gewährleistungsrisiken, Kulanzrisiken, entstanden aus Beachtung des Vorsichtsprinzips (Außenverpflichtungen),

2. **Gruppe 2: Aufwendungen ohne Verpflichtung gegenüber einem Dritten, die der abgelaufenen oder vergangenen Periode zuzurechnen sind, aber erst später zu Ausgaben führen**, entstanden aus Beachtung des Periodisierungsprinzips (Innenverpflichtungen).

4.8.1 Ansatz und Bewertung

Rückstellungen werden (ausschließlich) gebildet für:
* **ungewisse Verbindlichkeiten** (§ 249 Abs. 1 HGB),
* **drohende Verluste aus schwebenden Geschäften** (§ 249 Abs. 1 HGB),
* **bestimmte Aufwendungen der Berichtsperiode, die innerhalb festgelegter Frist nachgeholt werden** (§ 249 Abs. 1 S. 2 Nr. 1 HGB),
* **Kulanzleistungen** (§ 249 Abs. 1 S. 2 Nr. 2 HGB).

Für andere Zwecke können Rückstellungen nicht gebildet werden (§ 249 Abs. 2 S. 1 HGB). Rückstellungen dürfen nicht willkürlich gebildet werden, und es gibt auch nach der Einführung des BilMoG **keine Ansatzwahlrechte in Bezug auf die Rückstellungen** mehr. Einmal gebildete Rückstellungen dürfen nur aufgelöst werden, wenn der Grund für die Bildung entfallen ist (§ 249 Abs. 2 S. 2 HGB). Andererseits müssen sie dann auch aufgelöst werden, weil es keinen Ansatzgrund nach § 249 HGB mehr gibt.

Rückstellungen werden gemäß § 253 Abs. 1 S. 2 und Abs. 2 HGB bewertet. Rückstellungen werden grundsätzlich mit dem Betrag bewertet, der nach vernünftiger kaufmännischer Beurteilung zur Erfüllung der Verpflichtung (Erfüllungsbetrag) erforderlich ist (§ 253 Abs. 1 S. 2 HGB). Der **Begriff des Erfüllungsbetrages** weist darauf hin, dass auch künftige Preis- und Kostensteigerungen in die Bewertung der Rückstellungen einzubeziehen sind. Rückstellungen ergeben sich oft aus ungewissen Verbindlichkeiten, sodass an die Bewertung besondere Anforderungen gestellt werden. Aus diesem Grunde verwendet der Gesetzgeber den Begriff der „vernünftigen kaufmännischen Beurteilung". Damit ist gerade keine Willkür in der Bewertung verbunden, sondern eine besondere Sorgfalt.

Beispiel: Kaufmann K erwartet im Januar 14 eine Reklamation des Kunden K wegen eines mangelhaften Durchlauferhitzers. Den Reparaturaufwand schätzt K auf 250 €. Die Wahrscheinlichkeit der Reklamation schätzt K auf 80 %. Zu 20 % benutzt der Kunde den Durchlauferhitzer gar nicht mehr, weil das Haus, in dem das Gerät montiert wurde, verkauft werden soll. Es ist allerdings auch nicht auszuschließen (Wahrscheinlichkeit 1 %), dass der defekte Durchlauferhitzer platzen und dann das Haus unter Wasser setzen wird. Erwarteter Schaden dann: 35.000 €.

Lösung: Nach vernünftiger kaufmännischer Beurteilung wird der Kunde reklamieren. Der Eintritt des Folgeschadens ist unwahrscheinlich. Es muss eine Rückstellung wegen einer unsicheren Verbindlichkeit (§ 249 Abs. 1 S. 1 HGB) gebildet werden.

Diese ist mit 250 € zu bewerten, da dies der Erfüllungsbetrag ist (§ 253 Abs. 1 S. 2 HGB), der nach vernünftiger kaufmännischer Beurteilung erforderlich sein wird, um der Gewährleistungsverpflichtung zu genügen.

Rückstellungen mit einer Laufzeit von mehr als einem Jahr sind mit dem durchschnittlichen Marktzinssatz der vergangenen sieben Geschäftsjahre abzuzinsen (§ 253 Abs. 2 S. 1 HGB). Dieser **Marktzinssatz** wird monatlich durch die Deutsche Bundesbank ermittelt und veröffentlicht.

4.8.2 Ungewisse Verbindlichkeiten

Rückstellungen für ungewisse (unsichere) Verbindlichkeiten werden gebildet für:
- am Bilanzstichtag wirtschaftlich verursachte
- betrieblich veranlasste
- hinreichend konkretisierte (wahrscheinliche)
- im Bestehen oder Entstehen dem Grunde und/oder der Höhe nach ungewisse
- Verbindlichkeiten gegenüber einem Dritten (grundsätzlich entweder öffentlich-rechtlich oder privatrechtlich begründet).

Nachfolgend werden einige Beispiele für Sachverhalte genannt, die zu Rückstellungen für ungewisse Verbindlichkeiten führen können:
- Steuern, die noch nicht festgesetzt sind,
- Kosten für die Aufstellung des Jahresabschlusses,
- Kosten für die Prüfung des Jahresabschlusses,
- Kosten für die Anfertigung der betrieblichen Steuererklärungen,
- Rückstellungen für das Gewährleistungsrisiko,
- Flexibilisierung der Arbeitszeit (Stundenkonten),
- Urlaubsrückstellungen,
- Rückstellungen für Weihnachtsgeld,
- Rückstellungen für die drohende Inanspruchnahme von Eventualverbindlichkeiten,
- Rückstellungen für Provisionen, Tantiemen, Gratifikationen,
- Rückstellungen für das Prozessrisiko,
- negativer Saldo aus der Bildung von Hedges, § 254 HGB.
- Rückstellungen für den erwarteten Aufwand im Zusammenhang mit Mitwirkungspflichten bei Betriebsprüfungen.

Die **Ungewissheit der Verbindlichkeit** kann sich sowohl auf die Frage beziehen, ob die Verbindlichkeit überhaupt besteht als auch auf die Frage, in welcher Höhe die Verbindlichkeit zu bewerten ist. Aus der Unsicherheit der Verbindlichkeit ergibt sich ein Problem für den Ansatz. Nur wenn der Kaufmann ernsthaft mit einer Inanspruchnahme rechnen muss, wird auch ein Ansatzgebot für eine Rückstellung gegeben sein. Eine eventuelle Inanspruchnahme mit geringer Eintrittswahrscheinlichkeit rechtfertigt nicht die Bildung einer Rückstellung. Wenn der Bilanzierende davon ausgehen muss, dass der Berechtigte seinen Anspruch kennt, muss er eine Rückstellung bilden, weil davon auszugehen ist, dass der Berechtigte seinen Anspruch geltend machen wird. Im praktischen Einzelfall ist es oft schwierig, den Tatbestand der „ernsthaften Möglichkeit der Inanspruchnahme" festzustellen. Das Ausmaß der Unsicherheit im Zusammenhang mit dem zeitlichen Horizont der Inanspruchnahme ist für den Ansatz ohne Bedeutung, spielt aber für die Frage der Abzinsung gem. § 253 Abs. 2 S. 1 HGB eine bedeutende Rolle.

> **Beispiel:** Kaufmann K stellt seinen Abschluss für ein abweichendes Geschäftsjahr (01.07.–30.06.) auf. Er betreibt einen Supermarkt für Lebensmittel und Güter des alltäglichen Bedarfs. K wurde vom Kunden A wegen eines mangelhaften Schnellgerichtes auf Schmerzensgeld in Höhe von 1.000.000 € verklagt. Die Lieferung des Gerichtes erfolgte im Mai 13. Der Prozess wird voraussichtlich im Dezember 13 entschieden werden. Der Anwalt von K legt in einem internen Schriftsatz dar, dass ein solches Schmerzensgeld reines Wunschdenken des Kunden A sei; es ist maximal mit einer Vergleichssumme von 1.000 € zu rechnen und dies auch nur, um unnötiges Aufsehen mit dem Querulanten A zu verhindern. Die Anwaltskosten, die wohl jede Partei selbst tragen müsse, beziffert der Anwalt für K mit 250 €.
>
> **Lösung:** K muss in seine Bilanz zum 30.06.13 eine Rückstellung für ungewisse Verbindlichkeiten einbuchen (§ 249 Abs. 1 S. 1 HGB). Die Rückstellung ist mit 1.250 € zu bewerten (Erfüllungsbetrag § 253 Abs. 1 S. 2 HGB).

4.8.3 Drohende Verluste aus schwebenden Geschäften

Die Rechtsprechung bezeichnet **schwebende Geschäfte** als zweiseitig verpflichtende Geschäfte, bei denen die Hauptleistung, d.h. die den Vertrag kennzeichnende Sach- oder Dienstleistung, noch nicht erbracht ist (vgl. BFH (GrS) vom 22.06.1997, BStBl II 1997, 735, 737). Solche Geschäfte werden nach GoB grundsätzlich nicht bilanziert, obwohl durchaus bereits Vermögensgegenstände oder Schulden entstanden sein können. Es besteht die widerlegbare Vermutung, dass sich Leistung und Gegenleistung ausgewogen gegenüberstehen. Eine Bilanzierung dieses ausgewogenen Geschäftes würde zu einer reinen Bilanzverlängerung führen. Ein positiver Überschuss der erwarteten Gegenleistung würde einen nicht realisierten Gewinn darstellen, dessen Bilanzierung am **Realisationsprinzip** scheitert. Ein erwarteter Verlust müsste allerdings bereits nach dem **Imparitätsprinzip** bilanziert werden. Das HGB verlangt in diesem Falle aber konkret die Passivierung einer Rückstellung (§ 249 Abs. 1 S. 1 HGB), deren erfolgswirksame Buchung (Buchungssatz: Aufwand an Rückstellung) den erwarteten Verlust im Jahr seiner wirtschaftlichen Entstehung ausweist. Der ökonomische Grund für den Verlust ist im unvorteilhaften, verpflichtenden Vertrag zu sehen. Die spätere Auflösung dieser Rückstellung löst einen Ertrag aus, der den konkret eintretenden Überschuss des zukünftigen Aufwands über den zukünftigen Ertrag aus dem abgeschlossenen Vertrag im Idealfall der zutreffenden Wertermittlung der Rückstellung ausgleicht. So wird der Verlust aus dem Geschäft der Periode der wirtschaftlichen Verursachung, nämlich der Existenz des verlustbringenden Vertrages und nicht der sich sekundär ergebenden negativen Abweichung von Aufwand und Ertrag aus Anschaffungskosten oder Herstellungskosten und Umsatzerlös, zugeordnet.

Schwebende Geschäfte können sich bei allen Geschäften des Kaufmannes ergeben. Sowohl Absatz- wie Beschaffungsgeschäfte, Lieferungen wie Dienstleistungen als auch Miet- und Pachtverträge können als schwebende Geschäfte zu drohenden Verlusten führen.

> **Beispiel 1:** Kaufmann K hat am 01.10.12 einen Liefervertrag mit dem Lieferanten X geschlossen, der X verpflichtet, im Januar 13 100 Drucker im Wert von je 140 € zu liefern. Am 31.12.12 ist der Marktpreis der Drucker wegen einer Innovation auf 100 € nachhaltig gesunken.
>
> **Lösung:** K muss die Drucker auf Grund des geschlossenen Vertrages im Januar zu 140 € pro Stück abnehmen. Es liegt ein schwebendes Geschäft vor, da die Hauptleistung nicht erbracht ist. K droht aus diesem Geschäft ein Verlust in Höhe von 40 € x 100 = 4.000 €. K muss für diesen drohenden Verlust aus dem schwebenden Geschäft eine Rückstellung in Höhe von 4.000 € bilden.

> **Beispiel 2:** In der Fertigungsabteilung der Y GmbH besteht ein Fertigungsauftrag über 100 Schleifmaschinen. Es wurde ein Festpreis von 2.400 € pro Maschine vereinbart. Der Kalkulation des Preises

lagen Selbstkosten in Höhe von 2.180 € und ein Gewinnzuschlag in Höhe von 220 € zu Grunde. Aus der begleitenden Kalkulation am Ende des Jahres 2013 ergeben sich folgende Kostenbestandteile pro Maschine:

Materialkosten	1.600 €
Fremdleistungen	400 €
Lohnkosten	450 €

Am 31.12.2013 sind 45 Maschinen fertig und befinden sich am Lager. 55 Maschinen müssen noch gebaut werden.

Wie wird dieser Sachverhalt unter den bilanzpolitischen Voraussetzungen eines möglichst geringen Erfolgsausweises für das Jahr 2013 in Bezug auf Ansatz, Bewertung und Ausweis erfasst?

Lösung: Handelsbilanz zum 31.12.2013

Bewertung des Lagerbestands mit den Herstellungskosten gem. § 253 Abs. 1 HGB:

45 x 2.450 €

maximal jedoch der beizulegende Wert gem. § 253 Abs. 3 HGB:

45 x 2.400 € =   108.000 €.

Der vereinbarte Preis deckt nicht die erwarteten Herstellungskosten der noch zu bauenden Maschinen. Daraus entsteht eine Pflicht zur Bildung einer Rückstellung für drohende Verluste aus schwebenden Geschäften (§ 249 Abs. 1 S. 1 HGB) i.H.v.:

Verkaufspreis (2.400 €) ./. Herstellungskosten (2.450 €) = ./. 50 € drohender Verlust je Maschine.

Rückstellung gem. § 249 Abs. 1 S. 1 HGB:

55 x 50 € =   **2.750 €.**

Damit werden die Bilanzpositionen „Fertige Erzeugnisse" mit 108.000 € und Rückstellungen mit 2.750 € zum 31.12.2013 aus diesem Vorgang entstehen.

4.8.4 Rückstellungen für unterlassene Aufwendungen

Entgegen den Fällen der ungewissen Verbindlichkeit und des drohenden Verlustes aus schwebenden Geschäften liegt bei den **Rückstellungen aus unterlassenen Aufwendungen** aus Instandhaltung und Abraumbeseitigung eine Innenverpflichtung vor. Es fehlt an einem Unternehmensfremden, der Nutznießer des Sachverhaltes wäre. Bei diesen Sachverhalten tritt das Argument der periodengerechten Aufwandsverteilung in den Vordergrund.

Eine **Rückstellung für unterlassene Aufwendungen für Instandhaltung oder Abraumbeseitigung** muss gebildet werden, wenn die an sich im Berichtsjahr fällige Instandhaltung innerhalb von drei Monaten und eine Beseitigung von im Berichtsjahr entstandenen Abraumes innerhalb von zwölf Monaten des folgenden Geschäftsjahres durchgeführt werden (§ 249 S. 2 Nr. 1 HGB).

Instandhaltung ist eine technische Maßnahme der Erhaltung der Betriebsbereitschaft eines Vermögensgegenstandes, die in der Regel in turnusmäßigen Abständen erforderlich wird. Großreparaturen oder Reparaturen, die im Zusammenhang mit Instandhaltungen durchgeführt werden, gehören nicht zu diesem Sachverhalt.

Abraum entsteht im Zusammenhang mit Erdbewegungen (Aushub von Baugruben, Tunnelbauten) oder der Gewinnung von Bodenschätzen (Halden von Braun- und Steinkohleabbau). In der Regel bestehen zivil- und/oder öffentlich-rechtliche Verpflichtungen zur Beseitigung solchen Abraums. Wird Abraum, der im Berichtszeitraum entstanden ist innerhalb von 12 Monaten im nächsten Geschäftsjahr abgebaut, so ist eine entsprechende Rückstellung zu bilden.

Wenn die Sachverhalte des § 249 Abs. 1 S. 2 Nr. 1 HGB erfüllt sind, muss die **Rückstellung gebildet werden**; insoweit existiert kein Wahlrecht. Trotzdem kann man hier von einem **faktischen Wahlrecht durch Sachverhaltsgestaltung** sprechen, indem man, soweit möglich, die Instandhaltung bzw. die Abraumbeseitigung zeitlich entsprechend der gewünschten Bilanzpolitik durchführt.

Beispiel 1: Kaufmann K stellt seinen Abschluss für ein abweichendes Geschäftsjahr (01.07.–30.06.) auf. Die Kälteanlage seines Supermarktes, die sowohl der Klimatisierung der Hallen wie auch der Einhaltung der Einfriertemperatur der Kühltheken dient, muss turnusmäßig Ende Mai 13 gewartet werden. Der Wartungsvertrag sieht Kosten für 14.500 € vor. Eine Hitzewelle im Sommer 13 lässt dies aber nicht zu. Die Wartung wird Anfang September nachgeholt. Am 01.08.13 wird der Listenpreis für die Wartung um 500 € durch den Kälteanlagenbauer erhöht. Aufwand der Wartung nun 15.000 €. Im Zuge der Wartungsarbeiten wird ein defektes Überströmventil ausgetauscht. Aufwand 850 €.

Lösung: Da die Wartung innerhalb von drei Monaten nach dem Abschlussstichtag nachgeholt wird, muss K eine entsprechende Rückstellung für unterlassene Instandhaltung bilden (§ 249 Abs. 1 S. 2 Nr. 1 HGB). Die Rückstellung ist mit 15.000 € zu bewerten (§ 253 Abs. 1 S. 2 HGB, „Erfüllungsbetrag"). Der Austausch des defekten Überströmventils hat nichts mit der unterlassenen Instandhaltung zu tun und stellt Aufwand des folgenden Geschäftsjahres (01.07.13–30.06.14) dar.

Beispiel 2: Kaufmann K stellt seinen Abschluss für ein abweichendes Geschäftsjahr (01.07.–30.06) auf. K hat im Februar 13 eine unterirdische Anlieferung zu seinen im Untergeschoss des Supermarktes befindlichen Lagerräumen gebaut und den Abraum auf dem Grundstück des Nachbarn X gelagert. X bekommt für die Nutzung seines Grundstückes eine Entschädigung in Höhe von 1.000 € pro Monat. K beauftragt im Juli 14 den Bauunternehmer S mit der Beseitigung des Abraumes.

Lösung: Im Abschluss zum 30.06.13 darf K keine Rückstellung bilden, da die Abraumbeseitigung nicht innerhalb von 12 Monaten nach dem Abschlussstichtag (30.06.13) erfolgt. Für die monatlichen Nutzungsentgelte für das Grundstück des Nachbarn kann ebenfalls keine Rückstellung gebildet werden, da dieser Sachverhalt nicht unter § 249 HGB zu subsumieren ist und für andere Sachverhalte keine Rückstellung gebildet werden darf (§ 249 Abs. 2 S. 2 HGB).

4.8.5   Rückstellungen für Kulanzleistungen

§ 249 Abs. 1 S. 2 Nr. 2 HGB sieht ein Passivierungsgebot für Rückstellungen vor, wenn **Gewährleistungen ohne rechtliche Verpflichtung** erbracht werden. Es gilt als GoB, dass Kaufleute nur dann Aufwand tragen, wenn sie entweder einen Nutzen erwarten oder einer Verpflichtung genügen, der sie sich aus rechtlichen oder wirtschaftlichen Gründen nicht entziehen können oder sollten.

Wenn ein Kaufmann Aufwand für Gewährleistung trägt, ohne dazu rechtlich verpflichtet zu sein, so kann man unterstellen, dass er dies aus wirtschaftlichen Gründen macht. Gründe für solche Gewährleistungen, die man unter den Begriffen **Kulanz oder Kulanzleistung** zusammenfasst, sind in der Imagepflege und der Pflege der Kundenbeziehung zu suchen. Insbesondere bei Automobilherstellern oder Herstellern von Konsumgütern werden solche Kulanzleistungen oft getragen.

Hier geht es wieder um das Verhältnis zu Unternehmensfremden; deswegen kann man auch wieder von einer Außenverpflichtung sprechen.

Beispiel: Der Automobilhersteller P stellt hochwertige Fahrzeuge in kleiner Serie her. Erfahrungsgemäß verursachen die Neuwagenverkäufe Garantieleistungen in Höhe von 500.000 € pro Jahr. P gibt aber unausgesprochen bei Problemen, die innerhalb des Folgejahres nach Ablauf der Gewährleistungsfrist auftreten, großzügig Kulanz. Der Aufwand beläuft sich in der Regel auf 100.000 €.

Lösung: P muss am Abschlussstichtag eine Rückstellung für ungewisse Verbindlichkeiten in Höhe von 500.000 € bilden (§ 249 Abs. 1 S. 1 HGB). Für die regelmäßig erbrachten Kulanzleistungen hat P eine weitere Rückstellung in Höhe von 100.000 € zu bilden (§ 249 Abs. 1 S. 2 Nr. 2 HGB).

4.8.6 Ausweis von Rückstellungen

Während Rückstellungen als Bilanzposition weder in § 246 Abs. 1 HGB noch in § 247 Abs. 1 HGB genannt werden (§ 246 HGB und § 247 HGB sprechen nur vom Oberbegriff „Schulden"), sieht § 266 Abs. 3 HGB einen **separaten Ausweis und eine bestimmte Aufgliederung der Rückstellungen** vor.

Aus der Tatsache, dass Rückstellungen in den Gliederungsvorschriften für „alle Kaufleute" nicht erwähnt werden, ist nicht zu schließen, dass ein separater Ausweis nicht erforderlich sei und Verbindlichkeiten und Rückstellungen unter dem Begriff „Schulden" zusammengefasst werden dürften. § 247 Abs. 1 HGB verlangt die hinreichende Gliederung der genannten Posten, und es gilt als GoB, dass aus Gründen der Klarheit und Vollständigkeit zumindest die Aufgliederung der Schulden in Verbindlichkeiten und Rückstellungen zu erfolgen hat.

§ 266 Abs. 3 B. HGB **gliedert für die Kapitalgesellschaften die Rückstellungen** in:
1. Rückstellungen für Pensionen und ähnliche Verpflichtungen;
2. Steuerrückstellungen;
3. Sonstige Rückstellungen.

4.8.6.1 Rückstellungen für Pensionen und ähnliche Verpflichtungen

Pensionsrückstellungen und ähnliche Verpflichtungen (z.B. Altersteilzeitverpflichtungen) spielen eine große Rolle in der deutschen Wirtschaft. Politisch gewollt und gefördert, stellen sie die sog. „Dritte Säule der Altersversorgung" in Deutschland neben der gesetzlichen und der privaten Altersversorgung dar; dementsprechend komplex ist dieses Thema im Steuerrecht, als dem Ort der Förderung, behandelt.

Dieser Umstand wirkt sich auch auf die handelsrechtliche Darstellung aus und wird in diesem Buch nicht eingehend erläutert.

Folgende Grundzüge sind zu beachten:

Rückstellungen für Pensionen und ähnliche Verpflichtungen sind ungewisse Verbindlichkeiten, weil weder die Höhe des Pensionsaufwands je Berechtigtem (abhängig von der Dauer des Bezuges) noch der sichere Eintritt eines entsprechenden Aufwandes (z.B. Tod des Pensionsberechtigten vor Erreichen des Pensionsalters) im Zeitpunkt des Entstehens der Verpflichtung bekannt sind.

Weil **unsichere Verbindlichkeiten** vorliegen, muss eine Rückstellung gebildet werden.

Die Rückstellungen sind grundsätzlich genauso wie die anderen Rückstellungen auf Grund ungewisser Verbindlichkeiten abzuzinsen (vgl. § 253 Abs. 2 S. 1 HGB). Es ist aber auch möglich, die Rückstellungen pauschal mit einem **durchschnittlichen Marktzins abzuzinsen**, der sich aus einer Restlaufzeit der Verpflichtung von 15 Jahren ergibt (§ 253 Abs. 2 S. 2 HGB).

„Soweit sich die Höhe von Altersversorgungsverpflichtungen ausschließlich nach dem beizulegenden Zeitwert von Wertpapieren i.S.d. § 266 Abs. 2 A III. 5 HGB bestimmt, sind **Rückstellungen hierfür zum beizulegenden Zeitwert dieser Wertpapiere** anzusetzen, soweit er einen garantierten Mindestbetrag übersteigt" (§ 253 Abs. 1 S. 3 HGB). In diesem Zusammenhang sei auf die Vorschrift des § 246 Abs. 2 S. 2 HGB hingewiesen, die eine Durchbrechung des Saldierungsverbotes vorsieht (vgl. dazu Kapitel 4.5).

4.8.6.2 Steuerrückstellungen

Auch bei den Rückstellungen geht es in der Terminologie des § 249 HGB um sog. ungewisse Verbindlichkeiten. Grundsätzlich muss eine **Abgrenzung zwischen Steuerverbindlichkeiten und Steuerrückstellungen** nach dem Maß der Sicherheit der bestehenden Verbindlichkeit getroffen werden. Selbstverständlich gehen nur die dem Bilanzierenden zuzuordnenden Steuern in die Bilanz ein. Persönliche Steuern der Gesellschafter sind in der Bilanz nicht zu berücksichtigen.

Im Wesentlichen handelt es sich bei den zu berücksichtigenden (betrieblichen) Steuern um die Gewerbesteuer, Umsatzsteuer und um Steuern, die im Zusammenhang mit Vermögensgegenständen des Kaufmanns bestehen (z.B. Grundsteuer, Kraftfahrzeugsteuer, Grunderwerbsteuer); auch Ansprüche aus Haftungsverhältnissen wie z.B. Lohnsteuerhaftungsansprüche sind hier zu beachten. Je nachdem, ob die Verbind-lichkeiten sicher feststehen oder (noch) ungewiss sind, erfolgt ein Ausweis unter Verbindlichkeiten oder Rückstellungen.

Grundsätzlich gilt, dass **festgesetzte Steuern**, d.h. Steueransprüche des Fiskus, die in einem Bescheid festgelegt werden, sicher sind, also Verbindlichkeiten darstellen. Steueransprüche, die noch nicht durch einen Bescheid festgesetzt wurden, gelten grundsätzlich als unsicher, sind also unter Rückstellungen aus-zuweisen.

Von diesen Grundsätzen gibt es einige **Ausnahmen, wie z.B. im Bereich der Umsatzsteuer**; dort ent-spricht die Umsatzsteuervoranmeldung gem. § 168 AO einer Festsetzung unter Vorbehalt. In diesem Falle würde ein Überschuss der Umsatzsteuer über die Summe der Vorsteuern unter Verbindlichkeiten und nicht unter Rückstellungen ausgewiesen, obwohl noch kein Umsatzsteuerbescheid vorliegt.

Beispiel: Kaufmann K stellt bei Aufstellung des Abschlusses zum 31.12.13 unter Anwendung der Vor-schriften des Gewerbesteuergesetzes zutreffend fest, dass er für das Jahr 13 eine Nachzahlung von Gewerbesteuer in Höhe von 25.000 € zu erwarten hat. Wegen eines Liquiditätsengpasses in den letzten Monaten des Jahres 13 wurde die Zahlung der Gewerbesteuervorauszahlung zum 15.11.13 in Höhe von 11.000 € nicht bezahlt.

Lösung: K muss die Gewerbesteuernachzahlung in Höhe von 25.000 € unter Rückstellungen und die noch nicht gezahlte Gewerbesteuervorauszahlung in Höhe von 11.000 € unter Verbindlichkeiten aus-weisen, weil die Gewerbesteuervorauszahlung durch einen Gewerbesteuervorauszahlungsbescheid fest-gesetzt wurde.

Im Grundsatz gilt:

Noch nicht festgesetzte Steuern
- Zahlungsrückstand führt zu Rückstellungen,
- Zahlungsüberschuss führt zu Forderung.

Festgesetzte Steuern
- Zahlungsrückstand führt zu Verbindlichkeiten,
- Zahlungsüberschuss führt zu Forderung.

Seit Einführung des BilMoG und damit einhergehender Neufassung des § 266 HGB werden **passive latente Steuern** nicht mehr unter den Steuerrückstellungen, sondern unter einer eigenen Position „Latente Steu-ern" (§ 266 III E. HGB) ausgewiesen. Eine Ausnahme ist in den Fällen zu sehen, in denen eine kleine Kapitalgesellschaft (gem. § 267 HGB) von der Befreiungsvorschrift des § 274a Nr. 5 HGB Gebrauch macht, aber in der Handelsbilanz eine Gewinnrealisation eingetreten ist, die später erst versteuert werden muss (z.B. Fälle des § 6b EStG, R 6.6 EStR).

4.8.6.3 Sonstige Rückstellungen

Unter diesem Gliederungspunkt werden alle Rückstellungen, die nach § 249 HGB zu bilden sind, ausgewie-sen, soweit sie nicht unter Steuerrückstellungen oder Rückstellungen für Pensionen und ähnliche Verpflich-tungen auszuweisen sind. Dies ist also der Posten, in den folgende Rückstellungen aufzunehmen sind:
- „andere" unsichere Verbindlichkeiten, z.B. aus
  - Gewährleistungsrisiken,
  - Prozessrisiken,
  - Schadenersatzrisiken,
  - negativer Saldo aus dem Ansatz von Bewertungseinheiten, § 254 HGB,
- drohende Verluste aus schwebenden Geschäften, z.B. aus
  - Lieferungskontrakten,
  - Einkaufskontrakten,

- Leistungskontrakten (z.B. Wartung, Miete),
- Aufwandsrückstellungen,
- Rückstellungen für Kulanzleistungen.

Zusammenfassung

Rückstellungen werden gem. § 249 HGB gebildet für:
- unsichere Verbindlichkeiten,
- drohende Verluste aus schwebenden Geschäften,
- unterlassene Instandhaltungsaufwendungen und Aufwendungen für die Abraumbeseitigung, die innerhalb bestimmter Fristen nachgeholt werden,
- Gewährleistungen, die ohne rechtliche Verpflichtung erbracht werden (Kulanzaufwendungen).

Für andere Sachverhalte dürfen keine Rückstellungen gebildet werden, § 249 Abs. 2 HGB.
Rückstellungen werden aufgelöst, sobald der Grund für deren Bildung entfallen ist, § 249 Abs. 2 HGB.
Für Kapitalgesellschaften ist der Ausweis gem. § 266 Abs. 3 B. HGB zu beachten. Kleine Kapitalgesellschaften brauchen den Posten „Rückstellungen" nicht aufzugliedern.

4.9   Verbindlichkeiten

Ansatz, Bewertung und Ausweis von Schulden haben ähnliche Bedeutung für die Rechnungslegung wie Ansatz, Bewertung und Ausweis von Vermögensgegenständen. Der **Begriff der Schulden** umfasst die Rückstellungen mit den ungewissen Verbindlichkeiten und die Verbindlichkeiten (die Literatur zum Steuerrecht spricht im Zusammenhang mit Verbindlichkeiten auch von „negativen Wirtschaftsgütern").

Aus dem Vorsichtsprinzip und hier dann insbesondere aus dem Imparitätsprinzip ergeben sich aber unterschiedliche Auswirkungen. Die Ansatzgebote für unsichere Verbindlichkeiten (Rückstellungen, § 249 HGB) und Verbindlichkeiten (übergeordneter Begriff der Schulden, § 246 Abs. 1 HGB, § 247 Abs. 1 HGB) sind umfassender als diejenigen von Vermögensgegenständen.

Allein aus dem Vorsichtsprinzip resultiert eher die Passivierung eines Sachverhaltes als eine Aktivierung eines analogen Sachverhaltes der Aktivseite.

Fragen der Passivierungsfähigkeit spielen eine geringere Rolle als Fragen der Aktivierungsfähigkeit. Trotzdem führt nicht jeder Sachverhalt, der dazu geeignet wäre, zu einem Passivposten. Die in den Kapiteln 3.1.1.4 und 3.1.1.5 behandelte Passivierungsfähigkeit sei hier noch einmal zusammengefasst:

Voraussetzungen für den Ansatz (Verbindlichkeit oder Rückstellung):
- rechtliche Verpflichtung
  - zivil- oder öffentlich rechtliche Verpflichtung,
- wirtschaftliche Belastung
  - künftige Verminderung des Vermögens,
- bilanzielle Greifbarkeit
  - ergibt sich aus der Verpflichtung,
- selbständige Bewertbarkeit
  - Höhe des Minderungsbetrages ist bekannt.

4.9.1   Ansatz, Bewertung und Ausweis von Verbindlichkeiten

4.9.1.1   Ansatz

Nach dem **Vollständigkeitsgebot** des § 246 Abs. 1 HGB muss der Jahresabschluss sämtliche Schulden, d.h. Rückstellungen (unsichere Verbindlichkeiten) und Verbindlichkeiten enthalten. Passivierungsverbote sind im HGB nicht enthalten. Einige wenige Passivierungswahlrechte ergeben sich aus anderen Rechtsvorschriften als dem dritten Buch des HGB, spielen aber in der Praxis eine untergeordnete Rolle. Unter dem

Aspekt des Vorsichtsprinzips und des Imparitätsprinzips sollte ein Kaufmann von solchen Wahlrechten keinen Gebrauch machen.

Ist die Verbindlichkeit in Bezug auf Bestand und/oder Höhe ungewiss, befindet man sich im Regelungsbereich der Rückstellungen (zur Passivierungsfähigkeit s. Kapitel 3.1.1.4 und 3.1.1.5).

Der **Bestand der Verbindlichkeiten** ergibt sich durch eine einfache **Buchinventur**. Jeder Verbindlichkeit muss ein Anspruch eines Dritten gegenüberstehen. Dieser Anspruch muss auf einer Rechtsgrundlage basieren, daher stellt die Bestimmung der Verbindlichkeit in der Regel (bilanzielle Greifbarkeit) kein Problem dar.

4.9.1.2 Bewertung

Verbindlichkeiten sind zum Abschlussstichtag einzeln zu bewerten (§ 252 Abs. 1 Nr. 3 HGB). Bei Vorliegen der Voraussetzungen können Schulden auch zu Gruppen zusammengefasst und mit dem **gewogenen Durchschnitt** bewertet werden (§ 240 Abs. 4 HGB). Der Normalfall ist aber die **Einzelbewertung**, da in der Regel die Existenz einer Verbindlichkeit an einen Rechtsanspruch eines Dritten gebunden ist und sie insofern einfach und zweifelsfrei bestimmt werden kann. Die **Verbindlichkeit entsteht** mit der rechtlichen Verpflichtung zur Gegenleistung.

Die Wertverhältnisse dieses Zeitpunktes bestimmen zunächst den Zugangswert der Verbindlichkeit, ähnlich dem Anschaffungspreis eines Vermögensgegenstandes:

- Geldverbindlichkeiten gehen mit dem Nennwert zu.
- Der Kurs am Tag des Entstehens der Verbindlichkeit in einer fremden Währung bestimmt den Zugangswert.
- Verbindlichkeiten werden wie die Rückstellungen mit dem Erfüllungsbetrag bewertet (§ 253 Abs. 1 S. 2 HGB). Zum Erfüllungsbetrag gehört alles an Geld-, Sach- und Dienstleistungen, was erforderlich ist, um den Anspruch zu erfüllen oder den Grund für den Ansatz der Verbindlichkeit erlöschen zu lassen. Aus dem Begriff „Erfüllungsbetrag" ergibt sich eine Orientierung an der Zukunft, daher fließen auch künftige Wert- und Preissteigerungen der noch zu erbringenden Leistung des Bilanzierenden in den Wert der Verbindlichkeit ein.

Aus dem **Imparitätsprinzip** ergibt sich eine zweite Komponente der Bewertung von Verbindlichkeiten, die insbesondere Bedeutung für die Folgebewertung hat:

Vorhersehbare Verluste, also zukünftige, mit einiger Wahrscheinlichkeit eintretende Erhöhungen des Erfüllungsbetrages müssen berücksichtigt werden, selbst wenn diese erst nach dem Abschlussstichtag (allerdings vor dem Aufstellungstag) des Abschlusses bekannt werden (§ 252 Abs. 1 Nr. 4 HGB). Auch hier gelten das **Prinzip der Wertaufhellung** und das **Stichtagsprinzip**.

Verbindlichkeiten werden nicht abgezinst.

Ähnlich wie beim Zugang von nicht abnutzbaren Vermögensgegenständen die Funktion der Anschaffungs- und Herstellungskosten auch in einer grundsätzlichen Begrenzung der Folgebewertungen zu sehen ist, stellen die Zugangswerte der Verbindlichkeiten Begrenzungen der Folgebewertungen dar. Bei den Anschaffungs- und Herstellungskosten ist die Begrenzung als Höchstwert gegeben, während bei den Zugangswerten von Verbindlichkeiten Mindestwerte gegeben sind. **Folgebewertungen von Verbindlichkeiten** können also (unbeschadet der Regelungen zur Währungsumrechnung gem. § 256a HGB) nur zu höheren Werten führen. Auch die **Wertaufholung bei Vermögensgegenständen nach vorheriger außerplanmäßiger Abschreibung** findet ihre Entsprechung in einer Wertminderung der Verbindlichkeit nach entsprechender Zuschreibung auf Grund des Imparitätsprinzips.

> **Beispiel:** Kaufmann K hat sich verpflichtet, im Rahmen eines Anschaffungsgeschäftes in Form eines Tausches an den Kaufmann U am 01.07.15 1.000 t Kupfer zu liefern. Zum Zeitpunkt des Entstehens des Tauschgeschäftes (Lieferung des angeschafften Vermögensgegenstandes durch U am 05.08.13) hat das Kupfer einen Marktpreis (inklusive aller Nebenkosten) von 350 €/t. Die Entwicklung der Marktpreise ist

nicht vorhersehbar. Am 31.12.13 ist der Marktpreis des Kupfers auf 410 € gestiegen. Der Marktpreis des Kupfers beträgt am 31.12.14 340 € und zum Zeitpunkt der Lieferung am 01.07.15 380 €.

Lösung: Die Verbindlichkeit entsteht am 05.08.13. Sie ist in Euro (§ 244 HGB) auszuweisen und mit dem Erfüllungsbetrag (§ 253 Abs. 1 S. 2 HGB) zu bewerten. Mangels besserer Erkenntnis ist am 05.08.13 dieser mit dem Marktpreis anzusetzen.

Die Verbindlichkeit hat also einen Wert von 350.000 €. Dieser Wert ist als Zugangswert zu betrachten. Am 31.12.13 ist der Marktpreis auf 410 € gestiegen. Die Verbindlichkeit ist nun mit 410.000 € zu bewerten. Dem Zugangswert ist erfolgswirksam ein Betrag von 60.000 € zuzuschreiben.

Am 31.12.14 ist der Marktpreis auf 340 € gesunken. Die Verbindlichkeit hat einen Erfüllungsbetrag von 340.000 €. Ein Ausweis dieses Wertes würde aber zum Ausweis eines nicht realisierten Gewinnes in Höhe von 10.000 € führen. Die Verbindlichkeit muss mindestens mit 350.000 € bewertet werden. Die Verbindlichkeit wird also erfolgswirksam auf 350.000 € gemindert und in der Bilanz zum 31.12.14 ausgewiesen.

Dass der Erfüllungsbetrag der Verbindlichkeit zum Tag der Lieferung auf 380 € gestiegen ist, spielt für die Darstellung des Sachverhaltes im Abschluss zum 31.12.14 keine Rolle.

4.9.1.3 Ausweis

Die Schulden sind auf Grund der Gliederungsvorschrift des § 247 Abs. 1 HGB **gesondert auszuweisen und hinreichen**d (nach GoB: zumindest in Verbindlichkeiten und Rückstellungen) **aufzugliedern**. Für die **Kapitalgesellschaften und die bestimmten Personenhandelsgesellschaften** gliedert § 266 HGB die Schulden sehr detailliert in Rückstellungen und Verbindlichkeiten auf. § 266 III C. HGB gliedert die Verbindlichkeiten wie folgt:

1. Anleihen, davon konvertibel;
2. Verbindlichkeiten gegenüber Kreditinstituten;
3. Erhaltene Anzahlungen auf Bestellungen;
4. Verbindlichkeiten aus Lieferungen und Leistungen;
5. Verbindlichkeiten aus der Annahme gezogener Wechsel und der Ausstellung eigener Wechsel;
6. Verbindlichkeiten gegenüber verbundenen Unternehmen;
7. Verbindlichkeiten gegenüber Unternehmen, mit denen ein Beteiligungsverhältnis besteht;
8. Sonstige Verbindlichkeiten, davon aus Steuern, davon im Rahmen der sozialen Sicherheit.

Diese Rubriken erklären sich von selbst. Lediglich anhand des Punktes 8. soll hier die Technik des „Davonvermerkes" erläutert werden.

An mehreren Stellen des HGB werden sog. **Davonvermerke** verlangt. Dies bedeutet lediglich, dass die Werte, die in die Rechnung der Bilanz eingehen (Hauptspalte) in einer sog. Vorspalte erläutert werden. Davonvermerke erhöhen die Aussagekraft der Bilanz durch Erläuterungen und dienen so der Informationsfunktion.

Sonstige Verbindlichkeiten, d.h. Verbindlichkeiten, die nicht in die Ziffern 1.–7. des § 266 III C. HGB eingeordnet werden können, sind z.B.:

- Steuerverbindlichkeiten,
- Pensionsverbindlichkeiten,
- Verbindlichkeiten gegenüber Sozialversicherungen,
- antizipativ abzugrenzende Miet- und Pachtzinsen u.ä. Posten,
- zu zahlende Beiträge zum Pensionssicherungsverein.

Beispiel: Die U GmbH hat sonstige Verbindlichkeiten in Höhe von 150.000 €; darin sind enthalten: gegenüber der Krankenkasse Verbindlichkeiten in Höhe von 15.000 €, gegenüber dem Fiskus aus Umsatzsteuer von 33.000 €. Der Ausweis erfolgt:

	Verbindlichkeiten	Vorspalte	Hauptspalte
1.			
8.	Sonstige Verbindlichkeiten		150.000 €
	davon aus Steuern	33.000 €	
	davon im Rahmen der sozialen Sicherheit	15.000 €	

In das Rechenwerk der Bilanz geht nur der Betrag von 150.000 € ein. Er befindet sich in der Hauptspalte. Die anderen Beträge befinden sich in einer Vorspalte, die nur der Erläuterung und Aufgliederung der in der Hauptspalte ausgewiesenen Beträge dient.

Die genaue **Darstellung und Struktur von Verbindlichkeiten** liegt im besonderen Informationsinteresse der Abschlussadressaten und des Vorsichtsprinzips allgemein. Deswegen hat der Gesetzgeber insbesondere für die haftungsbeschränkten Rechtsformen weitergehende Anforderungen an die Informationsvermittlung gestellt.

§ 268 Abs. 5 HGB verlangt z.B. eine **Aufgliederung der Verbindlichkeiten nach Restlaufzeiten** und **weitergehende Anhangangaben**. § 285 Ziffer 1 und 2 HGB fordert weitere Aufgliederungen und Angaben z.B. in Bezug auf Sicherheiten. Es ist auch üblich, die erweiterten Informationsansprüche in Form eines **Verbindlichkeitenspiegels innerhalb des Anhangs** zu erfüllen.

Zusammenfassung

Rechtsgrundlagen für Verbindlichkeiten
- **Ansatz gem. Vollständigkeitsgebot**
  - § 246 Abs. 1 HGB.
- **Bewertung**
  - nach dem „Erfüllungsbetrag" gem. § 253 Abs. 1 S. 2 HGB,
  - Höchstwertprinzip ergibt sich aus dem Imparitätsprinzip gem. § 252 Abs. 1 Nr. 4 HGB,
  - Für kurzfristige Fremdwährungsverbindlichkeiten ist § 256a HGB zu beachten.
- **Ausweis**
  - für alle Kaufleute gem. Grobgliederung § 247 Abs. 1 HGB,
  - für Kapitalgesellschaften gem. § 266 III C. HGB.

4.9.2 Währungsverbindlichkeiten

Anhand der sog. **Währungsverbindlichkeiten** lassen sich die Grundzüge der Bewertung von Verbindlichkeiten besonders gut darstellen. Währungsverbindlichkeiten sollen hier Verbindlichkeiten sein, die in fremder Währung ausgeglichen werden müssen. Da der handelsrechtliche Abschluss nur Werte in Euro enthalten darf, müssen solche Verbindlichkeiten in Bezug auf ihren Zugangswert und ihre Folgewerte in Euro umgerechnet werden:
- Verbindlichkeiten werden in Euro bewertet.
- Für die Zugangsbewertung gilt der Kurs des Tages der Verpflichtungsentstehung.
- Für die Folgebewertung wird der Kurs am Bewertungsstichtag unter Beachtung des Höchstwertprinzips beachtet.
- Die Sonderregelung des § 256a HGB bei kurzfristigen Verbindlichkeiten ist zu beachten.
- Zur Darstellung des § 256a HGB s. Kapitel 3.2.3.5).

Abfolge der Bewertung von Verbindlichkeiten in fremden Währungen:
- **Zugangsbewertung zu dem Kurs der Verbindlichkeitenentstehung** erfolgt grundsätzlich erfolgsneutral

- **Folgebewertung zum Abschlussstichtag:**
  - Verbindlichkeit mit Restlaufzeit > 1 Jahr: Bewertung mit Stichtagskurs, strenges Höchstwertprinzip, Anschaffungskosten-Prinzip, kein Ausweis nicht realisierter Gewinne: erfolgsneutral/erfolgsmindernd
  - Verbindlichkeit mit Restlaufzeit < = 1 Jahr (s. § 256a HGB): Bewertung mit Devisenkassamittelkurs, kein Höchstwerttest, kein Anschaffungskosten-Prinzip, u.U. Ausweis nicht realisierter Gewinne: erfolgsneutral/erfolgsmindernd/erfolgserhöhend
- **Folgebewertung bei Einlösung** zum dann gültigen Kurs; erfolgswirksam.

Beispiel: Kaufmann K kauft am 15.08.13 in Basel (Schweiz) einen LKW, Preis: 90.000 CHF, Nutzungsdauer 6 Jahre; die planmäßige Abschreibung erfolgt linear.

Der Einsatz des LKW soll als Kühlwagen erfolgen. Die Nachrüstung der Kühlanlage erfolgt in Ulm (Deutschland). Der Preis für die Umrüstung beträgt: 14.280 €, inklusive MwSt., Zulassung und Abnahmen erfordern 900 €.

Es wurden folgende Vereinbarungen getroffen: Kaufpreis Basel ist fällig am 15.08.14 mit 4 % Skonto bei Einhaltung dieser Frist.

Folgende Kurse sind bekannt:

Kurse 15.08.13: 1,15 CHF/€, 31.12.13 0,95 €/CHF, 15.08.14: 1 CHF/€.

Der Aufwand der Einkaufsabteilung wird mit pauschal 500 € angesetzt.

Welche Auswirkungen auf den Abschluss zum 31.12.13 sind festzustellen?

Lösung: Es wird ein Kühlwagen angeschafft (einheitlicher Nutzungs- und Funktionszusammenhang), der aus den Komponenten LKW und Kühlanlage besteht.

Anschaffungspreis: 90.000 CHF : 1,15 CHF/€ = 78.260,87 €

(Gleichzeitig Zugangswert („Anschaffungskosten") der Verbindlichkeit !)

Anschaffungskosten Kühlwagen	78.260,87 €
+ Kühlung netto	12.000,00 €
+ Zulassung	900,00 €
=	91.160,87 €

Anschaffungskosten 91.160,87 €, Nutzungsdauer 6 Jahre

Abschreibung p.a. =	15.193,48 €
Abschreibung 08: $^5/_{12}$ x 15.193,48 € =	6.330,62 €
Bilanzansatz LKW	**84.830 €**

Keine Berücksichtigung des Skonto!; nicht realisierter Gewinn; Berücksichtigung als nachträgliche Anschaffungspreisminderung erst nach Inanspruchnahme des Skontos. Aufwand Einkaufabteilung hier kein „Einzelkostencharakter" – Berücksichtigung als Aufwand.

Zugangswert Verbindlichkeit: 15.08.13	78.260,87 €
Erfüllungsbetrag der Verbindlichkeit am 31.12.13	
31.12.13: 90.000 x 0,95 € =	85.500,00 €
Zuschreibung der Verbindlichkeit	7.239,13 €
Ansatz der Verbindlichkeit	85.500,00 €

Auswirkung auf die GuV	
Aufwand:	
Aufwand Einkauf	500,00 €
Abschreibung (Kühlwagen)	6.330,62 €
Zuschreibung Verbindlichkeit	7.239,13 €
Gewinnminderung	**14.069,75 €**

5. Die Gewinn- und Verlustrechnung (GuV)

Die **Gewinn- und Verlustrechnung** ist zwingend Bestandteil eines jeden handelsrechtlichen Abschlusses sowohl für alle Kaufleute (§ 242 Abs. 3 HGB) als auch für Kapitalgesellschaften und die „bestimmten Personengesellschaften" des § 264a HGB (§ 264 Abs. 1 HGB).

5.1 Grundlagen

Die Gewinn- und Verlustrechnung (GuV) ist das zweite Instrument der Gewinnermittlung, in dem die Aufwendungen den Erträgen einer Periode gegenübergestellt werden. Damit nimmt die GuV diejenigen betrieblich bedingten Sachverhalte auf, die unmittelbar zu Änderungen des Eigenkapitals führen. Man kann die GuV auch als Abschluss der Erfolgskonten und der Erfolgsanteile der gemischten Konten aus der Finanzbuchhaltung bezeichnen.

Die Definitionen von Aufwand und Ertrag (vgl. Kapitel 1.2.2) bringen es mit sich, dass erfolgswirksame Sachverhalte beide Rechenwerke des Abschlusses, also Bilanz und GuV, berühren. Insofern kann man von einem **einheitlichen Buchungskreis von Bilanz und GuV** sprechen.

Während die Bilanz eine **zeitpunktbezogene Bestandsgrößenrechnung** darstellt, kann man die GuV als **zeitraumbezogene Stromgrößenrechnung** bezeichnen.

Die **Bestandsgrößen der Bilanz** (Vermögen, Schulden und daraus sich ergebend das Eigenkapital) werden zum Abschlussstichtag bestimmt. Demgegenüber enthält die GuV Stromgrößen (Aufwand und Ertrag), die in der betrachteten Periode zwischen zwei Abschlussstichtagen angefallen sind. Beide Rechenwerke ermitteln den Erfolg der Periode und müssen deshalb zum gleichen Ergebnis führen. Dies wird durch die Gewinndefinition der Bilanz, die die betrieblich bedingte Differenz des Eigenkapitals zwischen zwei aufeinanderfolgenden Abschlussstichtagen und durch die Gewinndefinition der GuV, die die Differenz zwischen Aufwand und Ertrag innerhalb einer Periode zwischen zwei Abschlussstichtagen als Gewinn bezeichnet, erreicht. Voraussetzung für das Gelingen dieser Aufgabe ist, dass in die GuV nur solche Sachverhalte einfließen, die, ausschließlich betrieblich bedingt, das Eigenkapital beeinflussen.

Die Bilanz steht eindeutig im Fokus des gesetzgeberischen Interesses. Die **GuV erhält ihre Bedeutung als Gegenkonto aller erfolgswirksamen Veränderungen, die in der Bilanz ihren Niederschlag finden**. Insofern sind die Ansatz- und Bewertungsvorgaben für die Bilanz gleichzeitig für die GuV festlegend. Das Ausüben von Wahlrechten in der Bilanz mit Erfolgswirkung muss immer seine Entsprechung in der GuV finden, genauso wie die anderen Gebote und Verbote der Bilanzierung, die Auswirkungen auf den Erfolg haben.

> **Beispiel 1:** Kaufmann K entscheidet sich, auf abnutzbare Vermögensgegenstände des Anlagevermögens die lineare Abschreibung anzuwenden. Damit bestimmt er den Aufwand der GuV in Form der Abschreibungen. Entscheidet sich K für die degressive Methode, muss er die Abschreibungen in der GuV entsprechend ansetzen.

> **Beispiel 2:** Kaufmann K entscheidet sich, vom Wahlrecht des § 250 Abs. 3 HGB Gebrauch zu machen. Damit bestimmt er gleichzeitig über den Zinsaufwand in der GuV.

> **Beispiel 3:** Kaufmann K entscheidet sich, selbst erstellte immaterielle Vermögensgegenstände des Anlagevermögens zu aktivieren (§ 248 Abs. 2 HGB). Damit bestimmt er gleichzeitig, dass entweder ein Ertrag in der GuV in gleicher Höhe eingebucht werden muss oder aber die Aufwendungen in gleicher Höhe gemindert werden müssen. Das ergibt sich aus der Wirkung der Aktivierung. Die Aktivierung erhöht das Vermögen und, da die Schulden aus diesem Sachverhalt nicht verändert werden, gleichzeitig das Eigenkapital. Der beschriebene Sachverhalt ist betrieblich bedingt und muss deswegen seinen Niederschlag als betrieblich bedingte Eigenkapitaländerung (Definition Aufwand/Ertrag) in der GuV finden.

Die GuV hat damit zwar keine eigenständige Gewinnermittlungsfunktion, zeigt aber im Unterschied zur Bilanz an, wie denn der Erfolg (Gewinn) oder Misserfolg (Verlust) des Unternehmens entstanden ist. Der Bilanz kann man nur die Auswirkungen des Erfolgs auf die Bestandteile der Bilanz entnehmen; mit anderen Worten: in der Bilanz findet man die Veränderungen in Bezug auf Vermögen und Schulden, die das Ergebnis des kaufmännischen Handelns und des damit verbundenen Erfolges sind.

Während die GuV die Quellen des Erfolgs angibt, kann man der Bilanz die Auswirkungen des Erfolgs entnehmen. Deswegen ist die **Gewinnermittlung der GuV** unmittelbar, diejenige der Bilanz nur indirekt, durch Vergleich der Bilanzen zweier aufeinander folgender Abschlussstichtage, möglich. Aus diesen Gründen hat die GuV eine **eigenständige Informationsfunktion**. Eine Zahlungsbemessungsfunktion lässt sich der GuV aber nicht zumessen, da sie keine Aussagen bezüglich des Ausschüttungspotenzials enthält. Der GuV kommt in besonderem Maße die Aufgabe zu, **ein den tatsächlichen Verhältnissen entsprechendes Bild der Ertragslage** (vgl. § 264 Abs. 2 HGB) zu vermitteln.

5.2   Form und Gliederung der GuV

Die Bestimmungen im HGB, die für „alle Kaufleute" konkret in Bezug auf die GuV gegeben sind, können nur als vage bezeichnet werden.

§ 242 Abs. 2 HGB verlangt lediglich, dass der Kaufmann „… für den Schluss eines jeden Geschäftsjahres eine Gegenüberstellung der Aufwendungen und Erträge des Geschäftsjahrs (Gewinn- und Verlustrechnung) aufzustellen" hat. Weitere Regelungen enthält das HGB für die GuV „aller Kaufleute" nicht.

Es wird für den Kreis dieser Bilanzierenden also keine bestimmte Form, Gliederung oder Methode, über die Gegenüberstellung von Aufwand und Ertrag hinaus, für die GuV vorgeschrieben.

Im Gegensatz dazu enthalten die **Vorschriften für Kapitalgesellschaften** (im Folgenden sind wieder die „bestimmten Personengesellschaften" des § 264a HGB immer mit angesprochen, wenn von Kapitalgesellschaften die Rede ist) wesentlich detailliertere Regelungen. Dabei wird aber die Dichte der Bilanzvorschriften bei weitem nicht erreicht. Auch bei diesem Kreis von Bilanzierenden steht die GuV primär als Gegenkonto für die Bilanz und zusätzlichem Informationsinstrument zur Verfügung.

Im Wesentlichen enthalten die §§ 275, 276 und 277 HGB die bedeutenden Vorschriften für Kapitalgesellschaften in Bezug auf die GuV. Auch hier gilt das in Bezug auf die Bilanzgliederung des § 266 HGB Gesagte. „Alle Kaufleute", die nicht unter die Vorschriften des zweiten Abschnittes des dritten Buches des HGB fallen, werden nicht gehindert, die strengeren, detaillierteren Vorschriften dieses Teils des HGB für die GuV anzuwenden. Tatsächlich geschieht dies in der Praxis oft.

§ 275 HGB schreibt vor, dass die **GuV in Staffelform aufzustellen ist**; „alle Kaufleute" können die **GuV auch in Kontoform aufstellen**, wobei in der Regel die linke Seite die Aufwendungen und die rechte Seite die Erträge enthält. Daraus folgt für die Kontoform, dass der Gewinn sich auf der linken Seite und der Verlust sich auf der rechten Seite findet. Diese Anordnung der Seiten ergibt sich aus dem System der Kontenanordnungen innerhalb der doppelten Buchführung, eine entsprechende Gliederungsvorschrift gibt es nicht. Die Kontoform ist Kapitalgesellschaften nicht erlaubt. Bei der Staffelform werden die Gruppen von Erträgen und Aufwendungen untereinander aufgeführt.

Diese Methode hat den Vorteil, dass Zwischenergebnisse auf dem Weg zur Erfolgsermittlung möglich sind und so der Informationsgehalt gegenüber der Kontoform deutlich höher ist. Speziell für **Betriebsvergleiche** (bezogen auf mehrere Perioden eines Unternehmens oder verschiedene Unternehmen einer Periode) ist dies ein interessanter Aspekt. Die Staffelform erlaubt es auch, Aufwands- und Ertragspositionen nach Regionen, Produkten oder Teilbetrieben zu analysieren. Dieser Vorteil kommt innerhalb des handelsrechtlichen Abschlusses aber nur den Nicht-Kapitalgesellschaften zu, da diese Darstellung nicht mit den Gliederungsvorschriften des § 275 Abs. 2 und 3 HGB zu vereinbaren ist.

§ 275 Abs. 1 HGB schreibt auch **zwei Verfahren der Gewinnermittlung** vor:

1. das Gesamtkostenverfahren und
2. das Umsatzkostenverfahren.

5.3 Verfahren der GuV

Der Grund für die Anwendung der beiden Verfahren der GuV liegt in dem Problem der Lagerhaltung begründet.

Die Ertragsgröße „**Umsatzerlöse**" wird in § 277 Abs. 1 HGB definiert, als „… die Erlöse aus dem Verkauf und der Vermietung oder Verpachtung von für die gewöhnliche Geschäftstätigkeit der Kapitalgesellschaft typischen Erzeugnissen und Waren sowie aus von für die gewöhnliche Geschäftstätigkeit der Kapitalgesellschaft typischen Dienstleistungen nach Abzug von Erlösschmälerungen und der Umsatzsteuer". Ob bestimmte Leistungen des Unternehmens gegen Entgelt Umsatzerlöse darstellen, hängt von der **konkreten Unternehmenstätigkeit des Kaufmanns ab**; man könnte hier auch von der Art des Handelsgewerbes i.S.d. § 1 Abs. 1 HGB sprechen.

> **Beispiele:** Der Kaufmann K betreibt einen Autohandel. Die Veräußerung eines Fahrzeugs führt zu Umsatzerlösen.
> Der Kaufmann H betreibt ein Hotel. Er verkauft ein Fahrzeug aus dem Fuhrpark. Dieser Vorgang gehört nicht zu den Umsatzerlösen.
> Die Bank B erhält Zinsen für ein Darlehen. Die Zinsen gehören zu den Umsatzerlösen.
> Der Kaufmann K erhält Zinsen für sein betriebliches Festgeldkonto. Die Zinsen gehören nicht zu den Umsatzerlösen des K.

Die Größe „Umsatzerlöse" korrespondiert nicht mit den Aufwendungen, die entstehen, wenn Waren oder Dienstleistungen verkauft werden, die in anderen Perioden angeschafft oder hergestellt wurden oder Waren oder Dienstleistungen, die zum Verkauf bestimmt sind, angeschafft oder hergestellt wurden, aber erst in einer folgenden Periode verkauft werden. Auch selbst hergestellte Vermögensgegenstände des eigenen Anlagevermögens führen zwar zu Aufwand, aber nicht zu Ertrag in Form von Umsatzerlösen, weil sie eben nicht veräußert werden, sondern zum dauernden Dienen innerhalb des Geschäftsbetriebs bestimmt sind.

> **Beispiel 1:**
> **Annahme:**
> - Es werden 1.000 Einheiten eines Produktes hergestellt.
> - Es werden 800 Stück verkauft und 200 Stück auf Lager genommen.
>
> **Lösung:**
> - Der Gesamtaufwand in der GuV bezieht sich auf 1.000 Stück.
> - Der Umsatz bezieht sich auf 800 Stück.
> - Gesamtaufwand und Umsatz korrespondieren nicht miteinander.

> **Beispiel 2:**
> **Annahme:**
> - Es werden 800 Einheiten eines Produktes hergestellt.
> - Es werden 1.000 Stück verkauft und 200 Stück vom Lager genommen.
>
> **Lösung:**
> - Der Gesamtaufwand in der GuV bezieht sich auf 800 Stück.
> - Der Umsatz bezieht sich auf 1.000 Stück.
> - Gesamtaufwand und Umsatz korrespondieren nicht miteinander.

> **Beispiel 3:** Ein Anlagenbauer baut eine Industrieanlage. Die Herstellung nimmt vier Jahre in Anspruch; dementsprechend fallen in jedem Jahr der Herstellung Aufwendungen (Personalaufwand, Materialaufwand, Fremdleistungen usw.) an. Erst bei Abnahme und Übergabe entsteht ein Umsatzerlös. In den Vorjahren steht den Aufwendungen kein Umsatzerlös gegenüber; im Jahr der Vertragserfüllung steht

dem Umsatzerlös nur ein Bruchteil der Aufwendungen gegenüber, der zur Erzielung des Umsatzerlöses erforderlich war.

> **Beispiel 4:** Ein Maschinenhersteller hat auch für die eigene Fertigung Maschinen hergestellt. Diese Maschinen sind im Anlagevermögen mit den Herstellungskosten auszuweisen. Der Aufwand der Periode enthält auch die auf diese Herstellung entfallenden Aufwendungen. Zu Umsatzerlösen führt dieser Aufwand nicht.

Beide Verfahren versuchen, dieses Problem

- durch Anpassung der Leistung des Unternehmens (unter Einschluss der Umsatzerlöse) an die Aufwendungen der Periode (**Gesamtkostenverfahren**) oder
- durch Anpassung der Aufwendungen an die Umsatzerlöse (**Umsatzkostenverfahren**)

zu lösen.

Natürlich hat der Begriff „Leistung des Unternehmens" nichts mit dem Leistungsbegriff der Kostenrechnung zu tun, sondern meint die Größe, die nicht nur Umsatzerlöse, sondern auch alle anderen Leistungen, die aus Aufwand entstanden sind, umfasst. Diese Leistungen werden in der GuV als „andere aktivierte Eigenleistungen" und Bestandsveränderungen (Erhöhung oder Verminderung des Bestands an fertigen und unfertigen Erzeugnissen) bezeichnet und erfasst. Dabei stellt die Verminderung des Bestands an fertigen und unfertigen Leistungen eine negative Leistung dar. Die Erhöhung des Bestandes an fertigen und unfertigen Erzeugnissen ist als Ertrag und die Verminderung dieser Bestände als Aufwand zu interpretieren. „Andere aktivierte Eigenleistungen" sind immer als Ertrag zu interpretieren.

Erhöhungen oder Verminderungen des Bestandes an fertigen und unfertigen Erzeugnissen können sich sowohl aus Mengenveränderungen (Lagerzu- und -abgänge) als auch aus Wertänderungen ergeben (§ 277 Abs. 2 HGB).

An dieser Stelle ist auch zu erkennen, dass diese Rechnungen nur dann sinnvoll aufzustellen sind, wenn die Aktivierung von Eigenleistungen und Beständen erfolgsneutral erfolgt. Der Gewinnsprung darf erst bei Einbuchen von Umsatzerlösen erfolgen.

> **Zusammenfassung**
> - Das Gesamtkostenverfahren vergleicht die Aufwendungen einer Periode mit den in ihr erbrachten Leistungen (Umsatz, Bestandserhöhung der Erzeugnisse, andere aktivierte Eigenleistungen).
> - Das Umsatzkostenverfahren stellt den Umsatzerlösen (vgl. § 277 Abs. 2 HGB) die zu ihrer Erzielung angefallenen Aufwendungen gegenüber.

5.3.1 Das Gesamtkostenverfahren

Das **Gesamtkostenverfahren** nimmt alle Aufwendungen der Periode als feste Größe an und passt die Leistung des Unternehmens, als Bestandteil des Ertrags, dem Mengengerüst an, das den Gesamtaufwendungen entspricht. Dies geschieht im Wesentlichen so, dass die Leistungen des Unternehmens, die in oder aus Bestandsveränderungen und in aktivierte Eigenleistungen geflossen sind, mit den Umsatzerlösen zusammen als Gesamtleistung des Unternehmens in der Periode angesehen werden. Diesen Ertragsbestandteilen, denen noch die anderen Erträge, die nicht den Umsatzerlösen zuzuordnen sind (Mieterträge, Zinserträge usw.) zugerechnet werden, müssen die Gesamtaufwendungen der Periode gegenübergestellt werden.

	Umsatzerlöse
+	aktivierte Eigenleistungen
+	Bestandserhöhungen
=	Leistung des Unternehmens
./.	Bestandsminderungen
./.	Gesamtaufwand
=	**Ergebnis der GuV**

> **Beispiel:** Kaufmann K hat im Abschluss zum 31.12.13 einen Bestand an fertigen Erzeugnissen in Höhe von 30.000 € und an unfertigen Erzeugnissen von 45.000 € ausgewiesen. Im Jahre 14 sind Umsatzerlöse von 2.400.000 € angefallen. Der Gesamtaufwand des Jahres 14 betrug 2.000.000 €. Wenn am Ende des Jahres 14 keine Bestände an fertigen und unfertigen Erzeugnissen mehr vorhanden sind, bedeutet dies, dass die Erzeugnisse alle im Jahre 14 verkauft wurden und deswegen im Umsatzerlös enthalten sind.
>
> **Lösung:** Der Gesamtaufwand des Jahres 14 hat also nicht zu Umsatzerlösen von 2.400.000 € geführt, sondern nur zu Umsatzerlösen von 2.400.000 € ./. 75.000 € = 2.325.000 €. Diese Leistung des Unternehmens (2.325.000 €) steht dem Gesamtaufwand von 2.000.000 € gegenüber. Die 75.000 € sind im Vorjahr bereits geleistet worden. Somit ergibt sich ein Gewinn in Höhe von 325.000 €.

§ 275 Abs. 2 HGB gibt die **Gliederung der GuV nach dem Gesamtkostenverfahren** vor, dabei sind die Posten in der angegeben Reihenfolge gesondert auszuweisen:

1. Umsatzerlöse
2. Erhöhung oder Verminderung des Bestands an fertigen und unfertigen Erzeugnissen
3. Andere aktivierte Eigenleistungen
4. Sonstige betriebliche Erträge
5. Materialaufwand:
   a) Aufwendungen für Roh-, Hilfs- und Betriebsstoffe und für bezogene Waren
   b) Aufwendungen für bezogene Leistungen
6. Personalaufwand:
   a) Löhne und Gehälter
   b) soziale Abgaben und Aufwendungen für Altersversorgung und für Unterstützung, davon für Altersversorgung
7. Abschreibungen:
   a) auf immaterielle Vermögensgegenstände des Anlagevermögens und Sachanlagen
   b) auf Vermögensgegenstände des Umlaufvermögens, soweit diese die in der Kapitalgesellschaft üblichen Abschreibungen überschreiten
8. Sonstige betriebliche Aufwendungen
9. Erträge aus Beteiligungen, davon aus verbundenen Unternehmen
10. Erträge aus anderen Wertpapieren und Ausleihungen des Finanzanlagevermögens, davon aus verbundenen Unternehmen
11. Sonstige Zinsen und ähnliche Erträge, davon aus verbundenen Unternehmen
12. Abschreibungen auf Finanzanlagen und auf Wertpapiere des Umlaufvermögens
13. Zinsen und ähnliche Aufwendungen, davon an verbundene Unternehmen
14. Ergebnis der gewöhnlichen Geschäftstätigkeit
15. Außerordentliche Erträge
16. Außerordentliche Aufwendungen
17. Außerordentliches Ergebnis
18. Steuern vom Einkommen und vom Ertrag
19. Sonstige Steuern
20. Jahresüberschuss/Jahresfehlbetrag

5.3.2 Das Umsatzkostenverfahren

Das **Umsatzkostenverfahren** geht von den Umsatzerlösen aus, die sich aus der Finanzbuchhaltung nach der Definition des § 277 Abs. 1 HGB ergeben. Diesen Umsatzerlösen werden nur diejenigen Aufwendungen gegenübergestellt, die für die Erzielung dieser Umsatzerlöse erforderlich waren. Da die Finanzbuchhaltung alle Aufwendungen der Periode enthält, müssen diese angepasst werden. Dies geschieht, indem die Aufwendungen zur Herstellung anderer aktivierter Eigenleistungen und die Bestandserhöhungen der fertigen und unfertigen Bestände von diesem Gesamtaufwand abgezogen werden und den Gesamtaufwendungen der Periode die Bestandsverminderungen an fertigen und unfertigen Beständen hinzugerechnet werden. Letzteres geschieht, um den Aufwand, der in vergangenen Perioden entstanden und in den Bestand an fertigen und unfertigen Beständen geflossen ist, zu berücksichtigen, wenn die Bestände veräußert werden und daher in den Umsatzerlösen enthalten sind.

Umsatzerlöse
./. zur Erzielung der Umsatzerlöse angefallener Aufwand

= Ergebnis der GuV

Mit:
Gesamtaufwand
./. aktivierte Eigenleistungen
./. Bestandserhöhungen
+ Bestandsverminderungen

= zur Erzielung der Umsatzerlöse angefallener Aufwand

Oder zusammengefasst:

Umsatzerlöse
./. Gesamtaufwand
+ aktivierte Eigenleistungen
+ Bestandserhöhungen
./. Bestandsverminderungen

= Ergebnis der GuV

Beispiel: Kaufmann K hat im Abschluss zum 31.12.13 einen Bestand an fertigen Erzeugnissen in Höhe von 30.000 € und an unfertigen Erzeugnissen von 45.000 € ausgewiesen. Im Jahre 14 sind Umsatzerlöse von 2.400.000 € angefallen. Der Gesamtaufwand des Jahres 14 betrug 2.000.000 €. Wenn am Ende des Jahres 14 keine Bestände an fertigen und unfertigen Erzeugnissen mehr vorhanden sind, bedeutet dies, dass die Erzeugnisse alle im Jahre 14 verkauft wurden und deswegen im Umsatzerlös enthalten sind.

Lösung: Zur Erzielung der Umsatzerlöse in Höhe von 2.400.000 € haben die Gesamtaufwendungen des Jahres 14 nicht ausgereicht. Es mussten auch die Endbestände des Vorjahres verkauft werden, um diesen Umsatzerlös zu erzielen. Der Aufwand, der zur Erzielung der Umsatzerlöse erforderlich war, wurde zum Teil schon in der Vorperiode erbracht. Der Aufwand umfasst also sowohl den Gesamtaufwand der Periode 14 mit 2.000.000 € als auch den Aufwand von 75.000 € der Vorperiode. Den Umsatzerlösen von 2.400.000 € sind also Aufwendungen von 2.075.000 € gegenüberzustellen. Somit ergibt sich ein Gewinn in Höhe von 325.000 €.

§ 275 Abs. 3 HGB gibt die **Gliederung der GuV nach dem Umsatzkostenverfahren** vor, dabei sind die Posten in der angegeben Reihenfolge gesondert auszuweisen:

1. Umsatzerlöse
2. Herstellungskosten der zur Erzielung der Umsatzerlöse erbrachten Leistungen
3. Bruttoergebnis vom Umsatz
4. Vertriebskosten
5. Allgemeine Verwaltungskosten
6. Sonstige betriebliche Erträge
7. Sonstige betriebliche Aufwendungen
8. Erträge aus Beteiligungen, davon aus verbundenen Unternehmen

9. Erträge aus anderen Wertpapieren und Ausleihungen des Finanzanlagevermögens, davon aus verbundenen Unternehmen
10. Sonstige Zinsen und ähnliche Erträge, davon aus verbundenen Unternehmen
11. Abschreibungen auf Finanzanlagen und auf Wertpapiere des Umlaufvermögens
12. Zinsen und ähnliche Aufwendungen, davon an verbundene Unternehmen
13. Ergebnis der gewöhnlichen Geschäftstätigkeit
14. Außerordentliche Erträge
15. Außerordentliche Aufwendungen
16. Außerordentliches Ergebnis
17. Steuern vom Einkommen und vom Ertrag
18. Sonstige Steuern
19. Jahresüberschuss/Jahresfehlbetrag

5.4 Größenabhängige Erleichterungen

Kleine und mittelgroße Kapitalgesellschaften dürfen bestimmte im § 276 Abs. 1 HGB benannte Posten des § 277 Abs. 2 und 3 HGB zu einem Posten **Rohergebnis** zusammenfassen.

Beim **Gesamtkostenverfahren** handelt es sich um die Posten:
1. Umsatzerlöse,
2. Erhöhung oder Verminderung des Bestands an fertigen und unfertigen Erzeugnissen,
3. Andere aktivierte Eigenleistungen,
4. Sonstige betriebliche Erträge,
5. Materialaufwand:
   a) Aufwendungen für Roh-, Hilfs- und Betriebsstoffe und für bezogene Waren,
   b) Aufwendungen für bezogene Leistungen.

Rohergebnis nach § 276 Abs. 1 HGB

Beim **Umsatzkostenverfahren** handelt es sich um die Posten:
1. Umsatzerlöse,
2. Herstellungskosten der zur Erzielung der Umsatzerlöse erbrachten Leistungen,
3. Bruttoergebnis vom Umsatz,
6. Sonstige betriebliche Erträge.

Rohergebnis nach § 276 Abs. 1 HGB

Dies führt zu einem Schutz des Unternehmens vor Analysen der Konkurrenz, insbesondere hinsichtlich Umsatzerlösen, Einkaufsvolumen und sonstigen betrieblichen Erträgen.

§ 277 Abs. 4 S. 2 und 3 HGB verlangt, dass in der GuV angegebene Beträge der außerordentlichen Erträge und außerordentlichen Aufwendungen im Anhang erläutert werden, falls sie nicht von untergeordneter Bedeutung sind. Kleine Kapitalgesellschaften sind von dieser Verpflichtung befreit (§ 276 S. 2 HGB).

6. Anhang und Lagebericht

Anhang und Lagebericht gehören gem. § 264 Abs. 1 S. 1 HGB zu den Elementen der handelsrechtlichen Rechnungslegung von Kapitalgesellschaften. Der **Anhang** bildet mit Bilanz und GuV den Abschluss, während der **Lagebericht** nicht Bestandteil des Abschlusses ist, sondern neben diesem mit eigener Funktion steht.

Sehr vereinfachend kann man sagen, dass Anhang und Lagebericht Berichts- und Erklärungscharakter haben, während bei Bilanz und GuV die Rechnung im Vordergrund steht. Aber selbstverständlich sind diese Eigenschaften mehr oder weniger stark in allen Elementen der handelsrechtlichen Rechnungslegung enthalten.

6.1 Anhang

Der Anhang ist ein reines Informationsinstrument. Er dient der **Informationsfunktion des Abschlusses** und hat keinen Anteil an der Zahlungsbemessungsfunktion. Die Informationsfunktion des Anhangs findet ihren Ausdruck in Anlehnung an die Literatur (vgl. Coenenberg u.a.; Jahresabschluss und Jahresabschlussanalyse; 21. Aufl., 857 ff.) in folgenden konkreten Ausprägungen:

- Interpretationsfunktion z. B. § 284 Abs. 2 Nr. 1 HGB,
- Ergänzungsfunktion z. B. § 285 Nr. 4, 7, 9 HGB,
- Korrekturfunktion gem. § 264 Abs. 2 HGB,
- Entlastungsfunktion.

Die **Interpretationsfunktion des Anhangs** soll den Abschlussadressaten in die Lage versetzen, die komprimierten Informationen in Bilanz und GuV interpretieren und für seine Interessen analysieren und werten zu können. So verlangt § 284 Abs. 2 Nr. 1 HGB, dass die in Bilanz und GuV angewandten Bilanzierungs- und Bewertungsmethoden angegeben werden. Dem Abschlussadressaten wird so Einblick in die Bilanzpolitik gegeben. Er kann z.B. erkennen, ob durch die Wahl der Bilanzierungs- und Bewertungsmethoden eine Tendenz zur Bildung stiller Reserven verfolgt worden ist.

Die **Ergänzungsfunktion** gibt zusätzliche Informationen, die weder in der Bilanz noch in der GuV enthalten sind. So verlangt z.B. § 285 Nr. 4 HGB, dass die Umsatzerlöse nach unterschiedlichen Kriterien (Tätigkeitsbereiche, geografische Darstellung der Märkte) aufgegliedert werden. § 285 Nr. 7 HGB verlangt eine Angabe zur Anzahl der Arbeitnehmer, getrennt nach Gruppen im Geschäftsjahr. Besonders problematisch ist § 285 Nr. 9 HGB, der verlangt, dass Vergütungen und andere finanzielle Beziehungen (Darlehen) zwischen Gesellschaft und Mitgliedern der Geschäftsführung, eines Aufsichtsrates, Beirates oder eines ähnlichen Organs aufgedeckt werden.

Die **Korrekturfunktion des Anhangs** besteht darin, dass § 264 Abs. 2 HGB verlangt, dass der Anhang korrigierende, erläuternde Angaben zu den Informationen von Bilanz und GuV macht, wenn diese (Bilanz und GuV) ein Bild vermitteln, das nicht den tatsächlichen Verhältnissen der Vermögens-, Finanz- und Ertragslage (dem „true and fair view") der Kapitalgesellschaft entspricht. Wenn also zwingende Bilanzierungs- oder Bewertungsvorschriften des HGB zu einer solchen Verletzung dieses wichtigen Elementes des Wahrheitsprinzips führen, verlangt der Gesetzgeber zwar, dass der Bilanzierende dem Gesetz folgt, aber das nicht zutreffende Bild von der Lage des Unternehmens im Anhang korrigiert. Der Gesetzgeber sieht also die Möglichkeit, dass Bilanzierungs- und Bewertungsvorschriften zu einem unzutreffenden Bild der Kapitalgesellschaft führen können.

Die **Entlastungsfunktion des Anhangs** bezieht sich auf die Klarheit und Übersichtlichkeit des Abschlusses. Informationen der Bilanz und GuV können in den Anhang verlagert werden, um die Übersichtlichkeit der beiden „Rechenelemente" zu steigern. Als Beispiel kann hier die Anordnung des § 268 Abs. 2 S. 3 HGB dienen, die erlaubt, den Anlagespiegel in die Bilanz oder in den Anhang aufzunehmen und so die Bilanz von dieser Information „entlastet". Eine „Entlastung" der GuV bietet § 277 Abs. 3 S. 1 HGB, der zwar verlangt, außerplanmäßige Abschreibungen nach § 253 Abs. 3 S. 3 und 4 HGB gesondert auszuweisen, aber die Darstellung dieser Information wahlweise in der GuV oder im Anhang erlaubt.

Das HGB gibt keine Gliederungsvorschrift für den Anhang. In der Praxis ist es aber üblich, eine Gliederung zumindest in drei Elemente vorzunehmen:

1. Den **allgemeinen Informationen zu den Bilanzierungs- und Bewertungsmethoden** folgt die
2. **Gruppe der Informationen zu den einzelnen Posten der Bilanz und GuV.**
3. Das dritte Element enthält die **sonstigen Pflichtangaben oder freiwillige Angaben, soweit diese nicht den ersten beiden Elementen zuzuordnen sind**.

Das HGB schreibt Pflichtangaben und wahlweise Angaben des Anhangs vor. Die Literatur hält aber auch **freiwillige Zusatzangaben** für möglich.

Die **Pflichtangaben** finden sich in den §§ 284 und 285 HGB.

§ 284 Abs. 2 HGB enthält **allgemeine Pflichtangaben**, die sich beziehen auf:

- **Nr. 1:** angewandte Bilanzierungs- und Bewertungsmethoden,
- **Nr. 2:** Grundlagen der Währungsumrechnung,
- **Nr. 3:** Darstellung und Auswirkung der Korrekturfunktion i.Z.m. § 264 Abs. 2 S. 2 HGB,
- **Nr. 4:** Erläuterungen in Bezug auf Gruppenbewertung und Verbrauchsfolgeverfahren,
- **Nr. 5:** Angaben über die Einbeziehung von Zinsen für Fremdkapital in die Herstellungskosten.

§ 285 HGB enthält sog. „**Sonstige Pflichtangaben**" in Bezug auf einzelne Posten der Bilanz und GuV, die sich durch eine besondere Bedeutung für die Vermittlung eines den tatsächlichen Verhältnissen entsprechenden Bildes der Lage des Unternehmens auszeichnen.

Die wahlweisen Angaben (z.B. die vorgenannten Wahlrechte in Bezug auf die außerplanmäßigen Abschreibungen und den Anlagespiegel) erlauben eine Darstellung in GuV und Bilanz einerseits oder andererseits im Anhang. Die Möglichkeit der wahlweisen Zuordnung von Informationen dient insbesondere der Entlastungsfunktion des Anhangs. Zusätzlich zu den gesetzlichen Angaben bei den einzelnen Posten der Bilanz und GuV stellt § 284 Abs. 1 HGB klar, dass bei Ausübung eines Ansatzwahlrechtes zwischen Bilanz und GuV einerseits und Anhang andererseits das Unterlassen des Ansatzes in Bilanz oder GuV die Pflicht des Ansatzes im Anhang auslöst.

Freiwillige Zusatzangaben sind nach h.M. im Anhang zulässig, weil die Pflichtangaben und wahlweisen Angaben als Mindestangaben verstanden werden. Alle gesetzlich nicht vorgeschrieben Angaben können unter diese freiwilligen Zusatzangaben subsummiert werden. Grundsätzlich kann der Abschlusssteller entscheiden, ob er diese Zusatzangaben in den Anhang oder den Geschäftsbericht aufnimmt. Entscheidet er sich für die Aufnahme in den Anhang, also in den Jahresabschluss, muss er die allgemeinen Grundsätze für die Abschlusserstellung beachten. In diesem Zusammenhang wird der Forderung des § 264 Abs. 1 S. 1 HGB nach Vermittlung eines den tatsächlichen Verhältnissen entsprechenden Bildes der Vermögens-, Finanz- und Ertragslage eine besondere Bedeutung zukommen. **Einseitige Informationen mit Werbecharakter** gehören z.B. nicht in den Anhang, sondern in den Geschäftsbericht.

6.2 Lagebericht

Der **Lagebericht** gehört zwingend zur handelsrechtlichen Rechnungslegung der Kapitalgesellschaften (§ 264 Abs. 1 S. 1 HGB). Die §§ 289 und 289a HGB behandeln die Einzelheiten.

Der Lagebericht muss nach § 289 Abs. 1 HGB **ergänzende Angaben zum Jahresabschluss** enthalten, aber auch eine **Einschätzung der Zukunft des Unternehmens** bieten, also eine Prognose der weiteren Entwicklung geben. Der Lagebericht wird, ähnlich wie die Elemente des Abschlusses, darauf verpflichtet, ein den tatsächlichen Verhältnissen entsprechendes Bild der Gesellschaft zu vermitteln (§ 289 Abs. 1 S. 1 HGB). Dieses Bild ist aber nicht mehr nur auf die Vermögens-, Finanz- und Ertragslage beschränkt.

Es werden im Lagebericht **allgemeine Informationen z.B. über den Geschäftsverlauf** und eine **Versicherung der gesetzlichen Vertreter der Kapitalgesellschaft über die Ordnungsmäßigkeit des Abschlusses** verlangt (§ 289 Abs. 1 HGB).

Zusätzlich werden im § 289 Abs. 2 HGB in Form einer Sollvorschrift **spezielle Angaben** gefordert. Eine **Sollvorschrift** darf nicht als Wahlrecht missverstanden werden. Vielmehr muss sie so interpretiert werden, dass einer Sollvorschrift gefolgt werden muss, wenn man ihr auch folgen kann. („Sollen heißt müssen, falls möglich.") Wenn also entsprechende Sachverhalte oder Informationen überhaupt vorhanden oder beschaffbar sind, müssen diese im Lagebericht wiedergegeben werden.

Die **speziellen Angaben des Lageberichts** beziehen sich auf Unternehmensbereiche, die für die Zukunft der Gesellschaft besondere Bedeutung haben. Hier sind z.B. Informationen zu nennen, die sich auf:

- das Risikomanagement,
- das Finanzmanagement und
- die Forschung und Entwicklung beziehen.

Informationen zu Zweigniederlassungen und zum Vergütungssystem der Gesellschaft sollen ebenfalls in den Lagebericht aufgenommen werden.

Große Kapitalgesellschaften müssen auch über **nicht finanzielle Leistungsindikatoren** berichten, die z.B. für Umwelt- und Arbeitnehmerbelange von Bedeutung sind (§ 289 Abs. 3 HGB).

Mit Einführung des BilMoG verlangt das HGB, dass bestimmte Kapitalgesellschaften (vereinfacht: börsennotierte und ähnlich gehandelte Aktiengesellschaften) eine **Erklärung zur Unternehmensführung** abzugeben haben. Diese Erklärung bildet einen eigenen Abschnitt im Lagebericht. Von der Erklärung im Lagebericht kann abgesehen werden, wenn sie auf der Internetseite der Gesellschaft veröffentlicht wird und der Lagebericht einen entsprechenden Hinweis enthält (§ 289a Abs. 1 S. 2 HGB).

Der **Lagebericht** enthält also:

- Verdichtungen von Informationen des Abschlusses und
- Ergänzungen der Informationen des Jahresabschlusses:
  - zeitlicher Art, z.B. in Form von Prognosen und
  - sachlicher Art, z.B. in Form der Lagedarstellung, Forschung und Entwicklung,
- Versicherungen und Erklärungen der gesetzlichen Vertreter der Kapitalgesellschaft.

Teil II: IFRS-Rechnungslegung

1. Rechtliche Rahmenbedingungen

1.1 Europarecht

Am 13.02.2001 legte die EU-Kommission einen **Verordnungsvorschlag zur Anwendung internationaler Rechnungslegungsgrundsätze** vor. Dem stimmte im ersten Quartal 2002 das Europäische Parlament mit großer Mehrheit zu. Am 06.06.2002 wurde dieser vom Ministerrat der EU verabschiedet. Ziel dieser Maßnahme ist es, klare europaweite Regelungen für eine vergleichbare und transparente Rechnungslegung innerhalb der Europäischen Union zu schaffen und somit den Investoren und weiteren Interessengruppen verlässliche Informationen zur Verfügung zu stellen.

Diese sog. **IAS-Verordnung** Nr. 1606/2002, die am 14.09.2002 in Kraft getreten ist, verpflichtet Unternehmen, die an einem organisierten Kapitalmarkt vertreten sind, ihre Konzernabschlüsse nach den IFRS (International Financial Reporting Standards) aufzustellen und zu veröffentlichen.

Den einzelnen Mitgliedstaaten der EU ist es freigestellt, die Anwendung der IFRS auf die Konzernabschlüsse nicht kapitalmarktorientierter Unternehmen sowie auf die Aufstellung von Einzelabschlüssen als Wahlrecht zu erlauben, als Pflicht vorzuschreiben oder durch Verbot zu untersagen. Die **Anwendung der IFRS auf die Konzernabschlüsse kapitalmarktorientierter Mutterunternehmen** gilt unmittelbar ohne einen besonderen Umsetzungsakt der Mitgliedstaaten. Dahingegen müssen die Wahlrechte, die in der IAS-Verordnung aufgeführt werden, erst in das jeweilige nationale Recht umgesetzt werden. Die Anwendung der IFRS stellt sich nach der IAS-Verordnung nunmehr wie folgt dar:

IFRS-Anwendung	Einzelabschluss	Konzernabschluss
Kapitalmarktorientierte Unternehmen	Verbot, Wahlrecht oder Pflicht	Pflicht
Nicht kapitalmarktorientierte Unternehmen	Verbot, Wahlrecht oder Pflicht	Verbot, Wahlrecht oder Pflicht

Abb. 1: Anwendung der IFRS auf der Grundlage der IAS-Verordnung

Weiterhin ist in der IAS-Verordnung vorgesehen, dass die EU-Kommission in einem **Endorsement- bzw. Komitologieverfahren** über die Annahme und Anwendbarkeit der IFRS sowie Rechnungslegungsinterpretationen entscheidet. An dieser Entscheidung sind neben der EU-Kommission die **European Financial Reporting Advisory Group (EFRAG)**, das **Accounting Regulatory Committee (ARC)**, der **Rat der Europäischen Union** und schließlich das **Europäische Parlament** beteiligt. Die EFRAG ist ein privater Ausschuss von Experten, der der Kommission Annahme- bzw. Ablehnungsvorschläge hinsichtlich neu verabschiedeter IFRS-Standards vom **IASB (International Accounting Standards Board)** unterbreitet. Um die EU-Kommission in diesem Prozess zu unterstützen wurde 2006 die **Standards Advice Group (SARG)** gegründet, die Standardübernahmeempfehlungen gegenüber der EU-Kommission ausspricht. Die SARG prüft, ob die EFRAG-Stellungnahmen bezüglich der Übernahme von Rechnungslegungsstandards und -interpretationen objektiv und ausgewogen sind. Erst nach Erhalt der Stellungnahme der SARG, leitet die Kommission den auf dieser Grundlage formulierten Vorschlag an das ARC weiter, das dann über die Annahme oder Ablehnung des Vorschlags abstimmt. Stimmt das ARC dem Übernahmeentwurf der Europäischen Kommission zu, so wird dieser an das Europäische Parlament und den Europäischen Rat weitergeleitet. Erfolgt innerhalb von drei Monaten keine Ablehnung durch das Europäische Parlament und dem Europäischen Rat, so gilt der Standard als durch die EU angenommen.

Im Rahmen des Endorsement- bzw. Komitologieverfahrens sind die jeweiligen Regelungen des IASB dahin gehend zu prüfen, ob sie den Grundanforderungen der 4. und 7. EG-Richtlinie genügen und mit ihnen ein **den tatsächlichen Verhältnissen entsprechendes Bild der Vermögens-, Finanz- und Ertragslage des bilanzierenden Unternehmens** gezeichnet wird, ob sie dem öffentlichen Interesse entsprechen und ob sie das Postulat kapitalmarktorientierter Rechnungslegungsnormen erfüllen, d.h. die Informationsbedürfnisse der Investoren befriedigen.

Nach diesem Prozess haben die Mitgliedsstaaten der EU dafür Sorge zu tragen, dass die kapitalmarktorientierten Unternehmen die jeweiligen Regelungen des IASB zwingend anzuwenden haben.

1.2 Deutsches Bilanzrecht

Die Gesetzesvorschriften für die Umsetzung der IAS-Verordnung bilden der § 315a i.V.m. § 325 Abs. 2a HGB. § 315a HGB sieht vor, dass neben den Unternehmen, deren Wertpapiere an einem organisierten Kapitalmarkt zugelassen sind, auch die Unternehmen verpflichtend **einen IFRS-konformen Konzernabschluss** aufzustellen haben, die bis zum betreffenden Abschlussstichtag die Zulassung an einer Börse beantragt haben. Sämtliche Unternehmen, die nach den IFRS bilanzieren, sind nicht von den handelsrechtlichen Regelungen in Gänze entbunden. So werden die Unternehmen verpflichtet, einen Konzernlagebericht zu erstellen, der keinen Jahresabschlussbestandteil der IFRS darstellt.

Die **Wahlrechte zur IFRS-Anwendung auf Einzelabschlussebene**, wie sie in der IAS-Verordnung der EU vorgesehen sind, sind in das deutsche Bilanzrecht insoweit eingegangen, als § 325 Abs. 2a HGB die Möglichkeit bietet, ausschließlich für Zwecke der **Offenlegung einen IFRS-konformen Einzelabschluss** aufstellen zu können. Bei Wahrnehmung dieses Wahlrechts hat das bilanzierende Unternehmen für gesellschafts- und steuerrechtliche Zwecke weiterhin einen handelsrechtlichen Einzelabschluss aufzustellen. Entsprechend der Vorschrift des § 315a HGB sieht § 325 Abs. 2a HGB vor, dass neben den IFRS auch handelsrechtliche Regelungen wie die **Vorschriften zum Lagebericht bei der Aufstellung eines IFRS-Einzelabschlusses** zwingend zu befolgen sind.

Wie bereits angedeutet sind die IFRS auch schon deshalb bedeutsam, da Unternehmen, die im deutschen **Börsensegment „Prime Standard"** gelistet werden wollen, ihre Abschlüsse nach den IFRS aufzustellen haben.

IFRS-Anwendung in Deutschland	Einzelabschluss	Konzernabschluss
Kapitalmarktorientierte Unternehmen	HGB (IFRS-Wahlrecht zusätzlich für Offenlegungszwecke gemäß § 325 Abs. 2a i.V.m. Abs. 2b HGB)	IFRS-Pflicht (Art. 4 IAS Verordnung)
Nicht kapitalmarktorientierte Unternehmen	HGB (IFRS zusätzlich möglich)	Explizites Wahlrecht zwischen HGB und IFRS gemäß § 315a HGB

Abb. 2: Umsetzung der IAS-Verordnung in Deutschland

2. Struktur, Aufgaben und Zielsetzung des IASB

2.1 Organisation des IASB

Die Vorgängerorganisation des **IASB (International Accounting Standard Board)**, das **IASC (International Accounting Standards Committee)**, wurde 1973 in London als privatrechtliche Organisation von den Berufsverbänden aus neun Ländern (Australien, Deutschland, Frankreich, Großbritannien und Irland, Japan, Kanada, Mexiko, Niederlande und den Vereinigten Staaten von Amerika) als globaler Standardsetter gegründet. Die seit 2001 bestehende Nachfolgeorganisation des IASC, das IASB, als eine nichtstaatliche Fachorganisation, hat als Hauptaufgabe die internationalen Rechnungslegungsstandards zu entwickeln, zu veröffentlichen und auf deren weltweite Akzeptanz und Einhaltung hinzuwirken. Diese Organisationsstruktur des IASB ist in der folgenden Abbildung 3 dargestellt.

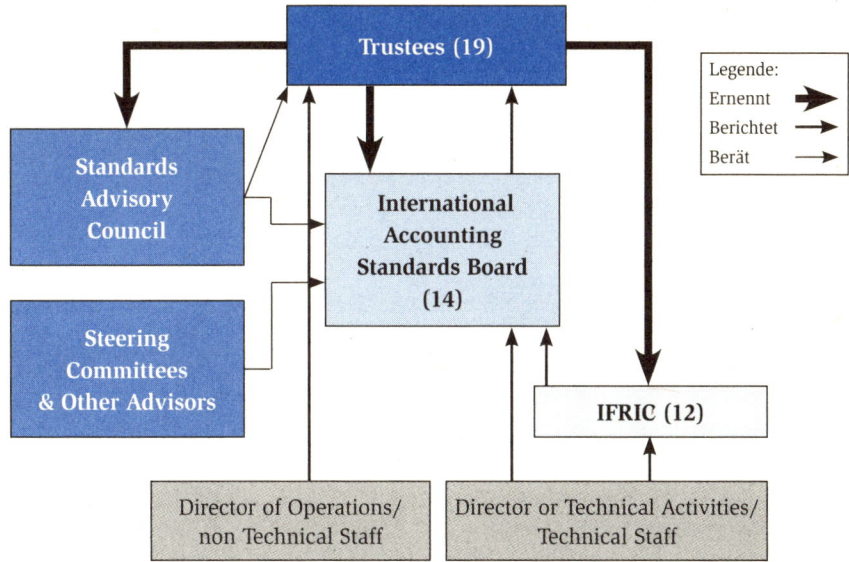

Abb. 3: Organisationsstruktur des IASB

Die **IASC Foundation** ist die Trägerorganisation des IASB (International Accounting Standard Board). Daneben sind als wesentliche Organe dieser Organisation die Trustees, das **International Financial Reporting Interpretations Committee (IFRIC)**, der **Standards Advisory Council (SAC)** sowie das **Board (IASB)** anzuführen. Das aus 19 Trustees bestehende Organ ernennt die Mitglieder des IASB, des IFRIC und des SAG, überwacht die Aktivitäten des IASB, sichert seine Finanzierung und entscheidet über mögliche Satzungsänderungen. Das IFRIC besteht aus zwölf stimmberechtigten Mitgliedern und legt praktische Fragen der Rechnungslegung in Form von Rechnungslegungsinterpretationen zeitnah aus. Der **Standards Advisory Council** umfasst 45 Mitglieder und Organisationen verschiedenster geografischer und beruflicher Herkunft. Die Aufgabe dieses Gremiums ist es, das Board und auch die Trustees in fachlichen und technischen Fragen zu beraten. Das IASB schließlich setzt sich aus 14 Mitgliedern zusammen und hat die Aufgabe, Entwürfe **(Exposure Draft)** und **International Financial Reporting Standards (IFRS)** zu entwickeln und zu veröffentlichen sowie die vom IFRIC erarbeiteten Interpretationen zu verabschieden. Das IASB erhält dabei Unterstützung durch nationale Rechnungslegungsgremien oder andere Organisationen. Überdies ist das IASB befugt, zur Wahrnehmung seiner fachlichen Aufgaben sog. **Steering Committees** und **Other Advisors** einzusetzen. Das IASB macht regelmäßig von dieser Befugnis Gebrauch und stellt projektbezogene Arbeitsgruppen zu aktuellen Bilanzierungsfragen mit in der Regel sechs bis zehn Mitgliedern zusammen.

2.2 Zielsetzung der IASC Foundation

Die **IASC Foundation** als Dachorganisation des IASB hat im Wesentlichen die folgenden drei Ziele:

1. Entwicklung eines einzigen gültigen Satzes an hochwertigen, verständlichen und durchsetzbaren globalen Standards der Rechnungslegung. Diese Standards fordern hochwertige, transparente und vergleichbare Informationen in Abschlüssen und sonstigen Finanzberichten, um die Teilnehmer in den Kapitalmärkten der Welt und andere Nutzer beim Treffen von wirtschaftlichen Entscheidungen zu unterstützen;

2. Die Förderung der Nutzung und rigorosen Anwendung der Standards;
3. Herbeiführung einer Konvergenz der nationalen Standards mit den IFRS im Sinne der Schaffung eines hochwertigen Rechnungslegungsrechts.

Insgesamt decken sich die Zielsetzungen der IASC Foundation und damit die Zielsetzung des IASB mit den Vorstellungen zur kapitalmarktorientierten Rechnungslegung.

2.3   Hierarchie des IASB-Regelsystems

Das IASB-Regelungssystem lässt sich als House of IFRS darstellen. Auf der Basis dieses House of IFRS lassen sich nahezu sämtliche wirtschaftlichen Sachverhalte bilanziell erfassen und abbilden.

Das **IASB-Regelungssystem** besteht aus den folgenden Komponenten:

1. Dem **Preface to International Financial Reporting Standards** (Vorwort);
2. Dem **Framework for the Preparation and Presentation of Financial Statements** (Framework bzw. Rahmenkonzept);
3. Den Standards, wobei die bis zur endgültigen Restrukturierung vom IASC verabschiedeten und nunmehr vom IASB übernommenen Standards als International Accounting Standards (IAS) bezeichnet werden und die künftigen Standards den Namen International Financial Reporting Standards (IFRS) tragen; insofern sind IAS und IFRS stets als Einheit zu verstehen, die als Sammelbegriff mit IFRS bezeichnet werden;
4. Den Interpretationen des früheren Standards Interpretations Committee (SIC) bzw. des heutigen IFRIC, die **SIC-Interpretationen** bzw. **IFRIC-Interpretationen** genannt werden, sowie den Implementation Guidances (Anwendungsleitlinien).

Die **Zielsetzung des IASB**, der Anwendungsbereich, die Funktion der Standards, die Bestandteile eines vollständigen IFRS-Abschlusses, der Ablauf der Verabschiedung neuer Standards sowie Abstimmungsregularien, der Zeitpunkt des Inkrafttretens der Standards und die Arbeitssprache werden im Preface erläutert. Das Preface hat indes für die Anwendung und Auslegung der IFRS keine Bedeutung.

Das **Framework** (F.) bzw. Rahmenkonzept fungiert als Auslegungs- und Orientierungshilfe und ist damit der konzeptionelle Bezugsrahmen für das Rechnungslegungssystem des IASB. Das Framework richtet sich an das Board, die Ersteller von IFRS-Abschlüssen, deren Prüfer sowie die Abschlussadressaten und sonstige an der Rechnungslegung Interessierte. Es umschließt das System der allgemeinen Rechnungslegungsgrundsätze des IASB und dient somit als Grundlage für die Erarbeitung neuer sowie die Auslegung bereits bestehender Standards. Bezüglich seines Verpflichtungscharakters wird explizit herausgestellt, dass das Framework gemäß F. 2 (Framework Textziffer 2) kein Standard ist und auch nicht unter Berufung auf das Framework gegen einzelne Standards verstoßen werden darf. Dem Framework kann lediglich Empfehlungscharakter zugesprochen werden.

Mit abgegrenzten Bereichen des IFRS-Rechnungslegungssystems befassen sich hingegen die einzelnen Rechnungslegungsstandards (IAS/IFRS). Sie folgen keiner einheitlichen Systematik und decken teilweise Bilanzposten ab. Teilweise behandeln sie die Gestaltung von Instrumenten der Rechnungslegung oder Sonderprobleme einzelner Branchen. Werden bestimmte Sachverhalte nicht durch bestehende Standards abgedeckt, ist das IASB entsprechend seiner Zielsetzung bemüht, diese Lücken durch die Herausgabe neuer oder durch Überarbeitung bestehender Standards zu schließen.

Die **IFRIC-Interpretationen** bzw. SIC-Interpretationen stellen die vom IASB autorisierten und daher verbindlich anzuwendenden Auslegungsregeln für bestehende Standards dar. Sie sollen gewährleisten, dass die Standards bei Bilanzierungsfragen, die in ihnen nicht ausdrücklich geregelt sind, einheitlich und zutreffend angewendet werden. IFRIC-Interpretationen werden möglichst zeitnah herausgegeben und beziehen sich nur auf Bilanzierungsfragen von allgemeinem Interesse. Sie werden konsistent zum Framework und zu den bestehenden Standards entwickelt.

Implementation Guidances, sog. Anwendungsleitlinien, wurden erstmals zu IAS 39 „Finanzinstrumente: Ansatz und Bewertung", veröffentlicht. Mit diesen Leitlinien sollten Probleme bei der Einführung und Anwendung inhaltlich schwieriger Standards verringert werden. Zu diesem Zweck wurde vom Board eine Arbeitsgruppe, das **Implementation Guidance Committee (IGC)**, eingesetzt. Die vom IGC erarbeiteten Anwendungsleitlinien besitzen Empfehlungscharakter.

Die **Hierarchie des IASB-Regelungssystems**, das **House of IFRS**, wird in der nachfolgenden Abbildung nochmals hinsichtlich des Konkretisierungsgrades der IASB-Regelungen zusammengefasst:

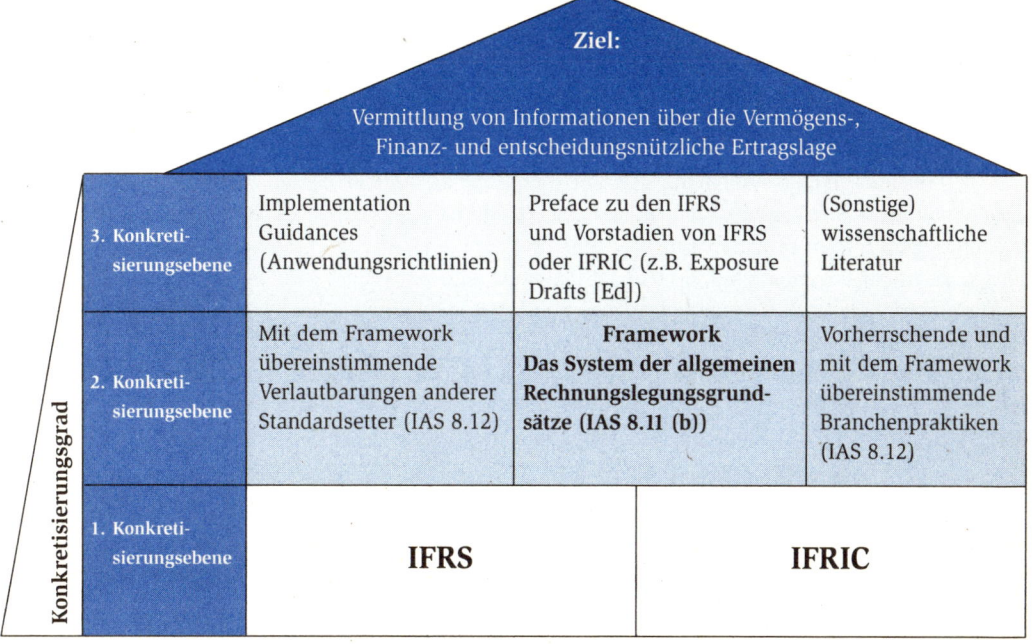

Abb. 4: House of IFRS (in Anlehnung an: Baetge/Zülch, Rechnungslegungsgrundsätze nach HGB und IFRS in: Handwörterbuch des Jahresabschlusses in Einzeldarstellungen, hrsg. von v. Wysocki u.a. Abt. I/2, Köln 2004, Rz. 185)

Zurzeit können die Vorschriften des IASB noch nicht als ein in sich geschlossenes Normensystem angesehen werden. Weder eine hinreichend verbindliche konzeptionelle Regelungsgrundlage liegt vor, noch werden alle Regelungslücken geschlossen (z.B. für Teilbereiche der Konzernrechnungslegung). Hinzu kommt, dass vom IFRIC nur solche Bilanzierungsthemen behandelt werden, die von internationaler Relevanz sind.

Bestehen bilanzielle Regelungslücken bzw. fehlen Standards oder Interpretationen, die ausdrücklich auf einen Geschäftsvorfall oder sonstige Ereignisse oder Bedingungen zutreffen, hat die Unternehmensleitung gemäß IAS 8 „Bilanzierungsmethoden, Änderungen von rechnungslegungsbezogenen Schätzungen und Fehler" nach eigenem Urteil, aber im Einklang mit dem Framework, Bilanzierungsmethoden gemäß IAS 8.11 ff. (IAS 8, Textziffer 11) zu entwickeln und anzuwenden, die den Abschlussadressaten entscheidungsnützliche Informationen zur Verfügung stellen.

Folgende Quellen dienen hierbei als Auslegungshilfen:

1. Die Vorschriften des IASB, die sich mit ähnlichen oder verwandten bilanziellen Fragestellungen befassen;
2. Die Definitionen sowie die Ansatz- und Bewertungskriterien für Vermögenswerte, Schulden, Erträge und Aufwendungen, die im Framework angeführt werden;
3. Die Verlautbarungen anderer Standardsetter und anerkannte Branchenpraktiken, sofern sie mit den Vorschriften des IASB vereinbar sind.

Andere Standardsetter sind beispielsweise das **Institut der Wirtschaftsprüfer e.V. (IDW)**, der **Deutsche Standardisierungsrat (DRS)**, das **Financial Accounting Standard Board (FASB)** und die **Interpretationen der Securities and Exchange Commission (SEC)** der Vereinigten Staaten. Grundsätzlich ist keinem Standardsetter ein Vorrang einzuräumen. Gewinnt ein Standardsetter den Status einer üblichen Branchenpraxis, so ist dieser anzuwenden. Im Hinblick auf die Bedeutung der Vereinigten Staaten für die Kapitalmärkte und der konzeptionellen Nähe der **United States Generally Accepted Accounting Principles (US-GAAP)** werden in der Regel die amerikanischen Rechnungslegungsvorschriften zur Beseitigung der Regelungslücke herangezogen, weil dort in gleicher Weise der Informationszweck und der **true and fair view Gedanke** das konzeptionelle Fundament der Rechnungslegung bildet.

2.4 Entwicklung von Rechnungslegungsstandards

Hohe Qualität und globale Akzeptanz von Rechnungslegungsnormen lassen sich nur erreichen, wenn die einzelnen Rechnungslegungsnormen nicht nur im Rahmen der Entwicklung und Verabschiedung von Rechnungslegungsregeln **(Standardsetting)** selbst, sondern auch mit der interessierten Öffentlichkeit, den externen Rechnungslegungsexperten weltweit diskutiert und entwickelt werden. Dies geschieht mithilfe des **due process**. Dieser Normsetzungsprozess ist als ein mehrstufiger, mit Stellungnahmemöglichkeiten versehener, Prozess ausgestaltet.

Die Rechnungslegungsstandards und Interpretationen des IASB sind das Ergebnis eines derartigen formalisierten Normsetzungsprozesses. Im Wesentlichen umfasst der Normsetzungsprozess des IASB bzgl. der Entwicklung und Verabschiedung von IFRS die sieben nachfolgend aufgeführten Schritte.

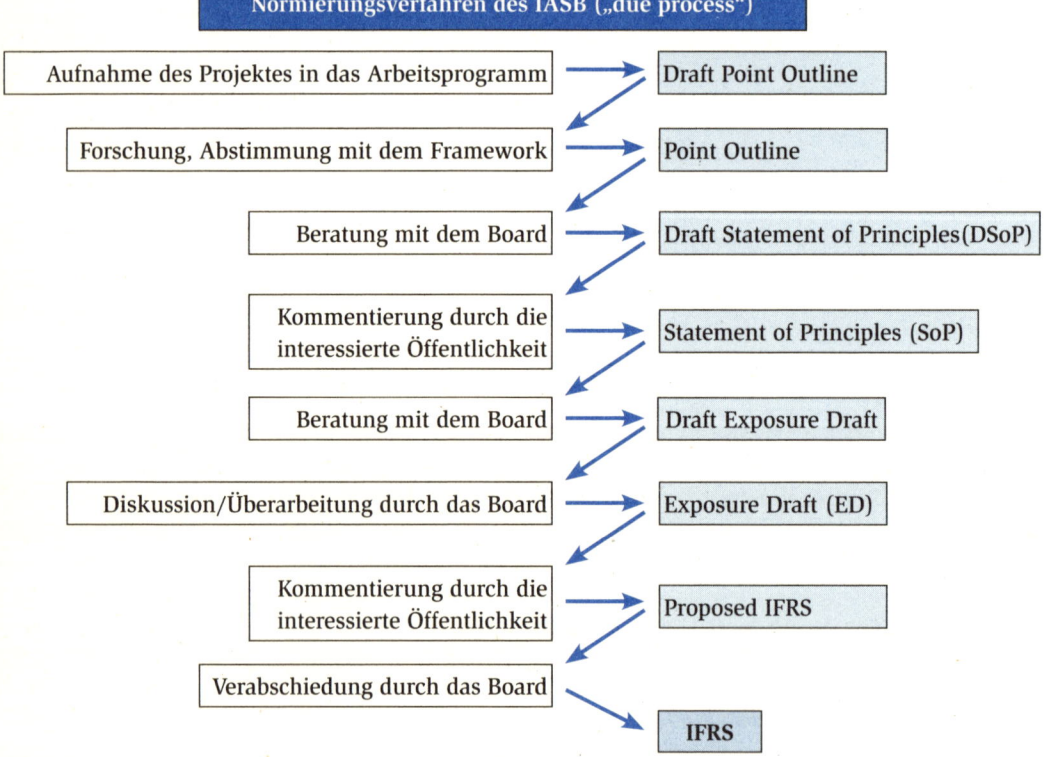

Abb. 5: Normierungsverfahren (due process) des IASB

Im Zuge der Reorganisation und strategischen Neuausrichtung des bisherigen IASC wurde der due process überarbeitet. Die Zusammenarbeit mit den nationalen Standardsettern ist vertieft und eine frühzeitige Abstimmung mit diesen bei der Standardentwicklung angestrebt worden. Indes existieren für die Dringlichkeit der Bearbeitung der einzelnen Projekte bislang keine Kriterien; vielmehr wird die Reihenfolge der Bearbeitung vom IASB in Abstimmung mit den nationalen Standardsettern festgelegt.

Ein analoges Vorgehen ist auch für den Normsetzungsprozess von Interpretationen vorgesehen. Zuständiges Organ für die Entwicklung und Verabschiedung von Interpretationen ist das **IFRIC**, das bei praktischen Problemen in der Anwendung von Rechnungslegungsstandards weltweit von jeder Einzelperson oder Organisation angerufen werden kann. Auf der Grundlage eines vom IFRIC erarbeiteten Kriterienkatalogs wird entschieden, ob der dem IFRIC eingereichte Themenvorschlag auslegungswürdig ist und den Normsetzungsprozess für Interpretationen in Gang setzt. Durch die Zusammenarbeit mit den nationalen Standardsettern können deren bisherige Erfahrungen und Forschungsergebnisse frühzeitig berücksichtigt werden. Die vom IASB gebilligten und veröffentlichten **IFRIC-Interpretationen** sind wie die IFRS für alle nach dem Regelwerk des IASB bilanzierenden Unternehmen verbindlich.

2.5 Derzeitig gültige Rechnungslegungsvorschriften des IASB

Das IASC hat bis zu seiner Umstrukturierung im Jahr 2001 insgesamt 41 IAS erlassen und veröffentlicht, von denen 12 wieder aufgehoben oder zurückgezogen wurden und 29 derzeit anzuwenden sind. Hinsichtlich ihrer Überarbeitungsstufe unterscheiden sich die bislang verabschiedeten IAS in unüberarbeitete Standards (**non revised versions**), in ergänzte (**amended versions**), in redaktionell überarbeitete bzw. umgegliederte Standards (reformatted versions) sowie in vollständig überarbeitete Standards (**revised versions**). Das zum 01.04.2001 als zentrales Entscheidungsorgan eingesetzte IASB hat bislang 9 IFRS, verabschiedet und veröffentlicht. Ergänzt werden die Rechnungslegungsstandards des IASB durch 20 gültige Interpretationen (11 SIC und 9 IFRIC). Insgesamt werden sämtliche Rechnungslegungsstandards und Rechnungslegungsinterpretationen nunmehr unter dem Oberbegriff IFRS geführt. Die folgende Abbildung mit Stand vom 30.08.2010 zeigt die derzeit gültigen von der EU akzeptierten Standards sowie die zugehörigen Interpretationen.

IAS/IFRS	Titel	Zugehörige SIC/IFRIC
IAS 1	Darstellung des Abschlusses	SIC-27, SIC-29, IFRIC 16, IFRIC 19
IAS 2	Vorräte	
IAS 7	Kapitalflussrechnungen	
IAS 8	Bilanzierungsmethoden, Änderungen von rechnungslegungsbezogenen Schätzungen und Fehler	SIC-7, IFRIC 5, IFRIC 11, IFRIC 12
IAS 10	Ereignisse nach der Berichtsperiode	SIC-7
IAS 11	Fertigungsaufträge	IFRIC 12, IFRIC 15
IAS 12	Ertragsteuern	SIC-21, SIC-25, IFRIC 7
IAS 16	Sachanlagen	IFRIC 1, IFRIC 4, IFRIC 12
IAS 17	Leasingverhältnisse	SIC-15, SIC-27, IFRIC 4, IFRIC 12
IAS 18	Umsatzerlöse	SIC-27, SIC-31, IFRIC 12, IFRIC 13, IFRIC 15, IFRIC 18
IAS 19	Leistungen an Arbeitnehmer	IFRIC 14
IAS 20	Bilanzierung und Darstellung von Zuwendungen der öffentlichen Hand	SIC-10, IFRIC 3, IFRIC 12

IAS/IFRS	Titel	Zugehörige SIC/IFRIC
IAS 21	Auswirkungen von Wechselkursänderungen	SIC-7, IFRIC 16
IAS 23	Fremdkapitalkosten	IFRIC 12
IAS 24	Angaben über Beziehungen zu nahe stehenden Unternehmen und Personen	
IAS 26	Bilanzierung und Berichterstattung von Altersversorgungsplänen	
IAS 27	Konzern- und Einzelabschlüsse	SIC-12, IFRIC 5, IFRIC 16
IAS 28	Anteile an assoziierten Unternehmen	IFRIC 5
IAS 29	Rechnungslegung in Hochinflationsländern	IFRIC 7
IAS 31	Anteile an Gemeinschaftsunternehmen	SIC-13, IFRIC 5
IAS 32	Finanzinstrumente: Darstellung	IFRIC 11, IFRIC 12, IFRIC 19
IAS 33	Ergebnis je Aktie	
IAS 34	Zwischenberichterstattung	IFRIC 10
IAS 36	Wertminderung von Vermögenswerten	IFRIC 1, IFRIC 12
IAS 37	Rückstellungen, Eventualverbindlichkeiten und Eventualforderungen	IFRIC 1, IFRIC 3, IFRIC 5, IFRIC 6, IFRIC 12, IFRIC 13, IFRIC 16
IAS 38	Immaterielle Vermögenswerte	SIC-32, IFRIC 3, IFRIC 12, IFRIC 13
IAS 39	Finanzinstrumente: Ansatz und Bewertung	IFRIC 5, IFRIC 9, IFRIC 12, IFRIC 16, IFRIC 19
IAS 40	Als Finanzinvestition gehaltene Immobilien	
IAS 41	Landwirtschaft	
IFRS 1	Erstmalige Anwendung der International Financial Reporting Standards	IFRIC 12
IFRS 2	Anteilsbasierte Vergütung	IFRIC 8, IFRIC 11
IFRS 3	Unternehmenszusammenschlüsse	IFRIC 19
IFRS 4	Versicherungsverträge	
IFRS 5	Zur Veräußerung gehaltene langfristige Vermögenswerte und aufgegebene Geschäftsbereiche	
IFRS 6	Exploration und Evaluierung von Bodenschätzen	
IFRS 7	Finanzinstrumente: Angaben	IFRIC 12
IFRS 8	Geschäftssegmente	
IFRS 9	Finanzinstrumente	
IFRS 10	Konzernabschlüsse	
IFRS 11	Gemeinschaftliche Vereinbarungen	
IFRS 12	Angaben zu Beteiligungen an anderen Unternehmen	

IAS/IFRS	Titel	Zugehörige SIC/IFRIC
IFRS 13	Ermittlung des beizulegenden Zeitwertes	

Hinweis: Die verpflichtende Anwendung von IFRS 9 und IFRS 13 ist ab dem 01.01.2015 vorgesehen.

Abb. 6: Rechnungslegungsvorschriften

2.6   Framework

Das **Framework** bzw. **Rahmenkonzept** wurde im April 1989 vom IASC verabschiedet und lehnt sich eng an das Conceptual Framework der US-GAAP an. Strukturell und inhaltlich unterscheiden sich beide Konzepte kaum voneinander. Lediglich in Umfang und Formulierung weichen sie voneinander ab.

Teil des Framework, das als konzeptionelle Grundlage des IASB-Rechnungslegungssystems gilt, ist neben den Definitions-, Ansatz- und Bewertungskriterien für Abschlussposten sowie Kapitalerhaltungskonzepten, das System der allgemeinen Rechnungslegungsgrundsätze. Dieses System der allgemeinen Rechnungslegungsgrundsätze umfasst Ausführungen zu den Zwecken von IFRS-Abschlüssen, den Basisannahmen eines IFRS-Abschlusses sowie den qualitativen Anforderungen und korrespondierenden Nebenbedingungen an Informationen in einem IFRS-Abschluss.

Die im Framework aufgeführten Grundsätze, insbesondere das System der allgemeinen Rechnungslegungsgrundsätze, weisen gemäß F. 2 nicht den Status eines IFRS auf. Sie gehen weder einzelnen IFRS vor noch sind sie als Generalnorm aufzufassen. Allerdings haben einzelne allgemeine Rechnungslegungsgrundsätze bereits Eingang in die Rechnungslegungsstandards gefunden wie der **Basisgrundsatz der Fortführung der Unternehmenstätigkeit (going concern)** in IAS 1.25 und der **Basisgrundsatz der periodengerechten Erfolgsabgrenzung (accrual principel)** in IAS 1.28.

Im folgenden Kapitel 3 wird das **System der allgemeinen Rechnungslegungsgrundsätze** dargestellt. Die qualitativen Anforderungen an Abschlussinformationen sowie die zu beachtenden Nebenbedingungen bei einer zweckgerechten Informationsvermittlung werden neben den Basisannahmen der IASB-Rechnungslegung und ergänzenden Rechnungslegungsgrundsätzen eingehend erläutert, da sie den Kern der IASB-Rechnungslegung bilden. Aufgrund der Tatsache, dass in den IFRS nur an sehr wenigen Stellen zwischen der Anwendung der Rechnungslegungsregeln beim Einzel- und Konzernabschluss differenziert wird, gelten die nachfolgend erläuterten IASB-Rechnungslegungsgrundsätze für beide Abschlussformen.

3.   Allgemeine Rechnungslegungsgrundsätze
3.1 Ziel der Rechnungslegung

Rechnungslegungsgrundsätze haben sich an dem Zweck und an den Zielen der Rechnungslegung zu orientieren. Das **Framework** erklärt gemäß F. 12 als Ziel von Abschlüssen, Informationen über die Vermögens-, Finanz- und Ertragslage sowie Veränderungen in der Vermögens- und Finanzlage eines Unternehmens zu geben, die für einen weiten Adressatenkreis bei dessen wirtschaftlichen Entscheidungen nützlich sind.

Zu den Adressaten gehören gemäß F. 9 derzeitige und potenzielle Investoren, Arbeitnehmer, Kreditgeber, Lieferanten und weitere Kreditoren, Kunden, Regierungen sowie deren Institutionen und die Öffentlichkeit. Dieser Adressatenkreis verwendet die Abschlüsse, um einige ihrer unterschiedlichen Informationsbedürfnisse zu befriedigen.

Somit hat die Rechnungslegung nach den IFRS für den externen Adressatenkreis ausschließlich eine **Informationsfunktion** zu erfüllen. Das Ziel der Rechnungslegung nach den IFRS besteht dementsprechend in der Bereitstellung von Informationen, die für die Abschlussadressaten bei deren wirtschaftlichen Entscheidungen nützlich sind (**decision usefulness**), wobei im Focus die Informationsbedürfnisse der Investoren, welche Risikokapital zu Verfügung stellen, stehen.

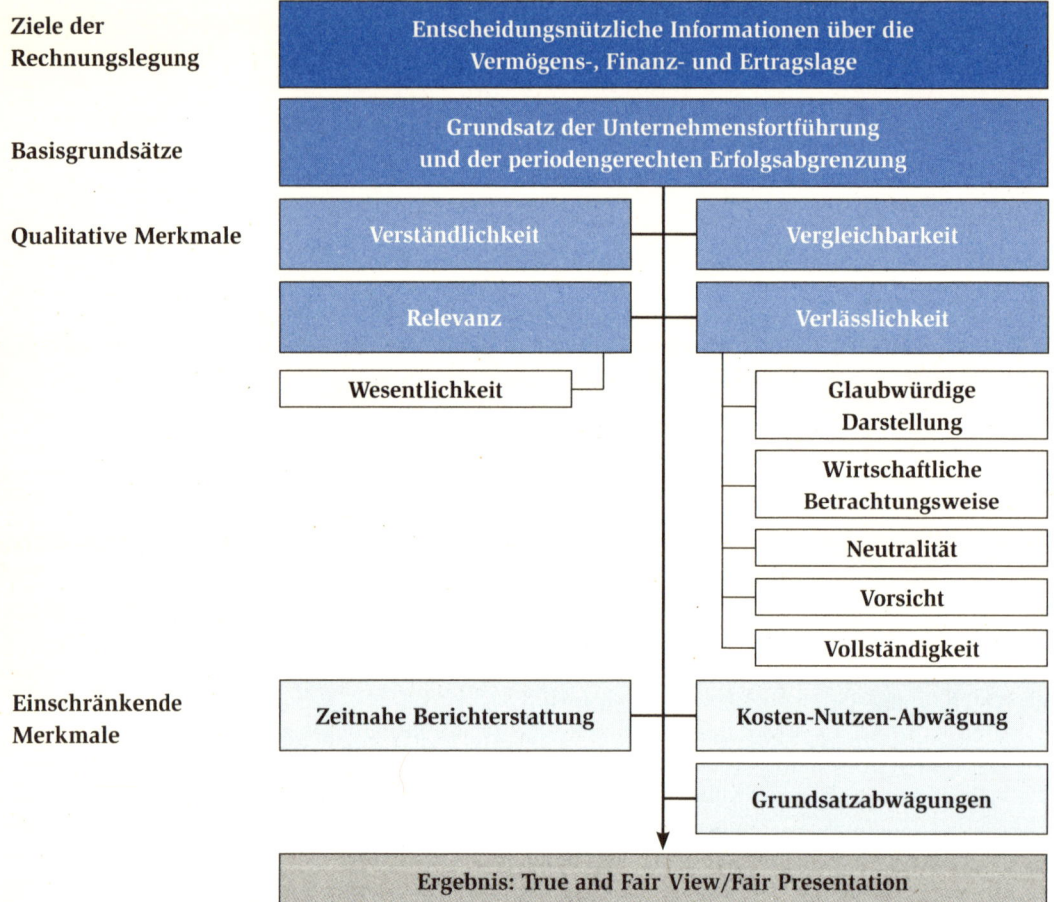

Abb. 7: Rechnungslegungsgrundsätze des IASB

3.2 Grundprinzipien der Rechnungslegung

Damit die Ziele bzw. die Erwartungen, insbesondere die zur Verfügungstellung investororientierter entscheidungsnützliche Informationen, an die investororientierte Rechnungslegung nach IFRS erreicht werden, basiert der Jahresabschluss nach IFRS auf die in der folgenden Abbildung 7 (nächste Seite) dargestellten allgemeinen Rechnungslegungsgrundsätze des IASB.

3.2.1 Basisgrundsätze

Dem Rechnungslegungssystem des IASB liegt zum einen der **Basisgrundsatz der Unternehmensfortführung (going concern)** und zum anderen der **Basisgrundsatz der periodengerechten Erfolgsabgrenzung (accraul basis)** zu Grunde.

Gemäß F. 23 wird bei der Aufstellung von Abschlüssen im Regelfall von der Annahme der **Unternehmensfortführung** ausgegangen. Es ist für Zwecke der Bilanzierung davon auszugehen, dass das Unternehmen weder die Absicht hat noch gezwungen ist, seine Tätigkeiten einzustellen oder deren Umfang wesentlich einzuschränken. Bei erheblichen Zweifeln an der Fortführungsfähigkeit nach IAS 1.25 sind entsprechende Angabepflichten zu beachten. Zur Beurteilung der Fortführungsfähigkeit ist ein Zeitraum von mindestens zwölf Monaten nach dem Bilanzstichtag zugrunde zu legen (IAS 1.26).

Damit die Jahresabschlüsse ihren Zielen gerecht werden, sind die Abschlüsse nach dem **Konzept der Periodenabgrenzung** aufzustellen (F. 22). Gemäß diesem Konzept sind Auswirkungen von Geschäftsvorfällen und anderen Ereignissen zu erfassen, wenn diese entstehen und nicht wenn Zahlungsmittel oder Zahlungsmitteläquivalente vereinnahmt bzw. verausgabt werden. Somit sind Aufwendungen und Erträge des Geschäftsjahrs unabhängig von den Zeitpunkten der entsprechenden Zahlungen im Jahresabschluss zu berücksichtigen. Das Konzept der Periodenabgrenzung beinhaltet des weiteren, dass in der Gewinn- und Verlustrechnung (GuV) Aufwendungen auf der Grundlage eines direkten Zusammenhangs zwischen den entstandenen Kosten und den entsprechenden Erträgen zu erfassen sind (**matching principle**). Dies gestattet jedoch nicht die Erfassung von Posten in der Bilanz, die die Definition von Vermögenswerten oder Schulden nicht erfüllen (s. Kapitel 4.1). **Abschlüsse, die nach dem Konzept der Periodenabgrenzung** erstellt werden, bieten den Adressaten nicht nur Informationen über vergangene Geschäftsvorfälle ein- schließlich geleisteter und erhaltener Zahlungen, sondern es informiert ebenso über künftige Zahlungsver- pflichtungen sowie Ressourcen, die in der Zukunft zu Zahlungsmittelzuflüssen führen. Der Adressat erhält somit Informationen über zurückliegende Geschäftsvorfälle und andere Ereignisse, die für die Adressaten bei deren wirtschaftlichen Entscheidungen nützlich sein könnten.

3.2.2 Qualitative Anforderungen an die Rechnungslegung

Die qualitativen Anforderungen an die in einem IFRS-Abschluss zu vermittelnden Informationen werden durch die Anforderungen der:

1. **Verständlichkeit (unterstandability)**;
2. **Relevanz (relevance)**;
3. **Verlässlichkeit (reliability)**;
4. **Vergleichbarkeit (comparability)**.

konkretisiert.

Die **Verständlichkeit (unterstandability)** ist vor dem Hintergrund eines Adressaten mit angemessener Kenntnis über die geschäftliche und wirtschaftliche Tätigkeit, der Rechnungslegungsvorschriften sowie der Bereitschaft, die Informationen mit entsprechender Sorgfalt zu lesen, zu beurteilen (F. 25).

Um nützlich zu sein (**Relevanz**), haben die Informationen für die wirtschaftlichen Entscheidungen der Adressaten relevant zu sein. Informationen gelten als relevant, wenn sie die wirtschaftlichen Entschei- dungen der Adressaten beeinflussen, indem sie ihnen bei der Beurteilung vergangener, derzeitiger oder zukünftiger Ereignisse helfen oder ihre Beurteilungen aus der Vergangenheit bestätigen oder korrigieren (F. 26). Die Relevanz einer Information wird durch ihre Art und Wesentlichkeit (**materiality**) bedingt, wobei Informationen wesentlich sind, wenn ihr Weglassen oder ihre fehlerhafte Darstellung die auf Basis des Abschlusses getroffenen wirtschaftlichen Entscheidungen der Adressaten beeinflussen könnten (F. 29).

Informationen sind verlässlich (**reliability**), wenn sie keine wesentlichen Fehler enthalten, nicht verzerrt sind und sich die Adressaten darauf verlassen können, dass sie glaubwürdig darstellen, was sie vorgeben darzustellen (F. 31). Im Falle eines Zielkonflikts sollten relevante, aber nicht verlässliche Daten nicht in den bilanziellen Ansatz und die Bewertung einfließen. Gleichwohl kann eine Angabe des Betrags und der Umstände des Anspruchs im **Anhang (Notes)** angebracht sein (F. 32). Der **Grundsatz der Verlässlichkeit von Informationen** beinhaltet die folgenden Einzelgrundsätze:

1. **Glaubwürdige Darstellung (faithful representation)**

   Um verlässlich zu sein, müssen Informationen nach F. 33 die Geschäftsvorfälle und andere Ereignisse glaubwürdig darstellen, die sie zum Inhalt haben oder die sie entweder vorgeben darzustellen oder von denen vernünftigerweise erwartet werden kann, dass sie sie darstellen. So hat beispielsweise eine Bilanz diejenigen Geschäftsvorfälle und Ereignisse glaubwürdig darzulegen, die bei einem Unterneh- men am Abschlussstichtag zu Vermögenswerten, Schulden und Eigenkapital führen. Unter dem Aspekt der glaubwürdigen Darstellung sind bestimmte Positionen, beispielsweise der originäre Firmenwert, nicht in den Abschluss aufzunehmen, da zu große Bewertungsunsicherheiten damit verbunden sind. Auf der anderen Seite kann die Anforderung der Relevanz es erforderlich machen, dass bestimmte Posten erfasst werden und Angaben zu dem mit ihrer Erfassung und ihrer Bewertung verbundenen Fehlerrisiko vorzunehmen sind (F. 34).

2. **Wirtschaftliche Betrachtungsweise (substance over form)**

Nach diesem Grundsatz sind alle Geschäftsvorfälle und andere wirtschaftliche Ereignisse nach ihrem tatsächlichen wirtschaftlichen Gehalt und nicht allein aufgrund der rechtlichen Gestaltung zu bilanzieren und darzustellen. Gemäß F. 35 steht somit die wirtschaftliche Betrachtungsweise im Vordergrund.

3. **Neutralität (neutrality)**

Damit die im Abschluss enthaltenen Informationen verlässlich sind, müssen sie neutral, also frei von verzerrenden Einflüssen sein. Abschlüsse sind nicht neutral, wenn sie durch Auswahl oder Darstellung der Informationen eine Entscheidung oder Beurteilung beeinflussen, um so ein vorher festgelegtes Resultat oder Ergebnis zu erzielen (F. 36).

4. **Vorsicht (prudence)**

Der **Grundsatz der Vorsicht** stellt eine Konkretisierung des Grundsatzes der Verlässlichkeit der Informationen dar, da die mit der Aufstellung des Abschlusses befassten Personen sich häufig mit Ungewissheiten und somit zwangsläufig mit Ermessensausübungen auseinanderzusetzen haben. Ziel des Bilanzierenden sollte sein, dass Vermögenswerte oder Erträge nicht zu hoch und Schulden oder Aufwendungen nicht zu niedrig angesetzt werden. Überdotierung von Rückstellungen, bewusste Unterbewertung von Vermögenswerten oder Erträgen bzw. bewusste Überbewertung von Schulden oder Aufwendungen würde aufgrund mangelnder Neutralität gegen den Grundsatz der Verlässlichkeit verstoßen und ist daher nicht zulässig (F. 37).

5. **Vollständigkeit (completness)**

Damit die im Abschluss enthaltenen Informationen verlässlich sind, müssen sie unter Beachtung des Grundsatzes der Wesentlichkeit und Abwägungen von Nutzen und Kosten (cost benefit balance) vollständig sein. Ein Weglassen kann dazu führen, dass die Informationen falsch oder irreführend und somit hinsichtlich ihrer Relevanz unzuverlässig und mangelhaft sind (F. 38).

Die Anforderung der Vergleichbarkeit (comparability) bezieht sich zum einen auf die Abschlüsse eines Unternehmens im Zeitablauf und zum anderen auf die Abschlüsse verschiedener Unternehmen untereinander (F. 39). Daraus ergibt sich die Notwendigkeit die Adressaten über die bei der Aufstellung der Abschlüsse zugrunde gelegten Bilanzierungs- und Bewertungsmethoden, über Änderungen dieser Methoden sowie deren Auswirkungen zu informieren. Unterschiede in den Bilanzierungs- und Bewertungsmethoden für ähnliche Sachverhalte bei einem Unternehmen im Zeitablauf sowie bei verschiedenen Unternehmen müssen für die Adressaten erkennbar sein (F. 40). Änderungen sind angebracht, wenn die angewandte Methode nicht mit den qualitativen Anforderungen Relevanz und Zuverlässigkeit übereinstimmen oder wenn Alternativen existieren, die den Anforderungen der Relevanz und der Verlässlichkeit besser entsprechen. (F. 41). Ursachen für eine Durchbrechung der Stetigkeit können sich insbesondere im Zusammenhang mit wesentlichen Änderungen des Tätigkeitsfeldes des Unternehmens, bedeutenden Erwerben oder bedeutenden Veräußerungen ergeben (IAS 1. 45a). Voraussetzung, um eine Änderung vorzunehmen ist, dass die geänderte Struktur wahrscheinlich zukünftig beibehalten wird oder der Nutzen der geänderten Bilanzierung eindeutig ist. Änderungen der Bilanzierung können auch erfolgen, um nationalen Vorschriften zu entsprechen, soweit die überarbeitete Darstellung mit IAS 1 übereinstimmt; sie müssen erfolgen, soweit dies von einem (neuen oder geänderten) IFRS oder einer IFRIC-Interpretation verlangt wird (IAS 1.45b). Soweit in den IFRS Wahlrechte enthalten sind, müssen sie für alle Sachverhalte im Jahresabschluss einheitlich ausgeübt werden. Von diesem Grundsatz darf nur abgewichen werden, wenn die IFRS dieses zulassen.

Im Sinne der Vergleichbarkeit ist die Angabe der entsprechenden Informationen für die vorhergehenden Perioden erforderlich (F. 42). Bei **Durchbrechung der Darstellungsstetigkeit** sind die Vergleichsbeträge anzupassen, soweit praktikabel (IAS 1.41); andernfalls sind Anhangangaben über Grund und Art der unterlassenen Anpassung vorzunehmen.

Die **qualitativen Anforderungen Relevanz und Verlässlichkeit** unterliegen folgenden Nebenbedingungen:

1. **Zeitnähe (timeliness)**

   Da durch unangemessene Verzögerungen Informationen ihre Relevanz verlieren können, sind in vielen Fällen die jeweiligen Vorteile einer zeitnahen Berichterstattung und einer Bereitstellung verlässlicher Informationen gegeneinander abzuwägen. Die Entscheidung hat in Hinblick auf die bestmögliche Erfüllung der Informationsbedürfnisse der Adressaten für ihre wirtschaftlichen Entscheidungen zu erfolgen (F. 43).

2. **Abwägungen von Nutzen und Kosten (cost benefit balance)**

   Der aus einer Information abzuleitende Nutzen muss höher sein als die Kosten für die Bereitstellung der Information (F. 44). Es liegt auf der Hand, dass für den Bilanzierenden eine Abgrenzung zwischen dem Grundsatz der Vollständigkeit, der Wesentlichkeit bzw. der Kosten-Nutzenabwägung in der Praxis oftmals mit Schwierigkeiten verbunden ist.

3. **Grundsatzabwägung der qualitativen Anforderungen an den Abschluss (balance between qualitative characteristics)**

   Um die Zielsetzung des Abschlusses zu erreichen, ist ein angemessener Ausgleich zwischen den Anforderungen anzustreben. Die Abwägung der relativen Bedeutung der Anforderungen in den einzelnen Fällen hat durch fachkundige Beurteilung zu erfolgen (F. 45).

3.2.3   Ergänzende Rechnungslegungsvorschriften

Weitere im Framework enthaltene Rechnungslegungsgrundsätze ergänzen das Rechnungslegungssystem des IASB. Ergänzend außerhalb des Systems allgemeiner Rechnungslegungsgrundsätze lassen sich die folgenden Grundsätze unterscheiden:

1. **Ansatz- und Bewertungsgrundsätze** (s. Kapitel 4);
2. **Grundsatz der Klarheit und Übersichtlichkeit;**
3. **Grundsatz der Einzelbewertung;**
4. **Stichtagsprinzip;**
5. **Saldierungsgrundsatz.**

3.2.3.1 Grundsatz der Klarheit und Übersichtlichkeit

Aus den Anforderungen der Verständlichkeit heraus ist der **Grundsatz der Klarheit und Übersichtlichkeit** abzuleiten. Sind Abschlussinformationen nicht klar und übersichtlich für einen sachkundigen Abschlussadressaten aufbereitet, so kann dieses zu Fehlentscheidungen führen. Hieraus folgt, dass die Darstellung der Abschlussinformationen und ihre Formulierung klar und verständlich zu sein hat.

3.2.3.2 Grundsatz der Einzelbewertung

Der Grundsatz der Einzelbewertung ist nicht ausdrücklich in den Bilanzierungsvorschriften des IASB zu finden. Eine Herleitung des Grundsatzes der Einzelbewertung ist aber aus dem Framework und den IFRS zu entwickeln. So werden im Framework bezüglich der Definition- und Ansatzkriterien von Vermögenswerten und Schulden (s. Kapitel 4.1) durchgängig Formulierungen im Singular gewählt. Zum Beispiel wird mit der Formulierung „the asst has acost of value" auf die Anschaffungs- und Herstellungskosten eines einzelnen Vermögenswertes abgestellt. Ähnliches gilt für den Ansatz der Schuld nach F. 91 und die zuverlässige Ermittlung ihres Erfüllungsbetrags. Eine Einzelbewertung wird vom IASB somit implizit vorausgesetzt.

3.2.3.3 Stichtagsprinzip

Ebenso ist das **Stichtagsprinzip** wie der Einzelbewertungsgrundsatz nicht ausdrücklich in den Vorschriften des IASB erläutert. So ergibt sich aber nach den Regelungen des IAS 10 „Ereignisse nach der Berichtsperiode", dass Vermögenswerte und Schulden nach der Maßgabe der Verhältnisse am Bilanzstichtag zu bewerten sind. Des Weiteren sieht IAS 10.8 ff. vor, dass nur wertaufhellende Ereignisse zum Stichtag zu berücksichtigen sind, wertbegründende Ereignisse finden hingegen nach IAS 10.21 ff. gegebenenfalls ihren Niederschlag im Anhang (s. Kapitel 6.2).

3.2.3.4 Saldierungsgrundsatz

Die Verrechnung von Vermögenswerten und Schulden sowie von Ertrags- und Aufwandsposten ist nur dann zulässig, wenn dies von einem IFRS ausdrücklich gefordert oder erlaubt wird (IAS 1.32 ff.). Dies gilt insbesondere für die **Saldierung von finanziellen Vermögenswerten und finanziellen Verbindlichkeiten**. Diese sind zu saldieren, wenn das Unternehmen ein einklagbares Recht hat, die Beträge gegeneinander aufzurechnen und zusätzlich beabsichtigt ist, entweder den Ausgleich auf Nettobasis herbeizuführen oder gleichzeitig mit der Verwertung des betreffenden Vermögenswertes die dazugehörige Verbindlichkeit abzulösen. Bei Unwesentlichkeit ist darüber hinaus die Zusammenfassung von Gewinnen, Verlusten und damit verbundenen Aufwendungen, die durch gleiche oder ähnliche Ereignisse entstehen, möglich (IAS 1.35). Dies gilt beispielsweise für Gewinne und Verluste aus der Währungsumrechnung oder aus Finanzinstrumenten, die zu Handelszwecken gehalten werden, sofern nicht nach Art, Umfang oder Häufigkeit eine gesonderte Angabe erforderlich ist (s. Kapitel 5.7.4).

Ergebnisse von Vorgängen, die selbst keine Umsatzerlöse generieren, jedoch in Zusammenhang mit der hauptsächlichen Umsatztätigkeit entstehen, sind, sofern dies den Gehalt des Geschäftsvorfalls oder Ereignisses widerspiegelt, durch Saldierung aller Erträge mit den zugehörigen Aufwendungen darzustellen. Dies gilt beispielsweise für Gewinne und Verluste aus der Veräußerung von Anlagevermögen, die Verrechnung von Ausgaben, die aufgrund einer vertraglichen Vereinbarung mit Dritten zurückerstattet werden, mit dem zugehörigen Erstattungsbetrag (z.B. bei einem Untermietvertrag) sowie die Verrechnung von außerordentlichen Posten mit den zugehörigen Steuern und Minderheitsanteilen, wenn die Bruttobeträge im Anhang ausgewiesen werden. IAS 1.33 stellt klar, dass die Darstellung von Vermögensgegenständen nach Abzug von Wertberichtigungen, beispielsweise Gängigkeitsabschreibungen auf Lagerbestände und die Wertberichtigung zweifelhafter Forderungen, keine Saldierung darstellt.

3.2.4 Bestandteile der Rechnungslegung

Ein **vollständiger Jahresabschluss** besteht nach den IAS 10 aus der Bilanz (**Balance**), der Gewinn- und Verlustrechnung bzw. Gesamtergebnisrechnung (**Income Statement**), den Anhangangaben (**Notes**), der Kapitalflussrechnung (**Cashflow Statement**) und der Eigenkapitalveränderungsrechnung (**Statement of Changes in Equity**). Börsennotierte Unternehmen haben des Weiteren eine Segmentberichterstattung (**Operating Segments**) zu veröffentlichen sowie eine Darstellung des Ergebnis pro Aktie (**Earnings per Share**). Die Veröffentlichung eines Berichts über die Unternehmenslage außerhalb des Abschlusses wird empfohlen (IAS 1.13). Somit stellt ein **Lagebericht keinen Jahresabschlussbestandteil der IFRS** dar.

4. Ansatz-, Bewertungs- und Ausweisgrundsätze

4.1 Ansatz von Abschlussposten

Die **Ansatzgrundsätze für Jahresabschlussposten** werden im Framework gemäß F. 47 bis F. 98 erläutert. Hierbei verfolgen die Ansatzgrundsätze eine zweistufige Vorgehensweise. Auf der ersten Stufe (**Definitionskriterien**) ist zu prüfen, ob die definitorischen Voraussetzungen für den anzusetzenden Posten erfüllt sind (**abstrakte Bilanzierungsfähigkeit**). Auf der zweiten Stufe sind die **konkreten Ansatzkriterien (recognition criteria)** zu prüfen, anhand derer bestimmt wird, unter welchen Voraussetzungen die Posten konkret im Abschluss zu berücksichtigen sind (**konkrete Bilanzierungsfähigkeit**). Es sind somit nicht alle Vermögenswerte (asset), Schulden (liability), Aufwendungen (expenses) und Erträge (income) automatisch zu bilanzieren, sondern nur diejenigen, die die Ansatzkriterien (recognition criteria) erfüllen.

4.1.1 Vermögenswerte

Die erste Stufe zur Abgrenzung von Vermögenswerten (**assets**) bilden die allgemeinen Definitionskriterien gemäß F. 49a. Danach ist ein Vermögenswert eine Ressource, die aufgrund von Ereignissen der Vergangenheit in der Verfügungsmacht des Unternehmens steht und von der erwartet wird, dass dem Unternehmen aus ihr künftiger wirtschaftlicher Nutzen zufließt (**future economic benefit**).

Die in der Vergangenheit liegenden Geschäftsvorfälle oder Ereignisse, die zum Erwerb eines Vermögenswerts führen, sind im Regelfall Kauf oder Produktion. Jedoch können auch andere Geschäftsvorfälle oder Ereignisse Vermögenswerte erzeugen, beispielsweise die Entdeckung von Bodenschätzen oder wenn ein Unternehmen ein Grundstück aufgrund eines staatlichen Förderprogramms erhält. Für die Zukunft erwartete Ereignisse wie die Absicht Vorräte zu kaufen, erzeugen für sich gesehen keine Vermögenswerte. Der einem Vermögenswert innewohnende Nutzen besteht in dem Potenzial, direkt oder indirekt zum Zufluss von Zahlungsmitteln oder Zahlungsmitteläquivalenten beizutragen. Tätigt ein Unternehmen Ausgaben, kann dies ein substanzieller Hinweis sein, dass es anstrebt künftigen wirtschaftlichen Nutzen zu generieren. Das Fehlen einer entsprechenden Ausgabe schließt andererseits nicht aus, dass ein Posten die Definition des Vermögenswertes erfüllt, beispielsweise bei einem schenkungsweise zugewendeten Gegenstand. Der wirtschaftliche Nutzen kann ebenso durch eine spätere Eigennutzung eines Vermögenswertes im Rahmen eines Herstellungsprozesses charakterisiert sein.

Für das **Merkmal der Verfügungsmacht** ist das wirtschaftliche und nicht das rechtliche Eigentum entscheidend (**substance over from**). Ebenso wie ansatzweise innerhalb der deutschen GoB zu finden, bedingt substance over form, dass die tatsächlichen wirtschaftlichen Verhältnisse ausschlaggebend für die Bilanzierung von Geschäftsvorfällen sind und nicht ihre formelle rechtliche Gestaltung.

Ist die **abstrakte Bilanzierungsfähigkeit** und somit die Definitionskriterien erfüllt sind zwingend für den Ansatz bzw. der Aktivierung des Vermögenswertes (assets) auf der zweiten Stufe zwei Ansatzkriterien (**recognition criteria**) und somit die **konkrete Bilanzierungsfähigkeit** zu erfüllen. Gemäß F. 89 ist ein Vermögenswert in der Bilanz anzusetzen, wenn es wahrscheinlich ist, dass der künftige wirtschaftliche Nutzen dem Unternehmen zufließen wird und ob seine Anschaffungs- oder Herstellungskosten oder ein anderer Wert verlässlich ermittelt bzw. bewertet werden kann.

Bezüglich des Ansatzkriteriums der **Wahrscheinlichkeit des Zuflusses des wirtschaftlichen Nutzens** gibt es in den IFRS keine quantitative Angabe. Grundsätzlich ist davon auszugehen, dass die Wahrscheinlichkeit des unsicheren Ereignisses größer als 50 % (more likely than not) sein muss. Letztendlich ist stets eine einzelfallorientierte Prüfung und Auslegung vorzunehmen.

Können die **Anschaffungs- oder Herstellungskosten verlässlich geschätzt** werden, so steht eine solche Schätzung nicht im Widerspruch zum Grundsatz der Verlässlichkeit und das Ansatzkriterium ist somit erfüllt. Wäre dem nicht so, könnten einige Posten nicht aktiviert werden, da Schätzungen einen wesentlichen Teil der Rechnungslegung nach IFRS darstellen.

4.1.2 Schulden

Die zweistufige Vorgehensweise in Form der Unterscheidung zwischen Definitions- und Ansatzkriterien ist entsprechend bei der Frage ob es sich um eine **Schuld (liability)** handelt vorzunehmen.

Die erste Stufe zur Abgrenzung einer Schuld bilden die **allgemeinen Definitionskriterien** gemäß F. 49 b. Danach ist eine Schuld eine gegenwärtige Verpflichtung des Unternehmens, die aus Ereignissen der Vergangenheit entsteht und deren Erfüllung für das Unternehmen erwartungsgemäß mit einem Abfluss von Ressourcen mit wirtschaftlichem Nutzen verbunden ist.

Hierbei muss es sich zwingend um eine Dritt- bzw. Außenverpflichtung handeln. Die Verpflichtung kann als Folge eines bindenden Vertrages oder einer gesetzlichen Vorschrift rechtlich durchsetzbar sein. Es kann sich jedoch auch um eine faktische Verpflichtung handeln, die aus dem üblichen Geschäftsgebaren, den Usancen und aus dem Wunsch gute Geschäftsbeziehungen zu pflegen oder in angemessener Weise zu handeln, erwachsen ist.

Eine Schuld kann nur aus einer gegenwärtigen, nicht jedoch aus einer zukünftigen Verpflichtung resultieren. Die bloße Entscheidung, in der Zukunft Vermögenswerte zu erwerben, begründet keine solche Verpflichtung. Die Verpflichtung muss grundsätzlich in der Weise unwiderruflich sein, dass das Unternehmen wenig – wenn überhaupt – Ermessensfreiheit hat, den Abfluss von Ressourcen an eine andere Partei zu vermeiden.

Nach der Prüfung dieser Definitionskriterien sind zwingend für den Ansatz auf der zweiten Stufe zwei Ansatzkriterien (**recognition criteria**) zu erfüllen. Gemäß F. 91 ist eine Schuld in der Bilanz anzusetzen, wenn es wahrscheinlich ist, dass sich aus der Erfüllung einer gegenwärtigen Verpflichtung ein direkter Abfluss von Ressourcen ergibt, die wirtschaftlichen Nutzen enthalten, und dass der Erfüllungsbetrag verlässlich bewertet werden kann.

Bezüglich des **Ansatzkriteriums der Wahrscheinlichkeit des Abflusses** gilt wie beim **Ansatzkriterium der Wahrscheinlichkeit von Vermögenswerten** der Grundsatz, dass die Wahrscheinlichkeit des unsicheren Ereignisses größer als 50 % (more likely than not) sein muss. Letztendlich ist auch hier stets eine einzelfallorientierte Prüfung und Auslegung vorzunehmen.

Eine Schuld besteht auch dann, wenn ihre Höhe, beispielsweise bei Garantie- oder Pensionsverpflichtungen, nur durch Schätzung ermittelt werden kann.

4.1.3 Eigenkapital

Das Framework definiert nach F. 49c das **Eigenkapital** als den nach Abzug aller Schulden verbleibenden Restbetrag der Vermögenswerte des Unternehmens. Der in der Bilanz auszuweisende Betrag beruht darauf, wie Vermögenswerte und Schulden bewertet werden. Das **bilanzielle Eigenkapital** stimmt nur im Ausnahmefall mit dem Börsenwert oder dem sich bei Veräußerung in Einzelteilen oder als Ganzes ergebenden Wert überein. Die **Definition des Eigenkapitals** gilt nicht nur für Kapitalgesellschaften, sondern auch für Unternehmen anderer Rechtsformen. Die Gliederung hat sich an den Informationsinteressen der Rechnungslegungsadressaten auszurichten und ist deshalb rechtsformabhängig vorzunehmen. Somit stellt das Eigenkapital eine Residualgröße aus Vermögenswerten und Schulden dar, welches durch die Ansatz- und Bewertungsvorschriften für Vermögenswerte und Schulden in seiner Höhe determiniert wird (s. Kapitel 5.8).

4.1.4 Erträge

Entsprechend bei Vermögenswerten und Schulden erfolgt die Identifikation und der Ansatz von Erträgen und Aufwendungen in einem zweistufigen Verfahren (**Definitions- und Ansatzkriterien**). Das Framework definiert nach F. 70a Erträge als Zunahme des wirtschaftlichen Nutzens in der Berichtsperiode in Form von Zuflüssen oder Erhöhungen von Vermögenswerten oder einer Abnahme von Schulden, die zu einer Erhöhung des Eigenkapitals führen, welche nicht auf eine Einlage der Anteilseigner zurückzuführen ist. Es wird unterschieden zwischen **Erträgen aus der gewöhnlichen Tätigkeit (revenue)** und **andere Erträgen (gains)**. Die ersteren umfassen insbesondere Umsatzerlöse, Honorare, Gebühren, Zinsen, Dividenden sowie Lizenz- und Mieteinnahmen im Rahmen der gewöhnlichen Geschäftstätigkeit, während letztere insbesondere die Zuwächse an wirtschaftlichem Nutzen beinhalten, die durch Wertsteigerungen von Vermögenswerten und Wertminderungen von Schulden entstehen.

Andere Erträge (gains) können im Rahmen der gewöhnlichen Geschäftstätigkeit eines Unternehmens entstehen oder nicht. Hierzu zählen beispielsweise Gewinne aus der Veräußerung von langfristigen Vermögenswerten. Die Definition der Erträge schließt auch unrealisierte gains ein, beispielsweise diejenigen, die aus der **Zeitwertbewertung (fair value) marktfähiger Wertpapiere** resultieren oder aus der Erhöhung des Buchwerts langfristiger Vermögenswerte. In der Gewinn- und Verlustrechnung auszuweisende gains sind aufgrund ihrer Entscheidungsrelevanz grundsätzlich gesondert zu zeigen, ein Nettoausweis nach Abzug der damit verbundenen Aufwendungen ist jedoch zulässig.

Erträge gemäß der obigen Definition dürfen nur dann in der Gewinn- und Verlustrechnung ausgewiesen werden, wenn zusätzlich die entsprechenden Ansatzkriterien für die Erfassung von Abschlussposten erfüllt sind. Diese Ansatzkriterien sind für Vermögenswerte, Schulden, Aufwendungen und Erträge grundsätzlich die Gleichen. So ist auch hier auf der zweiten Stufe zu prüfen, ob es wahrscheinlich (**more likely than not**) ist, dass ein mit dem Sachverhalt verbundener künftiger wirtschaftlicher Nutzen dem Unternehmen zufließen wird und eine verlässliche Wertbestimmung der Erträge gewährleistet ist. Die beiden Ansatzkriterien für Erträge sind im Zusammenhang mit der Zunahme von Vermögenswerten sowie der Abnahme von Schulden zu sehen. Gemäß F. 92 werden Erträge in der Gewinn- und Verlustrechnung erfasst, wenn es zu einer Zunahme des künftigen wirtschaftlichen Nutzens in Verbindung mit einer Zunahme bei einem Vermögenswert oder einer Abnahme bei einer Schuld gekommen ist, die verlässlich bewertet werden können. Dies bedeutet letztlich, dass mit der Erfassung von Erträgen gleichzeitig die Erfassung einer Zunahme bei den Vermögenswerten oder einer Abnahme bei den Schulden verbunden ist (beispielsweise die **Nettozunahme der Vermögenswerte beim Verkauf von Gütern oder Dienstleistungen** oder die **Abnahme der Schulden durch den Verzicht auf eine zu zahlende Verbindlichkeit**). Ausgenommen sind die Werterhöhungen von Vermögenswerten und Wertabnahmen von Schulden, welche erfolgsneutral vorgenommen werden.

4.1.5 Aufwendungen

Die Definitionskriterien für **Aufwendungen** sind im Framework F. 70b definiert. Danach stellen Aufwendungen eine Abnahme des wirtschaftlichen Nutzens in der Berichtsperiode in Form von Abflüssen oder Verminderungen von Vermögenswerten oder einer Erhöhung von Schulden dar, die zu einer Abnahme des Eigenkapitals führen, welche nicht auf Ausschüttungen an die Anteilseigner zurückzuführen sind.

Unterschieden wird hierbei zwischen im Rahmen der gewöhnlichen Tätigkeit entstehenden Aufwendungen wie Umsatzkosten, Löhne oder Abschreibungen und andere Aufwendungen (losses). Andere Aufwendungen können sowohl im Rahmen der gewöhnlichen Tätigkeit eines Unternehmens entstehen als auch außerhalb. Hierzu gehören beispielsweise Aufwendungen aufgrund von Naturkatastrophen wie Brand und Überschwemmung oder Aufwendungen aus der Veräußerung von langfristigen Vermögenswerten. Unter die Definition der Aufwendungen fallen unrealisierte „losses", beispielsweise aus Wechselkursänderungen. In der Gewinn- und Verlustrechnung ist für dort anzusetzende „losses" grundsätzlich ein gesonderter Ausweis vorgesehen; ein Nettoausweis nach Verrechnung mit entsprechenden Erträgen ist ebenfalls zulässig.

Aufwendungen sind nur dann in der Gewinn- und Verlustrechnung zu zeigen, wenn zusätzlich die entsprechenden Ansatzkriterien für die Erfassung erfüllt sind. So ist auf der zweiten Stufe zu prüfen, ob es wahrscheinlich (more likely than not) ist, dass ein mit dem Sachverhalt verbundener künftiger wirtschaftlicher Nutzen aus dem Unternehmen tatsächlich abfließt und eine verlässliche Wertbestimmung der Aufwendungen gewährleistet ist. Die beiden Ansatzkriterien für Aufwendungen sind im Zusammenhang mit der Abnahme von Vermögenswerten sowie der Zunahme von Schulden zu sehen. Gemäß F. 94 werden Aufwendungen in der Gewinn- und Verlustrechnung erfasst, wenn es zu einer Abnahme des künftigen wirtschaftlichen Nutzens in Verbindung mit einer Abnahme bei einem Vermögenswert oder einer Zunahme bei einer Schuld gekommen ist, die verlässlich bewertet werden kann. Dies bedeutet, dass die Erfassung von Aufwendungen mit der gleichzeitigen Erfassung einer Zunahme bei den Schulden oder einer Abnahme beider Vermögenswerte verbunden ist (z.B. die Rückstellung für Ansprüche der Arbeitnehmer oder die Abschreibung von Betriebs- und Geschäftsausstattung). Ausgenommen sind die Wertanpassungen von Vermögenswerten und Schulden, welche erfolgsneutral vorgenommen werden.

4.2 Wertbegriffe und Wertkonzeptionen
4.2.1 Allgemeine Bewertungsgrundsätze

Allgemeine Bewertungsgrundsätze werden nicht wie im deutschen Bilanzrecht geschlossen abgehandelt. Teilweise erfolgt eine explizite Darstellung im Framework und in IAS 1 „Darstellung des Abschlusses", teilweise sind die Grundsätze nur indirekt aus den IFRS ableitbar.

Im Framework F. 100 werden die folgenden vier grundlegenden Wertkonzeptionen definiert:

1. **Historische Anschaffungs- und Herstellungskosten (historical cost)**
   Erfassung zu historischen Anschaffungs- und Herstellungskosten bedeutet, dass Vermögenswerte mit den zum Zeitpunkt des Erwerbs hingegebenen Zahlungsmitteln oder Zahlungsmitteläquivalenten oder dem beizulegenden Zeitwert einer für den Erwerb erbrachten anderweitigen Gegenleistung angesetzt werden (s. Kapitel 4.2.2). Schulden werden nach diesem Konzept mit dem Betrag, den der Bilanzierende im Austausch gegen das Eingehen der Verpflichtung erhalten hat oder, z.B. bei Steuerverpflich-

tungen, mit dem Betrag an Zahlungsmitteln oder Zahlungsmitteläquivalenten, der erwartungsgemäß gezahlt werden muss, um die Schuld im normalen Geschäftsverlauf zu tilgen.

2. **Tageswert (current cost)**

   Der **Tageswert** ist für Vermögenswerte der Betrag an Zahlungsmitteln oder Zahlungsmitteläquivalenten, der für den Erwerb desselben oder eines entsprechenden Vermögenswertes zum gegenwärtigen Zeitpunkt gezahlt werden müsste. Schulden werden mit dem nicht diskontierten Betrag an Zahlungsmitteln oder Zahlungsmitteläquivalenten angesetzt, der für eine Begleichung der Verpflichtung zum gegenwärtigen Zeitpunkt erforderlich wäre.

3. **Veräußerungswert bzw. Erfüllungsbetrag (realizable settlement value)**

   Bei der **Bewertung zum Veräußerungswert** (Erfüllungsbetrag) werden Vermögenswerte mit dem Betrag an Zahlungsmitteln oder Zahlungsmitteläquivalenten angesetzt, der zum gegenwärtigen Zeitpunkt durch Veräußerung des Vermögenswertes im normalen Geschäftsverlauf erzielt werden könnte. Der Erfüllungsbetrag für Schulden ist der nicht diskontierte Betrag an Zahlungsmitteln oder Zahlungsmitteläquivalenten, der bei Annahme eines gewöhnlichen Geschäftsgangs voraussichtlich zur Erfüllung der Verpflichtung geleistet werden muss. Für die Wertermittlung der Schulden sind im Gegensatz zum Tageswert nicht die Aufwendungen im gegenwärtigen Zeitpunkt, sondern im Rückzahlungszeitpunkt maßgeblich. Unterschiede ergäben sich beispielsweise, wenn zur Ablösung eines weiterlaufenden Darlehens eine Vorfälligkeitsentschädigung geleistet werden müsste.

4. **Barwert (present value, value in use)**

   Der **Barwert (Nutzungswert) eines Vermögenswerts** ergibt sich aus der Abzinsung aller künftigen Zahlungsmittelzuflüsse, die der betreffende Posten im Rahmen eines normalen Geschäftsgangs voraussichtlich generieren wird. Der Barwert von Schulden ergibt sich entsprechend aus den im normalen Geschäftsgang zu erwartenden Nettomittelabflüssen. Somit stellt der Barwert den diskontierten Betrag einer zukünftigen Zahlungsreihe zum Bewertungsstichtag dar.

Von Bedeutung sind darüber hinaus die in einzelnen Standards definierten Wertbegriffe, wie:

1. **Fortgeführte Anschaffungs- oder Herstellungskosten**

   Die **fortgeführten Anschaffungs- oder Herstellungskosten** werden aus den historischen Anschaffungs- und Herstellungskosten abzüglich kumulierter planmäßiger Abschreibungen und kumulierter außerplanmäßiger Abschreibung abgeleitet. Die fortgeführten Anschaffungs- oder Herstellungskosten finden insbesondere Anwendung bei der Folgebewertung von Sachanlagen und von immateriellen Vermögenswerten. Das Abschreibungsvolumen, d.h. die Anschaffungs- oder Herstellungskosten vermindert um den Restbetrag bei Ausscheiden des Vermögenswertes aus dem Unternehmen, ist auf systematischer Grundlage über deren wirtschaftlicher Nutzungsdauer zu verteilen. Die Nutzungsdauer eines Vermögenswertes bestimmt sich nach der voraussichtlichen Nutzungsdauer für das Unternehmen. Es ist die Abschreibungsmethode zu wählen, wie u.a. die lineare, degressive oder leistungsabhängige Abschreibung, die den tatsächlichen Werteverzehr bzw. die Abnutzung realitätsnah abbildet. Neben der planmäßigen Abschreibung ist unter bestimmten Voraussetzungen eine außerplanmäßige Abschreibung vorzunehmen. Die **Höhe der außerplanmäßigen Abschreibung** bestimmt sich nach dem nach IAS 36 „Wertminderung von Vermögenswerten" beschrieben **Impairment-Test**, der aus didaktischen Gründen nach der Erläuterung der Bilanzierung von immateriellen Vermögenswerten und des Sachanlagevermögen in Kapitel 5.3 beschrieben wird.

2. **Beizulegender Zeitwert (fair value)**

   Der **fair value** findet u.a. Anwendung bei der als alternativ zulässigen **Neubewertungsmethode**, insbesondere im Rahmen von Folgebewertungen von Sachanlagen, bestimmten Finanzinstrumenten und immateriellen Anlagegegenständen sowie bei der Bewertung von als Finanzinvestition gehaltenen Immobilien. Es ist der Betrag, zu dem zwischen sachverständigen, vertragswilligen und voneinander unabhängigen Parteien ein Vermögenswert getauscht oder eine Schuld beglichen werden könnte.

3. **Marktwert (market value)**

Der **Marktwert** setzt im Vergleich zum fair value stets einen aktiven Markt voraus. Der Marktwert findet insbesondere Anwendung bei der Bewertung von Finanzinstrumenten. Es handelt sich dabei um den Betrag, der in einem aktiven Markt aus dem Verkauf erzielt werden könnte oder der für einen entsprechenden Erwerb zu zahlen wäre.

4. **Nettoveräußerungswert (net realizable value)**

In den IFRS wird unterschieden zwischen dem net selling price und dem **net realizable value**, beides ist als Nettoveräußerungswert zu übersetzen. Der **net selling price** findet Anwendung in IAS 36 „Wertminderung von Vermögenswerten" zur Bestimmung der außerplanmäßigen Wertminderung (Impairment) von Vermögenswerten. Demnach ist der net selling price der vor allem bei immateriellen Vermögenswerten, Sachanlagen sowie Finanzinvestitionen in assoziierte Tochterunternehmen sowie Joint Ventures nach Vergleich mit den jeweiligen Buchwerten anzusetzende Höchstwert (s. Kapitel 5.3.5.1). Der **net realizable value** als geschätzter, im normalen Geschäftsgang erzielbarer Verkaufserlös abzüglich der geschätzten Kosten bis zur Fertigstellung und der geschätzten notwendigen Verkaufskosten, findet dagegen bei der Vorratsbewertung als Vergleichswert zu den Anschaffungs- oder Herstellungskosten Anwendung. Die Unterschiede in der Definition tragen somit im Wesentlichen dem unterschiedlichen Bewertungsgegenstand Rechnung (s. Kapitel 5.6.1.3).

5. **Erzielbarer Betrag (recoverable amount)**

Aus dem **Vergleich von Nutzungswert (Barwert) und Nettoveräußerungswert** ergibt sich der **erzielbare Betrag** als der höhere der beiden Werte. Dabei ist der Nutzungswert (**value in use**) der Barwert der geschätzten künftigen Cashflows, die aus der fortgesetzten Nutzung eines Vermögenswertes und aus dessen Abgang am Ende der Nutzungsdauer voraussichtlich generiert werden. Der Nettoveräußerungswert (net selling price) dagegen ist der Betrag, der durch Verkauf eines Vermögenswertes zu Marktbedingungen zwischen sachverständigen, vertragswilligen und voneinander unabhängigen Parteien nach Abzug der Veräußerungskosten erzielt werden könnte. Beim erzielbaren Betrag handelt es sich somit um einen aus dem Vergleich eines Barwertes nach F. 100d mit einem Veräußerungswert (Erfüllungsbetrag) gemäß F. 100c gewonnenen Wertansatz.

Der jeweils anzuwendende Bewertungsmaßstab ergibt sich grundsätzlich aus dem jeweiligen anzuwendenden Rechnungslegungsstandard.

4.2.2 Ermittlung der Anschaffungs- und Herstellungskosten

Die IFRS definieren im Framework gemäß F. 100a Anschaffungs- oder Herstellungskosten als den zum Erwerb oder zur Herstellung eines Vermögenswerts zu entrichtenden Betrag an Zahlungsmitteln oder Zahlungsmitteläquivalenten oder den fair value einer anderen Entgeltform (z.B. Tausch) zum Zeitpunkt des Erwerbs oder der Herstellung. Gemäß den Wertkonzeptionen des Framework handelt es sich um die **historischen Kosten im Rahmen der Zugangsbewertung**. Die **Bestandteile der Anschaffungs- und Herstellungskosten** werden in den jeweiligen Standards, die die einzelnen Bilanzpositionen behandeln, präzisiert und erläutert (z.B. IAS 2.10 ff. für Vorräte, IAS 16.15 ff. für Sachanlagen, IAS 38.18 ff. für immaterielle Vermögensgegenstände).

In die **Anschaffungs- oder Herstellungskosten** sind alle Kosten des Erwerbs, der Be- und Verarbeitung sowie die sonstigen Kosten einzubeziehen, die entstehen, um beispielsweise die Vorräte an ihren derzeitigen Ort und in ihren derzeitigen Zustand zu versetzen.

4.2.2.1 Anschaffungskosten

Die **Anschaffungskosten (costs of purchase)** umfassen den Kaufpreis, Einfuhrzölle und andere Steuern (außer solchen, die das Unternehmen von den Steuerbehörden wieder zurückerlangen kann), **Transport- und Verbringungskosten** sowie sonstige Kosten, die der Beschaffung unmittelbar zugerechnet werden können. Skonti, Rabatte und ähnliche Posten sind abzuziehen. Im Anlagevermögen sind alle direkt zurechenbaren Kosten der Vorbereitung auf die beabsichtigte Nutzung einzubeziehen. Zu den direkt zurechenbaren Kosten zählen beispielsweise die Kosten der Standortvorbereitung, der erstmaligen Lieferung und Verbringung und der Installation, Honorare sowie die geschätzten Kosten für Abbruch, Rückbau und Entsorgung des Vermögenswerts sowie die Wiederherstellung des Standorts, soweit diese Kosten als Rückstellung nach IAS 37 „Rückstellungen, Eventualverbindlichkeiten und Eventualforderungen" angesetzt werden. Verwaltungskosten und sonstige Gemeinkosten, die nicht direkt dem Erwerb des Vermögenswertes oder seiner Versetzung in einen betriebsbereiten Zustand zugerechnet werden können, wie beispielsweise Anlauf- und Vorproduktionskosten sowie Anfangsverluste vor dem Erreichen der geplanten Leistung, dürfen nicht in die Anschaffungskosten einbezogen werden.

Unter restriktiven Voraussetzungen dürfen Fremdwährungsdifferenzen, die aus einer erheblichen Abwertung oder dem Verfall einer Währung resultieren, gegen die praktisch keine Sicherung möglich ist, einbezogen werden. Bei überlangem Zahlungsziel ist der Barpreis anzusetzen und die Differenz zur Gesamtleistung als Zinsaufwand zu erfassen, sofern keine Aktivierung der Fremdkapitalkosten gemäß IAS 23 „Fremdkapitalkosten" (s. Kapitel 4.2.2.5) in Betracht kommt.

Nicht zu den Anschaffungskosten gehören Kosten im Zusammenhang mit der Eröffnung einer neuen Produktionsstätte, Markteinführungskosten, nicht direkt zurechenbare Verwaltungs- und Gemeinkosten, Anlauf- und Vorproduktionskosten sowie operative Verluste.

	Anschaffungspreis
+	Einfuhrzölle und nicht erstattungsfähige Steuern
+	Alle direkt zurechenbare Anschaffungsnebenkosten, z.B. Kosten der Standortvorbereitung, Kosten der erstmaligen Lieferung und Verbringung, Installationskosten
+	erstmalig geschätzte Kosten für den Abbruch und die Beseitigung des Gegenstands sowie die Wiederherstellung des Standorts gemäß IAS 16.16c im Sinne des IAS 37
+	Finanzierungskosten (IAS 23.11, SIC 2)
./.	Anschaffungspreisminderungen (Rabatte, Boni, Skonti, Nachlässe)
+	sonstige Kosten (Ersteinlagerungskosten etc.)
=	**Wertansatz für erworbene Vermögenswerte**

Abb. 8: Bestandteile der Anschaffungskosten

4.2.2.2 Anschaffungskosten beim Tausch

Die Bestimmung von Anschaffungskosten ist für Sachanlagen in IAS 16 „Sachanlagen" und für immaterielle Vermögenswerte in IAS 38 „Immaterielle Vermögenswerte" mit identischem Wortlaut geregelt. Danach bestimmen sich die **Anschaffungskosten für einen Vermögenswert im Rahmen eines Tausches** gemäß IAS 16.24 und IAS 38.45 „Immaterielle Vermögenswerte" nach dem beizulegenden Zeitwert (fair value) des hingegebenen Vermögenswertes.

Ist der fair value des hingegebenen Vermögenswertes nicht zuverlässig bestimmbar, so ist auf den fair value des erworbenen Vermögenswertes zurückzugreifen. Ist auch dieser fair value nicht zuverlässig bestimmbar oder ist der Tauschvorgang ohne wirtschaftliche Substanz für das Unternehmen, so ist es in einem solchem Fall zulässig, den Buchwert des hingegebenen Vermögenswertes beizubehalten bzw. den erhaltenen Vermögenswert mit dem Buchwert des hingegeben Vermögenswertes zu bilanzieren. Die Klärung der Frage, ob ein Tauschvorgang wirtschaftliche Substanz hat, erfolgt nach IAS 16.25 und IAS 38.46 unter Berücksichtigung des Änderungsumfangs der künftigen Cashflows, die aus dem Kaufvertrag resultieren und des Änderungsumfangs des unternehmensspezifischen Wertes, der durch den Tausch betroffenen Unternehmensteile.

4.2.2.3 Herstellungskosten

Die **Herstellungskosten (costs of conversion)** umfassen gemäß IAS 2 „Vorräte" sowohl die den Produktionseinheiten direkt zurechenbaren Kosten, beispielsweise Fertigungslöhne, als auch systematisch zugerechnete fixe und variable Gemeinkosten, die bei der Umwandlung von Rohstoffen in Fertigerzeugnisse entstehen, d.h. es gilt das **Vollkostenprinzip**. Die Zurechnung der fixen Gemeinkosten hat grundsätzlich auf Basis der Normalauslastung zu erfolgen. Bei außergewöhnlich hohem Produktionsvolumen ist der auf die einzelne Produkteinheit entstehende Betrag der fixen Gemeinkosten zu mindern, um eine Bewertung über den tatsächlich entstehenden Kosten zu verhindern. Nicht zugerechnete fixe Gemeinkosten, die bei Unterschreiten der Normalauslastung entstehen, sind in der Periode ihrer Entstehung als Aufwand zu erfassen. Nicht einbeziehbar sind überhöhte Ausschuss-, Fertigungslohn- und sonstige Produktionskosten, Lagerkosten mit Ausnahme von Zwischenlagern im Produktionsprozess, Verwaltungsgemeinkosten, die nicht dem Fertigungsbereich zugerechnet werden können, sowie Vertriebskosten.

Bei **Dienstleistungsunternehmen** beinhalten die Herstellungskosten im Wesentlichen die Löhne, Gehälter und sonstigen Kosten des Personals, das unmittelbar für die Leistungserbringung eingesetzt wird, einschließlich des jeweiligen Personals für Leitungs- und Überwachungsaufgaben sowie der zurechenbaren Gemeinkosten. Nicht einzubeziehen sind Kosten des Vertriebspersonals sowie des Personals der allgemeinen Verwaltung (IAS 2.16).

Die **Herstellungskosten von selbst erstellten immateriellen Vermögenswerten** gemäß IAS 38 „Immaterielle Vermögenswerte" umfassen alle Aufwendungen, die nach dem Zeitpunkt entstehen, in dem erstmals die Erfassungskriterien erfüllt sind (s. Kapitel 5.1.2). Vor diesem Zeitpunkt entstandene, bereits als Aufwand berücksichtigte Kosten dürfen nicht nachträglich als Teil der Kosten eines immateriellen Vermögenswertes aktiviert werden. Anzusetzen sind alle bei der Schaffung und Herstellung des Vermögenswertes sowie seiner Vorbereitung für die geplante Nutzung entstehenden Kosten, sofern sie direkt zurechenbar sind oder auf vernünftiger und stetiger Basis zugeordnet werden können. Dies umfasst insbesondere Ausgaben für bei der Herstellung ge- oder verbrauchte Materialien und Dienstleistungen, Löhne, Gehälter und andere mit der Beschäftigung verbundene Kosten für die mit der Herstellung direkt befassten Mitarbeiter, der Herstellung des Vermögenswertes direkt zurechenbare Ausgaben wie die **Gebühren für die Registrierung eines Schutzrechts** und die **Abschreibung auf bei der Erstellung des Vermögenswertes genutzte Patente und Lizenzen** sowie bei der Herstellung des Vermögenswertes notwendigerweise entstehende Gemeinkosten, die auf vernünftige und stetige Weise zuordenbar sind, ggf. einschließlich Finanzierungskosten gemäß IAS 23 „Fremdkapitalkosten". Vertriebs-, Verwaltungs- und sonstige nicht direkt der Vorbereitung auf die Nutzung dienende Gemeinkosten, aufgrund von Ineffizienzen entstehende Kosten und Anlaufverluste sowie Kosten für die Schulung der Mitarbeiter im Umgang mit dem Vermögenswert dürfen nicht angesetzt werden.

Kostenbestandteile	IFRS
Materialeinzelkosten	Pflicht
Materialgemeinkosten	Pflicht
Fertigungseinzelkosten	Pflicht
Fertigungsgemeinkosten	Pflicht
Anteilige Entwicklungs-, Konstruktions- und Versuchskosten	Pflicht
Sondereinzelkosten der Fertigung	Pflicht
Kosten der Verwaltung, Aufwendungen für soziale Einrichtungen und freiwillige soziale Leistungen sowie für die betriebliche Altersversorgung; davon: • fertigungsbezogene Kosten • allgemeine Kosten	 Pflicht Verbot

Zinsen für Fremdkapital; davon: • herstellungsbezogen • nicht herstellungsbezogen	Wahlrecht *) Verbot
Vertriebskosten	Verbot

*) wenn „qualifying asset" (IAS 23.4)

Abb. 9: Ermittlung der Herstellungskosten

4.2.2.4 Nachträgliche Anschaffungs- und Herstellungskosten

Für die **Aktivierung von Aufwendungen** müssen die allgemeinen Aktivierungsvoraussetzungen vorliegen. Dies gilt sowohl für regel- und unregelmäßige Ersatzinvestitionen als auch für größere Investitionen ohne konkreten Reparaturbedarf wie beispielsweise Generalüberholungen oder Großinspektionen. Grundsätzlich haben **Aufwendungen für Großreparaturen oder Generalinspektionen** den Charakter von Reparatur- und Wartungsarbeiten und sind somit analog zu den Erhaltungsaufwendungen als Aufwand der Periode zu erfassen. Kosten für Generalüberholungen und Großinspektionen sind dennoch zu aktivieren, wenn diese regelmäßig durchgeführt werden und der zugrundeliegende Vermögenswert nach der Inspektion bzw. Überholung weiter betrieben wird. Diese **nachträglichen Anschaffungs- oder Herstellungskosten (subsequent costs)** sind aktivierungsfähig und im Ergebnis wie eigenständige Vermögenswerte zu bilanzieren und über das Wartungsintervall abzuschreiben.

Im Fall einer **Aktivierung von Aufwendungen** sind eventuell noch nicht vollständig abgeschriebene, veraltete Buchwerte der durch die aktivierten Ersatzinvestitionen erneuerten Komponenten (s. Kapitel 5.2.3) auszubuchen.

Ebenso wie bei Sachvermögen ist bei immateriellen Vermögenswerten eine **Aktivierung von nachträglichen Aufwendungen** nur möglich, wenn die allgemeinen Ansatzkriterien erfüllt werden, wobei IAS 38.20 klarstellt, dass eine Aktivierung von nachträglichen Aufwendungen nur in seltensten Fällen angezeigt ist.

Von den nachträglichen Anschaffungs- und Herstellungskosten ist der Erhaltungsaufwand abzugrenzen. Führen die nachträglichen Anschaffungs- und Herstellungskosten nicht zu einer Funktionserweiterung oder einer wesentlichen über den ursprünglichen Zustand hinausgehenden Substanzverbesserung des zeitlich vorgelagerten ursprünglichen Anschaffungs- oder Herstellungsvorgangs, so sind diese nachträglichen Anschaffungs- und Herstellungskosten grundsätzlich als Erhaltungsaufwand aufwandswirksam zu berücksichtigen.

4.2.2.5 Berücksichtigung von Fremdkapitalkosten

IAS 23.9 verlangt beim Vorliegen eines qualifizierten Vermögenswert (**qualifying asset**) die Aktivierung direkt zurechenbarer Aufwendungen für Fremdkapital, falls es gemäß der allgemeinen Ansatzkriterien wahrscheinlich ist, dass dem Unternehmen hieraus ein zukünftiger wirtschaftlicher Nutzen erwächst und die Kosten verlässlich ermittelt werden können.

Gemäß IAS 23.4 handelt es sich bei qualifying assets um solche Vermögenswerte, bei denen ein beträchtlicher Zeitraum erforderlich ist, um sie in den gebrauchs- oder verkaufsfähigen Zustand zu versetzen. Im Hinblick auf Sachanlagen ist dies beispielsweise bei Gebäuden oder der **langfristigen Fertigstellung von Fabrikanlagen, Seeschiffen oder Gaspipelines** der Fall.

Zu den **direkt aktivierbaren Fremdkapitalkosten** zählen gemäß IAS 23.10 die Fremdkapitalkosten, die vermieden worden wären, wenn die Ausgaben für den qualifizierten Vermögenswert nicht getätigt worden wären. Wird speziell für die Beschaffung eines bestimmten qualifizierten Vermögenswertes Fremdkapital aufgenommen, können die Fremdkapitalkosten, die sich direkt auf diesen qualifizierten Vermögenswert beziehen, ohne weiteres bestimmt werden.

Stammt das benötigte Fremdkapital für das qualifying asset aus der allgemeinen Fremdfinanzierung des Unternehmens, so ist der **gewichtete Durchschnitt aller Fremdkapitalkosten** des Unternehmens ausschließlich des speziell für andere qualifying assets aufgenommenen Fremdkapitals gemäß IAS 23.14 anzusetzen.

Einen direkten Zusammenhang zwischen bestimmten Fremdkapitalaufnahmen und einem qualifizierten Vermögenswert festzustellen und zu bestimmen kann sich als schwierig erweisen. Dies ist z.B. der Fall, wenn die Finanzierungstätigkeit eines Unternehmens zentral koordiniert wird. Schwierigkeiten treten auf, wenn eine Unternehmensgruppe verschiedene Schuldinstrumente mit unterschiedlichen Zinssätzen in Anspruch nimmt und diese Mittel zu unterschiedlichen Bedingungen an andere Unternehmen der Gruppe ausleiht. Andere Komplikationen erwachsen aus der **Inanspruchnahme von Fremdwährungskrediten** oder von Krediten, die an Fremdwährungen gekoppelt sind, wenn die Unternehmensgruppe in Hochinflationsländern tätig ist, sowie aus Wechselkursschwankungen. Dies führt dazu, dass der Betrag der Fremdkapitalkosten, die direkt einem qualifizierten Vermögenswert zugeordnet werden können, schwierig zu bestimmen ist und es somit einer Ermessensentscheidung bedarf.

Beispiel: Das Unternehmen X-AG erwirbt von der Y-GmbH eine Fertigungsanlage in Einzelteilen für die eigene Produktion von Telefonen in Höhe von 2,0 Mio. €. Die X-AG muss die Anlage noch selbständig zusammenbauen. Die Auslieferung der Fertigungsanlage erfolgt am 01.07.2012. Am 30.09.2012 ist die Fertigungsanlage betriebsbereit. Im Rahmen der Herstellung der Betriebsbereitschaft entstehen Installationskosten von 200.000 €. Zur Finanzierung der Anschaffung der Fertigungsanlage wird am 01.07.2012 ein Darlehen mit einem Zinssatz von 10 % p.a. aufgenommen.

Lösung: Neben den Installationskosten sind die Zinsen in Höhe von 50.000 € ($^3/_{12}$ von 200.000 €) zu aktivieren, sodass sich die Anschaffungs- bzw. Herstellungskosten zum 30.09.2012 auf 2.250.000 € belaufen. Ab dem 01.10.2012 wird die Fertigungsanlage planmäßig abgeschrieben.

4.2.2.6 Zuschüsse

Zuschüsse sind für ihre bilanzielle Würdigung wie folgt zu unterscheiden:

1. Zuwendungen, die als erfolgsbezogene Zuschüsse oder
2. für spezielle Vermögenswerte (öffentliche Zuschüsse).

gewährt wurden.

Erfolgsbezogene Zuwendungen (grants related to assets) können gemäß IAS 20.29 „Bilanzierung und Darstellung von Zuwendungen der öffentlichen Hand" entweder gesondert in der Gewinn- und Verlustrechnung als Ertrag oder durch Kürzung (Saldierung) der zugehörigen Aufwendungen ausgewiesen werden. Auf jeden Fall sind die erfolgsbezogenen Zuwendungen erfolgswirksam zu vereinnahmen. Entsteht eine Rückzahlungsverpflichtung, ist dies als Berichtigung einer Schätzung nach IAS 8 „Bilanzierungsmethoden, Änderungen von rechnungslegungsbezogenen Schätzungen und Fehler" zu behandeln.

Hat ein Unternehmen aus dem Erwerb oder der Herstellung von Sachanlagen einen **Anspruch auf einen Investitionszuschuss oder eine steuerfreie Investitionszulage**, so ist dieser Anspruch gemäß den Regelungen des IAS 20 als vermögensbezogene Zuwendung zu behandeln. So sind **Zuwendungen der öffentlichen Hand (government grants related assets)** nach IAS 20.24 als vermögensbezogen zu qualifizieren. Sofern hinreichend sicher ist, dass die Anspruchsvoraussetzungen für den Erhalt der öffentlichen Zuwendung erfüllt sind und die Zuwendung tatsächlich fließen wird, ist die Zuwendung bilanziell gemäß der Regelungen des IAS 20.24 ff. zu erfassen. Demnach hat der Bilanzierende folgendes Wahlrecht:

1. **Erfassung des Zuschusses in Form eines passiven Rechnungsabgrenzungspostens (deferred income)** oder
2. der **Zuschuss wird bei der Ermittlung der Anschaffungskosten zum Abzug gebracht**.

Der **Passive Rechnungsabgrenzungsposten** ist ertragswirksam über die betriebliche Nutzungsdauer des Vermögenswertes gemäß IAS 20.26 planmäßig aufzulösen. Werden die Anschaffungskosten um den Zuschuss gekürzt, so ergibt sich automatisch eine abschreibungsproportionale Verteilung durch die niedrigeren Abschreibungen in den Folgejahren.

4.3 Ausweis- und Gliederungsvorschriften

IAS 1 „Darstellung des Abschlusses" enthält Ausweisvorschriften für die folgenden Rechnungslegungsbestandteile:

1. Bilanz (balance sheet);
2. Gesamtergebnisrechnung (income statement);
3. Eigenkapitalveränderungsrechnung (statement of changes in equity);
4. Kapitalflussrechnung (cash flow statement);
5. Anhang (notes).

Ergänzende Ausweisvorschriften sind den einzelnen Rechnungslegungsstandards zu entnehmen. Entsprechend dem Framework sind die **Grundsätze der Darstellungsstetigkeit** (IAS 1.29), der Wesentlichkeit und des Saldierungsverbotes (IAS 1.32) zu beachten. Ebenso sieht IAS 1.38 vor, sofern ein Standard bzw. eine Interpretation nichts anderes erlaubt oder vorschreibt, dass im Abschluss Vergleichsinformationen hinsichtlich der vorangegangenen Periode für alle quantitativen Informationen anzugeben sind. Vergleichsinformationen sind in die verbalen und beschreibenden Informationen einzubeziehen, wenn sie für das Verständnis des Abschlusses der Berichtsperiode von Bedeutung sind.

IAS 1 sieht nicht wie § 266 und § 275 HGB ein bestimmtes Format für die Bilanz und die Gewinn- und Verlustrechnung vor. Für die Gliederung werden lediglich Mindestangaben vorgeschrieben. Gemäß IAS 1.54 sind mindestens die folgenden Posten in einer IFRS-Bilanz aufzuführen:

1. Sachanlagen;
2. Als Finanzinvestitionen gehaltene Immobilien;
3. Immaterielle Vermögenswerte;
4. Finanzielle Vermögenswerte (ohne die Beträge, die unter 5., 7. und 8. ausgewiesen werden);
5. Nach der Equity-Methode bilanzierte Finanzanlagen;
6. Biologische Vermögenswerte;
7. Vorräte;
8. Forderungen aus Lieferungen und Leistungen und sonstige Forderungen;
9. Zahlungsmittel und Zahlungsmitteläquivalente;
10. Summe der Vermögenswerte gemäß IFRS „Zur Veräußerung gehaltene langfristige Vermögenswerte und aufgegebene Geschäftsbereiche";
11. Verbindlichkeiten aus Lieferungen und Leistungen und sonstige Verbindlichkeiten;
12. Rückstellungen;
13. Finanzielle Verbindlichkeiten (ohne die Beträge, die unter 9. und 10. ausgewiesen werden);
14. Steuerschulden und -erstattungsansprüche Ertragsteuern;
15. Latente Steueransprüche und -schulden;
16. Schulden, die den Veräußerungsgruppen gemäß IFRS 5 zuzuordnen sind;
17. Minderheitsanteile am Eigenkapital; sowie
18. Gezeichnetes Kapital und Rücklagen, die den Anteilseignern der Muttergesellschaft zuzuordnen sind.

Das **Hauptgliederungsprinzip der Bilanz** ist die **Unterscheidung in kurz- und langfristige (current und non-current) Vermögenswerte und Schulden**. Gemäß IAS 1.60 hat ein Unternehmen kurzfristige und langfristige Vermögenswerte sowie kurzfristige und langfristige Schulden als getrennte Gliederungsgruppen in der Bilanz darzustellen, sofern nicht eine Darstellung nach der Liquidität zuverlässig und relevanter ist. Trifft diese Ausnahme zu, sind alle Vermögenswerte und Schulden grob nach ihrer Liquidität darzustellen.

Gemäß IAS 1.66 ist ein **Vermögenswert als kurzfristig** einzustufen, wenn dieser mindestens eines der folgenden Kriterien erfüllt:

1. Seine Realisierung wird innerhalb des normalen Verlaufs des Geschäftszyklus des Unternehmens erwartet oder der Vermögenswert wird zum Verkauf oder Verbrauch innerhalb dieses Zeitraums gehalten;
2. Der Vermögenswert wird primär für Handelszwecke gehalten;

3. Seine Realisierung wird innerhalb von zwölf Monaten nach dem Bilanzstichtag erwartet;
4. Es handelt sich um Zahlungsmittel oder Zahlungsmitteläquivalente, es sei denn, der Tausch oder die Nutzung des Vermögenswertes zur Erfüllung einer Verpflichtung sind für einen Zeitraum von mindestens zwölf Monaten nach dem Bilanzstichtag eingeschränkt.

Alle anderen Vermögenswerte sind als langfristig einzustufen.

Der **Zeitraum des Geschäftszyklus** umfasst, insbesondere bei Produktionsunternehmen, den Zeitraum vom Erwerb der Materialien zur Herstellung und der Realisierung des Veräußerungspreises. Somit kann sich ein Geschäftszyklus auch grundsätzlich bei einer langfristigen Fertigung über einen Zeitraum von zwölf Monaten hinaus erstrecken. Allerdings ist bei Vorräten gemäß IAS 2 und Debitoren zu beachten, dass sie auch dann als kurzfristige Vermögenswerte auszuweisen sind, wenn ihr Verkauf, Verbrauch bzw. ihre Entstehung im Rahmen eines Geschäftszyklus von über zwölf Monaten erfolgt.

Schulden sind als kurzfristig zu qualifizieren, wenn ihre Tilgung innerhalb des gewöhnlichen Geschäftszyklus oder innerhalb von zwölf Monaten nach dem Bilanzstichtag fällig ist.

Aufgrund der nicht großen Regelungstiefe des Ausweises innerhalb der Bilanz kann sich der Bilanzierende bei der erstmaligen Anwendung der IFRS an die Bilanzgliederung des § 266 HGB anlehnen. Das **Rechnungslegungs Interpretations Committee (RIC)** des Deutschen Rechnungslegungs Standards Committee e.V. (DRSC) hat eine Rechnungslegungsinterpretation Nr. 1 (RIC 1) „Bilanzgliederung nach Fristigkeit" gemäß IAS 1 „Darstellung des Abschlusses" veröffentlicht, die dem Bilanzierenden eine Hilfestellung bei Ausweis- und Gliederungsfragestellungen gibt.

Alle in einer Periode erfassten Ertrags- und Aufwandsposten sind im Ergebnis zu berücksichtigen, es sei denn, ein Standard oder eine Interpretation schreibt etwas anderes vor. Allerdings bestehen auch bei der Gewinn- und Verlustrechnung erhebliche Wahlrechte. Als Mindestanforderung hat die Gewinn- und Verlustrechnung bzw. Gesamtergebnisrechnung (s. Kapitel 6.1) im operativen Ergebnis nur Umsatzerlöse und die Summe der Kosten, entweder in der Form des Umsatzkosten- oder Gesamtkostenverfahrens auszuweisen. Das **Umsatz- und das Gesamtkostenverfahren** weisen eine große Ähnlichkeit zum § 275 HGB auf. Auch hier erfolgt eine Aufteilung in den betrieblichen Bereich, den Finanz- und Ertragsteuerbereich. Allerdings sind abweichend zum HGB außerordentliche Positionen gemäß IAS 1.87 nicht zulässig.

Das Unternehmen hat eine **Eigenkapitalveränderungsrechnung** (s. Kapitel 6.4) zu erstellen, die folgende Posten enthält:
1. Das Periodenergebnis;
2. Jeden Ertrags- und Aufwandsposten, der für die betreffende Periode nach anderen Standards bzw. Interpretationen direkt im Eigenkapital erfasst wird, sowie die Summe dieser Posten;
3. Den Gesamtertrag und -aufwand für die Periode (Summe von (1.) und (2.)), wobei die Beträge, die den Anteilseignern des Mutterunternehmens bzw. den Minderheitsanteilen zuzurechnen sind, getrennt auszuweisen sind;
4. Für jede Eigenkapitalkomponente die Auswirkungen von Änderungen der Rechnungslegungsmethoden, die gemäß IAS 8 bilanziert wurden.

Eine Eigenkapitalveränderungsrechnung, die nur diese Posten enthält, ist unter der Bezeichnung „Aufstellung der erfassten Erträge und Aufwendungen" zu führen.

Die **Kapitalflussrechnung** (s. Kapitel 6.3) bietet den Adressaten eine Grundlage für die Beurteilung der Fähigkeit des Unternehmens zur Erwirtschaftung von Zahlungsmitteln und Zahlungsmitteläquivalenten sowie des Bedarfs des Unternehmens, diese Cashflows zu nutzen. Detaillierte Ausweis- und Gliederungsvorschriften beinhaltet der Rechnungslegungsstandard IAS 7 „Kapitalflussrechnungen", der Anforderungen an die Darstellung der Kapitalflussrechnung und der zugehörigen Angaben festlegt.

Der **Anhang** (s. Kapitel 6.2) soll gemäß IAS 1.112:
1. Informationen über die Grundlagen der Aufstellung des Abschlusses und die besonderen Rechnungslegungsmethoden, die angewandt worden sind, darlegen;

2. Die nach den IFRS erforderlichen Informationen offen legen, die nicht in der Bilanz, der Gewinn- und Verlustrechnung, der Eigenkapitalveränderungsrechnung oder der Kapitalflussrechnung ausgewiesen sind;

3. Zusätzliche Informationen liefern, die nicht in der Bilanz, der Gewinn- und Verlustrechnung, der Eigenkapitalveränderungsrechnung oder der Kapitalflussrechnung ausgewiesen werden, für das Verständnis derselben jedoch relevant sind.

Anhangangaben sind, soweit durchführbar, systematisch darzustellen. Jeder Posten in der Bilanz, der Gewinn- und Verlustrechnung, der Aufstellung über die Veränderungen des Eigenkapitals und der Kapitalflussrechnung hat einen Querverweis auf sämtliche dazu gehörenden Informationen im Anhang zu enthalten.

5.   Ansatz- und Bewertung der Bilanzposten
5.1   Immaterielle Vermögenswerte
5.1.1   Anwendungsbereich des IAS 38

Die **bilanzielle Behandlung von immateriellen Vermögenswerten des Anlagevermögens** beispielsweise von Patenten, Lizenzen oder Konzessionen ist in IAS 38 geregelt.

Gemäß IAS 38.8 ist ein immaterieller Vermögenswert ein identifizierbarer, nicht monetärer Vermögenswert ohne physische Substanz, der für die Herstellung von Erzeugnissen oder Erbringung von Dienstleistungen, die Vermietung an Dritte oder Zwecke der eigenen Verwaltung genutzt wird. Zu den beiden Definitionskriterien eines Vermögenswertes nach F. 49 mit den Kriterien Verfügungsmacht und künftiger wirtschaftlicher Nutzen tritt somit das Merkmal der Identifizierbarkeit, denn nur so lassen sich immaterielle Vermögenswerte eindeutig von einem **Geschäfts- oder Firmenwert (Goodwill)** abgrenzen.

Ein **Vermögenswert** erfüllt gemäß IAS 38.11 die Definitionskriterien in Bezug auf die Identifizierbarkeit eines immateriellen Vermögenswertes, wenn:

1. er separierbar ist, d.h. er kann vom Unternehmen getrennt und somit verkauft, übertragen, lizenziert, vermietet oder getauscht werden. Dies kann einzeln oder in Verbindung mit einem Vertrag, einem Vermögenswert oder einer Schuld erfolgen oder

2. der immaterielle Vermögenswert aus vertraglichen oder anderen gesetzlichen Rechten entsteht, unabhängig davon ob diese Rechte vom Unternehmen oder von anderen Rechten und Verpflichtungen übertragbar oder separierbar sind.

Diese Abgrenzung ist somit stets bei **Separierbarkeit** möglich, wenn das Unternehmen den speziell diesem Vermögenswert zuzuordnenden künftigen wirtschaftlichen Nutzen vermieten, verkaufen, tauschen oder vertreiben kann, ohne gleichzeitig den künftigen wirtschaftlichen Nutzen anderer Vermögenswerte zu veräußern. Die Separierbarkeit ist jedoch keine notwendige Voraussetzung für Identifizierbarkeit; selbst wenn ein Vermögenswert künftigen wirtschaftlichen Nutzen nur in Kombination mit anderen Vermögenswerten erzeugt, liegt ein identifizierbarer Vermögenswert vor, wenn ihm das Unternehmen künftige Nutzenzuflüsse eindeutig zuordnen kann. Unwesentliche materielle Komponenten, wie beispielsweise die CD einer Computersoftware, beeinträchtigen nicht die Qualifizierung als immaterieller Vermögenswert.

Allerdings ist das **Aktivierungsverbot nach IAS 38.63** von selbst geschaffenen Markennamen, Drucktiteln, Verlagsrechten, Kundenlisten sowie ihrem Wesen nach ähnlichen Sachverhalten zu beachten, da grundsätzlich eine Separierbarkeit nicht möglich ist.

In Bezug auf immaterielle Vermögenswerte bedeutet Verfügungsmacht die Fähigkeit, sich den künftigen wirtschaftlichen Nutzenzufluss aus der zugrundeliegenden Ressource zu sichern und den Zugriff anderer darauf zu beschränken. Dies basiert im Regelfall, jedoch nicht notwendigerweise, auf juristisch durchsetzbaren Rechten. Die Vorteile, die ein Unternehmen von ausgebildeten Fachkräften zu erwarten hat, erfüllen die Definition eines immateriellen Vermögenswertes beispielsweise nicht (IAS 38.15), ebenso wenig ein Kundenstamm (IAS 38.16).

Für den **Ansatz von immateriellen Vermögenswerten in der Bilanz** gelten die allgemeinen Ansatzkriterien (IAS 38.21) der Wahrscheinlichkeit eines künftigen Nutzenzuflusses sowie der Verlässlichkeit der Bewertung. Dabei ist die Wahrscheinlichkeit anhand von vernünftigen und begründeten Annahmen hinsichtlich der wirtschaftlichen Rahmenbedingungen während der Nutzungsdauer des Vermögenswertes zu beurteilen. Ein **selbst geschaffener Geschäfts- oder Firmenwert** ist nicht anzusetzen, da es sich dabei nicht um eine in der Verfügungsmacht des Unternehmens befindliche Ressource handelt, deren Kosten zuverlässig ermittelt werden können (IAS 48.36). Ebenso findet IAS 38 keine Anwendung, wenn ein anderer Standard die Bilanzierung für bestimmte Arten eines immateriellen Vermögenswertes vorschreibt. So findet IAS 38 keine Anwendung bei immateriellen Vermögenswerten, die in folgenden anderen Standards behandelt werden:

1. Vorräte und langfristige Fertigungsaufträge gemäß IAS 2 und IAS 11;
2. Latente Steueransprüche IAS 12;
3. Leasingverhältnisse IAS 17;
4. Leistungen an Arbeitnehmer IAS 19;
5. Finanzielle Vermögenswerte IAS 39;
6. Geschäfts- oder Firmenwert IFRS 3;
7. Versicherungsverträge IFRS 4;
8. Veräußerung langfristig gehaltener Vermögenswerte und aufgegebene Geschäftsbereiche IFRS 5.

Ebenso findet IAS 38 keine Anwendungen bei:

1. Finanzvermögen nach IAS 32;
2. Kosten zur Entwicklung und Ausbeutung von Mineralvorkommen, Öl, Gas und ähnlichen Produkten;
3. Kosten der Erforschung und Wertbestimmung von Mineralvorkommen gemäß IFRS 6.

Während der Ansatz und die Bewertung von erworbenen immateriellen Vermögenswerten den Bilanzierenden in der Regel nicht vor allzu große Herausforderungen stellt, ist dies bei selbst erstellten immateriellen Vermögenswerten anders. In diesem Zusammenhang stellt sich die Frage, wann im Rahmen der Forschung und Entwicklung (F&E) ein immaterieller Vermögenswert entsteht und welche Aufwendungen aktivierungsfähig sind.

5.1.2 Bilanzierung selbst erstellter immaterieller Vermögenswerte

Aus **F&E-Aktivitäten** resultieren zukünftige Erfolgspotenziale, die in die Kategorie selbst geschaffene immaterielle Vermögenswerte nach IAS 38 fallen. In diesem Standard ist für solche Vermögenswerte eine sequenzielle Sachverhaltsprüfung verankert. Zunächst differenziert IAS 38.52 den zeitlichen Erstellungsprozess eines immateriellen Vermögenswerts in eine frühe, konzeptionelle Phase (Forschung) und einer der Marktphase vorgelagerten Phase (Entwicklung).

IAS 38.8 definiert **Forschung** als eigenständige und planmäßige Suche mit der Aussicht, zu neuen wissenschaftlichen oder technischen Erkenntnissen zu gelangen. **Beispiele für Forschungsaktivitäten** sind beispielsweise Aktivitäten, die auf die Erlangung neuer Erkenntnisse ausgerichtet sind; die Suche nach sowie die Abschätzung und endgültige Auswahl von Anwendungen für Forschungsergebnisse und anderem Wissen; die Suche nach Alternativen für Materialien, Vorrichtungen, Produkte, Verfahren, Systeme oder Dienstleistungen sowie die Abschätzung und endgültige Auswahl von möglichen Alternativen für neue oder verbesserte Materialien, Vorrichtungen, Produkte, Verfahren, Systeme oder Dienstleistungen.

Aufgrund der hohen Unsicherheit über die ökonomische Verwertbarkeit, sind sämtliche der **Forschungsphase zuordenbaren Kosten** aufwandswirksam in der Gewinn- und Verlustrechnung gemäß IAS 38.54 zu erfassen.

Nach IAS 38.8 ist die **Entwicklung** im Gegensatz zur Forschung die Anwendung von Forschungsergebnissen oder von anderem Wissen auf einen Plan oder Entwurf für die Produktion von neuen oder beträchtlich verbesserten Materialien, Vorrichtungen, Produkten, Verfahren, Systemen oder Dienstleistungen. Entwicklung wird hier als Aktivität verstanden, welche der kommerziellen Nutzung vorangeht. Lässt sich der Erstellungsprozess eines immateriellen Vermögenswerts zweifelsfrei in diese zwei Phase einordnen, sind in einem zweiten Schritt nach IAS 38.57 die Ansatzkriterien zu prüfen.

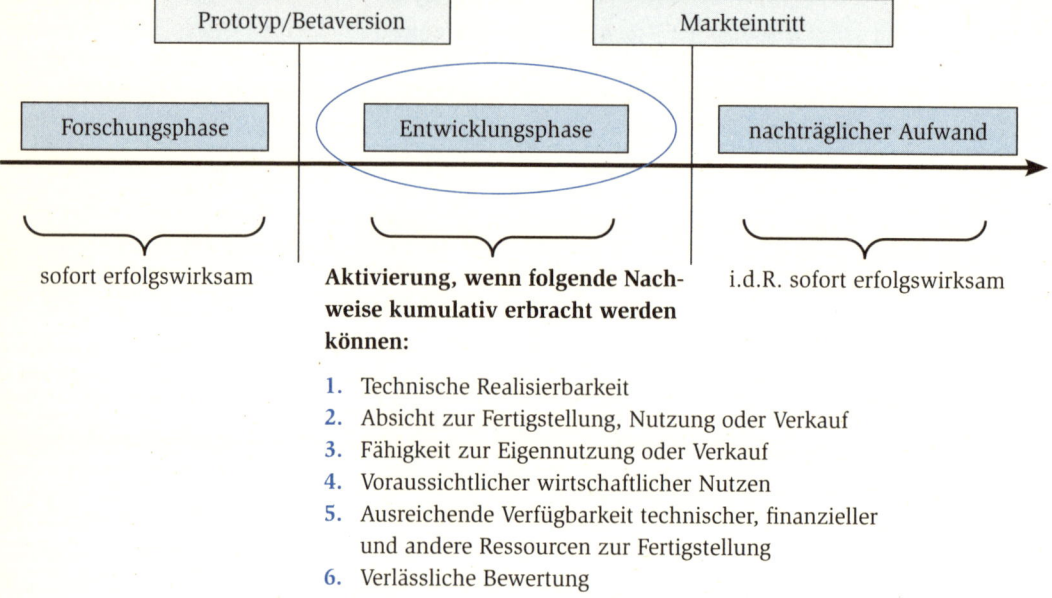

Abb. 10: Phasenmodell zur Prüfung der Aktivierungsvoraussetzungen

Zum Zeitpunkt der erstmaligen Erfüllung der Aktivierungskriterien besteht für den **immateriellen Vermögenswert eine Aktivierungspflicht in der Bilanz zu Anschaffungs- (bei extern bezogenen F&E-Leistungen) oder Herstellungskosten** (IAS 38.24). Hingegen bewirkt die Nichterfüllung bereits eines Kriteriums die sofortige Aufwandswirksamkeit und damit die Minderung des Periodenergebnisses. Ist eine zuverlässige Unterscheidung in eine Forschungs- und Entwicklungsphase nicht möglich, so sind alle Ausgaben der Forschungsphase zuzuordnen und somit als Aufwand zu behandeln.

Die formulierten Ansatzkriterien bilden eine strenge Barriere, sodass nur solche Projekte nach IAS 38 als Vermögensgegenstand bilanziert werden dürfen, bei denen ein erfolgreicher Projektabschluss aus den Planungsunterlagen abgelesen werden kann.

5.1.3 Nachweispflichten

Der **Nachweis der Ansatzkriterien von immateriellen Vermögenswerten** nach IAS 38.57 beruht auf einer umfangreichen Dokumentation der unternehmensinternen Entwicklungsprojekte. Der resultierende Bedarf an zusätzlichen Informationen setzt in der Entwicklungsorganisation etablierte Instrumente zur Projektplanung und -steuerung voraus. Im Folgenden wird aufgezeigt, anhand welcher Instrumente die Anforderungen des IAS 38 erbracht werden können.

	Aktivierungskriterium	Beispiele für Nachweisdokumentation
1	**Technische Realisierbarkeit** der Fertigstellung des Entwicklungsprojektes	Prototyp, Machbarkeitsstudie, Pflichtenheft, Konstruktionsunterlagen mit Verfahrens- und Produktbeschreibung
2	**Absicht zur Fertigstellung** des Projekts und Verwertung durch **Nutzung oder Verkauf**	freigegebenes Projektbudget
3	**Fähigkeit** zur Eigennutzung oder Verkauf des immateriellen Vermögenswertes	bestehende Erfahrung in der Produktvermarktung; als wahrscheinlich erachtete Genehmigung
4	Voraussichtlicher **wirtschaftlicher Nutzen**, der mit dem immateriellen Vermögenswert entsteht	Marktforschung + Cashflow-Berechnung (DCF-Methode) über den gesamten Lebenszyklus
5	Ausreichende **Verfügbarkeit technischer, finanzieller und anderer Ressourcen** zur Fertigstellung der Entwicklungsphase	Projektplanung über technische, finanzielle, personelle und weitere benötigte Mittel; Finanzierungszusage
6	**Verlässliche Bewertung** des immateriellen Vermögenswertes zu Herstellungskosten während der gesamten Entwicklungsphase	Projektkostenrechnung mit phasenbezogener Kostenmessung

Abb. 11: Aktivierungskriterien des IAS 38.57 und Nachweismöglichkeiten

Bei der technischen Realisierbarkeit muss ein Unternehmen zeigen, dass es die technische Kompetenz besitzt, das Entwicklungsprojekt zu vollenden. Ein bestehender Prototyp gilt hier als eindeutiger Beweis. Eine Machbarkeitsstudie oder Konstruktionsunterlagen sind für den Beleg ebenso ausreichend.

Die **Fertigstellungs- und Nutzungsabsicht** ist allein aus dem ökonomischen Kalkül jeder Unternehmung begründbar. Bereits bei einer Projektfortsetzung über den Bilanzstichtag hinaus kann das Kriterium als erfüllt erachtet werden.

Das **Kriterium der Fähigkeit zur Nutzung** besitzt vor allem Relevanz, wenn die Vermarktung von behördlichen Genehmigungsverfahren abhängt, wie beispielsweise bei Medikamenten oder Sicherheitstechnik in Automobilen.

Für den Nachweis des voraussichtlichen künftigen wirtschaftlichen Nutzens stellt die **Discounted-Cashflow-Methode** grundsätzlich die einzige IFRS-konforme Bewertungsmethode dar. Dazu müssen die aus dem Entwicklungsprojekt erwarteten Cashflows über den gesamten Lebenszyklus des immateriellen Vermögenswerts im Sinne einer validen Schätzung und unter Einbeziehung von Marktbedingungen prognostiziert werden. Der Barwert ist mithilfe eines risikoadjustierten Zinssatzes zu ermitteln. Entwicklungskosten sind als Anfangsinvestitionen aufzufassen, die über die Marktphase des Produkts oder der Dienstleistung zu amortisieren gilt.

Der **Nachweis der Ressourcenverfügbarkeit** setzt eine umfassende Projektplanung voraus. Dabei müssen definierte Arbeitspakete auf Tätigkeitsebene detailliert dargelegt und deren terminliche Einordnung vorgenommen werden. Den einzelnen Tätigkeiten werden benötigtes Material, Sachmittel, Erprobungen, Fremdleistungen und Personalbedarf zugeordnet. Die anschließende Ermittlung der Projektaufwendungen erfolgt über Materialkosten, Plankostensätze für personelle und materielle Ressourcen sowie angemessene

Zuschlagssätze. Diese Planungsunterlagen bilden u.a. die Entscheidungsgrundlage zur Genehmigung von Projektbudgets.

Das **Kriterium der verlässlichen Bewertung** stellt besonders hohe Ansprüche an das interne Kostenrechnungssystem. Ausgehend von einer Kostenstellenrechnung müssen die Kosten auf eingerichtete Projektkostenstellen weiterverrechnet werden. Eine leistungsgerechte Kostenzuordnung setzt von jedem Mitarbeiter innerhalb der Entwicklungsorganisation eine Stundenschreibung getrennt nach einzelnen Projekten voraus. Ebenso muss die direkte Zuordnung des Materialverbrauchs über Materialentnahmescheine und der in Anspruch genommenen Fremdleistungen, für die in der Regel Kosten- bzw. Rechnungsbelege existieren, sichergestellt sein. Als zusätzliche Anforderung des IAS 38 muss das Kostenrechnungssystem einen separaten Ausweis der aktivierungspflichtigen Entwicklungskosten leisten, da diese die Grundlage für den bilanziellen Wertansatz bilden.

5.1.4 Implementierung des F&E-Controlling

Der Nachweis der Aktivierungskriterien setzt ein **Controlling für Entwicklungsprojekte** voraus, welches die Planung, Wirtschaftlichkeit und die Ist-Kostenerfassung umfasst. Bei der Konzeption dieser Instrumente werden in der Regel sog. Reifegradmodelle integriert, die einen sequenziellen Phasenablauf mit zugeordneten Aktivitäten und Verantwortlichkeiten bei der Durchführung von Entwicklungsprojekten beschreiben. Diese Prozesssystematik ist auch für die Umsetzung des IAS 38 sehr hilfreich. So können die frühesten Erfüllungszeitpunkte jedes einzelnen Ansatzkriteriums in Form von Meilensteinen fixiert werden. Die kumulative Erfüllung der Meilensteine markiert den Startpunkt zum Bilanzausweis des Entwicklungsprojekts. Allerdings ist zu beachten, dass die in F&E-Projekten verankerten Rückkopplungen unmittelbare Wirkung auf die Bilanzierung entfalten. Zum Beispiel können geänderte Planungsprämissen eine negative Projektrendite zur Folge haben, die einen sofortigen Abschreibungsaufwand bewirkt. Die hier vorgestellte Controllingkonzeption wird in der folgenden Abbildung 12 auf der nächsten Seite anhand eines Beispiels dargestellt.

Bei der Implementierung der neuen Rechnungslegungsvorschriften sehen sich die Betroffenen einem nicht unerheblichen Implementierungsaufwand gegenüber, der im vorliegenden Fall vorrangig eine **Anpassung oder Neuentwicklung von Instrumenten im F&E-Controlling** betrifft. In der Praxis sollte für derartige Umstellungsprojekte grundsätzlich mit einer Einführungsphase von drei bis sechs Monaten gerechnet werden. Entscheidet sich ein Unternehmen zur Umsetzung der IFRS-Regelung, um damit beispielsweise die nicht hinreichend konkretisierte HGB-Regelung zu erfüllen, so ist in einer grundlegenden Bestandsaufnahme die Informationslücke zu identifizieren, auf deren Grundlage die Handlungsbedarfe abzuleiten sind. Neue Prozesse zur Datenerhebung und -verarbeitung müssen definiert und in der Organisation nachhaltig verankert werden. Parallel hierzu ist die Konzipierung bzw. Weiterentwicklung von Instrumenten und deren systemseitige Integration zu bewältigen. Daran schließt sich eine Testphase an, in der die neuen Systeme verbessert und im Geschäftsprozess etabliert werden. Die gesamte Umsetzung sollte dabei in enger Abstimmung mit dem Wirtschaftsprüfer durchgeführt werden, da gleichzeitig die Frage geklärt werden kann, ob die Ansatzkriterien hinreichend für Zwecke der Jahresabschlussprüfung definiert, umgesetzt und dokumentiert wurden und ob die zusätzliche Anforderungen durch das Kostenrechnungssystem in Form eines separaten **Ausweises der aktivierungspflichtigen Entwicklungskosten** hinreichend abgebildet worden sind. Für die Umsetzung des IAS 38 kann sich die **Bildung eines Arbeitskreises** empfehlen, der sich als interdisziplinäres Team aus Mitgliedern von Controlling, Entwicklung, Rechnungswesen und ggf. weiterer beteiligter Funktionen zusammensetzt. Dies fördert auch die Akzeptanz für eine nachhaltige Umsetzung. Entscheidend für den Erfolg des Projekts ist, dass involvierten Personen im angemessenen Umfang zeitliche Kapazität zur Verfügung gestellt wird.

Wirtschaftlichkeit

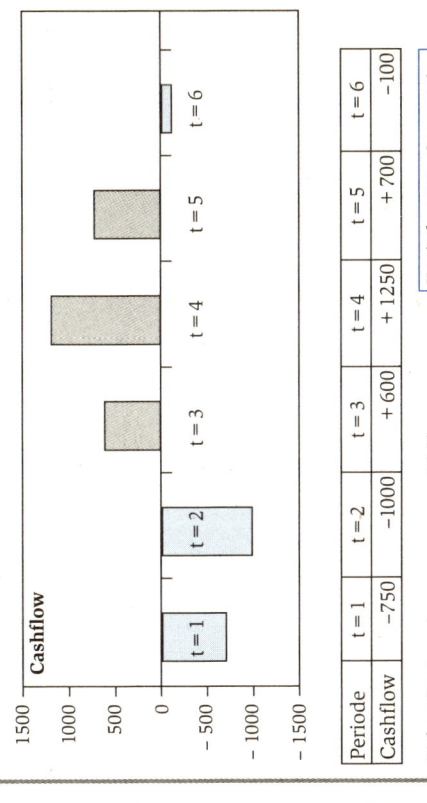

Cashflow

Periode	t = 1	t = 2	t = 3	t = 4	t = 5	t = 6
Cashflow	−750	−1000	+600	+1250	+700	−100

Diskontierungszins 15 %   Kapitalwert t = 0: +6

Ressourcenplanung

Projektbezeichnung: Hybrid V12
Antragsteller: Müller   Nr.: 753030   Kunde: Auto AG

Entwicklungsziel:
Aufgrund Euro 6-Norm ist ein abgasarmer Motor für die leichte Verteilerklasse bis 2013 zu entwickeln.

Risiken: R siko | Bewertung
Qualifikation / Termin / Kapazität

Phase	Aufwand	Kosten	Kostenart	
Konzeption	40 ZE	90	Personal	975
Planung	60 ZE	210	Material	65
Realisierung	310 ZE	1350	Tests	390
Abschluss	30 ZE	100	Invest	320

Budget: 1.750

Genehmigung
Geschäftsführung ✓   Entwicklung ✓   Controlling ✓

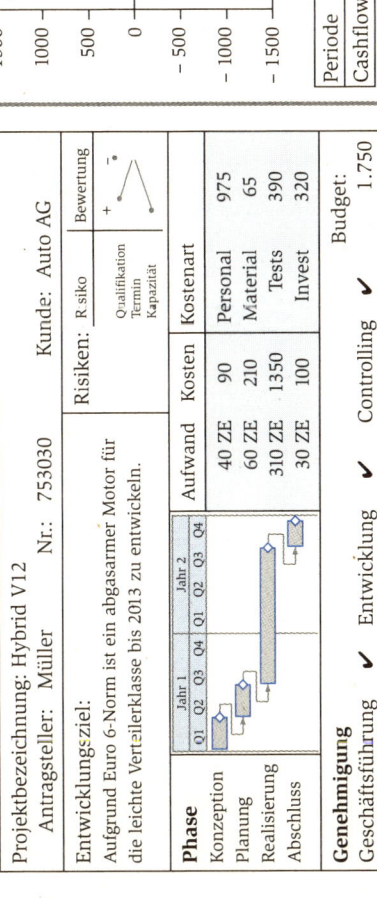

Projektkostenrechnung

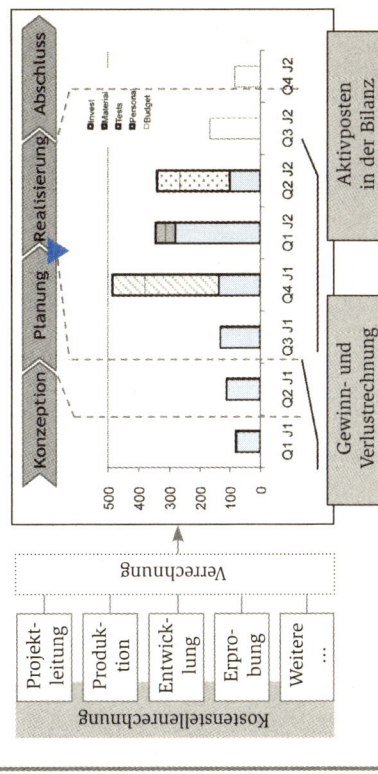

Reifegradmodell

Start → Konzeption → QG1 → Planung → QG2 → Realisierung → QG3 → Abschluss → Ende

- Messbarkeit Herstellkosten
- Technische Realisierbarkeit
- Fähigkeit zur Nutzung
- Ressourcen-verfügbarkeit
- Voraussichtlicher wirtschaftlicher Nutzen
- Fertigstellungs- und Nutzungsabsicht
- Alle IAS 38-Kriterien zur Aktivierung erfüllt

QG: Quality Gate   ZE: Zeiteinheiten

Abb. 12: Instrumente im F&E-Controlling (IAS 38)

5.1.5   Zugangs- und Folgebewertung

Die **Zugangsbewertung von immateriellen Vermögenswerten** erfolgt nach IAS 38.24 zu Anschaffungs- oder Herstellungskosten.

Für die **Folgebewertung** ist der **Ansatz zu den fortgeführten Anschaffungs- oder Herstellungskosten** sowie alternativ die **Neubewertungsmethode** zulässig (IAS 38.72). Für die **Ermittlung der planmäßigen Abschreibungen** ist zu unterscheiden, ob die Nutzungsdauer des immateriellen Vermögenswertes begrenzt oder unbegrenzt ist. Ein immaterieller Vermögenswert mit einer begrenzten Nutzungsdauer wird planmäßig abgeschrieben, hingegen ein immaterieller Vermögenswert mit einer unbegrenzten Nutzungsdauer nicht.

Gründe für die Begrenzung der Nutzungsdauer können u.a. bestimmt werden durch die Laufzeit, die Anzahl der Produktions- oder ähnlichen Einheiten, des Produktlebenszyklus, der technologischen oder andere Arten von Alterung oder aufgrund von Konkurrenzprodukten (IAS 38.90). Die Abschreibung beginnt, sobald der Vermögenswert verwendet werden kann, d.h. wenn er sich an seinem Standort und in dem vom Management beabsichtigten betriebsbereiten Zustand befindet.

Die **Nutzungsdauer eines immateriellen Vermögenswertes,** der aus vertraglichen oder gesetzlichen Rechten entsteht, darf den Zeitraum der vertraglichen oder anderen gesetzlichen Rechte nicht überschreiten, kann jedoch kürzer sein, je nachdem über welche Periode das Unternehmen diesen Vermögenswert voraussichtlich einsetzt (IAS 38.94).

Gemäß IAS 38.88 ist ein immaterieller Vermögenswert von einem Unternehmen so anzusehen, als habe er eine unbegrenzte Nutzungsdauer, wenn es aufgrund einer Analyse aller relevanten Faktoren keine vorhersehbare Begrenzung der Periode gibt, in der der Vermögenswert voraussichtlich Netto-Cashflows für das Unternehmen erzeugen wird.

Neben möglichen planmäßigen Abschreibungen sind für die Ermittlung der fortgeführten Anschaffungs- oder Herstellungskosten **außerplanmäßige Abschreibungen** unabhängig von der begrenzten oder unbegrenzten Nutzungsdauer des Vermögenswertes zu berücksichtigen (s. Impairment-Test gemäß IAS 36 in Kapitel 5.3).

Anstelle der Folgebewertung zu fortgeführten Anschaffungs- oder Herstellungskosten ist alternativ die **Neubewertungsmethode** zulässig. Im Rahmen der Neubewertung ist grundsätzlich die gesamte Gruppe der immateriellen Vermögenswerte, zu welcher der Vermögenswert gehört, neu zu bewerten. Dies setzt die **Ermittlung des beizulegenden Zeitwertes (fair value)** zu jedem Bilanzierungsstichtag voraus. Bei nur geringfügigen Schwankungen des Zeitwertes kann ggf. eine alle drei bis fünf Jahre durchgeführte Neubewertung hinreichend sein. Die Anwendung der Neubewertungsmethode ist aber nur zulässig, wenn für den betreffenden Vermögenswert ein aktiver Markt existiert. Ein aktiver Markt ist ein Markt, der die nachfolgenden Bedingungen gemäß IAS 38.8 kumulativ erfüllt:

1. **Die auf dem Markt gehandelten Produkte sind homogen;**
2. **Vertragswillige Käufer und Verkäufer können in der Regel jederzeit gefunden werden;**
3. **Preise stehen der Öffentlichkeit zur Verfügung.**

Neubewertungen sollten in regelmäßigen Abständen vorgenommen werden, damit keine wesentlichen **Unterschiede zwischen Buchwert und fair value am Bilanzstichtag** auftreten können. Bei starken Schwankungen kann eine jährliche Neubewertung erforderlich sein. Anhand der Kriterien des aktiven Marktes wird ersichtlich, dass die Anwendung der Neubewertungsmethode in der Regel die Ausnahme darstellt.

Kommt es durch die Neubewertung zu einer Erhöhung des Buchwertes, so ist der Unterschiedsbetrag erfolgsneutral, d.h. ohne Berührung der Gewinn- und Verlustrechnung, in eine **Neubewertungsrücklage (revaluation surplus)** innerhalb des Eigenkapitals (sonstiges Gesamtergebnis), einzustellen. Wird durch die Werterhöhung eine aus einer früheren Neubewertung resultierende Wertminderung, die als Aufwand behandelt wurde, rückgängig gemacht, so ist dieser Teil der Werterhöhung ergebniswirksam zu berücksichtigen. Wertminderungen aufgrund von Neubewertungen sind zunächst mit einer vorhandenen Neubewertungsrücklage zu verrechnen, ein eventuell verbleibender Restbetrag ist als Aufwand zu erfassen. Ist im Rahmen einer Neubewertung der Buchwert eines vormals aufgewerteten Vermögenswertes zu verringern, so findet bis zur Höhe des zuvor erfassten Neubewertungsbetrags für diesen Vermögenswert die Erfassung eines Verlustes aus der Neubewertung innerhalb des Eigenkapitals (sonstiges Gesamtergebnis) statt. Etwaige darüber hinaus gehende Wertminderungen des Zeitwerts des zuvor neu bewerteten immateriellen Vermögenswerts sind jedoch erfolgswirksam in der Gewinn- und Verlustrechnung zu erfassen.

Die Neubewertungsrücklage ist bei einer Veräußerung bzw. einem Abgang des neu bewerteten Vermögenswerts durch eine direkte Umbuchung in die Gewinnrücklagen aufzulösen (**Passivtausch**).

Wie mögliche Abschreibungen des neu bewerteten Vermögenswertes bilanziell zu berücksichtigen sind, wird in IAS 38 nicht erläutert. Nach herrschender Meinung ermitteln sich die Abschreibungen auf Basis der Neuwerte. Der Abnutzung des neu bewerteten Vermögenswertes und damit der Verringerung der Neubewertungsrücklage im Zeitablauf ist durch periodische anteilige Umbuchung der Neubewertungsrücklage in die Gewinnrücklage Rechnung zutragen.

Kann der beizulegende Zeitwert nicht mehr anhand eines aktiven Marktes festgestellt werden, muss der Vermögenswert mit den Anschaffungs- oder Herstellungskosten bewertet werden (Ausgangswert: Beizulegender Zeitwert der letztmaligen Neubewertung abzüglich kumulierter Abschreibung).

Diese beschriebene Vorgehensweise im Rahmen der Neubewertung gilt grundsätzlich für andere Vermögensgegenstände bei denen die Anwendung der Neubewertungsmethode im Rahmen der Folgebewertung zulässig ist (s. Kapitel 5.2.4.3).

Beispiel: Das Unternehmen A erwarb am 01.01.2009 ein Patent i.H.v. 100.000 €. Die Folgebewertung soll mithilfe der alternativ zulässigen Neubewertungsmethode erfolgen. Der fair value ist am 31.12.2009 mit 80.000 €, am 31.12.2010 mit 120.000 € und am 31.12.2011 mit 110.000 € anzusetzen. Zum 01.06.2012 wurde das Patent für 120.000 € veräußert. Wie lauten die jeweiligen Buchungssätze in den beschriebenen Jahren? Vernachlässigen Sie hierbei eine planmäßige Abschreibung und eine Berücksichtigung von latenten Steuern.

Lösung: Es ergeben sich folgende Buchungssätze:

Geschäftsjahr 2009:

| Immaterieller Vermögenswert (Patent) | an | Bank | 100.000 € |
| Aufwand | an | Immaterieller Vermögenswert | 20.000 € |

Geschäftsjahr 2010:

| Immaterieller Vermögenswert 40.000 € | an | Ertrag | 20.000 € |
| | an | Neubewertungsrücklage | 20.000 € |

Geschäftsjahr 2011:

| Neubewertungsrücklage | an | Immaterieller Vermögenswert | 10.000 € |

Geschäftsjahr 2012:

Bank 120.000 €	an	Immaterieller Vermögenswert	110.000 €
	an	Ertrag	10.000 €
Neubewertungsrücklage	an	Gewinnrücklage	10.000 €

Beispiel: Ein immaterieller Vermögenswert wurde am 01.01.2011 für 200.000 € erworben. Die Nutzungsdauer soll 10 Jahre betragen. Am 31.12.2011 beträgt der fortgeführte Buchwert 180.000 €. Der fair value ist am 31.12.2011 allerdings auf 216.000 € gestiegen. Im Rahmen einer Neubewertung zum 31.12.2011 werden somit 36.000 € in die Neubewertungsrücklage eingestellt. Die planmäßige Abschreibung für 2011 beträgt 216.000 €/9 Jahre = 24.000 €. Außerdem wird ein Betrag von 36.000 €/9 = 4.000 € aus der Neubewertungsrücklage in die Gewinnrücklage übertragen.

Am 31.12.2012 beträgt der fair value noch 150.000 €. Der zum 31.12.2012 planmäßig fortgeschriebene Buchwert i.H.v. 192.000 € wird daher um 42.000 € auf 150.000 € abgewertet. Mit diesem Abwertungsbetrag i.H.v. 42.000 € wird zuerst die noch bestehende Neubewertungsrücklage von 32.000 € aufgelöst. Der Restbetrag i.H.v. 10.000 € wird als Aufwand in der Gewinn- und Verlustrechnung berücksichtigt.

5.1.6 Fallstudie: Bilanzierung selbst erstellter immaterieller Vermögenswerte

Sachverhalt: Die Pharma AG entwickelt ein neues Medikament gegen Magenschmerzen. Das Medikament soll im Jahr 2013 auf den Markt kommen. Die Firma betreibt auf diesem Gebiet seit langen Jahren Forschung und Entwicklung, woraus zwei Medikamente für Magenschmerzen hervorgingen, „A" und „B", die auf dem Markt eingeführt werden konnten. Das neue Medikament „C" bestand die klinischen Tests im Februar 2012 mit einer hohen Erfolgsrate. Die Gesundheitsbehörden haben für das Medikament am 31.03.2012 die Freigabe für die Vermarktung und die Produktion erteilt, sodass am 01.04.2013 mit der Vermarktung und mit der Verrechnung des Vermögenswertes begonnen worden ist. Die Pharma AG hat ein ausgeprägtes neues Kostenrechnungssystem für die Analyse von F & E-Projektkosten, sodass für das Projekt „C" folgende Kosten per 31.12.2012 erfasst waren:

Geschäftsjahre	Kosten in der F & E-Phase	T€
2007–2010	F & E	5.100
2010–2011	Gehälter, Löhne, Materialkosten und anteilige Gemeinkosten für klinische Tests	3.145
2012 (bis 31.03.)	Marketing (888.000 €), Werbungs- und Verpackungskosten (546.000 €), Entwicklungskosten wie Gehälter, Materialkosten und anteilige Gemeinkosten (1.554.000 €)	2.988
2012 (1.4.–31.12.)	Marketingkosten (2.678.000 €), Werbungs- und Verpackungskosten (1.897.000 €), weitere Entwicklungskosten wie Gehälter, Materialkosten und anteilige Gemeinkosten (2.235.000 €)	6.810

In den vorangegangenen Jahren wurden keine F & E-Kosten aktiviert. Nach der Erfahrung der Pharma AG beträgt der erwartete Produktlebenszyklus 10 Jahre.

Aufgabe:
1. Die Pharma AG bittet Sie um Rat, welche Kosten, falls möglich, zum 31.12.2012 aktiviert werden können, da ein nicht unerheblicher Jahresfehlbetrag für das Jahr 2012 droht.
2. Sollten Kosten aktivierbar sein, so stellt sich die Frage der Abschreibungsmethode und des Abschreibungsbetrages in 2012.

Lösung:
1. Unter der Annahme, dass alle Definitions- und Ansatzkriterien kumulativ erfüllt sind, sind Entwicklungskosten i.H.v. 2.235.000 € zum 31.12.2012 zu aktivieren. Weder die Kosten in den vorangegangenen Jahren noch Kosten, die im Geschäftsjahr entstanden sind, bevor die Kriterien erfüllt waren, noch Vertriebskosten dürfen aktiviert werden. Es kommt auf das exakte Datum an, zu dem die Kriterien erfüllt sind. Ab dem 01.04.2012 sind alle Kriterien erfüllt, insbesondere hat die Pharma AG ab diesem Zeitpunkt die Fähigkeit den immateriellen Vermögenswert zu nutzen oder zu verkaufen (IAS 38.97). IAS 38.67 verdeutlicht mithilfe eines Beispiels, dass die Entwicklungskosten auch unterjährig von dem Zeitpunkt an, zu dem die Aktivierungskriterien erfüllt sind, abzugrenzen sind.

2. Das Abschreibungsvolumen eines immateriellen Vermögenswertes mit einer begrenzten Nutzungs-dauer ist planmäßig über seine Nutzungsdauer zu verteilen. Das Abschreibungsvolumen eines Ver-mögenswertes mit einer begrenzten Nutzungsdauer wird nach Abzug seines Restwertes ermittelt. Die Abschreibung beginnt, sobald der Vermögenswert verwendet werden kann, d.h. wenn er sich an seinem Standort und in dem vom Management beabsichtigten betriebsbereiten Zustand befindet (IAS 38.98). Die Abschreibungsmethode hat dem erwarteten Verbrauch des zukünftigen wirtschaft-lichen Nutzens des Vermögenswertes durch das Unternehmen zu entsprechen. Kann dieser Verlauf nicht verlässlich bestimmt werden, ist gemäß IAS 38.95 die lineare Abschreibungsmethode anzu-wenden.

Bei Anwendung der linearen Abschreibung sind im Jahr 2012 Abschreibungen i.H.v. 167.625 € ($^{9}/_{12}$ von 2.235.000/10) vorzunehmen, da der Vermögenswert neun Monate zur Veräußerung zur Verfü-gung steht. Die Abschreibungsperiode und die Abschreibungsmethode sind für einen immateriellen Vermögenswert mit einer begrenzten Nutzungsdauer mindestens zum Ende jedes Geschäftsjahres zu überprüfen.

5.2 Sachanlagen

Sachanlagen umfassen gemäß IAS 16.6 „Sachanlagen" materielle Vermögenswerte:

1. die für Zwecke der Herstellung oder der Lieferung von Gütern und Dienstleistungen, zur Vermietung an Dritte oder für Verwaltungszwecke gehalten werden und die
2. erwartungsgemäß länger als eine Periode gehalten werden.

Materielle Vermögenswerte haben im Vergleich zu den Finanzanlagen und den immateriellen Vermö-gensgegenständen körperliche oder physische Substanz. IAS 16.37 nennt als eigenständige Gruppen des Sachanlagevermögens, die sich durch ähnliche Art und ähnliche Verwendung in einem Unternehmen aus-zeichnen, insbesondere unbebaute Grundstücke, Grundstücke und Gebäude, Maschinen und technische Anlagen, Schiffe, Flugzeuge, Kraftfahrzeuge, Betriebs- und Büroausstattung.

5.2.1 Anwendungsbereich des IAS 16

IAS 16 ist für die **Bilanzierung von Sachanlagen** anzuwenden, es sei denn, dass ein anderer Standard eine andere Behandlung erfordert oder zulässt. Dieser Standard ist nicht anwendbar auf:

1. Sachanlagen, die gemäß IFRS 5 „Zur Veräußerung gehaltene langfristige Vermögenswerte und aufgege-bene Geschäftsbereiche" als zur Veräußerung gehalten klassifiziert werden;
2. biologische Vermögenswerte, die mit landwirtschaftlicher Tätigkeit im Zusammenhang stehen (IAS 41 „Landwirtschaft");
3. den Ansatz und die Bewertung von Vermögenswerten aus Exploration und Evaluierung (IFRS 6 „Explo-ration und Evaluierung von Bodenschätzen");
4. Abbau- und Schürfrecht sowie Bodenschätze wie Öl, Erdgas und ähnliche nicht regenerative Res-sourcen.

Jedoch gilt IAS 16 für Sachanlagen, die verwendet werden, um die Vermögenswerte der drei letztgenannten Ausnahmen auszuüben bzw. zu erhalten. Besondere Vorschriften können für Leasingverhältnisse (IAS 17), die Bilanzierung von Anlageliegenschaften (IAS 40) oder das Sachanlagevermögen in Hochinflationslän-dern (IAS 29) gelten.

5.2.2 Zugangsbewertung

Die **Bewertung einer Sachanlage** erfolgt im Zeitpunkt der erstmaligen Bilanzierung zu ihren Anschaf-fungs- oder Herstellungskosten. Die Anschaffungs- oder Herstellungskosten sind der zum Erwerb oder zur Herstellung eines Vermögenswerts entrichtete Betrag an Zahlungsmitteln oder Zahlungsmitteläquivalenten oder der beizulegende Zeitwert einer anderen Entgeltform zum Zeitpunkt des Erwerbs oder der Herstellung

oder, falls zutreffend, der Betrag, der diesem Vermögenswert beim erstmaligen Ansatz gemäß den besonderen Bestimmungen anderer IFRS beigelegt wird.

Die **Anschaffungs- oder Herstellungskosten** umfassen alle Kosten der Verbringung des Vermögenswerts
zum Standort sowie der Versetzung in den vom Management beabsichtigten Zustand (IAS 16.16). Mit
der Aufnahme konkreter Vertragsverhandlungen beginnt der Aktivierungszeitraum, mit dem Erreichen
der vom Management beabsichtigten Betriebsbereitschaft am vorgesehenen Standort endet dieser. Frei-
gabe- oder Abnahmeerklärungen dokumentieren den Aktivierungszeitraum, woraus sich dessen zeitliche
Begrenzung, die vom tatsächlichen Nutzungsbeginn unabhängig ist, ergibt (IAS 16.20). Diese Begrenzung
stellt allein auf die prinzipiell gegebene Möglichkeit der Nutzung ab. Zu den Anschaffungskosten zählen
auch die geschätzten Abbruchkosten, Entsorgungskosten und durch die Anlage verursachte Rekultivie-
rungskosten am Ende der Nutzung. Eine fortlaufende Aktivierung dieser Kosten erfolgt, wenn sie erst im
Laufe der Nutzung verursacht werden.

Es liegen **nachträgliche Anschaffungs- oder Herstellungskosten** vor, wenn diese Ausgaben erwarten lassen, dass der Vermögenswert zukünftig zusätzlichen wirtschaftlichen Nutzen an das Unternehmen
bewirkt. Diese sind dann zu aktivieren auf den bisherigen Buchwert des Vermögenswerts, sofern diese
Ausgaben die oben genannten Bedingungen erfüllen. Sie sind bei Nichterfüllung der Bedingungen sofort
als Aufwand zu verrechnen (s. Kapitel 4.2.2).

5.2.3 Komponentenansatz

Der **Komponentenansatz** ist eine spezielle Regelung des IAS 16. Gemäß IAS 16.43 wird jeder Teil einer
Sachanlage, der einen bedeutsamen Anschaffungswert im Verhältnis zum gesamten Wert des Gegenstands
besitzt, getrennt abgeschrieben. Dieses Grundkonzept dient der Erkenntnis, dass die Nutzungsdauern oder
Abnutzungsverläufe einzelner Bestandteile eines Vermögenswerts unterschiedlich sein können. Dies kann
beispielsweise bei Triebwerken eines Flugzeuges der Fall sein oder bei der Innenausstattung eines Gebäudes, wodurch es grundsätzlich zum mehrmaligen Ersatz dieser Komponenten während der Nutzungsdauer
der gesamten Sachanlage kommt.

IAS 16 gibt für die Bedeutsamkeit des Anschaffungswerts **keine quantitative Wertgrenze** vor. Auszugehen ist von der in der Bilanzierungsrichtlinie festgelegten **unternehmensspezifischen Wesentlichkeits-
grenze**. Entfallen weniger als 5 % der Anschaffungskosten des Anlageguts auf eine einzelne Komponente,
kann diese grundsätzlich nicht als bedeutend im Sinne des Standards angesehen werden. Bei wertmäßig
unbedeutenden Gegenständen, wie beispielweise Werkzeuge, erlaubt IAS 16.9 deren Zusammenfassung zu
einem neu gebildeten Vermögenswert, um ihn über eine gewichtete mittlere Nutzungsdauer abzuschreiben. So kann es angemessen sein, dass einzelne unbedeutende Gegenstände, wie Press-, Gussformen und
Werkzeuge zusammengefasst werden und die Kriterien auf den zusammengefassten Wert angewendet
werden.

Um den Vermögenswert weiter nutzen zu können, sind bei einigen der Vermögenswerte in regelmäßigen
Abständen **Großinspektionen oder Generalüberholungen** notwendig. Nach IAS 16.14 sind diese, sofern
sie die allgemeinen Ansatzkriterien des IAS 16.7 erfüllen, separiert als Komponente des Vermögenswerts
anzusetzen. Als separierbare Komponenten eines Vermögenswerts kommen also neben den physischen
auch die virtuellen Bestandteile in Betracht.

IAS 16.45 gewährt das Wahlrecht, bedeutsame Teile einer Sachanlage auch zusammengefasst abzuschreiben, wenn deren Nutzungsdauer und Abnutzungsverlauf identisch sind. Der **Restbetrag des Vermögenswerts** ist gemäß IAS 16.46 als Ganzes abzuschreiben. Das betrifft die einzelnen, nicht als signifi-
kant beurteilten Bestandteile der Sachanlage. Existieren für verschiedene Komponenten unterschiedliche
betriebliche Nutzungsdauern, müssen für die bestmögliche Darstellung ihrer Abschreibungs- bzw. Nutzungsdauern Schätzmethoden angewendet werden. Gemäß IAS 16.47 kann sich ein Unternehmen auch
dafür entscheiden, Teile eines Vermögenswerts getrennt abzuschreiben, wenn es aus Sicht des Unternehmens keine signifikanten Anteile an den Anschaffungs- oder Herstellungskosten der Sachanlage besitzt.

Grundsätzlich kommt nur abnutzbares Sachanlagevermögen für die **Bilanzierung nach dem Komponentenansatz** in Betracht. Sofern einem Grundstück eine unendliche Nutzungsdauer zugeschrieben wird, ist es nicht nach dem Komponentenansatz zu bilanzieren, auch wenn es sich bei Betrachtung anderer Kriterien statt der unterschiedlichen Nutzungsdauer in einzelne Abschnitte aufteilen ließe. Neben der Nutzungsdauer und dem Nutzungsverlauf ist in diesem Zusammenhang ebenso der **Grundsatz der Wesentlichkeit (materiality)** zu beachten. Hiernach findet der Komponentenansatz bei Vermögenswerten mit einem unwesentlichen Wert keine Anwendung. Darunter fallen vor allem Vermögenswerte aus dem Bereich der Betriebs- und Geschäftsausstattung, z.B. Drucker oder Büromöbel.

Eine direkte und eindeutige Zurechnung der Anschaffungs- und Herstellungskosten auf identifizierbare Komponenten ist selten möglich. Abzulehnen ist grundsätzlich die Aufteilung der Anschaffungs- und Herstellungskosten anhand von Marktpreisen der Bestandteile nach einer Residualwertmethode. Es besteht hierbei die Gefahr der **Fehlallokation** des Werts, wenn die Anschaffungs- und Herstellungskosten des konkreten Vermögenswerts unter oder über dem Marktwert liegen. Um einen komplexen Vermögenswert in seine getrennt voneinander abzuschreibenden Komponenten aufzuteilen, sind zwei Schritte notwendig. Im ersten Schritt ist der Vermögenswert nach dem **Grundsatz der Wesentlichkeit** in einzelne Komponenten aufzugliedern. Nach diesem ersten Schritt ist neben den wesentlichen Komponenten eine sog. Restkomponente des komplexen Vermögenswerts entstanden, bestehend aus deren sämtlichen unwesentlichen Bestandteilen. Abschließend ist in einem zweiten Schritt die **Bildung von Bilanzierungseinheiten** anhand der spezifischen Nutzungsdauern und Nutzungsverläufe dieser Komponenten vorzunehmen. Bei Abweichung der Nutzungsdauern und Nutzungsverläufe der Komponenten von denen der anderen Komponenten sind diese gesondert abzuschreiben.

5.2.4   Folgebewertung

5.2.4.1   Folgebewertung von Komponenten

Nachdem der komplexe Vermögenswert in seine Komponenten aufgeteilt wurde, erfolgt die Ermittlung der Abschreibungsmethode und der Abschreibungsbeträge. Die Parameter nach IAS 16.50 ff. zur Ermittlung der Abschreibung von Vermögenswerten sind maßgebend für die Bestimmung der Abschreibungsbeträge der einzelnen Komponenten. Die **Folgebewertung der Sachanlagen** kann wahlweise nach dem erstmaligen Ansatz entweder mithilfe der fortgeführten Anschaffungs- bzw. Herstellungskosten oder der Neubewertungsmethode erfolgen. Dabei gilt es, die einmal gewählte Methode aufgrund des Stetigkeitsgebots in den Folgeperioden beizubehalten. Nach IAS 8 „Bilanzierungsmethoden, Änderungen von rechnungslegungsbezogenen Schätzungen und Fehler" ist ein **Methodenwechsel** nur erlaubt, wenn, resultierend aus dem Wechsel, eine verbesserte Darstellung der Vermögens-, Finanz- und Ertragslage sowie der Cashflows erreicht werden kann oder ein anderer Standard oder eine andere Interpretation den Methodenwechsel ausdrücklich verlangt.

5.2.4.2   Folgebewertung nach der Anschaffungs- oder Herstellungskostenmethode

Das Sachanlagevermögen ist gemäß IAS 16.30 zu Anschaffungs- oder Herstellungskosten abzüglich der kumulierten Abschreibungen und kumulierten Wertminderungsaufwendungen (außerplanmäßige Abschreibungen) zu bewerten. Die **planmäßige Abschreibung** kommt jedoch nur bei abnutzbaren Sachanlagen infrage. Nach IAS 16.50 ist das Abschreibungsvolumen einer Sachanlage, also die um den Restwert bei Ausscheiden aus dem Unternehmen verminderten Anschaffungs- oder Herstellungskosten, planmäßig über deren Nutzungsdauer zu verteilen. Die voraussichtliche Nutzbarkeit für das Unternehmen bestimmt die Nutzungsdauer eines Vermögenswerts. Gemäß IAS 16.57 kann die betriebliche Investitionspolitik vorsehen, dass Vermögenswerte nach einer bestimmten Zeit oder nach dem Verbrauch eines bestimmten Teils des künftigen wirtschaftlichen Nutzens des Vermögenswerts veräußert werden. Die voraussichtliche betriebliche Nutzungsdauer eines Vermögenswerts kann daher kürzer sein als seine wirtschaftliche Nutzungsdauer. Der erwartete Verbrauch, die Berücksichtigung von physischem Verschleiß, die technische

Alterung sowie rechtliche oder ähnliche Nutzungsbeschränkungen können eine Grundlage für die Schätzung der Nutzungsdauer bilden.

Für die Folgebewertung stehen dem Unternehmen nach den IFRS die lineare, die (geometrisch-) degressive und die leistungsabhängige Abschreibungsmethode zur Verfügung. **Nicht erlaubt** sind Abschreibungen, die rein aus steuerlichen Gründen vorgenommen werden. Ob der tatsächliche Nutzungsverlauf des Vermögenswerts mittels der jeweils angewandten Methode angemessen abgebildet wird, gilt es jährlich zu überprüfen (IAS 16.61). Weiterhin ist zu jedem Bilanzstichtag einschätzen, ob Anhaltspunkte für eine außerplanmäßige Wertminderung gemäß IAS 36 **„Wertminderung von Vermögenswerten"** vorliegen. Der Bilanzierende hat den erzielbaren Betrag in einem Wertminderungstest zu bestimmen, wenn für die Sachanlage konkrete Anhaltspunkte für die Wertminderung vorliegen. Liegt der erzielbare Betrag eines Vermögenswerts zum Bilanzstichtag unter dessen Buchwert, sind nach den Regelungen des IASB Wertminderungen von Vermögenswerten des Sachanlagevermögens zwingend durch außerplanmäßige Abschreibungen zu berücksichtigen (IAS 36 i.V.m. IAS 16.63). Der **Komponentenansatz** spielt zunächst keine Rolle für nach den Regelungen des IAS 36 vorzunehmende außerplanmäßige Abschreibungen, denn Regelungen des IAS 36 stellen auf die Bewertung von Vermögenswerten mit ihrem erzielbaren Betrag ab. Jedoch sind die planmäßigen Abschreibungen nach Vornahme außerplanmäßiger Abschreibungen gemäß IAS 16.63 anzupassen. Für die **Bestimmung des Restabschreibungsvolumens** der Komponenten sind für den einzelnen Vermögenswert die über außerplanmäßige Abschreibungen erfassten Wertminderungsbeträge auf seine Komponenten zu verteilen.

Nach IAS 36 hat ein Unternehmen zu jedem Bilanzstichtag zu prüfen, inwiefern die Gründe noch bestehen, die zu Wertminderungen in früheren Perioden führten. Beim Entfallen der Umstände früherer Wertminderungen ist eine Wertaufholung vorzunehmen. Diese darf maximal nur bis zur Höhe der fortgeführten historischen Anschaffungs- oder Herstellungskosten erfolgen, da diese die Wertobergrenze dieser Bewertungsmethode darstellen (zur außerplanmäßigen Abschreibung s. Kapitel 5.3).

Beispiel: Das Unternehmen Holiday Air GmbH erwirbt ein Flugzeug i.H.v. 10 Mio. €. Die betriebsgewöhnliche Nutzungsdauer des Flugzeugs beträgt 40 Jahre. Nach 40 Jahren wird ein Restwert von 0 € unterstellt. Aus der Erfahrung von gleichen Flugzeugen in der Flugzeugflotte der Holiday Air GmbH wird davon ausgegangen, dass nach 100.000 Flugstunden die beiden Triebwerke und nach 50.000 Flugstunden beide Bordkabinen erneuert werden müssen. In diesem Zusammenhang kalkuliert die Holiday Air GmbH 400 Flugstunden pro Monat. Die Kosten für den Austausch der Triebwerke bzw. der Bordkabinen wird auf je 1 Mio. € bzw. 250.000 € geschätzt. Die Holiday Air GmbH entscheidet sich im Rahmen der Folgebewertung die fortgeführten Anschaffungskosten verbunden mit einer linearen Abschreibung zu bilanzieren. Es wird unterstellt, dass die Bordkabinen wesentliche Bestandteile des Flugzeugs darstellen.

Aufgabe:

1. In wie viele Komponenten ist das Flugzeug im Rahmen der Ermittlung der planmäßigen Abschreibung aufzuteilen?

2. In welcher Höhe sind die Komponenten planmäßig abzuschreiben?

Lösung:

1. Das Flugzeug der Holiday Air GmbH ist in fünf Komponenten aufzuteilen:
   a) Flugkörper i.H.d. Anschaffungskosten von 7,5 Mio. €.
   b) Erstes Triebwerk i.H.d. Anschaffungskosten von 1 Mio. €.
   c) Zweites Triebwerk i.H.d. Anschaffungskosten von 1 Mio. €.
   d) Erste Bordkabine i.H.d. Anschaffungskosten von 250.000 €.
   e) Zweite Bordkabine i.H.d. Anschaffungskosten von 250.000 €.

2. Der Flugkörper ist über 40 Jahre mit jährlich 187.500 €, die beiden Triebwerke sind 250 Monate mit jeweils 4.000 € pro Monat und die beiden Bordkabinen sind 125 Monate mit jeweils 2.000 € pro Monat abzuschreiben.

Komponente	Nutzungsdauern	Abschreibungsbetrag
Flugzeug-Körper	100/40 Jahre = 2,5 %	7,5 Mio. € x 2,5 % = 187.500 €
Triebwerke	100.000 Stunden gesamt /400 Stunden pro Monat = 250 Monate 250 Monate/12 Monate = 20,83 Periode Jahre 100/20,83 Periode Jahre = 4,8 %	1 Mio. € x 4,8 % = 48.000 € jährlich je Turbine x 2 = 96.000 €
Boardkabinen	50.000 Stunden gesamt /400 Stunden pro Monat = 125 Monate 125 Monate/12 Monate = 10,42 Jahre 100/10,42 Jahre = 9,6 %	250.000 € x 9,6 % = 24.000 € jährlich je Kabine x 2 = 48.000 €
Summe		331.500 €

Bei einem vorzeitigen Austausch beispielsweise eines Triebwerks ist eine außerplanmäßig Abschreibung vorzunehmen und das neue Triebwerk zu Anschaffungskosten zu aktivieren und entsprechend über die voraussichtliche Nutzungsdauer planmäßig abzuschreiben.

5.2.4.3 Folgebewertung nach der Neubewertungsmethode

Ein Vermögenswert des Sachanlagevermögens ist alternativ zu einem Neubewertungsbetrag anzusetzen. Dieser entspricht, unter Abzug nachfolgender kumulierter planmäßiger Abschreibungen und Abwertungsverluste, seinem beizulegenden Zeitwert am Tage der Neubewertung. Für die **Ermittlung des beizulegenden Zeitwerts einer Sachanlage** stellt nach IAS 16.32 und IAS 16.33 der Marktwert die beste Approximation dar. Speziell bei Grundstücken und Gebäuden kann der Marktwert mithilfe von hauptamtlichen Gutachtern ermittelt werden. Wenn eine Ermittlung des aktuellen Marktwerts nicht möglich ist, dürfen Sachanlagen alternativ zu ihren **fortgeführten Wiederbeschaffungskosten** bewertet werden. Es besteht keine Bewertungsobergrenze i.H.d. ursprünglichen Anschaffungs- oder Herstellungskosten. Eine Anwendung der Neubewertungsmethode kann nur bei verlässlicher Ermittlung des Zeitwerts der betreffenden Sachanlage erfolgen. Der beizulegende Zeitwert entspricht gemäß der Definition des IAS 16.6 dem Wert, zu dem ein Vermögenswert zwischen sachverständigen, vertragswilligen und voneinander unabhängigen Geschäftspartnern getauscht werden könnte. Es müssen zur Vermeidung wesentlicher Abweichungen vom Buchwert grundsätzlich an jedem Bilanzstichtag Neubewertungen und somit eine Ermittlung des beizulegenden Zeitwertes vorgenommen werden. Es ist die gesamte Gruppe des Sachanlagevermögens neu zu bewerten sobald ein Vermögensgegenstand des Sachanlagevermögens neu bewertet wird (IAS 16.36). Vereinfachend darf eine Gruppe auch rollierend neu bewertet werden, sofern die Neubewertung innerhalb einer kurzen Zeitspanne erfolgt.

Es gelten nach IAS 16.39 und IAS 16.40 für die **bilanzielle Abbildung von Bewertungsdifferenzen** (Differenz zwischen dem beizulegenden Zeitwert im Neubewertungszeitpunkt und dem bisherigen Buchwert) nachfolgende Regeln:

Der Differenzbetrag ist als **Neubewertungsrücklage** direkt erfolgsneutral in das Eigenkapital einzustellen, wenn der beizulegende Zeitwert über dem Buchwert liegt. Nicht davon berührt wird die Gewinn- und Verlustrechnung. Die Wertsteigerung wird allerdings in dem Umfang als sonstiger betrieblicher Ertrag erfolgswirksam erfasst, soweit sie eine aufgrund einer Neubewertung in der Vergangenheit erfolgswirksam erfasste Abwertung desselben Vermögenswerts rückgängig macht. Die Neubewertungsrücklage erhöht sich wiederum bei einer darüber hinausgehenden Wertsteigerung. Dies gilt auch, sofern aufgrund eines Wertminderungstests in der Vergangenheit Wertminderungen erfolgswirksam erfasst wurden. Unzulässig ist dagegen eine Wertaufholung planmäßiger Abschreibungen. Der Differenzbetrag ist dagegen bei einer Verringerung des Buchwerts aufgrund einer durchgeführten Neubewertung erfolgswirksam zu erfassen. Eine Wertminderung ist im Eigenkapital unter der Position Neubewertungsrücklage erfolgswirksam zu erfassen. Voraussetzung ist, dass die Wertminderung nicht den Betrag der entsprechenden Neubewertungsrücklage übersteigt. Jedoch ist wiederum ein darüber hinausgehender Neubewertungsverlust erfolgswirksam zu behandeln. Abnutzbare Sachanlagen sind nach der Neubewertung planmäßig, unter Berücksichtigung eines wesentlichen Restbuchwerts, über die voraussichtliche Nutzungsdauer abzuschreiben, wobei die Abschreibungsbasis nun aus dem Neubewertungsbetrag resultiert (s. Kapitel 5.2.5 Beispiele).

5.2.5 Als Finanzinvestition gehaltene Immobilien

Als **Finanzinvestition gehaltene Immobilien (investment porperties)** sind gemäß IAS 40.5 Immobilien (Grundstücke oder Gebäude – oder Teile von Gebäuden – oder beides), die (vom Eigentümer oder vom Leasingnehmer im Rahmen eines Finanzierungsleasingverhältnisses) zur Erzielung von Mieteinnahmen und/oder zum Zwecke der Wertsteigerung gehalten werden und nicht:

1. Zur Herstellung oder Lieferung von Gütern bzw. zur Erbringung von Dienstleistungen oder für Verwaltungszwecke oder
2. zum Verkauf im Rahmen der gewöhnlichen Geschäftstätigkeit des Unternehmens verwendet werden.

Grundstücke, die für eine gegenwärtig unbestimmte künftige Nutzung gehalten werden, fallen in den Anwendungsbereich des IAS 40. Legt ein Unternehmen nicht fest, ob das Grundstück zur Selbstnutzung oder kurzfristig zum Verkauf im Rahmen der gewöhnlichen Geschäftstätigkeit gehalten wird, ist das Grundstück als zum Zwecke der Wertsteigerung gehalten zu behandeln. Dies könnte beispielsweise der Fall sein, wenn ein Unternehmen ein Grundstück erworben hat um darauf eine Produktionshalle zu errichten, sich aber nach dem Erwerb herausstellt, dass die Produktionsanlage aufgrund einer neu eingetretenen schwierigen wirtschaftlichen Situation nicht gebaut werden und somit das Grundstück jahrelang im Rahmen der gewöhnlichen Geschäftstätigkeit nicht genutzt werden kann.

Somit fallen Immobilien, die beispielsweise für Zwecke der Produktion, der Verwaltung, Arbeitnehmerwohnungen selbst genutzt werden unter die Sachanlagen gemäß IAS 16. **Immobilien (Renditeobjekte), die zur kurzfristigen Weiterveräußerung erworben werden**, fallen in den Anwendungsbereich der Vorräte gemäß IAS 2 „Vorräte".

IAS 40 findet keine Anwendung auf:

1. **Biologische Vermögenswerte**, die mit landwirtschaftlicher Tätigkeit im Zusammenhang stehen (s. IAS 41 Landwirtschaft);
2. **Abbau- und Schürfrechte sowie Bodenschätze** wie Öl, Erdgas und ähnliche nicht-regenerative Ressourcen.

Als **Finanzinvestition gehaltene Immobilien** sind bei Zugang mit ihren Anschaffungs- oder Herstellungskosten zu bewerten. Die Transaktionskosten sind in die erstmalige Bewertung mit einzubeziehen.

Hinsichtlich der Folgebewertung besteht ein Wahlrecht. Die Regelmethode ist die **fair-value-Bewertung (Marktbewertung)** zum Bilanzstichtag. Die Marktbewertung ist daher die Regelmethode, welche im Gegensatz zur Alternativmethode stets nicht durch zusätzliche Anhangsangaben begleitet ist, da aufgrund des Fehlens eines unmittelbaren Bezugs zum Betriebsgeschehen derartige Immobilien ihre Cashflows grundsätzlich unabhängig von anderen Vermögenswerten des Unternehmens generieren. Somit hat zu jedem Bilanzstichtag die **Folgebewertung zum Markt- bzw. Zeitwert (faire value)** zu erfolgen, wobei etwaige Wertveränderungen zwingend erfolgswirksam zu berücksichtigen sind. Somit ähnelt diese fair value Methode der Neubewertungsmethode, mit dem Unterschied, dass Wertveränderungen nicht erfolgsneutral, sondern in der Gewinn- und Verlustrechnung erfolgswirksam zu bilanzieren sind. Lediglich im

Umwidmungszeitpunkt gegebene Wertveränderungen sind als Neubewertung erfolgsneutral zu berücksichtigen.

Die Alternativmethode für die Folgebewertung stellt die **Anschaffungskostenmethode** dar. Nach dieser Folgebewertungsmethode werden die Anlageimmobilien zu fortgeführten Anschaffungskosten wie beim Sachanlagevermögen gemäß IAS 16 ermittelt. Zwingend bei Anwendung der Anschaffungskostenmethode ist u.a. die Angabe des beizulegenden Zeitwertes (fair value) der Immobilie im Anhang.

Das Folgebewertungswahlrecht muss, wie auch bei der Folgebewertung anderer Vermögenswerte stets einheitlich ausgeübt werden. Es ist nicht zulässig, einzelne Immobilien nach IAS 40 unterschiedlich im Rahmen der Folgebewertung zu bewerten.

5.2.6 Fallstudie: Komponentenansatz

Fall: Unternehmen A erwirbt ein bebautes Grundstück, wobei das Gebäude für das Unternehmen nicht zu gebrauchen ist. A beauftragt einen Bauunternehmer B mit dem Abriss des alten und dem Bau eines neuen Gebäudes, das als Produktions- und Versandgebäude dienen soll.

Für den Kauf des Grundstücks, dem Abriss des alten und dem Bau des neuen Gebäudes entstehen folgende Aufwendungen (alle Angaben in €):

Kaufpreis des bebauten Grundstücks	500.000 €
Abrisskosten	60.000 €
Architektenhonorar (Planung und Bauüberwachung)	15.000 €
Gebäudeversicherung für das erste Jahr	5.500 €
1. Abschlagszahlung Bauunternehmen	250.000 €
2. Abschlagszahlung Bauunternehmen	150.000 €
Abschlusszahlung Bauunternehmen	200.000 €
Produktionsanlagen	100.000 €
Grund- und Oberflächenarbeiten für einen Parkplatzes auf dem Grundstück	80.000 €
Beleuchtung des Parkplatzes	35.000 €

Der Restwert des neuen Gebäudes wird auf 100.000 € geschätzt.

Aufgrund von gesetzlichen Anforderungen muss ein Teil der Produktionsanlage im Abstand von drei Jahren gewartet werden, wobei ein wesentliches Teil ausgetauscht werden muss, damit der Weiterbetrieb erlaubt ist. Dabei entstehen Kosten i.H.v. 30.000 €.

Der Bau des Gebäudes und die Anlage des Parkplatzes wurden am 01.01.2010 abgeschlossen. Das Geschäftsjahr endet zum 31.12.2010. Die Nutzungsdauern werden wie folgt geschätzt:

- Gebäude 30 Jahre
- Produktionsanlage 16 Jahre
- Parkplatz 20 Jahre
- Beleuchtung Parkplatz 10 Jahre

Aufgabe:
1. Ermitteln Sie die Anschaffungs- und Herstellungskosten für das Gebäude, die Produktionsanlage, den Parkplatz und die Beleuchtung.
2. Zum Ende des Jahres 2012 wird die Wartung bzw. Inspektion der Anlage durchgeführt. Erfassen Sie diesen Geschäftsvorfall.
3. Die Produktionsmengen reichen im Laufe des Jahres 2012 nicht mehr aus, um die Nachfrage zu befriedigen. Zur Steigerung der Qualität und der Kapazität investiert das Unternehmen im Dezem-

ber 2012 insgesamt 100.000 € in die Erneuerung der Anlage. Die erneuerte Produktionsanlage ist am 01.01.2013 betriebsbereit. Die geschätzte Nutzungsdauer der Anlage veränderte sich durch die Erneuerung nicht. Wie wirkt sich die Maßnahme auf die Bilanz und die Gewinn- und Verlustrechnung aus (zu ermitteln ist ebenso der Buchwert zum 31.12.2012 sowie die Abschreibung ab 2013).

Lösung:

1. Anschaffungs- und Herstellungskosten der einzelnen Anlagen in €:

Grundstück	Gebäude	Produktionsanlagen	Wartung	Parkplatz	Beleuchtung
500.000	60.000	70.000	30.000	80.000	35.000
	15.000				
	250.000				
	150.000				
	200.000				
	675.000				

Gebäude und Produktionsanlage sowie Parkplatz und Beleuchtung sind jeweils als separate Vermögensgegenstände zu aktivieren, da jeweils unterschiedliche Nutzungsdauern erwartet werden. Entsprechend dem Komponentenansatz wird unterstellt, dass die Anschaffungskosten der Produktionsanlage bereits die erste Inspektion, die den Betrieb in den ersten drei Jahren erlaubt, beinhalten. Deshalb ist ein Teil der Anlage i.H.v. 30.000 € separat zu bilanzieren und über die Dauer von drei Jahren abzuschreiben. Der Ausweis beider Komponenten erfolgt als Produktionsanlage. Die Versicherungsprämie steht nicht im Zusammenhang mit der Versetzung des Gebäudes in den betriebsbereiten Zustand und ist somit nicht zu aktivieren.

2. Da wesentliche Teile in bestimmten Zeitabständen überprüft und ersetzt werden müssen, werden die ursprünglichen Anschaffungs- und Herstellungskosten von 100.000 € in einen Bestandteil für die Wartung (30.000 €) und die Anlage an sich (70.000 €) aufgeteilt. Der Wartungsbestandteil wird über drei Jahre abgeschrieben, sodass er zum Zeitpunkt der Durchführung der Wartung vollständig abgeschrieben ist. Da der dann entstehende Wartungsaufwand einen zukünftigen Nutzenzufluss beinhaltet, ist er als Wartungsbestandteil zu aktivieren und über die folgenden drei Jahre abzuschreiben.

3. Die Erneuerung steigert die Qualität und die Kapazität der Anlage und ist als Vermögenswert zu bilanzieren. Da die Investition Bestandteil der Produktionsanlage wird, sollten die 100.000 € auf die Produktionsanlage aktiviert werden. Der Buchwert zum 31.03.2012 ergibt sich folgendermaßen:

$$70.000 - \left(\frac{70.000}{16} \times 3 \right) + 100.000 = 156.875 \text{ €}.$$

Der Restbuchwert i.H.v. 156.875 € ist über die verbleibende Nutzungsdauer von 13 Jahren (beginnend am 01.01.2013) abzuschreiben.

5.3 Außerplanmäßige Abschreibung von Vermögenswerten nach IAS 36

Der Standard IAS 36 „**Wertminderung von Vermögenswerten**" beschreibt die Vorgehensweise im Rahmen einer außerplanmäßigen Abschreibung (Wertminderung). Im HGB ist die außerplanmäßige Abschreibung verbunden mit dem **Niederstwertprinzip**. International wird in diesem Zusammenhang von Impairment bzw. von einem Impairment-Test gesprochen. Das Ziel des IAS 36 besteht darin, Unternehmen zu verpflichten, mithilfe eines speziellen Verfahrens, die Notwendigkeit einer außerplanmäßigen Abschreibung (Wertminderung) zu überprüfen. Es handelt sich hierbei um den sog. Werthaltigkeitstest oder **Impairment-Test**.

Der **Anwendungsbereich des IAS 36** bezieht sich auf die Bilanzierung einer Wertminderung aller Vermögenswerte. Ausgenommen sind aber Sachverhalte, die laut IAS 36.2 jeweils in separaten Standards geregelt werden, wie:

1. Vorräte (IAS 2);
2. Fertigungsaufträge (IAS 11);
3. Aktive latente Steuern (IAS 12);
4. Vermögenswerte aus Leistungen an Arbeitnehmer (IAS 19);
5. Finanzinstrumente (IAS 39);
6. Biologische Vermögenswerte (IAS 41);
7. Investment Properties, die zum beizulegenden Zeitwert bewertet werden (IAS 40);
8. Vermögenswerte im Zusammenhang mit Versicherungsverträgen (IFRS 4);
9. Zur Veräußerung bestimmte Vermögenswerte (IFRS 5).

Durch diese umfangreiche Negativabgrenzung beschränkt sich der Geltungsbereich des IAS 36 somit nur auf spezielle Vermögenswerte, die sich in zwei Gruppen differenzieren lassen. Das Abgrenzungskriterium zwischen diesen beiden Gruppen ist die Bestimmbarkeit der Nutzungsdauer:

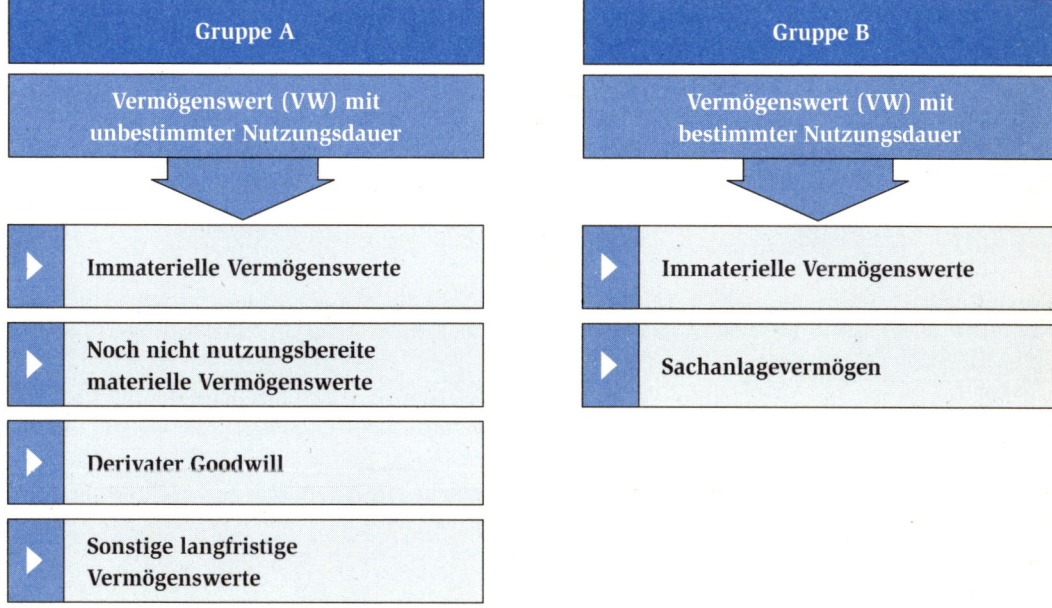

Abb. 13: Abgrenzung der Vermögenswerte nach Bestimmbarkeit der Nutzungsdauer

Die Gruppe A beinhaltet Vermögenswerte, die nicht der planmäßigen Abschreibung unterliegen, da deren Nutzungsdauer unbestimmt ist. In der Gruppe B hingegen befinden sich die restlichen Vermögenswerte mit einer bestimmbaren Nutzungsdauer, die planmäßig abzuschreiben sind.

Ziel dieser Differenzierung ist, die unterschiedliche Systematik bezüglich des testauslösenden Ereignisses herauszustellen.

5.3.1 Indikatoren für eine außerplanmäßige Abschreibung

Gemäß IAS 36.9 hat der Bilanzierende an jedem Bilanzstichtag für alle Vermögenswerte (Gruppe A und B) einzuschätzen, ob Indikatoren (**triggering events**) für eine Wertminderung existieren (**Wertminderungstest dem Grunde nach**). Dabei sind sowohl externe als auch interne Anzeichen als testauslösendes Ereignis gemäß IAS 36.12 heranzuziehen.

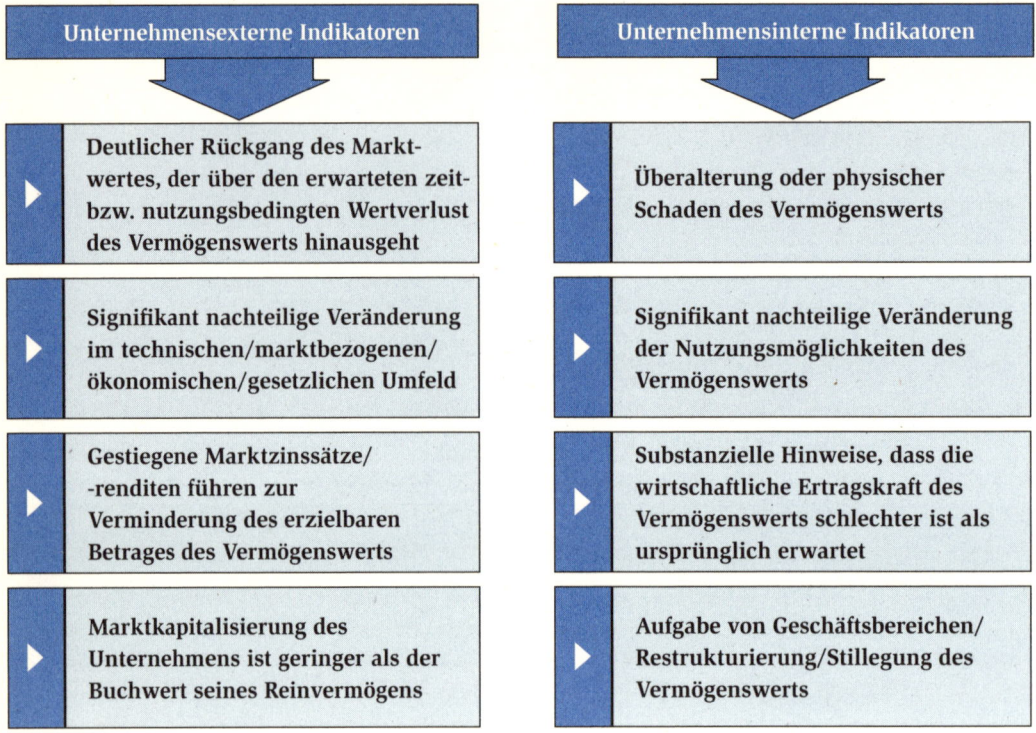

Abb. 14: Bestimmung des testauslösenden Ereignisses

Die Aufzählung ist dabei als nicht abschließend anzusehen. Es können dem Bilanzierenden auch andere Anhaltspunkte vorliegen, um eine Wertminderung der Vermögenswerte der Gruppe B bzw. des Goodwills zu untersuchen.

Zusätzlich fordert IAS 36.10 für die Vermögenswerte der Gruppe A eine **jährliche Überprüfung der Werthaltigkeit**, unabhängig vom Vorliegen etwaiger Indikatoren. Beim Goodwill wiederum gibt es noch eine Besonderheit. Neben dem jährlich durchzuführenden Test ist jederzeit und nicht nur zum Bilanzstichtag zu überprüfen, ob Anzeichen einer möglichen Wertminderung vorliegen (zur außerplanmäßigen Abschreibung eines Goodwill s. Kapitel 5.3.6).

5.3.2 Impairment-Test

Führt die **Überprüfung der triggering events** dazu, dass Anzeichen für eine Wertminderung von Vermögenswerten vorliegen oder ist aufgrund der Anforderungen des IAS 36 ein Test verpflichtend, muss dieser Vermögenswert auf einen eventuellen Wertminderungsaufwand hin getestet werden.

Ein Vermögenswert ist wertgemindert, wenn der Buchwert des Vermögenswertes seinen erzielbaren Betrag übersteigt. Ist dies der Fall, zeigt der Jahresabschluss nicht das tatsächliche Bild der Vermögenslage des Unternehmens und muss durch die **Bildung eines Wertminderungsaufwandes** berichtigt werden. Der **erzielbare Betrag (recoverable amount)** ist der höhere Betrag aus

1. **Nettoveräußerungspreis (fair value less cost to sell)** und
2. **Nutzungswert (value in use)**.

Zur Erläuterung des erzielbaren Betrages, des Nettoveräußerungswerts und des Nutzungswerts bzw. Barwerts s. Kapitel 4.2.1.

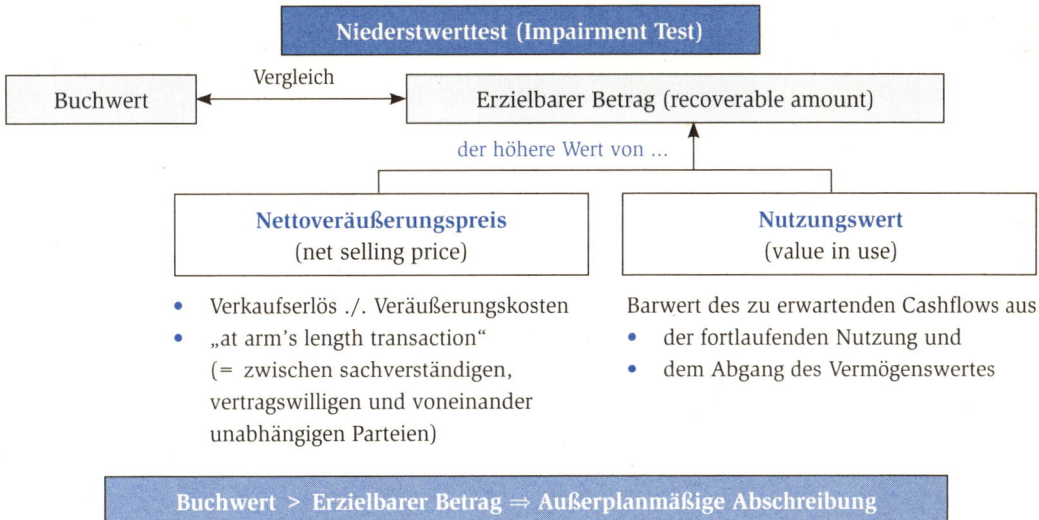

Abb. 15: Ermittlung des erzielbaren Betrags

Es ist gemäß IAS 36.96 nicht immer erforderlich, sowohl den beizulegenden Zeitwert abzüglich der Verkaufskosten als auch den Nutzungswert eines Vermögenswerts zu bestimmen. Wenn einer dieser Werte den Buchwert des Vermögenswerts übersteigt, ist der Vermögenswert nicht wertgemindert und es ist nicht erforderlich, den anderen Wert zu ermitteln.

Es kann gemäß IAS 36.20 möglich sein, den beizulegenden Zeitwert abzüglich der Verkaufskosten auch dann zu bestimmen, wenn der Vermögenswert nicht an einem aktiven Markt gehandelt wird. Manchmal wird es indes nicht möglich sein, den beizulegenden Zeitwert abzüglich der Verkaufskosten zu bestimmen, weil keine Grundlage für eine verlässliche Schätzung des Betrags aus dem Verkauf des Vermögenswerts zu Marktbedingungen zwischen sachverständigen und vertragswilligen Parteien besteht. In diesem Fall kann das Unternehmen den Nutzungswert des Vermögenswerts als seinen erzielbaren Betrag verwenden.

Liegt gemäß IAS 36.21 kein Grund zu der Annahme vor, dass der Nutzungswert eines Vermögenswerts seinen beizulegenden Zeitwert abzüglich der Verkaufskosten wesentlich übersteigt, kann der beizulegende Zeitwert abzüglich der Verkaufskosten als erzielbarer Betrag des Vermögenswerts angesehen werden. Dies ist häufig bei Vermögenswerten der Fall, die zu Veräußerungszwecken gehalten werden. Das liegt daran, dass der Nutzungswert eines Vermögenswerts, der zu Veräußerungszwecken gehalten wird, hauptsächlich aus den Nettoveräußerungserlösen besteht, da die künftigen Cashflows aus der fortgesetzten Nutzung des Vermögenswerts bis zu seinem Abgang wahrscheinlich unbedeutend sein werden.

5.3.3 Bildung und Gestaltung einer Cash Generating Unit

Grundsätzlich soll ein Vermögenswert einzeln bewertet werden. IAS 36.9 und IAS 36.66 fordern, dass der erzielbare Betrag für jeden einzelnen Vermögenswert zu ermitteln ist. Da typischerweise im Unternehmen Einzahlungen nicht von einem einzelnen Vermögenswert generiert werden, sondern nur im Verbund mit anderen Vermögenswerten, kommt es zur **Durchbrechung des Einzelbewertungsgrundsatzes** und zur **Bildung einer zahlungsmittelgenerierenden Einheit (Cash Generating Unit)**.

Die Cash Generating Unit (CGU) ist gemäß IAS 36.6 definiert als kleinste identifizierbare Gruppe von Vermögenswerten, die Mittelzuflüsse erzeugen, die weitestgehend unabhängig von den Mittelzuflüssen anderer Vermögenswerte oder anderer Gruppen von Vermögenswerten sind. **Charakteristisch für eine CGU** sind folglich zwei Merkmale:

1. Das **Bestehen einer Komplementärbeziehung zwischen den einzelnen Vermögenswerten der CGU zwecks gemeinsamer Erzielung zukünftiger Cashflows;**

2. Die **gemeinsame Erzielung von Cashflow** ist weitestgehend unabhängig von anderen Vermögens-werten bzw. Gruppen von Vermögenswerten außerhalb dieser CGU.

Die Identifizierung einer CGU erfolgt mithilfe eines **Bottom up-Tests**. Dieser Test startet mit einem einzel-nen Vermögenswert, der wiederum mit weiteren Vermögenswerten zusammengefasst wird, bis der entste-henden Einheit unabhängige Cashflows zugewiesen werden können. Diese Cashflows werden durch den Verkauf von Produkten generiert. Die Produkte wiederum entstehen mithilfe der sich im Unternehmen befindlichen Vermögenswerte. Für die Bildung einer CGU werden somit die Vermögenswerte zusammen-gefasst, die einen Output erzeugen. Dieser Output generiert die Cashflows, die weitestgehend unabhängig von den Cashflows anderer Vermögenswerte oder Gruppen von Vermögenswerten sind. Hieraus ergibt sich die Möglichkeit, den Nutzungswert der Gruppe zu bestimmen.

Zur Erleichterung bzw. für ein einheitliches Vorgehen bei der Identifizierung einer CGU gibt IAS 36.130d einige Beispiele vor. Eine **CGU kann definiert sein als**:

1. Produktlinie;
2. Produktionswerk;
3. Geschäftsfeld;
4. Geografisches Tätigkeitsfeld;
5. Operatives Segment gemäß IFRS 8.

Zusammenfassend zeigt die Abbildung 16 den Ablauf, der bei der Bildung bzw. Gestaltung einer CGU zu berücksichtigen ist.

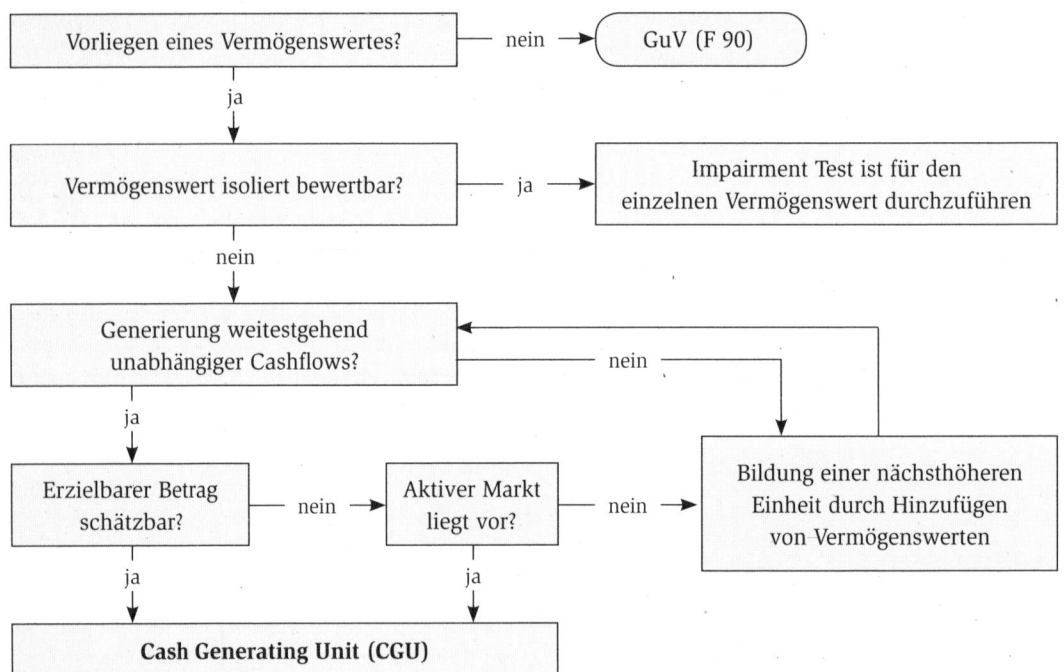

Abb. 16: Ablauf der Bildung einer CGU (in Anlehnung an Klingels, Bernd (2005): Die Cashgenerating Unit nach IAS 36 im IFRS-Jahresabschluss; Diss. Berlin 2005, 14)

5.3.4 Ermittlung des Buchwerts einer Cash Generating Unit

Der **Buchwert einer CGU** stellt den Vergleichsmaßstab zu deren erzielbaren Betrag dar. Deshalb ist der Buchwert und der erzielbare Betrag der CGU gemäß dem **Stetigkeitsprinzip** und dem **Äquivalenzprinzip** konsistent und gleich zu ermitteln (IAS 36.74 ff.).

Das **Stetigkeitsprinzip** soll dabei die Ermessensspielräume einschränken. Die einmal gewählte Zuordnung der CGU ist generell beizubehalten und kann nur in Ausnahmefällen geändert werden. Bei der Ermittlung der Buchwerte der CGU kommt es gemäß IAS 36.76a zur Unterscheidung zwischen den direkt zurechenbaren und den übergeordneten Vermögenswerten, wie beispielsweise dem Goodwill bzw. den gemeinschaftlichen Vermögenswerten (**corporate assets**). Die Buchwerte dieser übergeordneten Vermögenswerte sind mithilfe verlässlicher und stetiger Zuordnungsregeln zu ermitteln.

IAS 36.76b bekräftigt das **Äquivalenzprinzip** insoweit, als dass bei der Ermittlung des Buchwertes keine Schulden in Abzug gebracht werden dürfen, die nicht auch bei der Ermittlung des erzielbaren Betrages Berücksichtigung gefunden haben. Für die Ermittlung des erzielbaren Betrages sind Schulden wiederum dann einzubeziehen, wenn dieses notwendig erscheint, z.B. wenn beim Verkauf einer CGU der Käufer verpflichtet ist, die Schuld zu übernehmen. Darüber hinaus ergibt sich aus IAS 36.79 die Möglichkeit Schulden mit einzubeziehen, wenn dadurch die Ermittlung des erzielbaren Betrages praktikabler durchzuführen ist. Dieses dürfte häufiger der Fall sein, wenn die CGU auf Segmentebene zugeordnet werden. Aufgrund des Äquivalenzprinzips muss sichergestellt werden, dass die genannten Ausnahmefälle sowohl bei der Ermittlung des Buchwertes als auch beim erzielbaren Betrag Berücksichtigung finden, da der Vergleich der beiden Wertansätze auf einem identischen Mengengerüst zu basieren hat.

Abbildung 17 auf der folgenden Seite verdeutlicht das bei der Ermittlung des Buchwertes bzw. des erzielbaren Betrages anzuwendende Äquivalenzprinzip.

	Bilanzposition	Berücksichtigung im Buchwert	Berücksichtigung im erzielbaren Betrag
Aktiva	Immaterielle Vermögenswerte	Ja	Ja
	Sachanlagen	Ja	Ja
	Finanzanlagen	Ja*	Ja*
	Aktive latente Steuern	Nein	Nein
	Umlaufvermögen: Vorräte	Ja*	Ja*
	Forderungen aus LuL	Ja*	Ja*
	Sonstige Vernögenswerte	Ja*	Ja*
	Liquide Mittel	Ja*	Ja*
Passiva	**Umlaufvermögen:** Rückstellungen für Pensionen	Nein	Nein
	Steuerrückstellungen	Nein	Nein
	Sonstige Rückstellungen	Ja	Ja
	Umlaufvermögen: Anleihen	Nein	Nein
	Verbindl. ggü. Kreditinstituten	Nein	Nein
	Sonstige verzinsliche Verbindl.	Nein	Nein
	Erhaltene Anzahlungen	Ja	Ja
	Verbindlichkeiten aus LuL	Ja*	Ja*
	Sonstige Verbindlichkeiten	Ja*	Ja*
	Passive latente Steuern	Nein	Nein

* sofern betriebsnotwendig

Abb. 17: Berücksichtigung von Vermögenswerten und Schulden bei der Ermittlung von Buchwerten und dem erzielbaren Betrag einer CGU (in Anlehnung an Klingels, Bernd (2005): Die Cash generating unit nach IAS 36 im IFRS-Jahresabschluss; Diss. Berlin 2005, 277)

Es ist für die **Berechnung des Buchwertes einer CGU** von zentraler Bedeutung, dass alle Vermögenswerte und Schulden, die entsprechenden Cashflows generieren und zur Ermittlung des erzielbaren Betrages herangezogen werden, vollständige Berücksichtigung finden. Bei einer Nichtberücksichtigung eines Vermögenswertes würde dem erzielbaren Betrag infolgedessen ein zu niedriger Buchwert gegenübergestellt werden, und obwohl ein Wertminderungsbedarf eingetreten ist, wäre dieser dann ggf. nicht erkennbar.

Alle im Zusammenhang mit Ertragsteuern stehenden Vermögenswerte und Schulden (aktive und passive latente Steuern, Steuererstattungsansprüche, Steuerverbindlichkeiten und -rückstellungen) sind grundsätzlich nicht zu berücksichtigen. Das gleiche gilt für **Finanzverbindlichkeiten**. Somit sind **Pensionsrückstellungen** ebenfalls nicht anzusetzen, da sie quasi passivierte Beträge einer Fremdfinanzierung repräsentieren.

Die genannten Ausschlüsse dürfen in Ausnahmefällen aus den bereits erwähnten Praktikabilitätsgründen gemäß IAS 36.79 dennoch einbezogen werden. Aus dem gleichen Grund können **Positionen des Working Capital** in der Buchwertermittlung der CGU Berücksichtigung finden.

Durch die **Einbeziehung des Working Capital in den Buchwert (carrying amount)** folgen die Unternehmen dem **Äquivalenzprinzip**. Dies gilt, sofern in den Cashflow, die dem erzielbaren Betrag (recoverable amount) zugrunde liegen, Änderungen im Working Capital enthalten sind und sich dies auf den erzielbaren Betrag auswirkt. Wird hingegen das Working Capital nicht in den Buchwert einbezogen, ist bei der Ableitung des erzielbaren Betrags zusätzlich der Aufbau des Working Capital zu berücksichtigen. Dies erfolgt durch eine Investition in das Working Capital, die mit einem negativen Cashflow zu berücksichtigen ist. Hieraus würden sich grundsätzlich keine Änderungen des Ergebnisses des Impairment Tests ergeben.

Anhand des folgenden **Berechnungsschemas wird die Ermittlung des Buchwertes einer CGU** aufgezeigt und mittels des darauffolgenden Beispiels verdeutlicht.

+	Summe der Buchwerte derjenigen Vermögenswerte, die direkt der Einheit zugerechnet werden können
+	anteilige Buchwerte der Vermögenswerte, die auf vernünftiger und stetiger Basis der CGU zugerechnet werden können
+	anteilige Buchwerte der zugeordneten Geschäfts- und Firmenwerte
+	anteilige Buchwerte der zugeordneten gemeinschaftlichen Vermögenswerte
–	Buchwert der bilanzierten Schuld, die mit der CGU verbunden ist
=	**Buchwert der CGU**

Abb. 18: Ermittlung des Buchwertes einer CGU (in Anlehnung an Hepers, Lars, Entscheidungsnützlichkeit der Bilanzierung von Intangible Assets in den IFRS, 2005, 264)

5.3.5   Ermittlung des erzielbaren Betrags einer Cash Generating Unit

Bei der **Ermittlung des erzielbaren Betrages (recoverable amount)** handelt es sich um den **Wertminderungstest der Höhe** nach. Der erzielbare Betrag einer CGU ist der höhere der beiden Beträge aus Nettoveräußerungswert (fair value less costs to sell) und Nutzungswert (value in use).

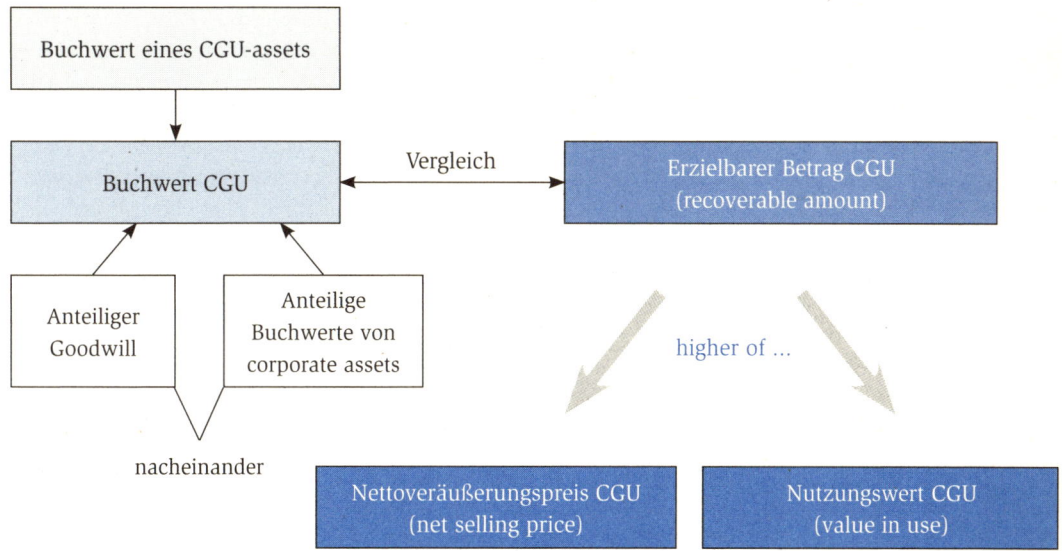

Abb. 19: Ermittlung des erzielbaren Betrags einer CGU

Die Vorgehensweise, den höheren Betrag der beiden Werte als erzielbaren Betrag anzusetzen, hat ihre Begründung in der Verhaltensannahme eines rational handelnden Managements. Bei einem abzuwertenden Vermögenswert hat das Management die Möglichkeit diesen weiterzunutzen oder zu veräußern. Das Management wird sich i.d.R., unabhängig von der tatsächlichen Verwertungsabsicht, für die Verwertungsmöglichkeit entscheiden, da aus Sicht des Unternehmens diese Alternative das höhere Ertragspotenzial aufweist. Die Handlungsvariante „Veräußerung" repräsentiert hierbei den Nettoveräußerungswert und die „Weiternutzung" den Nutzungswert.

Bei der **Beurteilung eines Abwertungsbedarfs** ist demnach sowohl die Marktperspektive als auch die Unternehmensperspektive von Bedeutung. Nur wenn das Ertragspotenzial, verkörpert durch den Nettoveräußerungspreis bzw. den Nutzungswert, unter dem Buchwert des Vermögenswertes liegt, ist eine Wertminderung vorzunehmen. Damit wird deutlich, dass reine Schwankungen der Marktpreise den bilanziellen Wertansatz eines Anlagegutes so lange nicht beeinflussen können, wie die betriebsindividuellen Ertragserwartungen die Werthaltigkeit des jeweiligen Buchwertes bestätigen.

IAS 36 versucht mithilfe von **Vereinfachungsregeln** den Ermittlungsaufwand zu reduzieren. So ist es für die Bestimmung des erzielbaren Betrages nicht immer erforderlich, beide Werte, Nettoveräußerungswert und Nutzungswert, zu ermitteln. Einer ist ausreichend, sofern dieser den Buchwert übersteigt. Somit liegt für diesen Vermögenswert bzw. für diese CGU kein Wertminderungsbedarf vor. Es kann sogar eine Schätzung des erzielbaren Betrages gänzlich unterlassen werden, wenn der erzielbare Betrag in den Vorjahren deutlich über dem Buchwert lag und sich die wirtschaftliche Situation nicht wesentlich verändert hat.

Neben den vorgenannten Vereinfachungsregeln hat das IASB weitere **Ausnahmetatbestände** definiert. Mit Hinweis auf das **Wesentlichkeitsprinzip** und vor dem Hintergrund der aufwendigen und kostenintensiven Durchführung des **Wertminderungstests**, können diese schlussendlich einen Verzicht auf den jährlichen Test bedingen.

Ist eine Wertermittlung dieser Beträge durchzuführen, stehen generell drei Bewertungsverfahren zur Auswahl:
1. **Marktpreisorientierte Verfahren;**
2. **Kapitalwertorientierte Verfahren;**
3. **Kostenorientierte Verfahren.**

Das erstgenannte Verfahren eignet sich für die Bestimmung des Nettoveräußerungswertes, da hier Indikatoren wie bindende Kaufverträge und Marktpreise auf einem aktiven Markt wertbestimmend sind. Der **Nutzungswert** dagegen ist barwertorientiert (**discounted cashflow**) und lässt die Ermittlung anhand kapitalwertorientierter Modelle am sinnvollsten erscheinen. Doch eine eindeutige Zuordnung der Verfahren ist im IAS 36 nicht beschrieben und wird kontrovers diskutiert. Der **Nettoveräußerungswert** könnte bei fehlenden Marktpreisen ebenso gut mit einer kapitalwertorientierten Methode ermittelt werden. Sicher ist nur, dass die kostenorientierten Verfahren grundsätzlich weniger geeignet sind, da die Berücksichtigung eines zukünftigen ökonomischen Nutzens des Vermögenswertes fehlt.

5.3.5.1 Nettoveräußerungswert

Der **Nettoveräußerungswert (faire value less costs to sell)**, auch **beizulegender Zeitwert abzüglich Verkaufskosten**, definiert sich gemäß IAS 36.6 als der Betrag, der durch den (fiktiven) Verkauf eines Vermögenswertes bzw. einer CGU nach Abzug der Veräußerungskosten erzielt werden könnte.

IAS 36.27 weist ausdrücklich daraufhin, dass der beizulegende Zeitwert nicht das Ergebnis eines Zwangsverkaufes widerspiegelt. Vielmehr sollen die Markterwartungen durch die Nutzung der Vermögenswerte der CGU zukünftige Cashflows zu erzielen wiedergegeben werden.

Schlussendlich besteht der Nettoveräußerungswert aus zwei Komponenten, dem Verkaufspreis und den direkt zuzuordnenden Veräußerungskosten. Für die Ermittlung des Verkaufspreises bzw. Marktpreises (**fair value**) ist der in der folgenden Abbildung dargestellte dreistufige hierarchische Prozess (**fair value hierarchy**) zu durchlaufen.

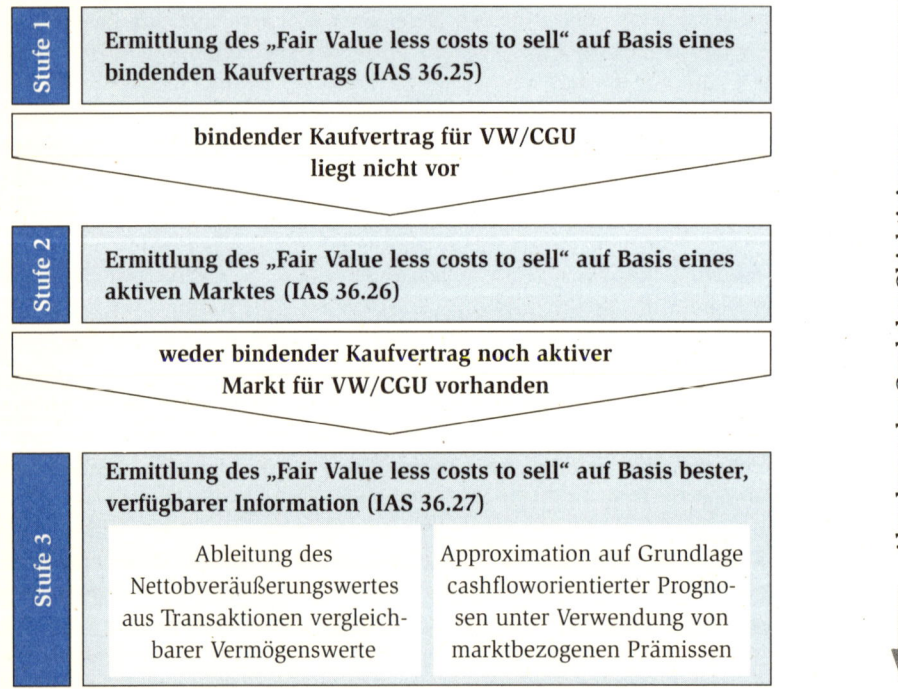

Abb. 20: Drei-Stufen Modell der Ermittlung des Nettoveräußerungswertes (in Anlehnung an Wirth, Johannes (2005), Firmenwertbilanzierung nach IFRS, Saarbrücken/Stuttgart 2005, 26)

Diese **drei Stufen** zeigen, je weiter sich die Wertermittlung von den tatsächlich vorhandenen aktiven Märkten entfernt, desto mehr verliert der Nettoveräußerungswert an Objektivität und wird durch Schätzungen geprägt.

Bei der **ersten Stufe** handelt es sich um ein bindendes Kaufangebot eines Käufers oder einen bereits abgeschlossenen Kaufvertrag zwischen unabhängigen Geschäftspartnern, um den Nettoveräußerungswert des zu bewertenden Vermögenswertes bzw. der CGU zu ermitteln.

Die **zweite Stufe** greift auf den Preis eines aktiven Marktes zurück. Stehen auf dem aktiven Markt keine aktuellen Angebotspreise zur Verfügung, liefern Marktpreise aus jüngsten Transaktionen der zu bewertenden CGU eine Grundlage. Voraussetzung hierfür ist keine signifikante Änderung der wirtschaftlichen Verhältnisse.

Besteht weder ein bindender Kaufvertrag noch ein aktiver Markt (**Stufe 3**), kann die Ermittlung des Nettoveräußerungswertes auch auf anderen Verfahren basieren, wie beispielsweise **Schätzungen des Marktpreises auf Grundlage der besten verfügbaren Informationen**. IAS 36.27 lässt offen, wie eine Schätzung auf Basis der besten Informationen auszusehen hat. Es könnten beispielsweise Marktpreise aus zeitnahen Transaktionen für ähnliche Vermögenswerte innerhalb derselben Branche gemeint sein. Hierbei sind die strengen Anforderungen an die Vergleichbarkeit der Vermögenswerte nicht außer Acht zu lassen.

Da es nicht die Regel sein wird, dass ein bereits abgeschlossener Kaufvertrag bzw. aktuelle Angebotspreise eines aktiven Marktes für die Ermittlung des Nettoveräußerungswertes vorliegen werden, sind die Erläuterungen in IAS 36.25 bis 27 für die Praxis kaum praktikabel. Selbst das IASB erklärt, dass sich die Marktpreise nur in seltenen Fällen feststellen lassen werden. Durch die Änderungen des IAS 36.134e i.R.d. **Annual Improvements Project** im Mai 2008 ist die **Anwendung der DCF-Methode für die Ermittlung des Nettoveräußerungswertes** endgültig legitimiert und muss durch hinreichende Anhangangaben erläutert werden.

Bei der Ermittlung des Nettoveräußerungspreises sind die Veräußerungskosten vom beizulegenden Zeitwert abzuziehen. IAS 36.6 definiert die Veräußerungskosten als zusätzliche Kosten, die dem Verkauf eines Vermögenswertes oder einer CGU direkt zugeordnet werden können. Es handelt sich hierbei um Kosten, die nur durch diese Transaktion verursacht worden sind und sonst nicht entstanden wären. Zu derartigen **Transaktionskosten (cost of disposal)** gehören u.a. **Gerichts- und Anwaltskosten, Vertragskosten, Transportkosten**. Bereits entstandene Kosten wie beispielsweise Personalkosten oder durch den Verkauf des Vermögenswertes hervorgerufene Restrukturierungsaufwendungen stellen keine Kosten dar, die im direkten Zusammenhang mit der Veräußerung entstanden sind.

5.3.5.2 Nutzungswert

Neben dem Nettoveräußerungswert ist zur Ermittlung des erzielbaren Betrages grundsätzlich der **Nutzungswert (value in use)** zu ermitteln. Seine Bestimmung erfolgt mithilfe der **Discounted Cash-Flow-Methode (Barwert)**. Folglich ergibt sich der Nutzungswert aus den diskontierten künftigen Cashflows, die i.R.d. betrieblichen Leistungserstellungsprozesses erwartungsgemäß erwirtschaftet werden.

Aufgrund der **zukunftsbezogenen Prognose von Zahlungsüberschüssen** und der **Alternativverzinsung**, die durch den Zinssatz repräsentiert wird, stellt der Nutzungswert einen stark subjektiven, zahlungsstromorientierten und unternehmensspezifischen Wert dar. Durch die im IAS 36 detailliert aufgeführte Regelung zur Cashflow-Ermittlung versucht das IASB, die mit dem Verfahren in Verbindung stehenden Ermessensspielräume einzuschränken. Es sollen weder zu optimistische noch zu pessimistische Schätzungen vorgenommen werden.

Zu beachten ist, dass sowohl der Nutzungswert wie auch der Nettoveräußerungswert in den seltensten Fällen für einzelne Vermögenswerte bestimmbar sein werden, sondern eher für Vermögenswerte einer CGU oder Gruppen von CGU. Dies gilt insbesondere für den **Goodwill**, da hier keine Möglichkeit besteht den Cashflow zuzurechnen, der unabhängig von anderen Vermögenswerten generiert wird.

Für Zwecke eines **Impairment-Tests** ist folglich der Nutzungswert einer CGU zu ermitteln. Die schwierige und umfangreiche Bestimmung des Nutzungswertes verlangt nach IAS 36.30 die Berücksichtigung nachstehender Elemente:

1. Eine Schätzung künftig erwarteter Cashflows, die im Unternehmen durch die Vermögenswerte der CGU generiert werden;
2. Die Erwartungen bezüglich eventueller Veränderungen dieser künftigen Cashflows im Hinblick auf Höhe und zeitlichen Anfall;
3. Den Zinseffekt eines risikofreien Zinssatzes (Basiszins) des aktuellen Marktes;
4. Einen Risikoaufschlag für Unsicherheiten der zukünftigen Cashflows;
5. Andere wertbeeinflussende Faktoren.

Die **Ermittlung des Nutzungswertes, unter Anwendung des Discounted Cash-Flow-Methode (DCF-Methode)**, hat auf vernünftigen und vertretbaren Annahmen zu basieren. Die Cashflow-Prognosen haben die besten Schätzungen des Managements über die künftigen ökonomischen Rahmenbedingungen widerzuspiegeln. Dies geschieht unter Zuhilfenahme der aktuellsten vom Management genehmigten Unternehmensplanung in Form von **Planungswerten (forecast)** sowie **Budgetplanungen**. Somit lassen sich für die Nutzungswertermittlung eindeutig subjektive, unternehmensspezifische Annahmen erkennen.

Um eine größere Objektivität und Zuverlässigkeit in die Prognosedaten zu gewährleisten, gibt das IASB in IAS 36.33a vor, dass den externen Informationsquellen (z.B. amtliche Statistiken, Angaben der Wirtschaftsverbände) ein höheres Gewicht beizumessen ist, als den internen Hinweisen.

Die künftigen Cashflows, die sich aus den zu bewertenden Vermögenswerten bzw. CGU generieren, sind auf Grundlage der gegenwärtigen Unternehmenssituation zu schätzen, daher sind zukünftige Geschäftsvorfälle, die zu wesentlichen Veränderungen führen, nicht mit einzubeziehen.

Die **Bestimmung des Nutzungswertes mithilfe des DCF-Verfahrens** erfolgt grundsätzlich in zwei Schritten. Zuerst werden die zukünftigen Cashflows, aus der fortgesetzten Nutzung und der letztendlichen Veräußerung des Vermögenswertes geschätzt. Im zweiten Schritt sind diese zukünftigen Cashflows mit einem angemessenen Zinssatz zu diskontieren, der die aktuellen Markteinschätzungen über den Zeitwert des Geldes und das spezifische Risiko des Vermögenswertes reflektiert. Der somit errechnete Barwert entspricht dem gesuchten Nutzungswert.

In der folgenden Abbildung werden die **Schritte der Nutzungswertermittlung** verdeutlicht.

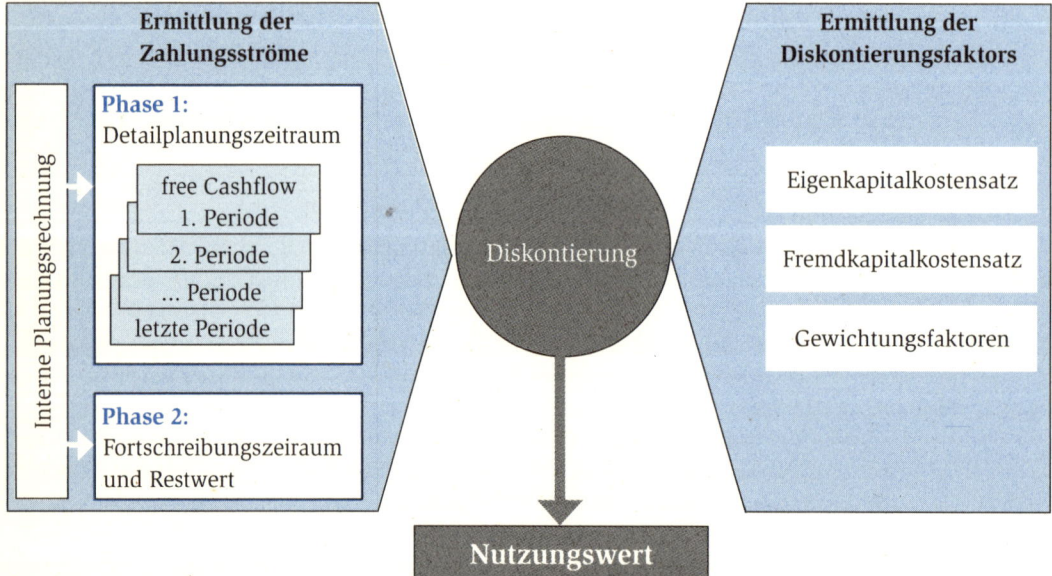

Abb. 21: Einflussfaktoren der Nutzungswertermittlung (in Anlehnung an Wirth, Johannes (2005), Firmenwertbilanzierung nach IFRS, Saarbrücken/Stuttgart 2005, 30)

Wie die Abbildung zeigt, wird der **Prognosezeitraum** in zwei Phasen eingeteilt. In der ersten Phase dienen detaillierte Finanzpläne als Schätzungsgrundlage. Die Planungen, die bei der Prognose des künftigen Cashflows berücksichtigt werden, sollten einen Fünfjahreszeitraum grundsätzlich nicht überschreiten (**Detailplanungszeitraum**).

In der zweiten Phase werden Schätzungen des künftigen Cashflows für die Zeit nach dem Detailplanungszeitraum ermittelt und zwar in Form von Fortschreibung der Werte aus der ersten Phase (Fortschreibungszeitraum).

IAS 36 gibt keine Beschränkung des Planungszeitraumes vor. Ob die Fünfjahresfrist unterschritten wird oder längere Planungszeiträume herangezogen werden, hängt einerseits von der Nutzungsdauer der CGU ab, andererseits von der Entscheidung des Managements. Voraussetzung ist, dass verlässliche Planzahlen vorgelegt werden können. Als Benchmark kann ein drei- bis fünfjähriger Detailplanungszeitraum angesehen werden.

Für die **Barwertermittlung im Detailplanungszeitraum** stellt das IASB im Anhang zu IAS 36 (Appendix A) zwei Verfahren zur Auswahl, die für die risikoberücksichtigende Schätzung des Nutzungswertes angewandt werden können. Zum einen kann nach dem traditionellen Ansatz (**traditional approach**) verfahren werden, zum anderen hat das IASB für komplexere Bewertungsfälle den erwarteten Cashflow-Ansatz (**expected cash flow approach**) definiert.

Beim ersteren werden die wahrscheinlichsten Schätzungen für die zukünftigen Cashflows in einer Zahlungsreihe zusammengefasst und mit einem risikoadjustierten Zinssatz auf den Bewertungszeitpunkt diskontiert. Charakteristisch für diesen Ansatz ist, dass sich die aus dem Cashflow ergebenen Unsicherheiten nur im Diskontierungsfaktor widerspiegeln. Dieses Verfahren bietet sich an, wenn sich am Markt andere vergleichbare Vermögenswerte identifizieren lassen, die ähnliche Cashflow-Merkmale besitzen.

Der **erwartete Cashflow-Ansatz (expected cash flow approach)** dagegen wird bei Vermögenswerten angewandt, die am Markt nicht regelmäßig gehandelt werden bzw. für die am Markt keine anderen vergleichbaren Vermögenswerte zu beobachten sind. Bei diesem Verfahren wird das Risiko direkt bei der Prognose der Cashflows berücksichtigt, indem alle getätigten Schätzungen mit Wahrscheinlichkeiten gewichtet werden. Daraufhin sind die diskontierten Cashflows mit ihren jeweiligen Eintrittswahrscheinlichkeiten zu multiplizieren und zu addieren.

Bei der **expected cashflow-Methode** kann das Risiko hinsichtlich der zukünftigen Cashflows mithilfe von zwei Verfahren ermittelt werden. Die Berücksichtigung des Risikos erfolgt entweder über einen Risikoaufschlag auf den risikolosen Zins (**Risikozuschlagsmethode**) oder über einen Risikoabschlag auf den errechneten Erwartungswert der künftigen Cashflows (**Sicherheitsäquivalenzmethode**), wobei die Risikozuschlagsmethode die Methode darstellt, die in der Praxis am häufigsten zum Ansatz kommt.

Folgende Positionen sind gemäß IAS 36.44 für die **Prognose künftiger Cashflows in Bezug auf die Nutzungswertermittlung** nicht zu berücksichtigen bzw. zu korrigieren:

1. Künftige Restrukturierungen einer CGU, zu der ein Unternehmen noch nicht verpflichtet ist (IAS 36.44a);
2. Künftige Erweiterungsinvestitionen, die die Ertragskraft der CGU erhöhen (IAS 36.44b);
3. Cashflow aus Finanzierungstätigkeiten (IAS 36.50a);
4. Ertragsteuereinnahmen bzw. -zahlungen (IAS 36.50b);
5. Zur Vermeidung von Doppelerfassungen (IAS 36.43):
   a) künftige Mittelzuflüsse von Vermögenswerten, die unabhängig von den Cashflows des zu bewertenden Vermögenswertes sind, z.B. finanzielle Vermögenswerte wie Forderungen;
   b) künftige Mittelabflüsse aus als Schulden angesetzte Verpflichtungen z.B. Verbindlichkeiten, Pensionen, Rückstellungen.

Diese Restriktionen gelten nur für das DCF-Verfahren i.R.d. Nutzungswertermittlung. Bei **Nutzung des DCF-Verfahrens zur Bestimmung des Nettoveräußerungswertes** kommen diese Einschränkungen nicht zur Anwendung. Eine Vorgehensweise dieser Art würde dazu führen, dass der Nettoveräußerungswert der

Höhere von beiden Werten ist und als erzielbarer Betrag dem Buchwert zum Vergleich gegenüberstehen würde. Damit wäre die Ermittlung des Nutzungswertes sinnlos.

5.3.5.3 Ermittlung des Diskontierungsfaktors

Die Vorgaben des IAS 36 für die Bestimmung des Abzinsungssatzes sind, im Gegensatz zu den ausführlichen Reglementierungen für die Schätzung der zukünftigen Cashflows, sehr kurzgefasst. Die Annahme, dass die Kapitalkosten weniger bedeutsam oder einfacher zu ermitteln sind, täuscht. Das IASB hat als Hilfestellung im Appendix A, welcher als integraler Bestandteil der Standards gilt, weitere Erläuterungen hinterlegt.

Gemäß IAS 36.55 handelt es sich um einen Zinssatz vor Steuern, der für die **Diskontierung der künftigen Cashflows** verwendet wird. Er soll gegenwärtige Marktbewertungen des Zinseffektes und objektspezifische Risiken eines Vermögenswertes widerspiegeln. Dabei ist zu beachten, dass der Zinssatz keine Risiken wiedergibt, die schon bei der Ermittlung der geschätzten Cashflows berücksichtigt worden sind.

Wesentliche Merkmale dieses **Kapitalisierungszinssatzes** sind die Marktorientierung und die Risikokomponente. Das IASB will die Subjektivität lediglich auf die Cashflow-Prognosen beschränken und eine marktgestützte und objektive Ermittlung des Diskontierungsfaktors sicherstellen.

IAS 36.56 stellt den Diskontierungssatz als Rendite eines Investors dar, die dieser für eine Finanzinvestition verlangen würde, die mit dem Cashflow generierenden Vermögenswert vergleichbar ist. Damit einhergeht, dass der Abzinsungssatz in späteren Perioden den jeweils aktuellen Marktbedingungen anzupassen ist. Die Bestimmung des Nutzungswertes folgt einer wirtschaftlichen Logik. Wenn der Kapitalmarktzins sinkt, wird der Barwert aufgrund des geringeren Diskontierungseffektes steigen. Ein Impairment würde unwahrscheinlicher werden, da der höhere Nutzungswert, aufgrund des sinkenden Zinssatzes, den Buchwert übersteigt und vice versa. Vergleichbar mit dem realen Kapitalmarkt sind hier identische Reaktionen zu verzeichnen.

IAS 36.56 gibt vor, dass der **Zinssatz auf Basis gegenwärtiger Markttransaktionen** für vergleichbare Vermögenswerte zu schätzen ist. Eine weitere vom IASB vorgestellte Variante ist die **Ermittlung auf Basis der durchschnittlich gewichteten Kapitalkosten**, dem **WACC (weighted average cost of capital)**, eines börsennotierten Unternehmens. Auch hier ist die Vergleichbarkeit mit dem zu bewertenden Vermögenswert herzustellen. Ist kein vermögensspezifischer Zinssatz direkt über den Markt erhältlich, kann der Bilanzierende Ersatzfaktoren zur Schätzung des Diskontierungssatzes verwenden.

Da es in der Praxis kaum möglich ist, auf CGU-Ebene einen Abzinsungssatz für aktuelle Markttransaktionen oder für vergleichbare CGU abzuleiten, wird hier häufig das **WACC-Konzept** angewendet.

Die **Ermittlung der WACC** gliedert sich in die folgenden zwei Komponenten:

1. Kosten für eingesetztes Eigenkapital;
   a) Risikofreier Zins (Basiszinssatz)
   b) Marktrisikoprämie
   c) Beta-Faktor
2. Kosten für investiertes Fremdkapital.

$$WACC = r_E \times \frac{E}{V} + r_D \times (1-s) \times \frac{D}{V}$$

r_E	= Eigenkapitalkosten
E	= Marktwert des Eigenkapitals
V	= Marktwert des Gesamtkapitals
r_D	= Fremdkapitalkosten
D	= Marktwert des Fremdkapitals
(1 − s)	= Taxshield

Die Bestimmung der Eigenkapitalkosten kann unter Zuhilfenahme des CAPM (**Capital Asset Pricing Modell**) erfolgen. Grundlage für die **Eigenkapitalrenditeforderung** bildet der risikofreie Zinssatz (Basiszinssatz). Theoretisch ist die risikofreie Rendite (Basiszinssatz) die Rendite einer Anlage ohne jedes

Ausfallrisiko und ohne Korrelation mit Renditen anderer Kapitalanlagen. Der Basiszinssatz wird in der Praxis aus langfristigen Anleihen oder mithilfe der **Zinsstrukturkurve nach Svenson** abgeleitet. Ist die Zinsstrukturkurve am Bewertungsstichtag flach, d.h. existieren nur geringe Unterschiede in der Rendite kurzfristiger und langfristiger Anleihen, kann vereinfachend ein einheitlicher laufzeitunabhängiger (am Bewertungsstichtag gültiger) Zinsfuß für die Bewertung verwendet werden. Zinsstrukturkurven können auf verschiedene Weisen abgeleitet oder geschätzt werden. Aus Objektivierungsgründen ist zu empfehlen als Datenbasis auf die veröffentlichten Zinsstrukturdaten der Deutschen Bundesbank zurückzugreifen.

Die unternehmerischen Unsicherheiten bezüglich der künftig zu erwartenden Nutzenzuflüsse und die damit verbundenen Risiken werden durch einen Aufschlag auf den Basiszinssatz gekennzeichnet. Dieser Risikoaufschlag basiert auf der Marktrisikoprämie, einer Differenz aus der Rendite riskanter Kapitalmarktanlagen (r_m) und dem risikofreien Zinssatz (r_f). Die sich durch Subtraktion ergebende Differenz wird mit dem Beta-Faktor (β) multipliziert. Das Beta ist die einzige Maßgröße, die das systematische Risiko einer riskanten Anlage misst. Mit dem Beta-Faktor lassen sich Volatilitäten einer einzelnen Wertanlage im Verhältnis zu Schwankungen des gesamten Marktportfolios abbilden. Beim **Beta-Faktor** $\beta > 1$ ist das spezifische Risiko höher als das des Marktes und vice versa.

$$r_E = r_f + \beta \times (r_m - r_f)$$

r_E	= Eigenkapitalrenditeforderung
r_f	= risikofreier Basiszinssatz
β	= Beta-Faktor
r_m	= Marktrendite

Die für die Bestimmung der Kapitalkosten notwendigen **Fremdkapitalkosten** lassen sich aus den tatsächlich vereinbarten Fremdkapitalzinssätzen für Neukredite des Unternehmens ableiten. Da es sich bei den Fremdkapitalkosten hauptsächlich um Renditeforderungen der Fremdkapitalgeber handelt, können auch marktübliche Fremdkapitalzinssätze berücksichtigt werden.

Entsprechen die vereinbarten Finanzierungssätze den derzeit am Markt geltenden Konditionen, so ist der Marktwert des Fremdkapitals gleich dem Buchwert. Eine Abweichung des Marktwerts des Fremdkapitals vom Buchwert ist dann gegeben, wenn der aktuelle Marktzins niedriger oder höher als der derzeit und zukünftig zu zahlende Fremdkapitalzinssatz des Unternehmens ist.

5.3.6 Durchführung des Wertminderungstests beim Goodwill

Es ist zwischen dem originären (selbst geschaffenen) und dem **derivativen Goodwill** (Geschäfts- oder Firmenwert) zu unterscheiden. Der **originäre Goodwill** ist selbst geschaffener Natur, beispielsweise hohes Know-how der Mitarbeiter, positive Marktaussichten, und unterliegt einem Aktivierungsverbot, da eine objektive Wertbestimmung nicht gegeben ist. Der derivative Goodwill definiert sich gemäß IFRS 3 „Unternehmenszusammenschlüsse" als Differenzbetrag zwischen dem Wert des Kaufpreises und dem fair value der übernommenen Vermögenswerte. Hierbei handelt es sich um eine rechnungslegungstechnische Residualgröße, die den Erwerber nach IFRS 3.51 zur Aktivierung eines derartigen Goodwills verpflichtet. Somit entsteht ein derivativer Goodwill grundsätzlich im Rahmen eines Unternehmenserwerbes.

IAS 36 „Wertminderung von Vermögenswerten" charakterisiert den derivativen Goodwill als einen Vermögenswert (asset) mit einer unbestimmten Nutzungsdauer (**non wasting asset**) und lässt somit eine planmäßige Abschreibung nicht zu.

Infolgedessen gehört der Goodwill zur erwähnten Gruppe A, sodass eine Überprüfung der Werthaltigkeit mindestens einmal im Jahr zu erfolgen hat. Diese Methode wird auch als **Impairment-Only-Approach** bezeichnet. Das bilanzierende Unternehmen kann den Zeitpunkt der Durchführung des Tests selbst bestimmen, ist aber verpflichtet diesen Zeitpunkt entsprechend dem Stetigkeitsgrundsatz beizubehalten. Es ist nur eine Zeitspanne von höchstens zwölf Monaten erlaubt. Tritt der Fall ein, dass zwischenzeitlich Anhaltspunkte für eine weitere Wertminderung des Goodwills vorliegen, besteht die Pflicht einen **zusätzlichen**

Impairment-Test durchzuführen. Der durch einen Impairment-Test identifizierte Abwertungsbedarf hat eine außerplanmäßige Abschreibung zur Folge.

Grundsätzlich ist der Wertminderungstest auf der Ebene einzelner Vermögenswerte auszuführen, wobei die Zahlungsüberschüsse, aus der betrieblichen Nutzung erzeugt, weitestgehend unabhängig von den Zahlungsüberschüssen anderer Vermögenswerte zuzuordnen sind. Diese Vorgehensweise ist nicht bei allen Vermögenswerten, insbesondere dem Goodwill, möglich. Folglich wird in diesem Zusammenhang der Einzelbewertungsgrundsatz durchbrochen. In diesen Fällen ist der Werthaltigkeitstest auf die Ebene der sog. zahlungsmittelgenerierenden Einheit bzw. Cash Generating Unit (CGU) zu verlagern.

5.3.7 Allokation des Wertminderungsaufwandes

Der sich aus der Differenz zwischen dem erzielbaren Betrag und dem höheren Buchwert ergebende Impairment-Aufwand ist in der Reihenfolge zu allokieren, die im IAS 36.104 vorgegeben ist. Zuerst ist der festgestellte Wertminderungsbedarf einem bestehenden Goodwill zuzuweisen. Bleibt nach der Reduzierung des Goodwills auf Null noch ein Wertminderungsaufwand übrig, wird dieser Betrag im Verhältnis des Anteils der Buchwerte am Gesamtbuchwert der CGU auf die übrigen Vermögenswerte verteilt.

IAS 36 hat für die **Zuweisung des ermittelten Wertminderungsaufwandes auf die einzelnen Vermögenswerte der CGU** folgende **Restriktionen** festgelegt:

1. Eine Impairment-Abschreibung kann nur den Vermögenswerten der CGU zugeordnet werden, die dem Anwendungsbereich des IAS 36 unterliegen. Die im IAS 36.2 ausgenommenen Vermögenswerte wie u.a. Vorräte, Finanzinvestitionen und latente Steuern sind folglich von der Verteilung der außerplanmäßigen Abschreibung ausgeschlossen, da für diese andere IFRS-Regelungen gelten;

2. Für die im Anwendungsbereich liegenden Vermögenswerte ist die anteilige Wertminderung der Höhe nach durch den jeweiligen erzielbaren Betrag des einzelnen Vermögenswertes begrenzt, soweit dieser bestimmbar ist;

3. Die anteilige Abschreibung darf den Buchwert der relevanten Vermögenswerte nicht unter Null mindern;

4. Ist eine Schätzung des erzielbaren Betrages jedes einzelnen Vermögenswertes nicht möglich, verlangt IAS 36.106 eine willkürliche Zuordnung des Abschreibungsaufwands auf die übrigen Vermögenswerte der CGU, mit Ausnahme des Goodwill.

Zu beachten ist, dass die Bewertung der nicht in den Anwendungsbereich des IAS 36 fallenden Vermögenswerte, die dennoch der zu bewertenden CGU zuzuordnen sind, Vorrang vor dem Impairment-Test hat; anderenfalls könnte es zu einer nicht gerechtfertigten hohen Wertberichtigung kommen. Ein Abwertungsbedarf der Vermögenswerte, die nicht in den Anwendungsbereich fallen, ist von der anteiligen Allokation auf diese Vermögenswerte ausgeschlossen. Somit würde ungerechtfertigterweise eine **Allokation** auf die verbleibenden Vermögenswerte, die sich in dem Anwendungsbereich des IAS 36 befinden, erfolgen.

Ob ein Wertminderungsbetrag erfolgswirksam in der Gewinn- und Verlustrechnung zu erfassen ist, hängt von der Bilanzierungsmethode des Vermögenswertes ab. Wird der Vermögenswert mit seinen fortgeführten Anschaffungskosten bilanziert (**Cost Model**), ist der Abwertungsbedarf als Aufwand in der Gewinn- und Verlustrechnung zu erfassen. Ist dieser Vermögenswert allerdings nach der **Neubewertungsmethode** mit seinem fair value bilanziert, ist der Wertminderungsbetrag erfolgsneutral im Eigenkapital zu erfassen. Der errechnete Abwertungsbetrag wird ohne GuV-Effekt gegen die gebildete Neubewertungsrücklage gebucht. Übersteigt der Wertminderungsbetrag die Neubewertungsrücklage, ist der übersteigende Betrag als Aufwand in der Gewinn- und Verlustrechnung zu berücksichtigen. Kommt es im Unternehmen zu einer Erfassung einer Wertminderung, so sind die Gründe bzw. Ereignisse, die dazu geführt haben, im IFRS-Jahresabschluss anzugeben, vorausgesetzt der Betrag ist wesentlich.

5.3.8 Wertaufholung

Grundsätzlich besteht nach IAS 36.117 ff. ein **Wertaufholungsgebot**. Sind die Gründe für die Abwertung eines Vermögenswertes (oder einer CGU) weggefallen, ist der Vermögenswert auf seinen neuen erzielbaren Betrag (begrenzt auf die fortgeführten Anschaffungskosten) aufzuwerten bzw. zuzuschreiben.

Ein Vermögenswert ist auf den erzielbaren Betrag erfolgswirksam zuzuschreiben, sofern dieser die fortgeführten Anschaffungs- und Herstellungskosten nicht überschreitet. Wurde die Neubewertungsmethode angewendet und die Neubewertungen erfolgsneutral im Eigenkapital berücksichtigt, so ist die Wertaufholung ebenfalls erfolgsneutral vorzunehmen. Allerdings ist zu beachten, dass ein gestiegener erzielbarer Betrag alleine noch nicht zu einer Wertaufholung führt. Der Nutzungswert kann im Zeitablauf von selbst wieder ansteigen, entweder durch den Aufzinsungseffekt des Barwertes (wenige Abzinsung) oder weil negative Cashflows realisiert wurden und daher aus der Barwertbetrachtung herausfallen. Ein dadurch hervorgerufener Anstieg des erzielbaren Betrags über den Buchwert hinaus führt nicht zu einer Wertaufholung.

Eine **Zuschreibung** hat zu erfolgen, wenn sich die Einschätzung des Managements, die zu einer Abwertung geführt hat, ändert. Die Änderung der Einschätzung des Management hat somit einen Einfluss auf die Änderung des Diskontierungssatzes oder auf die erwarteten Cashflows infolge einer besseren Information.

Eine **Ausnahme vom Wertaufholungsgebot** stellt der Geschäfts- oder Firmenwert (**Goodwill**) dar. Gemäß IAS 36 ist eine Wertaufholung beim Goodwill grundsätzlich ausgeschlossen. Das IASB geht davon aus, dass es sich bei der Wertsteigerung eines zuvor außerplanmäßig abgeschriebenen Goodwills i.d.R. um die Schaffung eines originären Goodwill handelt, für den nach IAS 38 ein zwingendes Aktivierungsverbot besteht.

5.3.9 Fallstudie: Ermittlung einer außerplanmäßigen Abschreibung

Sachverhalt: Das Unternehmen A hat eine Maschine am 01.01.2006 für 480.000 € erworben. Es wird eine wirtschaftliche Nutzungsdauer von 6 Jahren erwartet. Die Anlage wird linear abgeschrieben. Im Unternehmen A wird ein Kalkulationszinssatz von 10 % verwendet.

Im Laufe des Jahres 2007 verschlechtert sich die wirtschaftliche Situation. Für die Jahre 2008 bis 2011 werden aus dem Betrieb der Maschine folgende Zahlungsüberschüsse (Cashflows) erwartet: 56.002 €, 60.000 €, 58.000 €, 96.789 €. Das Unternehmen B versucht, in den Markt einzusteigen und hat ein Angebot unterbreitet, die gebrauchte Maschine des Unternehmens für 200.000 € zu erwerben. Die Wiederbeschaffungskosten betragen 150.000 €.

Ende 2008 stellt sich heraus, dass die Maschine einen geringeren Verschleiß hat als erwartet. Daher wird die gesamte Nutzungsdauer der Maschine jetzt auf 7 Jahre (bisher 6 Jahre) geschätzt wird.

Ende 2009 tritt eine voraussichtlich anhaltende Verbesserung der wirtschaftlichen Gegebenheiten ein, die der Ermittlung des erzielbaren Betrages (recoverable amount) im Jahre 2007 zugrunde lagen. Die für die verbleibenden Jahre erwarteten Zahlungsüberschüsse (Cashflows) betragen: 64.614 €, 62.000 €, 99.852 €. Die wirtschaftliche Nutzungsdauer bleibt unverändert. Da das Unternehmen B immer noch auf der Suche nach einer gebrauchten Anlage ist, hat es sein Angebot auf 210.000 € erhöht.

Aufgabe: Wie ist die Produktionsanlage in den Jahren 2006–2012 zu bilanzieren? Wie hoch sind die jeweiligen Abschreibungsbeträge?

Lösung:

a) **2007:** Unabhängig davon, ob es sich um eine vorübergehende oder dauerhafte Wertminderung handelt, ist immer auf den niedrigeren erzielbaren Betrag (recoverable amount) abzuschreiben. Da sich der erzielbare Betrag aus dem Vergleich von Nettoveräußerungspreis (net selling price) und Nutzungswert (value in use) ergibt, spielen die Wiederbeschaffungskosten keine Rolle.

Ermittlung des Nutzungswertes:

$$NW_{31.12.2007} = \frac{58.002}{1,1} + \frac{60.000}{1,1^2} + \frac{58.000}{1,1^3} + \frac{96.789}{1,1^4} = 212.000 \text{ €}$$

Da der Nutzungswert über dem Nettoveräußerungspreis (200.000 €) liegt, ist die Anlage zum 31.12.2007 neben der planmäßigen Abschreibung i.H.v. 80.000 € um 108.000 € außerplanmäßig abzuschreiben.

b) **2008:** Die Änderung der Nutzungsdauer ist dadurch zu berücksichtigen, dass der Buchwert zum 01.01.2008 auf die Restnutzungsdauer verteilt wird. Zum 31.12.2008 beträgt der Buchwert deshalb

$$RBW_{31.12.2008} = 212.000 \text{ ./. } \frac{212.000}{5} = 169.600 \text{ €}$$

c) **2009:** Eine Wertsteigerung ist zu berücksichtigen. Wiederum sind zunächst Nutzungswert und Nettoveräußerungspreis zu vergleichen.

Ermittlung des Nutzungswertes:

$$NW_{31.12.2009} = \frac{64.614}{1,1} + \frac{62.000}{1,1^2} + \frac{99.852}{1,1^3} = 185.000 \text{ €}$$

Somit liegt der Nettoveräußerungspreis mit 210.000 € über dem Nutzungswert. Allerdings ist zu beachten, dass maximal bis zu dem Betrag zugeschrieben werden darf, der sich unter Beachtung der planmäßigen Abschreibung ergeben hätte. Hierbei ist die Änderung der Nutzungsdauer im Jahr 2008 nicht zu vergessen. Der Buchwert bei ausschließlicher Anwendung der normalen Abschreibung unter Berücksichtigung der Änderung der Nutzungsdauer hätte 192.000 € betragen. Somit darf nicht bis zum erzielbaren Betrag von 210.000 €, sondern nur bis 192.000 € zugeschrieben werden.

Zusammenfassung mithilfe eines Abschreibungsplanes:

Bilanz-stichtag 31.12.		Nutzungs-dauer	Planmäßige Abschreibung in €	Berücksichtigung der außerplanmäßigen Abschreibung in €
	Abschreibungsfähiger Betrag		480.000	480.000
2006	Planmäßige Abschreibung	6	– 80.000	– 80.000
			400.000	400.000
2007	Planmäßige Abschreibung	6	– 80.000	– 80.000
	Außerplanmäßige Abschreibung			– 108.000
			320.000	212.000
2008	Planmäßige Abschreibung	7 (!)	– 64.000	– 42.400
			256.000	169.600
2009	Planmäßige Abschreibung	7	– 64.000	– 42.400
	Zuschreibung			64.800
			192.000	192.000
2010	Planmäßige Abschreibung	7	– 64.000	– 64.000
			128.000	128.000
2011	Planmäßige Abschreibung	7	– 64.000	– 64.000
			64.000	64.000
2012	Planmäßige Abschreibung	7	– 64.000	– 64.000
			0	0

5.4   Finanzanlagen

Die Bilanzierung von Finanzanlagen ist in den folgenden Standards geregelt:

1. IAS 27 „Konzern- und Einzelabschlüsse";
2. IAS 28 „Anteile an assoziierten Unternehmen";
3. IAS 31 „Anteile an Gemeinschaftsunternehmen";
4. IAS 39 „Finanzinstrumente: Ansatz und Bewertung".

5.4.1   Definition von Finanzanlagen

Gemäß IAS 27.4 „Konzern- und Einzelabschlüsse" ist ein Tochterunternehmen (**subsidiary company**) ein Unternehmen, welches durch ein anderes Unternehmen (**Mutterunternehmen** bzw. **parent company**) beherrscht wird. Die Beherrschung i.S.d. IAS 27.4 ist die Möglichkeit die Finanz- und Geschäftspolitik eines Unternehmens zu kontrollieren (**control-Prinzip**), um aus dessen Tätigkeit einen Nutzen zu ziehen. Grundsätzlich wird die Beherrschung durch die Mehrheit (größer 50 %) der Stimmrecht sichergestellt. Der beherrschende Einfluss korrespondiert i.d.R. mit einem Beherrschungs- und Gewinnabführungsvertrag.

Nach IAS 28.2 „Anteile an assoziierten Unternehmen" ist ein **assoziiertes Unternehmen** ein Unternehmen, auf das der Anteilseigner einen maßgeblichen Einfluss ausüben kann. Ein maßgeblicher Einfluss ist gegeben, wenn die Möglichkeit besteht an den finanz- und geschäftspolitischen Entscheidungen mitzuwirken, ohne die Entscheidung jedoch beherrschen zu können. Ein maßgeblicher Einfluss wird vermutet, sofern der Anteileigner direkt oder indirekt 20 % oder mehr der Stimmrechte des assoziierten Unternehmen hält. Gemäß IAS 28.7 sprechen folgende **Indikatoren für einen maßgeblichen Einfluss**:

1. Zugehörigkeit zum Geschäftsführungs- und/oder Aufsichtsorgan oder einem gleichartigen Leitungsgremium des Beteiligungsunternehmens;
2. Teilnahme an den Entscheidungsprozessen, einschließlich der Teilnahme an Entscheidungen über Dividenden oder sonstige Ausschüttungen;
3. Wesentliche Geschäftsvorfälle zwischen dem Anteilseigner und dem Beteiligungsunternehmen;
4. Austausch von Führungspersonal;
5. Bereitstellung von bedeutenden technischen Informationen.

Gemäß IAS 31.3 „Anteile an Gemeinschaftsunternehmen" ist ein **Gemeinschaftsunternehmen** eine vertragliche Vereinbarung, in der zwei oder mehr Partner eine wirtschaftliche Tätigkeit durchführen, die einer gemeinschaftlichen Führung unterliegt. Gemeinschaftliche Führung ist die vertraglich vereinbarte Teilhabe an der Kontrolle der wirtschaftlichen Geschäftstätigkeit und existiert nur dann, wenn die mit dieser Geschäftstätigkeit verbundene strategische Finanz- und Geschäftspolitik die einstimmige Zustimmung der die Kontrolle teilenden Parteien erfordert (die Partnerunternehmen).

Die übrigen Finanzanlagen beinhalten grundsätzlich die Wertpapiere, die nach den Vorschriften des IAS 32 und IAS 39 zu bilanzieren sind und in Kapitel 5.7 erläutert werden.

5.4.2   Bewertung von Finanzanlagen

Werden separate Einzelabschlüsse nach IFRS aufgestellt, sind die Anteile an Tochterunternehmen, gemeinsam geführten Unternehmen und assoziierten Unternehmen, die nicht gemäß IFRS 5 als zur Veräußerung gehalten klassifiziert werden (oder zu einer als zur Veräußerung gehalten klassifizierten Veräußerungsgruppe gehören), wie folgt zu bilanzieren:

1. Zu Anschaffungskosten oder
2. in Übereinstimmung mit IAS 39.

Die **Anschaffungskostenmethode** beinhaltet eine Zugangsbewertung zu Anschaffungskosten und die Folgebewertung zu den fortgeführten Anschaffungskosten, wobei für Wertminderungen und Wertaufholungen IAS 36 entsprechend Anwendung findet.

Bei einer Bilanzierung gemäß IAS 39 erfolgt die Zugangsbewertung zum **beizulegenden Zeitwert (fair value)**, wobei die Folgebewertung sich daran orientiert, ob die Beteiligung bzw. das Wertpapier in der

Kategorie zur Spekulation gehaltenen Wertpapiere (**held-for-trading**), in der Kategorie bis zu Endfälligkeit gehaltenen Wertpapiere (**held-to-maturity**) oder in die Kategorie zur Veräußerung verfügbarer finanzieller Vermögenswerte (**available-for-sale**) eingestuft wird. Bei einer Einstufung als held-for-trading/held-to-maturity bzw. available-for-sale erfolgt die bilanzielle Berücksichtigung der Zeitwertveränderung grundsätzlich erfolgswirksam bzw. erfolgsneutral in der Gewinn- und Verlustrechnung bzw. im Eigenkapital (s. Kapitel 5.7.2).

5.5   Leasing

Der Begriff **Leasing** stammt von dem englischen Begriff to lease, was soviel bedeutet wie Miete oder Pacht. Leasing stellt eine besondere Form der Fremdfinanzierung dar. Der zentrale Gedanke ist, dass es weniger auf das zivilrechtliche Eigentum an einem zu finanzierenden Objekt, als vielmehr auf den wirtschaftlichen Nutzen, also das Leistungspotenzial, des Objektes ankommt. Da die Bezeichnung Leasing heute für eine Vielzahl von unterschiedlichen Vertragsformen verwendet wird, ist es kaum möglich, eine allgemeingültige und umfassende Definition herzuleiten. Auch im deutschen Zivil- und Steuerrecht existiert bis heute keine präzise Legaldefinition des Leasingbegriffs. Als grobe betriebswirtschaftliche Definition ist Leasing die Gebrauchsüberlassung eines Investitionsgutes auf Zeit, gegen Entgelt und im Rahmen eines besonderen Vertrages. Durch einen Leasingvertrag, in dem die Leasingvereinbarungen vertraglich fixiert werden, vermietet der Leasinggeber, beispielsweise eine Leasinggesellschaft oder der Hersteller, über einen bestimmten Zeitraum bewegliche oder unbewegliche Wirtschaftsgüter an einen Leasingnehmer. Es stellt sich somit i.R.d. Bilanzierung die Frage ob der Leasingnehmer oder der Leasinggeber den Vermögenswert zu aktivieren hat.

5.5.1   Anwendungsbereich des IAS 17

Die Leasingverhältnisse werden in den IFRS nach den Vorschriften des IAS 17 „Leasingverhältnisse" bilanziert und gelten sowohl für den Leasingnehmer wie auch für den Leasinggeber. Die in IAS 17 enthaltenen Abbildungsregeln und Angabepflichten sind grundsätzlich für alle Leasingverhältnisse anzuwenden. Dabei richtet sich der Anwendungsbereich des Leasingstandards eng an der im IAS 17 enthaltenen Definition von Leasingverhältnissen. Nach IAS 17.4 ist ein Leasingverhältnis eine Vereinbarung, bei der der Leasinggeber dem Leasingnehmer gegen eine Zahlung oder eine Reihe von Zahlungen das Recht auf die Nutzung eines Vermögenswerts für einen vereinbarten Zeitraum überträgt. Diese weit gefasste Definition umfasst nicht nur Leasingverhältnisse, sondern jede zeitlich begrenzte Übertragung eines Nutzungsrechtes an einen Vermögenswert gegen Entgelt. Bei dieser Definition wird die Zahlung der Raten nicht genauer definiert. Zudem wird auch nicht näher auf die Bezeichnung des Verhältnisses oder auf die Ausgestaltung der jeweiligen Vereinbarung eingegangen. Um zu entscheiden, ob ein Leasingverhältnis vorliegt, muss die jeweilige vertragliche Vereinbarung unter dem Grundsatz der wirtschaftlichen Betrachtungsweise untersucht werden, ob tatsächlich eine Übertragung der Nutzungsrechte an dem Vermögenswert stattgefunden hat. Die vorgenannte weite Leasing-Definition bezieht sich dabei nur auf die direkte Nutzungsüberlassung.

Stellen die vertraglichen Vereinbarungen ein Leasingverhältnis i.S.d. IAS 17 dar, stellt sich die zentrale Frage, wie die jeweiligen Leasingverträge zu bilanzieren sind. Dabei muss unter anderem geklärt werden, welche der beiden Parteien die Vermögenswerte und Schulden in welcher Höhe anzusetzen hat. Diese Ansatzfrage wird durch die **Zuordnung des wirtschaftlichen Eigentums** an den Leasinggegenstand geklärt. Nach IAS 17.7 ist die Vertragspartei der wirtschaftliche Eigentümer, dem die mit einem Vermögenswert verbundenen Chancen und Risiken im Wesentlichen zuzurechnen sind. Je nachdem ob der Leasingnehmer oder der Leasinggeber der **wirtschaftliche Eigentümer** des Leasinggegenstandes ist, wird zwischen Finanzierungsleasing, auch finance lease genannt, und dem Operating-Leasingverhältnis, das auch operating lease genannt wird, unterschieden. Beim finance lease hat der Leasingnehmer, beim operate lease der Leasinggeber den Vermögenswert zu bilanzieren.

5.5.2 Klassifizierung von Leasingverhältnissen im Finanzierungs- oder Operatingleasing

Eine Klassifizierung respektive Einstufung der Leasingverhältnisse wird gemäß IAS 17.13 immer zu Beginn des Leasingverhältnisses durchgeführt. Als **Beginn des Leasingverhältnisses** gilt grundsätzlich der Zeitpunkt des Vertragsabschlusses. Hiervon kann abgewichen werden, wenn die Vertragsparteien bereits zu einem früheren Zeitpunkt die wesentlichen Eckdaten der Vereinbarung besprochen und fixiert haben. Dies ist der Fall, wenn ein Vertragsentwurf der beiden Parteien vorliegt, der grundlegende Vertragsbestandteile wie beispielsweise die Laufzeit des Vertrages oder die Höhe der Leasingraten regelt. Trifft dies zu, so gilt nach IAS 17.4 der frühere Zeitpunkt als Beginn des Leasingverhältnisses. Irrelevant für die Klassifizierung ist der Beginn der Laufzeit des Leasingvertrages.

Der Leasingstandard nennt in IAS 17.10 Ansatzpunkte bzw. Kriterien zur Beurteilung, ob ein Finanzierungsleasingverhältnis oder ein Operatingleasingverhältnis vorliegt.

Die nachfolgende Abbildung zeigt gemäß IAS 17.10 eine Zusammenfassung der Kriterien und verdeutlicht die daraus resultierende Klassifizierung eines Leasingverhältnisses.

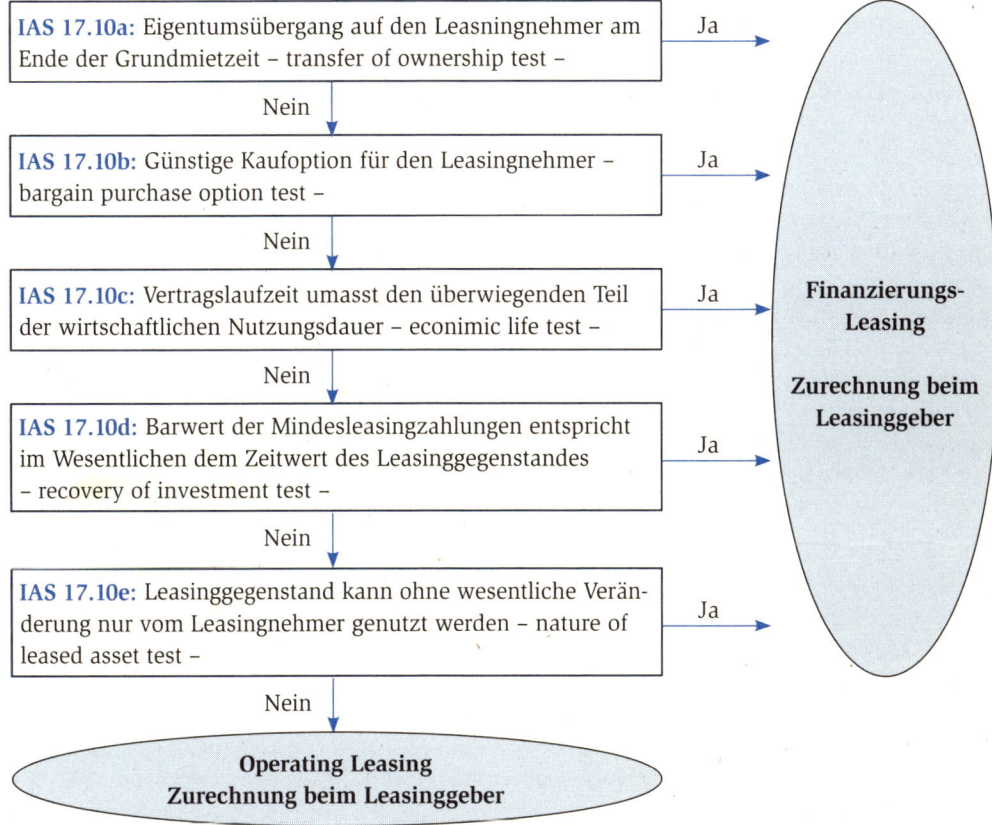

Abb. 22: Klassifizierung von Leasingverhältnissen nach IAS 17.10

Trifft mindestens einer dieser fünf (IAS 17.10a–e), der in der Abbildung aufgeführten und im Folgenden erläuterten Kriterien zu, ist davon auszugehen, dass ein Finanzierungsleasing vorliegt und der Leasingnehmer demnach den Vermögenswert zu aktivieren hat.

Beim **Eigentumsübergang (transfer of ownership)** vereinbaren die Vertragsparteien, dass am Ende der Vertragslaufzeit das rechtliche Eigentum auf den Leasingnehmer übergeht. Da das Eigentum automatisch per vertraglicher Vereinbarung übergeht, trägt der Leasingnehmer somit alle mit dem Leasingobjekt verbundenen Chancen und Risiken (IAS 17.10a).

Als ein weiteres Einteilungskriterium nennt IAS 17.10b die **günstige Kaufoption (bargain purchase option test)**. Bei einer günstigen Kaufoption wird davon ausgegangen, dass der vorher vereinbarte zu zahlende Kaufpreis deutlich niedriger ist als der zum Ausübungszeitpunkt erwartete beizulegende Zeitwert (fair value). Ist der Kaufpreis des Leasingobjektes durch die Option als deutlich niedriger anzusehen, so ist nach herrschender Meinung bereits zu Beginn des Leasingverhältnisses davon auszugehen, dass die Option am Ende ausgeübt wird. Der Leasingstandard definiert nicht was unter deutlich niedriger bzw. was unter einer günstigen Kaufoption zu verstehen ist. Nach herrschender Meinung ist angesichts schwer absehbarer Marktschwankungen ein Abschlag von bis zu 20 % vom vermuteten künftigen beizulegenden Zeitwert nicht als deutlich niedriger anzusehen. Auch werden keine weiteren Hinweise für eine konkrete Berechnung des beizulegenden Zeitwertes gegeben, sodass auch bei der Wahl der Ermittlungsmethode ein nicht unerheblicher bilanzpolitischer Ermessensspielraum beim Bilanzierenden verbleibt. Allerdings könnte IFRS 13, der ab dem 01.01.2015 Anwendung finden soll, bei der Ermittlung des beizulegenden Zeitwertes dem Bilanzierenden eine Hilfe sein. Im Anhang ist hierzu Stellung zu nehmen.

Eine weitere Hilfe zur Klassifizierung ist das **Verhältnis der Vertragslaufzeit zur wirtschaftlichen Nutzungsdauer**, der auch **economic life test** genannt wird. Danach wird das Vorliegen eines **Finanzierungsleasings** gemäß IAS 17.10c unterstellt, wenn die Laufzeit des Leasingverhältnisses den überwiegenden Teil der wirtschaftlichen Nutzungsdauer des Vermögenswertes umfasst. Die **Laufzeit des Leasingverhältnisses (lease term)** ist die unkündbare Laufzeit des Leasingvertrages. Während dieser Laufzeit ist der Leasingnehmer verpflichtet, das Leasingobjekt zu nutzen und die Leasingraten zu zahlen. Ein **unkündbares Leasingverhältnis** besteht, wenn der Vertrag nur nach den in IAS 17.4 genannten Bedingungen aufgelöst werden kann:

1. ein unwahrscheinliches Ereignis eintritt;
2. der Leasinggeber seine Einwilligung dazu gibt;
3. der Leasingnehmer mit demselben Leasinggeber ein neues Leasingverhältnis über denselben oder einen entsprechenden Vermögenswert eingeht;
4. durch den Leasingnehmer ein derartiger zusätzlicher Betrag zu zahlen ist, dass schon bei Vertragsbeginn die Fortführung des Leasingverhältnisses hinreichend sicher ist.

Der überwiegende Teil, auch **major part** genannt, ist im Leasingstandard nicht genauer definiert bzw. es sind keine genauen Grenzen genannt. Dem Wortlaut nach muss der überwiegende Teil mehr als 50 % umfassen. Hier erfolgt i.d.R. eine Orientierung an die US-GAAP, um die Regelungslücke zu schließen. Im US-GAAP existiert die Grenze von 75 %. Nach herrschender Meinung ist die Anwendung der Grenze immer auf eine Einzelfallbetrachtung abzustellen. Durch die fehlende Angabe von genau definierten Größen ergeben sich auch bei der Anwendung dieses Tests für den Leasingnehmer erhebliche bilanzpolitische Spielräume. Das Korrektiv ist wiederum die verpflichtende Anhangsangabe.

Ein weiterer Hinweis für das Finanzierungsleasing ist das sog. **Barwertkriterium** (IAS 17.10d), auch „**recovery of investment test**" genannt. Danach liegt ein **Finanzierungsleasingverhältnis** vor, wenn der Barwert der Mindestleasingzahlungen mindestens dem beizulegenden Zeitwert des Leasingobjektes entspricht. Dabei setzen sich die Mindestleasingzahlungen gemäß IAS 17.4 aus den Leasingraten, den Leasingsonderzahlungen, wie beispielsweise einer erhöhten Anfangszahlung, dem Ausübungspreis einer günstigen Kaufoption, wenn mit der Ausübung schon im Vertragsabschluss gerechnet werden muss, sowie den garantierten Restwerten zusammen. Um den Restwert in die Berechnung des Barwertes mit einbeziehen zu können, muss er vom Leasingnehmer oder einem dem Leasingnehmer nahe stehenden Unternehmen garantiert werden. Alternativ ist es auch möglich, dass ein finanzstarker unabhängiger Dritter den Restwert garantiert. Zudem gibt es in der Praxis Leasingverträge, bei denen der Leasinggeber am Ende der Laufzeit das Recht hat, das Objekt zu einem vorher festgelegten Preis zurückzunehmen. Dieses Recht wird auch als **Andienungsrecht** bezeichnet und ist wirtschaftlich wie ein garantierter Restwert des Leasingnehmers zu klassifizieren. Danach ist dieses Recht in die Barwertberechnung der Mindestleasingzahlung einzubeziehen. Nicht zu den Mindestleasingzahlungen gehören die bedingten Zahlungen, wie z.B. umsatzabhängige oder nutzungsabhängige Zahlungen. Außerdem gehören auch die Zahlungen für Serviceleistungen, Wartung oder Instandhaltung sowie die dem Leasinggeber erstattete Steuer nicht zu den Mindestleasingzahlungen. IAS 17 definiert nicht, was unter dem Begriff mindestens zu verstehen ist. In der Praxis wird sich auch hier häufig an der 90 % Grenze des US-GAAP orientieren. Beträgt danach die Differenz zwischen Barwert und Zeitwert höchstens 10 %, liegt ein Finanzierungsleasingverhältnis vor. Je höher die Differenz wird, desto mehr liegt die Vermutung nahe, dass es sich bei dem zu untersuchenden Leasingverhältnis um ein **Operatingleasing** handelt. Auch hier besteht für den Bilanzierenden ein bilanzpolitischer Spielraum. Bei der Anwendung dieses Tests kann es dazu führen, dass es zu unterschiedlichen Klassifizierungsergebnissen bei Leasinggeber und Leasingnehmer kommt. Grund hierfür ist u.a. auch die Verwendung von unterschiedlichen Zinssätzen bei der Diskontierung der Mindestleasingzahlung.

Als letzte Hilfestellung für die Klassifizierung von Leasingverhältnissen führt IAS 17.10d das **Spezial-Leasing** an. Danach ist das Vorliegen eines Finanzierungsleasings anzunehmen, wenn das Leasingobjekt so speziell ist, dass es ohne wesentliche Veränderungen ausschließlich vom Leasingnehmer genutzt werden kann. IAS 17 macht hierbei keine Angaben, welcher Betrag respektive welche Kosten als wesentliche Veränderungen anzusehen sind. Als Maßstab der Kostenberechnung wird in der Literatur ein Betrag i.H.v. 10 % der ursprünglichen Anschaffungs- oder Herstellungskosten genannt. Auch hier hat der Bilanzierende durch die fehlende Angabe von genauen Grenzen einen gewissen Ermessensspielraum bei der Klassifizierung, welcher durch die Anhangsangabe aber relativiert wird.

> **Beispiel:** Die Tech GmbH mietet von der Lease AG eine Produktionsanlage für 4 Jahre. Die Zahlungen betragen 40.000 €. Nach Ablauf der 4 Jahre wird die Maschine an die Lease AG zurückgegeben, es sei denn, die Tech GmbH zahlt 20.000 €. In diesem Fall geht das Eigentum auf die Tech GmbH über. Die wirtschaftliche Nutzungsdauer der Maschine beträgt 8 Jahre. Die Tech GmbH beabsichtigt, die mit der Anlage herzustellenden Produkte mindestens 8 Jahre lang zu vermarkten.
> Handelt es sich um finance lease oder operating lease?
>
> **Lösung:** Da die Tech GmbH die Produkte auch nach Ablauf der Mietzeit von 4 Jahren herstellen möchte, steht sie vor der Wahl, die Anlage zu kaufen oder erneut eine Anlage 4 Jahre lang zu mieten. Da die Kosten des Kaufes unter den Kosten einer erneuten Miete liegen, kann davon ausgegangen werden, dass die Tech GmbH die 20.000 € mit sehr hoher Wahrscheinlichkeit zahlen wird. Die hier vorliegende günstige Kaufoption (bargain purchase option) lässt folglich den Schluss zu, dass es sich um ein finance lease handelt (vgl. IAS 17.10b). Somit hat die Tech GmbH die Produktionsanlage zu aktivieren.

> **Beispiel:** Die X-AG mietet zwei Autos von der Y-AG für 2 Jahre. Nach Ablauf der 2 Jahre sollen die Autos wieder an die Y-AG zurückgegeben werden. Weitere Vereinbarungen enthält der Leasingvertrag nicht. Die gesamten Mietzahlungen entsprechen 70 % des Neuwagenpreises der beiden Autos.
> Handelt es sich um ob finance lease oder operating lease?
>
> **Lösung:** Es wurde weder eine Kaufoption, eine Mietverlängerungsoption noch ein Andienungsrecht vereinbart. Der Barwert der Mindestleasingzahlungen liegt unter dem beizulegenden Zeitwert (fair value) zu Beginn des Leasingverhältnisses der Autos. Der Sachverhalt ist folglich als operating lease zu qualifizieren (vgl. IAS 17.10d). Somit hat die X-AG die Produktionsanlage weiterhin zu aktivieren.

5.5.3   Bilanzierung beim Leasingnehmer

5.5.3.1   Bewertung und Ausweis bei Finance Lease

Ist ein Leasingvertrag als **Finanzierungsleasing** klassifiziert worden, so wird dem Leasingnehmer das wirtschaftliche Eigentum an dem Leasingobjekt zugeordnet. Der Leasingnehmer hat daher das Leasingobjekt und die aus dem Leasingvertrag entstehende Verbindlichkeit in seiner Bilanz auszuweisen und zu bewerten.

Der **Barwert der Mindestleasingraten** ist dabei analog dem bereits vorgenannten Barwertkriterium zu historischen Anschaffungskosten zu aktivieren. Die Anschaffungsnebenkosten erhöhen den Aktivierungswert des Leasingobjektes. Die Schulden bzw. Leasingverbindlichkeiten sind in gleicher Höhe wie das Leasingobjekt in der Bilanz zu passivieren.

Die Folgebewertung des Vermögenswertes erfolgt beispielsweise bei Sachanlagevermögen entweder zu den fortgeführten Anschaffungskosten oder alternativ mithilfe der Neubewertungsmethode. Ist zu Beginn des Leasingverhältnisses der rechtliche Eigentumsübergang nicht sicher, ist das Leasingobjekt über den kürzeren der beiden Zeiträume, entweder also über die Laufzeit des Leasingverhältnisses oder aber über die betriebliche Nutzungsdauer, abzuschreiben. Dabei ist bei der Untersuchung der kürzeren Laufzeit eine sichere Verlängerungsoption zu berücksichtigen.

Die passivierte Leasingverbindlichkeit hingegen wird verzinst und durch die Leasingraten getilgt. Dabei sind die Leasingraten gemäß IAS 17.25 in einen Zins- und Tilgungsanteil zu unterteilen. Der Tilgungsanteil reduziert mit jeder Zahlung die Leasingverbindlichkeit. Die Zinszahlungen hingegen stellen die Fremdkapitalkosten dar.

Nach IAS 17.25 sind die Finanzierungskosten über die Laufzeit des Leasingverhältnisses zu verteilen, sodass über die Laufzeit ein konstanter Zinssatz auf die verbleibende Restschuld entsteht. Um diesen konstanten Zinssatz über die Laufzeit zu erfüllen gibt es unterschiedliche Ansatzmöglichkeiten, die abhängig von der Erstbewertung sind. Wurden das Leasingobjekt und die Leasingverbindlichkeit bei der Erstbewertung zum Barwert in der Bilanz angesetzt, kann das sog. **Barwertvergleichsverfahren** angewandt werden. Bei diesem Verfahren wird der Barwert zu Beginn eines Geschäftsjahres mit dem Barwert zum Ende eines Geschäftsjahres verglichen. Die Differenz der beiden Barwerte entspricht dem Tilgungsanteil. Um den entsprechenden Zinsanteil zu erhalten, wird der Differenzbetrag von den geleisteten Leasingraten subtrahiert. Da der Leasingnehmer bei der Berechnung der Barwerte den Diskontierungszinssatz anwendet, ist die gesonderte Ermittlung eines Zinssatzes nicht erforderlich. Auf dieser Basis erstellt der Leasingnehmer einen Tilgungsplan, der die Entwicklung der Leasingverbindlichkeit abbildet.

Hat der Leasingnehmer hingegen die Leasingverbindlichkeit zum Zeitwert angesetzt, so muss eine finanzmathematische Berechnung erfolgen, anhand derer der konstante Finanzierungszinssatz berechnet werden kann. Dieser gesuchte Zinssatz wird mithilfe der **internen Zinsfußmethode** berechnet. Dabei ist die Berechnung abhängig von den jeweiligen Zahlungsströmen. In diesen Zahlungsströmen müssen alle Ein- und Auszahlungen berücksichtigt werden. Bei dieser Berechnung wird der Zinssatz ermittelt, bei dem der Barwert der Mindestleasingraten zum Anschaffungszeitpunkt den Anschaffungskosten entspricht. Da diese Berechnung in der Praxis sehr aufwendig ist, kann der Leasingnehmer nach IAS 17.26 auch einfachere Berechnungen bzw. Näherungswertverfahren anwenden, um die Finanzierungskosten den jeweiligen Perioden zuzuordnen. Ein genaues Berechnungsmodell, das zur näherungsweisen Bestimmung angewendet werden kann, nennt IAS 17 nicht.

Alternativ zur näherungsweisen Bestimmung kann auf die **Zinsstaffelmethode** verwiesen werden. Diese wird auch als **digitale Methode** oder **arithmetisch-degressive Methode** bezeichnet. Hierbei werden die gesamten Finanzierungskosten über die Laufzeit so verteilt, dass der Zinsanteil einer annuitätischen Rate von einer Periode zur anderen stets um einen konstanten Betrag kleiner wird. Ein weiteres Näherungswertverfahren ist die lineare Aufteilung der Finanzierungskosten auf die Vertragslaufzeit. Die IFRS geben keinen Hinweis, ob diese lineare Aufteilung noch als Näherungslösung i.S.d. IAS 17.26 anzusehen ist.

IAS 17 regelt nicht, wo der Ausweis des Leasingobjektes und der Schuld in der Bilanz des Leasingnehmers zu erfolgen hat. Da aber das Finanzierungsleasingverhältnis wirtschaftlich und ökonomisch mit einem gewöhnlichen Kreditkauf bzw. Ratenkauf vergleichbar ist, kann der Ausweis des jeweiligen Leasingobjektes im Anlagevermögen unter der jeweiligen zutreffenden Position erfolgen. Der Ansatz der Leasingverbindlichkeit auf der Passivseite ist unter den sonstigen Verbindlichkeiten auszuweisen.

5.5.3.2 Bilanzierung bei Operate Lease

Wurde ein Leasingvertrag als **operate lease** klassifiziert, so verbleibt neben dem rechtlichen Eigentum auch das wirtschaftliche Eigentum beim Leasinggeber. Danach wird das Leasingobjekt nicht beim Leasingnehmer, sondern bei dem Leasinggeber in der Bilanz ausgewiesen. Zudem erfolgt kein Ansatz einer aus dem Leasingvertrag entstehenden Verpflichtung auf der Passivseite der Bilanz. Der Leasingnehmer ist dazu verpflichtet, eine Verbindlichkeit i.H.d. bereits erhaltenen, aber noch nicht vergüteten Leistung anzusetzen. Dabei hat der Leasingnehmer die Leasingzahlungen unabhängig von den tatsächlichen Zahlungszeitpunkten als Aufwand linear über die gesamte Laufzeit des Vertrages zu verteilen. Gemäß IAS 17.33 kann eine andere systematische Verteilung des gesamten Aufwands erfolgen, wenn diese eher dem zeitlichen Verlauf des Nutzens für den Leasingnehmer entspricht. Bedingte Mietzahlungen sowie Zahlungen, denen keine Gegenleistung gegenübersteht, zählen nicht zu den Leasingzahlungen. Weiter zählen ebenfalls nicht zu den Leasingzahlungen die mit dem Abschluss des Leasingvertrags entstandenen Zahlungen, wie beispielsweise **Rechtsberatungskosten** oder **Provisionen**. Etwaige Anreize, wie die Übernahme der Umzugskosten durch den Leasinggeber oder die Vereinbarung von reduzierten Raten in den Anfangsjahren, mindern die Gesamtsumme der zu zahlenden Leasingraten. Diese sind gemäß SIC 15.5 analog den Leasingraten linear über die gesamte Laufzeit des Vertrages zu verteilen. Sind dabei die vom Leasinggeber erhaltenen Anreize nicht monetärer Art, so sind diese mit einem Zeitwert zu bewerten und ebenfalls über die Laufzeit des Leasingvertrages linear zu verteilen.

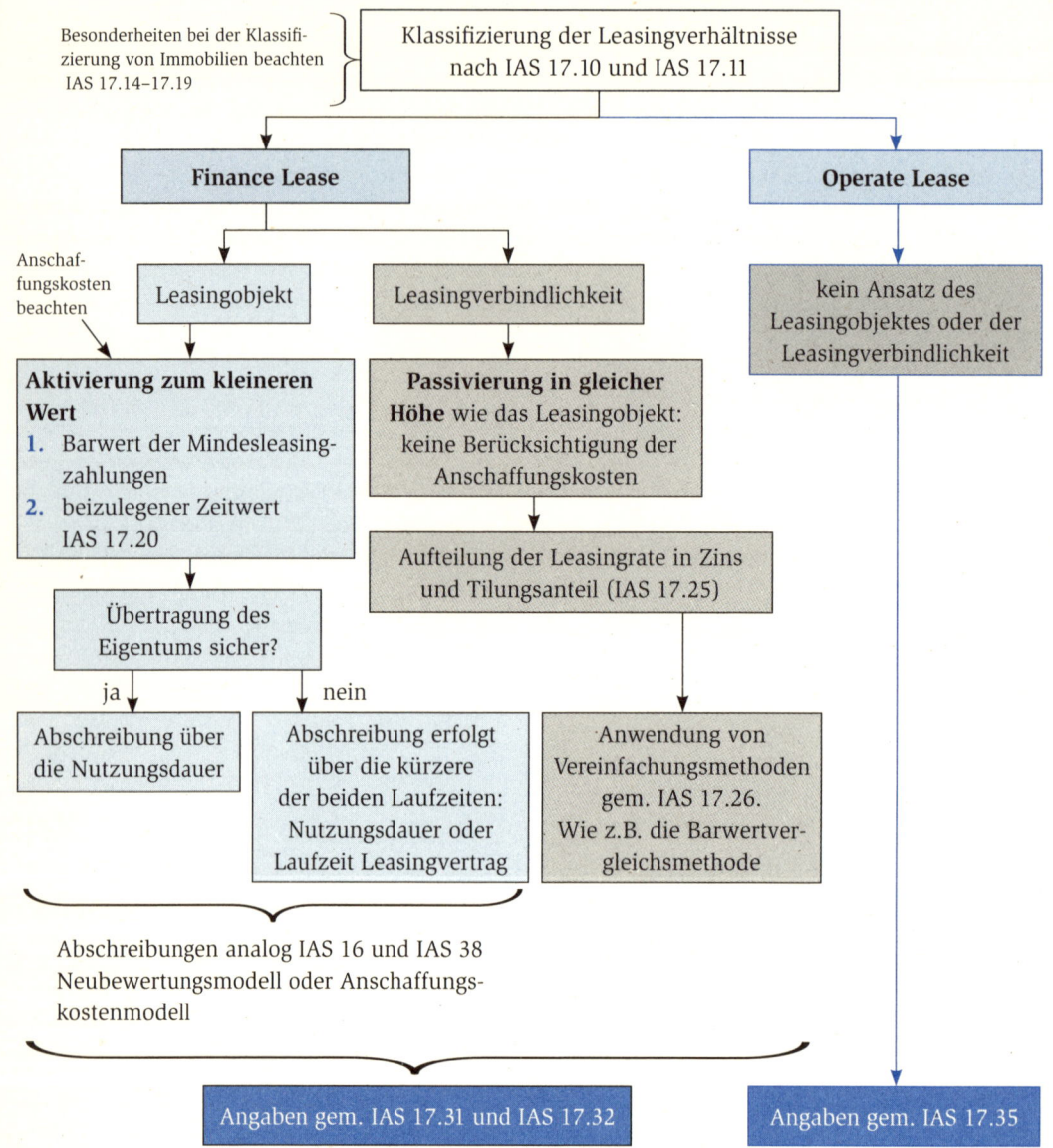

Abb. 23: Bilanzierung von Leasing beim Leasingnehmer

5.5.4   Bilanzierung beim Leasinggeber
5.5.4.1   Bewertung und Ausweis bei Finance Lease

Der Leasinggeber hat gemäß IAS 17.36 einen Vermögenswert aus dem Leasingverhältnis in seiner Bilanz ausweisen. Dieser Wert wird als Forderung in der Bilanz aktiviert. Dabei behandelt der Leasinggeber das Leasinggeschäft analog einem Verkauf auf Ziel. Die **Forderung** ist dabei i.H.d. Nettoinvestitionswertes aus dem Leasingverhältnis auszuweisen. Gemäß IAS 17.4 ist die Nettoinvestition in ein Leasingverhältnis und die Bruttoinvestition in ein Leasingverhältnis abgezinst mit dem Zinssatz, der dem Leasingverhältnis zugrunde liegt, aufzuteilen. Dabei ist die **Bruttoinvestition** die Summe der Mindestleasingzahlungen, die der Leasinggeber zukünftig vom Leasingnehmer, zuzüglich einem nicht garantierten Restwert, den der

Leasinggeber gegebenenfalls vom Leasingnehmer erhält. Anschließend wird von dieser Bruttoinvestition der **Barwert** gebildet.

Da der Leasinggeber bei der Berechnung der Bruttoinvestition den nicht garantierten Restwert berücksichtigt, kann es zu Abweichungen zwischen der Höhe der Forderung und der Höhe der Verbindlichkeit, die der Leasingnehmer bilanziert, kommen.

Der Ertrag, den der Leasinggeber aus der Bereitstellung der Finanzierungsmittel erzielt, ist im **nicht abgezinsten Bruttoinvestitionswert** enthalten. Um diesen Finanzertrag zu ermitteln, ist von dem nicht abgezinsten Bruttoinvestitionswert der errechnete Nettoinvestitionswert zu subtrahieren. Dieser Betrag wird als **nicht realisierter Finanzertrag** bezeichnet und ist in den jeweiligen Perioden, in denen er zufließt, erfolgswirksam zu verbuchen. Der Leasinggeber bilanziert somit die Forderung i.H.d. Barwertes der Bruttoinvestition.

Die dem Leasinggeber zufließenden Mindestleasingraten werden in einen Tilgungsanteil und einen Zinsanteil aufgeteilt. Der Tilgungsanteil bzw. Rückzahlungsanteil reduziert die als Forderung bilanzierte Nettoinvestition. Der Tilgungsanteil wird in dem Jahr des Zuflusses beim Leasinggeber erfolgsneutral erfasst. Der Zinsanteil hingegen reduziert den noch nicht realisierten Finanzertrag des Leasinggebers. Dabei ist dieser Ertrag erfolgswirksam zu erfassen. Gemäß IAS 17.40 ist der noch nicht realisierte Finanzertrag über die Laufzeit des Leasingvertrages planmäßig zu verteilen. Hierbei basiert die Ertragsverteilung auf einer konstanten, periodischen Verzinsung der Nettoinvestitionen des Leasinggebers. Der Ertragswertanteil in der jeweiligen Periode kann mithilfe der Barwertvergleichsmethode errechnet werden.

Eine weitere Möglichkeit zur Bestimmung des Tilgungsanteils der Forderung bzw. des Ertragsanteils ist eine **Annuität der Finanzierung**. Dabei stellt die zu zahlende Rate die Annuität dar. Die Zinshöhe wird hierbei mit dem internen Zinsfuß von der Restleasingforderung für eine Periode berechnet. Die Differenz aus der Leasingrate und dem Zinsbetrag ergibt den **Tilgungsanteil der Forderung**.

Die Zulassung von Näherungswertverfahren, wie sie beim Leasingnehmer angewendet werden, sehen die IFRS beim Leasinggeber nicht vor. Die herrschende Meinung spricht sich jedoch für die Zulassung dieses Verfahrens beim Leasinggeber aus. Begründet wird dies durch die Gestattung der Anwendung für den Leasingnehmer. Die Ertragszahlungen sind dabei periodengerecht und unabhängig von der tatsächlichen Zahlung zu erfassen. Danach hat der Leasinggeber entsprechende Abgrenzungsposten zu bilanzieren, wenn er mit dem Leasingnehmer eine vorschüssige Leasingzahlung vereinbart hatte. In der darauf folgenden Periode sind diese Bilanzposten erfolgswirksam aufzulösen.

Unter welcher Position der Leasinggegenstand auszuweisen ist, hängt von der zukünftigen Verwendungsabsicht des Leasinggebers ab. Beabsichtigt der Leasinggeber das Objekt zu verkaufen, so erfolgt ein Ausweis unter den Vorräten. Das Objekt wird ebenfalls unter den Vorräten ausgewiesen wenn beabsichtigt wird, einen Finanzierungsleasingvertrag neu abzuschließen. Beabsichtigt der Leasinggeber hingegen das Objekt selbst zu verwenden oder im Anschluss einen operate lease-Vertrag abzuschließen, so erfolgt der Ausweis unter dem Anlagevermögen.

5.5.4.2 Bilanzierung bei Operate Lease

Beim **operate lease** gehen die wesentlichen Chancen und Risiken des Leasingobjektes nicht auf den Leasingnehmer über. Dadurch behält der Leasinggeber neben dem zivilrechtlichen Eigentum auch das wirtschaftliche Eigentum an dem Leasingobjekt. Entsprechend ist der Leasinggegenstand in der Bilanz des Leasinggebers zu aktivieren. Die zukünftigen, noch fälligen Zahlungen des Leasingnehmers sind nicht in der Bilanz zu aktivieren. Grund dieser Nichtaktivierung ist, dass das operate lease als schwebende Dauerschuldverhältnis mit kontinuierlicher Leistungserbringung zu qualifizieren ist.

IAS 17 nennt keine Regelungen zur Bilanzierung der Leasingobjekte im Rahmen eines operate lease. Vielmehr sind nach IAS 17.49 die Bewertungs- und Bilanzierungsregeln vergleichbarer Vermögenswerte anzuwenden. Hierfür sind vor allem die Standards IAS 16 „Sachanlagen", IAS 38 „Immaterielle Vermögenswerte" und IAS 40 „Als Finanzinvestitionen gehaltene Immobilien" anzuwenden.

Die Erträge, die der Leasinggeber aus dem Leasingverhältnis generiert, sind gemäß IAS 17.50 grundsätzlich über die Laufzeit linear zu verteilen. Von dieser grundsätzlichen Verteilung kann abgewichen werden, wenn eine andere planmäßige Verteilung der Leasingerträge die Reduzierung des wirtschaftlichen Nutzens des Leasingobjektes besser widerspiegelt. Was unter dem Begriff **Leasingerträge** zu verstehen ist, definieren die IFRS nicht näher. Nach herrschender Meinung sind unter den Leasingerträgen alle hinreichend sicheren Zahlungen, die der Leasinggeber unter wirtschaftlicher Betrachtungsweise während der Laufzeit des Leasingverhältnisses empfängt, zu verstehen. Nicht zu diesen Erträgen zählen die **Einnahmen des Leasinggebers aus erbrachten Dienstleistungen** wie beispielsweise Instandhaltungen oder Schulungsleistungen. Diese Einnahmen sind sofort erfolgswirksam zu erfassen. Zudem zählen die bedingten Mietzahlungen und die vom Leasingnehmer erstatteten Mietnebenkosten ebenfalls nicht zu den Erträgen. Weiter ist eine eventuelle vereinbarte **Restwertgarantie** nicht als Leasingertrag anzusehen. Vielmehr stellen diese Ansprüche des Leasinggebers eine **Eventualforderung** dar. Für den Ansatz dieser Forderung ist IAS 37.33 „Rückstellungen, Eventualschulden und Eventualforderungen" zu beachten. Danach ist die Forderung anzusetzen, wenn der zukünftige Ertrag als hinreichend sicher anzusehen ist. Scheint der zukünftige Ertrag hingegen nicht sicher, so erfolgt kein Ausweis. Von dieser grundsätzlichen Behandlung wird abgewichen, wenn die Restwertgarantie unter wirtschaftlicher Betrachtungsweise als **Mietabschlusszahlung** zu qualifizieren ist. Wird die Restwertgarantie als solche eingestuft, ist diese in die Leasingerträge mit einzubeziehen und über die Laufzeit zu verteilen.

Entstehen dem Leasinggeber anfänglich direkte Kosten wie beispielsweise **Provisionen oder Rechtsberatungsgebühren**, so sind diese gemäß IAS 17.52 zusammen mit dem Leasinggegenstand zu aktivieren und über die Laufzeit aufwandswirksam zu verteilen. Entstehen dem Leasinggeber während der Vertragslaufzeit sonstige Kosten, die mit dem Leasingverhältnis im Zusammenhang stehen, so sind diese Kosten nach IAS 17.51 direkt als Aufwand zu verbuchen. Die Abbildung 24 auf der nächsten Seite gibt einen Überblick der Bilanzierung von Leasing beim Leasinggeber.

5.5.5 Bilanzierung von Immobilienleasingverträgen

Die Hauptbestandteile einer Immobilie sind in der Regel das Grundstück und das Gebäude. Anders als bei dem Grundstück weist das Gebäude eine begrenzte wirtschaftliche Nutzungsdauer auf, sodass hierbei die wesentlichen Chancen und Risiken von dem Leasinggeber auf den Leasingnehmer übergehen können. Aus diesem Grund sieht der Leasingstandard grundsätzlich eine separate Betrachtung der Immobilienbestandteile vor. Hierbei werden das Gebäude und das Grundstück einzeln nach IAS 17.10 und IAS 17.11 klassifiziert. Für die jeweilige Klassifizierung sind die Mindestleasingraten und die beizulegenden Zeitwerte entsprechend aufzuteilen. Dies kann dazu führen, dass es zu unterschiedlichen Einstufungen und damit verbunden zu einer unterschiedlichen bilanziellen Behandlung kommt.

Auf die vorgenannte Unterteilung des Leasingvertrages kann verzichtet werden, wenn der **Grundstücksanteil im Verhältnis zum Gebäudeanteil als unwesentlich einzustufen** ist. Auch in diesem Fall nennt der Leasingstandard keine genauen Grenzen, wann der Wert des Grundstückes als unwesentlich einzustufen ist. In der Literatur werden hierbei unterschiedliche Grenzen genannt, diese reichen von 10 % bis 25 %. Auch in diesem Zusammenhang ist der subjektive Ermessensspielraum des Bilanzierenden ersichtlich.

Eine weitere Besonderheit besteht bei der Behandlung von **Anlage- bzw. Renditeimmobilien**. Eine Renditeobjekt liegt beispielsweise vor, wenn der Leasingnehmer das Objekt weitervermietet. In diesem Fall ist eine Unterteilung des Leasingvertrages ebenfalls nicht erforderlich. Die Immobilie wird hier als Einheit gesehen und ist gemäß IAS 17.18 nach IAS 40 „Als Finanzinvestition gehaltene Immobilien" zu qualifizieren.

Ergab die Klassifizierung, dass jeweils beide Vertragskomponenten als operating lease oder als **finance lease** einzustufen sind, so sind diese analog den Mobilienleasingverträgen zu behandeln. So ist ebenfalls zu verfahren, wenn bei der Gesamtbetrachtung der Grundstücksanteil von nachrangiger Bedeutung ist.

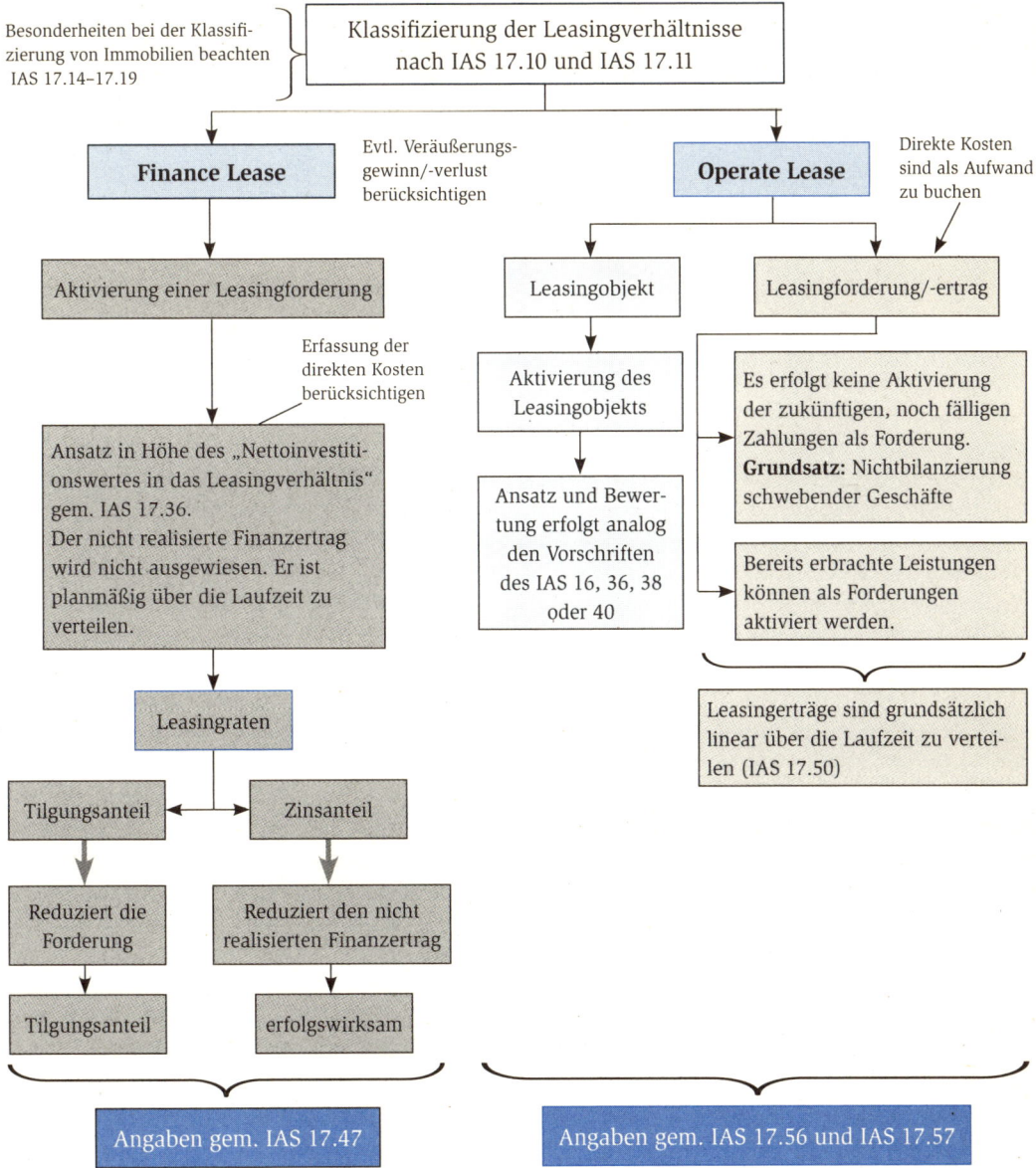

Abb. 24: Bilanzierung von Leasing beim Leasinggeber

Ergibt die Klassifizierung für beide Vertragskomponenten eine unterschiedliche Einstufung, so ist die Mindestleasingrate entsprechend aufzuteilen. Grundsätzlich wird hier das **Grundstück als operate lease** und das **Gebäude als finance lease** eingestuft. Danach bilanziert der Leasingnehmer das Gebäude als Leasingobjekt und zusätzlich eine Leasingverbindlichkeit. Der Leasinggeber hingegen bilanziert das Grundstück und hat zusätzlich aufgrund des Gebäudes eine Leasingforderung zu aktivieren. Gemäß IAS 17.16 sind die Mindestleasingzahlungen zwischen den einzelnen Vertragskomponenten nach dem Verhältnis der jeweiligen beizulegenden Zeitwerte der Leistungen für die Mietrechte der Vertragskomponenten des Leasingverhältnisses aufzuteilen. Eine Verteilung der Leasingzahlungen, berechnet anhand des beizulegenden Zeitwertes sehen die IFRS nicht vor. Eine Möglichkeit zur Berechnung der jeweiligen Anteile ist die Zuhilfenahme des jeweiligen Erbbauzinses. Dabei wird der Anteil des Grundstücks durch die Multiplikation des **Erbbauzinses** mit dem Zeitwert des Grundstücks berechnet. Der Gebäudeanteil wird ermittelt, indem von den Leasingraten der Grundstücksteil subtrahiert wird. Eine weitere Möglichkeit ist die Verwendung des internen Zinsfußes des Leasinggebers.

Nach der Aufteilung erfolgt die Erstbewertung und Folgebewertung analog den bereits bekannten Verfahren. Ergibt sich aus der Berechnung keine zuverlässige Aufteilung der Mindestleasingzahlungen, so ist nach IAS 17.16 das gesamte Leasingverhältnis grundsätzlich als Finanzierungsleasing zu klassifizieren.

5.5.6 Sale-and-lease-back

Sale-and-lease-back-Transaktionen werden in der Praxis häufig zur Sanierung bzw. zur Neufinanzierung von Unternehmen eingesetzt. Zudem werden diese Verträge bei Spezialobjekten, die der Leasingnehmer selbst erbaut bzw. anfertigt, eingesetzt.

Ein **sale-and-lease-back-Vertrag** besteht aus der **Kombination von Kaufvertrag und Leasingvertrag.** Durch den Kaufvertrag verkauft der Leasingnehmer das Leasingobjekt an den Leasinggeber und least es gleichzeitig i.R.d. Leasingvertrags zurück. Dabei kann der im Anschluss nach der Veräußerung erfolgte Leasingvertrag als operate oder finance lease ausgestaltet sein. Von dieser Klassifizierung hängt wiederum die bilanzielle Erfassung des Vertrags ab. Vom Grundsatz her werden diese Verträge entsprechend bilanziell behandelt wie die anderen Leasingverträge. Besonderheiten ergeben sich hierbei bei der Behandlung eines eventuellen Veräußerungsgewinns bzw. Verlustes.

Ergibt die Klassifizierung, dass ein **Finanzierungsleasingvertrag** vorliegt, so ist dies als Kreditfinanzierung des Leasinggebers zu werten. Das rechtliche Eigentum dient hierbei lediglich zur Absicherung des Vertrags. Der **Veräußerungsgewinn des Leasingnehmers** ist nicht unmittelbar als Ertrag zu erfassen, sondern nach IAS 17.59 passivisch abgrenzen und über die Laufzeit des Leasingverhältnisses erfolgswirksam aufzulösen. Dabei sind die Veräußerungsgewinne unter der Position sonstige Verbindlichkeiten zu erfassen.

Ist der Buchwert größer als der der vereinbarte Veräußerungspreis, entsteht ein Verlust. Dieser Verlust kann dabei verschiedene Ursachen haben. Resultiert der **Verlust aufgrund einer Wertminderung des Objektes**, so ist gemäß IAS 17.64 eine erfolgswirksame Abwertung nach IAS 36 „Wertminderung von Vermögenswerten" beim Leasingnehmer vorzunehmen. Dabei ist der Buchwert des Leasingobjektes durch eine außerplanmäßige Abschreibung zu reduzieren. Diese Abschreibung ist direkt ertragswirksam zu erfassen.

Eine weitere Ursache für einen möglichen Verlust ist, dass der Veräußerungspreis bewusst durch die Vertragsparteien gering gehalten wurde. Analog zu diesem niedrigen vereinbarten Veräußerungspreis, werden auch die zukünftigen Leasingzahlungen niedrig vereinbart. Für diesen Fall sieht der Leasingstandard keine expliziten Regelungen vor. Da die Verluste als Leasingvorauszahlung zu werten sind, scheint ein sofortiger ertragswirksamer Ausweis der Verluste nicht sinnvoll zu sein, vielmehr sollten die Verluste aktivisch beim Leasingnehmer abgegrenzt und über die Laufzeit verteilt werden.

Für den Leasinggeber sieht der Leasingstandard keine Vorschriften zur Abbildung von finance lease i.R.v. sale-and-lease-back-Verträgen vor. Demnach müsste der Leasinggeber die Differenz zwischen dem Verkaufspreis und der Nettoinvestition in das Leasingverhältnis sofort ergebniswirksam erfassen. Es wird auch die Auffassung vertreten, dass der Leasinggeber hingegen den Differenzbetrag ebenfalls abgrenzen und über die Laufzeit des Leasingvertrages auflösen kann. Grundsätzlich sollte das Auflösevolumen analog den Abschreibungen auch in diesem Fall planmäßig erfolgen.

Ist der sale-and-lease-back Vertrag als operate lease zu klassifizieren, so erfolgt der Übergang des rechtlichen und wirtschaftlichen Eigentums auf den Leasinggeber. Nach IAS 17.61 sind die entstandenen Veräußerungsgewinne respektive -Verluste beim Verkäufer bzw. Leasingnehmer sofort erfolgswirksam zu erfassen. Resultiert ein Verlust dadurch, dass der vereinbarte Veräußerungspreis unter dem Marktpreis liegt und dieser Verlust durch künftige niedrige Leasingzahlungen kompensiert wird, so ist der errechnete Verlust vom Leasingnehmer in der Bilanz zu aktivieren. Der Ausweis dieses Abgrenzungspostens erfolgt unter den sonstigen Vermögenswerten. Der Leasingnehmer hat diesen Posten über die voraussichtliche Nutzungsdauer des Leasingobjektes erfolgswirksam aufzulösen. Übersteigt der vereinbarte Kaufpreis hingegen den beizulegenden Zeitwert und wird dieser Gewinn durch eine zukünftige hohe Leasingrate kompensiert, so hat der Verkäufer bzw. der Leasingnehmer diesen Gewinn passivisch abzugrenzen. Dieser Abgrenzungsposten ist ebenfalls über die voraussichtliche Nutzungsdauer erfolgswirksam aufzulösen.

5.5.7 Fallstudie: Bilanzierung von Finanzierungsleasing

Sachverhalt: Zum 01.01.2012 least die X-GmbH einen Baukran von der Y-GmbH. Die Dauer des Leasingvertrages sowie die wirtschaftliche Nutzungsdauer des Baukranes betragen 5 Jahre. Der Vertrag ist nicht kündbar. Nach Ablauf der Vertragslaufzeit ist die Maschine an die Y-GmbH zurückzugeben. Eine Kaufoption wurde nicht vereinbart.

Sowohl der Barwert der Mindestleasingzahlungen als auch der beizulegende Zeitwert der Maschine betragen 30.000 €. Die Leasingzahlung beträgt jährlich 8.000 € und erfolgt jeweils zum Jahresende. Die Maschine hat am Ende der Nutzungsdauer keinen Restwert. Der zugrunde liegende Zinssatz beträgt 10,425 %.

Aufgabe:

a) Welche Leasingform liegt hier vor? Wie ist der Vorgang buchhalterisch bei der X-GmbH und der Y-GmbH am 01.01.2005 zu erfassen?

b) Ermitteln Sie für die X-GmbH und Y-GmbH die jährlichen Zins- und Tilgungszahlungen sowie den Buchwert zum Abschlussstichtag.

c) Welche Buchungen sind bei beiden Vertragspartnern zum 31.12.2012 vorzunehmen. Unterstellen Sie, dass die Abschreibung linear erfolgt.

d) Angenommen, die X-GmbH konnte den dem Leasingverhältnis zugrunde liegenden Zinssatz nicht bestimmen und musste deshalb die für die GmbH geltenden Fremdkapitalkosten von 11,775 % verwenden. Welche Veränderungen ergeben sich für die X-GmbH und die Y-GmbH? Ermitteln Sie zunächst den Barwert der Mindestleasingzahlungen aus Sicht der X-GmbH. Zur einfacheren Berechnung verwenden Sie bitte den Rentenbarwertfaktor (5 Jahre mit 11,775 %) i.H.v. 3,625.

Lösung:

a) Es handelt sich hier um Finanzierungsleasing, da die Laufzeit des Leasingverhältnisses die gesamte wirtschaftliche Nutzungsdauer der Maschine umfasst (IAS 17.10c) und zu Beginn des Vertrages der Barwert der Mindestleasingzahlungen dem beizulegenden Zeitwert (fair value) des Leasinggegenstandes entspricht (IAS 17.10d). Der Leasinggegenstand ist somit beim Leasingnehmer, nicht beim Leasinggeber, zu bilanzieren, da im Wesentlichen alle Risiken und Chancen des Vermögenswertes auf den Leasingnehmer übertragen werden, sodass dieser als wirtschaftlicher Eigentümer anzusehen ist.

Bei der X-GmbH führt das Leasingverhältnis zum Ansatz des Vermögenswertes und einer Schuld in gleicher Höhe (maßgeblich ist der niedrigere Wert aus dem beizulegenden Zeitwert (fair value) des Leasingobjektes zu Beginn des Leasingverhältnisses und dem Barwert der Mindestleasingzahlungen):

    Maschine   an   Leasingverbindlichkeit   30.000 €

Bei der Y-GmbH ist die Maschine auszubuchen und eine Leasingforderung i.H.d. Nettoinvestitionswertes aus dem Leasingverhältnis zu bilanzieren. Der Nettoinvestitionswert stimmt hier mit dem beizulegenden Zeitwert des Leasinggegenstandes überein:

    Leasingforderung   an   Maschine   30.000 €

b) Y-GmbH in €:

Jahr	Buchwert der Verbindlichkeit zum 01.01.	Erhaltene Leasingzahlung	Zinsen (10,425 %)	Tilgung	Buchwert der Forderung zum 31.12.
2012	30.000	8.000	3.128	4.872	25.128
2013	25.128	8.000	2.620	5.380	19.748
2014	19.748	8.000	2.058	5.942	13.806
2015	13.806	8.000	1.440	6.560	7.246
2016	7.246	8.000	754	7.246	0
Summe	0	40.000	10.000	30.000	0

X-GmbH in €:

Jahr	Buchwert der Verbindlichkeit zum 01.01.	Leasingzahlung	Zinsen (10,425 %)	Tilgung	Buchwert der Verbindlichkeit zum 31.12.
2012	30.000	8.000	3.128	4.872	25.128
2013	25.128	8.000	2.620	5.380	19.748
2014	19.748	8.000	2.058	5.942	13.806
2015	13.806	8.000	1.440	6.560	7.246
2016	7.246	8.000	754	7.246	0
Summe	0	40.000	10.000	30.000	0

c) Y-GmbH:

Bank	8.000 €	an	Zinsertrag	3.128 €
			Leasingforderung	4.872 €

X-GmbH:

Leasingverbindlichkeit	4.872 €			
Zinsaufwand	3.128 €	an	Bank	8.000 €
Abschreibung		an	Maschine	6.000 €

d) Der Barwert der Mindestleasingzahlungen ergibt sich gemäß:

8.000 € x 3,625 =   29.000 €

Somit liegt der Barwert der Mindestleasingzahlungen unter dem beizulegenden Zeitwert (fair value) des Baukrans. Gemäß IAS 17.20 hat der Leasingnehmer den Leasinggegenstand (und die Leasingverbindlichkeit) mit dem niedrigeren der beiden Werte (Barwert der Mindestleasingzahlungen und fair value des Leasinggegenstandes) anzusetzen.

X-GmbH in €:

Jahr	Buchwert der Verbindlichkeit zum 01.01.	Leasingzahlung	Zinsen	Tilgung	Buchwert der Verbindlichkeit zum 31.12.
2012	29.000	8.000	3.414	4.586	24.414
2013	24.414	8.000	2.876	5.124	19.290
2014	19.290	8.000	2.270	5.730	13.560
2015	13.560	8.000	1.598	6.402	7.158

| 2016 | 7.158 | 8.000 | 842 | 7.158 | 0 |
| Summe | **0** | **40.000** | **11.000** | **29.500** | **0** |

Geber AG:
Hier ergeben sich keine Veränderungen, da der Leasinggeber stets den Zinssatz verwenden sollte, der dem Leasingverhältnis zugrunde liegt (und diesen Zinssatz auch kennt).

5.6 Vorräte und Fertigungsaufträge

5.6.1 Vorräte

5.6.1.1 Anwendungsbereich des IAS 2

Vorräte sind nach IAS 2.6 wie folgt als Vermögenswerte definiert:
1. Die zum Verkauf im normalen Geschäftsgang gehalten werden;
2. die sich in der Herstellung für einen solchen Verkauf befinden;
3. die als Roh-, Hilfs- und Betriebsstoffe, dazu bestimmt sind, bei der Herstellung oder der Erbringung von Dienstleistungen verbraucht zu werden.

IAS 2 ist auf alle Vorräte anzuwenden. Allerdings sind folgende **Ausnahmen** zu beachten, auf die IAS 2 keine Anwendung findet:
1. **Unfertige Erzeugnisse im Rahmen von langfristigen Fertigungsaufträgen gemäß IAS 11** „Fertigungsaufträge" einschließlich damit unmittelbar zusammenhängender Dienstleistungsverträge;
2. **Finanzinstrumente;**
3. **Biologische Vermögenswerte, die mit landwirtschaftlicher Tätigkeit und landwirtschaftlicher Produktion zum Zeitpunkt der Ernte im Zusammenhang stehen** (s. IAS 41 „Landwirtschaft").

5.6.1.2 Bewertungsvereinfachungsverfahren

Grundsätzlich gilt gemäß IAS 2.23 **für Vorräte der Einzelbewertungsgrundsatz,** welcher i.d.R. für die Bewertung von Vorräten die Ausnahme sein dürfte, da die Einzelbewertung nur dann vorzunehmen ist, wenn die Vorräte weder austauschbar sind oder wenn spezielle Erzeugnisse oder spezielle Projekte produziert wurden.

Vorratsvermögen, deren Anschaffungs- und Herstellungskosten nicht durch eine Einzelzuordnung ermittelt werden, sind mittels eines Bewertungsvereinfachungsverfahren zu bewerten. Die IFRS nennen gemäß IAS 2.25 und IAS 2.27 zwei alternative Bewertungsvereinfachungs- bzw. Verbrauchsfolgeverfahren; zum einen das First-in-first-out-Verfahren (Fifo) und zum anderen die Durchschnittsmethode.

Das **Fifo-Verfahren** geht von der Annahme aus, dass die zuerst angeschafften oder hergestellten Vermögenswerte zuerst verbraucht oder veräußert worden sind. Aus diesem Grund setzt sich der Endbestand aus den Anschaffungs- oder Herstellungskosten der zuletzt zugegangenen Vorräte zusammen und stellt somit eine vergleichsweise gegenwartsnahe Bewertung der vorhandenen Vorratsbestände dar. Somit entsprechen die Bestände grundsätzlich dem aktuellen Marktwert. Allerdings führt das Fifo-Verfahren bei steigenden Preisen tendenziell zu einer Überbewertung der Vorratsbestände. Des Weiteren stehen den Umsätzen Kosten gegenüber, die aus zeitlich weiter zurückliegenden Beschaffungs- oder Produktionsvorgängen resultieren.

Bei der **Durchschnittsmethode** wird aus dem Anfangsbestand und den Zugängen einer Periode ein Durchschnittspreis ermittelt, mit dem der Verbrauch und der Endbestand der Periode bewertet wird. Gemäß IAS 2.27 ist der gewogene Durchschnitt aus den Anschaffungs- oder Herstellungskosten zu ermitteln. Dabei werden die Anschaffungs- oder Herstellungskosten des Vorratsbestandes dadurch bestimmt, dass ein gewogener Durchschnitt aus den Anschaffungs- oder Herstellungskosten der zu Beginn der Periode vorhandenen Vorräte aus den zu Anschaffungs- und Herstellungskosten bewerteten Zugängen während der Periode gebildet wird. Ebenso ist die periodische **Durchschnittsbewertung** zulässig, indem unter Berücksichtigung aller Zugänge einer Periode nur einmal am Ende der Periode der Durchschnittspreis ermittelt wird (Beispiele s. Teil I: Bilanzierung nach HGB Kapitel 3.2.3.4 Bewertungsvereinfachungen).

5.6.1.3 Niederstwerttest

Hinsichtlich der Folgebewertung und somit einer möglichen außerplanmäßigen Abschreibung bzw. Wertminderung (**Niederstwert**) verfolgt IAS 2 eine absatzorientierte Betrachtungsweise. Gemäß IAS 2.29 sind daher die Anschaffungs- oder Herstellungskosten mit dem Nettoveräußerungspreis zu vergleichen. Danach sind die Vorräte mit dem **niedrigeren Wert aus Anschaffungs- oder Herstellungskosten und Nettoveräußerungswert** zu bewerten (**lower of cost or market**).

Der **Nettoveräußerungspreis** (net realisable value) ist der geschätzte Verkaufspreis zum Bewertungsstichtag im Rahmen des gewöhnlichen Geschäftsverkehrs abzüglich geschätzter Kosten der Fertigstellung und der geschätzten notwendigen Absatzkosten. **Schätzungen des Nettoveräußerungswertes** haben gemäß IAS 2.30 mithilfe von verlässlichen substanziellen Hinweisen zu erfolgen, die zum Zeitpunkt der Schätzung im Hinblick auf den für die Vorräte voraussichtlich erzielbaren Betrag verfügbar sind. Die Schätzungen haben Preis- und Kostenänderungen, die in unmittelbarem Zusammenhang mit Vorgängen nach der Berichtsperiode stehen, insoweit zu berücksichtigen, als diese Vorgänge Verhältnisse aufhellen, die bereits am Ende der Berichtsperiode bestanden haben.

Die **absatzmarktorientierte Bewertung (Niederstwert) der Vorräte** kann bei Roh-, Hilfs- und Betriebsstoffen unter bestimmten Voraussetzungen durchbrochen werden. Roh-, Hilfs- und Betriebsstoffe werden danach solange nicht abgewertet, wie die Fertigerzeugnisse, in die sie eingehen, mindestens zu Herstellungskosten veräußert werden können. Sollte dieses nicht der Fall sein, können unter diesen Umständen Roh-, Hilfs- und Betriebsstoffe auch mit den Wiederbeschaffungskosten bewertet werden.

Wertminderung von Vorräten haben gemäß IAS 2.29 auf den Nettoveräußerungswert im Regelfall in Form von Einzelwertberichtigungen zu erfolgen. In einigen Fällen kann es jedoch sinnvoll sein, ähnliche oder miteinander zusammenhängende Vorräte zusammenzufassen. Dies kann bei Vorräten gegeben sein, die derselben Produktlinie angehören und einen ähnlichen Zweck oder Verbleib haben, in demselben geografischen Gebiet produziert und vermarktet werden und praktisch nicht unabhängig von anderen Gegenständen aus dieser Produktlinie bewertet werden können. Es ist hingegen nicht sachgerecht, Vorräte auf Grundlage einer Untergliederung, wie beispielsweise Fertigerzeugnisse oder Vorräte eines bestimmten Industriezweiges oder eines bestimmten geografischen Segmentes, niedriger zu bewerten.

Sind an einem auf den Bewertungsstichtag der Wertminderung folgenden Bilanzstichtag die abgewerteten Vorratsbestände noch vorhanden, sind gemäß IAS 2.33 **Wertaufholungen** vorzunehmen, sofern die Gründe für die Wertminderung nicht mehr bestehen.

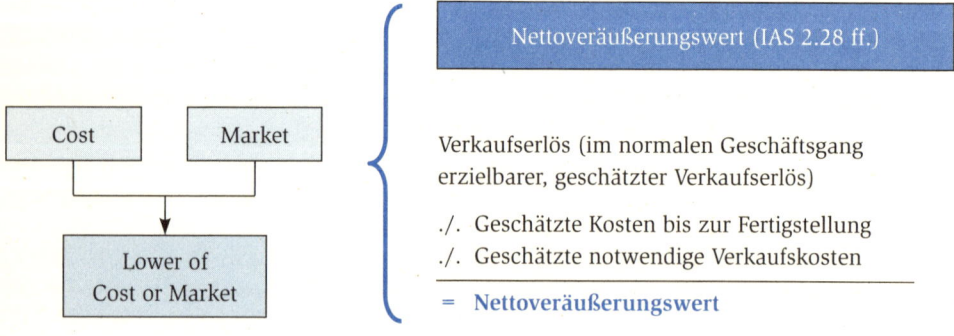

Absatzmarktorientierte Bewertung
Vorräte sind mit dem niedrigeren Wert aus Anschaffungs- und Herstellungskosten und Nettoveräußerungswert zu bewerten.

Abb. 25: Folgebewertung des Vorratsbestandes

Beispiel: Der Bestand eines Rohstoffs entwickelt sich im Jahr 2012 wie folgt:

Anfangsbestand	01.01.2012:	2.000 Einheiten à 1,50 €
Zugang	31.03.2012:	1.500 Einheiten à 1,20 €
Zugang	30.06.2012:	1.000 Einheiten à 1,15 €
Zugang	30.09.2012:	1.300 Einheiten à 1,25 €
Abgänge	Jahr 2012:	3.600 Einheiten
Endbestand	31.12.2012	2.200 Einheiten

Zum 31.12.2012 wurden die Wiederbeschaffungskosten von 1,18 €/Einheit ermittelt. Die Stichtagsbewertung soll nach der Fifo-Methode erfolgen.

Lösung: Nach der Fifo-Methode ergibt sich ein Endbestand i.H.v. von 2.660 €. Bei der Bewertung nach den Wiederbeschaffungskosten ergibt sich ein Stichtagswert von 2.596 €. Da dieser niedriger ist als der Wert nach der Fifo-Methode ist dieser gemäß dem Prinzip des „Lower of Cost or Market" anzusetzen.

5.6.1.4 Zuschreibung

Zuschreibungen von Fertigerzeugnissen sind vorzunehmen, wenn der Nettoverkaufswert (net realisable value) wieder steigt. Die historischen Kosten bilden die Obergrenze. Gemäß IAS 2.34 mindert der Zuschreibungsbetrag den Materialaufwand der Periode, in der die Wertaufholung stattfindet. Der Zuschreibungsbetrag wird beim Gesamtkostenverfahren in der Bestandsveränderung erfasst. Die Ertragserhöhung wird in der GuV unter dem Posten „Changes in Inventories of finished goods" ausgewiesen.

5.6.2 Fertigungsaufträge nach IAS 11

Gemäß IAS 11.3 ist ein **Fertigungsauftrag** ein Vertrag über die kundenspezifische Fertigung einzelner Gegenstände oder einer Anzahl von Gegenständen, die hinsichtlich Design, Technologie und Funktion oder hinsichtlich ihrer Verwendung aufeinander abgestimmt oder voneinander abhängig sind. Ein Fertigungsauftrag kann für die Fertigung eines einzelnen Gegenstandes, beispielsweise einer Brücke, eines Gebäudes, eines Dammes, einer Pipeline, einer Straße, eines Schiffes oder eines Tunnels, geschlossen werden. Die Fertigung nimmt in der Regel einen Zeitraum von mehreren Jahren in Anspruch. Im Rahmen von Fertigungsaufträgen stellt die Frage der Gewinnrealisierung für den Bilanzierenden eine zentrale Herausforderung dar.

5.6.2.1 Methoden der Gewinnrealisierung

Ist das Ergebnis eines Fertigungsauftrages verlässlich zu schätzen, so sind die Auftragserlöse und Auftragskosten i.V.m. dem Fertigungsauftrag entsprechend dem Leistungsfortschritt am Bilanzstichtag jeweils als Erträge und Aufwendungen zu erfassen (**percentage of completion-Methode**). Ein **erwarteter Verlust durch den Fertigungsauftrag** ist sofort als Aufwand zu bilanzieren. In Bezug auf die **Verlässlichkeit der Ergebnisschätzung** wird gemäß IAS 11.3 zwischen zwei Vertragstypen unterschieden:

1. Ein **Festpreisvertrag** ist ein Fertigungsauftrag, für den der Auftragnehmer einen festen Preis bzw. einen festgelegten Preis pro Outputeinheit vereinbart, wobei der Preis an eine Preisgleitklausel gekoppelt sein kann.

2. Ein **Kostenzuschlagsvertrag** ist ein Fertigungsauftrag, bei dem der Auftragnehmer abrechenbare oder anderweitig festgelegte Kosten zuzüglich eines vereinbarten Prozentsatzes dieser Kosten oder ein festes Entgelt vergütet bekommt.

Je nach Vertragstyp, die auch als Mischformen möglich sind, müssen gemäß IAS 11.23 bzw. IAS 11.24 Kriterien erfüllt sein, damit die Voraussetzungen zur Anwendung der percentage of completion-Methode (**Teilgewinnrealisation**), die verlässliche Schätzung des Gesamtergebnisses, möglich ist.

Für eine **verlässliche Schätzung des Gesamtergebnisses müssen bei Festwertverträgen** folgende Kriterien kumulativ erfüllt sein (IAS 11.23):

1. Die gesamten Auftragserlöse können verlässlich bewertet werden;
2. Es ist wahrscheinlich, dass der wirtschaftliche Nutzen aus dem Vertrag dem Unternehmen zufließt;
3. Sowohl die bis zur Fertigstellung des Auftrages noch entstehenden Kosten als auch der Grad der erreichten Fertigstellung können am Bilanzstichtag verlässlich bewertet werden;
4. Die dem Vertrag zurechenbaren Kosten können eindeutig bestimmt und verlässlich bewertet werden, sodass die bislang entstandenen Kosten mit früheren Schätzungen verglichen werden können.

Hingegen müssen bei **Kostenzuschlagsverträgen folgende Voraussetzungen** kumulativ erfüllt sein (IAS 11.24):

1. Es ist wahrscheinlich, dass der wirtschaftliche Nutzen aus dem Vertrag dem Unternehmen zufließt;
2. Die dem Vertrag zurechenbaren Auftragskosten können eindeutig bestimmt und verlässlich bewertet werden, unabhängig davon, ob sie gesondert abrechenbar sind.

Eine Ausnahme besteht, wenn der Ertrag nicht zuverlässig ermittelbar und es abzusehen ist, dass die Kosten des Auftrags durch die Erträge gedeckt werden können. Ist das der Fall, sind die Erträge nur in der Höhe zu realisieren, die die periodischen Kosten gerade decken. Sollte ein Verlust aus dem Fertigstellungsauftrag entstehen, so ist dieser **Drohverlust** gemäß IAS 37 „Rückstellungen, Eventualverbindlichkeiten und Eventualforderungen" (s. Kapitel 5.9) in Form einer **Drohverlustrückstellung** als Aufwand zu bilanzieren.

Sind die Kriterien kumulativ erfüllt, ist die Frage zu klären auf welcher Grundlage bzw. nach welchem Aufteilungsschlüssel ein Ertrag anteilig (**percentage of completion**) vereinnahmt werden darf. Grundsätzlich hat die Ertragsrealisation nach dem Grad der Fertigstellung zu erfolgen. Voraussetzung dieser Methoden ist eine zuverlässige Ermittlung des Fertigstellungsgrades. Dabei finden folgende **Methoden für die Ermittlung des anteiligen Ertrags** Anwendung, wobei IAS 11 keine dieser Methoden explizit vorschreibt:

1. **Das Verhältnis der entstandenen Kosten zu den geschätzten gesamten Auftragskosten (cost to cost-Methode);**
2. **Der vollendete physische Teil im Verhältnis zur insgesamt geschuldeten Gesamtleistung;**
3. **Das Verhältnis der erbrachten Leistung zur zu erbringenden Gesamtleistung.**

In der Praxis findet häufig die **cost to cost-Methode** Anwendung. Sind die Voraussetzungen für die Anwendung der percentage of completion-Methode nicht erfüllt, so ist der Fertigungsauftrag nach der completed contract-Methode bilanziell zu erfassen. Danach ist es nicht möglich, eine Teilgewinnrealisation vorzunehmen. Der übersteigende Ertrag (über den Kosten) kann somit grundsätzlich erst nach Fertigstellung verbucht werden.

5.6.2.2 Fallstudie: Langfristige Auftragsfertigung

Sachverhalt: Zur Errichtung einer 100 km langen Gaspipeline wird ein Festpreisvertrag (fixed price contract) über 35 Mio. € abgeschlossen. Die voraussichtliche Bauzeit wird 4 Jahre betragen. Die Gesamtkosten werden zu Beginn der Periode 1 auf 29,75 Mio. € geschätzt.

Am Ende der Periode 1 wird aus umweltpolitischen Gründen ein neues Gesetz verabschiedet. Dieses Gesetz verlangt die Neuanpflanzung der durch die Rodung vernichteten Bäume. Aufgrund dieses Mehraufwandes wird durch die Bundesregierung in Periode 2, 3 und 4 pro Jahr ein Zuschuss i.H.v. 2,625 Mio. € gewährt. Der Mehraufwand beziffert sich nach Einschätzung des zuständigen Sachverständigen auf 2,275 Mio. €.

Am Ende der Periode 2, 3 und 4 werden daher die Gesamtkosten des Projekts auf 32,025 Mio. € geschätzt. In den entstandenen Kosten der Periode 3 sind Kosten für Materialien i.H.v. 350.000 € enthalten, die erst in Periode 4 verbraucht werden.

Das Bauunternehmen fasst die Erlöse, Zuschüsse und Kosten wie folgt tabellarisch zusammen:

in €	Periode 1	Periode 2	Periode 3	Periode 4
Vertraglich vereinbarte Erlöse	35.000.000	35.000.000	35.000.000	35.000.000
+ Zuschuss	–	2.625.000	2.625.000	2.625.000
= Gesamterlöse	35.000.000	37.625.000	37.625.000	37.625.000
Geschätzte Kosten	29.750.000	32.025.000	32.025.000	32.025.000
• davon in der Periode entstanden	8.925.000	14.411.250	29.172.500	32.025.000
• davon noch offen	20.825.000	17.613.750	2.852.500	–

Aufgabe: Der Grad der Fertigstellung ist nach der cost to cost method zu bestimmen! Bestimmen Sie den jährlich zu realisierenden Teilgewinn nach der percentage of completion method!

Lösung:

Periode	1	2	3	4
Geschätzter Gewinn (€)	5.250.000	5.250.000	5.250.000	5.250.000
Fertigstellungsgrad	30 %	45 %	90 %	100 %

Bei der Ermittlung des Fertigstellungsgrads in Periode 3 ist zu berücksichtigen, dass tatsächlich erst Kosten i.H.v. 28.822.500 € entstanden sind.

Periode 1	kumuliert in €	laufendes Jahr in €
Umsatzerlöse	10.500.000	10.500.000
Aufwand	8.925.000	8.925.000
Gewinn	1.575.000	1.575.000

Periode 2	kumuliert in €	laufendes Jahr in €
Umsatzerlöse	16.931.250	6.431.250
Aufwand	14.411.250	5.486.250
Gewinn	2.520.000	945.000

Periode 3	kumuliert in €	laufendes Jahr in €
Umsatzerlöse	33.862.500	16.931.250
Aufwand	28.822.500	14.411.250*
Gewinn	5.040.000	2.520.000

Periode 4	kumuliert in €	laufendes Jahr in €
Umsatzerlöse	37.625.000	3.762.500
Aufwand	32.025.000	3.202.500**
Gewinn	5.600.000	560.000

* 350.000 € in Periode 4 entstanden (28.822.500 € ./. 14.411.250 €)

** 28.822.500 € ./. 32.025.000 € = 3.202.500 €

5.7   Finanzinstrumente

5.7.1   Definition und Anwendungsbereich nach IAS 32 und IAS 39

Bei der **Bilanzierung von Finanzinstrumenten** handelt es sich um eine sehr komplexe Thematik, da zum einen die Finanzinstrumente selbst sehr komplex ausgestaltet sein können und zum anderen die Bilanzierungsvorschriften nach den IFRS einen sehr hohen Detaillierungsgrad aufweisen. Um sich in diese Thematik einzuarbeiten ist es notwendig sich mit den Definitionen intensiv zu beschäftigen, da diese die Grundlage für die entsprechende bilanzielle Würdigung darstellt.

Die **Bilanzierungsvorschriften für Finanzinstrumente nach IFRS** werden in zwei Standards umfassend geregelt:

1. IAS 39 „Finanzinstrumente: Ansatz und Bewertung";
2. IAS 32 „Finanzinstrumente: Darstellung".

Unter diese beiden Standards fallen nicht die folgenden Sachverhalte:

1. Anteile an Tochterunternehmen, assoziierten Unternehmen und Gemeinschaftsunternehmen, die gemäß IAS 27, 28 und 31 bilanziert werden;
2. Derivate auf einen Anteil an einer Tochtergesellschaft, einem assoziierten Unternehmen oder einem Gemeinschaftsunternehmen, sofern das Derivat nicht der Definition eines Eigenkapitalinstruments des Unternehmens in IAS 32 entspricht;
3. Rechte und Verpflichtungen aus Leasingverhältnissen gemäß IAS 17;
4. Rechte und Verpflichtungen eines Arbeitgebers aus Altersversorgungsplänen gemäß IAS 19;
5. Von einem Unternehmen emittierte Finanzinstrumente, die der Definition eines Eigenkapitalinstruments gemäß IAS 32 entsprechen oder die gemäß IAS 32.16A-16D als Eigenkapitalinstrumente einzustufen sind;
6. Rechte und Verpflichtungen aus Versicherungsverträgen
   a) welche die Definitionsmerkmale eines Versicherungsvertrags in IFRS 4 erfüllen, bei denen es sich jedoch nicht um Rechte und Verpflichtungen eines Emittenten aus einem Versicherungsvertrag handelt, der der Definition einer finanziellen Garantie nach IAS 39.9 entspricht;
   a) die in den Anwendungsbereich von IFRS 4 fallen, da sie eine ermessensabhängige Überschussbeteiligung vorsehen;
7. Verträge über den Kauf oder Verkauf eines Unternehmens zu einem zukünftigen Zeitpunkt; bestimmte Kreditzusagen, die nicht nach IAS 39.4 unter den Anwendungsbereich des IAS 39 fallen. Sie sind nach IAS 37 „Rückstellungen, Eventualverbindlichkeiten und Eventualforderungen" zu bilanzieren. Jedoch unterliegen alle Kreditzusagen den Ausbuchungsvorschriften des IAS 39;
8. Finanzinstrumente, Verträge und Verpflichtungen im Zusammenhang mit anteilsbasierten Vergütungen, für die IFRS 2 „Anteilsbasierte Vergütung" zur Anwendung kommt;
9. Rechte auf Zahlungen zur Erstattung von Ausgaben, zu denen das Unternehmen verpflichtet ist, um eine Schuld zu begleichen, die es nach IAS 37 als Rückstellung ansetzt oder bereits angesetzt hat.

Gemäß IAS 32.11 ist ein Finanzinstrument ein Vertrag, der gleichzeitig bei dem einen Unternehmen zu einem finanziellen Vermögenswert und bei dem anderen Unternehmen zu einer finanziellen Verbindlichkeit oder einem Eigenkapitalinstrument führt.

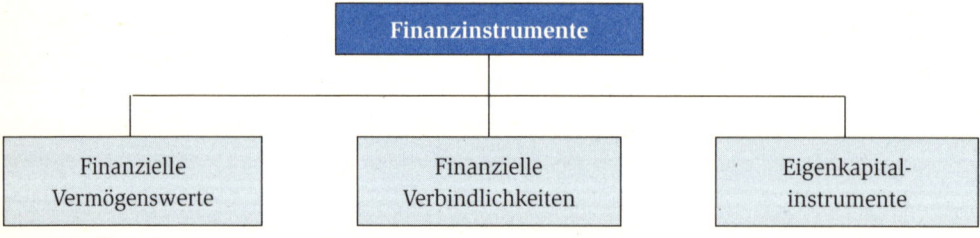

Abb. 26: Übersicht von Finanzinstrumenten nach IAS 32.11

Nach IAS 32.11 umfassen **finanzielle Vermögenswerte**:

1. Flüssige Mittel;
2. Ein gehaltenes Eigenkapitalinstrument eines anderen Unternehmens;
3. Ein vertragliches Recht
   a) finanzielle Vermögenswerte oder finanzielle Verbindlichkeiten von einem anderen Unternehmen zu erhalten, oder
   b) finanzielle Vermögenswerte oder finanzielle Verbindlichkeiten mit einem anderen Unternehmen zu potenziell vorteilhaften Bedingungen auszutauschen;
4. Ein Vertrag, der in eigenen Eigenkapitalinstrumenten des Unternehmens erfüllt wird oder werden kann und bei dem es sich um Folgendes handelt:
   a) Ein nicht derivatives Finanzinstrument, das eine vertragliche Verpflichtung des Unternehmens beinhaltet oder beinhalten kann, eine variable Anzahl von Eigenkapitalinstrumenten des Unternehmens zu erhalten oder.
   b) Ein derivatives Finanzinstrument, das nicht durch Austausch eines festen Betrags an flüssigen Mitteln oder anderen finanziellen Vermögenswerten gegen eine feste Zahl von Eigenkapitalinstrumenten des Unternehmens erfüllt wird oder werden kann.

Gemäß IAS 32.11 umfassen **finanzielle Verbindlichkeiten**:

1. Eine vertragliche Verpflichtung
   a) einem anderen Unternehmen finanzielle Vermögenswerte zu liefern oder
   b) mit einem anderen Unternehmen finanzielle Vermögenswerte oder finanzielle Verbindlichkeiten zu potenziell nachteiligen Bedingungen auszutauschen oder
2. Ein Vertrag, der in eigenen Eigenkapitalinstrumenten des Unternehmens erfüllt wird oder werden kann und bei dem es sich um Folgendes handelt:
   a) Ein nicht derivatives Finanzinstrument, das eine vertragliche Verpflichtung des Unternehmens beinhaltet oder beinhalten kann, eine variable Anzahl von Eigenkapitalinstrumenten des Unternehmens zu liefern;
   b) Ein derivatives Finanzinstrument, das nicht durch Austausch eines festen Betrags an flüssigen Mitteln oder anderen finanziellen Vermögenswerten gegen eine feste Zahl von Eigenkapitalinstrumenten des Unternehmens erfüllt wird oder werden kann.

Ein **Eigenkapitalinstrument** ist nach IAS 32.11 ein Vertrag, der einen residualen Anspruch an den Vermögenswerten eines Unternehmens nach Abzug aller Verbindlichkeiten begründet. Hierbei ist nicht die vertragliche Ausgestaltung, sondern die wirtschaftliche Substanz, d.h. der tatsächlich wirtschaftliche Gehalt eines Finanzinstruments für die Einstufung als finanzielle Verbindlichkeit oder Eigenkapitalinstrument entscheidend.

Auf der Grundlage dieser Definitionen können **drei Arten von Finanzinstrumenten** unterschieden werden:

1. Verträge, die eine einseitige Verpflichtung zur Lieferung eines finanziellen Vermögenswertes begründen. Hieraus resultieren für den
   a) **einen Vertragspartner finanzielle Vermögenswerte wie**
      – Kredite;
      – Forderungen aus Lieferungen und Leistungen;
      – Ausleihungen und Wechselforderungen sowie;
      – Schuldtitel wie Anleihen und Schuldverschreibungen.
   b) **anderen Vertragspartner finanzielle Verbindlichkeiten wie**
      – Verbindlichkeiten gegenüber Kreditinstituten,
      – Wechselverbindlichkeiten,
      – Verbindlichkeiten aus Lieferungen und Leistungen.

2. Verträge, die eine wechselseitige Verpflichtung zur Lieferung von Finanzinstrumenten begründen (z.B. Derivate wie Optionen, Swaps oder Termingeschäfte). Hieraus resultieren für den
   a) Vertragspartner ein finanzieller Vermögenswert, wenn der Wert des empfangenen Finanzinstrumentes den Wert des hingegebenen Finanzinstrumentes übersteigt;
   b) anderen Vertragspartner eine finanzielle Verbindlichkeit, wenn der Wert des hingegebenen Finanzinstrumentes den Wert des empfangenen Finanzinstrumentes übersteigt.
3. Eigenkapitalinstrumente wie Aktien, GmbH-Anteile oder Anteile an Personengesellschaften, die
   a) bei dem Inhaber einen finanziellen Vermögenswert oder
   b) bei dem Emittenten sein eigenes Eigenkapital begründen.

5.7.2 Kategorien von Finanzinstrumenten

Finanzinstrumente werden je nach Zweckbestimmung zum Zugangszeitpunkt in Bewertungskategorien eingeteilt. Die **Klassifizierung in Bewertungskategorien** besitzt nicht nur deklaratorischen Charakter, sondern sie dient als Ausgangsbasis für die Wertbestimmung bei der Folgebewertung von Finanzinstrumenten. Die Einteilung erfolgt in nachstehende folgende **Bewertungskategorien**:
1. At fair value through profit or loss;
2. Held-to-maturity;
3. Loans and receivables;
4. Available-for-sale;
5. Other liabilities.

5.7.2.1 At fair value through profit or loss

Ein finanzieller Vermögenswert oder eine finanzielle Verbindlichkeit gelten als zum beizulegenden Zeitwert bewertet, wenn sie einer der folgenden beiden (Sub-)Kategorien der Bewertungskategorie at **fair value through profit or loss** (als erfolgswirksam zum beizulegenden Zeitwert bewertet) zugeordnet werden können:
1. Alle Finanzinstrumente, die in die Kategorie als zu Handelszwecken gehalten (**held-for-trading**) eingestuft werden;
2. Alle Finanzinstrumente, die durch den Einsatz der fair value option als „erfolgswirksam zum beizulegenden Zeitwert bewertet" designiert werden.

Sämtliche finanzielle Vermögenswerte oder finanzielle Verbindlichkeiten (Finanzinstrumente), sind in die Kategorie held-for-trading einzustufen, die zur Erzielung kurzfristiger Gewinne gehalten werden. Diese Finanzinstrumente werden zu Handelszwecken erworben mit dem Zweck einer (kurzfristigen) Veräußerung zur Erzielung eines (spekulativen) Gewinns. Ebenso sind Derivate nach IAS 39 in diese Kategorie einzustufen.

Die **Bewertungskategorie at fair value through profit or loss** entstand durch die Einführung der fair value option. Durch **Anwendung der fair value option** soll einem Unternehmen das Wahlrecht eingeräumt werden, Finanzinstrumente unter Erfüllung bestimmter Voraussetzungen in die Bewertungskategorie at fair value through profit or loss zu designieren. Die fair value option ist lediglich dann anwendbar, wenn sie zum einen relevantere Abschlussinformationen liefern kann und sich zum anderen ihre Zuverlässigkeit bei der Bewertung erhöht und dies gleichzeitig zu einer Reduzierung der Komplexität der Bewertung führt.

Ein Finanzinstrument kann durch Anwendung der fair value option nur dann als erfolgswirksam zum beizulegenden Zeitwert bewertet werden, wenn es eines der folgenden drei nachfolgenden Kriterien erfüllt:
1. Verringerung oder Vermeidung einer Ansatz- oder Bewertungsinkongruenz (**accounting mismatch**);
   Die Verringerung oder Vermeidung einer Ansatz- oder Bewertungsinkongruenz bedeutet, dass bei Vorliegen einer Sicherungsbeziehung sich die gegenläufigen Wertänderungen in der Gewinn- und Verlustrechnung kompensieren können und die Abschlussinformation bei einer anderen Zuordnung eines oder beider Finanzinstrumente verzerrt werden würde.

2. Managementsteuerung eines Portfolios aus Finanzinstrumenten, das anhand einer dokumentierten Risiko- und Anlagestrategie auf Basis des fair value erfolgt;
Um ein Portfolio aus Finanzinstrumenten steuern und dessen Qualität besser messen zu können, ist es notwendig alle im Portfolio enthaltenen Finanzinstrumente zum fair value und somit erfolgswirksam zu bilanzieren, mit dem Zweck der Generierung besserer investororientierter Abschlussinformation.
3. Vorliegen eines Vertrages für ein strukturiertes Finanzinstrument, welches ein oder mehrere einge-bettete Derivate beinhaltet, sofern die eingebetteten Derivate bestimmte Bedingungen einhalten.

Die **Einführung der fair value option** erfolgte zur Vereinfachung der Bilanzierung von Sicherungsbezie-hungen, indem auf die Anwendung der komplexen und restriktiven Vorschriften, bei Vorliegen der obenge-nannten drei Voraussetzungen, des **hedge accounting** (s. Kapitel 5.7.7) verzichtet werden kann.

5.7.2.2 Held-to-maturity investment

In die Bewertungskategorie **held-to-maturity** werden finanzielle Vermögenswerte eingeordnet, die bis zur Endfälligkeit gehalten werden, wie beispielsweise Rentenpapiere oder Anleihen. IAS 39 grenzt den Rahmen für die in dieser Kategorie fallenden finanziellen Vermögenswerte ein. In die Bewertungskategorie held-to-maturity können folglich nur originäre finanzielle Vermögenswerte eingeordnet werden, die festen oder bestimmbaren Zahlungen und einer fest taxierten Laufzeit unterliegen und bei denen ein Unternehmen sowohl die Absicht als auch die Fähigkeit besitzt, diese bis zur Endfälligkeit zu halten. Dies schließt die nachfolgend genannten finanziellen Vermögenswerte aus:

1. Finanzielle Vermögenswerte, die das Unternehmen beim erstmaligen Ansatz als erfolgswirksam zum beizulegenden Zeitwert bewertet hat;
2. Finanzielle Vermögenswerte, die das Unternehmen als zur Veräußerung verfügbar kategorisiert hat;
3. Finanzielle Vermögenswerte, welche die Voraussetzungen für eine Einstufung in die Kategorie loans and receivables erfüllen.

5.7.2.3 Loans and Receivables

Loans and Receivables (Kredite und Forderungen) sind nach IAS 39.9 nicht derivative finanzielle Vermö-genswerte, die mit festen oder bestimmbaren Zahlungen ausgestattet sind. Beispiele für loans and receiva-bles sind somit insbesondere Forderungen aus Lieferungen und Leistungen, Darlehen, Ausleihungen und Konsortialkredite. Ein weiteres Merkmal von Finanzinstrumenten dieser Kategorie ist, dass sie nicht an einem aktiven Markt notiert sind.

Finanzinstrumente gelten als an einem aktiven Markt gelistet, wenn notierte Preise an einer Börse von einem Broker, Händler, einer Branchengruppe, einem Preisberechnungsservice oder einer Aufsichts-behörde leicht und regelmäßig erhältlich sind. Darüber hinaus müssen die notierten Preise aktuelle und regelmäßig auftretende Markttransaktionen wie unter unabhängigen Dritten darstellen.

Nicht derivative finanzielle Vermögenswerte wie die folgenden sind von der Einstufung als loans and receivables ausgeschlossen:

1. Finanzinstrumente, die das Unternehmen als zu Handelszwecken gehalten eingestuft hat;
2. Finanzinstrumente, die das Unternehmen über die fair value option als erfolgswirksam zum beizu-legenden Zeitwert bewertet designiert hat;
3. Finanzinstrumente, die das Unternehmen als zur Veräußerung verfügbar klassifiziert hat;
4. Finanzinstrumente, die das Unternehmen als zur Veräußerung verfügbar (available-for-sale) einzustu-fen hat, weil der Inhaber des Instruments seine ursprüngliche Investition aus anderen Gründen als einer Bonitätsverschlechterung nicht mehr nahezu vollständig zurückerlangen könnte.

5.7.2.4 Available-for-sale

Die Kategorie **available-for-Sale** (zur Veräußerung verfügbar) stellt zum einen eine Restkategorie für alle finanziellen Vermögenswerte dar, die keiner anderen Kategorie zugeordnet werden können und daher gemäß IAS 39.9 als zur Veräußerung verfügbare finanzielle Vermögenswerte einzustufen sind. Für die Einstufung als available-for-sale kommen insbesondere Aktien, GmbH-Anteile und Anteile an Investmentfonds in Betracht.

Darüber hinaus ist in dieser Kategorie ein Wahlrecht enthalten, nach dem ein Unternehmen einen nicht derivativen finanziellen Vermögenswert auch freiwillig als available-for-sale klassifizieren kann.

Somit kommen für diese Kategorie beispielsweise **Finanzinstrumente in Betracht, die aus einem Liquiditätsüberschuss heraus erworben werden**. Wenn Anlageentscheidungen aus dieser Motivation heraus getroffen werden, ist i.d.R. die Bereitschaft, jedoch nicht die Absicht vorhanden, den finanziellen Vermögensgegenstand kurzfristig wieder zu veräußern, sodass keine Einstufung als Handelsbestand möglich ist. Des Weiteren sind derartige Anlageentscheidungen häufig nicht mit der Absicht verknüpft, den finanziellen Vermögenswert bis zur Endfälligkeit zu halten, sodass auch eine Klassifizierung als held-to-maturity investment unzulässig ist.

5.7.2.5 Other financial Liabilities

Von den in IAS 39 definierten Kategorien von Finanzinstrumenten ist nur die Kategorie erfolgswirksam zum beizulegenden Zeitwert bewertete Instrumente für finanzielle Verbindlichkeiten vorgesehen; sowohl als vorgeschriebene Zuordnung, wenn die Verbindlichkeit die Kriterien des Handelsbestands erfüllt, als auch freiwillig über die fair value option.

Eine Auffangkategorie für alle anderen finanziellen Verbindlichkeiten, die nicht als erfolgswirksam zum beizulegenden Zeitwert bewertet eingestuft werden können, ist im Standard jedoch nicht explizit definiert. Die Existenz einer solchen Kategorie, die in der Literatur als **other financial liabilities** bezeichnet wird, lässt sich jedoch indirekt aus den entsprechenden Vorschriften zur Folgebewertung finanzieller Verbindlichkeiten nach IAS 39.47 ableiten, für die eine Einstufung als erfolgswirksam zum beizulegenden Zeitwert bewertete Finanzinstrumente nicht möglich ist.

Typische Beispiele für die Kategorie other financial liabilities sind Verbindlichkeiten aus Lieferungen und Leistungen, Verbindlichkeiten gegenüber Kreditinstituten und Kunden, Darlehensverbindlichkeiten, Wechselverbindlichkeiten und Anleiheschulden.

5.7.3 Derivate

Von den nicht derivativen Finanzinstrumenten, auch **originäre Finanzinstrumente** genannt, wie zum Beispiel Aktien, Forderungen und Verbindlichkeiten, sind die **derivativen Finanzinstrumente** zu unterscheiden.

Ein **Derivat** ist nach IAS 39.9 ein Finanzinstrument oder ein anderer Vertrag, auf den alle der drei nachstehenden Eigenschaften zutreffen:

1. Wertänderungen ergeben sich infolge von Änderungen einer bestimmten Basisvariablen (underlying) wie ein Zinssatz, der Preis eines Finanzinstruments, ein Rohstoffpreis, Wechselkurs, Preis- oder Zinsindex, ein Bonitätsrating oder Kreditindex oder eine ähnliche Variable;
2. Eine Anschaffungsauszahlung ist nicht erforderlich oder die Anschaffungsauszahlung ist geringer im Vergleich zu anderen Vertragsformen, von denen zu erwarten ist, dass sie in ähnlicher Weise auf Änderungen der Marktbedingungen reagieren;
3. Das Finanzinstrument oder der Vertrag wird zu einem späteren Zeitpunkt beglichen.

Als **typische Beispiele für Derivate** werden in IAS 39 (Anhang Textziffer 9) **Futures und Forwards sowie Optionen und Swaps** genannt. Abbildung 27 gibt einen Überblick über die **drei typischen Kategorien von Finanzderivaten und gängigen Derivatformen**.

Derivate		
Swaps	**Finanztermingeschäfte**	**Optionen**
• Zinsswaps • Währungsswaps	Futures: • Devisenfutures • Zinsfutures • Aktienfutures • Indexfutures	• Aktienoptionen • Devisenoptionen • Zinsoptionen • Indexoptionen
	Forwards: • Devisenforwards • Zinsforwards • Aktienforwards • Indexforwards	

Abb. 27: Systematik derivativer Finanzinstrumente

5.7.4 Bilanzierung von Finanzinstrumenten

5.7.4.1 Ansatz und Bewertung

Ein finanzieller Vermögenswert oder eine finanzielle Verbindlichkeit darf nach der Generalnorm des IAS 39 lediglich dann in der Bilanz eines Unternehmens angesetzt werden, wenn ein Unternehmen Vertragspartei eines Vertrages i.S.d. IAS 32.13 wird, der die vertraglichen Bestimmungen des Finanzinstruments zum Gegenstand hat. IAS 39.A35 listet beispielhaft einige Finanzinstrumente auf. Für die **Zu- und Abgangsbewertung marktüblicher Käufe und Verkäufe (regular way contracts)** enthält IAS 39 besondere Bestimmungen. Zu den marktüblichen Käufen und Verkäufen gehören insbesondere **Erwerbe oder Veräußerungen von Wertpapieren auf gängigen Wertpapierbörsen** (IAS 39.38 i.V.m. IAS 39.A53–A56). Hierbei wird davon ausgegangen, dass zwischen dem Vertragsabschluss und der Erfüllung der Leistung durch Lieferung eine gewisse Zeitspanne liegt. Dem Unternehmen wird das Wahlrecht eingeräumt, einen finanziellen Vermögenswert entweder zum Handels- oder Erfüllungstag (**trade date or settlement date**) anzusetzen. Aus den Vorschriften des IAS 39 zum Ansatz marktüblicher Kassageschäfte geht nicht hervor, wann finanzielle Verbindlichkeiten anzusetzen sind. Für diese und für Forderungen ist ein Ansatz vor der Erfüllung durch den Verkäufer unzulässig. Folglich werden beide ausschließlich zum Erfüllungstag angesetzt.

Finanzielle Vermögenswerte und finanzielle Verbindlichkeiten werden nach IAS 39 im Zugangszeitpunkt unabhängig von ihrer Zuordnung zu einer Bewertungskategorie zum beizulegenden Zeitwert bewertet (IAS 39.43). Der **beizulegende Zeitwert** entspricht beim erstmaligen Ansatz i.d.R. dem Transaktionspreis, der für die gegebene oder erhaltene Gegenleistung als Entgelt festgesetzt wird. Zusätzlich werden bei allen Finanzinstrumenten, mit Ausnahme von Finanzinstrumenten, die erfolgswirksam zum beizulegenden Zeitwert bewertet werden, entstandene direkt zurechenbare Transaktionskosten als Anschaffungsnebenkosten berücksichtigt. Zu den **Transaktionskosten** gehören u.a. gezahlte Gebühren an Vermittler, Berater, Makler oder Händler. **Nicht zu den Transaktionskosten** zählen hingegen Agien, Disagien, Finanzierungskosten (IAS 39.A13). Abbildung 28 fasst die **Kriterien für die Ermittlung des beizulegenden Zeitwerts bei Finanzinstrumenten** zusammen.

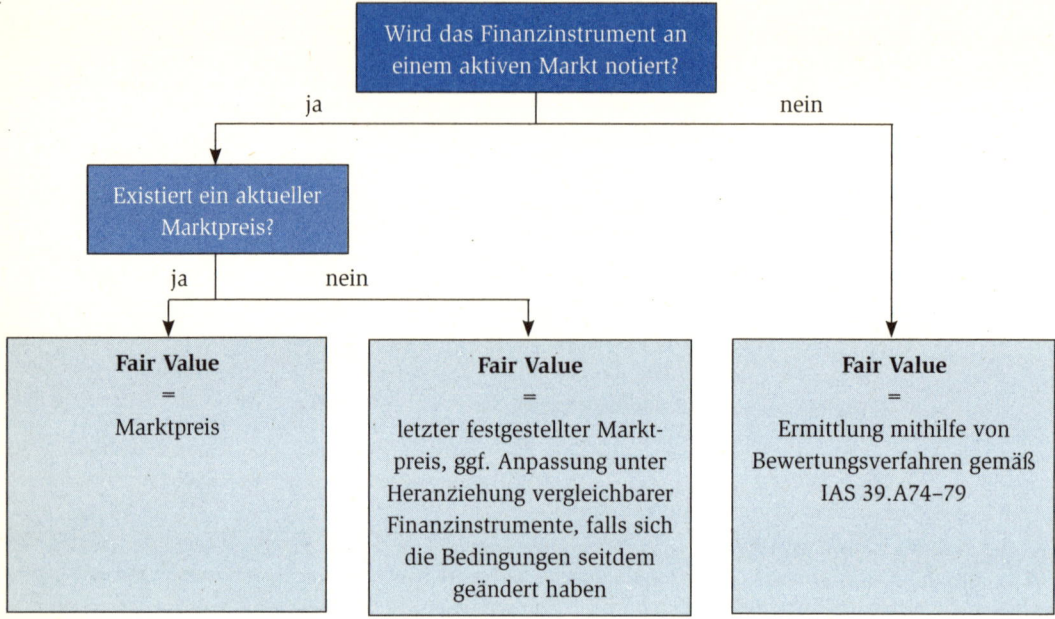

Abb. 28: Hierarchie bei der Ermittlung des fair value

Die **Besonderheiten bei der Bewertung von Finanzinstrumenten nach IAS 39** ergeben sich erst bei der Folgebewertung. Hier kommt der zweigeteilte **mixed model-Ansatz** zur Anwendung. Dabei werden Finanzinstrumente je nach Bewertungskategorie entweder weiterhin zum fair value oder zu den fortgeführten Anschaffungskosten (at cost) bewertet (IAS 39.9 i.V.m. IAS 39.46).

IAS 39 schreibt dem Bilanzierenden vor, dass ein finanzieller Vermögenswert, der der Kategorie loans and receivables oder held-to-maturity zugeordnet wurde, statt zum beizulegenden Zeitwert mit seinen fortgeführten Anschaffungskosten (amortised cost) unter Anwendung der Effektivzinsmethode zu bewerten ist. Somit beschränkt sich die Folgebewertung zum fair value auf als erfolgswirksam zum beizulegenden Zeitwert bewertete und zur Veräußerung verfügbar eingestufte finanzielle Vermögenswerte.

Bei finanziellen Vermögenswerten, die zu (fortgeführten) Anschaffungskosten zu bewerten sind, sind etwaige Tilgungsbeträge vom Buchwert abzusetzen. Weichen Anschaffungskosten und Rückzahlungsbetrag voneinander ab, so ist der Unterschiedsbetrag (Agio bzw. Disagio) über die Laufzeit des Finanzinstruments zu verteilen. Diese Verteilung hat unter Verwendung der Effektivzinsmethode zu erfolgen. Der Effektivzins ist dabei der Zins, mit dem die erwarteten Cashflows des finanziellen Vermögenswerts auf den Anschaffungszeitpunkt diskontiert werden, so dass der Barwert den Anschaffungskosten des Finanzinstruments entspricht. In die Berechnung sind alle künftigen Ein- und Auszahlungen einzubeziehen. Bei dem Effektivzinssatz handelt es sich um den sog. internen Zinsfuß, der den Kapitalwert einer Investition gerade null werden lässt.

Um die Effektivzinsen zu bestimmen, die auf das abgelaufene Geschäftsjahr entfallen, wird der Effektivzinssatz auf den jeweiligen Buchwert des Finanzinstruments angewandt. Der Unterschiedsbetrag zwischen den errechneten Effektivzinsen und den erhaltenen Nominalzinsen wird mit dem Buchwert verrechnet, sodass der Buchwert zum Ende der Laufzeit dem Rückzahlungsbetrag entspricht.

> **Beispiel:** Ein Unternehmen erwirbt zum Zeitpunkt to eine Anleihe (held-to-maturity) mit folgenden Werten: Nennwert: 1.000.000 €, Kupon: 5,5 %, Erwerbskurs: 97,85 %, Laufzeit: 4 Jahre.
>
> **Aufgabe:** Ermitteln Sie die fortgeführten Anschaffungskosten.

Lösung:

1. Ermittlung des internen Zinssatzes nach der Effektivzinsmethode

t	0	1	2	3	4
Cash-Flow in €	– 978.500	55.000	55.000	55.000	1.055.000

$$978.5000 = \sum_{t=1}^{4} \frac{55.000}{(1+i)^t} + \frac{1.000.000}{(1+i)^{-4}} \; ; i = 6{,}12\%$$

2. Berechnung der fortgeführten Anschaffungskosten

t	0	1	2	3	4
Fortgeführte Anschaffungskosten in €		978.500,00	983.405,81	988.611,97	994.136,86
+ Effektivzinsertrag 6,12 %		59.905,81	60.206,16	60.524,89	60.863,14
./. Nominalzinsbetrag 5,5 %		55.000,00	55.000,00	55.000,00	55.000,00
./. Rückzahlung					1.000.000,00
fortgeführte Anschaffungskosten	978.500,00	983.405,81	988.611,97	994.136,86	–

Hinweis: Der Effektivzinssatz ist mit Hilfe des Kalkulationsprogrammes Excel ermittelt worden. Der Zinssatz wurde im obigen Beispiel auf 6,12 % gerundet. Die Berechnungen der fortgeführten Anschaffungskosten (amortised cost) erfolgten ohne Rundung des Effektivzinssatzes, sodass es bei der Anwendung des gerundeten Zinssatz von 6,12 % zu abweichenden Werten kommt. Das Darlehen wird am Ende eines jeden Jahres auf die amortised cost durch Zuschreibung der Differenz aus Zinsertrag und Nominalverzinsung zugeschrieben.

Finanzinstrumente der Bewertungskategorie at fair value through profit or loss und finanzielle Vermögenswerte der Kategorie available-for-sale werden zum beizulegenden Zeitwert bewertet. Die bilanzielle Abbildung beider Kategorien unterscheidet sich jedoch hinsichtlich der Behandlung von Wertänderungen. Während Wertänderungen bei Finanzinstrumenten der Kategorie at fair value through profit or loss unmittelbar erfolgswirksam in der Gewinn- und Verlustrechnung erfasst werden, sind Wertänderungen eines finanziellen Vermögenswertes der Bewertungskategorie available-for-sale erfolgsneutral über die Neubewertungsrücklage im Eigenkapital zu buchen. Die kumulierten Gewinne und Verluste werden erst bei Eintritt einer Wertminderung (**Impairment**) oder bei Ausbuchung des finanziellen Vermögenswertes aus der Neubewertungsrücklage ausgebucht und erfolgswirksam in der Gewinn- und Verlustrechnung erfasst (IAS 39.55).

Beispiel: Am 01.08.2012 erwirbt das Unternehmen A 1.000 Wertpapiere zum Preis von je 100 €. Der Wertpapierkurs steigt am 31.12.2012 auf 120 € je Wertpapier. Am 01.03.2013 veräußert das Unternehmen A die 1.000 Wertpapiere zum Preis von je 130 €.

Aufgabe: Wie lauten die Buchungssätze zum 31.12.2012 und zum 01.03.2013?

Lösung:

Buchungssatz zum 31.12.2012:

Wertpapier		an	Neubewertungsrücklage	20.000 €

Buchungssatz zum 01.03.2013:

Bank	130.000 €			
Neubewertungsrücklage	20.000 €	an	Wertpapiere	120.000 €
			Ertrag	30.000 €

Beispiel: Das Unternehmen A erwirbt am 01.08.2012 1.000 Wertpapiere zum Preis von je 80 €. Der Wertpapierkurs fällt am 31.12.2012 auf 75 € je Wertpapier. Am 01.03.2013 veräußert das Unternehmen A die 1.000 Wertpapiere zum Preis von 65 €.

Aufgabe: Wie lauten die Buchungssätze zum 31.12.2012 und zum 01.03.2013?

Lösung:
Buchungssatz zum 31.12.2012:
Neubewertungsrücklage   an   Wertpapiere   5.000 €

Buchungssatz zum 01.03.2013:
Bank   65.000 €
Aufwand   15.000 €   an   Wertpapiere   75.000 €
                                                       Neubewertungsrücklage   5.000 €

Die unterschiedliche bilanzielle Behandlung von Finanzinstrumenten wird durch die nachfolgende Abbildung verdeutlicht:

Kategorie	at fair value through profit or loss	held-to-maturity	loan and receivables	available-for-sale
Zugangsbewertung	fair value	fair value*	fair value*	fair value*
Folgebewertung	fair value	amortised cost	amortised cost	fair value
Agio/Disagio	erfolgswirksam	erfolgswirksam	erfolgswirksam	erfolgswirksam
Änderung fair value	erfolgswirksam	–	–	erfolgsneutral
Wertminderung	erfolgswirksam	erfolgswirksam	erfolgswirksam	erfolgswirksam
Wertaufholung	erfolgswirksam	erfolgswirksam	erfolgswirksam	erfolgsneutral Fremdkapitaltitel: GuV-wirksam

* zuzüglich Transaktionskosten

Abb. 29: Zusammenfassung der Bewertung von Finanzinstrumenten

5.7.4.2 Wertminderungen und Wertaufholungen

Finanzielle Vermögenswerte müssen an jedem Abschlussstichtag einem **Wertminderungstest (Impairmenttest)** unterzogen werden.

Vermögenswerte der Kategorie at fair value through profit or loss (als erfolgswirksam zum beizulegenden Zeitwert bewertet) sind explizit vom Wertminderungstest ausgenommen. Dieser ist entbehrlich, da durch die fair value Bewertung und die erfolgswirksame Berücksichtigung von Änderungen des beizulegenden Zeitwerts i.R.d. Folgebewertung alle Wertminderungen ergebniswirksam erfasst werden.

Zwar werden die als zur Veräußerung verfügbar eingestuften Vermögenswerte zum fair value bewertet, negative Wertänderungen sind allerdings erfolgsneutral über die Neubewertungsrücklage im Eigenkapital zu erfassen. Daher ist bei Vermögenswerten dieser Kategorie zu prüfen, ob der beobachtete Rückgang des beizulegenden Zeitwerts eine marktbedingte Änderung oder eine Wertminderung i.S.d. IAS 39 darstellt. Trifft Letzteres zu, so ist zunächst eine mögliche vorhandene positive Neubewertungsrücklage aufzulösen. Ist die Wertminderung größer als der Betrag, der zuvor in die Neubewertungsrücklage eingestellt wurde, ist zusätzlich ein erfolgswirksamer Aufwand in der Gewinn- und Verlustrechnung zu verrechnen. Ist zum

Zeitpunkt der Wertminderung im Eigenkapital ein erfolgsneutral gebuchter kumulierter Verlust vorhanden, ist dieser erfolgswirksam in die Gewinn- und Verlustrechnung umzubuchen.

Das Vorgehen bei einem Impairment eines Finanzinstruments der available-for-sale-Kategorie verdeutlicht, dass ein Rückgang des beizulegenden Zeitwerts offensichtlich nicht immer gleichzeitig auch ein Impairment darstellt, obwohl jede fair value Reduzierung auch als Wertminderung bezeichnet werden kann. Eine Wertminderung i.S.d. IAS 39 ist nur dann gegeben, wenn ein objektiver Hinweis auf eine Wertminderung eines einzelnen finanziellen Vermögenswerts oder Portfolios vorliegt und dies verlässlich schätzbare Auswirkungen auf die künftig erwarteten Cashflows hat.

IAS 39.59 enthält **Beispiele für Ereignisse, die als objektive Hinweise auf eine Wertminderung gewertet werden können**. Dazu zählen u.a. die folgenden drei Sachverhalte:

1. Finanzielle Schieflage des Emittenten;
2. Ausfall oder Verzug von Zins- oder Tilgungszahlungen;
3. Erhöhte Insolvenzgefahr des Kreditnehmers.

Ist ein objektiver Hinweis für eine Wertminderung identifiziert worden, ist der Umfang der Wertminderung zu bestimmen. Bei finanziellen Vermögenswerten, die zu fortgeführten Anschaffungskosten bilanziert werden (**loans and receivables und held-to-maturity investment**s), entspricht die Wertminderung der Differenz zwischen dem Buchwert des Vermögenswerts und dem Barwert der künftig erwarteten Cashflows. Dieser Betrag ist mit dem ursprünglich ermittelten Effektivzinssatz zu diskontieren und erfolgswirksam zu erfassen. Ändern sich in einer der Folgeperioden die Umstände, die zu der Wertberichtigung geführt haben, sodass die Berichtigung nicht mehr oder nur noch teilweise gerechtfertigt ist, ist eine ergebniswirksame Wertaufholung vorzunehmen. Hierbei ist zu beachten, dass die Zuschreibung nicht über den Betrag der fortgeführten Anschaffungskosten hinausgehen darf, der sich ergeben hätte, wenn eine Wertminderung nicht vorgelegen hätte.

Bei finanziellen Vermögenswerten, die zu historischen Anschaffungskosten bilanziert werden, wie nicht notierten Eigenkapitalinstrumenten, deren fair value nicht verlässlich bestimmt werden kann, ergibt sich der Umfang der Wertminderung aus der Differenz zwischen dem Buchwert und dem Barwert der geschätzten künftigen Cashflows. Dieser Betrag ist mit dem aktuellen Marktzins eines vergleichbaren finanziellen Vermögenswerts abzuzinsen. In diesem Fall ist eine Wertaufholung ausdrücklich untersagt.

Unterliegt ein als zur Veräußerung verfügbar eingestufter finanzieller Vermögenswert einer Wertminderung, so ergibt sich der Betrag der Minderung aus der Differenz zwischen dem Buchwert und dem aktuellen fair value. Dieser Betrag ist aus der **Neubewertungsrücklage** ergebniswirksam auszubuchen. Handelt es sich bei dem im Wert geminderten Vermögenswert um ein gehaltenes Eigenkapitalinstrument, darf die Wertminderung nicht erfolgswirksam rückgängig gemacht werden. Im Gegensatz dazu ist die ergebniswirksame Wertaufholung bei als zur Veräußerung verfügbar eingestuften Schuldinstrumenten Pflicht.

5.7.5 Bilanzierung derivater Finanzinstrumente

In der Generalnorm des IAS 39 zum **Ansatz von Finanzinstrumenten** wird darauf abgestellt, dass einzig allein das Vorhandensein einer vertraglichen Verpflichtung bestimmt, ob und wann ein Finanzinstrument bei einem Unternehmen zu bilanzieren ist (IAS 39.14). Aus dem Grundsatz resultiert, dass Derivate, obwohl sie schwebende Geschäfte darstellen, die erst in Zukunft zu begleichen sind, unabhängig von ihrem Zustand bereits bei Vertragsabschluss und nicht erst am Erfüllungstag zu bilanzieren sind (IAS 39.A34).

Davon ausgenommen sind Derivate, die bei einer Übertragung finanzieller Vermögenswerte bzw. finanzieller Verbindlichkeiten zur Vermeidung einer doppelten Erfassung der vertraglichen Rechte und Pflichten verhindern, dass die finanziellen Vermögenswerte bzw. finanziellen Verbindlichkeiten als Verkauf bilanziert werden und somit in Folge auszubuchen sind (IAS 39.A34 i.V.m. IAS 39.A49). Beispielhaft zu nennen ist eine zurückbehaltene Kaufoption, die dazu führt, dass das übertragene Finanzinstrument nicht aus der Bilanz des übertragenden Unternehmens ausgebucht werden darf und folglich zusammen mit dem übertragenden Finanzinstrument in der Bilanz des übertragenden Unternehmens weiterhin zu erfassen ist.

Damit wird gleichzeitig verhindert, dass das empfangene Unternehmen das übertragene Finanzinstrument in seiner Bilanz erfassen kann (IAS 39.A34 i.V.m. IAS 39.A49 i.V.m. IAS 39.A50). Der Empfänger hat in diesem Fall in seiner Bilanz eine Forderung gegenüber dem übertragenden Unternehmen einzubuchen.

Marktübliche Käufe und Verkäufe, bei denen zwischen dem Handels- und Erfüllungstag eine Festpreisverpflichtung vorliegt, erfüllen grundsätzlich die Definitionsmerkmale eines Derivats (IAS 39.A12). Auf eine **Bilanzierung als Derivat** wird vom Standard aus Vereinfachungsgründen aufgrund der kurzen Dauer zwischen den beiden Ansatztagen abgesehen. Schreibt ein Vertrag indes vor, dass eine Wertänderung durch Bar- bzw. Nettoausgleich beglichen wird, so gelten für den finanziellen Vermögenswert bzw. der finanziellen Verbindlichkeit beim Ansatz dieselben Regelungen wie für ein Derivat (**net settlement**). In diesem Zusammenhang können auch nicht finanzielle Finanzinstrumente, denen Basiswerte aus dem güterwirtschaftlichen Bereich zugrunde liegen, angesetzt werden, bei denen entweder ein Ausgleich in Bar, ein Ausgleich durch die Hingabe eines anderen Finanzinstruments oder durch den Tausch von Finanzinstrumenten stattfindet. Hiervon ausgenommen sind Warentermingeschäfte, die zum Zweck des Empfangs oder einer physischen Lieferung nichtfinanzieller Posten gemäß dem erwarteten Einkaufs-, Verkaufs- und Nutzungsbedarf des Unternehmens abgeschlossen werden (**own use contracts**) und deren Zweck bereits bei Abschluss des Vertrages bestimmt war (IAS 39.5-7 i.V.m. IAS 39.A10).

Derivate, die nicht zur Absicherung offener Risikopositionen dienen, gelten als zu spekulativen Zwecken gehalten und sind bei ihrer erstmaligen Erfassung in der (Sub-)Kategorie held-for-trading zu erfassen. Sowohl die Zugangs- als auch die Folgebewertung erfolgt erfolgswirksam zum beizulegenden Zeitwert (IAS 39.43 i.V.m. IAS 39.46). Entstandene Transaktionskosten sind nicht als Bestandteil des finanziellen Vermögenswertes bzw. der finanziellen Verbindlichkeit zu aktivieren, sondern werden bereits beim Zugang direkt erfolgswirksam in die Gewinn- und Verlustrechnung verbucht. Hingegen sind angesammelte Zinsen als Bestandteil des fair value zu berücksichtigen.

Verträge über derivative Finanzinstrumente, die an der Börse gehandelt werden, können bei der Bewertung den bestimmenden Zeitwert in Form des aktuellen Börsenkurses direkt über die Börse beziehen. Die **Bewertung von OTC-Termingeschäften (over the counter)** erfolgt hingegen zumeist anhand anerkannter preisbestimmender Bewertungsmodelle, wie der **DCF-Methode**. Der **fair value von Derivaten**, die ein symmetrisches Risikoprofil aufweisen (z.B. Swaps, Forwards), beträgt beim Zugang in der Regel Null. Die Erfassung dieses Zugangs erfolgt im Nebenbuch. Voraussetzung hierfür ist, dass der Vertrag unter marktgerechten Konditionen abgeschlossen wurde. Sind die Konditionen im Zugangszeitpunkt allerdings abweichend von den marktgerechten Konditionen und zukünftigen Erwartungen, so erfolgt zumeist eine Ausgleichszahlung einer Partei des Vertrags (**upfront payment**). Diese Ausgleichszahlung ist Bestandteil des fair value im Anschaffungszeitpunkt. Bei Optionen, die ein asymmetrisches Risikoprofil aufweisen, entsteht grundsätzlich immer eine Ausgleichszahlung in Form einer Optionsprämie, die als finanzieller Vermögenswert bzw. finanzielle Verbindlichkeit zu bilanzieren ist. Der fair value einer Option ist zum Zugangszeitpunkt nicht Null.

5.7.6 Umklassifizierung

I.R.d. weltweiten Finanzmarktkrise wurden im Oktober 2008 die Regelungen über das **Umklassifizieren von Finanzinstrumenten** umfassend verändert. Bis zu diesem Zeitpunkt herrschte größtenteils ein sehr starkes Umklassifizierungsverbot. Unter Erfüllung bestimmter Voraussetzungen wurde einschränkend lediglich eine Umklassifizierung aus der Kategorie available-for-sale in die Kategorie held-to-maturity erlaubt. Am 15.10.2008 bestätigte (Verordnung (EG) Nr. 1004/2008 der Europäischen Kommission vom 15.10.2008) die EU-Kommission im Eiltempo (zum ersten Mal wurde auf den Due-Process verzichtet, um den Turbulenzen an den Finanzmärkten zeitnah entgegenzusteuern) das vom IASB zwei Tage zuvor verabschiedete amendment „Reclassification of Financial Assets". Diese umgehenden Maßnahmen zur Sicherstellung der Transparenz und der Zurückgewinnung des Vertrauens in die Finanzmärkte sind auf ausdrückliches Bitten der EU zurückzuführen. Durch die neue Vorschrift sollen Auswirkungen in der

Bilanz und Gewinn- und Verlustrechnung aufgrund hoher Marktbewegungen bei einer Bilanzierung zum fair value durch eine Umklassifizierung in Kategorien, die zu fortgeführten Anschaffungskosten bewertet werden, verringert werden.

Die Vorschriften zur Umklassifizierung sollen keinen Ersatz der Optierungsmöglichkeit einer fair value option darstellen. Vielmehr soll in erster Linie in Bezug auf finanzielle Vermögenswerte, deren beizulegender Zeitwert auf inaktiven Märkten nicht länger verlässlich bestimmbar ist, die Möglichkeit eingeräumt werden, zukünftig die fair value Bilanzierung zu umgehen und fortan zu fortgeführten Anschaffungskosten bewertet zu werden. Für Unternehmen wurde somit ein zusätzlicher bilanzpolitischer Spielraum geschaffen. Bereits beim Jahresabschluss 2008 verzeichneten viele Großunternehmen positive Effekte im Periodenergebnis.

Es dürfen keine finanziellen Vermögenswerte in oder aus der (Sub-)Kategorie designated at fair value through profit or loss umklassifiziert werden. Einzig finanzielle Vermögenswerte der Kategorie held-to-trading können nach den neuen Vorschriften nun je nach Erfüllung bestimmter Voraussetzungen in die Kategorien held-to-maturity, loans and receivables oder available-for-sale eingestuft werden (die Umklassifizierung aus der Bewertungskategorie beschränkt sich auf originäre finanzielle Vermögenswerte). Eine **Umklassifizierung von Derivaten** ist ausgeschlossen. Wesentliche Voraussetzung ist dabei, dass die Vermögenswerte aus der Kategorie held-for-trading die Absicht aufgeben, kurzfristig veräußert zu werden. Bei einer Umklassifizierung in die Bewertungskategorie held-to-maturity muss die Absicht bestehen, die finanziellen Vermögenswerte bis zur Endfälligkeit zu halten. Zusätzlich müssen außergewöhnliche Umstände (der Standard enthält keine Definition dahin gehend, wann ein außerordentlicher Umstand vorliegt) vorliegen, um in die Kategorien available-for-sale oder held-to-maturity eingestuft zu werden (IAS 39.50B i.V.m. IAS 39.50C).

Wird ein finanzieller Vermögenswert nach Erfüllung der Voraussetzungen aus der Kategorie held-for-trading ausgegliedert, so ist der beizulegende Zeitwert zum Zeitpunkt der Umgliederung zugrunde zu legen (IAS 39.50C i.V.m. IAS 39.50F). Bereits erfolgswirksam erfasste Gewinne oder Verluste dürfen nicht zurückgebucht werden. Der beizulegende Zeitwert zum Zeitpunkt der Umgliederung gilt dann als der Wert der fortgeführten Anschaffungskosten.

Eine **Umklassifizierung finanzieller Vermögenswerte der Kategorie held-to-maturity in available-for-sale** ist möglich, wenn nicht länger die Absicht oder Fähigkeit besteht, einen Vermögenswert bis zur Endfälligkeit zu halten. Dabei ist zu beachten, dass finanzielle Vermögenswerte der Kategorie held-to-maturity, die im Wesentlichen Umfang vor Fälligkeit verkauft oder umklassifiziert werden, zwangsweise in die Kategorie available-for-sale umkategorisiert werden. Der wesentliche Umfang wird am Gesamtbetrag der Vermögenswerte gemessen, die in der Bewertungskategorie held-to-maturity eingeordnet sind. Es wird die Sanktion auferlegt, dass in den nächsten drei Jahren keine finanziellen Vermögenswerte in die Kategorie held-to-maturity eingestuft werden dürfen (tainting rule). Eine **Umgliederung in die Kategorie loans and receivables** kann nur dann erfolgen, wenn ein Vermögenswert auch die Tatbestandsmerkmale eines finanziellen Vermögenswerts dieser Kategorie gemäß IAS 39.9 erfüllt (insbesondere darf kein aktiver Markt vorliegen).

Umwidmung in die Bewertungskategorie ...					
Ursprungs-kategorie	Held-for-Trading	Fair-Value-Option	Loans and Receivables	Held-to-Maturity	Available-for-Sale
Held-for-Trading		Nein	Ja[1), 2)]	Ja[1)]	Ja[1), 2)]
Fair-Value-Option	Nein		Nein	Nein	Nein
Loans and Receivables	Nein	Nein		Nein	Nein
Held-to-Maturity	Nein	Nein	Nein		Ja
Available-for-Sale	Nein	Nein	Ja[1)]	Ja	

1) Änderung durch das Amendment zu IAS 39 vom Oktober 2008
2) Umwidmung nur in seltenen Ausnahmefällen möglich

Abb. 30: Umwidmung von Finanzinstrumenten

5.7.7 Hedge-Accounting

Im Rahmen ihrer operativen Tätigkeit unterliegen Unternehmen häufig einer Reihe von Marktrisiken. Zur Absicherung dieser Risiken wird bei einem bereits vorhandenen Geschäft zeitlich begrenzt ein gegenläufiges Geschäft abgeschlossen, wodurch sich die aus den Marktpreisänderungen ergebenden Wertänderungen der beiden Geschäfte nahezu oder im Idealfall vollständig kompensieren. Das zu verringernde oder zu eliminierende Risiko entsteht dabei entweder aus einer Veränderung der künftigen Zahlungsströme (**cash flow hedge**), aus einer Änderung des Marktwerts von Positionen (**fair value hedge**) oder auch durch die Volatilität des Eigenkapitals aus der Währungsumrechnung bei **Konsolidierung von Tochterunternehmen aus Fremdwährungsgebieten (hedge of net investment in an foreign operation)**.

Die **Bewertung von Finanzinstrumenten** unterliegt keiner geschlossenen Bewertungskonzeption. Die unterschiedlichen Bewertungsmaßstäbe zwischen einem nicht erfolgswirksam zum beizulegenden Zeitwert bewerteten originären Finanzinstrument und einem für diese Zwecke abgeschlossenen, erfolgswirksam zum beizulegenden Zeitwert bewerteten Derivat führen zu einer **Ansatz- und Bewertungsinkongruenz**. Die Folge ist eine ökonomisch unzutreffende Darstellung im Periodenergebnis.

Die **Notwendigkeit des hedge accounting** ergibt sich folglich aufgrund der unterschiedlichen Ansatz- und Bewertungsvorschriften beider Geschäfte im Rahmen einer Sicherungsbeziehung. Eine **Sicherungsbeziehung** besteht dabei aus den folgenden zwei Elementen:

1. Sicherungsinstrument;
2. Gesichertes Grundgeschäft.

Hierbei ist allerdings zu beachten, dass das hedge accounting grundsätzlich mit allen Derivaten, die als Sicherungsinstrument eingesetzt werden, ein hedge accounting zulässt, während IAS 39.78 lediglich die folgenden **Grundgeschäfte für ein hedge accounting** vorsieht:

1. Bilanzierte Vermögenswerte und Verbindlichkeiten;
2. Schwebende Geschäfte;
3. Erwartete Transaktionen künftiger geplanter Unternehmensaktivitäten;

4. Nettoinvestition in eine wirtschaftliche selbstständige ausländische Teileinheit (**net Investment in an foreign operation**).

Die vorgenannten Grundgeschäfte dürfen grundsätzlich entweder einzeln oder als Portfolio (mehrere Grundgeschäfte) abgesichert werden. Voraussetzung ist allerdings für einen Portfolio-Hedge, dass die im Portfolio zusammengefassten Grundgeschäfte die gleichen Risikocharakteristika aufweisen, in dem sich gemäß IAS 39.83 die Sensitivität jedes einzelnen Geschäfts bezüglich der abgesicherten Risikos proportional zur Sensitivität des gesamten Portfolio verhält.

5.7.7.1 Fair-value-hedge

Bei einem **fair-value-hedge** erfolgt die Zugangsbewertung eines Sicherungsderivats zum fair value. I.R.d. Folgebewertung wird die Veränderung des fair value in der Gewinn- und Verlustrechnung erfasst. Zusätzlich werden auch die Änderungen des fair value des gesicherten Grundgeschäfts, soweit sie aus dem gesicherten Risiko resultieren, in der Gewinn- und Verlustrechnung berücksichtigt (IAS 39.89a und b). Somit stehen sich die Änderungen des fair value aus dem Grund- und Sicherungsgeschäft kompensatorisch in der Gewinn- und Verlustrechnung gegenüber und die mit dem hedge accounting verfolgte Zielsetzung, der Synchronisierung der Wirkungen in der Gewinn- und Verlustrechnung, ist erreicht. Soweit sich kein vollständiger erfolgswirksamer Ausgleich ergibt, ist dies Ausdruck einer nicht perfekten Effektivität.

Unabhängig von der Art des hedge accounting verlangt IAS 39 zu jedem Stichtag eine **prospektive und eine retrospektive Beurteilung der Effektivität des Sicherungszusammenhangs (Effektivitätstest)**. Die Effektivität stellt eine Voraussetzung des hedge accounting dar. Die exakte Bandbreite wird nur für den **retrospektiven Test** i.H.v. 80 % bis 125 % bestimmt, während für den **prospektiven Test** keine Bandbreite im IAS 39 bestimmt wird. Der Rechnungslegungsstandard verlangt in diesem Zusammenhang einen fast vollständigen Ausgleich. Allgemein wird dieser unbestimmte Rechtsbegriff als Bandbreite von rund 95 % bis 105 % interpretiert.

Typische Beispiele für einen Fair-value-Hedge aus der Perspektive der gesicherten Grundgeschäfte sind z.B.:

1. **Bilanzierte Vermögenswerte und Verbindlichkeiten**
   a) Absicherung eines Aktienbestandes gegen Kursschwankungen mithilfe einer Aktienverkaufsoption oder einem Aktienterminverkaufs;
   b) Absicherung einer Forderung in Fremdwährung gegen Wechselkursschwankungen mit einer Devisenverkaufsoption oder einem Devisenterminverkauf

2. **Schwebende Geschäfte**
   Die Absicherung schwebender Geschäfte stellt im Grundsatz ein Fair-Value-Hedge dar. Die Absicherung eines Wechselkursrisikos eines schwebenden Geschäftes kann auch alternativ als Cashflow-Hedge behandelt werden. Die Zuordnung bleibt dem Einzelfall vorbehalten.

5.7.7.2 Cash-flow-hedge

Dient das Sicherungsgeschäft dazu das Risiko einer Schwankung künftiger Zahlungsströme (**Cashflow**) eines bilanzierten erwarteten Geschäfts abzusichern, so handelt es sich um ein Cashflow hedge. Damit verfolgt der **Cash-flow-hedge** das Ziel künftige Änderungen des Cashflows aus einem Grundgeschäft auszugleichen, sodass die Cashflows bei einer Gesamtbetrachtung konstant bleiben.

Da das Sicherungsderivat nicht dazu dient aktuelle Marktwertänderungen eines Grundgeschäfts abzusichern, werden die Marktwertveränderungen des Derivates abweichend von den grundsätzlichen Bewertungsregeln für Derivate nicht in der Gewinn- und Verlustrechnung erfasst. Stattdessen werden sie zunächst erfolgsneutral im Eigenkapital berücksichtigt bis der künftige Cashflow eintritt. In diesem Zusammenhang werden nur die Teile des fair value des Sicherungsgeschäfts im Eigenkapital eingestellt, die eine effektive Absicherung darstellen. Ineffektive Teile des fair value werden unmittelbar in der Gewinn- und Verlustrechnung erfasst. Die **Bilanzierung des gesicherten Grundgeschäftes** erfolgt nach den allgemeinen Bewertungsregeln. Auch beim cash-flow-hedge ist ein Effektivitätstest durchzuführen.

Typische Beispiele für einen cash-flow-hedge aus der Perspektive der gesicherten Grundgeschäfte sind:

1. **Bilanzierte Vermögenswerte und Verbindlichkeiten**

   Absicherung einer begebenen, variablen verzinslichen Anleihe gegen das Risiko einer Änderung der zukünftigen Zinszahlungen aufgrund von Zinsänderungen mittels eines Zinsswaps.

2. **Erwartete Transaktionen**

   Die Absicherung erwarteter Transaktionen stellt grundsätzlich ein cashflow-hedge dar, wie z.B. die:

   a) Absicherung eines erwarteten Kaufs von Produkten in Fremdwährung gegen Wechselkursrisiken mit einem Devisenterminverkauf oder einer Devisenverkaufsoption,

   b) Absicherung eines erwarteten Kaufs von Rohstoffen oder Anlagen in Fremdwährung gegen das Wechselkursrisiko mit einem Devisenterminkauf oder einer Devisenkaufoption,

   c) Absicherung einer erwarteten Emission einer Anleihe gegen einen Zinsanstieg mithilfe eines Forward-Zinsswaps.

5.7.7.3 Foreign-currency-hedge

Dient das Sicherungsgeschäft dazu, das Wechselkursrisiko einer Nettoinvestition in eine wirtschaftliche selbstständige Teileinheit (ausländisches Tochterunternehmen, assoziiertes Unternehmen, Joint Venture oder Filiale) abzusichern, liegt ein **hedge of a net Investment in a foreign operation** vor. Dabei handelt es sich nicht um eine eigenständige dritte Sicherungsform, sondern faktisch um einen cashflow-hedge.

5.7.8 Fallstudie: Wertpapiere

Sachverhalt: Am 01.01.2012 erwirbt ein Unternehmen eine Anleihe mit einem festen Kupon von 8 % (Zinszahlung jeweils am 31.12.), die am 31.12.2014 fällig wird. Der Kapitalmarktzins beträgt 6 %. Der Nominalwert beträgt 100.000 €, der Marktwert 103.000 €. Im Zusammenhang mit dem Erwerb fallen Transaktionskosten von 2.000 € an.

Das Unternehmen beabsichtigt weder, die Anleihe bis zur Endfälligkeit zu halten, noch, Gewinne aus kurzfristigen Kursschwankungen zu erzielen.

Aufgaben:

a) Wie ist die Anleihe zu klassifizieren?

b) Mit welchem Wert ist die Anleihe erstmalig zu bilanzieren?

   In 2012 steigt der Kapitalmarktzins auf 10 %.

c) Wie ist die Anleihe zum 31.12.2012 zu bewerten? Welche Möglichkeiten bestehen, die Differenz gegenüber der Erstbewertung zu erfassen?

   Im Laufe des Jahres 2013, vor Aufstellung des Abschlusses 2012, stellt sich heraus, dass der Emittent der Anleihe in erhebliche finanzielle Schwierigkeiten geraten ist. Unterstellen Sie, dass die Differenz in Aufgabenteil c) erfolgsneutral im Eigenkapital erfasst wurde.

d) Welche Konsequenzen hat der Eintritt der finanziellen Schwierigkeiten des Emittenten auf die erfolgsneutral erfasste Differenz aus c)?

Lösung:

a) Da das Unternehmen die Anleihe nicht zu Handelszwecken hält aber auch nicht bis zur Endfälligkeit halten möchte, stellt die Anleihe einen zur Veräußerung verfügbaren Vermögenswert dar (available-for-sale-investment).

b) Die Anleihe ist mit dem Fair Value zu bewerten. Bei der erstmaligen Erfassung stimmt der Fair Value der Anleihe mit den Anschaffungskosten überein, sodass die Bewertung zu 105.000 € erfolgt (auch die angefallenen Transaktionskosten werden aktiviert).

c) In 2012 stieg der Kapitalmarktzins auf 10 %. Da die Effektivverzinsung der Anleihe unter 8 % liegt (die Transaktionskosten mindern die effektive Verzinsung), wird der Fair Value seit dem Kauf gesunken sein. Der Fair Value zum 31.12.2012 ergibt sich durch Diskontierung der Zahlungen der Jahre 2013 und 2014 mit dem Kapitalmarktzins:

$$\frac{8.000}{1,10} + \frac{(8.000 + 100.000)}{1,10^2} = 96,529$$

Änderungen des Fair Value sind erfolgsneutral im Eigenkapital zu erfassen.

d) Gemäß IAS 39.59 darf die erfolgsneutrale Erfassung nur erfolgen, bis eine Wertminderung des finanziellen Vermögenswerts im Sinne von IAS 39.59 festgestellt wird. Auf eine derartige Wertminderung lassen „objektive substanzielle Hinweise" schließen, wobei erhebliche finanzielle Schwierigkeiten des Emittenten gemäß IAS 39.59 einen derartigen Hinweis darstellen. Nach IAS 39.59 i.V.m. IAS 39.63 ist der bislang erfolgsneutral im Eigenkapital erfasste Verlust aus der Fair-Value-Bewertung zum 31.12.2012 aus dem Eigenkapital zu entfernen und im aktuellen Periodenergebnis zu erfassen.

5.7.9 Aktuelle Entwicklung nach IFRS 9

Die Neuregelungen des IFRS 9, der ab dem 01.01.2015 Anwendung finden soll, verweisen im Anwendungsbereich auf den IAS 39. Der neue IFRS 9 gilt somit für alle Finanzinstrumente, die auch im Anwendungsbereich des IAS 39 liegen. Eine eigenständige Abgrenzung bietet der IFRS 9 demnach nicht.

Ein Finanzinstrument ist definiert als ein Vertrag, der gleichzeitig bei einem Unternehmen zu einem finanziellen Vermögenswert und bei einem anderen Unternehmen zu einer finanziellen Verbindlichkeit führt. Die Regelungen zum Zeitpunkt der erstmaligen Erfassung entsprechen denen des IAS 39.14 und beziehen sich damit im Wesentlichen auf den Handelstag. Keine Berücksichtigung finden in IAS 39, und damit auch nicht im neuen IFRS 9, z.B. Anteile an Tochterunternehmen, Leasingverhältnisse nach IAS 17, Rechte und Verpflichtungen des Arbeitgebers aus Altersvorsorgeplänen nach IAS 19, eigene Eigenkapitalinstrumente inklusive der Derivate auf solche Instrumente oder Finanzinstrumente, Verträge und Verpflichtungen im Zusammenhang mit anteilsbasierten Vergütungen nach IFRS 2.

Die unter IAS 39 vorgenommenen Abgrenzungen des Anwendungsbereichs auf Finanzgarantien und Kreditderivate sowie Kreditzusagen werden auch in IFRS 9 weitergeführt.

Im Unterschied zu IAS 39, der vier Kategorien für Finanzinstrumente vorsieht, begrenzt sich der neue IFRS 9 auf lediglich zwei Kategorien. Hiernach sind finanzielle Vermögenswerte entweder der Kategorie Amortised Cost oder der Kategorie Fair Value zuzuordnen. Das IASB behält damit das sog. mixed model, also zwei unterschiedliche Bewertungsmaßstäbe bei. Die Einteilung in eine der beiden Kategorien müssen Kreditinstitute bei der Einbuchung jedes Finanzinstrumentes vornehmen. Diese erste Einteilung wirkt sich später dann auch auf die Folgebewertung aus. Grundsätzlich ist die einmal vorgenommene Klassifizierung beizubehalten.

Nach den Neuregelungen des IFRS 9 kann ein Vermögensgegenstand in die Kategorie Amortised Cost eingeordnet werden, wenn die folgenden zwei Bedingungen kumulativ erfüllt sind:

1. Die vertraglichen Vereinbarungen des Vermögensgegenstandes führen zu terminierten Zahlungsströmen, die lediglich Zins und Tilgung enthalten (Kriterium der Zahlungsströme).
2. Der finanzielle Vermögenswert wird innerhalb des festgelegten Geschäftsmodells gehalten, das eine Erzielung von vertraglichen Zahlungsströmen vorsieht (Geschäftsmodellkriterium).

Im Zusammenhang mit dem Kriterium der Zahlungsströme dürfen sich die Zinszahlungen nur auf die ausstehende Tilgung beziehen, sowie ausschließlich den Zeitwert des Geldes und das Kreditrisiko (Credit Spread) als Gegenleistung widerspiegeln. Sind beide Bedingungen kumulativ erfüllt, ist der Vermögensgegenstand zu Amortised Costs zu bilanzieren. Bei der Nichterfüllung der zuerst geprüften Bedingung kann die Prüfung abgebrochen werden. Sobald eine der beiden Bedingungen nicht erfüllt ist, scheidet die Bewertung zu Amortised Costs aus und der Vermögensgegenstand muss erfolgswirksam zum Fair Value bewertet werden. In welcher Reihenfolge die Prüfung durchgeführt wird, bleibt jedem Unternehmen selbst überlassen. Als operational einfacher zu prüfen, erscheint das Kriterium des Geschäftsmodells. Auch wenn ein Unternehmen beide Bedingungen erfüllt, kann es den betroffenen finanziellen Vermögensgegenstand beim erstmaligen Ansatz durch Nutzung der Fair Value Option erfolgswirksam zum Fair Value bewerten. Dieses Wahlrecht ist unwiderruflich und eröffnet die Möglichkeit, die zwingend anzuwendende Bewertung zu Amortised Costs auf Grundlage des Geschäftsmodellkriteriums und des Zahlungsstromkriteriums zu ändern, sofern die Bewertung eine andernfalls auftretende Bewertungsanomalie (Accounting Mismatch) beseitigt oder zumindest im Wesentlichen Umfang reduziert. Wurde die Fair Value Option bereits vor der Umstellung auf IFRS 9 im Zusammenhang mit einem Accounting Mismatch genutzt, ist die Designation zurückzunehmen wenn keine Bewertungsanomalie mehr vorliegt.

Unabhängig davon, in welche Kategorie der Vermögensgegenstand eingeordnet wird, ist dieser bei Zugang zum beizulegenden Zeitwert zu bewerten oder der Vermögenswert wird unter Anwendung eines Bewertungsverfahrens geschätzt. Die Zugangsbewertung entspricht damit den Regelungen des IAS 39. Transaktionskosten sind zusätzlich zu berücksichtigen, wenn der Vermögensgegenstand im Rahmen der Folgebewertung nicht erfolgswirksam zum beizulegenden Zeitwert bewertet wird. Wird der Vermögensgegenstand erfolgswirksam zum Fair Value bewertet, werden auch die Anschaffungsnebenkosten erfolgswirksam erfasst. Im Ergebnis ist keine Änderung bei der Zugangsbewertung zu den bisherigen Regelungen des IAS 39 zu erkennen. Transaktionskosten sind beim Kauf zusätzliche entstehende Kosten, die beim Erwerb dem Vermögensgegenstand direkt zuzuordnen sind. Zu diesen Kosten zählen Provisionen, Courtagen und Gebühren an Vermittler, Berater, Makler oder Börsen, sowie auf Transaktionen anfallende Steuern, Prospektkosten sowie Rechts- und Beratungskosten. Bei einer langfristigen Forderung oder einem vergebenen Darlehen kann der beizulegende Zeitwert als Barwert der zukünftigen Einzahlungen geschätzt und mit dem Marktzins eines vergleichbaren Instruments ähnlicher Bonität abgezinst werden. Als Gebühr kann in einem solchen Zusammenhang eine Upfront- oder Backend-Zahlung verstanden werden. Eine solche Zahlung zugunsten einer der beiden Vertragsparteien gleicht einen nicht marktüblichen Zins aus. Diese Entschädigung ist als Aufwand oder Ertrag in das Finanzinstrument einzubeziehen und beeinflusst so den beizulegenden Zeitwert. In der Praxis ist oftmals die Ermittlung eines vergleichbaren, marktüblichen Zinssatzes problematisch, da oft keine gute Vergleichsmöglichkeit für Kredite und Forderungen ermittelt werden kann. Näheres hierzu soll der neue IFRS 13 Fair Value Measurement bieten. Die Folgebewertung ist von der Klassifizierung in die o.g. Kategorie abhängig, in die der Vermögensgegenstand eingeordnet wurde. Finanzinstrumente, die der Kategorie Amortised Cost zugeordnet wurden, sind mit der Effektivzinsmethode zu bewerten und unterliegen den Wertminderungen des IFRS 9.5.2.2, der innerhalb der Phase II der Ablösung des IAS 39 bearbeitet wird. Für Finanzinstrumente der Kategorie Fair Value erfolgt eine erfolgswirksame Bewertung zum beizulegenden Zeitwert des jeweiligen Bewertungszeitpunktes. Für Eigenkapitalinstrumente, die nicht zu Handelszwecken gehalten werden, besteht zudem ein Wahlrecht innerhalb der Kategorie Fair Value im Rahmen des Erfolgsausweises. Hier kann der Erfolg im sonstigen Ergebnis, dem OCI und damit direkt im Eigenkapital erfasst werden. Beträge die im OCI enthalten sind dürfen nicht in die GuV umgebucht werden. Dieses gilt auch bei Abgang des Vermögensgegenstandes. Es wird also kein Recycling des Ergebnisses in die GuV durchgeführt. Der kumulierte, im OCI erfasste Gewinn oder Verlust kann allerdings innerhalb des Eigenkapitals zwischen den Unterposten umgebucht werden. Durch diese Wahlmöglichkeit wird neben den beiden Kategorien Amortised Cost und Fair Value auch von einer dritten Kategorie gesprochen. Trotz Kritik hat das IASB daran festgehalten, die nach IAS 39 unter bestimmten Voraussetzungen mögliche Bewertung von Eigenkapitaltiteln zu Amortised Cost zu bewerten nicht in IFRS 9 aufgenommen, sondern stellt vielmehr eine Fair Value-Bewertung fest. Somit dürfte ein Großteil der nach IAS 39 zu AC bewerteten Eigenkapitalinstrumente zukünftig zum FV bewertet werden. Die folgende Abbildung gibt einen Überblick über das Klassifizierungsmodell für finanzielle Vermögenswerte.

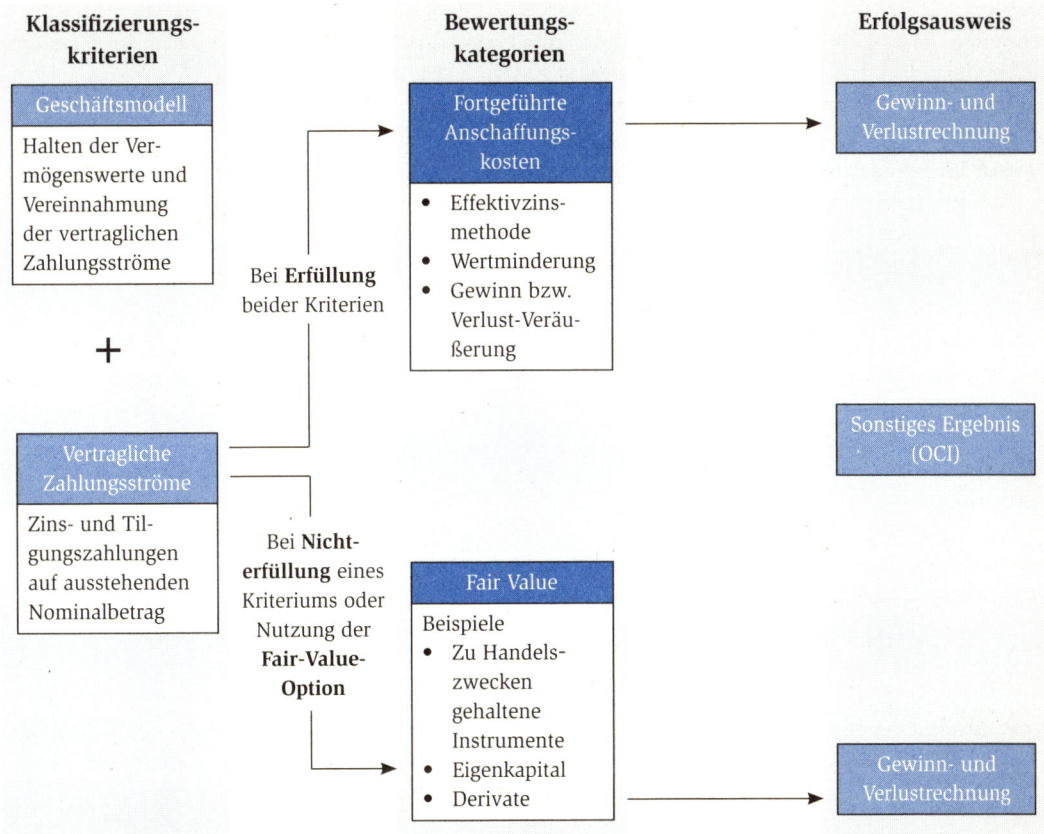

Abb. 31: Klassifizierungsmodell für finanzielle Vermögenswerte gemäß IFRS 9, Quelle: Deloitte & Touch GmbH (Hrsg.) (2011) S. 12

Im Gegensatz zu IAS 39 sieht IFRS 9 keine Trennung für in finanzielle Vermögensgegenstände eingebettete Derivate vor. Ein eingebettetes Derivat ist Bestandteil eines strukturierten Finanzinstrumentes und bewirkt, dass ein Teil der Zahlungsströme ähnlich schwanken wir bei einem alleinstehenden Derivat. Das zusammengesetzte Finanzinstrument ist als Ganzes nach den Kriterien des Geschäftsmodells und der Zahlungsströme zu prüfen, wenn es unter den IFRS 9 fällt. Eine separate Bewertung von Derivat und Basiskomponente entfällt zukünftig. Wird entweder das Kriterium des Geschäftsmodells oder das Kriterium der Zahlungsströme nicht, so erfolgt die Folgebewertung zum **Fair Value**. Die **Fair Value Option** für hybride Vermögensgegenstände, wie nach IAS 39, ist nicht mehr anwendbar. Sofern der Basisvertrag (Financial Host) nicht in den Anwendungsbereich des IFRS 9 fällt, wie z.B. Versicherungs- oder Leasingverträge, sind die bisherigen Regelungen des IAS 39 zur Abspaltung eingebetteter Derivate anzuwenden. Ebenso gelten die Regelungen des IAS 39 für finanzielle Vermögenswerte (z.B. Swaps), deren **Fair Value** unter null sinkt. Diese Vermögensgegenstände werden dann zu Verbindlichkeiten.

5.8 Eigenkapital

5.8.1 Ansatz und Ausweis

In F. 49c und IAS 32.11 wird das **Eigenkapital** definiert als der nach Abzug aller Schulden verbleibende Restbetrag der Vermögenswerte eines Unternehmens. Es handelt sich um den Residualwert aus Vermögenswerten und Schulden. Die **Höhe des Eigenkapitals** ist insbesondere von den Ansatz- und Bewertungsregeln der übrigen Bilanzpositionen abhängig.

Das Eigenkapital ist in keinem dafür vorgesehen Standard geregelt. Hierbei ist auf die diversen Einzel-regelungen in den einzelnen Standards und auf das Framework zu verweisen. Die folgenden Standards stellen die wesentlichen IFRS-Vorschriften zum Eigenkapital dar:

1. **IAS 1:** „Darstellung des Abschlusses";
2. **IAS 32:** „Finanzinstrumente: Angaben und Darstellung";
3. **IAS 39:** „Finanzinstrumente: Ansatz und Bewertung";
4. **IAS 19:** „Leistungen an Arbeitnehmer".

Für den **Ausweis des Eigenkapitals** sieht IAS 1.68 keine Mindestgliederung vor. Somit wäre der Ausweis des gezeichneten Kapital und der Rücklagen im Einzelabschluss hinreichend. Die Übernahme der detail-lierten Gliederung des HGB ist somit möglich. Abweichungen zum HGB ergeben sich bei den verschie-den Sonderrücklagen, z.B. die Neubewertungsrücklage oder andere nicht erfolgswirksame Einkommens-bestandteile wie z.B. bei der Stichtagsbilanzierung von Finanzinstrumenten. Einen besonderen Ausweis dieser Sonderrücklagen sehen die IFRS nicht vor, da eine Erläuterung im Anhang im Zusammenhang mit der Eigenkapitalveränderungsrechnung als hinreichend angesehen wird.

5.8.2 Abgrenzung von Eigen- und Fremdkapital

Das HGB unterscheidet zwischen Eigenkapital und Fremdkapital nach dem **Merkmal der Haftungsquali-tät**. Gemäß IAS 32.15 ff. ist für die Qualifizierung als Eigen- oder Fremdkapital nicht die Haftungsqualität entscheidend, sondern die nachträgliche oder faktische Rückzahlungsverpflichtung.

Somit stellen vereinbarte Rückzahlungsverpflichtungen von stillem Beteiligungs- oder Genusskapital Fremdkapital dar. Auch stellt das Eigenkapital einer Personengesellschaft (offene Investmentfonds, Genos-senschaften) grundsätzlich Fremdkapital dar, da i.d.R. der Gesellschaftsvertrag den Gesellschaftern ein ordentliches (oder gesetzliches) Kündigungsrecht vorsieht, welches grundsätzlich zu einer Rückzahlungs-verpflichtung führt. Das kann dazu führen, dass das Fremdkapital zum fair value zu bewerten ist und somit die Gesellschafteransprüche auf der Grundlage des Unternehmenswertes zu bewerten sind. Um das Problem der Einordnung von Haftungskapital bei Personengesellschaften zu lösen, hat das IASB in Form eines amendment zu IAS 32, entgegen den bisherigen IFRS-Grundsätzen, eine Ausnahmeregelung geschaf-fen. Allerdings ist im Anhang die Abweichung von der Bilanzierungsnorm zu begründen. Folgend dem amendment zu IAS 32 sind kündbare Finanzinstrumente ausnahmsweise als Eigenkapital zu bilanzieren, wenn es sich um Kapital der letzten Rangklasse handelt und alle Instrumente dieser Rangklasse die glei-chen Ansprüche haben. Weiterhin dürfen die Inhaber dieser kündbaren Finanzinstrumente während der Laufzeit keinen Anspruch auf Zahlungen haben, die nicht abhängig vom Gewinn, von der Änderung des realisierten Nettovermögens oder von Änderungen des Zeitwertes sind.

5.8.3 Eigene Anteile

Die **Bilanzierung eigener Anteile** wird in IAS 32.33 geregelt. Danach findet im Zeitpunkt des Erwerbs der eigenen Anteile eine erfolgsneutrale Kürzung des Eigenkapitals um die Anschaffungskosten der eigenen Anteile statt.

Allerdings existieren drei Darstellungs- bzw. Ausweisalternativen:

1. **Cost-Method**

   Nach dieser Methode erfolgt der Ausweis der Anschaffungskosten der erworbenen eigenen Anteile in einer eigenständigen Korrektur- und Abzugsposition im Eigenkapital, ohne Aufteilung auf die einzelnen Eigenkapitalarten.

2. **Par-Value-method**

   Bei dieser Methode findet eine Zuordnung der Anschaffungskosten der eignen Anteile zu den einzelnen Eigenkapitalbestandteilen statt. Liegt der Preis der eigenen Anteile über den historischen Ausgabekurs so lautet der Buchungssatz:

Gezeichnetes Kapital

Kapitalrücklage

Gewinnrücklage   an   Bank

Liegt der Rückkaufspreis der eigenen Anteile unter dem historischen Ausgabekurs, ist i.H.d. gezeichneten Kapital sowie des ursprünglichen Agio das gezeichnete Kapital und die Kapitalrücklage zu verringern.

3. **Verrechnung der Kosten der eigenen Anteile mit jeder Eigenkapitalkategorie (analog der Par-Value-Method).**

5.8.4 Mitarbeiteroptionen (Stock-Options)

Stock Options und andere aktienorientierte Vergütungsformen stellen i.d.R. ein Bestandteil der Entlohnung für Mitarbeiter dar. Eine derartige Entlohnung ist gemäß IFRS 2 „Aktienbasierte Vergütung" zu bilanzieren. IFRS 2 hat folgende zentrale Aussagen zum Inhalt:

1. Der Wert von Mitarbeiteroptionen ist zwingend als Personalaufwand zu erfassen;
2. Für die Bemessung des Gesamtaufwands sind die Verhältnisse am Zusagedatum (grant date) zu Grunde zu legen;
3. Der Gesamtaufwand ist auf den Zeitraum zwischen Optionszusage und dem Datum, an dem das Optionsrechts unwiderruflich wird (vesting date) zu verteilen.

Gemäß IFRS 2.10 ermittelt sich der Personalaufwand zum Zeitpunkt der Zusage durch den beizulegenden Zeitwert der Option. Der **Zeitwert der Option** ist die Differenz zwischen ihrem Gesamtwert und ihrem inneren Wert.

Bei der **Ermittlung des Gesamtwertes einer Option**, welche Chancen und Risiken von Kursveränderungen bis zu Ablauf der Ausübungsfrist gegenüber dem aktuellen Tageskurs berücksichtigt, erfolgt grundsätzlich nach den anerkannten **Optionspreismodellen nach Black-Scholes-Morton** oder dem **Binominalmodell** (Anhang B4 ff. zu IFRS 2). Die Differenz zwischen dem Tageskurs der Aktie und dem Basispreis der Option stellt den **inneren Wert der Option** dar.

Gemäß IFRS 2.B6 haben alle **Optionspreismodelle** mindestens die folgenden Faktoren zu berücksichtigen:

1. Den Ausübungspreis der Option;
2. Die Laufzeit der Option;
3. Den aktuellen Kurs der zugrunde liegenden Aktien;
4. Die erwartete Volatilität des Aktienkurses;
5. Die erwarteten Dividenden auf die Aktien (falls zutreffend);
6. Den risikolosen Zins für die Laufzeit der Option.

Der Gesamtwert ist linear unter Berücksichtigung einer erwarteten Anpassung der Anzahl der ausgeübten Optionen auf die Sperrfrist, verteilt als Personalaufwand zu erfassen.

Beispiel: Das neue Vorstandsmitglied der Shareholder AG soll neben seinem Festgehalt eine variable Vergütung in Form einer aktienorientierten Mitarbeiteroption (stock option) erhalten. Daher wird dem neuen Vorstandmitglied am 01.01.2010, unter der Voraussetzung, dass dieser mindestens drei Jahre im Unternehmen verbleibt, eine Option eingeräumt ab dem 01.01.2013 zum Optionsausübungspreis von 10 € pro Aktie (Nennwert 1 €) 10.000 Aktien der Shareholder AG zu erwerben. Der Zeitwert der Option wird mittels den anerkannten Optionspreismodellen nach Black-Scholes-Morton auf 3 € geschätzt.

Aufgabe: Die Shareholder AG bittet um Ihre Unterstützung für eine korrekt buchhalterische Abbildung der Mitarbeiteroption zum 31.12.2010.

Lösung: Die eingeräumte Aktienoption ist eine Vergütungskomponente und ist als Personalaufwand über den Erdienungszeitraum vom 01.01.2010 bis 31.12.2013 zu erfassen. Die Bewertung der Option hat zum Zeitpunkt der Zusage der Option mit dem beizulegenden Zeitwert (fair value) zu erfolgen

> (IFRS 2.10). Der über drei Jahre zu erfassende Personalaufwand ermittelt sich aus dem Produkt der ausgegebenen Optionen (10.000 Stück) und dem beizulegenden Zeit (12 €) zum Ausübungszeitpunkt. Der Personalaufwand i.H.v. 120.000 € ist linear über den Erdienungszeitraum von drei Jahren wie folgt buchhalterisch zu erfassen:
>
> Personalaufwand 40.000 €   an   Kapitalrücklage 40.000 €

Bei **virtuellen Optionen (stock appreciation rights)** gibt ein Unternehmen Wertpapiere oder Optionen nicht tatsächlich an die Mitarbeiter aus. Stattdessen teilt es ihnen Aktien nur zu und zahlt kursbedingte Wertsteigerungen an sie aus. Eine Vergütung erfolgt in der Höhe, in der der Kurs- und Basispreis zum Zusagedatum denjenigen zum vesting date überschreitet.

5.8.5 Neubewertungsrücklage

Die IFRS erlauben oder fordern i.R.d. Folgebewertung die **Anwendung der Neubewertungsmethode** wie beispielsweise IAS 16, 36, 38, 39 und 40.

Ergeben sich bilanzielle Bewertungen, die über dem Buchwert liegen, so ist der Unterschiedsbetrag bei Anwendung der Neubewertungsmethode erfolgsneutral im Eigenkapital zu erfassen. Diese Eigenkapitalposition wird häufig als **other comprehensive income (oci)** bezeichnet, in Anlehnung an die US-GAAP, obwohl der Begriff des other comprehensive income keinmal in den IFRS erwähnt wird. Soweit durch eine Neubewertung i.R.d. Folgebewertung ein zuvor aufgewerteter Vermögenswert zu vermindern ist, wird die zuvor bilanziell erfasste Neubewertungsrücklage in einem ersten Schritt bis zu den fortgeführten Anschaffungs- oder Herstellungskosten erfolgsneutral aufgelöst. Liegt der Zeitwert unter den fortgeführten Anschaffungs- und Herstellungskosten, ist in einem zweiten Schritt ein **ergebniswirksamer Wertminderungsaufwand** zu erfassen. Bei Abgängen wie beispielsweise durch Veräußerung des neu bewerteten Vermögenswertes ist die Neubewertungsrücklage vollständig erfolgsneutral in den Gewinnrücklagen zu erfassen. Es erfolgt somit lediglich ein Passivtausch. Grundsätzlich ist die Neubewertungsrücklage um den Anteil der latenten Steuern (s. Kapitel 5.11) zu verrechnen.

5.9   Rückstellungen

5.9.1   Anwendungsbereich des IAS 37

IAS 37 „Rückstellungen, Eventualverbindlichkeiten und Eventualforderungen" regelt die **Bilanzierung von Rückstellungen (provisions), Eventualverbindlichkeiten (contingent liabilities) und Eventualforderungen (contingent assets)**. Rückstellungen bilden gemeinsam mit den Verbindlichkeiten das Fremdkapital eines Unternehmens und sind Schulden, die am Bilanzstichtag bezüglich ihrer Höhe und/oder ihrer Fälligkeit ungewiss sind.

Von dem sachlichen Anwendungsbereich von IAS 37 sind explizit ausgeschlossen die Rückstellungsarten wie beispielsweise **Rückstellungen**:

1. Leistungen an Arbeitnehmer (IAS 19);
2. Leasingverhältnisse (IAS 17), sofern es nicht um belastende Verträge seitens des Leasinggebers handelt;
3. Passive latente Steuern (IAS12);
4. Langfristige Fertigungsaufträge (IAS 11);
5. Verpflichtungen von Versicherungsunternehmen aus Versicherungsverträgen (IFRS 4).

5.9.2   Ansatz von Rückstellungen

Eine Rückstellung ist nach IAS 37.10 eine Schuld, die bezüglich ihrer Fälligkeit oder ihrer Höhe ungewiss ist. Eine Schuld ist eine gegenwärtige Verpflichtung des Unternehmens, die aus Ereignissen der Vergangenheit entsteht und deren Erfüllung für das Unternehmen erwartungsgemäß mit einem Abfluss von Ressourcen verbunden ist.

Folgende **Voraussetzungen für die Bilanzierung von Rückstellungen dem Grunde nach** sind gemäß IAS 37.14 zwingend zu beachten:

1. Es besteht für das Unternehmen aus einem vergangenen Ereignis eine rechtliche oder faktische Verpflichtung gegenüber einem Außenstehenden;

2. Es ist wahrscheinlich, dass die Erfüllung dieser Verpflichtung einem Ressourcenabfluss mit wirtschaftlichem Nutzen führt;

3. Eine zuverlässige Schätzung der Höhe der Verpflichtung ist möglich.

Eine **rechtliche Verpflichtung** ist gemäß IAS 37.10 eine Verpflichtung, die sich ableitet aus:

1. einem Vertrag (auf Grund seiner expliziten oder impliziten Bedingungen);

2. Gesetzen oder

3. sonstigen unmittelbaren Auswirkungen von Gesetzen.

Eine **faktische Verpflichtung** ist gemäß IAS 37.10 eine aus den Aktivitäten eines Unternehmens entstehende Verpflichtung, wenn:

1. das Unternehmen durch sein bisher übliches Geschäftsgebaren, öffentlich angekündigte Maßnahmen oder eine ausreichend spezifische, aktuelle Aussage anderen Parteien gegenüber die Übernahme gewisser Verpflichtungen angedeutet hat und

2. das Unternehmen dadurch bei den anderen Parteien eine gerechtfertigte Erwartung geweckt hat, dass es diesen Verpflichtungen nachkommt.

In diesem Zusammenhang ist die **Schuldendefinition des Frameworks** zu beachten. Diese setzt eine gegenwärtige Außenverpflichtung und einen Ressourcenabfluss voraus. Somit können Aufwandrückstellungen nicht Gegenstand eine Rückstellungsbildung nach den IFRS sein, sondern lediglich eine Außen- bzw. Drittverpflichtung beinhalten.

Beispiel: Im November 2012 bringt die Handy AG ein neues Modell auf den Markt, das sich binnen kürzester Zeit großer Beliebtheit erfreut. Entsprechend der allgemeinen Geschäftsbedingungen gewährt das Unternehmen für jedes Modell eine Mindestgarantie von 6 Monaten. Bis zum 31.12.2012 gehen keine Reklamationen ein.

Lösung: Es liegt eine rechtliche (vertragliche) Verpflichtung **(legal obligation)** vor, die auch gerichtlich durchgesetzt werden könnte. Diese Verpflichtung resultiert aus einem vergangenen Ereignis. Das zweite zu erfüllende Kriterium verlangt eine zuverlässige Schätzung der Verpflichtung. Diese ist in jedem Fall gegeben, da sie sich im Zweifel aus vergangenen Einführungen von neuen Modellen ableiten lässt. Die Höhe der Rückstellung ist auf best estimate Basis (**beste Schätzung**) zu ermitteln. In diesem Fall könnte eine **Bewertung nach dem Erwartungswert (expected value)** erfolgen. Hierbei sind die verschiedenen Werte mit ihrer Eintrittswahrscheinlichkeit zu gewichten. Es ist aber auch eine Bewertung anhand der Kosten bei früheren Modelleinführungen denkbar.

Beispiel: Auf einer Bohrinsel in der Südsee werden sich bis zum Ende der Nutzungsdauer jährlich etwa 100 Tonnen eines hochgiftigen Ölschlamms im Innern des Bohrturms abgelagert haben. Eine gesetzliche Verpflichtung für eine umweltgerechte Entsorgung besteht nicht. Bisher hatte die Ölfunzel AG Bohrinseln stets umweltgerecht entsorgt. Die Ölfunzel AG erwägt aufgrund ihrer derzeit sehr schlechten finanziellen Lage nach Einstellung der Ölförderung die Bohrinsel im Meer zu versenken, ist sich aufgrund der zu erwartenden erheblichen negativen Medienwirkung diesbezüglich aber noch nicht sicher. Ebenso wird aufgrund von ähnlich gelagerten Fällen in Europa (s. Brent-Spar 1995) davon ausgegangen, dass sich der Umsatz der Ölfunzel AG erheblich reduzieren würde, da einige Kunden das Produkt der Ölfunzel AG dann nicht mehr kaufen würden. Die Alternative, die Entsorgung von 600 Tonnen dieses Schlamms, hat auf einer anderen Bohrinsel 75.000 € je Tonne gekostet.

Lösung: Eine rechtliche Verpflichtung, die eine Rückstellung zur Folge hätte, besteht nicht. Zu fragen ist, ob eine faktische Verpflichtung (constructive obligation) vorliegt. Hierbei muss das Unternehmen aufgrund der möglichen negativen Folgen dazu gezwungen sein, die Verpflichtung zu erfüllen. Das kann in diesem Fall unterstellt werden, sodass eine Rückstellung zu bilden ist. Auch wenn die Auffassung vertreten werden konnte, dass das Kundenverhalten und das Umweltbewusstsein in der Südsee nicht das gleiche wie in Europa ist, so hat die Ölfunzel AG mit ihrer stets umweltbewussten Entsorgung in der Öffentlichkeit entsprechende Erwartungen geweckt und sich somit verpflichtet. Die Höhe der Rückstellung ist durch eine zuverlässige Schätzung am Bilanzstichtag zu bestimmen. Die beste Schätzung (best estimate) entspricht hier dem Betrag, der für einen ähnlichen Fall aufgewendet wurde, wobei ein möglicher Mehraufwand zu berücksichtigen ist. Damit beläuft sich die Höhe der Rückstellung auf 45.000.000 € (600 t x 75.000 €/t).

Rückstellungsarten (IAS 37)

Außenverpflichtungsgebot, keine Aufwandsrückstellung

Provision/accruals

Verbindlichkeitsrückstellungen

Charakterisierung IAS 37:

- Rechtliche oder faktische Verpflichtung gegenüber einer anderen Partei aufgrund eines vergangenen Ereignisses
- Höhe und/oder Eintrittszeitpunkt der Vermögensbelastung unsicher – aber zuverlässige Schätzung der Höhe ist möglich

Accruals:

Verbindlichkeit steht dem Grunde nach fest.
Unsicherheit besteht bezüglich Höhe und Zeitpunkt.

Beispiele:

Rückstellungen für
- Jahresabschlusskosten und Prüfung
- Mitglieds- und Berufsgenossenschaftsbeiträge
- Buchungskosten
- Urlaubsansprüche, Weihnachtsgeld

Provisions:

Unsicherheit bezüglich Grund, Höhe und Zeitpunkt

Beispiele:

Rückstellungen für
- Rekultivierung
- Altlastensanierung
- Drohende Verluste aus schwebenden Geschäften
- Steuern und öffentliche Abgaben

Contingent liabilities

Eventualverbindlichkeiten

„Under IAS 37, the term contingencies is reserved for those potential obligations which are not to be accrued and formally reported in the balance sheet. In other words, contingencies that are not remote must be disclosed in the notes."

Charakterisierung IAS 37:

- Mögliche Verpflichtung
- Am Bilanzstichtag noch nicht hinreichend konkretisiert

Beispiele:

- Ausfallrisiken bei Forderungen
- Schadensrisiko infolge Feuer o.ä.
- Prozessrisiken aus anhängigen oder drohenden Rechtsstreitigkeiten
- Gewährleistungsrisiken
- Haftungsrisiken

Abb. 32: Rückstellungsarten

5.9.3 Abgrenzung zu sonstigen Schulden und Eventualverbindlichkeiten

IAS 37.11 trifft in der **Abgrenzung zwischen Rückstellungen und Verbindlichkeiten** eine Unterscheidung zwischen provisions und accruals. Provisions sind Rückstellungen bei denen hinsichtlich des Grunds, der Höhe oder des Zeitpunkts der Verpflichtung Unsicherheit besteht. Accruals sind Verbindlichkeiten die sich von sonstigen Schulden, wie z.B. Verbindlichkeiten aus Lieferungen und Leistungen sowie abgegrenzten Schulden dadurch unterscheiden, dass bei ihnen Unsicherheiten hinsichtlich des Zeitpunkts oder der Höhe der künftig erforderlichen Ausgaben bestehen.

Gemäß IAS 37.27 ff. ist eine **Eventualverbindlichkeit** im Anhang anzugeben und somit nicht passivierungsfähig, sofern der Abfluss von Ressourcen mit wirtschaftlichem Nutzen nicht unwahrscheinlich sowie keine verlässliche Schätzung der Verpflichtung möglich ist. Unter der Zugrundelegung der Wahrscheinlichkeitsdefinition von über 50 % Eintrittswahrscheinlichkeit (more likely than not) sind bei einer Eintrittswahrscheinlichkeit unter 50 % folgende Anhangsangaben i.R.d. **Eventualverbindlichkeit** vorzunehmen:

1. Beschreibung der Eventualverbindlichkeit;
2. Schätzung der finanziellen Auswirkungen;
3. Unsicherheitsangabe hinsichtlich Betrag und/oder Fälligkeit;
4. Möglichkeiten der Erstattung.

Die herrschende Meinung spricht von einer Eventualverbindlichkeit bei einer Eintrittswahrscheinlichkeit zwischen 10 % und 50 % (s. Abb. 32).

5.9.4 Bewertung von Rückstellungen

Der Maßstab für die **Bewertung von Rückstellungen** ist die **bestmögliche Schätzung (best estimate) des Erfüllungsbetrags**. Die IFRS geben keine konkreten Erläuterungen zu diesem Bewertungsmaßstab. Der Wert der bestmöglichen Schätzung kann als jener Betrag verstanden werden, den das Unternehmen bei vernünftiger kaufmännischer Betrachtung zahlen würde, um die Verpflichtung zu begleichen oder diese auf einen Dritten zu übertragen (IAS 37.37).

Für die **bestmögliche Schätzung** sind neben den allgemeinen Bewertungsgrundsätzen folgende wesentlichen **Bewertungshinweise** zu beachten:

1. Berücksichtigung von Risiken und Unsicherheiten unter Beachtung der Vorsicht;
2. Beachtung künftiger Ereignisse;
3. Abzinsungsgebot für die Bestimmung der wirtschaftlichen Belastung;
4. Berücksichtigung von Erstattungsansprüchen.

Infolge der Unsicherheiten hinsichtlich der Höhe der Rückstellungen müssen die Rückstellungen auf der Grundlage der erwarteten Risiken und Unsicherheiten unter Beachtung des Vorsichtsprinzips geschätzt werden. Dem **Vorsichtsprinzip** kommt im Handelsrecht eine große Bedeutung zu. Im Gegensatz dazu wird das Vorsichtsprinzip bei der Bewertung von Rückstellungen nach IFRS nicht so streng ausgelegt, auch wenn die Beachtung der Risiken und Unsicherheiten die Schätzung eines erhöhten Rückstellungsbetrags zur Folge hat.

Die Unsicherheit bezüglich Fälligkeit und Höhe einer Rückstellung bezieht sich in vielen Fällen auf den Eintritt oder Nichteintritt künftiger Ereignisse (**future events**), wie z.B. technologische Veränderungen. Künftige Ereignisse sind nach IAS 37.38, sofern sie sich auf den Erfüllungsbetrag auswirken, im Rückstellungsbetrag auszuweisen; stets unter der Voraussetzung, dass es ausreichende objektive, substanzielle Hinweise auf ihren Eintritt gibt.

Die Schätzung des Erfüllungsbetrags wird vom Management auf der Basis von Erfahrungswerten, die sich auf Ereignisse in der Vergangenheit stützen, vorgenommen. Bei der Bemessung der Rückstellung sind wertaufhellende Hinweise im Zusammenhang mit Ereignissen nach dem Bilanzstichtag zu berücksichtigen (IAS 37.38).

Ist Gegenstand der Rückstellung eine große Anzahl von Vorgängen, für die Eintrittswahrscheinlichkeiten angegeben werden können, gilt gemäß IAS 37.39 Folgendes:

1. Betrifft der zu bewertende Sachverhalt eine große Anzahl ähnlicher Geschäftsvorfälle (z.B. Garantierückstellungen), wird die Verpflichtung durch Gewichtung aller möglichen Ereignisse mit den damit verbundenen Wahrscheinlichkeiten geschätzt (Erwartungswertmethode);

2. Besteht eine Bandbreite von möglichen Ereignissen und sind die einzelnen Beträge gleich wahrscheinlich, ist der Mittelwert der Bandbreite zu verwenden. Bei der Bewertung einzelner Verpflichtungen dürfte der Wert mit der höchsten Eintrittswahrscheinlichkeit den besten Schätzwert der Schuld darstellen.

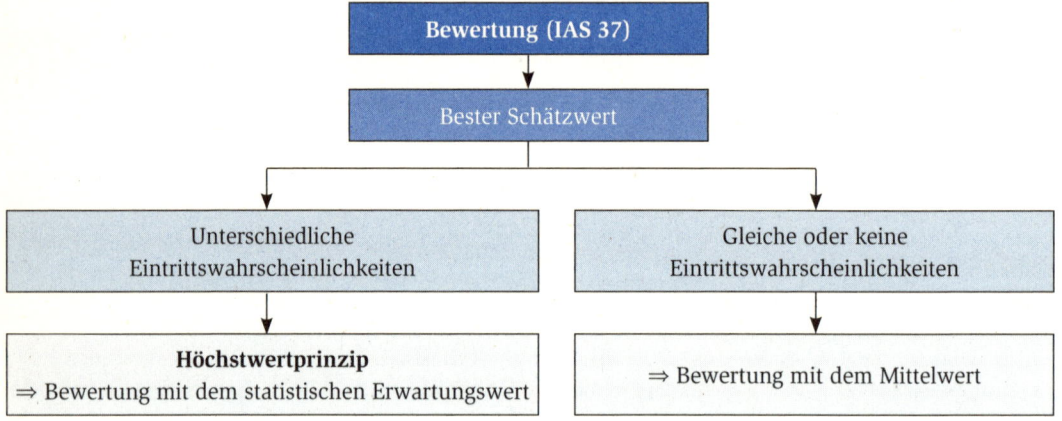

Beispiel zur Bewertung von provisions/accruals			
Fall A – ungleiche Wahrscheinlichkeiten –		**Fall B** – gleiche Wahrscheinlichkeiten –	
p1 = 0,7	p2 = 0,3	p1 = 0,5	p2 = 0,5
Belastung: 100.000 €	**Belastung:** 50.000 €	**Belastung:** 100.000 €	**Belastung:** 50.000 €
Provision = 85.000 € (gewichteter Wert)		Provision = 75.000 € (Mittelwert)	

Abb. 33: Ermittlung des Schätzwertes einer Rückstellung

Neben der bestmöglichen Schätzung des Erfüllungsbetrages sieht IAS 37.45 eine **Abzinsungspflicht für Rückstellungen vor, sofern der Effekt einer Abzinsung wesentlich ist**. Entscheidungsparameter zur Beurteilung der Wesentlichkeit sind die Fristigkeit, die absolute Höhe der Verpflichtung und der Zinssatz. Grundsätzlich wird der Abzinsungseffekt bei größeren Beträgen bei kürzeren Laufzeiten und bei kleineren Beträgen bei längeren Laufzeiten wesentlich sein.

Beispiel: Im Geschäftsjahr 1 ist bei dem Unternehmen A ein rückstellungsfähiger Schaden eingetreten, der im Geschäftsjahr 4 voraussichtlich zu erfüllen sein wird. In den kommenden Jahren wird von der folgenden Kostensteigerung ausgegangen (Annahme: Konstanter Zinssatz (4 %) und konstante Schätzung)

Geschäftsjahr	1	2	3	4
Kosten in T€	100,00	105,00	112,00	120,00

Welche Buchungen haben am jeweiligen Stichtag zu erfolgen?

Lösung in €:

Geschäftsjahr	1	2	3	4
Erfüllungsbetrag	120,00	120,00	120,00	120,00
Barwert (4 %)	106,68	110,95	115,38	120,00
Sonstiger Aufwand	120,00	–	–	–
Zinsertrag	13,32	–	–	–
Zinsaufwand	–	4,27	4,42	4,62

Geschäftsjahr 1:

Aufwand 120 T€	an	Rückstellung	106,68 T€
	an	Zinsertrag	13,32 T€

Geschäftsjahr 2:

Aufwand	an	Rückstellung	4,27 T€

Geschäftsjahr 3:

Aufwand	an	Rückstellung	4,43 T€

Geschäftsjahr 4:

Aufwand	an	Rückstellung	4,62 T€
Rückstellung	an	Geldkonto	120,00 T€

Rückgriffsansprüche, bei denen es nahezu sicher ist, dass der Dritte den Ausgleich leisten wird, sind in der Bilanz grundsätzlich als Vermögenswert auszuweisen. Sie dürfen nicht mit ungewissen Verbindlichkeiten saldiert werden. Die Höhe des Vermögenswertes darf laut IAS 37.53 dabei den entsprechenden Rückstellungsbetrag nicht übersteigen. In der Gewinn- und Verlustrechnung dürfen die Erfolgswirkungen jedoch saldiert ausgewiesen werden (IAS 37.54).

5.9.5 Restrukturierungsrückstellungen

Die Frage einer **Restrukturierungsrückstellung** stellt sich im Zusammenhang einer Sanierung sowie der Aufgabe oder Schließung sowie Umorganisierung eines Geschäftsbereiches. So können u.a. Restrukturierungskosten wie Abwicklungskosten oder Abfindungen der Mitarbeiter entstehen.

Eine **Rückstellung für Restrukturierungsaufwand** ist zu bilanzieren, wenn die allgemeinen Ansatzkriterien für Rückstellungen erfüllt werden. Während rechtliche Verpflichtungen grundsätzlich klar abzugrenzen sind, stellt sich hier die Frage, wann eine faktische Verpflichtung vorliegt.

Gemäß IAS 37.72 entsteht eine **faktische Verpflichtung zur Restrukturierung** nur, wenn ein Unternehmen:

1. einen detaillierten, formalen Restrukturierungsplan hat, in dem zumindest die folgenden Angaben enthalten sind:
    a) Der betroffene Geschäftsbereich oder Teil eines Geschäftsbereichs;
    b) Die wichtigsten betroffenen Standorte;
    c) Standort, Funktion und ungefähre Anzahl der Arbeitnehmer, die für die Beendigung ihres Beschäftigungsverhältnisses eine Abfindung erhalten werden;
    d) Die entstehenden Ausgaben;
    e) Den Umsetzungszeitpunkt des Plans.

2. bei den Betroffenen eine gerechtfertigte Erwartung geweckt hat, dass die Restrukturierungsmaßnahmen durch den Beginn der Umsetzung des Plans oder die Ankündigung seiner wesentlichen Bestandteile den Betroffenen gegenüber durchgeführt wird.

Gemäß IAS 37.73 wären substanzielle Hinweise für den **Beginn der Umsetzung eines Restrukturierungsplans** in einem Unternehmen die Demontage einer Anlage oder der Verkauf von Vermögenswerten oder die öffentliche Ankündigung der Kernpunkte des Plans. Eine öffentliche Ankündigung eines detaillierten Restrukturierungsplans stellt nur dann eine faktische Verpflichtung zur Restrukturierung dar, wenn dieser ausreichend detailliert ist, sodass bei anderen Parteien wie bei Kunden, Lieferanten und Mitarbeitern (oder deren Vertreter) gerechtfertigte Erwartungen geweckt werden, dass das Unternehmen die Restrukturierung durchführen wird.

IAS 37.74 sieht als Voraussetzung dafür vor, dass ein Plan durch die Bekanntgabe an die Betroffenen zu einer faktischen Verpflichtung führt, dass der Beginn der Umsetzung zum frühestmöglichen Zeitpunkt geplant ist und in einem Zeitrahmen vollzogen wird, der bedeutende Änderungen am Plan unwahrscheinlich erscheinen lässt. Wenn der Beginn der Restrukturierungsmaßnahmen erst nach einer längeren Verzögerung erwartet wird oder ein unverhältnismäßig langer Zeitraum für die Durchführung vorgesehen ist, ist es unwahrscheinlich, dass der Plan die gerechtfertigte Erwartung einer gegenwärtigen Bereitschaft des Unternehmens zur Restrukturierung weckt, denn der Zeitrahmen gestattet dem Unternehmen, Änderungen am Plan vorzunehmen.

Allein durch einen **Restrukturierungsbeschluss des Managements oder eines Aufsichtsorgans** vor dem Bilanzstichtag entsteht gemäß IAS 37.75 noch keine faktische Verpflichtung zum Bilanzstichtag, sofern das Unternehmen nicht vor dem Bilanzstichtag:

1. mit der Umsetzung des Restrukturierungsplans begonnen hat oder
2. den Betroffenen gegenüber die Hauptpunkte des Restrukturierungsplans ausreichend detailliert mitgeteilt hat und somit die gerechtfertigte Erwartung weckt, dass die Restrukturierung von dem Unternehmen durchgeführt wird.

Beginnt ein Unternehmen mit der Umsetzung eines Restrukturierungsplans erst nach dem Bilanzstichtag oder werden den Betroffenen die Kernpunkte des Restrukturierungsplanes erst nach dem Bilanzstichtag angekündigt, ist eine Angabe gemäß IAS 10 „Ereignisse nach der Berichtsperiode" erforderlich, sofern die Restrukturierung wesentlich und deren unterlassene Angabe die wirtschaftliche Entscheidung beeinflussen könnte, die Adressaten auf der Grundlage des Abschlusses treffen.

5.9.6 Pensionsrückstellungen und ähnliche Leistungen

In IAS 19 „Leistungen an Arbeitnehmer" werden die Bilanzierungsvorschriften für Leistungen an Arbeitnehmer, insbesondere die betriebliche Altersversorgung, geregelt. Dabei werden gemäß IAS 19.4 folgende **betriebliche Altersvorsorgeformen (Pensionen)** unterschieden:

1. **Beitragsorientierte Pensionspläne (defined benefit plan)**;
2. **leistungsorientierte Pensionspläne (definied contribution plan)**.

Bei beitragsorientierten Pensionsplänen zahlt der Arbeitgeber für den Arbeitnehmer die Beiträge (Direktversicherung). Mit Eintritt des Pensionsalters erhält der Arbeitnehmer von der Versicherung eine Pension. Die laufenden Pensionsbeträge des Arbeitgebers stellen Aufwand dar. Rückständige Beträge oder vorausbezahlte Beträge sind entsprechend abzugrenzen (**deferred income bzw. deferred expenses**).

Die Frage der Pensionsrückstellung stellt sich nur bei **leistungsabhängigen Pensionszusagen**, die u.a. als Direktzusage des Arbeitgebers ausgestaltet sein können, da insbesondere die Höhe der zukünftigen Pension aufgrund der folgenden Variablen mit Schätzproblemen behaftet ist (IAS 19.64–IAS 19.91):

1. Treffen von Annahmen über die Lebenserwartung;
2. Ermittlung eines angemessenen Zinssatzes;

3. Berücksichtigung zukünftiger Gehalts- und Karrieretrends sowie Fluktuation- und Invalidisierungsraten (Frühpensionierung);
4. Verteilung der Leistungsverpflichtung zum Barwert der bereits erarbeiteten künftigen Pensionsleistungen.

Beim **Ausweis der Höhe der Pensionsrückstellung** ist zu berücksichtigen, dass die Rückstellungen unter den folgenden Voraussetzungen mit dem Planvermögen zu verrechnen ist (IAS 19.102 bis IAS 19.104):

1. Die Finanzierung der Pensionsleistungen erfolgt über rechtlich selbstständige Einheiten (Fonds), deren Vermögen und Erträge außerhalb der Verfügungsgewalt des Unternehmens und des Zugriffs der Gläubiger liegt (insolvenzsicher);
2. Ist das Unternehmen außerdem weder rechtlich noch faktisch dazu verpflichtet Leistungen unmittelbar an der Arbeitnehmer zu zahlen, soweit bzw. solange ausreichendes Vermögen im Fonds vorhanden ist, so qualifizieren sich die Vermögenswerte des Fonds als Planvermögen und sind zwingend mit den Pensionsverpflichtungen zu saldieren (IAS 19.102).

Das **Planvermögen** ist mit dem beizulegenden Wert anzusetzen. Ist ein Marktwert nicht ermittelbar, so ist der beizulegende Wert mithilfe der **Discounted Cashflow-Methode** zu schätzen. Ist der Wert des Planvermögens größer als der Wert der Pensionsrückstellungen, so ist dieser auf der Aktivseite auszuweisen. Neben dem bilanziellen Nettoausweis erfolgt eine Saldierung von Aufwendungen und Erträgen der Pensionsrückstellungen und des Planvermögens in der Gewinn- und Verlustrechnung.

Die Behandlung anderer langfristiger Leistungen an Arbeitnehmer, wie **Jubiläumsleistungen**, sind gemäß IAS 19.126 ff. grundsätzlich den gleichen Regelungen wie die Bilanzierung von Pensionsrückstellungen zu unterwerfen.

5.9.7 Fallstudie: Restrukturierungsrückstellungen

Sachverhalt: In der Sitzung der Geschäftsleitung der A-AG am 20.12.2012 wurde beschlossen, einen Geschäftszweig stillzulegen. In der betroffenen Sparte sind 30 Mitarbeiter beschäftigt. Die ausschließlich durch die Restrukturierung unausweichlich entstehenden Kosten werden auf 500.000 € geschätzt. Als Ergebnis der Sitzung wurde ein detaillierter Restrukturierungsplan erstellt, der die betroffenen Bereiche, Standorte, die erwartete Zahl abzufindender Mitarbeiter, deren Funktion, die entstehenden Kosten sowie den Umsetzungszeitpunkt des Planes enthält. Die Umsetzung soll im Januar 2003 beginnen und bis April 2013 abgeschlossen sein.

Aufgaben: Ist eine Restrukturierungsrückstellung zu bilden, wenn:
a) die Geschäftsleitung sicher ist, dass die Restrukturierung tatsächlich erfolgen wird, aus Rücksicht auf die Mitarbeiter die Pläne aber bis nach dem Weihnachtsurlaub geheim halten möchte und erst Anfang Januar bekannt gibt?
b) die betroffenen Mitarbeiter am 28.12.2012 über die Pläne informiert wurden?
c) die betroffenen Mitarbeiter erst in 2013 informiert werden sollen, die Restrukturierung jedoch vom Aufsichtsrat zu genehmigen ist? Der Aufsichtsrat diskutiert den Sachverhalt in der Aufsichtsratssitzung am 28.12.2002 und beschließt die Durchführung des Plans.

Lösung: Auch für den Ansatz von Restrukturierungsrückstellungen müssen die allgemeinen Ansatzkriterien erfüllt sein. In IAS 37.70 ff. erfolgt lediglich eine Konkretisierung der allgemeinen Ansatzkriterien für den Fall der Restrukturierungsrückstellung:
a) Die Voraussetzungen einer faktischen Verpflichtung nach IAS 37.72 (a) sind mit der Ausarbeitung des detaillierten Planes erfüllt. Da die Pläne aber geheim gehalten werden, kann bei den Betroffenen keine Erwartung geweckt worden sein, was aber nach IAS 37.72 (b) ebenfalls Voraussetzung wäre. Eine Rückstellung ist somit nicht zu bilanzieren (ggf. kann eine Angabe gemäß IAS 37.75 nach IAS 10, Ereignisse nach dem Bilanzstichtag, erforderlich sein).

> **b)** Die Voraussetzungen des IAS 37.72 sind nun erfüllt. Es kam durch die Bekanntgabe zu einer faktischen Verpflichtung, da der Beginn zum frühest möglichen Zeitpunkt geplant ist und die Restrukturierung in einem Zeitrahmen vollzogen wird, der bedeutende Änderungen am Plan gemäß IAS 37.74 unwahrscheinlich erscheinen lässt.
>
> **c)** Durch die Bekanntgabe der Pläne an den Aufsichtsrat sind gemäß IAS 37.77 auch Arbeitnehmervertreter über die Pläne informiert. Sind die übrigen Voraussetzungen ebenfalls gegeben, kann auch daraus eine faktische Verpflichtung entstehen.

5.9.8 Aktuelle Entwicklung des IAS 37

In der bisherigen Fassung von IAS 37 werden die grundlegenden Begriffe **Provision (Rückstellung)** und **contingent liability (Eventualschuld)** unterschieden. Der am 30.06.2005 veröffentlichte Standardentwurf zur Änderung der Rückstellungsbilanzierung vermeidet die Verwendung dieser Begriffe und ersetzt sie durch den Begriff der **non financial liability**. Das bedeutet, dass IAS 37 in Zukunft auf alle non financial liabilities anzuwenden ist, die nicht in den Anwendungsbereich eines anderen Standards fallen. Provisions sollen zukünftig unter dem inhaltlich weiter gefassten Begriff der non financial liabilities subsumiert werden.

Die nicht passivierbaren Eventualschulden sollen künftig nicht mehr als contingent liabilities, sondern als **conditional obligations (bedingte Verpflichtungen)** bezeichnet werden. Das IASB stellt damit begrifflich klar, dass eine Verpflichtung im bilanziellen Sinne nur dann liability zu nennen ist, wenn sie gegenwärtig besteht. Vor diesem Hintergrund soll eine Umbenennung von IAS 37 in „Non Financial Liabilities" vorgenommen werden. Nach den geplanten Änderungen des ED IAS 37 besteht eine Bilanzierungspflicht für Rückstellungen, wenn diese die Definition einer Schuld gemäß Framework erfüllen und verlässlich bewertbar sind (ED IAS 37.11). Damit ist als Ansatzvoraussetzung weiterhin das Vorliegen einer gegenwärtigen Verpflichtung aus einem Ereignis der Vergangenheit nötig. Gefordert wird nicht mehr zusätzlich die Wahrscheinlichkeit des Bestehens der Verpflichtung.

Nach aktuellen Ansatzkriterien sind nicht nur gegenwärtige, sondern auch wahrscheinliche Verpflichtungen zu passivieren. Mit der Abschaffung des Wahrscheinlichkeitskriteriums im Ansatzbereich wird dieser konzeptionelle Mangel beseitigt. Damit aber auch weiterhin bei bestimmten bedingten Verpflichtungen **(conditional obligations)**, wie beispielsweise einer Schadensersatzklage, eine Rückstellungsbildung möglich ist, fingiert das IASB für derartige Fälle eine gegenwärtig bestehende unbedingte Verpflichtung **(unconditional obligation)**. Diese Verpflichtung erfüllt nach Ansicht des IASB die Definition einer Schuld. Das IASB legt im ED IAS 37.BC41 dar, dass sich der Ressourcenabfluss nur auf die unbedingte und nicht auf die bedingte Verpflichtung bezieht. Somit wird diese Verpflichtung stets von einem Ressourcenabfluss begleitet (ED IAS 37.BC43 ff.).

Die **Unsicherheit des tatsächlichen Entstehens von Aufwendungen** bzw. ihrer Höhe soll durch die Änderungen des ED IAS 37 nicht mehr auf der Stufe des Ansatzes, sondern nur noch i.R.d. Bewertung berücksichtigt werden. Gleichzeitig entfällt der bisherige Bemessungsmaßstab der bestmöglichen Schätzung (ED IAS 37.29). Als Bewertungsverfahren sieht ED IAS 37 den **expected cashflow approach** vor, bei dem verschiedene cashflow-Szenarien mit den zugehörigen Eintrittswahrscheinlichkeiten gewichtet werden (ED IAS 37.BC 79). Diese Bewertung trägt einer verstärkten Verwendung beizulegender Zeitwerte durch das IASB Rechnung. Andererseits enthalten die in ED IAS 37 verwendeten Bestimmungen zur Rückstellungsbewertung weiterhin genügend Ermessensspielräume, um in begründeten Fällen die Verwendung eines anderen Wertmaßstabs zu erlauben.

Die geplanten Änderungen des IASB zielen bei **Restrukturierungsrückstellungen** darauf ab, dass diese ausschließlich nach den allgemeinen Ansatzkriterien einer Schuld, wie alle anderen Rückstellungen, zu behandeln sind (ED IAS 37.62).

ED IAS 37.61 wird betont, dass die Erfassung einer nicht finanziellen Verbindlichkeit unabhängig davon zu beurteilen ist, ob der Sachverhalt im Zusammenhang mit einer Restrukturierung steht oder nicht. Der

ED zu IAS 37 ist derzeit noch nicht vom IASB verabschiedet worden, sodass auch das Endorsementverfahren noch nicht abgeschlossen sein kann.

5.10 Verbindlichkeiten

5.10.1 Ansatz und Ausweis

Für Verbindlichkeiten gibt es keinen eigenständigen IFRS-Standard. Der Ansatz erfolgt gemäß den **Definitions- und Ansatzkriterien für Schulden (liability)** und der Definition von finanziellen Verbindlichkeiten gemäß IAS 32.11. Zu den **Verbindlichkeiten** zählen somit u.a.:

1. Verbindlichkeiten gegenüber Kreditinstituten, Anleihen;
2. Verbindlichkeiten aus Lieferungen und Leistungen;
3. Abgegrenzte Verbindlichkeiten (accruals);
4. Finanzderivate mit negativem Marktwert;
5. Verbindlichkeiten aus Leasingverhältnissen.

Bei den **accruals** handelt es sich um Verpflichtungen, die hinsichtlich ihrer Art und der Höhe des Betrags kein nennenswertes Risiko aufweisen. Unter den accruals fallen Verbindlichkeiten für ausstehende Urlaubsansprüche, Boni, Tantiemen oder Provisionen. Ein Überblick über die Systematik des Ausweises von finanziellen Verpflichtungen gibt Abbildung 33 auf der nächsten Seite.

IAS 1.68 sieht für den **Ausweis von Verbindlichkeiten** lediglich eine Mindestgliederung vor. Diese Mindestgliederung kann entsprechend den allgemeinen Ausweisgrundsätzen ergänzt werden. Allerdings ist eine **Unterteilung in kurz- und langfristiges Fremdkapital** zwingend vorzunehmen. Gemäß IAS 1.60 sind als **kurzfristige Verbindlichkeiten** solche Verbindlichkeiten auszuweisen, die unter die folgenden Kriterien subsumiert werden können:

1. Verbindlichkeiten, die zu Handelszwecken gehalten werden;
2. Verbindlichkeiten, die innerhalb des gewöhnlichen Geschäftszyklus oder innerhalb eines Jahres nach dem Bilanzstichtag getilgt werden.

Alle anderen Verbindlichkeiten sind als langfristig zu qualifizieren.

5.10.2 Bewertung

Die **erstmalige Bewertung von finanziellen Verbindlichkeiten** hat gemäß IAS 39.43 mit dem beizulegenden Zeitwert zuzüglich der Transaktionskosten zu erfolgen (Anschaffungskosten). Die Folgebewertung ist i.d.R. gemäß IAS 39.47 mit den fortgeführten Anschaffungskosten unter Anwendung der Effektivzinsmethode i.R.d. Barwertermittlung vorzunehmen, wobei auf Fremdwährung lautende Verbindlichkeiten jeweils mit dem Stichtagskurs erfolgswirksam umzurechnen sind (s. Beispiel in Kapitel 5.7.4.1). Ausnahmen können sich ergeben, wenn die finanziellen Verbindlichkeiten als zu Handelszwecken klassifiziert werden oder in einem Sicherungszusammenhang stehen.

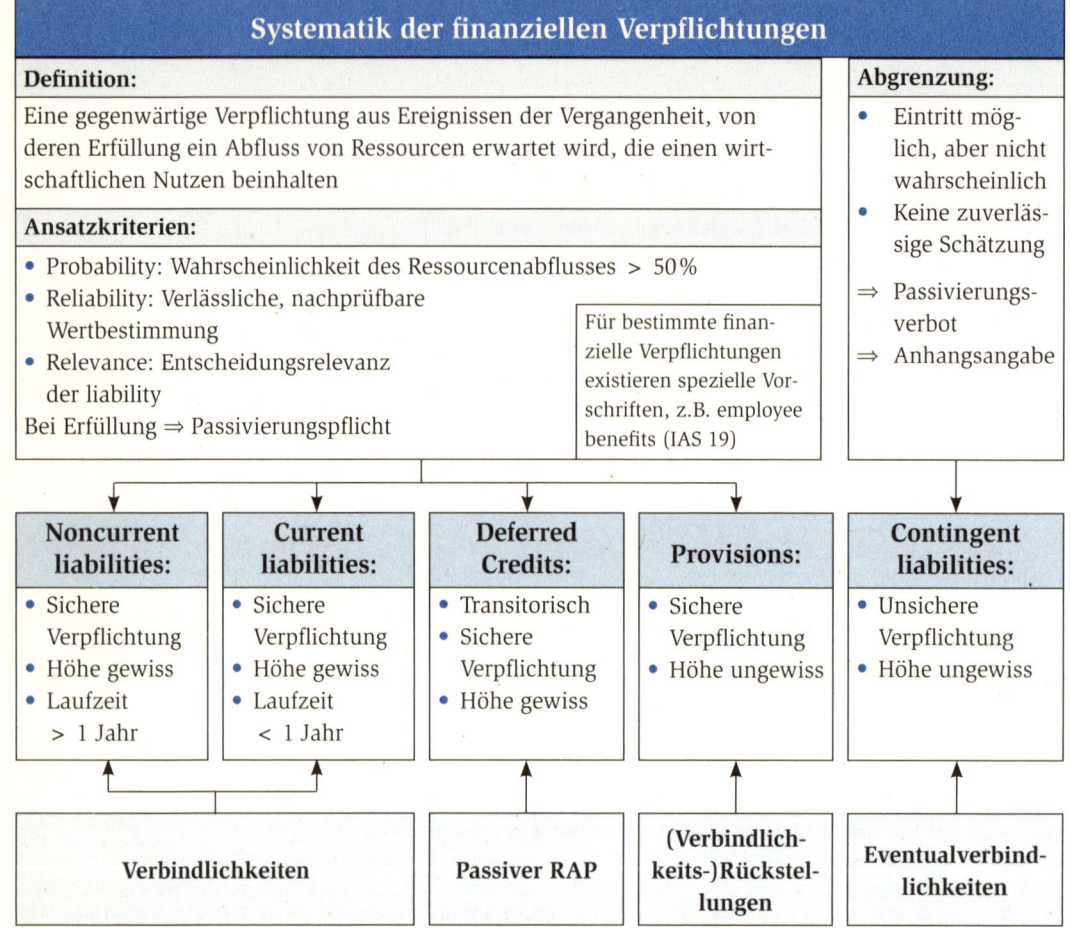

Abb. 34: Systematik der finanziellen Verpflichtungen

5.11 Latente Steuern

5.11.1 Ziel und Zwecksetzung

In den meisten Staaten besteht zwischen handels- und steuerrechtlichen Bilanzierungs- und Bewertungsmethoden keine Identität. Konsequenzen sind abweichende Wertansätze von Vermögenswerten und Schulden in Handels- und Steuerbilanz sowie das Auseinanderfallen des Ergebnisses vor Steuern und des Steuer-
bilanzergebnisses. Die an den Fiskus zu zahlenden tatsächlichen Ertragsteuern stimmen folglich nicht mit
dem erwarteten Ertragsteueraufwand überein, der sich aus dem IFRS-Ergebnis vor Steuern ableiten lässt.
Werden nur die tatsächlichen Ertragsteuern in die Gewinn- und Verlustrechnung nach IFRS übernommen,
würde der nach steuerrechtlichen Bestimmungen ermittelte Steueraufwand unabhängig von der handelsrechtlichen Erfassung der Geschäftsvorfälle ausgewiesen. Der ausgewiesene Steueraufwand stünde dann
in keinem nachvollziehbaren Verhältnis zum IFRS-Ergebnis vor Steuern.

   Nach den IFRS gilt das Prinzip des **accrual principle**. Danach sind Aufwendungen und Erträge unabhängig vom Zeitpunkt des tatsächlichen Zahlungsmittelflusses im Verursachungszeitpunkt erfolgswirksam
zu erfassen. Die Periodisierung der Erfolgskomponenten verlangt eine Orientierung des auszuweisenden
Ertragsteueraufwands am IFRS Ergebnis. Um in der Handelsbilanz den Ertragsteueraufwand auszuweisen,
der mit dem IFRS-Vorsteuerergebnis korrespondiert, ist die Abgrenzung der Ertragsteuern notwendig.

5.11.2 Anwendungsbereich des IAS 12

Ertragsteuern i.S.d. IAS 12.2 sind alle in- und ausländischen Ertragsteuern, deren Besteuerungsgrundlage ein zu versteuerndes Einkommen ist. In Deutschland sind dies die Körperschaftsteuer, der Solidaritätszuschlag sowie die Gewerbesteuer. Ebenso ist eine im Ausland einbehaltene Quellensteuer zu berücksichtigen. Der Anwendungsbereich des IAS 12 erstreckt sich auf gewinnabhängige Steuern (Ertragsteuern). Steuern, deren Bemessungsgrundlage nicht ein steuerliches Einkommen (**taxable profit**) ist, liegen somit nicht im Anwendungsbereich des IAS 12. Dies können beispielsweise einbehaltene Steuern vom Lohn, die Grunderwerbsteuer, die Umsatzsteuer sowie die Ökosteuer sein. Solche Steuern, die keine Ertragsteuern darstellen, sind für Zwecke der Bilanzierung als sonstige Rückstellungen oder sonstige Verbindlichkeiten auszuweisen.

Obwohl sich weite Teile des IAS 12 mit der Bilanzierung latenter Steuern beschäftigen, regelt IAS 12 auch die **Bilanzierung der tatsächlichen Steuern (current tax)**. Dies ist auch konsequent, da für die Ermittlung der latenten Steuern auf steuerliche Bemessungsgrundlagen zurückgegriffen wird, die nach den einschlägigen Regelungen des Steuerrechts bestimmt werden, die wiederum die tatsächlichen Steuern determinieren.

5.11.3 Das Temporary-Konzept

Das **Temporary-Konzept** zur Steuerabgrenzung ist bilanzorientiert. Demnach sind alle temporären Differenzen (temporary differences) einzubeziehen, die sich als Unterschiedsbetrag aus dem unterschiedlichen Ansatz bzw. der unterschiedlichen Bewertung von Vermögenswerten oder Schulden in der Handelsbilanz (IFRS) und der Steuerbilanz ergeben (**Bilanzpostenmethode**).

Temporäre Differenzen sind Unterschiedsbeträge zwischen dem Buchwert eines Vermögenswertes oder einer Schuld in der Bilanz und dem Steuerwert (**tax base**). Sie können zu versteuernde temporäre Differenzen sein, die zu steuerpflichtigen Beträgen bei der Ermittlung des zu versteuernden Einkommens zukünftiger Perioden führen. Sie können abzugsfähige temporäre Differenzen sein, die zu Beträgen führen, die bei der Ermittlung des zu versteuernden Ergebnisses zukünftiger Perioden abzugsfähig sind.

5.11.4 Liability-Method

Die **liability-Methode** ist bilanzorientiert und entspricht dem temporary-Konzept. Es steht die richtige Darstellung der Vermögenslage des Unternehmens im Vordergrund. **Aktive latente Steuern** werden als Vermögenswert, der auf einer Steuermehrzahlung beruht und eine zukünftige Steuerminderzahlung hervorruft, dementsprechend als Forderung gegenüber dem Fiskus angesehen. **Passive latente Steuern** sind als Verbindlichkeiten gegenüber dem Fiskus und demzufolge als zukünftig zu zahlende Steuern zu betrachten. Aufgrund des zukunftsorientierten Charakters der Vermögenswerte und Schulden werden die bei Umkehrung der temporären Differenzen geltenden Steuersätze für die Berechnung der latenten Steuern herangezogen. Bei Steuersatzänderungen sind die gebildeten latenten Steuern anzupassen. Gemäß IAS 12.46 ist zwingend die Liability-Methode anzuwenden.

> **Latente Steuer** = temporäre Differenz x künftiger Steuersatz

Abb. 35: Ermittlung der latenten Steuern nach der Liability-Methode

5.11.5 Ansatz latenter Steuern

Nach IAS 12 besteht grundsätzlich eine **Ansatzpflicht für latente Steuern auf temporäre Unterschiede zwischen dem Buchwert eines Bilanzpostens in der IFRS-Bilanz und dessen Steuerwert (tax base)**. Hierbei ist gemäß IAS 12.5 zu unterscheiden zwischen:
1. zu versteuernde temporäre Differenzen (taxable temporary differences, IAS 12.15) und
2. abzugsfähige temporäre Differenzen (deductible temporary differences, IAS 12.24).

Zu versteuernde temporäre Differenzen sind temporäre Unterschiede, die in künftigen Perioden zu steuerpflichtigen Beträgen führen, wenn der Buchwert des Vermögenswertes realisiert oder die Schuld erfüllt wird. Diese Unterschiede liegen vor, wenn der Buchwert eines Aktivums einen größeren Betrag als der Steuerwert oder wenn der Buchwert eines Passivums einen geringeren Betrag als der Steuerwert aufweist.

Abzugsfähige temporäre Differenzen sind temporäre Unterschiede, die in künftigen Perioden zu steuerlich abzugsfähigen Beträgen führen und die steuerliche Bemessungsgrundlage mindern, wenn der Buchwert des Vermögenswertes realisiert oder die Schuld erfüllt wird. Diese abzugsfähige Differenz liegt vor, wenn der Buchwert eines Aktivums einen geringeren Betrag aufweist als der Steuerwert oder der Buchwert eines Passivums einen größeren Betrag als der Steuerwert hat.

Aus zu versteuernden temporären Bilanzdifferenzen resultieren grundsätzlich passive latente Steuern und aus abzugsfähigen temporären Bilanzdifferenzen aktive latente Steuern.

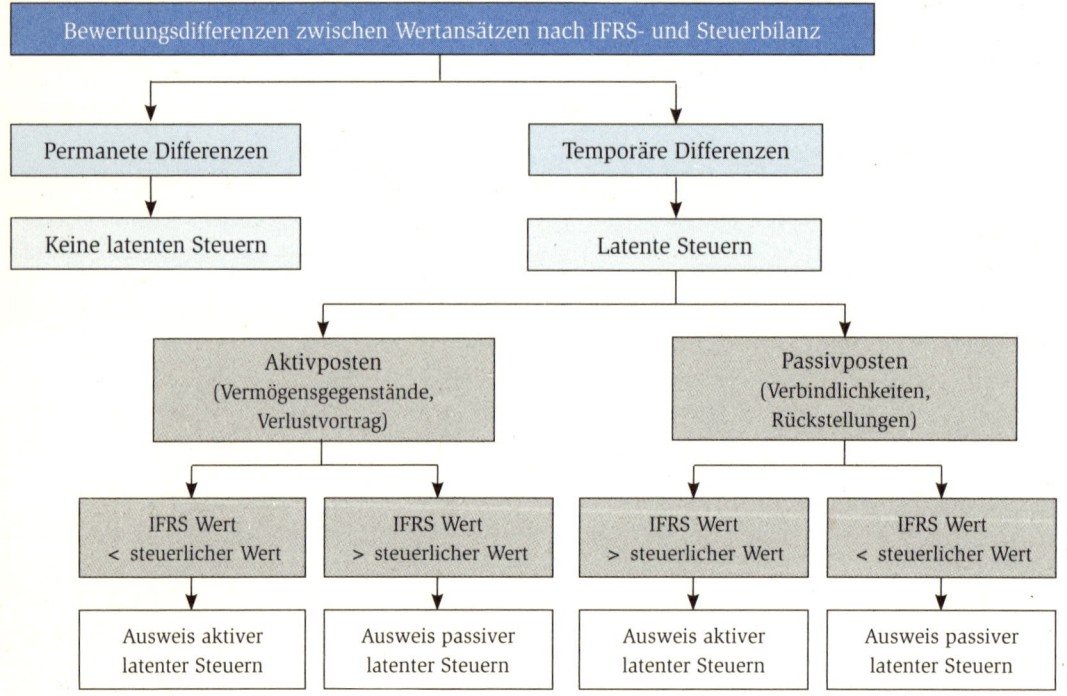

Abb. 36: Entstehung aktiver und passiver Steuerlatenzen

Im Ergebnis ist eine Steuerabgrenzung vorzunehmen, wenn für einen Vermögenswert (asset) oder eine Schuld (liability) zwischen dem Steuerwert und dem Wert in der Bilanz nach den IFRS ein Unterschied besteht, der zukünftig zu Steuerentlastungen oder -belastungen führen wird.

5.11.5.1 Aktivische Steuerabgrenzung

Gemäß IAS 12.24 besteht für **aktive latente Steuern** grundsätzlich eine Aktivierungspflicht. Notwendige Ansatzbedingung ist das Vorliegen eines Vermögenswertes i.S.d. Definition im Framework, d.h., es muss u.a. ein künftiger Nutzenzufluss in Form des erwarteten Steuervorteils bestehen.

Beispiele für die Bildung aktiver latenter Steuern stellen folgende Sachverhalte dar:

1. der Ansatz eines Wirtschaftsguts in der Steuerbilanz, aber kein Ansatz eines Vermögenswerts gemäß IFRS,
2. der Ansatz eines Wirtschaftsguts in der Steuerbilanz ist höher als der des Vermögenswerts im IFRS-Abschluss,

3. der Ansatz einer Verbindlichkeit im IFRS-Abschluss, aber kein Ansatz einer Verbindlichkeit in der Steuerbilanz,
4. der Ansatz einer Verbindlichkeit im IFRS-Abschluss ist höher als in der Steuerbilanz,
5. das Vorhandensein realisierbarer steuerlicher Verluste bzw. Steuergutschriften.

Beispiel: Unternehmen A bilanziert eine Pensionsrückstellung nach dem Anwartschaftsverfahren gemäß IAS 19 i.H.v. 150.000 €.

Lösung: Da § 6a EStG lediglich das Teilwertverfahren zulässt, wird in der Steuerbilanz lediglich eine Pensionsrückstellung i.H.v. 100.000 € bilanziert. Bei einem Steuersatz von 40 % ist die abzugsfähige temporäre Differenz von 50.000 € i.H.v. 20.000 € als aktive latente Steuer anzusetzen.

Beispiel: Unternehmen A erwirbt eine Maschine zu 100.000 € am 01.01.2012.

Lösung: Handelsrechtlich wird die Maschine über 5 Jahre linear und steuerlich über zehn Jahre ebenfalls linear abgeschrieben. Am 31.12.2008 entsteht eine abzugsfähige Differenz von 10.000 €, die bei einem Steuersatz von 40 % zu einer aktiven latenten Steuer i.H.v. 4.000 € führt.

5.11.5.2 Passivische Steuerabgrenzung

Gemäß IAS 12.15 sind grundsätzlich **passive latente Steuer**n infolge von zu versteuernden temporären Differenzen zu bilanzieren.

Beispiele für die Bildung passiver latenter Steuern stellen folgende Sachverhalte dar:

1. der Ansatz eines Vermögenswerts im IFRS-Abschluss, aber kein Ansatz eines Wirtschaftsguts in der Steuerbilanz,
2. der Ansatz eines Vermögenswerts im IFRS-Abschluss ist höher als in der Steuerbilanz,
3. der Ansatz einer Verbindlichkeit in der Steuerbilanz, aber kein Ansatz einer Verbindlichkeit im IFRS-Abschluss,
4. der Ansatz einer Verbindlichkeit in der Steuerbilanz ist höher als im IFRS-Abschluss.

Beispiel: Unternehmen A schreibt eine Maschine handelsrechtlich linear ab. Steuerlich schreibt das Unternehmen die Maschine zuerst degressiv und später linear ab.

Beispiel: Eine zu Renditezwecken gehaltene Immobilie wird gemäß IAS 40 handelsrechtlich neu bewertet und erfolgswirksam über die Anschaffungskosten zugeschrieben, während die Immobilie steuerlich planmäßig gemäß § 7 EStG abgeschrieben wird.

Beispiel: Gemäß IAS 38 werden die Entwicklungskosten eines selbst erstellten immateriellen Vermögenswerts aktiviert, während steuerlich die Entwicklungskosten als Aufwand berücksichtigt werden.

5.11.5.3 Permanente Differenzen

Gemäß IAS 12.5 werden lediglich die **temporären Differenzen** definiert. In einigen Fällen entstehen Differenzen zwischen IFRS-Bilanz und Steuerbilanz, welche keine temporären Differenzen darstellen, da sie sich künftig ohne Steuerwirkung umkehren werden. In IAS 12 findet sich keine Bezeichnung für derartige Differenzen. Sie werden im Folgenden als **permanente Differenzen** bezeichnet.

In IAS 12.8 wird die Problematik der permanenten Differenzen über die Bestimmung des Steuerwertes gelöst. Hat die Realisierung des Buchwertes eines Vermögenswertes keine Steuerwirkung, wird der Steuerwert als mit dem Buchwert übereinstimmend definiert. Folglich gibt es keine Differenz, die zu einer latenten Steuer führen könnte. Dies gilt auch dann, wenn in der Steuerbilanz nach der einschlägigen Regelung des Steuerrechts ein Wert zu berücksichtigen ist, der aber bei Realisierung des Vermögenswertes oder bei Erfüllung der Schuld aufgrund einer außerbilanziellen Hinzu- oder Abrechnung letztendlich keine Steuerwirkung entfaltet.

Solche Differenzen sind für die Berechnung der latenten Steuern nicht zu berücksichtigen. Sie entstehen z.B. durch Aufwendungen und Erträge, die steuerrechtlich nicht berücksichtigungsfähig sind, aber in der Handelsbilanz berücksichtigt werden müssen und vice versa. Nach deutschem Steuerrecht sei hier beispielsweise auf die **Aufsichtsratsvergütungen gemäß § 10 Nr. 4 KStG**, welche steuerlich nur zur Hälfte als Aufwendungen anerkannt werden, oder Dividendenbezüge bzw. Veräußerungsgewinne, die gemäß § 8b KStG bis auf einen Anteil von 5 % steuerfrei vereinnahmt werden können, sowie steuerlich nicht abziehbare Goodwillabschreibungen hingewiesen.

> **Beispiel:** Das Tochterunternehmen TU hat beschlossen an ihr Mutterunternehmen MU eine Dividende i.H.v. 100 € auszuschütten. Daraufhin hat das MU eine Forderung von 100 € in ihrer Handelsbilanz eingebucht. In der Steuerbilanz des Mutterunternehmens wurde die Forderung nicht berücksichtigt (keine phasengleiche Vereinnahmung).
>
> **Lösung:** Es erfolgt bei der Realisierung im Jahr der steuerlichen Erfassung der Dividende eine außerbilanzielle Kürzung gemäß § 8b KStG. Die permanente Ergebnisdifferenz führt dazu, dass der Steuerwert der Forderung als übereinstimmend mit dem Buchwert definiert wird soweit die außerbilanzielle Zurechnung reicht (5 % der Differenz aus der Forderung sind als temporär anzusehen, da insoweit gemäß § 8b Abs. 3 KStG eine Steuerwirkung bei Realisierung des Buchwertes entsteht).

Quasi-permanente Differenzen lösen sich im Zeitverlauf auf, jedoch nicht zwangsläufig, sondern i.d.R. erst bei der Liquidation des Unternehmens oder bei einem Verkauf der Vermögenswerte, der in nicht absehbarer Zukunft liegen kann. Regelmäßig bedarf es für die Umkehrung der Differenz einer unternehmerischen Disposition. Mithin ist im Entstehungsjahr der Differenz der Zeitpunkt der Umkehrung noch nicht bestimmbar. Da diese Differenzen zeitlich beschränkt sind, sind sie nach IAS 12 als **temporäre Differenzen** zu klassifizieren.

> **Beispiel:** Unternehmen A hat in seiner Steuer- und Handelsbilanz nach den IFRS unterschiedliche Buchwerte für ein Grundstück angesetzt.
>
> **Lösung:** Die umfassende Definition des IAS 12 führt einerseits zu einer vollständigen Abbildung der Steuerpositionen eines Unternehmens und andererseits aber zu Verzerrungen der Vermögenslage, da auch in nicht absehbarer Zukunft entstehende Steuerlasten undiskontiert bilanziert werden.

5.11.6 Let the tax follow the income

Latente Steuern können aufgrund von ergebniswirksamen und -neutralen temporären Differenzen zwischen IFRS- und Steuerbilanz entstehen. Entsteht eine ergebniswirksame temporäre Differenz zwischen IFRS- und Steuerbilanz, so ist die darauf zu berechnende latente Steuer ergebniswirksam zu berücksichtigen. Entsteht eine ergebnisneutrale temporäre Differenz zwischen IFRS- und Steuerbilanz, so ist die **latente Steuer** ergebnisneutral im Eigenkapital der IFRS-Bilanz zu erfassen. Dieser Vorgehensweise ist grundsätzlich nicht nur bei der Bildung der latenten Steuern, sondern auch bei deren Auflösung, zu berücksichtigen und kann als „let the tax follow the income" bezeichnet werden. Sind latente Steuern aufzulösen, stellt sich daher die Frage, ob die Umkehrung der temporären Differenz ergebniswirksam oder ergebnisneutral erfolgt. Dieser **Grundsatz der ergebniswirksamen oder ergebnisneutralen Auflösung der latenten Steuern** setzt eine hinreichende Dokumentation des zugrunde liegenden Sachverhaltes voraus. Eine gleichzeitige erfolgswirksame und -neutrale Erfassung von latenten Steuern kommt in Betracht, wenn der zugrunde liegende Sachverhalt in eine erfolgswirksame und eine erfolgsneutrale Komponente aufzuteilen ist.

> **Beispiel (erfolgswirksame Erfassung):** Unternehmen A erhält eine Zinsgutschrift von 100 €, welche erst dann zu versteuern ist, wenn dem Unternehmen die Einnahme zufließt. In der Handelsbilanz nach IFRS berücksichtigt das Unternehmen eine Forderung von 100 €.

> **Lösung:** Diese temporäre Differenz von 100 € führt zu einer passiven latenten Steuer. Da die Forderung erfolgswirksam gebucht wurde, ist die passive latente Steuer ebenfalls erfolgswirksam zu erfassen.

> **Beispiel (erfolgsneutrale Erfassung):** Unternehmen A nimmt eine Neubewertung eines Gebäudes nach IAS 16.31 vor, die zu einem höheren Buchwert führt. Steuerlich wird keine Neubewertung vorgenommen.
>
> **Lösung:** Für diese zu versteuernde temporäre Differenz ist eine passive latente Steuer anzusetzen. Die Erfassung erfolgt erfolgsneutral in der Neubewertungsrücklage.

> **Beispiel (Mischform):** Ein Unternehmen hat am 01.01.2007 ein Betriebsgebäude i.H.v. 1.000.000 € angeschafft. Bis zum 31.12.2012 wurde das Gebäude erfolgswirksam um 200 000 € abgeschrieben. Zum 31.12.2012 hat das Gebäude einen Wert von 1.100.000 €. Zum 31.12.2012 erfolgt durch das Unternehmen eine Neubewertung. Daraufhin werden 200.000 € erfolgswirksam und 100.000 € erfolgsneutral zugeschrieben. Steuerlich hat das Gebäude einen Buchwert von 800.000 €.
>
> **Lösung:** Die latenten Steuern für den erfolgswirksamen Teil der Neubewertung (200.000 €) sind erfolgswirksam und die latenten Steuern für den erfolgsneutralen Teil (100.000 €) der Neubewertung sind erfolgsneutral zu bilanzieren.

Die **Ermittlung der latenten Steuern auf die Teilbeträge** wirft dann erhebliche Schwierigkeiten auf, wenn ein progressiver Steuersatz zur Anwendung gelangt. In einem solchen Fall ist der Anteil der latenten Steuern, der erfolgsneutral zu erfassen ist, gemäß IAS 12.63 im Wege der Schätzung zu ermitteln. Dabei darf auf diese Teilbeträge erfasste latente Steuern ein Durchschnittssteuersatz angewendet werden.

5.11.7 Bewertung latenter Steuern

Gemäß IAS 12.47 sind latente Steuern anhand der Steuersätze zu bemessen, deren Gültigkeit für die Periode, in der ein Vermögenswert realisiert oder eine Schuld erfüllt wird, erwartet wird. Dabei werden die Steuersätze verwendet, die zum Bilanzstichtag gültig oder angekündigt sind. Das Inkrafttreten der Steuergesetze zum Bilanzstichtag muss mit hinreichender Sicherheit angenommen werden können (**substantively enacted**). IAS 12.48 verpflichtet das bilanzierende Unternehmen, zu dem Zeitpunkt Steuergesetzänderungen zu berücksichtigen, zu dem diese durch die Regierung angekündigt wurden, wenn die Ankündigung der Regierung faktisch die materielle Wirkung der tatsächlichen Inkraftsetzung hat. In Deutschland gelten Steuergesetzänderungen in diesem Sinne als hinreichend konkretisiert, wenn der Deutsche Bundestag das Gesetz beschlossen und der Bundesrat zugestimmt hat.

Der für die **Bewertung latenter Ertragsteuern** zugrunde zu legende Ertragsteuersatz ist der Ertragsteuersatz, der nach den einschlägigen Steuergesetzen zur Anwendung gelangt. Der derzeit anzuwendende Steuersatz für eine Kapitalgesellschaft ist in Deutschland der kombinierte Gewerbesteuer-, Körperschaftsteuer- und Solidaritätszuschlagsatz, der bei einem Gewerbesteuer-Durchschnittshebesatz von 400 rund 29,82 % beträgt.

> **Beispiel:** Der Körperschaftsteuersatz beträgt 15 %. Der Gewerbesteuersatz beträgt das 3,5-fache des Hebesatz (h = 400). Der Solidaritätszuschlag beträgt 5,5 %. Ermitteln Sie den Mischsteuersatz für die Ermittlung etwaiger latenter Steuern.
>
> **Lösung:** Der Solidaritätszuschlag i.H.v. 5,5 % ist auf die zu zahlenden Körperschaftsteuer anzuwenden, somit ist der Körperschaftsteuersatz mit dem Steuersatz des Solidaritätszuschlags zu multiplizieren (0,15 x 1,055 = 15,82 %). Des Weiteren ist der Gewerbesteuersatz (Hebesatz von 400 x 3,5 = 14 %) zu ermitteln und zum Mischsteuersatz von Körperschaftsteuer und Solidaritätszuschlag hinzuzuaddieren. Somit ergibt sich ein kombinierter Mischsteuersatz von Gewerbesteuer-, Körperschaftsteuer- und Solidaritätszuschlagsatz i.H.v. 29,82 %.

Für abzugsfähige temporäre Differenzen muss für die Prüfung **des Ansatzes einer aktiven latenten Steuer** die Frage der Werthaltigkeit der bei Umkehrung der temporären Differenz entstehenden Steuervorteile geklärt werden. Nach der derzeitigen Fassung des IAS 12 erfolgt die Prüfung des Ansatzes im Jahr des Entstehens der temporären Differenz und im Falle eines Nicht-Ansatzes auch in den Folgejahren. Wird im Jahr des Entstehens der temporären Differenz dagegen eine aktive latente Steuer angesetzt, ist die Werthaltigkeit in den Folgeperioden i.R.d. Bewertung zu prüfen.

Voraussetzung für die Bilanzierung von aktiven latenten Steuern ist das Vorhandensein ausreichender zukünftiger steuerpflichtiger Ergebnisse (sufficient taxable income), da die steuerlichen Vorteile regelmäßig nur durch Verrechnung mit positiven steuerlichen Einkommen realisiert werden können.

IAS 12.56 verlangt bei der Prüfung der Werthaltigkeit, dass die Realisierung der steuerlichen Vorteile überwiegend wahrscheinlich (more likely than not) ist. Wie hoch der Abschlag oder die Wertberichtigung auf die aktiven latenten Steuern ausfällt, bestimmt sich durch den Anteil der Steuervorteile, die sich voraussichtlich nicht realisieren lassen. Somit kann der Betrag zwischen Null und der vollen Höhe der aktiven latenten Steuer variieren.

Die Wahrscheinlichkeit der Realisierung von Steuervorteilen hängt u.a. davon ab, ob ausreichend zu versteuerndes Einkommen in der Zukunft zur Verfügung stehen wird, da:

1. das Geschäftsumfeld bzw. die Geschäftszahlen sich günstig entwickeln werden oder
2. mit einer Verbesserung der Geschäftsumfeldes ernsthaft zu rechnen ist oder
3. zukünftiges steuerpflichtiges Einkommen, durch die Umkehrung von zu versteuernden temporären Differenzen entsteht,
4. Steuergestaltungsmöglichkeiten (tax planning strategies) bestehen, die ein positives zu versteuerndes Einkommen ermöglichen

5.11.8 Fallstudie: Latente Steuern

Sachverhalt: Ihnen liegt die folgende IFRS- und Steuerbilanz der X-AG zum 31.12.2012 vor. Der Körperschaftsteuersatz inklusive Solidaritätszuschlag beträgt 16 %, der Gewerbesteuersatz 14 %. Aufgrund eines Gesetzentwurfs ist mit der Senkung des Steuersatzes auf insgesamt 35 % zu rechnen. Es bestehen körperschaft- bzw. gewerbesteuerliche Verlustvorträge zum 31.12.2012 i.H.v. 0,4 Mio. € bzw. 0,2 Mio. €. Die Verlustvorträge können in der Zukunft laut steuerlicher Planungsrechnung genutzt werden. Die X-AG hält als Finanzanlage eine Beteiligung an der X-GmbH, dessen Dividenden sowie ein etwaiger Veräußerungsgewinn gemäß § 8b KStG zukünftig steuerfrei wären.

Aktiva	IFRS-Bilanz zum 31.12.2012 in T€		Passiva
Patent	4.000	Eigenkapital	15.000
bebautes Grundstück	10.000	Rückstellungen	3.000
Maschinen	6.000	Verbindlichkeiten aus LuL	12.000
Finanzanlagen	2.000	Bankverbindlichkeiten	8.000
Vorräte	15.000	passive latente Steuern	2.000
Forderungen aus LuL	1.000		
aktive latente Steuern*	2.000		
Bilanzsumme	**40.000**	**Bilanzsumme**	**40.000**

* davon 0,5 Mio. € aus der Aktivierung von steuerlichen Verlustvorträgen (je 0,25 Mio. € körperschaft- und gewerbesteuerliche Verluste)

Aktiva	Steuerbilanz zum 31.12.2012 in T€		Passiva
Patent	6.000	Eigenkapital	20.000
bebautes Grundstück	12.000	Rückstellungen	2.000
Maschinen	4.000	Verbindlichkeiten aus LuL	12.000
Finanzanlagen	5.000	Bankverbindlichkeiten	8.000
Vorräte	14.000		
Forderungen aus LuL	1.000		
Bilanzsumme	**42.000**	**Bilanzsumme**	**42.000**

Aufgaben: Sie werden gebeten die folgenden Fragen zu beantworten. Dabei erhalten Sie die weitere Information, dass die aktiven und passiven latenten Steuern in der IFRS-Bilanz zum 31.12.2012 die Vorträge aus dem Vorjahresabschluss bilden.

1. Die X-AG bittet Sie die aktiven und passiven latenten Steuern nach IAS 12 unsaldiert zum 31.12.2012 zu ermitteln.
2. Des Weiteren möchte die X-AG von ihnen wissen wie hoch der erfolgswirksame Effekt der Bilanzierung der latenten Steuern in der Gewinn- und Verlustrechnung zum 31.12.2012 ist.
3. Ist der Gesetzesentwurf zur Steuersatzänderung schon für den Abschluss 31.12.2012 zu berücksichtigen?

Lösung:

1. Ermittlung der aktiven und passiven latenten Steuern zum 31.12.2012

Bilanzposition in T€	IFRS	StB	temporäre Differenz	aktive latente Steuer	passive latente Steuer
Patente	4.000	6.000	2.000	600	
bebautes Grundstück	10.000	12.000	2.000	600	
Maschine	6.000	4.000	2.000		600
Vorräte	15.000	14.000	1.000		300
Rückstellungen	3.000	2.000	1.000	300	
Steuerliche Verlustvorträge				92*	
Summe				**1.592**	**900**

* aktive latente Steuern aufgrund von körperschaftsteuerlichen Verlustvorträgen (400 T€ x 16 %) i.H.v. 64 T€ und aufgrund von gewerbesteuerlichen Verlustvorträgen (200 x 0,14 %) i.H.v. 28 T€.

Hinweis: Der Buchwertunterschied zwischen den Finanzanlagen im IFRS-Abschluss und der Steuerbilanz zum 31.12.2012 stellt eine permanente Differenz dar, da diese Differenz aufgrund der Steuerbefreiung des § 8b KStG zukünftig keine steuerliche Berücksichtigung findet.

2. Erfolgswirksamer Effekt

Der Bestand an aktiven latenten Steuern aus temporären Differenzen des Vorjahres beträgt 1.500 T€. Der ermittelte Endbestand an aktiven latenten Steuern zum 31.12.2012 beträgt ebenso 1.500 T€, sodass keine Veränderung des Bestandes an aktiven latenten Steuern aus temporären Differenzen zum 31.12.2012 erfolgt ist.

Der Bestand an aktiven latenten Steuern des Vorjahres aus der Aktivierung von steuerlichen Verlustvorträgen beträgt 500 T€ (je 250 T€ körperschaft- und gewerbesteuerliche Verluste). Da sich die köperschaftsteuerlichen und die gewerbesteuerlichen Verlustvorträge auf 64 T€ bzw. 28 T€ reduziert haben ist eine aufwandswirksame Abwertung der aktiven latenten Steuern i.H.v. insgesamt 408 T€ (186 T€ körperschaft- und 222 T€ gewerbesteuerlich) vorzunehmen.

Die passiven latenten Steuern haben sich gegenüber dem Vorjahr um 1.100 T€ verringert, welches in dieser Höhe ertragswirksam in der GuV zu berücksichtigen ist.

Somit ergibt sich in der Summe ein ertragswirksamer GuV-Effekt in Höhe von insgesamt 692 T€.

3. Berücksichtigung des Gesetzesentwurfs zur Steuersatzänderung?

Nein, da das Gesetz noch im Entwurfsstadium ist. Um Berücksichtigung zu finden muss ein Gesetz entweder „enacted" oder „substantially enacted" sein (grundsätzlich Verabschiedung durch den Bundesrat erforderlich).

6. Weitere Abschlussbestandteile

6.1 Gesamtergebnisrechnung

6.1.1 Ausweis- und Gliederungsvorschriften

Die **Gesamtergebnisrechnung** setzt sich aus der Gewinn- und Verlustrechnung (income statement) sowie dem sonstigen Ergebnis (**other comprehensive income**) zusammen.

Gemäß IAS 1.78 sind alle in einer Periode erfassten Ertrags- und Aufwandsposten in der Gewinn- und Verlustrechnung zu berücksichtigen, es sei denn, ein Standard oder eine Interpretation schreibt etwas anderes vor. Andere Standards behandeln Posten, die i.S.d. Framework als Erträge oder Aufwendungen zu definieren sind, die jedoch im Regelfall bei der Ermittlung des Periodenergebnisses nicht berücksichtigt werden. Beispiele sind Neubewertungsrücklagen (IAS 16), besondere Gewinne und Verluste aus der Umrechnung des Abschlusses eines ausländischen Unternehmens (IAS 21) sowie Gewinne und Verluste aus der Neubewertung von zur Veräußerung verfügbaren finanziellen Vermögenswerten (IAS 39). Diese sonstigen erfolgsneutral zu bilanzierenden Ergebnisse stellen neben der Gewinn- und Verlustrechnung die Gesamtergebnisrechnung dar.

Gemäß IAS 1.82 sind in der Gewinn- und Verlustrechnung für die betreffende Periode zumindest folgende Posten darzustellen (**Mindestgliederungsanforderung**), die in der Gesamtergebnisrechnung zu berücksichtigen sind:

1. Umsatzerlöse;
2. Finanzierungsaufwendungen;
3. Gewinn- oder Verlustanteile an assoziierten Unternehmen und Gemeinschaftsunternehmen, die nach der Equity-Methode bilanziert werden;
4. Steueraufwendungen;
5. Ein gesonderter Betrag, welcher der Summe entspricht aus
   a) dem Ergebnis nach Steuern des aufgegebenen Geschäftsbereichs und
   b) dem Ergebnis nach Steuern, das bei der Bewertung mit dem beizulegenden Zeitwert abzüglich Veräußerungskosten oder der Veräußerung der Vermögenswerte oder Veräußerungsgruppe(n), die den aufgegebenen Geschäftsbereich darstellen, erfasst wurde.
6. Gewinn oder Verlust;
7. Jeder Bestandteil der sonstigen Ergebnisse nach Art unterteilt;
8. Anteil am sonstigen Ergebnis, der auf assoziierte Unternehmen und Gemeinschaftsunternehmen entfällt;
9. Ergebnis.

Es ist dem Bilanzierenden freigestellt, ob er das **Umsatzkostenverfahren** oder das **Gesamtkostenverfahren** anwendet, wobei das Umsatzkostenverfahren international die Regel darstellt. Ein weiteres Wahlrecht besteht in der Darstellungsform, da der Bilanzierende entweder die Gesamtergebnisrechnung als einen Abschlussbestandteil offen legt oder die Gesamtergebnisrechnung in zwei Abschlussbestandteile zerlegt. Wird die Gesamtergebnisrechnung als ein Abschlussbestandteil offengelegt, so hat sie den Saldo der erfolgswirksamen Aufwendungen und Erträge (Jahresüberschuss bzw. -fehlbetrag) nur als Zwischensumme und daran anschließend die erfolgsneutral berücksichtigten Ergebnisse darzustellen.

Gemäß dem ED 5/2010 zu IAS 1 schlägt das IASB vor, dass alle Unternehmen Gewinne und Verluste sowie das sonstige Ergebnis in getrennten Abschnitten einer einzigen fortlaufenden Darstellung zeigen. Dies würde eine Änderung von IAS 1 darstellen, da Unternehmen derzeit gestattet ist, die Ergebnisse ihrer Geschäftstätigkeit entweder in einer einzigen fortlaufenden Darstellung oder in zwei separaten Darstellungen zu zeigen. Die Bezeichnung der Gesamtergebnisrechnung soll in „Darstellung der Gewinne oder Verluste und sonstiges Ergebnis" geändert werden, soweit in den IFRS hierauf Bezug genommen wird. Jedoch können Unternehmen selbst eine andere Überschrift wählen z.B. Gesamtergebnisrechnung.

Danach könnte sich eine **Gesamtergebnisrechnung** folgendermaßen zusammensetzen, wobei die folgende Abbildung bezüglich der aufgeführten Positionen keinen Anspruch auf Vollständigkeit hat.

Gesamtergebnisrechnung
Gewinn- und Verlustrechnung (Income Statement):
1. Umsatzerlöse;
2. Finanzierungsaufwendungen;
3. Gewinn- oder Verlustanteile an assoziierten Unternehmen und Gemeinschaftsunternehmen, die nach der Equity-Methode bilanziert werden;
4. Steueraufwendungen;
5. ein gesonderter Betrag, welcher der Summe entspricht aus
a) dem Ergebnis nach Steuern des aufgegebenen Geschäftsbereichs und
b) dem Ergebnis nach Steuern, das bei der Bewertung mit dem beizulegenden Zeitwert abzüglich Veräußerungskosten oder der Veräußerung der Vermögenswerte oder Veräußerungsgruppe(n), die den aufgegebenen Geschäftsbereich darstellen, erfasst wurde;
6. Jahresüberschuss bzw. -fehlbetrag
a) Gewinne bzw. Verluste, die den Minderheitsanteilen zuzurechnen sind;
b) Gewinne bzw. Verluste, die den Anteilseignern des Mutterunternehmens zuzurechnen sind.
Sonstiges Ergebnis (other comprehensive income):
7. Veränderung der Neubewertungsrücklage (IAS 16, IAS 38);
8. Versicherungsmathematische Gewinne und Verluste aus leistungsorientierten Plänen (IAS 19);
9. Gewinne und Verluste aus der Umrechnung des Abschlusses eines ausländischen Geschäftsbetriebs (IAS 21);
10. Gewinne und Verluste aus der Neubewertung von zur Veräußerung verfügbaren finanziellen Vermögenswerten (IAS 39);
11. der effektive Teil der Gewinne und Verluste aus Sicherungsinstrumenten bei einer Absicherung von Zahlungsströmen (IAS 39).

Abb. 37: Gesamtergebnisrechnung

Sind Ertrags- oder Aufwandsposten i.S.d. Framework wesentlich, sind Art und Betrag dieser Posten gesondert anzugeben. Umstände, die zu einer gesonderten Angabe von Ertrags- und Aufwandsposten führen, können folgende Sachverhalte sein:
1. Außerplanmäßige Abschreibung der Vorräte auf den Nettoveräußerungswert oder der Sachanlagen auf den erzielbaren Betrag sowie die Wertaufholung solcher außerplanmäßigen Abschreibungen;
2. Eine Umstrukturierung der Tätigkeiten eines Unternehmens und die Auflösung von Rückstellungen für Umstrukturierungsaufwand;

3. Veräußerung von Posten der Sachanlagen;
4. Veräußerung von Finanzanlagen;
5. Aufgegebene Geschäftsbereiche;
6. Beendigung von Rechtsstreitigkeiten;
7. Sonstige Auflösungen von Rückstellungen.

6.1.2 Bilanzierungsfehler sowie Änderungen von Bilanzierungs- und Bewertungsmethoden

Gemäß IAS 8.15 „Bilanzierungsmethoden, Änderungen von rechnungslegungsbezogenen Schätzungen und Fehler" soll der Adressat der Abschlüsse, mithilfe der nach den IFRS geforderten Bilanzierungs- und Ausweisvorschriften und entsprechender Sachkenntnis vorausgesetzt, in der Lage sein, die **Abschlüsse eines Unternehmens im Zeitablauf vergleichen** zu können, um Tendenzen in der Vermögens-, Finanz- und Ertragslage sowie des Cashflows zu erkennen. Daher sind in jeder Periode und von einer Periode auf die nächste grundsätzlich die gleichen Rechnungslegungsmethoden anzuwenden.

Aus dieser Vorschrift ist zum einen abzuleiten, dass **Bilanzierungsfehler der Vorperiode** nicht über die Gewinn- und Verlustrechnung, sondern durch Anpassung des Eröffnungsbilanzwertes des Gewinnvortrags oder der Gewinnrücklage korrigiert werden müssen, zum anderen sind bei einer **Änderung der Bilanzierungs- und Bewertungsmethoden** die Vorträge nicht ausgeschütteter Ergebnisse (Gewinnvortrag) ebenfalls nicht erfolgswirksam anzupassen.

Diese erfolgsneutral durchgeführten Änderungen finden keinen Niederschlag in der Gesamtergebnisrechnung des sonstigen Ergebnisses. Gemäß IAS 8.36 gilt die Revision von Schätzungen nicht als Korrektur eines Bilanzierungsfehlers und ist somit prospektiv vorzunehmen.

Nach IAS 8.49 sind bei **Bilanzierungsfehlern**, sofern dies wirtschaftlich vertretbar und durchführbar ist, **folgende Angaben** erforderlich:
1. Die Art des Fehlers aus einer früheren Periode;
2. Die betragsmäßige Korrektur, soweit durchführbar, für jede frühere dargestellte Periode;
3. Die betragsmäßige Korrektur am Anfang der frühesten dargestellten Periode;
4. Ist eine rückwirkende Anpassung für eine bestimmte frühere Periode nicht durchführbar, so sind die Umstände dazustellen, die zu diesem Zustand geführt haben, unter Angabe wie und ab wann der Fehler beseitigt wurde.

Sofern eine **freiwillige Änderung der Rechnungslegungsmethoden Auswirkungen auf die Berichtsperiode** oder irgendeine frühere Periode hat oder derartige Auswirkungen haben könnte, es sei denn, die Ermittlung des Korrekturbetrags ist undurchführbar oder hätte eventuell Auswirkungen auf künftige Perioden, hat das Unternehmen gemäß IAS 8.29 folgende Angaben vorzunehmen:
1. Die Art der Änderung der Rechnungslegungsmethoden;
2. Die Gründe, weswegen die Anwendung der neuen Rechnungslegungsmethode zuverlässige und relevantere Informationen vermittelt;
3. Den Korrekturbetrag für die Berichtsperiode sowie, soweit durchführbar, für jede frühere dargestellte Periode:
   a) Für jeden einzelnen betroffenen Posten des Abschlusses;
   b) Sofern IAS 33 „Ergebnis je Aktie" auf das Unternehmen anwendbar ist, für das unverwässerte und das verwässerte Ergebnis je Aktie.
4. Den Korrekturbetrag, sofern durchführbar, im Hinblick auf Perioden vor denjenigen, die ausgewiesen werden;
5. Sofern eine rückwirkende Anwendung für eine bestimmte frühere Periode, oder aber für Perioden, die vor den ausgewiesenen Perioden liegen, undurchführbar ist, sind die Umstände darzustellen, die zu jenem Zustand geführt haben, unter Angabe wie und ab wann die Änderung der Rechnungslegungsmethode angewandt wurde.

In den **Abschlüssen späterer Perioden** müssen die **Angaben zur Korrektur von Bilanzierungsfehlern und Änderungen von Bilanzierungs- und Bewertungsmethoden** nicht wiederholt werden.

6.1.3 Erlösrealisation

Im Wesentlichen stimmen die Regelungen IAS 18 „Umsatzerlöse" und HGB bezüglich des Realisationszeitpunktes der Erlöse überein.

Gemäß IAS 18.18 sind **Umsatzerlöse zu bilanzieren**, wenn es hinreichend wahrscheinlich ist, dass dem Unternehmen der mit dem Geschäft verbundene wirtschaftliche Nutzen zufließen wird. In einigen Fällen kann es sein, dass bis zum Erhalt des Entgelts oder bis zur Beseitigung von Unsicherheiten keine hinreichende Wahrscheinlichkeit besteht. Beispielsweise kann es unsicher sein, ob eine ausländische Behörde die Genehmigung für die Überweisung des Entgelts aus einem Verkauf ins Ausland erteilt. Wenn die Genehmigung vorliegt, ist die Unsicherheit beseitigt und der Umsatzerlös ist zu bilanzieren. Falls sich demgegenüber jedoch Zweifel an der Einbringlichkeit eines Betrags ergeben, der zutreffend bereits als Umsatzerlös erfasst worden ist, wird der uneinbringliche oder zweifelhafte Betrag als Aufwand erfasst und nicht etwa der ursprüngliche Umsatzerlös berichtigt. Dies kann beispielsweise der Fall sein, wenn das Unternehmen Ware geliefert bzw. seine Dienstleistung erbracht hat, obwohl der Kunde im Lieferzeitpunkt von einer Zahlungsunfähigkeit bedroht war.

Erlöse aus dem Verkauf von Gütern sind nach IAS 18.14 **zu erfassen**, wenn die folgenden Kriterien erfüllt sind:

1. Das Unternehmen hat die maßgeblichen Risiken und Chancen, die mit dem Eigentum der verkauften Waren und Erzeugnisse verbunden sind, auf den Käufer übertragen;
2. Dem Unternehmen verbleibt weder ein weiter bestehendes Verfügungsrecht, wie es gewöhnlich mit dem Eigentum verbunden ist, noch eine wirksame Verfügungsgewalt über die verkauften Waren und Erzeugnisse;
3. Die Höhe der Umsatzerlöse kann verlässlich bestimmt werden;
4. Es ist wahrscheinlich, dass der wirtschaftliche Nutzen aus dem Geschäft dem Unternehmen zufließt;
5. Die im Zusammenhang mit dem Verkauf entstandenen oder noch entstehenden Kosten können verlässlich bestimmt werden.

Erträge aus der Erbringung von Dienstleistungen sind nach IAS 18.20 **realisiert**, wenn:

1. die Höhe der Umsatzerlöse verlässlich bestimmt werden kann;
2. es wahrscheinlich ist, dass der wirtschaftliche Nutzen aus dem Geschäft dem Unternehmen zufließt;
3. der Fertigstellungsgrad des Geschäftes am Bilanzstichtag verlässlich bestimmt werden kann und
4. die für das Geschäft entstandenen Kosten und die bis zu seiner vollständigen Abwicklung zu erwartenden Kosten verlässlich bestimmt werden können.

Zinsen, Dividenden oder Nutzungsentgelte sind nach IAS 18.30 wie folgt buchhalterisch zu würdigen:

1. Zinsen sind zeitproportional unter Berücksichtigung der Effektivzinsmethode des Vermögenswertes zu erfassen;
2. Nutzungsentgelte sind periodengerecht in Übereinstimmung mit den Bestimmungen des zugrunde liegenden Vertrages zu bilanzieren und
3. Dividenden sind mit der Entstehung des Rechtsanspruchs des Anteileigners auf Zahlung anzusetzen.

6.1.4 Ergebnis je Aktie

Unternehmen, deren Stammaktien oder potenzielle Stammaktien öffentlich gehandelt werden oder die im Begriff sind Stammaktien an einer Wertpapierbörse auszugeben, sind nach IAS 33 „Ergebnis je Aktie" dazu verpflichtet, das **Ergebnis je Aktie (Earnings Per Share)** im IFRS-Abschluss auszuweisen. Ziel ist es, dem Adressaten bzw. Finanzanalysten im Rahmen eines Zeit- und Betriebsvergleiches eine Vergleichbarkeit hinsichtlich der Ertragskraft anderer Unternehmen zu ermöglichen. Die **Aussagekraft der Earnings Per Share** (EPS) hängt davon ab, dass alle in die Analyse einbezogenen Unternehmen die Kennzahl nach der gleichen Methode ermitteln. Um dieses zu gewährleisten hat das IASB mit IAS 33 eine verbindliche Richtlinie zur Ermittlung der Earnings Per Share veröffentlicht. Als Ergebnis wird das unverwässerte und das verwässerte Ergebnis je Aktie ausgewiesen, jeweils basierend auf dem Nettoperiodenergebnis, das den Stammaktionären zuzuordnen ist.

6.1.4.1 Unverwässertes Ergebnis

Gemäß IAS 33.10 ist das **unverwässerte Ergebnis je Aktie** zu ermitteln, indem das den Stammaktionären des Unternehmens zustehende Ergebnis (Zähler) durch die gewichtete durchschnittliche Zahl der innerhalb der Berichtsperiode im Umlauf befindlichen Stammaktien (Nenner) dividiert wird.

Eine **Stammaktie** ist ein Eigenkapitalinstrument, das allen anderen Arten von Eigenkapitalinstrumenten nachgeordnet ist. Die im Aktiengesetz verwendeten Begriffe der Nennbetrags- und Stückaktie erfüllen die Definition einer Stammaktie gemäß IAS 33. Keine Stammaktien i.S.d. IAS 33 sind hingegen stimmrechtlose Vorzugsaktien i.S.d. § 139 AktG. **Potenzielle Stammaktien** sind Finanzinstrumente, die dem Inhaber ein Anrecht auf Stammaktien verbriefen (z.B. Aktienoptionen, Wandelschuldverschreibungen). IAS 33 lässt offen, unter welchen Voraussetzungen Stammaktien oder potenzielle Stammaktien als öffentlich gehandelt gelten. Die herrschende Meinung legt den Begriff „öffentlich gehandelt" sehr weit aus. Danach wird eine Börsennotierung nicht vorausgesetzt, vielmehr wird auch der Handel durch einen Makler darunter subsumiert.

Beispiel: Unternehmen A schüttet an seine Aktionäre insgesamt netto 500.000 € Dividenden aus. Der Jahresüberschuss beträgt 1.000.000 €. Es wurden 2.000.000 Stammaktien ausgegeben.
Wie hoch ist das unverwässerte Ergebnis je Aktien?

Lösung:

Jahresüberschuss	1.000.000 €
abzüglich Dividenden	./. 500.000 €
= bereinigtes Ergebnis	**500.000 €**

Das bereinigte Ergebnis wird dividiert durch die Anzahl der Stammaktien. Somit ergibt sich ein unverwässertes Ergebnis je Aktien i.H.v. 0,25 €.

6.1.4.2 Verwässertes Ergebnis

Unter **Verwässerung** wird eine Reduzierung des Ergebnisses je Aktie bzw. eine Erhöhung des Verlusts je Aktie aufgrund der Annahme, dass wandelbare Instrumente umgewandelt, Optionen oder Optionsscheine ausgeübt oder Stammaktien unter bestimmten Voraussetzungen ausgegeben werden, verstanden (IAS 33.5).

Bei der Berechnung wird davon ausgegangen, dass alle potenziellen Stammaktien (z.B. Wandelschuld- und Optionsschuldverschreibungen) tatsächlich in Stammaktien umgewandelt werden. Allerdings sind nur solche potenziellen Stammaktien bei der Berechnung des verwässerten Ergebnisses zu berücksichtigen, bei denen ein Minderungseffekt für das Ergebnis je Aktie (**Verwässerungseffekt**) eintritt (IAS 33.30 ff.).

6.2   Anhang

Die IFRS-Rechnungslegung ist durch sehr umfangreiche Angabe- und Erläuterungsverpflichtungen gekennzeichnet. Dabei sind die Angaben und Erläuterungen grundsätzlich im **Anhang (Notes)** vorzunehmen. Die jeweiligen Anhangangaben sind den einzelnen Standards zu entnehmen. Der Anhang als Bestandteil der Rechnungslegung hat die Aufgabe die durch die Rechenwerke vermittelten Informationen zu erläutern, zu ergänzen und somit zusätzliche Erkenntnisse und Zusammenhänge offenzulegen.

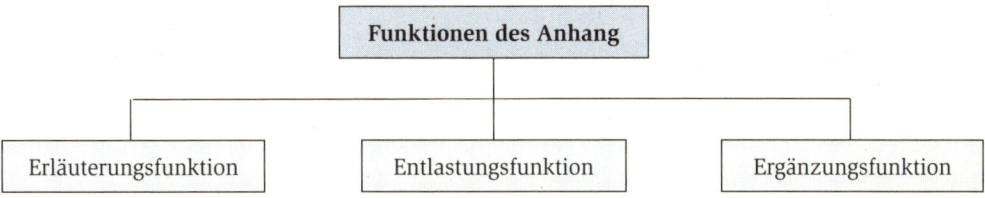

Abb. 38: Funktionen des Anhang

Die Erläuterungsfunktion besteht darin, Angaben und Begründungen über die in der Bilanz und der Gewinn- und Verlustrechnung ausgeübten Ansatz-, Bewertungs- und Ausweisregeln zu geben, um die jeweiligen Maßnahmen und Beweggründe den Abschlussadressaten gegenüber transparenter zu machen. Infolge der zahlreichen Anhangangaben, die somit nicht in den Rechenwerken aufzuführen sind, kommt dem Anhang diesbezüglich eine Entlastungsfunktion zu. Schließlich kommt dem Anhang des Weiteren eine Ergänzungsfunktion zu, da dieser spezifische Informationen enthält, die sich nicht aus den anderen Abschlussbestandteilen des IFRS-Abschlusses entnehmen lassen.

Dabei haben die **Anhangangaben** im Wesentlichen gemäß IAS 1.112 die folgenden **Aufgaben** zu erfüllen:
1. Eine Erklärung über die Übereinstimmung mit den IFRS;
2. Eine zusammenfassende Darstellung der wesentlichen angewandten Bilanzierungs- und Bewertungsmethoden;
3. Angaben, die aufgrund von Ausweis- und Darstellungswahlrechten nicht in anderen Abschlussbestandteilen vorgenommen werden;
4. Informationen, die nicht in anderen Abschlussbestandteilen dargestellt werden, die aber für das Verständnis relevant sind.

Die **Angaben und Erläuterungen im Anhang** haben in einer strukturierten Form zu erfolgen. Einzelne Posten in der Aufstellung über die Vermögens- und Finanzlage, der Gesamtergebnisrechnung, der Kapitalflussrechnung und der Eigenkapitalveränderungsrechnung sind mit Querverweisen zu den zugehörigen Informationen im Anhang zu versehen.

I.R.d. Erläuterung der maßgeblichen Bilanzierungs- und Bewertungsmethoden ist zu beschreiben welche **Bewertungsgrundlagen bei der Aufstellung des Abschlusses** herangezogen wurden. Angaben über die verwendeten Wertkonzeptionen müssen nicht für jede einzelne Position erfolgen, sondern können sich auf bestimmte Gruppen von Vermögenswerten und Schulden mit gleicher Bewertungsgrundlage beziehen. Ergänzend zu der allgemeinen Zusammenfassung finden sich konkrete Angabevorschriften über Bilanzierungs- und Bewertungsmethoden in den einzelnen IFRS.

Des Weiteren ist der Adressat darüber zu informieren in welchem Umfang notwendige Ermessensausübungen die Beträge im Abschluss wesentlich beeinflusst haben. Hierbei ist die Ermessensausübung bei unbestimmten Rechtsbegriffen sowie bei der Vornahme von Schätzungen zu unterscheiden. Ein Beispiel der vielen unbestimmten Rechtsbegriffe in den IFRS sind die **Entscheidungsregeln bei der Bestimmung von operating lease oder finance lease**. So hat der Bilanzierende gemäß IAS 17.10c zu entscheiden, ob die Vertragslaufzeit den „überwiegenden Teil" der wirtschaftlichen Nutzungsdauer umfasst oder ob gemäß IAS 17.10d der Barwert der Mindestleasingzahlungen „im Wesentlichen" den Zeitwert des Leasinggegenstandes entspricht (s. Kapitel 5.5.2).

Schätzungen hat der Bilanzierende u.a. bei der Bewertung von Rückstellungen, ggf. der Ermittlung des fair value oder bei der Ermittlung des Wertes der cash generating unit vorzunehmen. Zur Bestimmung der Buchwerte bestimmter Vermögenswerte und Schulden ist eine Schätzung der Auswirkungen ungewisser künftiger Ereignisse auf solche Vermögenswerte und Schulden zum Bilanzstichtag erforderlich. Fehlen beispielsweise kürzlich festgestellte Marktpreise, die zur Bewertung der folgenden Vermögenswerte und Schulden herangezogen werden, sind zukunftsbezogene Schätzungen erforderlich, um den erzielbaren

Betrag bestimmter Vermögenswerte zu ermitteln. Schätzungen spielen beispielweise für die Bewertung von Sachanlagen, die Folgen technischer Veralterung für Bestände, bei Rückstellungen, die von dem künftigen Ausgang von Gerichtsverfahren abhängen sowie bei langfristigen Verpflichtungen gegenüber Arbeitnehmern, wie z.B. Pensionszusagen eine erhebliche Rolle. Diese Schätzungen beziehen Annahmen über Faktoren wie Risikoanpassungen von Cashflows oder der Abzinsungssätze, künftige Gehaltsentwicklungen und künftige andere Kosten beeinflussende Preisänderungen mit ein. Gemäß IAS 1.125 hat das Unternehmen im Anhang Informationen über die wichtigsten zukunftsbezogenen Annahmen sowie über die sonstigen wesentlichen Quellen von am Bilanzstichtag bestehenden Schätzungsunsicherheiten offenzulegen, durch die ein beträchtliches Risiko entstehen kann, demzufolge innerhalb des nächsten Geschäftsjahres eine wesentliche Berichtigung der Buchwerte der Vermögenswerte und Schulden erforderlich wird.

Bei einem **Vergleich der Anhangangaben zwischen HGB und den IFRS** wird ersichtlich, dass die Anhangangaben nach IFRS einen erheblich größeren Umfang einnehmen. Dies führt zu einer umfangreicheren Information des Adressaten bzw. Investors. Es ist häufig die Vielzahl der geforderten Anhangangaben nach IFRS, neben einer gegebenenfalls erforderlichen Umstellung vom Gesamtkostenverfahren auf das Umsatzkostenverfahren, die einen Umstellungsprozess von der Rechnungslegung nach HGB auf das Rechnungslegungssystem der IFRS schwierig machen.

6.3   Kapitalflussrechnung

Die **Kapitalflussrechnung (Cashflow Statement)** zeigt den im Geschäftsjahr erwirtschafteten Zahlungsmittelüberschuss (cash). Die Kapitalflussrechnung als Mittelherkunfts- und Mittelverwendungsrechnung ist das Rechenwerk zur Bereitstellung von Informationen zur Finanzlage. Da Zahlungsmittel bewertungsunabhängig von etwaigen Bewertungsvorschriften sind, ist dieses Rechenwerk für Investoren und Analysten von besonderer Bedeutung (income is fiction cash is real). Diese entscheidungsnützlichen Informationen über die Zahlungsströme geben dem Management u.a. Informationen über:

1. Die Fähigkeit über die Begleichung der Verbindlichkeiten des Unternehmens;
2. die Ermittlung der Höhe von Dividendenzahlungen;
3. die Notwendigkeit der Kreditaufnahme.

6.3.1   Ermittlung des Cashflows

IAS 1.111 verpflichtet alle Unternehmen zur **Aufstellung einer Kapitalflussrechnung**, wobei IAS 7 (**Statement of Cash Flows**) den **Aufbau der Kapitalflussrechnung** erläutert.

Die Gewinn- und Verlustrechnung ist aufgrund ihrer Periodisierung der Erträge und Aufwendungen erfolgswirtschaftlich ausgerichtet. Folglich macht auch die Ergebniskennzahl Jahresüberschuss keine Aussage zur Liquidität. Um zu einer finanzwirtschaftlich aussagefähigen Kennzahl zu gelangen, sind alle diejenigen Aufwendungen, die nicht zu Auszahlungen, und alle diejenigen Erträge, die nicht zu Einzahlungen geführt haben, aus der Gewinn- und Verlustrechnung zu eliminieren (**indirekte Ermittlung des Cashflow**). Durch Korrektur des Jahresüberschusses von allen Aufwendungen und Erträgen, die nicht zahlungswirksam sind, gibt der Cashflow den Überschuss der in der Periode erzielten Einzahlungen über die laufenden Auszahlungen an. Wären alle Aufwendungen und Erträge des Geschäftsjahres zahlungswirksam, so wäre der Jahresüberschuss mit dem Cashflow gleichzusetzen. Er stellt den Innenfinanzierungsspielraum, das Zahlungsmittelreservoir, zur Deckung besonderer Ausgaben etwa für Schulden, Investitionen und Dividendenzahlungen dar.

Der Cashflow kann wie folgt direkt oder indirekt ermittelt werden:

Direkte Ermittlung des Cash Flow	
	Einnahmewirksame Erträge
./.	ausgabewirksame Aufwendungen
=	**Cash Flow**

Indirekte Ermittlung des Cash Flow	
	Jahresüberschuss
+	ausgabeunwirksame Aufwendungen
./.	einnahmeunwirksame Erträge
=	**Cash Flow**

Abb. 39: Cashflow-Ermittlung

In der Praxis wird der Cashflow aus der buchhalterischen Datenbasis grundsätzlich indirekt hergeleitet. Somit werden ausgehend vom Jahresüberschuss alle nicht zahlungswirksamen Aufwendungen und Erträge addiert bzw. subtrahiert. Dieser ermittelte Zahlungsüberschuss stellt den Cashflow dar, der während des ganzen Geschäftsjahres erwirtschaftet worden ist. Ziel ist es aber i.R.d. Kapitalflussrechnung den Cashflow zu ermitteln, der dem Unternehmen am Abschussstichtag noch zur Verfügung steht. Dabei ist zu berücksichtigen, dass ggf. unterjährig Ein- und Auszahlungen getätigt worden sind, die nicht ihren Niederschlag in der Gewinn- und Verlustrechnung gefunden haben. Um zum Cashflow zu gelangen, der dem Unternehmen am Abschlussstichtag noch zur Verfügung steht, müssen folglich noch alle erfolgsneutralen Ein- und Auszahlungen, die durch Veränderungen (**Vergleich der Eröffnungsbuchwerte mit den Buchwerten zum Abschlussstichtag der Aktiva und Passiva**) der Bilanzpositionen ersichtlich sind berücksichtigt werden. Werden die Vorjahresbuchwerte von den Abschlussbuchwerten der laufenden Periode subtrahiert, so stehen die positiven Differenzen auf der Aktivseite für Auszahlungen, negative für Einzahlungen und vice versa auf der Passivseite. Dabei ist zum einen zu beachten, dass Veränderungen von Bilanzpositionen erfolgswirksam über die Gewinn- und Verlustrechnung, die schon bei der indirekten Ermittlung des Cashflows berücksichtigt worden sind und zum anderen durch erfolgsneutrale Bilanzveränderungen (Aktiv-Passivtausch, Bilanzverlängerung bzw. Bilanzverkürzung) entstanden sein könnten. Diese so ermittelten erfolgsneutralen zahlungswirksamen Bilanzpositionsdifferenzen sind sodann vom **indirekt ermittelten Cashflow** zu addieren bzw. zu subtrahieren. Der so ermittelte Cashflow ist der Cashflow, der dem Unternehmen am Abschlussstichtag noch zur Verfügung steht. Dieser Cashflow ist abschließend durch Gegenüberstellung der Zahlungsmittelbestände (Zahlungsmittelfonds) am Anfang und Ende des Geschäftsjahres zu verproben. D.h., dass der ermittelte Cashflow, der am Abschlussstichtag zur Verfügung steht, betragsmäßig mit der Differenz zwischen den Zahlungsmittelbeständen am Anfang und Ende des Geschäftsjahres, gleich sein muss.

6.3.2 Inhalt und Aufbau

Zur besseren Information für den Investor verlangt IAS 7 den folgenden **Aufbau bzw. Gliederung einer Kapitalflussrechnung**.

	Cashflow der laufenden Geschäftstätigkeit (direkte oder indirekte Ermittlung)
+	Cashflow aus der Investitionstätigkeit (direkte Ermittlung)
+	Cashflow aus der Finanzierungstätigkeit (direkte Ermittlung)
=	Veränderung von Zahlungsmitteln und Zahlungsmitteläquivalenten
+	Zahlungsmittel und Zahlungsmitteläquivalente zu Beginn der Berichtsperiode
=	**Zahlungsmittel und Zahlungsmitteläquivalente am Ende der Berichtsperiode**

Abb. 40: Gliederungsschema der Kapitalflussrechnung

Durch die Dreiteilung (**Cashflow der laufenden Geschäfts-, Investitions- und Finanzierungstätigkeit**) des Cashflow erhält der Adressat einen schnelleren Einblick in welchen der drei Bereiche das Unternehmen Ein- und Auszahlungen generiert hat. Zwar besteht für die Ermittlung des Cashflow der laufenden Geschäftstätigkeit ein Wahlrecht hinsichtlich einer direkten oder indirekten Ermittlung des Cashflow, doch wird wie oben dargestellt, dieser Cashflow in der Praxis grundsätzlich aufgrund der mangelnden Datenbasis aus den buchhalterischen Daten indirekt hergeleitet. Für die **Ermittlung des Cashflows der Investitions- und Finanzierungstätigkeit** ist zwingend eine direkte Ermittlung vorzunehmen.

Ausgehend von der dargestellten Ermittlung des Cashflows, der dem Unternehmen am Abschlussstichtag noch zur Verfügung steht, könnte i.R.d. Erstellung der Kapitalflussrechnung wie folgt vorgegangen werden: Bei der **indirekten Ermittlung des Cashflows** sind alle Aufwendungen und Erträge den drei Kategorien (Cashflow der laufenden Geschäfts-, Investitions- und Finanzierungstätigkeit) zuzuordnen. Auch wenn es zu einem Abgrenzungsproblem kommen kann ist vor dem Hintergrund der Bilanzierungskontinuität eine etwaige Einteilung schwierig abgrenzbarer Aufwendungen und Erträge in den folgenden Jahren beizubehalten. Da der Cashflow der Investitions- und Finanzierungstätigkeit zwingend direkt darzustellen ist, ist folgend zu klären, ob alle Aufwendungen und Erträge aus diesem Bereich im Berichtsjahr zahlungswirksam geworden sind und somit als Ein- und Auszahlungen ausgewiesen werden können. In diesem Zusammenhang sind etwaige Aufwendungen und Erträge zu eliminieren, die erst im folgenden Berichtsjahr zahlungswirksam werden.

Der **Zahlungsmittelfonds am Anfang und am Ende der Berichtsperiode** setzt sich aus Zahlungsmitteln und Zahlungsmitteläquivalenten zusammen, die der Bilanz zu entnehmen sind. Dabei stellen Zahlungsmitteläquivalente kurzfristige, äußerst liquide Finanzmittel dar, die nur unwesentlichen Wertschwankungen unterliegen und die eine Restlaufzeit im Erwerbszeitpunkt in der Regel von kleiner drei Monate aufweisen (z.B. Wertpapiere).

6.3.3   Fallstudie: Kapitalflussrechnung

Sachverhalt: Ihnen liegen die folgende Bilanz und die Gewinn- und Verlustrechnung der X-GmbH zum 31.12.2012 vor. Des Weiteren wird Ihnen durch den Anlagespiegel ersichtlich, dass die X-GmbH 54 T€ Einzahlungen aus den Abgängen des Anlagevermögens erwirtschaftet und 90 T€ in das Anlagevermögen im Jahre 2012 investiert hat.

Bilanz zum 31.12.2012 der X-GmbH

	31.12.2012		31.12.2011
	T€	T€	T€
A. Anlagevermögen			
I. Sachanlagen			
Andere Anlagen, Betriebs- und Geschäftsausstattung		115	159
B. Umlaufvermögen			
I. Vorräte Waren	405		397
II. Forderungen und sonstige Vermögensgegenstände			
1. Forderungen aus Lieferungen und Leistungen	10		0
2. Sonstige Vermögensgegenstände	148		94
	158		94

III. Kassenbestand und Guthaben bei Kreditinstituten		411			695
			1.089		1.345
C. Rechnungsabgrenzungsposten			32		20
			1.121		**1.365**

		31.12.2012		31.12.2011	
		T€	**T€**	**T€**	
A. Eigenkapital					
Gezeichnetes Kapital		32			32
Kapitalrücklage		11			10
Bilanzgewinn		182			739
			225		781
B. Rückstellungen					
1. Steuerrückstellungen		335			140
2. Sonstige Rückstellungen		30			46
			365		186
C. Verbindlichkeiten					
1. Verbindlichkeiten gegenüber Kreditinstituten		0			0
2. Verbindlichkeiten aus Lieferungen und Leistungen		242			242
3. Sonstige Verbindlichkeiten		289			156
			531		398
			1.121		**1.365**

Gewinn- und Verlustrechnung
für das Geschäftsjahr vom 01.01.2012 bis 31.12.2012 der X-GmbH

	01.01.2012–31.12.2012		2011
	€	**€**	**€**
1. Umsatzerlöse		8.107	8.500
2. Sonstige betriebliche Erträge		117	111
3. Materialaufwand			
Aufwendungen für Roh,- Hilfs- und Betriebsstoffe und für bezogene Waren		– 4.608	– 4.850
4. Personalaufwand			
a) Löhne und Gehälter	– 1.282		– 1.191

b) Soziale Abgaben und Aufwendungen für Altersversorgung und für Unterstützung	– 269		– 252
		– 1.551	– 1.443
5. Abschreibungen auf Sachanlagen		– 81	– 42
6. Sonstige betriebliche Aufwendungen		– 1.867	– 1.815
7. Sonstige Zinsen und ähnliche Erträge		4	1
8. Zinsen und ähnliche Aufwendungen		– 33	– 7
9. Ergebnis der gewöhnlichen Geschäftstätigkeit		88	455
10. Steuern vom Einkommen und vom Ertrag		– 350	– 178
11. Sonstige Steuern		– 95	– 30
12. Jahresüberschuss		– 357	274
13. Gewinnvortrag aus dem Vorjahr		739	465
14. Gewinnausschüttungen		– 200	0
15. Bilanzgewinn		**182**	**739**

Aufgabe: Erstellen Sie die Kapitalflussrechnung der X-GmbH in T€ zum 31.12.2012

Lösung: Kapitalflussrechnung der X-GmbH zum 31.12.2012

	Erhöhung/Verminderung der flüssigen Mittel		
	01.01.2012–31.12.2012		
I. Cashflow der laufenden Geschäftstätigkeit	T€	T€	T€
Jahresfehlbetrag		– 357	
Berichtigungen:			
Abschreibungen	81		
Zunahme der Rückstellungen	179		
Zunahme der Vorräte	– 8		
Zunahme der Forderungen aus Lieferungen und Leistungen	– 10		
Zunahme anderer Aktiva	– 66		
Zunahme der übrigen kurzfristigen Verbindlichkeiten ohne Veränderung der Verbindlichkeiten gegenüber Gesellschaftern	133		
Berichtigungen, gesamt		309	
Mittelzufluss aus laufender Geschäftstätigkeit			– 48

	Erhöhung/Verminderung der flüssigen Mittel		
	01.01.2012–31.12.2012		
I. Cashflow der laufenden Geschäftstätigkeit	T€	T€	T€
II. Cashflow der Investitionstätigkeit			
Einzahlungen aus Abgängen des Anlagevermögens		54	
Auszahlungen für Investitionen in das Anlagevermögen		– 90	
Mittelabfluss aus der Investitionstätigkeit			– 36
III. Cashflow der Finanzierungstätigkeit			
Gewinnausschüttungen		– 200	
Mittelabfluss aus der Finanzierungstätigkeit			– 200
Veränderung der liquiden Mittel			– 284
Fondsveränderung			
Flüssige Mittel zum 01.01.2012			695
Flüssige Mittel zum 31.12.2012			411
Veränderung der liquiden Mittel			– 284

6.4 Eigenkapitalveränderungsrechnung

IAS 1.106 verpflichtet die Unternehmen zur Erstellung einer **Eigenkapitalveränderungsrechnung** als zwingenden Bestandteil des Jahresabschlusses, die folgende Posten, die nicht aus Transaktionen mit Anteilseignern resultieren, als Mindestanforderungen zu beinhalten hat:

1. Periodenergebnis;
2. Jeden Ertrags- und Aufwands-, Gewinn- oder Verlustposten, der für die betreffende Periode nach anderen Standards bzw. Interpretationen direkt im Eigenkapital erfasst wird, sowie die Summe dieser Posten (other comprehensive income);
3. Für jeden Eigenkapitalbestandteil die Auswirkungen der gemäß IAS 8 erfassten Änderungen der Bilanzierungs- und Bewertungsmethoden sowie Fehlerberichtigungen.

Des Weiteren hat das Unternehmen gemäß IAS 1.107 entweder im **Anhang oder in derselben Aufstellung** die Dividenden, die als Ausschüttung an die Eigentümer in der betreffenden Periode erfasst wurden, sowie den betreffenden Betrag je Anteil auszuweisen.

Werden alle geforderten Bestandteile in der Eigenkapitalveränderungsrechnung angegeben, so erhält der Adressat komprimiert einen Einblick sämtlicher Veränderungen des Eigenkapitals während der Berichtsperiode. Im Gegensatz zum HGB hat der Adressat die Möglichkeit vorhandene stille Reserven und Lasten, aufgrund etwaiger erfolgsneutraler Veränderungen des Eigenkapitals (Neubewertungsrücklage), zu erkennen. Ein Beispiel einer Eigenkapitalveränderungsrechnung ist in Abb. 40 auf der nächsten Seite aufgeführt.

6.5 Segmentberichterstattung

Kapitalmarktorientierte Unternehmen, die einen Einzel- oder Konzernabschluss nach den IFRS aufstellen, haben gemäß IFRS 8 „Geschäftssegmente" eine **Segmentberichterstattung** zu erstellen. Als kapitalmarktorientiert sind solche Unternehmen zu qualifizieren, deren Eigen- und Fremdkapital derzeit oder künftig an einem öffentlichen Markt gehandelt werden, sowie diejenigen Unternehmen, die verpflichtet sind ihren Abschluss bei einer Börsenaufsichtsbehörde einzureichen.

6.5.1 Segmentabgrenzung

Nach IFRS 8.5 ist ein Geschäftssegment ein Unternehmensbestandteil:

1. der Geschäftstätigkeiten betreibt, mit denen Umsatzerlöse erwirtschaftet werden und bei denen Aufwendungen entstehen können sowie
2. dessen Betriebsergebnisse regelmäßig von der verantwortlichen Unternehmensinstanz im Hinblick auf Entscheidungen über die Allokation von Ressourcen zu diesem Segment und die Bewertung seiner Ertragskraftüberprüft werden und
3. für den separate Finanzinformationen vorliegen.

IFRS 8 folgt hiermit bei der Ermittlung der einzelnen Segmentdaten dem **management approach**. Da dieser sowohl für die **Segmentabgrenzung** als auch für die **Segmentdatenbestimmung** gilt, wird von einem **full management approach** gesprochen. Die einzelnen Segmentdaten sind hiernach gemäß IFRS 8.25 dem internen Rechnungswesen zu entnehmen. Dabei handelt es sich um jene Teilbereiche deren operatives Ergebnis regelmäßig von der Unternehmensleitung überwacht wird und für die finanzwirtschaftlichen Daten gesondert verfügbar sind. Die Ermittlung der einzelnen Informationen folgt somit der Steuerungskonzeption des Unternehmens. Es soll ein Einblick in die interne Entscheidungsstruktur des Unternehmens vermittelt werden.

Zudem eröffnet IFRS 8.12 dem Bilanzierenden die Möglichkeit der Zusammenfassung verschiedener Segmente mit ähnlicher Erfolgsentwicklung und wirtschaftlicher Ausgangssituation zu einem einzigen operativen Segment. Die Ähnlichkeit der Unternehmensbereiche wird dabei daran festgemacht, ob die Segmente hinsichtlich der folgenden Charakteristika als gleichartig zu beurteilen sind:

1. Art der Produkte und Dienstleistungen;
2. Art der Produktionsprozesse;
3. Art der Gruppen der Kunden für die Produkte und Dienstleistungen;
4. Distributionswege;
5. Art der regulatorischen Rahmenbedingungen, z.B. im Bank- oder Versicherungswesen oder bei öffentlichen Versorgungsbetrieben.

Dabei ist zu beachten, dass dieses Homogenitätskriterien kumulativ zu erfüllen sind.

Die offen zu legenden Segmente (**reportable segments**) werden gemäß IFRS 8.11 aus den abgegrenzten operativen Segmenten ermittelt. Die Berichtspflicht ist an die Erfüllung von quantitativen Wesentlichkeitsgrenzen geknüpft. Dabei ist ein **operatives Segment bereits ausweispflichtig**, wenn nur eine der folgenden Bedingungen gemäß IFRS 8.13 erfüllt wird:

1. Der ausgewiesene Segmentertrag (sowohl extern als auch intersegmentär) beträgt mindestens 10 % der Segmenterträge aller operativen Segmente;
2. Der ausgewiesene Segmenterfolg beträgt mindestens 10 % der gesamten Segmenterfolge; dabei ist auf den größeren der Absolutbeträge der positiven sowie negativen Segmenterfolge abzustellen;
3. Das ausgewiesene Segmentvermögen beträgt mindestens 10 % des Vermögens aller operative Segmente.

Die Berichtspflicht gilt auch für **vertikal integrierte Segmente**, d.h. solche Teilbereiche, die mehr als die Hälfte ihrer Erträge aus Beziehungen zu anderen Segmenten erzielen.

Machen die externen Gesamterträge, die von den Geschäftssegmenten gemeldet werden, weniger als 75 % der Unternehmenserträge aus, können weitere Geschäftssegmente als berichtspflichtige Segmente herangezogen werden (auch wenn sie die oben genannten quantitativen Kriterien nicht erfüllen), bis mindestens 75 % der Unternehmenserträge in die berichtspflichtigen Segmente mit einbezogen sind (IFRS 8.15).

	Gezeichnetes Kapital	Kapitalrücklage	Gewinnrücklage	Neubewertungsrücklage	Rücklage für Währungsdifferenzen	Anteil des Mutterunternehmens	Minderheitenanteile	Gesamt
Eigenkapital zum 01.01.								
+/− Änderung von Bilanzierungs- und Bewertungsmethoden sowie Bilanzkorrekturen								
= **angepasster Saldo 01.01.**								
+/− Ergebnis aus Zeitbewertung veräußerbarer Finanzinstrumente								
+/− Überschuss/Fehlbetrag aus der Neubewertung von ...								
= **nicht in GuV berücksichtigte Gewinne**								
Periodenergebnis								
= **Gesamteinkommen**								
− gezahlte Dividenden								
+ Kapitalerhöhung durch Einzahlungen								
+ angepasster Saldo 01.01.								
Eigenkapital zum 31.12.								

Abb. 41: Eigenkapitalveränderungsrechnung

Ein Unternehmen kann Informationen über Geschäftssegmente, die die quantitativen Schwellen nicht erfüllen, mit Informationen über andere Geschäftssegmente, die ebenfalls die quantitativen Schwellen nicht erfüllen, nur dann zum Zwecke der Schaffung eines berichtpflichtigen Segments kombinieren, wenn die Geschäftssegmente ähnliche wirtschaftliche Merkmale aufweisen und die meisten Homogenitätskriterien für die Zusammenfassung erfüllt werden.

Informationen über andere Geschäftätigkeiten und Geschäftssegmente, die nicht meldepflichtig sind, werden in einer Kategorie **„alle sonstigen Segmente"** zusammengefasst.

6.5.2   Segmentdaten

Gemäß IFRS 8.20 hat ein Unternehmen Informationen anzugeben, anhand derer Abschlussadressaten die Art und finanziellen Auswirkungen der ausgeübten Geschäftätigkeiten sowie das wirtschaftliche Umfeld, in dem es tätig ist, beurteilen können. Dies umfasst nach IFRS 8.21 neben generellen Informationen qualitativer Art auch **quantitative Daten zu Segmentergebnis, -vermögen und -schulden** inklusive der Überleitung ausgewählter Daten auf korrespondierende Angaben im Abschluss.

Als qualitativ offen zu legende „general information" definiert IFRS 8.22 zum einen Angaben zu den Kriterien der Segmentabgrenzung, zum anderen zu den Produkten und Leistungen, durch die das jeweilige Segment seine Erträge erwirtschaftet. Daneben bestehen diverse zusätzliche qualitative Ausweiserfordernisse, die primär dazu dienen, die Nachvollziehbarkeit der auf Basis des management approach ermittelten Daten zu gewährleisten. IFRS 8.27 fordert in diesem Zusammenhang diverse **Mindestangaben zu den angewendeten Bilanzierungs- und Bewertungsmethoden**. Dabei sollen insbesondere folgende Informationen bereitgestellt werden:

1. Die Rechnungslegungsgrundlage für sämtliche Geschäftsvorfälle zwischen berichtspflichtigen Segmenten;
2. Die Art etwaiger Unterschiede zwischen den Bewertungen des Ergebnisses eines berichtspflichtigen Segments,
3. Geschäftsbereiche (Erläuterungen eines Wechsels der Bilanzierungs- und Bewertungsmethoden) sowie Angabe eventueller;
4. Informationen zu Art und Auswirkungen asymmetrischer Aufteilung einzelner Segmentdaten.

Neben diesen qualitativen Angabepflichten ist der Bilanzierende zudem verpflichtet u.a folgende **quantitative Daten auf Segmentbasis** offen zu legen:

1. **Segmentergebnis**
   a) Intersegmenterträge;
   b) Abschreibungen und Wertminderungen;
   c) Aufwendungen bzw. Erträge aus Ertragsteuern;
   d) Segmenterträge mit externen Dritten;
   e) wesentliche zahlungsunwirksame Aufwendungen und Erträge, abgesehen von laufenden Abschreibungen und Wertminderungen.
2. **Segmentvermögen**
   a) Buchwerte von at Equity konsolidierten Beteiligungen;
   b) Investitionen in das langfristige Segmentvermögen.
3. **Segmentschulden**

IFRS 8.23 fordert den Ausweis disaggregierter Schulden, falls diese in regelmäßigen Abständen an die Unternehmensleitung berichtet.

IFRS 8.31 bis IAS 8.34 enthält zusätzlich zu den bereits beschriebenen Segmentangaben noch disaggregierte Ausweiserfordernisse, die von allen Unternehmen, d.h. auch bei Bestehen nur eines operativen Segments, offen zu legen sind.

6.5.3   Fallstudie: Segmentberichterstattung

Sachverhalt: Die Geschäftsführung der Seifenkisten AG hat folgende Geschäftsfelder identifiziert:

in T€	Gesamtumsatz	Konzerninterne Umsätze	Ergebnis	Identifizierbare Vermögensgegen-stände
Segment 1	1.500		600	1.600
Segment 2	800	80	– 100	900
Segment 3	1.900		500	1.200
Segment 4	1.000	100	400	1.800
Segment 5	700	70	100	1.000
Segment 6	1.000		300	1.400
Segment 7	1.100		– 200	1.500
Segment 8	1.300		200	800
Summe	**9.300**	**250**	**1.800**	**10.200**
Konzerninterne Eliminierungen	– 250		– 100	– 300
Konsolidiert	**9.050**		**1.700**	**9.900**

Aufgaben:

1. Bestimmen Sie, welche der Segmente 1-8 die Kriterien eines berichtspflichtigen Segments erfüllen.
2. Prüfen Sie, ob die in Teilaufgabe 1. bestimmten berichtspflichtigen Segmente einen ausreichend großen Teil des Gesamtgeschäfts umfassen (75%-Schwelle).
3. Angenommen, die Segmente 1 und 2 betreffen Europa, 3 und 4 Asien, 5 und 6 Afrika, 7 und 8 Nordamerika (siehe Tabelle unten). Welche geographischen Segmente erfüllen die Kriterien eines berichtspflichtigen Segments?

in T€	Gesamtumsatz	Konzerninterne Umsätze	Ergebnis	Identifizierbare Vermögensgegen-stände
Europa	2.300	80	500	2.500
Asien	2.900	100	900	3.000
Afrika	1.700	70	400	2.400
Nordamerika	2.400		0	2.300
Summe	9.300	250	1.800	10.200
Konzerninterne				
Eliminierungen	– 250		– 100	– 300
Konsolidiert	**9.050**		**1.700**	**9.900**

4. Bestimmen Sie, ob die entsprechend Teilaufgabe 3. ermittelten Segmente die 75 %-Schwelle erfüllen.

Lösung:

1. Im ersten Schritt ist zu prüfen, ob innerhalb eines Segments die Mehrheit (> 50 %) der Umsätze mit externen Kunden erzielt werden. Dies ist bei allen Segmenten der Fall. Im zweiten Schritt sind die in IFRS 8.13 genannten Kriterien zu prüfen.

	Segmentumsatz > 930? (10 % von 9.300)	Segmentergebnis > 210? (10 % von 2.100[1])	Identifizierbare Vermögensgegenstände > 1.020? (10 % von 10.200)	berichtspflichtig?
Segment 1	Ja	Ja	Ja	Ja
Segment 2	Nein	Nein	Nein	Nein
Segment 3	Ja	Ja	Ja	Ja
Segment 4	Ja	Ja	Ja	Ja
Segment 5	Nein	Nein	Nein	Nein
Segment 6	Ja	Ja	Ja	Ja
Segment 7	Ja	Nein	Ja	Ja
Segment 8	Ja	Nein	Nein	Ja

1   Kumuliertes positives Ergebnis aller Segmente: 2.100, Kumuliertes negatives Ergebnis aller Segmente: – 300
    Maßgeblich ist der (ohne Beachtung des Vorzeichens) der größere der beiden Beträge, hier also 2.100.

2. Prüfung der 75 %-Schwelle

Externer Umsatz der berichtspflichtigen Segmente		Gesamter konsolidierter Umsatz	
Gesamtumsatz	9.300	Gesamtumsatz	9.300
Umsatz Segment 2	– 800	Konzerninterner Umsatz Segment 2	– 80
Umsatz Segment 5	– 700	Konzerninterner Umsatz Segment 4	– 100
Konzerninterner Umsatz Segment 4	– 100	Konzerninterner Umsatz Segment 5	– 70
Summe	**7.700**	**Summe**	**9.050**

Da der Anteil der berichtspflichtigen Segmente mit 85 % (7.700/9.050) größer 75 % ist, reicht die Anzahl der identifizierten berichtspflichtigen Segmente aus.

3. Analog zu Teilaufgabe 1.

	Segmentumsatz > 930? (10 % von 9.300)	Segmentergebnis > 210? (10 % von 2.100[1])	Identifizierbare Vermögensgegenstände > 1.020? (10 % von 10.200)	berichtspflichtig?
Europa	Ja	Ja	Ja	Ja
Asien	Ja	Ja	Ja	Ja
Afrika	Ja	Ja	Ja	Ja
Nordamerika	Ja	Nein	Ja	Ja

4. Da alle in Teilaufgabe 3. identifizierten Segmente berichtspflichtig sind, muss der Anteil 100 % betragen.

Stichwortregister